U0038840

中　国　手　工　纸　文　库

Library of Chinese Handmade Paper

中国手工纸文库

Library of Chinese Handmade Paper

汤书昆
总主编

江卷·上卷

Zhejiang I

汤书昆
主编

中国科学技术大学出版社
University of Science and Technology of China Press

图书在版编目（CIP）数据

中国手工纸文库.浙江卷.上卷/汤书昆主编.—合肥：中国科学技术大学出版社，2021.5
国家出版基金项目
“十三五”国家重点出版物出版规划项目
ISBN 978-7-312-04832-6

Ⅰ.中… Ⅱ.汤… Ⅲ.手工纸—介绍—浙江 Ⅳ.TS766

中国版本图书馆CIP数据核字（2020）第033638号

中国手工纸文库

浙江卷·上卷

项目负责 伍传平 项赟飚
责任编辑 黄成群 胡硕丰
于秀梅 胡雪吟
艺术指导 吕敬人
书籍设计 敬人书籍设计
吕 旻+黄晓飞

出版发行 中国科学技术大学出版社
地址 安徽省合肥市金寨路96号
邮编 230026
印 刷 北京雅昌艺术印刷有限公司
经 销 全国新华书店
开 本 880 mm×1230 mm 1/16
印 张 36.75
字 数 1168千
版 次 2021年5月第1版
印 次 2021年5月第1次印刷
定 价 1800.00元

总 序

造纸技艺是人类文明的重要成就。正是在这一伟大发明的推动下，我们的社会才得以在一个相当长的历史阶段获得比人类使用口语的表达与交流更便于传承的介质。纸为这个世界创造了五彩缤纷的文化记录，使一代代的后来者能够通过纸介质上绘制的图画与符号、书写的文字与数字，了解历史，学习历代文明积累的知识，从而担负起由传承而创新的文化使命。

中国是手工造纸的发源地。不仅人类文明中最早的造纸技艺发源自中国，而且中华大地上遍布着手工造纸的作坊。中国是全世界手工纸制作技艺提炼精纯与丰富的文明体。可以说，在使用手工技艺完成植物纤维制浆成纸的历史中，中国一直是人类造纸技艺与文化的主要精神家园。下图是中国早期造纸技艺刚刚萌芽阶段实物样本的一件遗存——西汉放马滩古纸。

西汉放马滩古纸残片
纸上绘制的是地图
1986年出土于甘肃省天水市
现藏于甘肃省博物馆

Map drawn on paper from Fangmatan Shoals in the Western Han Dynasty
Unearthed in Tianshui City, Gansu Province in 1986
Kept by Gansu Provincial Museum

Preface

Papermaking technique illuminates human culture by endowing the human race with a more traceable medium than oral tradition. Thanks to cultural heritage preserved in the form of images, symbols, words and figures on paper, human beings have accumulated knowledge of history and culture, and then undertaken the mission of culture transmission and innovation.

Handmade paper originated in China, one of the largest cultural communities enjoying advanced handmade papermaking techniques in abundance. China witnessed the earliest papermaking efforts in human history and embraced papermaking mills all over the country. In the history of handmade paper involving vegetable fiber pulping skills, China has always been the dominant centre. The picture illustrates ancient paper from Fangmatan Shoals in the Western Han Dynasty, which is one of the paper samples in the early period of papermaking techniques unearthed in China.

一
本项目的缘起

从2002年开始，我有较多的机缘前往东邻日本，在文化与学术交流考察的同时，多次在东京的书店街——神田神保町的旧书店里，发现日本学术界整理出版的传统手工制作和纸（日本纸的简称）的研究典籍，先后购得近20种，内容包括日本全国的手工造纸调查研究，县（相当于中国的省）一级的调查分析，更小地域和造纸家族的案例实证研究，以及日、中、韩等东亚国家手工造纸的比较研究等。如：每日新闻社主持编撰的《手漉和纸大鉴》五大本，日本东京每日新闻社昭和四十九年（1974年）五月出版，共印1 000套；久米康生著的《手漉和纸精髓》，日本东京讲谈社昭和五十年（1975年）九月出版，共印1 500本；菅野新一编的《白石纸》，日本东京美术出版社昭和四十年（1965年）十一月出版等。这些出版物多出自几十年前的日本昭和年间（1926~1988年），不仅图文并茂，而且几乎都附有系列的实物纸样，有些还有较为规范的手工纸性能、应用效果对比等技术分析数据。我阅后耳目一新，觉得这种出版物形态既有非常直观的阅读效果，又散发出很强的艺术气息。

1. Origin of the Study

Since 2002, I have been invited to Japan several times for cultural and academic communication. I have taken those opportunities to hunt for books on traditional Japanese handmade paper studies, mainly from old bookstores in Kanda Jinbo-cho, Tokyo. The books I bought cover about 20 different categories, typified by surveys on handmade paper at the national, provincial, or even lower levels, case studies of the papermaking families, as well as comparative studies of East Asian countries like Japan, Korea and China. The books include five volumes of *Tesukiwashi Taikan* (*A Collection of Traditional Handmade Japanese Papers*) compiled and published by Mainichi Shimbun in Tokyo in May 1974, which released 1 000 sets, *The Essence of Japanese Paper* by Kume Yasuo, which published 1 500 copies in September 1975 by Kodansha in Tokyo, Japan, *Shiraishi Paper* by Kanno Shinichi, published by Fine Arts Publishing House in Tokyo in November 1965. The books which were mostly published between 1926 and 1988 among the Showa reigning years, are delicately illustrated with pictures and series of paper samples, some even with data analysis on performance comparison. I was extremely impressed by the intuitive and aesthetic nature of the books.

我几乎立刻想起在中国看到的手工造纸技艺及相关的研究成果，在我们这个世界手工造纸的发源国，似乎尚未看到这种表达丰富且叙述格局如此完整出色的研究成果。对中国辽阔地域上的手工造纸技艺与文化遗存现状，研究界尚较少给予关注。除了若干名纸业态，如安徽省的泾县宣纸、四川省的夹江竹纸、浙江省的富阳竹纸与温州皮纸、云南省的香格里拉东巴纸和河北省的迁安桑皮纸等之外，大多数中国手工造纸的当代研究与传播基本上处于寂寂无闻的状态。

此后，我不断与国内一些从事非物质文化遗产及传统工艺研究的同仁交流，他们一致认为在当代中国工业化、城镇化大规模推进的背景下，如果不能在我们这一代人手中进行手工造纸技艺与文化的整体性记录、整理与传播，传统手工造纸这一中国文明的结晶很可能会在未来的时空中失去系统记忆，那真是一种令人难安的结局。但是，这种愿景宏大的文化工程又该如何着手？我们一时觉得难觅头绪。

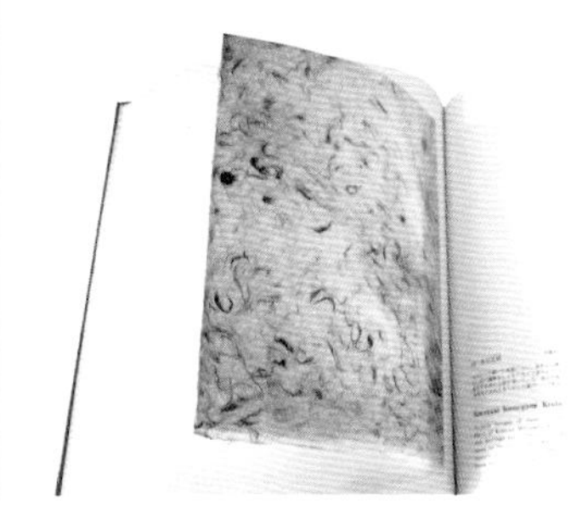

《手漉和纸精髓》
附实物纸样的内文页
A page from *The Essence of Japanese Paper* with a sample

《白石纸》
随书的宣传夹页
A folder page from *Shiraishi Paper*

The books reminded me of handmade papermaking techniques and related researches in China, and I felt a great sadness that as the country of origin for handmade paper, China has failed to present such distinguished studies excelling both in presentation and research design, owing to the indifference to both papermaking technique and our cultural heritage. Most handmade papermaking mills remain unknown to academia and the media, but there are some famous paper brands, including Xuan paper in Jingxian County of Anhui Province, bamboo paper in Jiajiang County of Sichuan Province, bamboo paper in Fuyang District and bast paper in Wenzhou City of Zhejiang Province, Dongba paper in Shangri-la County of Yunnan Province, and mulberry paper in Qian'an City of Hebei Province.

Constant discussion with fellow colleagues in the field of intangible cultural heritage and traditional craft studies lead to a consensus that if we fail to record, clarify, and transmit handmade papermaking techniques in this age featured by a prevailing trend of industrialization and urbanization in China, regret at the loss will be irreparable. However, a workable research plan on such a grand cultural project eluded us.

2004年，中国科学技术大学人文与社会科学学院获准建设国家“985工程”的“科技史与科技文明哲学社会科学创新基地”，经基地学术委员会讨论，“中国手工纸研究与性能分析”作为一项建设性工作由基地立项支持，并成立了手工纸分析测试实验室和手工纸研究所。这一特别的机缘促成了我们对中国手工纸研究的正式启动。

2007年，中华人民共和国新闻出版总署的“十一五”国家重点图书出版规划项目开始申报。中国科学技术大学出版社时任社长郝诗仙此前知晓我们正在从事中国手工纸研究工作，于是建议正式形成出版中国手工纸研究系列成果的计划。在这一年中，我们经过国际国内的预调研及内部研讨设计，完成了《中国手工纸文库》的撰写框架设计，以及对中国手工造纸现存业态进行全国范围调查记录的田野工作计划，并将其作为国家“十一五”规划重点图书上报，获立项批准。于是，仿佛在不经意间，一项日后令我们常有难履使命之忧的工程便正式展开了。

2008年1月，《中国手工纸文库》项目组经过精心的准备，派出第一个田野调查组（一行7人）前往云南省的滇西北地区进行田野调查，这是计划中全中国手工造纸田野考察的第一站。按照项目设计，将会有很多批次的调查组走向全中国手工造纸现场，采集能获

In 2004, the Philosophy and Social Sciences Innovation Platform of History of Science and S&T Civilization of USTC was approved and supported by the National 985 Project. The academic committee members of the Platform all agreed to support a new project, “Studies and Performance Analysis of Chinese Handmade Paper”. Thus, the Handmade Paper Analyzing and Testing Laboratory, and the Handmade Paper Institute were set up. Hence, the journey of Chinese handmade paper studies officially set off.

In 2007, the General Administration of Press and Publication of the People’s Republic of China initiated the program of key books that will be funded by the National 11th Five-Year Plan. The former President of USTC Press, Mr. Hao Shixian, advocated that our handmade paper studies could take the opportunity to work on research designs. We immediately constructed a framework for a series of books, *Library of Chinese Handmade Paper*, and drew up the fieldwork plans aiming to study the current status of handmade paper all over China, through arduous pre-research and discussion. Our project was successfully approved and listed in the 11th Five-Year Plan for National Key Books, and then our promising yet difficult journey began.

The seven members of the *Library of Chinese Handmade Paper* Project embarked on our initial, well-prepared fieldwork journey to the northwest area of Yunnan

取的中国手工造纸的完整技艺与文化信息及实物标本。

2009年，国家出版基金首次评审重点支持的出版项目时，将《中国手工纸文库》列入首批国家重要出版物的资助计划，于是我们的中国手工纸研究设计方案与工作规划发育成为国家层面传统技艺与文化研究所关注及期待的对象。

此后，田野调查、技术分析与撰稿工作坚持不懈地推进，中国科学技术大学出版社新一届领导班子全面调动和组织社内骨干编辑，使《中国手工纸文库》的出版工程得以顺利进行。2017年，《中国手工纸文库》被列为"十三五"国家重点出版物出版规划项目。

二
对项目架构设计的说明

作为纸质媒介出版物的《中国手工纸文库》，将汇集文字记

调查组成员在香格里拉县白地村调查
2008年1月

Researchers visiting Baidi Village of Shangri-la County
January 2008

Province in January 2008. After that, based on our research design, many investigation groups would visit various handmade papermaking mills all over China, aiming to record and collect every possible papermaking technique, cultural information and sample.

In 2009, the National Publishing Fund announced the funded book list gaining its key support. Luckily, *Library of Chinese Handmade Paper* was included. Therefore, the Chinese handmade paper research plan we proposed was promoted to the national level, invariably attracting attention and expectation from the field of traditional crafts and culture studies.

Since then, field investigation, technical analysis and writing of the book have been unremittingly promoted, and the new leadership team of USTC Press has fully mobilized and organized the key editors of the press to guarantee the successful publishing of *Library of Chinese Handmade Paper*. In 2017, the book was listed in the 13th Five-Year Plan for the Publication of National Key Publications.

2. Description of Project Structure

Library of Chinese Handmade Paper compiles with many forms of ideography language: detailed descriptions and records, photographs, illustrations of paper fiber structure and transmittance images, data analysis, distribution of the papermaking sites, guide map

录与描述、摄影图片记录、样纸纤维形态及透光成像采集、实验分析数据表达、造纸地分布与到达图导引、实物纸样随文印证等多种表意语言形式，希望通过这种高度复合的叙述形态，多角度地描述中国手工造纸的技艺与文化活态。在中国手工造纸这一经典非物质文化遗产样式上，《中国手工纸文库》的这种表达方式尚属稀见。如果所有设想最终能够实现，其表达技艺与文化活态的语言方式或许会为中国非物质文化遗产研究界和保护界开辟一条新的途径。

项目无疑是围绕纸质媒介出版物《中国手工纸文库》这一中心目标展开的，但承担这一工作的项目团队已经意识到，由于采用复合度很强且极丰富的记录与刻画形态，当项目工程顺利完成后，必然会形成非常有价值的中国手工纸研究与保护的其他重要后续工作空间，以及相应的资源平台。我们预期，中国当代整体（计划覆盖34个省、市、自治区与特别行政区）的手工造纸业态按照上述记录与表述方式完成后，会留下与《中国手工纸文库》伴生的中国手工纸图像库、中国手工纸技术分析数据库、中国手工纸实物纸样库，以及中国手工纸的影像资源汇集等。基于这些伴生的集成资源的丰富性，并且这些资源集成均为首次，其后续的价值延展空间也不容小视。中国手工造纸传承与发展的创新拓展或许会给有志于继续关注中国手工造纸技艺与文化的同仁提供

to the papermaking sites, and paper samples, etc. Through such complicated and diverse presentation forms, we intend to display the technique and culture of handmade paper in China thoroughly and vividly. In the field of intangible cultural heritage, our way of presenting Chinese handmade paper was rather rare. If we could eventually achieve our goal, this new form of presentation may open up a brand-new perspective to research and preservation of Chinese intangible cultural heritage.

Undoubtedly, the *Library of Chinese Handmade Paper* Project developed with a focus on paper-based media. However, the team members realized that due to complicated and diverse ways of recording and displaying, there will be valuable follow-up work for further research and preservation of Chinese handmade paper and other related resource platforms after the completion of the project. We expect that when contemporary handmade papermaking industry in China, consisting of 34 provinces, cities, autonomous regions and special administrative regions as planned, is recorded and displayed in the above mentioned way, a Chinese handmade paper image library, a Chinese handmade paper technical data library, a Chinese handmade paper sample library, and a Chinese handmade paper video information collection will come into being, aside from the *Library of Chinese Handmade Paper*. Because of the richness of these byproducts, we should not overlook these possible follow-up

更多元的机遇。

毫无疑问，《中国手工纸文库》工作团队整体上都非常认同这一工作的历史价值与现实意义。这种认同给了我们持续的动力与激情，但在实际的推进中，确实有若干挑战使大家深感困惑。

三
我们的困惑和愿景

困惑一：

中国当代手工造纸的范围与边界在国家层面完全不清晰，因此无法在项目的田野工作完成前了解到中国到底有多少当代手工造纸地点，有多少种手工纸产品；同时也基本无法获知大多数省级区域手工造纸分布地点的情况与存活、存续状况。从调查组2008~2016年集中进行的中国南方地区（云南、贵州、广西、四川、广东、海南、浙江、安徽等）的田野与文献工作来看，能够提供上述信息支持的现状令人失望。这导致了项目组的田野工作规划处于“摸着石头过河”的境地，也带来了《中国手工纸文库》整体设计及分卷方案等工作的不确定性。

developments. Moving forward, the innovation and development of Chinese handmade paper may offer more opportunities to researchers who are interested in the techniques and culture of Chinese handmade papermaking.

Unquestionably, the whole team acknowledges the value and significance of the project, which has continuously supplied the team with motivation and passion. However, the presence of some problems have challenged us in implementing the project.

3. Our Confusions and Expectations

Problem One:

From the nationwide point of view, the scope of Chinese contemporary handmade papermaking sites is so obscure that it was impossible to know the extent of manufacturing sites and product types of present handmade paper before the fieldwork plan of the project was drawn up. At the same time, it is difficult to get information on the locations of handmade papermaking sites and their survival and subsisting situation at the provincial level. Based on the field work and literature of South China, including Yunnan, Guizhou, Guangxi, Sichuan, Guangdong, Hainan, Zhejiang and Anhui etc., carried out between 2008 and 2016, the ability to provide the information mentioned above is rather difficult. Accordingly, it placed the planning of the project's fieldwork into an obscure unplanned route,

困惑二：

中国正高速工业化与城镇化，手工造纸作为一种传统的手工技艺，面临着经济效益、环境保护、集成运营、技术进步、消费转移等重要产业与社会变迁的压力。调查组在已展开了九年的田野调查工作中发现，除了泾县、夹江、富阳等为数不多的手工造纸业态聚集地，多数乡土性手工造纸业态都处于生存的"孤岛"困境中。令人深感无奈的现状包括：大批造纸点在调查组到达时已经停止生产多年，有些在调查组到达时刚刚停止生产，有些在调查组补充回访时停止生产，仅一位老人或一对老纸工夫妇在造纸而无传承人……中国手工造纸的业态正陷于剧烈的演化阶段。这使得项目组的田野调查与实物采样工作处于非常紧迫且频繁的调整之中。

困惑三：

作为国家级重点出版物规划项目，《中国手工纸文库》在撰写开卷总序的时候，按照规范的说明要求，应该清楚地叙述分卷的标准与每一卷的覆盖范围，同时提供中国手工造纸业态及地点分布现

贵州省仁怀市五马镇
取缔手工造纸作坊的横幅
2009年4月

Banner of a handmade papermaking mill in Wuma Town of Renhuai City in Guizhou Province, saying "Handmade papermaking mills should be closed as encouraged by the local government"
April 2009

which also led to uncertainty in the planning of *Library of Chinese Handmade Paper* and that of each volume.

Problem Two:
China is currently under the process of rapid industrialization and urbanization. As a traditional manual technique, the industry of handmade papermaking is being confronted with pressures such as economic benefits, environmental protection, integrated operation, technological progress, consumption transfer, and many other important changes in industry and society. During nine years of field work, the project team found out that most handmade papermaking mills are on the verge of extinction, except a few gathering places of handmade paper production like Jingxian, Jiajiang, Fuyang, etc. Some handmade papermaking mills stopped production long before the team arrived or had just recently ceased production; others stopped production when the team paid a second visit to the mills. In some mills, only one old papermaker or an elderly couple were working, without any inheritor to learn their techniques... The whole picture of this industry is in great transition, which left our field work and sample collection scrambling with hasty and frequent changes.

Problem Three:
As a national key publication project, the preface of *Library of Chinese Handmade Paper* should clarify the standard and the scope of each volume according to the research plan. At the same time, general information such as the map with locations of Chinese handmade

状图等整体性信息。但由于前述的不确定性，开宗明义的工作只能等待田野调查全部完成或进行到尾声时再来弥补。当然，这样的流程一定程度上会给阅读者带来系统认知的先期缺失，以及项目组工作推进中的迷茫。尽管如此，作为拓荒性的中国手工造纸整体研究与田野调查就在这样的现状下全力推进着！

当然，我们的团队对《中国手工纸文库》的未来仍然满怀信心与憧憬，期待着通过项目组与国际国内支持群体的协同合作，尽最大努力实现尽可能完善的田野调查与分析研究，从而在我们这一代人手中为中国经典的非物质文化遗产样本——中国手工造纸技艺留下当代的全面记录与文化叙述，在中国非物质文化遗产基因库里绘制一份较为完整的当代手工纸文化记忆图谱。

汤书昆

2017年12月

papermaking industry should be provided. However, due to the uncertainty mentioned above, those tasks cannot be fulfilled, until all the field surveys have been completed or almost completed. Certainly, such a process will give rise to the obvious loss of readers' systematic comprehension and the team members' confusion during the following phases. Nevertheless, the pioneer research and field work of Chinese handmade paper have set out on the first step.

There is no doubt that, with confidence and anticipation, our team will make great efforts to perfect the field research and analysis as much as possible, counting on cooperation within the team, as well as help from domestic and international communities. It is our goal to keep a comprehensive record, a cultural narration of Chinese handmade paper craft as one sample of most classic intangible cultural heritage, to draw a comparatively complete map of contemporary handmade paper in the Chinese intangible cultural heritage gene library.

Tang Shukun

December 2017

编撰说明

1

关于类目的划分标准,《中国手工纸文库·浙江卷》(以下简称《浙江卷》)在充分考虑浙江地域当代手工造纸高度聚集于杭州市富阳区(县级区划)一地,而且手工纸在富阳区的传承品种依然相当丰富的特点后,决定将富阳区以外浙江造纸厂坊按市、县(区)地域分布来划分类目,如第五章"湖州市";章之下的二级类目以县一级内的造纸企业或家庭纸坊为单元,形成节的类目,如"安吉县龙王村手工竹纸"。富阳区则按照调查时现存纸种来分类,即按照元书纸、祭祀竹纸、皮纸、造纸工具的方式划分第一级类目,形成"章"的类目单元,如第十章"富阳区祭祀竹纸"。章之下的二级类目仍以造纸企业或家庭纸坊为单元,形成"节"的类目,如第九章第四节"杭州富阳逸古斋元书纸有限公司"。

2

《浙江卷》成书内容丰富,篇幅较大,从适宜读者阅读和装帧牢固角度考虑,将其分为上、中、下三卷。上卷内容为概述及富阳区以外浙江现存手工造纸厂坊,按照地级市来分类,包括:第一章"浙江省手工造纸概述"、第二章"衢州市"、第三章"温州市"、第四章"绍兴市"、第五章"湖州市"、第六章"宁波市"、第七章"丽水市"、第八章"杭州市"(不含富阳区);中卷内容为富阳区的元书纸,包括第九章的14节;下卷内容为富阳区的祭祀竹纸、皮纸与造纸工具,包括第十章"富阳区祭祀竹纸"、第十一章"富阳区皮纸"、第十二章"工具"以及"附录"。

3

《浙江卷》第一章为概述,其格式与先期出版的《中国手工纸文库·云南卷》(以下简称《云南卷》)、《中国手工纸文库·贵州卷》(以下简称《贵州卷》)等类似。其余各章各节的标准撰写格式则因有手工纸业态高度密集的县级

Introduction to the Writing Norms

1. In *Library of Chinese Handmade Paper*: *Zhejiang*, the categorization standards are different from the past. After fully considering the characteristics of high concentration in Fuyang District (county-level) of Hangzhou City, the papermaking factories (mills) in the rest of Zhejiang Province are classified according to the regional distribution of cities and counties (districts), e.g., Chapter V "Huzhou City". Each chapter consists of sections accordingly listing different paper factories or family-based paper mills in counties. For instance, "Handmade Paper in Longwang Village of Anji County". For Fuyang District, chapters are set based on paper types, i.e., Yuanshu paper, bamboo paper for Sacrificial Purposes, bast paper, papermaking tools, e.g., Chapter X "Bamboo Paper for Sacrificial Purposes in Fuyang District". Sections in each chapter include papermaking enterprises or family-based paper mills, e.g. Chapter IX Section 4 "Hangzhou Fuyang Yiguzhai Yuanshu Paper Co., Ltd.".

2. Due to its rich content and great length, *Library of Chinese Handmade Paper: Zhejiang* is further divided into three sub-volumes (I, II, III) for convenience of the readers and bookbinding. Volume I consists of Chapter I "Introduction to Handmade Paper in Zhejiang Province", Chapter II "Quzhou City", Chapter III "Wenzhou City", Chapter IV "Shaoxing City", Chapter V "Huzhou City", Chapter VI "Ningbo City", Chapter VII "Lishui City", Chapter VIII "Hangzhou City" (except Fuyang District); Volume II contains 14 sections of Chapter IX about Yuanshu paper in Fuyang District; Volume III is composed of three chapters, including Chapter X "Bamboo Paper for Sacrificial Purposes in Fuyang District", Chapter XI "Bast Paper in Fuyang District", Chapter XII "Tools", and "Appendices".

3. First chapter of Volume I is an introduction, which follows the format of *Library of Chinese Handmade Paper*: *Yunnan* and *Library of Chinese Handmade Paper*: *Guizhou*, which have already been released. Sections of other chapters follow two different writing norms, because of the concentrated distribution of county-level handmade papermaking practice, and this is different from two volumes that have been published.

First type of writing norm is similar to the *Library of Chinese Handmade Paper*: *Yunnan* and *Library of Chinese Handmade Paper*: *Guizhou*, namely, "Basic Information and Distribution" "The Cultural Geographic Environment" "History and Inheritance"

区域存在，故与《云南卷》《贵州卷》所具有的单一标准撰写格式有所不同，分为两类标准撰写格式。

第一类与《云南卷》《贵州卷》相近，适应一个县域内手工造纸厂坊不密集、品种相对单纯的业态分布。通常的格式及大致名称为："××××纸的基础信息及分布""××××纸生产的人文地理环境""××××纸的历史与传承""××××纸的生产工艺与技术分析""××××纸的用途与销售情况""××××纸的品牌文化与习俗故事""××××纸的保护现状与发展思考"。如遇某一部分田野调查和文献资料均未能采集到信息，则按照实事求是原则略去标准撰写格式的相应部分。

第二类主要针对富阳区造纸厂坊聚集分布的特征，或者一个纸厂纸品很丰富、不适合采用第一类撰写格式时采用。通常的格式及大致名称为："××××纸（纸厂）的基础信息与生产环境""××××纸（纸厂）的历史与传承""××××纸（纸厂）的代表纸品及其用途与技术分析""××××纸（纸厂）的生产原料、工艺与设备""××××纸（纸厂）的市场经营状况""××××纸（纸厂）的品牌文化与习俗故事""××××纸（纸厂）的业态传承现状与发展思考"。

4

《浙江卷》选择作为专门一节记述的手工造纸厂坊的正常入选标准是：(1) 项目组进行田野调查时仍在生产；(2) 项目组田野调查时虽已不再生产，但保留着较完整的生产环境与设备，造纸技师仍能演示或讲述手工造纸完整技艺和相关知识。

考虑到浙江省历史上嵊州藤纸、绍兴鹿鸣纸、富阳桃花纸、温州皮纸曾经是非常著名的传统纸品，而当代业态萎缩特别明显，或处于几近消亡状态，或处于技艺刚刚恢复的试制初期，因此调查组在调查样本上放宽了"保留着较完整的生产环境与设备"这一标准。

5

《浙江卷》调查涉及的造纸点均参照国家地图标准绘制两幅示意图，一幅为造纸点在浙江省和所属县（区）的地理分布位置图，另一幅为由该县（区）县城前往造纸点的路线图，但在具体出图时，部分节会将两图合一呈现。在标示地名时，均统一标示出县城、乡镇两级，乡镇下一级则直接标注造纸点所在村，而不再做行政村、自然村、村民组之区别。示意图上的行政区划名称及编制规则均依

"Papermaking Technique and Technical Analysis" "Uses and Sales" "Folk Customs and Culture" "Preservation and Development". Omission is also acceptable if our fieldwork efforts and literature review fail to collect certain information. This writing norm applies to the handmade papermaking practice in the area where mills and factories are not dense, and the paper produced is of single variety.

A second writing norm is applied to Fuyang District, which harbors abundant paper factories or mills, or where one factory produces diverse paper types. In this chapter, sections are usually named as: "Basic Information and Production Environment" "History and Inheritance" "Representative Paper, Its Uses and Technical Analysis" "Raw Materials, Papermaking Techniques and Tools" "Marketing Status" "Brand Culture and Traditional Stories" "Reflection on Current Status and Future Development".

4. The handmade papermaking factories (mills) included in each section of the volume conforms to the following standards: firstly, it was still under production when the research group did their fieldwork. Secondly, the papermaking tools and major sites were well preserved, and the handmade papermakers were still able to demonstrate the papermaking techniques and relevant knowledge of handmade paper, in case of ceased production.

Because Teng paper in Shengzhou City, Luming paper in Shaoxing City, Taohua paper in Fuyang District and Bast paper in Wenzhou City, are historically renowned traditional paper, their practice shrank greatly or even lingering on extinction in current days, or now in trial production to recover the papermaking practice. Thus, the research team decided to omit the requirement of comparatively complete preservation of production environment and equipment.

5. For each handmade papermaking site, we draw two standard illustrations, i.e. distribution map and roadmap from county centre to the papermaking sites (in some sections, two figures are combined). We do not distinguish the administrative village, natural village or villagers' group, and we provide county name, town name and village name of each site based on standards released by Sinomaps Press.

6. For each type of representative paper investigated in the paper factories (mills) with sufficient output included in the special edition volume, a full page is attached. We attach a piece of paper

据中国地图出版社出版的相关地图。

6

《浙江卷》原则上对每一个所调查的造纸厂坊的代表纸品，均在珍稀收藏版书中相应章节后附调查组实地采集的实物纸样。采样量足的造纸点代表纸品附全页纸样；由于各种限制因素采集量不足的，附2/3、1/2、1/4或更小规格的纸样；个别因停产或小批量试验生产等导致未能获得纸样或采样严重不足的，则不附实物纸样。

7

《浙江卷》原则上对所有在章节中具体介绍原料与工艺的代表纸品进行技术分析，包括在书中呈现实物纸样的类型，以及个别只有极少量纸样遗存，可以满足测试要求而无法在"珍稀收藏版"中附上实物纸样的类型。

全卷对所采集纸样进行的测试参考了中国宣纸的技术测试分析标准（GB/T 18739—2008），并根据浙江地域手工纸的多样性特色做了必要的调适。实测、计算了所有满足测试分析标示足量需求，并已采样的手工纸中的元书纸类、书画纸类、皮纸类、藤纸类的定量、厚度、紧度、抗张力、抗张强度、撕裂度、湿强度、白（色）度、耐老化度下降、尘埃度、吸水性、伸缩性、纤维长度和纤维宽度共14个指标；加工纸类的定量、厚度、紧度、抗张力、抗张强度、撕裂度、色度、吸水性共8个指标；竹纸类的定量、厚度、紧度、抗张力、抗张强度、色度、纤维长度和纤维宽度共8个指标。由于所采集的浙江省各类手工纸纸样的生产标准化程度不同，因而若干纸种纸品所测数据与机制纸、宣纸的标准存在一定差距。

8

测试指标说明及使用的测试设备如下：

（1） **定量** ▸ 所测纸的定量指标是指单位面积纸的质量，通过测定试样的面积及其质量，并计算定量，以g/m²为单位。
所用仪器 ▸ 上海方瑞仪器有限公司3003电子天平。

（2） **厚度** ▸ 所测纸的厚度指标是指纸在两块测量板间受一定压力时直接测量得到的厚度。根据纸的厚薄不同，可采取多层指标测量、单层指标测量，以单层指标测量的结果表示纸的厚度，以mm为单位。

sample (2/3, 1/2 or 1/4 of a page, or even smaller) if we do not have sufficient sample available to the corresponding section. For some sections, no sample is attached for the shortage of sample paper (e.g. the papermakers had ceased production or were in trial production).

7. All the paper samples elaborated in this volume, in terms of raw materials and papermaking techniques, were tested, including those attached to the special edition, or not attached to the volume due to scarce sample which only enough for technical analysis.

The test was based on the technical analysis standards of Chinese Xuan Paper (GB/T 18739—2008), with modifications adopted according to the specific features of the handmade paper in Zhejiang Province. All paper with sufficient samples, such as Yuanshu paper, calligraphy and painting paper, bast paper, Teng paper, were tested in terms of 14 indicators, including mass per unit area, thickness, tightness, resistance force, tensile strength, tear resistance, wet strength, whiteness, ageing resistance, dirt count, absorption of water, elasticity, fiber length and width. Processed paper was tested in terms of 8 indicators, including mass per unit area, thickness, tightness, resistance force, tensile strength, tear resistance, whiteness, and absorption of water. Bamboo paper was tested in terms of 8 indicators, including mass per unit area, thickness, tightness, resistance force, tensile strength, whiteness, fiber length and width. Due to the various production standards involved in papermaking in Zhejiang Province, the data might vary from those standards of machine-made paper and Xuan paper.

8. Test indicators and devices:
(1) Mass per unit area: the values obtained by measuring the sample mass divided by area, with the measurement unit g/m². Electronic balance (specification: 3003) we employed is produced by Fangrui Instrument Co., Ltd., Shanghai City.
(2) Thickness: the values obtained by using two measuring boards pressing the paper. In the measuring process, single layer or multiple layers of paper were employed depending on the thickness of the paper, and the single layer measurement unit is mm. The thickness measuring instruments employed are produced by Yueming Small Testing Instrument Co., Ltd., Changchun City (specification: JX-HI) and Pinxiang Science and Technology Co., Ltd., Hangzhou City (specification: PN-PT6).
(3) Tightness: mass per unit volume, obtained by measuring the mass per unit area and thickness, with the measurement unit g/cm³.

所用仪器 ▸ 长春市月明小型试验机有限责任公司JX-HI型纸张厚度仪、杭州品享科技有限公司PN-PT6厚度测定仪。

(3) 紧度 ▸ 所测纸的紧度指标是指单位体积纸的质量，由同一试样的定量和厚度计算而得，以g/m^3为单位。

(4) 抗张力 ▸ 所测纸的抗张力指标是指在标准试验方法规定的条件下，纸断裂前所能承受的最大张力，以N为单位。

所用仪器 ▸ 杭州高新自动化仪器仪表公司DN-KZ电脑抗张力试验机、杭州品享科技有限公司PN-HT300卧式电脑拉力仪。

(5) 抗张强度 ▸ 所测纸的抗张强度指标一般用在抗张强度试验仪上所测出的抗张力除以样品宽度来表示，也称为纸的绝对抗张强度，以kN/m为单位。

《浙江卷》采用的是恒速加荷法，其原理是使用抗张强度试验仪在恒速加荷的条件下，把规定尺寸的纸样拉伸至撕裂，测其抗张力，计算出抗张强度。公式如下：

$$S=F/W$$

式中，S为试样的抗张强度（kN/m），F为试样的绝对抗张力（N），W为试样的宽度（mm）。

(6) 撕裂度 ▸ 所测纸张撕裂强度的一种量度，即在测定撕裂度的仪器上，拉开预先切开一小切口的纸达到一定长度时所需要的力，以mN为单位。

所用仪器 ▸ 长春市月明小型试验机有限责任公司ZSE-1000型纸张撕裂度测定仪、杭州品享科技有限公司PN-TT1000电脑纸张撕裂度测定仪。

(7) 湿强度 ▸ 所测纸张在水中浸润规定时间后，在润湿状态下测得的机械强度，以mN为单位。

所用仪器 ▸ 长春市月明小型试验机有限责任公司ZSE-1000型纸张撕裂度测定仪、杭州品享科技有限公司PN-TT1000电脑纸张撕裂度测定仪。

(8) 白（色）度 ▸ 白度是指被测物体的表面在可见光区域内与完全白（标准白）物体漫反射辐射能的大小的比值，用百分数（%）来表示，即白色的程度。所测纸的白度指标是指在D65光源、漫射/垂射照明观测条件下，纸对主波长475 nm蓝光的漫反射因数。

所用仪器 ▸ 杭州纸邦仪器有限公司ZB-A色度测定仪、杭州品享科技有限公司PN-48A白度颜色测定仪。

(9) 耐老化度下降 ▸ 指所测纸张进行高温试验的温度环境变化后的参数及性能。本测试采用105 ℃高温恒温放置72小时后进行测试，以百分数（%）表示。

所用仪器 ▸ 上海一实仪器设备厂3GW-100型高温老化试验箱、杭州

(4) Resistance force: the maximum tension that the sample paper can withstand without tearing apart, when tested by the standard experimental methods. The measurement unit is N. The tensile strength testing instrument (specification: DN-KZ) is produced by Hangzhou Gaoxin Technology Company, Hangzhou City and PN-HT300 horizontal computer tensionmeter by Pinxiang Science and Technology Co., Ltd., Hangzhou City.

(5) Tensile strength: the values obtained by measuring the sample maximum resistance force against the constant loading, then divided the maximum force by the sample width, with the measurement unit kN/m.

In this volume, constant loading method was employed to measure the maximum tension the material can withstand without tearing apart. The formula is:

$$S=F/W$$

S stands for tensile strength (kN/m), F is resistance force (N) and W represents sample width (mm).

(6) Tear resistance: a measure of how well a piece of paper can withstand the effects of tearing. It measures the strength the test specimen resists the growth of any cuts when under tension. The measurement unit is mN. Paper tear resistance testing instrument (specification: ZSE-1000), produced by Yueming Small Testing Instrument Co., Ltd., Changchun City and computerized paper tear resistance testing instrument (specification: PN-TT1000) produced by Pinxiang Science and Technology Co., Ltd.

(7) Wet strength: a measure of how well the paper can resist a force of rupture when the paper is soaked in the water for a set time. The measurement unit is mN. Paper tear resistance testing instrument (specification: ZSE-1000), produced by Yueming Small Testing Instrument Co., Ltd., Changchun City and computerized paper tear resistance testing instrument (specification: PN-TT1000) produced by Pinxiang Science and Technology Co., Ltd., Hangzhou City.

(8) Whiteness: degree of whiteness, represented by percentage(%), which is the ratio obtained by comparing the radiation diffusion value of the test object in visible region to that of the completely white (standard white) object. Whiteness test in our study employed D65 light source, with dominant wavelength 475 nm of blue light, under the circumstances of diffuse reflection or vertical reflection. The whiteness testing instrument (specification: ZB-A) is produced by Zhibang Instrument Co., Ltd., Hangzhou City and whiteness tester (specification PN-48A) produced by Pinxiang Science and Technology Co., Ltd., Hangzhou City respectively.

(9) Ageing resistance: the performance and parameters of the sample paper when put in high temperature. In our test,

品享科技有限公司YNK/GW100-C50耐老化测试箱。

（10）**尘埃度** ▸ 所测纸张单位面积上尘埃涉及的黑点、黄茎和双浆团个数。测试时按照标准要求计算出每一张试样正反面每组尘埃的个数，将4张试样合并计算，然后换算成每平方米的尘埃个数，计算结果取整数，以个/m^2为单位。

所用仪器 ▸ 杭州品享科技有限公司PN-PDT尘埃度测定仪。

（11）**吸水性** ▸ 所测纸张在水中能吸收水分的性质。测试时使用一条垂直悬挂的纸张试样，其下端浸入水中，测定一定时间后的纸张吸液高度，以mm为单位。

所用仪器 ▸ 四川长江造纸仪器有限责任公司J-CBY100型纸与纸板吸水性测定仪、杭州品享科技有限公司PN-KLM纸张吸水率测定仪。

（12）**伸缩性** ▸ 所测纸张由于张力、潮湿的缘故，尺寸变大、变小的倾向性。分为浸湿伸缩性和风干伸缩性，以百分数（%）表示。

所用仪器 ▸ 50 cm × 50 cm × 20 cm长方形容器。

（13）**纤维长度/宽度** ▸ 所测纸的纤维长度/宽度是指从所测纸里取样，测其纸浆中纤维的自身长度/宽度，分别以mm和μm为单位。测试时，取少量纸样，用水湿润，用Herzberg试剂染色，制成显微镜试片，置于显微分析仪下采用10倍及20倍物镜进行观测，部分显微镜试片在观测过程中使用了40倍物镜，并显示相应纤维形态图各一幅。

所用仪器 ▸ 珠海华伦造纸科技有限公司XWY-Ⅵ型纤维测量仪和XWY-Ⅶ型纤维测量仪。

9

《浙江卷》对每一种调查采集的纸样均采用透光摄影的方式制作成图像，以显示透光环境下的纸样纤维纹理影像，作为实物纸样的另一种表达方式。其制作过程为：先使用透光台显示纯白影像，作为拍摄手工纸纹理透光影像的背景底，然后将纸样铺平在透光台上进行拍摄。拍摄相机为佳能5D-Ⅲ。

10

《浙江卷》引述的历史与当代文献均以当页脚注形式标注。所引文献原则上要求为一手文献来源，并按统一标准注释，如“陈伟权. 棠云竹纸的文明传奇[J]. 文化交流，2016（5）：50-52.”“袁代绪. 浙江省手工造纸业[M]. 北京：科学出版社，1959：30-33.”“浙江设计委员会统计部. 浙江之纸业[Z]. 1930：232-234.”“谷

temperature is set 105 degrees centigrade, and the paper is put in the environment for 72 hours. It is measured in percentage (%). The high temperature ageing test box (specification: 3GW-100) is produced by Yishi Testing Instrument Factory in Shanghai City; Ageing test box (specification: YNK/GW100-C50) produced by Pinxiang Science and Technology Co., Ltd., Hangzhou City.

(10) Dirt count: fine particles (black dots, yellow stems, fiber knots) in the test paper. It is measured by counting fine particles in every side of four pieces of sample paper, adding up and then calculate the number (integer only) of particles every square meter. It is measured by number of particles/m^2. Dust tester (specification: PN-PDT) produced by Pinxiang Science and Technology Co., Ltd., Hangzhou City.

(11) Absorption of water: it measures how sample paper absorbs water by dipping the sample paper vertically in water and testing the level of water. It is measured in mm. Paper and paper board water absorption tester (specification: J-CBY100) produced by Changjiang Papermaking Instrument Co., Ltd., Sichuan Province and water absorption tester (specification: PN-KLM) produced by Pinxiang Science and Technology Co., Ltd., Hangzhou City.

(12) Elasticity: continuum mechanics of paper that deform under stress or wet. It is measured in %, consists of two types, i.e. wet elasticity and dry elasticity. Testing with a rectangle container (50 cm × 50 cm × 20 cm).

(13) Fiber length (mm) and width (μm): analyzed by dying the moist sample paper with Herzberg reagent, and the fiber pictures were taken through ten times and twenty times objective lens of the microscope (part of the samples were taken through four times objective lens). And the corresponding photo of fiber was displayed respectively. We used the fiber testing instrument (specifications: XWY-VI and XWY-VII) produced by Hualun Papermaking Technology Co., Ltd., Zhuhai City.

9. Each paper sample included in *Library of Chinese Handmade Paper: Zhejiang* was photographed against a luminous background, which vividly demonstrated the fiber veins of the samples. This is a different way to present the status of our paper sample. Each piece of paper sample was spread flat-out on the LCD monitor giving white light, and photographs were taken with Canon 5D-III camera.

10. All the quoted literature are original first-hand resources and the footnotes are used for documentation with a uniform standard. For instance, "Chen Weiquan. The Legend of Bamboo Paper in Tangyun Village[J]. Culture Exchange, 2016(5): 50-52." "Yuan Daixu. Handmade Papermaking Industry in Zhejiang

宇. 浙江地区传统造纸工艺的保护研究[D]. 上海：复旦大学，2014：5.”等。

11

《浙江卷》所引述的田野调查信息原则上要求标示出调查信息的一手来源，如“调查组于2016年8月11日第一次前往作坊现场考察，通过朱金浩介绍和实地参观了解到……”“盛建桥在访谈时表示……”等。

12

《浙江卷》所使用的摄影图片主体部分为调查组成员在实地调查时所拍摄的图片，也有项目组成员在既往田野工作中积累的图片，另有少量属撰稿过程中所采用的非项目组成员的摄影作品。由于项目组成员在完成全卷过程中形成的图片的著作权属集体著作权，且在调查过程中多位成员轮流拍摄或并行拍摄为工作常态，因而全卷对图片均不标示项目组成员作者。项目组成员既往积累的图片，以及非项目组成员拍摄的图片在图题文字或后记中特别说明，并承认其个人图片著作权。

13

考虑到《浙江卷》中文简体版的国际交流需要，编著者对全卷重要或提要性内容同步给出英文表述，以便英文读者结合照片和实物纸样领略全卷的基本语义。对于文中一些晦涩的古代文献，英文翻译采用意译的方式进行解读。英文内容包括：总序、编撰说明、目录、概述、图目、表目、术语、后记，以及所有章节的标题，全部图题、表题与实物纸样名。

“浙江省手工造纸概述”为全卷正文第一章，为保持与后续各章节体例一致，除保留章节英文标题及图表标题英文名外，全章的英文译文作为附录出现。

14

《浙江卷》的名词术语附录兼有术语表、中英文对照表和索引的三重功能。其中收集了全卷中与手工纸有关的地理名、纸品名、原料与相关植物名、工艺技术和工具设备、历史文化等5类术语。各个类别的名词术语按术语的汉语拼音顺序排列。每条中文名词术语后都给以英文直译，可以作中英文对照表使用，也可以当作名词索引使用。

Province[M]. Beijing: Science Press, 1959:30-33.” “Statistics Department of Zhejiang Design Committee. Zhejiang Paper Industry[Z]. 1930:232-234.” and “Gu Yu. Protection of Traditional Papermaking Techniques in Zhejiang Region[D]. Shanghai: Fudan University, 2014:5.”etc.

11. Sources of field investigation information were attached in this volume. For instance, “On August 11, 2016, the research team firstly visited the paper mill, where through Zhu Jinhao's introduction and field trip we got that ...” “According to Sheng Jianqiao's words in the interview ...”.

12. The majority of photographs included in the volume were taken by the researchers when they were doing fieldworks of the research. Others were taken by our researchers in even earlier fieldwork errands, or by the photographers who were not involved in our research. We do not give the names of the photographers in the book, because almost all our researchers are involved in the task and they agreed to share the intellectual property of the photos. Yet, as we have claimed in the epilogue or the caption, we officially admit the copyright of all the photographers, including those who are not our researchers.

13. For the purpose of international academic exchange, English version of some important parts is provided, so that the English readers can have a basic understanding of the volume based on the English parts together with photos and samples. For the ancient literature which is hard to understand, free translation is employed to present the basic idea. English part includes Preface, Introduction to the Writing Norms, Contents, Introduction, Figures, Tables, Terminology, Epilogue, and all the titles, figure and table captions and paper sample names.

Among them, “Introduction to Handmade Paper in Zhejiang Province” is the first chapter of the volume and its translation is appended in the appendix part, apart from the section titles and table and figure titles in the chapter.

14. Terminology is appended in *Library of Chinese Handmade Paper: Zhejiang*, which covers five categories of Places, Paper Types, Raw Materials and Plants, Techniques and Tools, History and Culture, relevant to our handmade paper research. All the terms are listed following the alphabetical order of the Chinese character. The Chinese and English parts in the Terminology can be used as check list and index.

目 录
Contents

第一章
浙江省手工造纸概述

Chapter I
Introduction to Handmade Paper
in Zhejiang Province

第一节 浙江省手工造纸的历史沿革

Section 1
History of Handmade Paper in Zhejiang Province

一 浙江地域的自然与文化特征

1
Natural and Cultural Characteristics of Zhejiang Region

浙江作为省级行政区，简称“浙”，地处中国东南沿海长江三角洲南翼。其境内最长的河流——钱塘江（上接富春江和新安江，发端于今安徽省休宁县与江西省婺源县交界六股尖的新安江源为钱塘江的正源）江流曲折，又被称为之江、折江和浙江，省域因此得名。

细究起来，从古至今浙江自然与文化区域的涵盖范围大致发生了三次主要变化并最终定型：

（1） 作为地方行政区的名称，始于唐代开始设置的浙江东道、浙江西道两大方镇。浙江东道领有越、衢、婺、温、台、明、处7州，浙江西道辖境相当于今江苏长江以南、茅山以东及浙江新安江以北地区。

（2） 作为省级行政区划滥觞于元明时期：元朝设江浙等处行中书省建制，统治中心经历了由扬州到杭州的演变。1366年，朱元璋的军队占领杭州，开始以此为中心设置浙江等处行中书省，简称浙江行省，经历明清延续发展，其辖境逐渐奠定了现代浙江省域行政区划基础。

钱塘江（徐建华供图）
Qiantang River (photo provided by Xu Jianhua)

（3） 现代版图的浙江，是中华人民共和国建立后在前期历史建制的基础上先后设置的34个省、直辖市、自治区、特别行政区之一，其地理坐标为东经118° 00′ ~123° 00′，北纬27° 12′ ~31° 31′。最西点在今开化县苏庄镇车田坂村西侧，最东点在嵊泗列岛以东的海礁（今童岛），东西经度相差5°；最南点在苍南县南关岛以南的星仔岛，最北点在长兴县煤山镇倘圩村北侧，南北纬度相差4° 19′。

作为一个省级地方行政区，浙江建省历史并不算长，仅有600多年。但作为一个文明或区域历史的概念，其域内可以见证的文明源远流长。早在距今45万年前的中更新世，地处浙北的今安吉县境内就已有远古人类活动的踪迹，拉开了浙江目前考古已知历史的序幕。在距今约10万年前的旧石器时代中晚期，原始人类“建德人”已生活在浙西山地。从新石器时代灿烂的河姆渡文化算起，浙江的历史至少经历了近7 000年的文化激荡，形成了独特的地域的人与自然共生面貌和区域文明演进脉络。

浙江省面积虽然只有1.02×10^5 km^2，但自然环境却是相当多元的。在这个地域空间里，地区之间风土民情各异，杭嘉湖平原、宁绍平原、温台沿海、金衢盆地等各地域内部又有数个亚地域子系统共存共荣，从明、清、民国一直延续到当前。明代浙江籍的人文地理学家王士性，曾以生动的语言描述了浙江省境内风土民情的地方特色：“杭、嘉、湖平原水乡，是为泽国之民；金、衢、严处丘陵险阻，是为山谷之民；宁、绍、台、温连山大海，是为海滨之民。三民各自为俗，泽国之民，舟楫为居，百货所聚，闾阎易于富贵，俗尚奢侈，缙绅气势大而众庶小；山谷之民，石气所钟，猛烈鸷愎，轻犯刑法，喜习俭素，然豪民颇负气，聚党羽而傲缙绅；海滨之民，餐风宿水，百死一生，以有海利为生不甚穷，以不通商贩不甚富，闾阎与缙绅相安，官民得贵贱之中，俗尚居奢俭之半。”[1]

按照今日地理学家的看法，浙江地域可划分为六大区域。北部平原区：主要由杭嘉湖平原和宁绍平原构成。这一区域河网密布，良田万顷，浙江人口主要聚集于此。西北中山丘陵区：浙江西北多山地丘陵，山间有著名的千岛湖景区，在浙江与安徽交

[1] [明]王士性，吕景琳，广志绎：卷四　江南诸省[M]. 北京：中华书局，1981:68.

界处，是天目山与白际山脉。中部盆地区：盆地中金华、衢州两个城市历史悠久，文化繁荣，也被称作“金衢盆地”。东部丘陵区：曹娥江流域丘陵广布，坡度平缓的丘陵起伏有秩，农业文明展现出别具韵律的美感。南部中山区：丽水及温州西部等地山脉纵横，其中武夷山系洞宫山脉的主峰黄茅尖海拔1 921米，是浙江省的最高山峰。滨海区：东南沿海自北向南一个个平原断续相连，这些平原是台州、温州等沿海城市的依托，它们与海上数千个大大小小的岛屿相呼应，形成海岸线，构成了浙江海洋文明大省形象。

海岛与山的交错分布
View of islands and mountains

中国的历史学家一般认为，唐宋之前，中国的政治、文化和经济的中心在中原地区，浙江和江南其他地区一样，处于相对边缘化的地位。唐宋至明代，随着中国经济与文化重心的逐渐南移，浙江地域的经济、文化经历了从边缘到中心，从相对封闭到开放引领的过程。

隋唐之际，在大运河开通这一大事件的推动下，中原地区与浙江交流更加紧密，浙江经济与社会进入全面发展状态。而从晋代开始中原地区动荡近千年，经济中心已悄然完成了从中原地区到江南地区的转变，转变高峰最终是通过南宋定都杭州形成的，这成为江南社会在文化经济生活上超越中原地区的标志性事件。宋代两浙路的富庶在江南首屈一指，杭州城的崛起作为两宋浙江文明的标志，至今仍闪耀着其“天堂”的光辉。无论是海外贸易，还是自身的经济、政治及文化，两宋时期的浙江都呈现出一派繁华，甚至在相对偏远的浙南永嘉（温州），都形成了著名的南宋永嘉学派，这是当时能够与程朱理学、陆九渊心学形成鼎足之势的重要学术思想流派和知识中心。

明代江南经济流通和繁荣不输两宋，社会稳定、经济繁荣，为浙江文教的发达和“文物之邦”地位的确立奠定了坚实的基础。明清时期，号称“文物之邦”的浙江产生了一大批具有全国性影响的文化名人。虽然浙江在清末属于洋务运动布局和发展相对薄弱之地，近代工业化起步较晚，但在推翻专制王朝、建立共和国的过程中，浙江是“共和革命”的发源地。

民国时期，浙江对中国工商业发展最具影响的事件是号称“宁波帮”和“江浙财团”（或称“浙江财团”）的浙江籍工商业资本家群体在中国的崛起。当代，浙江同样以浙商民营资本通江达海的能力为世人瞩目。

浙江的文化源远流长，境内已发现新石器时代遗址100多处，最具代表性的有距今7 000～5 000年的河姆渡中国南方早期新石器时代文化（中心地在余姚市河姆渡镇），距今约6 000年的马家浜新石器文化（以嘉兴市南湖乡马家浜遗址得名），距今5 300～4 500年的稻作农业和玉器、丝麻纺织手工业制作已经颇为发育的良渚文化（中心地在杭州市余杭区瓶窑镇）。

或许是因为地理环境的约束性特征，浙江的先民特别注重以手工艺谋生，注重手工艺制品的制作与经营，因而到今天，浙江省境内传世非物质文化遗产（以下简称“非遗”）相当丰富，多样性也较强。2005年，浙江省在全国率先公布首批省级“非遗”名录。2006年，浙江省列入首批国家级“非遗”名录项目的数量位居全国各省区市第一。2007年，浙江省又公布了第二批省级“非遗”名录，共计10大类225项，可以说在一定程度上开启了21世纪初中国整体性“非遗”活态保护潮流之先河。

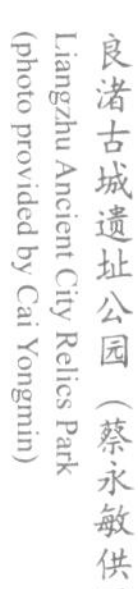

良渚古城遗址公园（蔡永敏供图）
Liangzhu Ancient City Relics Park
(photo provided by Cai Yongmin)

二 浙江地域古代造纸业态的起源与发展

2 The Origin and Development of Ancient Papermaking Industry in Zhejiang Region

（一）浙江地域手工造纸历史的基本线索

浙江手工造纸是在浙江独特的历史地理和文化脉络中萌芽并发展起来的。与中国南方其他省区手工造纸起源较晚迥异，关于浙江手工造纸起源的历史记载很早，两晋时期就有相关的记载。自魏晋南北朝开始，随着北方移民的南迁，先进的学术文化和技术文明推动了浙江地域的快速发展，其很早便成为江南文人荟萃之地，文化与知识聚集现象突出。

浙江早期手工造纸历史主要起源于当时的越州剡溪与会稽郡等地，由当地的藤资源催生的藤纸与当时引领中国文化发展的士人书画雅集等活动紧密结合，其中最著名的剡溪藤纸、会稽竹纸成为王羲之、谢安、桓温等全国性艺术大家和政治家的用纸。

唐代，浙江手工造纸迅速发展，唐代浙江的杭州（余杭）、越州（绍兴）、婺州

（金华）、衢州都是生产藤纸的中心地区，除剡溪剡藤纸外，余杭由拳村的藤纸在唐代也相当有名。宋代，随着经济中心的南移，尤其是南宋定都临安（杭州），以此为中心的江南政治文化快速繁荣起来，浙江手工纸也有了突破性发展，这在很大程度上得益于政府在杭州和绍兴地区设立官纸局所形成的贡纸体系，杭州、婺州（金华）、衢州位列全国11个明确须贡纸的地区。

北宋之后，浙江手工造纸迎来了一个重要转折，因剡溪当地制作藤纸对资源的索取过度，对于全国驰名的名纸的消费造成了古藤资源日益衰竭，导致藤纸生产业态难以为继，南宋以后藤纸就渐渐淡出了人们的视野。江南为多竹之地，唐宋时期，竹纸开始在闽浙一带兴起并流行，这一新的手工纸品类又让浙江的产纸量大幅上升。睦州（今淳安县一带）、越州（今绍兴）、杭州（今富阳一带）成为宋代竹纸生产的中心。其中绍兴的竹纸（越纸）被认为质量优于他处，为优质竹纸最著名的产地。

宋元之际，温州的蠲纸以及各地的稻草纸逐渐走出小地域的历史舞台，历史文献对浙江手工造纸的记载也逐渐详细起来。宋代，随着中国造纸中心南移的完成，江南地区手工纸产量、多样性和品质开始超越北方，浙江在造纸方面的地位逐渐稳固，奠定了浙江造纸在全国的“头部”地位。

元代，大量国子监的书籍都由杭州刻印，这不仅是因为杭州雕版技术好，也因为纸张供应方便且质优价廉。明清时期浙江的造纸业态日趋成熟，几乎在全省遍地开花，产量和制作工艺在清末达到顶峰，形成了富阳、衢州、常山等诸多产纸中心区。《中国实业志》记载：明清时期浙江纸业极为兴盛，其中常山、仙居所产的奏本纸，余杭、龙游出产的竹烧纸，桐庐、常山的日历纸，均闻名于当时。[2]

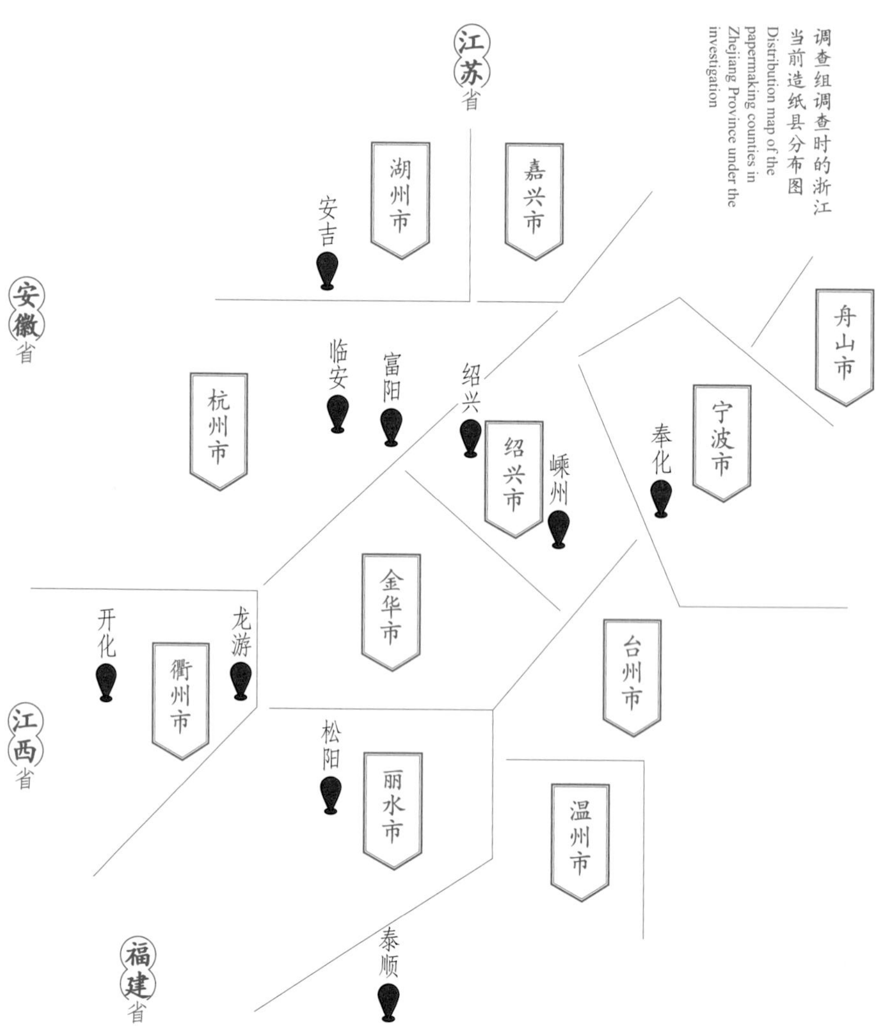

调查组调查时的浙江当前造纸县分布图
Distribution map of the papermaking counties in Zhejiang Province under the investigation

[2] 中华民国实业部国际贸易局.中国实业志：浙江省　第7编：工业[Z].1933：236-237.

（二）魏晋南北朝：浙江手工造纸起源阶段

按照今天的考古发现和《后汉书·蔡伦传》的记载，从近2 200年前西汉早期零星纸质文物的被发现，到东汉王朝蔡伦向汉和帝敬献所造"蔡侯纸"（105年）并由朝廷向天下推广，造纸技术发明的第一次国家定型过程正式完成。今日浙江境内何时开始应用这一技术发展造纸业，涉及汉代时期的史书并无任何记载。但在地方民间的传说里，富阳等多个传统手工造纸地均把自己的造纸起源上溯到汉时，也可以算民间文化意向里一种对地域传统的认同。[3]

[3] 周关祥.富阳传统手工造纸[Z].2010:1.

东晋时期以书圣王羲之（303—361年）的书法诗文创作活动为中心的浙江地区手工纸消费文化圈有了明确记载，由此上溯到东汉蔡伦造纸法定型颁布（105年）的约250年的时光中，书法诗文的创作载体至少经历了由竹木简、绢帛到纸张的替代性转化，或者是两者与三者并行的阶段。汉末三国时期，随着造纸技术的进步，产能和性价比相较蔡伦时期均有较大提升，如王羲之老家山东琅琊的近邻同乡，出生于山东东莱的书法家兼造纸人左伯（165—226年）就造出了著名的"左伯纸"，以至于当时流传着"张芝笔、左伯纸、韦诞墨"为"天下三绝"的说法。两晋时期，纸逐渐成为重要的书写材料，但浙江地域本身的造纸记载依然不是很清晰，我们姑且将这一时期称为浙江手工造纸的萌芽初期。

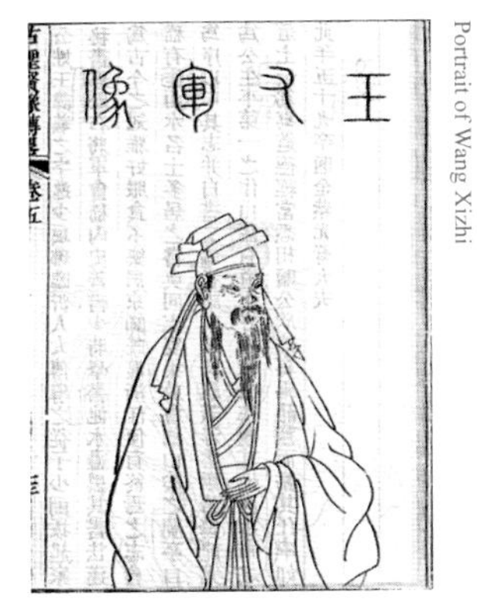

王羲之画像
Portrait of Wang Xizhi

传说中最早记述浙江手工造纸起源的是西晋时期著名人士张华所说的"剡溪古藤甚多，可造纸"，可见当时会稽郡（此一时期辖今绍兴、宁波一带）的剡县已开始用藤这种原料造纸。[4] 东晋时会稽郡的造纸已初具规模，在更大一些范围内，越州纸在这一时期也已出名，但历史记载多以越州城驻地的会稽郡为造纸中心。从文献记载的特征来看，涉及纸的记载多与该地文人书画诗文活动紧密结合。这一时期，云集会稽郡的社会名士和文化贤达多，对纸的需求量也大，这无疑刺激了造纸业的发展。

[4] [清]张玉书.佩文韵府：卷二十五之五[M].文渊阁《四库全书》本.上海：上海古籍出版社，1987.

南宋施宿等撰写的《会稽二志》记载：东晋时王羲之任会稽内史时，"谢公（即著名政治家谢安，不同版本也有记作桓温）就乞陟釐纸（为苔纸，据传其以一种长在阴湿岩石上的蕨类植物为原料，陟釐亦作侧釐、侧理、陟厘）。库内有九万枚（不同版本也有记作五十万枚），悉与之。以此知会稽出纸尚矣"[5]。不论是9万张还是50万张，都说明越州当时的造纸业已有相当大的规模。同时代的政治家庾冰在其《与王羲之书》中也提及："得示。连纸一丈，致辞一千，只增其叹耳，了无解于往怀。"[6] "丈""千"是当时纸张的量化单位，细分量化的表达说明纸张产量已不小。

『（南宋）会稽二志点校』书影
A photo of the book *Punctuation and Collation of Kuaiji Erzhi (Southern Song Dynasty)*

[5] [南宋]施宿，张淏.会稽二志点校[M].李能成，点校.合肥：安徽文艺出版社，2012:358.

[6] [清]严可均.全晋文：上册[M].北京：商务印书馆，1999:377.

造纸业是地域属性很强的业态，一个地方造纸业的发展程度与当地产造纸原料的丰富程度分不开。杭州、绍兴一带出产麻、藤、楮、竹、桑，这些都是可用来造纸的优质原料。

考查文献所记浙江造纸取用的原料，用野生藤本植物纤维造藤皮纸起源最早。东晋咸安年间（371～372年），余杭县令范宁以“土纸不可以作文书，皆令用藤角纸”[7]作为地方公文用纸要求，既然明令规定用于公文，可见藤角纸数量是不少的。南朝宋时山谦之所撰的《吴兴记》也提到：“由拳村，出藤纸。”[8]

[7] [宋]李昉.太平御览：第5卷[M].任明，朱瑞平，李建国，校点.石家庄：河北教育出版社，1994:760.

[8] 刘纬毅.汉唐方志辑佚[M].北京：北京图书馆出版社，1997:191.

浙江早期除了有藤皮造的纸张外，该地竹纸的萌芽也很早。南宋赵希鹄《洞天清禄》回溯王羲之在世时当地手工造纸的情况时说：“南纸用竖帘，纹必竖。若二王真迹，多是会稽竖纹竹纸。盖东晋南渡后，难得北纸，右军父子多在会稽故也。”[9]不过从公文用藤角纸和王羲之、王献之这样的书圣父子及贵族才使用竹纸来看，竹纸应该只是少量使用，藤纸才是当时的主流用纸。

[9] [宋]赵希鹄.洞天清禄：外二种[M].杭州：浙江人民美术出版社，2016:40.

今浙江东阳地域的鱼卵纸在魏晋时也已有名。传说中王羲之的书法老师卫夫人（272—349年）在其书法论文《笔阵图》中写道：“纸取东阳鱼卵，虚柔滑净者。”[10]《笔阵图》写于东晋永和三年（347年），按照当时的建制，所称的东阳只能是东阳郡，基本相当于今天的金华市。传说鱼卵纸面对着日光，可看见纸色白如新出的蚕茧，又有纹点如鱼卵（即鱼子纹），鱼卵纸因其纹似鱼卵而得名。从前人描述看，此纸与当时高级的蚕茧笺非常相似，原材料是植物皮的可能性较大。

[10] [唐]张彦远.法书要录：卷一[M].范祥雍，点校.北京：人民美术出版社，2016:6.

早期文献提及浙江产的名纸有若干种，但纸张制作的工艺细节则完全没有记录。从沈约《宋书·张永传》记载吴郡吴县人张永“纸及墨皆自营造”的情况看[11]，当时这一地区有的世族庄园也从事纸墨制造，因此缺乏工艺记录实际上还是因为文献记载人不太关注工艺等形而下的技艺，而注意的多为名人用纸事迹和诗书文化。

[11] [梁]沈约.宋书[M].北京：中华书局，1974:1511.

浙江地域所产纸张当时已成为消费商品，除供应本地所需外，也输往外地存储销售。沈约《宋书》就记载了南朝宋时，大官僚孔觊之弟，山阴人孔道存、孔徽从会稽回到都城建康的时候，“辎重十余船，皆是绵绢纸席之属”[12]。可见当时会稽郡的纸已经是重要的大宗流通产品。

[12] [梁]沈约.宋书[M].北京：中华书局，1974:2155.

需要指出的是，魏晋时期随着造纸业的初步发展，南北各地（包括部分少数民族地区）都建立了官私纸坊，就地取材，逐渐形成了若干造纸中心。北方以今河南的洛阳、陕西的西安及山西、河北、山东等地为中心，主要产麻纸、楮皮纸、桑皮纸；南方造纸业在晋室南渡之后也发展起来了，主要集中在浙江会稽、建业（南京）、扬州、广州等地。[13]但总体来说，当时中国造纸的中心仍然在北方。

[13] 陈涛.唐宋时期造纸业重心的地理变迁[J].唐史论丛，2010(1):403-419.

（三）唐代：浙江手工造纸第一个发展高峰

唐代是中国造纸史上的第一个高峰时期，一方面是制作区域向全国范围迅速扩展，另一方面是制作中心继续向南方地区转移。北宋后期的书法大家蔡襄说：“今世纸多出南方，如乌田、古田、由拳、温州、惠州皆知名，徽之绩溪，曾不得及其门墙耳。”[14]

[14] [宋]蔡襄.蔡忠惠集：卷34[M].吴以宁，点校.上海：上海古籍出版社，1996：628.

浙江是唐代纸的主要产地之一，唐代也是浙江造纸发展的第一个高峰时期，浙江域内造纸的地域更广，纸的种类更多。根据《元和郡县图志》《新唐书·地理志》《通典》等记载，唐代全国生产贡纸者共11州（郡），其中浙江有杭州、越州、婺州、衢州等4州（郡），已占全国1/3强。其中衢州“开元贡：绵纸，元和贡：绵纸”[15]，“岁贡绵白片纸六千张”[16]。婺州“开元贡藤纸，元和贡白藤细纸”，婺州“东阳郡贡纸六千张”[17]。“开元时，越州、会稽贡藤纸”[18]。

[15] [唐]李吉甫.元和郡县图志：卷26[M].贺次君，点校.北京：中华书局，1983：622.

[16] [唐]杜佑.通典：食货六　赋税：下[M].北京：中华书局，1984：37.

[17] [唐]杜佑.通典：食货六　赋税：下[M].北京：中华书局，1984：36.

[18] [唐]李吉甫.元和郡县图志：卷26[M].贺次君，点校.北京：中华书局，1983：621.

唐时原会稽郡（唐初改为越州都督府）剡溪沿岸的嵊州藤纸非常著名，有“纸之妙者，越之剡藤”[19]之誉。此外，杭州郡余杭县、婺州（金华）、衢州、越州（绍兴）等地造纸作坊所产的细黄状纸、案纸、次纸（一种纸的名称）都是进贡朝廷的名纸，还有一种苔笺亦十分有名。

[19] [唐]李肇.唐国史补：因话录[M].上海：上海古籍出版社，1979：60.

《新唐书》载“婺州贡藤纸”，婺州属江南东道，在今浙江金华一带，当时所产藤纸也很出色。如《旧唐书》记：唐代名相杜暹（？—740年）离任婺州参军时，“补婺州参军，秩满将归，州吏以纸万余张以赠之，暹惟受一百，余悉还之”。时人称“百纸参军”以彰其廉。[20]可见婺州当时不仅已产纸，而且产纸数量也较为可观。

[20] [后晋]刘昫，赵莹.旧唐书：列传第四十八[M].北京：中华书局，1975：194.

流经嵊州地域的剡溪
Shanxi River flowing through Shengzhou Region

随着造纸经验的日益积累，剡溪藤纸的品质在唐时已大为提高，深得时人青睐。唐代大诗人顾况《剡纸歌》[21]云：

云门路上山阴雪，中有玉人持玉节。
宛委山里禹余粮，石中黄子黄金屑。
剡溪剡纸生剡藤，喷水捣后为蕉叶。
欲写金人金口经，寄与山阴山里僧。
手把山中紫罗笔，思量点画龙蛇出。
正是垂头蹋翼时，不免向君求此物。

[21] 陈怡焮.增订注释全唐诗：第2册　卷255[M].北京：文化艺术出版社，2001：670.

唐代很流行抄写经书，写经很郑重其事，选择纸张也很讲究，而写经选用剡藤纸颇为流行，可见其纸质优良。文化名人喜欢用藤纸的还不只顾况，五代人陶穀在《清异录》中写道：“先君畜白乐天墨迹两幅，（纸）背之右角有长方小黄印，文曰‘剡溪

[22] [宋]陶穀.清异录[M].北京：中华书局，1991：261.

小等月面松纹纸，臣彦古等上'。"[22]也就是说，陶穀先人所藏白居易所用的纸是由叫彦古的大臣献给皇帝，再由皇帝赐给或别人转送给白居易的剡藤纸。

因为剡溪独特的地理资源优势和剡纸出色的品质，剡溪、剡纸乃至剡藤成为诗词中的重要文化意象，以下汇集了若干与剡纸意向相关的诗句，见表1.1。

表1.1 历代咏剡纸、剡藤的诗文
Table 1.1 Poems related to shan paper and shanteng during the past dynasties

序号	年代	作者	相关诗文	出处
1	唐	顾况	剡溪剡纸生剡藤，喷水捣后为蕉叶。欲写金人金口经，寄与山阴山里僧。	《剡纸歌》
2	唐	皮日休	宣毫利若风，剡纸光于月。	《二游诗》
3	唐	施肩吾	越山花老剡藤新，才子风光不厌春。第一莫寻溪上路，可怜仙女爱迷人。	《晚春送王秀才游剡川》
4	唐	皇甫枚	以剡溪玉叶纸，赋诗以谢，曰：珍重佳人赠好音，彩笺方翰两情深。薄于蝉翼难供恨，密似蝇头未写心。	《飞烟传》
5	宋	欧阳修	剡藤莹滑如玻璃。	《再和圣俞见答》
6	宋	梅尧臣	日书藤纸争持去，长勾细划似珊瑚。	《送杜君懿屯田通判宣州》
7	宋	吴淑	金花玉骨，剡藤麻面。	《纸赋》
8	宋	苏东坡	苍鼠奋髯饮松腴，剡藤玉版开雪肤。 书来乞诗要自写，为把栗尾书溪藤。	《六观堂老人草书诗》 《孙莘老求墨妙亭诗》
9	宋	曾几	会稽竹箭东南美，来伴陶泓住管城。可惜不逢韩吏部，相从但说楮先生。	《剡溪竹纸三首》
10	宋	陆游	更嗟著句多尘思，惭愧溪藤似截肪。	《小园花盛开》
11	宋	薛能	越台随厚俸，剡硾得尤名。	《送浙东王大夫》
12	宋	楼钥	抚躬甚喜，剡牍先之。	《玫瑰集》
13	元	陈端	云母光笼玉楮温，得来原自剡溪颁。	《以剡笺寄赠陈待诏》
14	元	戴表元	剡溪春水碧粼粼，剡水野藤如乱云。剡人伐藤就溪洗，匠出素笺黄土纹。大笺敷腴便竿牍，小笺轻盈日千束。	《剡笺送任叔实》
15	清	金人瑞	我有剡溪藤一副，无人重写妙莲花。	《题邵僧弥画》

唐代余杭由拳村是藤纸的另一大著名产地，非常难得的是，唐人李之仪在《姑溪居士文集·卷一七》中对由拳藤纸加工工艺做了描述：

由拳纸工所用法，乃澄心之绪余也。但其料或杂，而吴人多参以竹筋，故色下而韵微劣。其如莹滑受墨，耐舒卷适人意处非一种。今夏末涉秋，多暴雨，潮水大，圩田之水不能泄，吾之野舍，浸及外限，户内著屐乃可行。会庄夫以收成告，既来，复值雨，寸步不能施，终日临几案，忽忽无况。云破山出，时时若相慰藉者，邂逅邻人，出此纸见邀作字，既与素意相投，凡数十番，不觉写遍，安得能文词者，相与周旋，既为之太息，而又字画不工，似是此纸厄会所招也。[23]

[23] 王云五.丛书集成初编：3[M].北京：商务印书馆，1935：131-132.

从李之仪的记述可见，由拳藤纸制作方法与澄心堂纸接近，但当时由拳纸原料不纯，不像澄心堂纸为特别精纯加工的楮树皮料，因而品质受到了一定的影响。

由于剡藤纸纸质优良，白净厚实，而被用来包装当时人们非常珍惜的茶叶，人所共爱，进入非常流行的包装用纸领域，所以也增加了其生产规模。陆羽《茶经》云："纸囊以剡藤纸白厚者夹缝之，以贮所炙茶，使不泄其香也。"[24]

[24] [唐]陆羽，陆廷灿.茶经 续茶经[M].哈尔滨：北方文艺出版社，2014：9.

关于唐代剡溪藤纸，最为系统、完整的文献记述来自唐人舒元舆的《悲剡溪古藤文》：

悲剡溪古藤文

（唐）舒元舆

剡溪上绵四五百里，多古藤。株枿逼土，虽春入土脉，他植发活，独古藤气候不觉，绝尽生意。予以为本乎地者，春到必动。此藤亦本乎地，方春且有死色，遂问溪上人。有道者言："溪中多纸工，刀斧斩伐无时，擘剥皮肌，以给其业。"噫！藤虽植物者，温而荣，寒而枯，养而生，残而死，亦将似有命于天地间。今为纸工斩伐，不得发生，是天地气力为人中伤，致一物疵疠之若此。

异日过数十百郡，洎东雒西雍。历见言书文者，皆以剡纸相夸。乃寤曩见剡藤之死。职正由此，此过固不在纸工。且今九牧士人，自专言能见文章户牖者，其数与麻竹相多。听其语，其自重皆不啻握骊龙珠。虽苟有晓寤者，其伦甚寡。不胜众者，亦皆敛手无语。胜众者，果自谓天下之文章归我，遂轻傲圣人之道。使"周南""召南"风骨折入于《折杨》《皇荂》中，言偃、卜子夏文学陷入于淫靡放荡中。比肩握管，动盈数千百人。数千百人下笔，动数千万言。不知其为谬误，日日以纵，自然残藤命，易其桑叶，波浪颓沓，未见其止。如此则绮文妄言辈，谁非书剡纸者耶？纸工嗜利，晓夜斩藤以鬻之，虽举天下为剡溪，犹不足以给，况一剡溪者耶？以此恐后之日不复有藤生于剡矣。

大抵人间费用，苟得著其理，则不枉之道在，则暴耗之过，莫由横及于物。物之资人，亦有其时，时其斩伐，不为夭阏。予谓今之错为文者，皆夭阏剡溪藤之流也。藤生有涯，而错为文者无涯。无涯之损物，不直于剡藤而已，予所以取剡藤以寄其悲。[25]

[25] [清]董诰.全唐文：卷七二七[M].北京：中华书局，1983：7495.

《悲剡溪古藤文》至少说明了两方面的问题：一是唐代中后期会稽剡藤纸的生产规模确实很大，二是大规模的伐藤造纸已经造成了环境的污染和生态的破坏，因造纸所需而不计长远地将古藤斩尽，影响它的生长。藤的生长期比麻、竹、楮要长，资源有限，所以作为唐代婺州东阳进士出身的舒元舆竭力呼吁人们珍惜纸张，否则"虽举天下为剡溪，犹不足给""恐后之日不复有藤生于剡矣"。舒氏此说不愧为卓识远见，可惜没有引起人们的注意。剡藤纸在宋后期的趋于消亡，实为前代积累的祸根。

除了藤纸，唐代浙江楮纸也开始出现。其中较为出名的一则记载是：楮纸出产于会稽，韩愈在《毛颖传》中云："颖与绛人陈玄、弘农陶泓，及会稽楮先生友善，相推致，其出处必偕。"[26] 文中以拟人化手法叙事，特称毛笔为毛颖，称会稽楮纸为楮先生，两者"友善"，以韩愈文坛宗师的地位来看，足见时人对会稽楮纸的推崇。

[26] 熊礼汇.唐宋八大家文章精选[M].武汉：湖北人民出版社，2007：132.

唐代浙江出现了竹纸的产地记录，唐人段公路在《北户录》中提到一种"竹膜纸"，崔龟图在其后注释为"睦州出之"[27]，睦州为今建德。宋初苏易简在《文房四谱》中也说（实际上是宋以前的状况）："江、浙间多以嫩竹为纸。"[28]

[27] [元]陶宗仪.说郛：卷二[M].上海：上海古籍出版社，1988：37.

[28] [宋]苏易简.文房四谱[M].上海：上海书店出版社，2015：56.

韩愈画像
Portrait of Han Yu

除了核心产区之外，地域偏远的温州等地造纸也开始兴旺起来。温州"唐有蠲府纸，凡造纸户免本身力役，故以蠲名。今出于永嘉，士大夫喜其有发越翰墨之功，争捐善价取之，一幅纸能为古今好尚，殆与江南澄心堂纸等"[29]。苏易简也以"瘦金笔势迥超伦，纸敌澄心自似银"[30]来评价温州蠲纸。可见蠲纸当时声誉之高。

[29] [宋]周煇.清波杂志：[M]//鲍廷博.知不足斋丛书：6.北京：中华书局，1999：642.

[30] [清]郭钟岳.东瓯竹枝词：蠲纸[M]//俞光.温州古代经济史料汇编.上海：上海社会科学院出版社，2005：308.

唐代是浙江手工纸发展的一个重要时期，但此时手工纸的主要用途还是以官方文书，文人士大夫书画、写经为主，包装用纸从记载看也仅用于茶叶类高端物品，平民化的消费基本上未见记载。

（四）宋代：浙江手工造纸空前兴盛时期（附元代）

宋代是中国历史长河中以文官政治、文化昌盛、审美生活格调出众而著称的朝代。两宋时期的浙江造纸业空前兴盛。无论是手工纸制作技术、品种、产量，还是其在人们日常生活中使用的广泛程度，都大大超过此前历代。尤其是宋室南迁定都杭州后，随着首都中心圈带动的政治、经济和文化教育事业的展开，社会对纸的需求与日俱增，造纸业的地位日渐重要，形成了两浙、巴蜀、福建三大造纸中心并立的局面。

宋代浙江手工造纸规模和生产技术突飞猛进，体现在以下几个方面：

首先，中国造纸中心转移完成，南方以浙闽为中心的造纸整体业态全面超过北方，名纸大量出现。官办体系无论是督造纸局还是征收造纸赋税，在造纸产业中发挥的作用日益重要，成为影响手工造纸技术和产业发展的重要因素。

其次，著名中心产区浙江所产的竹纸逐渐取代流行数百年的大宗产品藤纸，成为主要纸品，原料取之不竭、价格低廉的新一代主流产品开始大规模流通。

最后，纸的原料和品种从北宋就高度丰富起来。宋人苏易简描述当时中国纸代表产区的产品特色："蜀中多以麻为纸，有玉屑、屑骨之号。江浙间多以嫩竹为纸。北土以桑皮为纸。剡溪以藤为纸。海人以苔为纸。浙人以麦茎、稻秆为之者脆薄焉，以麦藁、油藤为之者尤佳。"[31]

[31]
[宋]苏易简.文房四谱[M].上海：上海书店出版社，2015:56.

晚唐到五代，浙江所产名纸以嵊县藤纸、余杭由拳村的藤纸为代表，它们在北宋时仍很有名，品质也很高，每年依"纸式"还造5万番上供。宋人孙因在《越问·越纸》中对越州藤纸有"光色透于金版""性不蠹而耐久"的评价。一代文宗苏轼在诗中对嵊县玉版纸也有提及，其《孙莘老寄墨四首》诗云："溪石琢马肝，剡藤开玉版；嘘嘘云雾出，奕奕龙蛇绾。"[32] 由于剡藤纸名闻天下，各地需求量大，且身价又高，为利益所驱使，当地纸民大量生产，作为原料的古藤遭到滥伐而不断减少，致使造纸原料枯竭，唐人舒元舆所担忧的事在宋代变为现实。到南宋嘉泰年间（1201～1204年），剡县就只能产少量剡藤纸了。至明弘治年间（1488～1505年），《嵊县志》载："今莫有传技者。"剡藤纸从此销声匿迹，成为历史深处的记忆。

[32]
[宋]苏轼.苏东坡全集：2[M].北京：北京燕山出版社，2009:627.

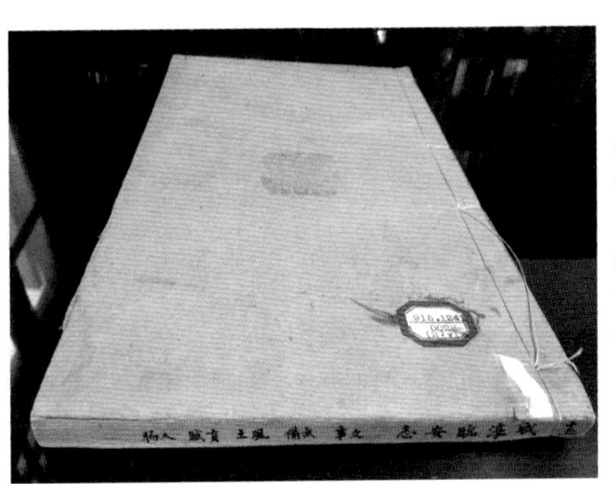

《咸淳临安志》书影
A photo of *The Annals of Lin'an Prefecture During Xianchun Reign of the Song Dynasty*

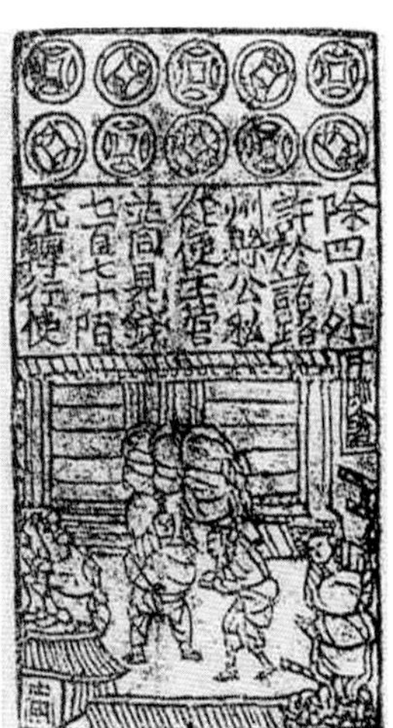

宋代成都造纸币"交子"
Jiaozi, paper money made in Chengdu area during the Song Dynasty

据南宋文献记载，北宋时浙江产的名纸不光是藤纸，其他品类的名纸也已经很丰富，《咸淳临安志》载杭州一带"岁贡藤纸，按旧志云，余杭由拳村出藤纸，今省札用之，富阳有小井纸，赤亭山有赤亭纸"[33]。而杭州以外，临海出黄坛纸，温州贡蠲糨纸，婺州亦贡纸。

[33]
潜说友.咸淳临安志：第六册 卷五十八[M]//宋元方志丛刊本.杭州：浙江古籍出版社，2012:9.

宋代纸业的一大特征是不仅民间造纸业态活跃，官府也积极参与其中。最初的方式是征收造纸销纸赋税，或置场和买；后因印制交钞等原因，需要特殊品质的纸张，于是官府开始自行设场造纸。如成都府自北宋熙宁五年（1072年）起官府设抄纸场，专门生产四川交子用纸；南宋政府为制造纸币，曾先后在徽州、成都制造楮皮纸，然后运至临安印制。由于成都路程太远，运费昂贵，南宋年间，临安府置造会纸局于临安（杭州）九曲池，后迁赤山。这个会纸局有工徒1 200人，规模相当可观；而在湖滨又设有安溪局，至咸淳二年（1266年）两局合并。宋末马端临在《文献通考》中记录：南宋"会纸取于徽、池州，续造于成都府，又造于临安府"[34]。除此之外，宋代袁甫在《论会子札子》中也记载：南宋时"以一岁计之，每州撩一千万，合七州，则来年之夏，可及十千万"，以徽州府绩溪县为中心的徽、严（今浙江建德）等七州，每州每年要撩造1 000万张会纸。[35] 官纸局主持下的纸张产量十分可观。

[34]
[元]马端临.文献通考：卷9 钱币考：二[Z].1322(元至治二年).

[35]
[宋]袁甫.蒙斋集：2 卷七[M].北京：中华书局，1985:97.

南宋临安造纸币「会子」
Huizi, paper money made in Lin'an area during the Southern Song Dynasty

杭城北山玉泉院池水，也曾置局，造纸甚佳。绍兴府也有汤浦、新林、枫桥、三界4个纸局。[36]

[36]
[南宋]施宿，张淏.南宋会稽二志点校[M].李能成，点校.合肥：安徽文艺出版社，2012:73.

就浙江的造纸中心区而言，北宋初期的造纸中心和名纸主产地还是集中在越州/会稽（北宋越州与会稽郡驻地相同，名称交替使用。南宋建炎五年，即1131年正式改名绍兴府，此后沿用）。

绍兴地区作为传统的产纸区，北宋时其影响进一步扩大。《负暄杂录》在谈到此时全国造纸业的情况时说："中国有桑皮纸，蜀中藤纸，越中竹纸，江南楮皮纸。"[37] 明人文震亨在《长物志》中也说："宋元有彩色粉笺、蜡笺、黄笺、花笺、罗纹笺，皆出绍兴。"

[37]
[清]陈梦雷.古今图书集成：理学汇编 纸部[M].北京：中华书局，1985:79677.

宋时绍兴除了剡溪藤纸还在生产外，同时也出产另一种用冬天寒冰之水造的名纸，叫敲冰纸，这种冬水纸以纸质洁白光滑得到时人的喜爱。《宝庆会稽续志》载："敲冰纸，剡所出也。"[38] 张伯长在《蓬莱阁诗》中形容："敲冰成妙手，织素竞交鸳。"又《新安志》记："纸，敲冰为之益佳，剡之极西，水深洁，山又多藤楮，故亦以敲冰时为佳，盖冬水也。"[39] 北宋诗人吕本中诗云："敲冰落手盈卷轴，顿使几案生清芬。"[40] 都极言用敲冰取水所造此纸的可贵。

[38]
胡榘.宝庆会稽续志：卷四 纸[M]//宋元方志丛刊：第7册.北京：中华书局，1990:7145.
[39]
[南宋]施宿，张淏.南宋会稽二志点校[M].李能成，点校.合肥：安徽文艺出版社，2012:449.
[40]
高似孙.剡录：卷七[M]//宋元方志丛刊：第7册[M].北京：中华书局，1990:7247.

按照比较保守的说法，以竹为原料批量化造竹纸，最迟在唐代就已出现，但其较大规模流行则是在宋代。竹子易栽、生长快，资源不易枯竭，且在中国分布广、产量大，因此性价比较高。用竹造纸是中国古代造纸史上的一大进步，有人将其誉为中国造纸史上的新纪元。

绍兴地区盛产多种竹，又有悠久的古藤造纸传统，因而成为宋代竹纸制造业非常活跃的区域之一。南宋宁宗朝编撰的《嘉泰会稽志》记载："会稽之竹，其美如此，今为纸者，乃自是一种，收于笋长甚成竹时，乃可用，民家或赖以致饶。"又说："曰淡竹、曰劫竹，今会稽煮以为纸者，皆此竹也。苦竹亦可为纸，但堪作寓钱耳。"[41] 宋室南渡后，由于本身就在首都文化圈内，绍兴地区的竹纸生产更为兴盛，

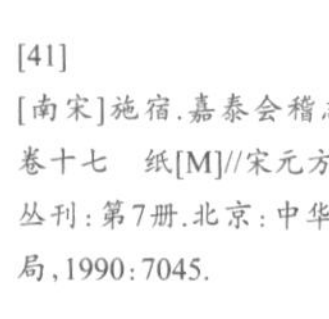
[41]
[南宋]施宿.嘉泰会稽志：卷十七 纸[M]//宋元方志丛刊：第7册.北京：中华书局，1990:7045.

名声亦更盛，超过了原来的藤纸。《嘉泰会稽志》记载："然今独竹纸名天下，他方效之，莫能仿佛，遂掩藤纸矣。"[42] 嘉泰只是南宋中期，可见绍兴本地竹纸大兴并替代藤纸应该在宁宗朝之前就完成了。

宋代竹纸也经历了由制作技术不成熟到成熟、由不被人们看重到流行的发展过程。起初，由于制作技术尚不成熟，竹纸质量不高，耐久性差，因而遭到士大夫的排斥。宋初宰相苏易简说："江浙间多以嫩竹为纸，如作密书，无人敢拆发之，盖随手便裂，不复粘也。"[43] 书法大家蔡襄也说："吾禁所部不得辄用竹纸，至于狱讼未决，而案牍已零落，况可存之远哉?"[44]

到北宋中后期，竹纸越来越为士大夫和文人墨客所接受，在社会上日渐流行。特别是越州所产的竹纸，受到王安石、苏轼、米芾等大家名流的喜爱和推崇。《嘉泰会稽志》载："自王荆公好用小竹纸，比今邵公样尤短，士大夫翕然效之，建炎、绍兴以前，书简往来率多用焉。"又说："东坡先生自海外归，与程德孺书云：告为买杭州程奕笔百枚，越州纸二千幅，常使及展手各半。"所谓展手，"其修如常而广倍之"，也就是每幅纸的长度与一般纸幅一样，但宽度增加一倍。书法家米芾对越州竹纸情有独钟，他自称50岁时始用竹纸，认为越中竹最佳，超过了杭州名纸由拳纸。其在《硾越竹学书作诗寄薛绍彭刘泾》诗中称赞："越筠万杵如金版，安用杭油与池茧。高压巴郡乌丝栏，平欺泽国清华练。"[45] 其中所谓的"杭油"就是指杭州余杭油（由）拳纸。

米芾画像
Portrait of Mi Fu

宋代书法家薛道祖赞越州竹纸曰："越竹滑如苔，更须加万杵。自封翰墨卿，一书当千户。"[46] 按照薛道祖的描述，制纸时反复捶击是形成越州竹纸高品质的重要原因，也就是在生纸纸面已经颇细滑的基础上，再使用物理的捶打方式使纸质更加紧密。越州竹纸深受宋代文人们的喜爱，苏轼就曾为人购买"越州纸二千幅"。南宋陈槱在其《论纸品》中明确指出越纸："古称剡藤，本以越溪为胜。今越之竹纸甲于他处。"越纸本为藤纸代称，但到南宋开始变成竹纸的代名词了。

据《嘉泰会稽志》记载，南宋时期绍兴府所产竹纸名目众多，其中以姚黄、学

[42]
[南宋]施宿.嘉泰会稽志：卷十七　纸[M]//宋元方志丛刊：第7册[M].北京：中华书局，1990：7045.

[43]
[宋]苏易简.文房四谱[M].上海：上海书店出版社，2015：56.

[44]
[宋]蔡襄.蔡襄全集[M].陈庆元，校注.福州：福州出版社，1999：701.

[45/46]
[南宋]施宿.嘉泰会稽志：卷十七　纸[M]//宋元方志丛刊：第7册.北京：中华书局，1990：7046.

士、邵公三种为上品，因具有“滑”“发墨色”“宜笔犹存”“卷舒虽久墨久不渝”“性不蠹”五大优点，尤为书者所喜爱。

除了绍兴，作为南宋都城的临安（杭州），造纸业也很繁盛。北宋杭州的造纸业与它的印书业的发达相得益彰，因为京城开封印书的种类虽然不比杭州少，但因为所用纸的纸质不佳，致使印书业的品牌影响力比不上杭州。杭州造纸业较早就有发展，《元丰九域志》中就记载了杭州土贡纸。《续资治通鉴长编》记神宗熙宁七年六月乙酉，“诏降宣纸式下杭州，岁造五万番。自今公移常用纸，长短广狭，毋得用宣纸相乱”[47]。也就是说北宋中期杭州就已成为政府制造专门用纸的基地。

[47] [宋]李焘.续资治通鉴长编：卷二五四[M].北京：中华书局，1985:6212.

宋代佛教流行，寺院和信徒抄经对纸张的品质要求很高。浙江嘉兴海盐县的金粟山藏经纸很有名。海盐县西南，山下有金粟寺，寺中藏有北宋时期质量优良的大藏经纸，纸上有朱印“金粟山藏经纸”。明代董穀在《续澉水志》（1557年）中说：“大悲阁内贮大藏经两函，万余卷也。其字卷卷相同，殆类一手所书，其纸幅幅有小红印曰‘金粟山藏经纸’。间有元丰年号，五百年前物也。其纸内外皆蜡，无纹理。”[48]

[48] [明]董穀.续澉水志：卷八 古迹[M]//四库存目丛书：史部.济南：齐鲁书社，1996:481.

明人胡震亨（1567—1634年）在《海盐县图经·杂识篇》中说：“金粟寺有藏经千轴，用硬黄茧纸，内外皆蜡，摩光莹（滑），以红丝栏界之。书法端楷而肥，卷卷如出一手。墨光黝泽，如髹漆可鉴。纸背每幅有小红印，文曰‘金粟山藏经纸’。有好事者，剥取为装潢之用，称为宋笺。遍行宇内，所存无几。”金粟山藏经纸纸厚，可以分层当宋笺使用。明人文震亨在《长物志》中说：“宋有黄白藏经纸，可揭开用。”清人周嘉胄《装潢志》也称：“余装卷以金粟笺、白芨糊折边，永不脱，极雅致。”[49]至清代乾隆年间还有传世，乾隆年间海盐著名收藏家和藏书家张燕昌特意写了《金粟山笺说》介绍此纸。

[49] [明]周嘉胄.装潢志：外三种[M].马斯定，点校.杭州：浙江人民美术出版社，2016:59.

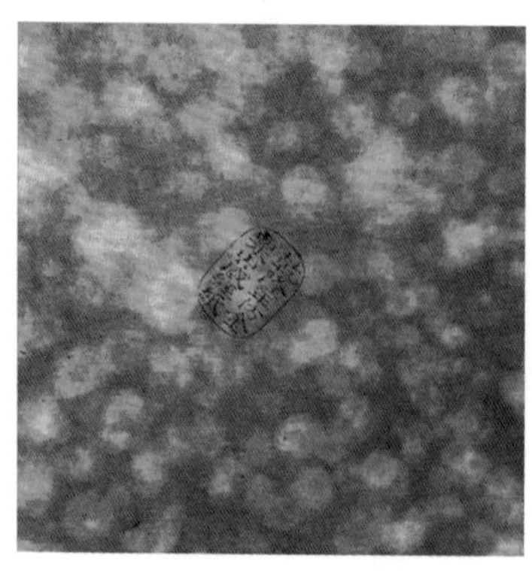

海盐金粟寺与乾隆仿金粟笺
Jinsu Temple in Haiyan County and Jinsu paper (imitated during the Qianlong Reign)

宋代时，东阳鱼卵纸很有名。宋陈造有《谢高机宜惠纸》诗云：“银光鱼卵人皆重，薛涛小笺才近用。”[50]鱼卵纸的产地为东阳的东自山区，道光《东阳县志·物产》记载：“纸，柔滑净者名鱼卵纸，县东九十里白溪制者佳。”[51]

除了竹、藤、楮纸外，宋代浙江还开创了麦稻秆造纸。北宋苏易简《文房四谱》载：“浙人以麦茎、稻秆为之者脆薄焉，以麦藁、油藤为之者尤佳。”[52]这是世界上关于草类纤维造纸的最早记载。其制法是先把草秆舂捣碎，浸透灰汁，埋在坑中或

[50] 张毅，于广杰.宋元论书诗全编[M].天津：南开大学出版社，2017:150.

[51] [清]党金衡，王恩注.道光东阳县志：卷四 物产[M].清道光八年刻本，东阳商务石印公司，1941（民国三十年）:14.

[52] [宋]苏易简.文房四谱[M].上海：上海书店出版社，2015:56.

池中沤烂至适度后，再装入透水的布袋，悬于流水中冲尽灰汁。由于稻草与麦草都来源丰富，因此草纸的出现，进一步扩大了造纸原料的来源。延至明代，宦官刘若愚在《酌中志》中说："上用草纸系内官监纸房抄造，淡黄色，绵软细厚，截方可三寸余，惟交管净近侍。神庙至先帝，惟市杭州好草纸为之。"[53] 可见浙地如厕草纸以杭州最为有名，是御用贡纸。

[53]
[清]陈文騄.吴清坻.光绪杭州府志：卷八一 物产：四[M].1925(民国十四年)：20.

宋代，浙东四明地区的造纸业迅速崛起。据《宝庆四明志》记载：奉化、鄞县、象山三县生产的盐钞纸（即购买官盐的纸质凭证，类似交子那样可流通的纸币）由朝廷专属用来印制盐钞后发行，太府寺交引库每年要收买盐钞纸七万九千三百幅，岁支钱一千一十九贯五百六十八文。[54] 《宋会要辑稿·食货》载：盐钞尺寸是长一尺七寸，宽一尺，但迄今未能发现有盐钞遗存。由于盐钞用纸经常流通，需要有较好的强度和韧性，推断应该是以长纤维的树皮类材料单独或为主所造。

[54]
[宋]宝庆四明志：卷六 叙赋下[M]//宋元浙江方志集成：第7册.杭州：杭州出版社，2009：3208.

[55]
[南宋]施宿.嘉泰会稽志：卷十七 纸[M]//宋元方志丛刊：第7册.北京：中华书局，1990：7045.

此外，宁海县出产的"黄公纸"也有一定的知名度。[55] 该纸传说由"商山四皓"的黄公所创，用宁海桐柏山西溪沿岸的篁竹制成，苏东坡有对黄公纸的赞誉，称之为"晒台玉版"，可见质量不低。浙东明州一带造纸业的发展，为书籍刻印业的兴盛奠定了基础。

温州蠲纸作为贡纸始于唐而盛于宋，是一种很有名的高端用纸。《太平寰宇记·卷九九·江南东道十一·温州》记：北宋至和年间（1054～1056年），温州土产贡蠲纸[56]，为全国九处贡纸之一，与嵊县的剡藤纸、余杭由拳纸同列为浙江三大贡纸，可见质量在当时一定属于上乘。据南宋赵与时的笔记小说《宾退录·卷十》引《元丰九域志》记：北宋元丰年间（1078～1085年），岁贡"纸四千张，越、歙、池各一千张，贞、温各五百张"[57]。

[56]
俞光.温州古代经济史料汇编[M].上海：上海社会科学院出版社，2005：306.

[57]
俞光.温州古代经济史料汇编[M].上海：上海社会科学院出版社，2005：307.

所谓"蠲纸"是一种细而白的纸，关于其名由来，宋代周煇在《清波别志》中记载："唐有蠲府纸，凡造纸户免本身力役，故以蠲名，今出于永嘉，士大夫喜其发越翰墨，争捐善价取之，一幅纸能为古今好尚，殆与江南澄心堂等。"这说明，一是蠲府纸是因纸质佳而政府因此蠲免力役而得名，二是在宋代时浙南温州（永嘉）的蠲纸已很有名。《广舆记》云："蠲糨纸也，洁白紧滑，过于高丽。吴越时，供此纸者蠲其役，故名。"蠲纸的纸质是什么？宋程棨在《三柳轩杂识》中记载："温州作蠲纸，洁白坚滑，大略类高丽纸，东南出纸最多，此当为第一焉。由拳皆出其下，然所产少，至和以来方入贡。权贵求索漫广，而纸户力已不能胜矣。"[58] 从描述和用高丽纸类比来看，蠲纸的纸质应该近桑皮纸。1961年，在温州瓯海区的白象塔里发现一张唐代大观三年的《佛说观无量寿佛经》用纸残页，据学者考证为温州蠲纸。

[58]
[宋]程棨.三柳轩杂识：蠲纸[M]//说郛：第二十四.宛委山堂刻本.1646(清顺治三年)：8.

[59]
潜说友.咸淳临安志：卷五十八 纸[M]//宋元方志丛刊：第4册.北京：中华书局，1990.

宋代，作为古代中国造纸中心区之一的富阳所产的竹纸也开始快速发展，《咸淳临安志》记载："富阳有小井纸，赤亭山有赤亭纸。"[59] 北宋富阳籍名宦谢景初（1020－1084年）在富阳精致竹纸的基础上加工成"十色笺"，时称"谢公笺"，与著名的"薛涛笺"一时并称于世。光绪《杭州府志》记载："纸以人得名者，有谢公，有薛涛。所谓谢公者，富春谢司封景初师厚，创笺样以便书尺，俗因以为名。”又说：“谢公有十色笺：深红、粉红、杏红、明黄、深青、浅青、深绿、浅绿、铜绿、浅云，即十色也。”[60]

[60] [清]陈文騄，吴清坻.光绪杭州府志：卷八一 物产：四[M].1925(民国十四年)：20.

谢景初画像
Portrait of Xie Jingchu

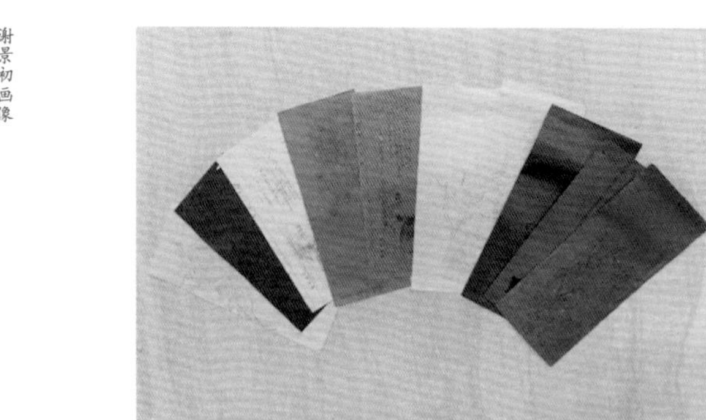

现代富阳制「十色谢公笺」
"Ten-color Xiegong Paper" made in Fuyang District nowadays

除文献记载之外，宋代富阳成为中国重要的造纸基地已有十分关键的考古证明。2008年，考古工作者在富阳市（县级市）高桥镇泗洲村发现了宋代以造竹纸为主的遗址，富阳泗洲宋代造纸遗址是中国迄今发现的年代最早、规模最大、工艺流程最完整的古代造纸作坊遗址，而且是官办造纸工场。遗址总面积为16 000 m^2，分作坊区与生活区两部分。2008年考古发掘的面积约2 400 m^2，约占遗址总面积的1/7。作坊区以一条东西向的水渠为界，水渠以北主要为摊晒场，水渠以南有浸泡原料的沤料池、蒸煮原料的皮镬、浆灰水的灰浆池、舂料区、抄纸房、焙纸房等。另有石砌道路、水井和灰坑等。这些能与《天工开物》等文献记载的竹纸工艺和现代富阳竹纸作坊的工序相互印证。

遗址共出土文物标本近3万件，含可复原文物近300件。除石磨盘、石研磨器、石臼、碓头和石砚台外，还有陶质建筑构件、瓷器和铜钱等。第一次发掘的遗迹主要为南宋时期遗迹，但发现的“至道二年”“大中祥符二年”纪年砖或许能将遗址时代推至北宋早期。由泗洲遗址可以推定，宋代富阳造纸业态已经有了相当大的规模，而且是以官府主持为主。2013年，泗州造纸遗址被列为第七批国家重点文物保护单位。

元代目前的存世文献与宋代差异很大，对浙江地区造纸情况记载很少。据明初

臭爛取出入臼受舂山國皆有水碓舂至形同泥麵傾入槽內凡
抄紙槽上合方斗尺寸闊狹槽視簾簾視紙竹麻已成槽
內清水浸浮其面三寸許入紙藥水汁于其中形同桃竹葉方語無
定名則水乾自成潔白凡抄紙簾用刮磨絕細竹絲編成展
卷張開時下有縱橫架匡兩手持簾入水蕩起竹麻入于
簾內厚薄由人手法輕蕩則薄重蕩則厚竹料浮簾之頃
水從四際淋下槽內然後覆簾落紙于板上疊積千萬張
數滿則上以板壓俏繩入棍如榨酒法使水氣淨盡流乾
然後以輕細銅鑷逐張揭起焙乾凡焙紙先以土磚砌成
夾巷下以磚蓋巷地面數塊以往即空一磚火薪從頭穴

《天工开物》的记载
Record in *Heavenly Creations*

泗洲遗址保护展馆
Sizhou Relics Protection Exhibition Hall

富阳泗洲遗址考古发掘报告
Archaeological Excavation Report of Sizhou Relics in Fuyang District

学者高濂记载，“元代造纸中之特异者，有白鹿纸、铅山纸、常山纸、英山纸、清江纸、上虞纸等”[61]。这其中至少“常山纸”和“上虞纸”的产地明确是浙江。清代《古今图书集成》之《理学汇编·纸部》记载：“元有黄麻纸、铅山纸、常山纸……”[62]“常山纸”被再次提及。不过，历史上的常山区划与今天浙江省常山县并不完全对应，如唐代常山县包括了今日的开化县和江西玉山县主体，而宋初常山县包括了开化县，但元时期常山造纸技术已比较成熟和有一定规模是无疑的。

[61] [明]高濂.遵生八笺重订全本[M].王大淳,校点.成都:巴蜀书社,1992:597.

[62] [清]陈梦雷.古今图书集成:理学汇编 纸部[M].北京:中华书局,1985:79677.

（五）明代：浙江手工造纸品类与产区的演化兴替

明代，随着经济和文化的发展，浙江成为中国重要的知识传播中心和刻印中心，书籍印刷业对纸张的大量需求，使浙江纸的产量、性价比和专供特色品种又有了长足的发展。明代前期，官府向浙江征收大量的书写印刷用纸，刺激和拉动了当地的造纸产业，除了供应官府，明代之后民间用纸的记载也渐渐丰富起来。

明代富阳造元书纸
Yuanshu paper made in Fuyang area in the Ming Dynasty

早期浙江多选用古藤、楮树皮造纸，用作公文用纸和书画用纸，虽然品质出色，但成本及售价较高。宋中后期，浙江竹纸制造开始较大规模地发展起来，渐渐取代了成本昂贵的藤纸和楮皮纸。明代杭州余杭以出产竹烧纸与皮抄纸著称。竹烧纸俗名烧纸，又名千张纸，方块，细切如条不断。该县以南的上高、斜坑等处，“山民取竹浸之灰水中，碓成作纸，祭祀焚以代帛。自江以南，皆赖用之，民藉以为利”。[63]皮抄纸俗称为绵纸，亦称为楮，出该县南建等地，以桑、谷等皮和石灰煮烂，舂捣极细抄成。

[63] 朱文藻.光绪余杭县志:卷三八 物产[M].台北:成文出版社,1970:546.

自东晋以来的越州–会稽造纸中心逐渐被域内众多新兴地区超越。衢州府的常山、开化县，杭州府的富阳县，在明代时都以造纸业闻名。处于深山交通非常不便的处州府松阳、宣平县造纸也声名鹊起。富阳县“邑民率造纸为业，老小勤作，昼夜不休”[64]。明末清初，富阳的元书纸、小井纸、赤亭纸被朝廷列为“锦夹奏章”和科举考试用纸，可见这些纸在当时都是很优质的纸。

[64] 雍正浙江通志:卷九九 风俗上[M].影印本.台北:台湾商务印书馆,1983:520.

明代浙江手工纸业态的一大变迁是温州蠲纸从兴盛到停产。明人姜准在《岐海琐谈》中记载："温州作蠲纸，洁白紧滑，大略类高丽纸。吴越钱氏时，供此纸蠲其赋，故名。"[65]明弘治《温州府志》载其加工方法："其法用锱粉和飞面，入朴硝，沸汤煎之。俟冷，药酽用之。先以纸过胶矾，干，以大笔刷药上纸两面，候干，用蜡打，如打碑法，粗布缚成块，揩磨之。"[66]这种纸加工工序相当繁复，因此产量不高，但宜书宜画，颇受文人喜爱。

[65] [明]姜准.岐海琐谈：卷十一 三九五[M].上海：上海社会科学院出版社，2002：194.

[66] [明]王瓒，蔡芳.弘治温州府志[M].胡珠生，校注.上海：上海社会科学院出版社，2006：116.

蠲纸业态的衰落与官府索求无度有关。明初，政府在温州瓯海的瞿溪镇老街开设造纸局，专门督办造纸，使当地背负沉重负担。明宣德五年（1430年），温州太守何文渊深感民怨，从体恤民情、与民休息出发，奏报水质浑浊，不宜再造蠲纸。姜准《岐海琐谈》称：何东园"潜施计，变其水，制纸转黑，以地气改迁奏闻"[67]。借口因为造纸，水质遭到破坏，从而又影响了纸的质量，明朝廷鉴此，遂撤造纸局，自此停产蠲纸。

[67] [明]姜准.岐海琐谈：卷十一 三九五[M].上海：上海社会科学院出版社，2002：194.

蠲纸虽被朝廷撤局停产，但温州每年还有纸上贡。据嘉靖《温州府志·卷三》载：温州每年"岁派南京历日黄纸六千四十张，白纸九万八千三百五十七张（其中乐清黄纸三千九百五十五张，白纸四万八千九十一张。瑞安黄纸二千八十五张，白纸五万二百六十六张）"[68]，从此处可以窥见明代温州手工纸生产的大致格局。

[68] [明]张孚敬.嘉靖温州府志：卷三[M].上海：上海古籍书店，1964：6.

明代浙江手工纸业态第二个大的变化是衢州府的常山与开化县成为全国手工造纸重镇，这也为其在清代前期成为贡纸生产中心奠定了基础。光绪《常山县志》引《万历志》载："若纸者，土不产楮，而球川人善为之……每数岁大造官纸，发价数千万两。"[69]天启《衢州府志》记载：衢州产"藤纸、黄白纸、纸帐等"[70]。明代浙江右参政陆容（1436—1494年）在《菽园杂记》中详细记载了衢州当地造纸工艺："衢之常山、开化等县人以造纸为业。其造法：采楮皮蒸过，擘去粗质，掺石灰，浸渍三宿，蹂之使熟。去灰，又浸水七日，复蒸之。濯去泥沙，曝晒经旬，舂烂，水漂，入胡桃藤等药，以竹丝帘承之。俟其凝结，掀置白上，以火干之。白者，以砖板制为案卓状，圬以石灰，而厝火其下也。"[71]陆容曾在常山为官，他的记述可信度应该是很高的。陆容的描述中值得特别注意的是明代常山、开化烘纸的火焙是平置的案桌形式，而不是后代流行的竖起的火墙。

[69] [清]李瑞钟.光绪常山县志：卷二八 食货：物产[M].1886(清光绪十二年)：2.

[70] [明]林应翔，叶秉敬，丁明登.天启衢州府志：卷八 物产[M].1622(明天启二年)：1.

[71] [明]陆容.历代笔记小说大观：菽园杂记[M].李健莉，校点.北京：中华书局，1985：153.

常山人也用竹料造纸，而且工艺处理很典型，其方法明末工艺专家宋应星（1587—1661年）所撰《天工开物》有过具体记述："凡煮竹，下锅用径四尺者，锅上泥与石灰捏弦，高阔如广中煮盐牢盆样，中可载水十余石。上盖楻桶，其围丈五尺，其径四尺余。盖定受煮，八日已足。歇火一日，揭楻取出竹麻，入清水漂塘之内洗净。其塘底面、四维皆用木板合缝砌完，以防泥污（造粗纸者，不须为此）。洗净，用柴灰浆过，再入釜中，其上按平，平铺稻草灰寸许。桶内水滚沸，即取出别桶之中，仍以灰汁淋下。倘水冷，烧滚再淋。如是十余日，自然臭烂。取出入臼受舂（山国皆有水碓），舂至形同泥面，倾入槽内。"[72]

[72] [明]宋应星.天工开物[M].北京：中国画报出版社，2013：185.

从文献记载来看，明代常山造纸业有了很大的进步，纸张的产量和质量都超过了宋元时期。明代文学家胡应麟（1551—1602年）所撰《少室山房笔丛》记："凡印书，永丰（江西辖县）绵纸为上，常山（浙江辖县）柬纸次之，顺昌（福建辖县）书纸又次之，福建竹纸为下。”[73]

[73]
[明]胡应麟.少室山房笔丛：卷四[M].上海：上海书店出版社，2001：43.

明代官府用纸多来自浙西与赣东，陆容在《菽园杂记》中记载：“浙之衢州，民以抄纸为业。每岁官纸之供，公私靡费无算，而内府贵臣视之，初不以为意也。闻天顺间，有老内官自江西回，见内府以官纸糊壁，面之饮泣，盖知其成之不易，而惜其暴殄之甚也。又闻之故老云：洪武年间，国子监生课簿、仿书，按月送礼部。仿书发光禄寺包面，课簿送法司背面起稿，惜费如此。永乐、宣德间，鳌山烟火之费，亦兼用故纸，后来则不复然矣。成化间，流星爆仗等作，一切取榜纸为之，其费可胜计哉！世无内官如此人者，难与言此矣。”[74]

[74]
[明]陆容.历代笔记小说大观：菽园杂记[M].李健莉，校点.北京：中华书局，1985：157.

以上对贡纸的奢靡浪费的描述表明，明代官府纸消费的增长量是很大的，而官府的需求又反过来强行拉动了民间造纸业的发展。

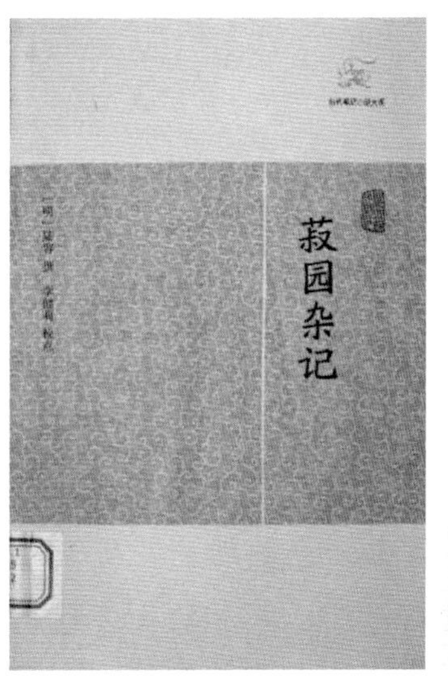

102 菽园杂记

其廉能之誉，初非过情，而惠利之及民者亦多，故民犹称之。若所谓却金馆之作，则不能无意于沽名。故今往来题咏者，诛心推隐无已，此所谓求全之毁也。

浙之衢州，民以抄纸为业。每岁官纸之供，公私糜费无算，而内府贵臣视之，初不以为意也。闻天顺间，有老内官自江西回，见内府以官纸糊壁，面之饮泣，盖知其成之不易，而惜其暴殄之甚也。又闻之故老云：洪武年间，国子监生课簿仿书，按月送礼部，仿书发光禄寺包麵，课簿送法司背面起稿，惜费如此。永乐、宣德间，鳌山烟火之费，亦兼用故纸，后来则不复然矣。成化间，流星爆杖等作，一切取榜纸为之，其费可胜计哉。世无内官如此人者，难与言此矣。

王冕，绍兴人，国初名士。所居与一神庙切近，爨下缺薪，则斧神像爨之。一邻家事神惟谨，遇冕毁神像，辄刻木补之，如是者三四。然冕家人岁无恙，补像者妻孥沾患，时时有之。一日，召巫降神，诘神云：“冕屡毁神，神不之咎。吾辄为新之，神何不佑耶？”巫者仓卒无以对，乃作怒曰：“汝不置像，彼何从而爨耶？”自是其人不复补像，而庙遂废，至今以为笑谈。

王琦字文璵，仁和人。乡贡试礼部副榜，授汝州学正，擢监察御史，以学行老成称。升山西按察佥事，提督学校，士风为之丕变。改四川，不乐，乞致仕归，年才五十。琦以清介自持，在官门无私谒，平生不治生产，居贫晏如也。值岁大侵，无以为朝夕，冬且暮，大雪，日僵卧，不能出门户。有馈，非故旧不受，即故旧，至数亦却之。邻有唁之曰：“当路甚重公，举一言，何所不济？何乃自苦如此？”琦曰：“吾求无所愧于心耳。虽饥且寒，无不乐也。何唁之有！”天顺间，竟以饥寒卒。杭州守胡濬闻而吊之，告布按二司，为祀之于杭学乡贤祠。出《祠录》。

景泰间，温州乐清县有大鱼，随潮入港，潮落，不能去。时时喷水满空，如雨。居民聚集磔其肉，忽一转动，溺水死者百余人，自是民不敢近。日暮雷雨，飞跃而去，疑其龙类也。又一日，潮长时，鱼大小数千尾皆无头，蔽江而过。民异之，不敢取食，疑海中必有恶物啮去其首。然啮而不食，其多如许，理不可究。予宿雁荡闻之一老僧云。

《菽园杂记》对衢州造纸的记载
Record of papermaking in Quzhou City in *Miscellaneous Notes of Shuyuan Garden*

1990年版《常山县志》书影
A photo of *The Annals of Changshan County* (published in 1990)

明末清初，常山造纸业进入鼎盛时期，除部分成为贡品，还大量销往京城、直隶、河南、山东等地。康熙《常山县志》记载：“（造纸）名色不可枚数，凡南直隶河南等处赋罚（用纸）及湖广福建大派官纸，俱来本县及玉山买纳。”[75]

[75]
[清]杨潆.常山旧志集成：第2册[M].王志邦，鲍江华，标点.北京：中华书局，2012：51.

衢州纸主要供官府编制黄册、鱼鳞图册等，明代江南、河南及湖广福建等地衙门所用的官纸，大多数都从衢州府购置。

明代杭州、绍兴、苏州、金陵等地金银锡箔业颇具规模，支撑了鹿鸣纸与乌金纸等特定用途加工纸产业的发展。

随着民间锡箔业在明代的繁荣，用以褙衬的鹿鸣纸成为市场上供不应求的紧俏货。鹿鸣纸用竹做原料，因鹿鸣纸用量大、利润高，而会稽山地多竹，故会稽山地的诸多纸坊一时放弃了传统竹纸生产，而改制这种更有利可图的祭祀用原纸，著名的越地竹纸的一蹶不振或许与这种市场转向有直接关系。万历《绍兴府志》载：“越中昔时造纸甚多。韩昌黎《毛颖传》称纸曰会稽楮先生是也。”[76] 至20世纪60年代，会稽山区的部分地区如绍兴的平水镇一带仍有鹿鸣纸生产，供捶制锡箔使用，但规模已经

[76]
[明]萧梁翰，张元忭，孙鑛.万历绍兴府志：卷十一 物产志：货[M].1587（明万历十五年）：1413.

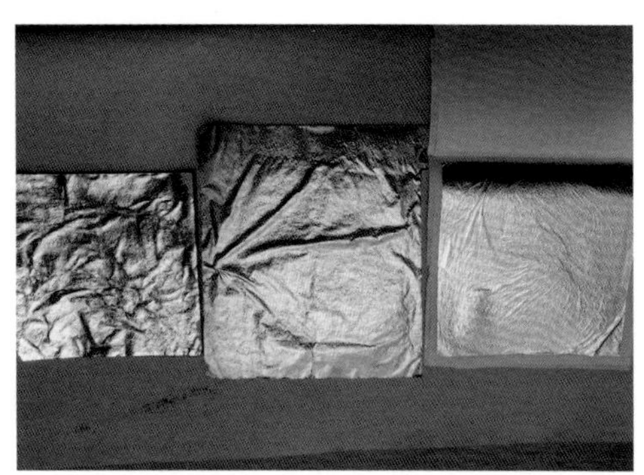

现代浙江产锡箔纸产品
Modern tinfoil products made in Zhejiang Province

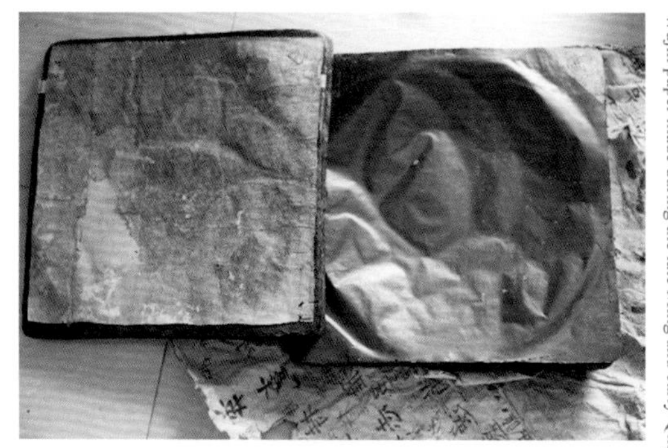

明末清初造的存世乌金纸
Wujin paper made during the late Ming and early Qing Dynasties

缩小很多，此后因为“文化大革命”反对迷信风潮影响，鹿鸣纸完全停产。

杭州地区特产的乌金纸，系专用于打制金银箔的隔纸，原纸用苦竹制作，然后经过“白房”捶打、“烟房”燃油取烟和“黑房”涂刷、蒸煮、捶打、熏染才能完成，工序特别复杂。

明末清初方以智所撰《物理小识·卷七》记：“金箔隔碎金以药纸，挥巨斧捶之，金已箔而纸无损。纸初褐色，久则乌金色。”魏良宰云：“乌金纸惟杭省有之。其造纸非城东淳祐桥左右之水不成，其法先造乌金水刷纸，俟黑如漆，再熏过，以捶石研光。性最坚韧，凡打金箔，以包金片打之，金成箔而纸不损。以市远方，价颇昂值，盖天下惟浙省城人能造此纸故也。”[77]

[77] [明]方以智.物理小识：卷七[M].北京：商务印书馆，1937：164.

明末宋应星所撰《天工开物·五金·黄金》中也记：“凡造金箔，既成薄片后，包入乌金纸内，竭力挥椎打成。凡乌金纸由苏、杭造成。其纸用东海巨竹膜为质。用豆油点灯，闭塞周围，只留针孔通气，熏染烟光而成此纸。每纸一张打金箔五十度，然后弃去，为药铺包朱用，尚未破损，盖人巧造成异物也。”[78]

[78] [明]宋应星.天工开物[M].锺广言，注.北京：中华书局，1978：339-340.

明代，金华已有专门以造纸为业的工匠和槽户（纸坊）字号的记载。永乐年间，金华纸已列为朝廷贡纸，朝廷向金华征收“天字号”和“署字号”黄白纸。品牌产品字号的出现，说明当时已经形成了细分定点生产纸张的机制，这是浙江手工造纸非常值得关注的业态特征。

明代早期在浙南的温州，留有关于乐清县贡纸的用途和数量记录：“岁办：日历纸；岁解：礼部黄纸叁千伍百张，白纸伍百张，布政使司白纸伍万叁千张。”[79]这些记录反映出贡纸品类与用途已经细分。

[79] 明代方志选刊：20[M]//永乐乐清县志：浙江省　卷三：贡赋.上海：上海古籍出版社：1982：107-108.

综合而言，从文献记载看，明代早期浙江手工造纸的贡纸部分就已经形成了较为细分的产业链条。

（六）清代：古代浙江手工造纸发展的高度繁荣时期

清代，浙江手工造纸发展进入到古代的高度繁荣阶段，突出表现为：

第一，从现有文献记载来看，手工纸制作遍及全省，无论是造纸原料和制作工艺，还是纸品种类与产量，均处在传统时代的最高峰。造纸业同原料产地结合在一起，生产地多在山区，以毛竹、苦竹、从生竹、水竹、桑皮、楮（构）皮、山棉皮、山桠皮、稻草等多种植物的植物纤维为原料，原料覆盖面相当广。

杭州府属的杭城、富阳、余杭、萧山、临安，温州府属的瓯海、瑞安，湖州府属的安吉、孝丰等地区，造纸业较为发达。富阳成为造纸中心自不必说，湖州府下辖的孝丰、安吉、武康、归安等山区生产的黄白纸、桑皮纸、草纸、黄纸，以及嘉兴产的梅里笺，在清代都已比较有名。衢州府的常山、开化、江山、龙游等地造纸业更为聚集，已成为清代中国造纸业的重要基地。

据晚清章学诚所撰《章学诚遗书》记载，当年湖北市场上的纸、笺等有来自于杭州等地的。[80] 甚至中国晚唐五代至宋元的造纸中心徽州，也来浙江采购。由于以“澄心堂纸”为品牌的徽纸在历史上名声太大，历代贡纸量每年都在增加，使得徽州的造纸业不堪负担，质量也每况愈下。到了清代中后期，徽州纸竟无佳者，就连进贡的纸都要从外面购进。据道光《徽州府志》记载：徽州进贡的纸往往在相邻的浙江省常山、开化县等地采购，这同时也说明常山、开化纸的产量较为可观，连贡纸都有外售或代办的余量。

[80] [清]章学诚.章学诚遗书：卷二十四[M].北京：文物出版社，1985：248.

开化贡纸宣传品
Propaganda material of Kaihua tribute paper

用水碓捣竹做纸，在宋代出现，清代已经非常普遍。同治《湖州府志》载：湖州“东沈钱家边，傍溪分流，激石转水以为碓，以杀竹青而捣之。叠石方空，高广寻丈，以置镬，以和尘灰而煮之。捣之以糜其质也，煮之以化其性也。乃浮于水，乃曝于日。浮之以成其形也，曝之以烈其气也，是曰黄纸。”[81]

温州瓯海区泽雅镇目前还存有清代乾隆年间纸坊合股建水碓的水碓碑，碑文内容如下：“子玉、子任、茂九、子光、子金、茂金、茂同。众造水碓一所，坐落本处土名曹路下驮潭。廷附税完，当为兴造之日，共承七脚断过，永远不许转脚，不乱随人捣刷，不乱粗细，谷至拨启先捣米，不许之争，争者罚一千串吃用。各心允服。乾隆五十五年二月潘家立。”[82]

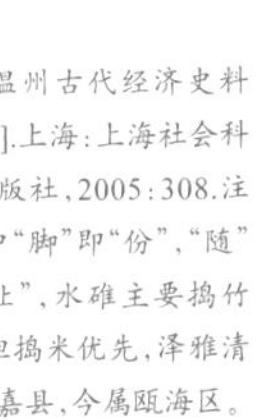

[81] [清]宗源瀚.同治湖州府志：卷三三　物产：下[M].台北：成文出版社，1970：2551-2556.

[82] 俞光.温州古代经济史料汇编[M].上海：上海社会科学院出版社，2005：308.注释：文中“脚”即“份”，“随”即“转让”，水碓主要捣竹制纸，但捣米优先，泽雅清时属永嘉县，今属瓯海区。

温州泽雅还在使用的老水碓
Old hydraulic pestle still being used in Zeya Town of Wenzhou City

水碓碑
Monument in memory of the hydraulic pestle

第二，一直延续到当代的造纸中心与业态高度密集，而且大的纸品种类相当丰富。

清代，富阳县（包括后来并入富阳的新登县）开始成为全国性的手工纸中心产区之一，业态聚集度的典型意义突出。手工纸在较长时段内是该县最大宗的商品，光绪《富阳县志》载："浙省各郡邑出纸以富阳为最良"，到清末时每年交易银两不下百万两。其中竹纸又是纸中的第一大类产品，"竹纸出南乡，以毛竹、石竹二者为之，有元书六千五百圹，昌山、高白、时元、中元、海放、段放、长边、鹿鸣、粗高、花笺、裱心等。名不胜举，为邑中生产第一大宗"[83]。此时的富阳由于整体业态发育度好，连大宗的土纸、坑边纸都是手工制作的上品，行销全国十八省。其中以大源镇造的元书纸为"上上佳品"。元书纸名白纸，"为富春江以南诸山中专产，春以水碓，是业者曰槽户"，"其中优劣半系人工，亦半赖水色，他处不能争也"[84]。

[83/84]
[清]汪文炳，何镕.光绪富阳县志：卷十五　风土：物产[M].1906（清光绪三十二年）：14.

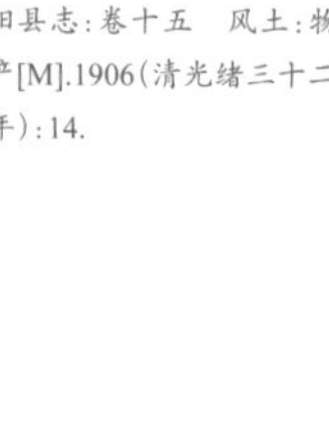

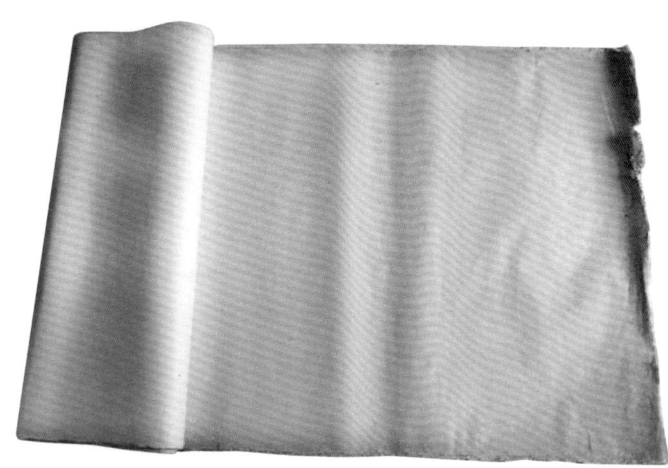

大源镇存世清代元书纸
Yuanshu paper made in the Qing Dynasty preserved in Dayuan Town

草纸为富阳出产的第二大类纸品，以稻草为原料。县域内南北各乡都能制造，很普遍，数量也大，但以北乡所造为佳。

皮纸为富阳出产的第三大类纸品，用楮皮做原料的是一类，由西北乡居民制造；用桑皮做原料的是一类，主产于西南乡。《杭州府志》载："有女桑、山桑出富阳者最佳，余县接种者亦名富阳桑。"[85]

由于产业规模大、流通和聚集度高，清代文献中记载有人因造纸而富甲一方。如清康熙、乾隆年间，富阳县大源镇史家村有位叫史尧臣的大户，拥有100多个造纸作坊，雇佣纸农八九百人。[86]大户们的出现也可以印证当时富阳手工造纸规模之大、造纸业之兴盛。

[85]
[清]陈文騄，吴清坻.光绪杭州府志：卷七九　物产：二[M].1925（民国十四年）：4.

[86]
李少军.富阳竹纸[M].北京：中国科学技术出版社，2010：6.

衢州府常山县（或许包括旧开化县的若干部分）是清代浙江另一大造纸中心区。清代《常山县志》记载，清代常山造纸："大小、厚薄、名色甚众，曰历日纸、赃罚纸、科举纸、册纸、三色纸、大纱窗、大白榜、大中夹；又曰十九色纸、白榜、白中夹、大开化、小开化、白绵、连三结实、连三白连、七白绵、连四结实、连四竹连、七竹奏本、白楮皮、小绵纸、毛边、中夹白、呈文、青奏本；又间一用之，曰玉版纸，帘大料细，尤难抄造。他若客商所用，各随贩卖处所宜，名色不可枚举。凡江南、河南等处赃罚及湖广、福建大派官纸，俱来本县买纳。”[87]光绪《常山县志》记载：“纸，大小厚薄、名色甚众，球川人善为之，工经七十二道。”[88]但与富阳不同的是其业态未能延续。清黄兴三《造纸说》也记载了常山球川镇素有“纸都”之誉。制纸“水必取七都之球溪”[89]，七都为常山县旧乡名，常山附近有属富春江水系的东阳江支流——马金溪流过，城西有球川镇，球溪当为县郊七都乡汇入马金溪的小河，水清异常，纸场即设于此。流动的球溪水用于沤料、煮料和洗料。

据光绪《常山县志》记：当时球川一地即有纸槽作坊多达五百多家，从业者三千余人，盛产绵纸、贡纸、历日纸、科举纸、册纸、花笺纸、三色纸、十九色纸等，特别是名为“榜纸”的高端用纸，加工精细，洁白似雪，远销北京和东南各省，有“球川官纸”的美誉。晾晒纸张时，村内村外、山上山下，特别是徐家祠堂一带溪滩上白茫茫一片，“似月似霜还似雪”“云满晴滩玉满月”，清代诗人徐鲲诗中描绘为：“球川方絮莹而洁，名重三都天下绝”。摊晒楮皮原料如耀日银鳞，如覆地白雪，诗人们誉之为“球川晾雪”，并推崇为常山古十景之一。[90]

[87] [清]嵇曾筠.雍正浙江通志：5[M].北京：中华书局，2001：2450.

[88] [清]李瑞钟.光绪常山县志：卷二八　食货：物产[M].1886(清光绪十二年)：2.

[89] 邓之诚.古董琐记全编[M].北京：北京出版社，1996：191-192。

[90] [清]李瑞钟.光绪常山县志：卷六十七　艺文：诗赋上[M].台北：成文出版社，1975：1910.

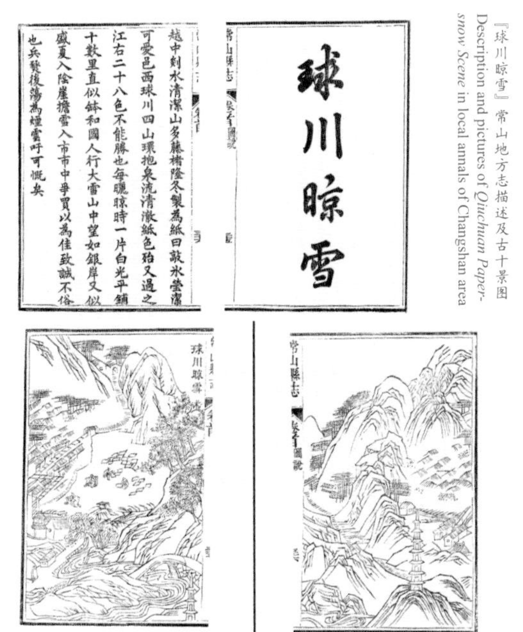
球川晾雪

越中剡水清潔山多藤楮隆冬製為紙曰敲冰瑩潔可愛邑西球川四山環抱泉流清澈紙色殆又過之江右二十八色不能勝也每曬晾時一片白光平鋪十數里直似鉢和國人行大雪山中望如銀岸又似盛夏入陰崖擔雪入市市中爭買以為佳致誠不俗也兵燹後蕩為煙雲吁可慨矣

『球川晾雪』常山地方志描述及古十景图
Description and pictures of *Qiuchuan Paper-snow Scene* in local annals of Changshan area

第三，浙江全域都有对于各具风采的造纸业态发展情况与丰富产品的记载。

（1）在浙江西北和北部的杭州、湖州、嘉兴府（州）：

临安县各山乡都造纸。治南出黄烧纸，“以竹浸灰水中碓舂成纸”；南乡产茶白纸，用稻草制成。黄烧纸和茶白纸都是祭祀用纸，“祀神用以代帛”，行销于松江、上海等处。元书纸产于南乡的桃源、居仁、白瓜、青草坞等处；蚕生纸产于治南钱宅桥；方稿纸产于治南大黄坞。此外还有大皮纸、桑皮纸等。[91]

新城县出产银皮纸。该县“南安乡多业此，用百结花之皮为之”[92]。

孝丰、安吉等山区以出产黄白纸、草纸、桑皮纸为最多。乾隆《孝丰县志》载：“纸有黄白纸、草纸、桑皮纸等件，出东南乡为多。”[93]黄白纸用竹为原料，并多用水碓制作。“水碓惟孝丰以上有之，其下则昆铜。土人据水口湍急处作为此计，其中

[91] [清]彭循尧，董运昌，周鼎.宣统临安县志：卷二　食货志：物产[M].1910(清宣统二年)：4.

[92] [清]陈文騄，吴清烝.光绪杭州府志：卷八一　物产：四[M].1925(民国十四年)：19.

[93] [清]刘濬，潘宅仁.乾隆孝丰县志：卷四　食货志：土产[M].1879(清光绪五年)：67.

[94] [清]刘蓟植，严彭年. 乾隆安吉州志：卷八　物产：食货属[M].1750(清乾隆十五年)：38.

[95/96/97] [清]宗源瀚. 同治湖州府志：卷三三　物产：下[M]. 台北：成文出版社，1970：2551-2556.

虚可容黍数斗，不人而运……或截竹置其中，待水自舂，捣烂如泥，辄用竹帘捞起，堆积蒸曝，便可成纸。今所谓黄纸白纸者也。”[94] 安吉“凡造纸者，北自天泉目干，西自高坞黄回，皆集于三桥镇”出售[95]。此外，莫干山村“皆业草纸……深坑积稻草而腐之，缘溪浮于水，出水帖然成纸，以鬻于市”[96]。安吉荻蒲多出桑皮纸，武康与归安十九区则产黄纸。

同治《湖州府志》中记载孝丰造竹纸的情形：“东沈钱家边，傍溪分流，激石转水以为碓，以杀竹青而捣之……捣之以糜其质也，煮之以化其性也。乃浮于水，乃曝于日。浮之以成其形也，曝之以烈其气也，是曰黄纸。”并描述晒纸时是晒在山坡上，漫山遍野全是纸，如遇疾风骤雨，妇女们皆倾家争拾，上下山坡，像猴子一样快捷奔跑，稍迟纸就化为泥土。当地有谚语生动地形容道：“东沈钱家边，水碓接连牵，家家户户出黄阡，一阵狂风起，妇女臂向天。”[97]

[98] [清]杨谦. 乾隆梅里志：卷七　物产[M].1877(清光绪三年)：20.

嘉兴梅里笺闻名于时。乾隆《梅里志》引《春风录》说：“（梅里笺）不胫而走四方。近代有声者，缄斋周氏、有堂顾氏、初泊王氏、北舫陈氏，制作皆精。”[98]

（2）在浙南的温州府：

温州自瞿溪官办造纸局撤销后，名贵纸生产受挫，但低档纸的生产未受影响，反而得到了较大发展，如桑皮纸、雨伞纸、红色花笺等。《东瓯杂俎》记录了代替蠲纸的大贡纸：“今楠溪五十都之下岙，作大贡纸。以藤根皮为之，洁白有棉，长二尺三四寸，宽二尺，于乡间近处售之，不入城市，但差薄而小耳。今人惟知大贡纸，而蠲纸之名遂隐。”[99]

[99] [清]张宝琳，王棻，孙诒让. 光绪永嘉县志：卷六　风土：物产[M].1935(民国二十四年)：42.

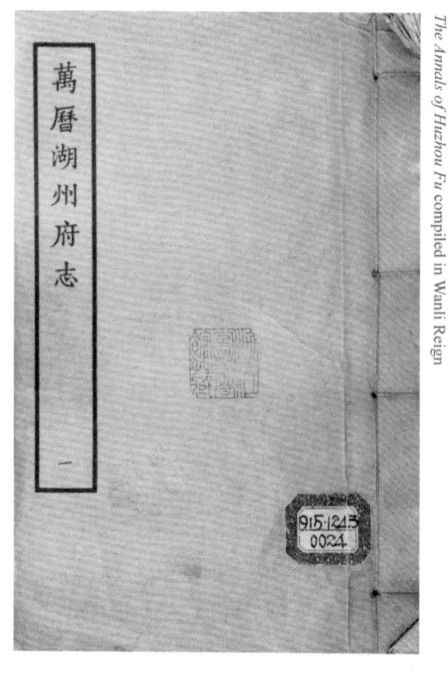

万历版『湖州府志』
The Annals of Huzhou Fu compiled in Wanli Reign

葵溪有白钱纸，清代《过来语》记载：“（道光十四年）七月间，闻葵溪一客说，本年白钱纸（冥纸）所以稀少之故，由春间皆以笋当饭，兼之大疫，死者几半，其得生者亦无资本而歇业（七月廿五日记）。”[100] 清同治间东瓯染纸坊：“宜春帖子耀门墙，甲子分联翰墨香。莫道浣花笺色好，东瓯染纸亦名坊（地出红花，可以染纸）。”[101]《瑞安乡土乡谭》载清末瑞安县亦产南屏纸，“南平（屏）纸出产每岁数

[100] 俞光. 温州古代经济史料汇编[M].上海：上海社会科学院出版社，2005：308.

[101] 叶大兵. 温州竹枝词100首[M].北京：文化艺术出版社，2008：99.

[102] 俞光. 温州古代经济史料汇编[M].上海:上海社会科学院出版社,2005:309.

[103] [清]朱国源,朱廷琦.雍正泰顺县志:卷二　风俗志:货之属[M].1729(清雍正七年):11.

[104] 俞光. 温州古代经济史料汇编[M].上海:上海社会科学院出版社,2005:309.

万金，销售他省”[102]。

造纸技术也有改进，除了传统的用石灰煮烂、舂捣、压晒外，还普遍运用水力，在水口湍急处建水碓，截竹置其中，待水自舂，捣烂为泥，然后用竹帘捞起，堆积蒸晒，便可成纸。泰顺县明、清“纸洒溪牌、处牌行移伞纸、皮纸”[103]。同治《泰顺分疆录·卷二·典地下·物产》记载：“竹纸产一都，康熙二十一年，汀人罗元森游泰，至里庄，见其地多竹，因创为纸。后遂及于邻邑，其利甚薄。谷纸俗名绵纸，多产于牙阳。”[104]

温州泽雅纸山的水碓
Hydraulic pestle on Zhishan Mountain in Zeya Town of Wenzhou City

（3） 在浙西的衢州府龙游县，依托龙游商帮的造纸业态的发展颇具特色：

造纸虽大多属于商品生产，但以与农业相结合的家庭手工业为主，脱离了家庭农业的专业性造纸作坊不多见地出现于龙游。龙游商帮以龙游命名，实则包括了衢州府属西安、常山、开化、江山、龙游五县的商人，其中以龙游商人人数最多，经商手段最为高明，故冠名以龙游商帮。

龙游纸商亦很有名。龙游山区多产竹，竹是造纸的原料，该县造纸也有很久的历史，许多商人就从事着纸张贸易，在本地开纸行收购纸张外销，这类纸行在城（市镇）乡都有。纸的最大贸易市场设在溪口村，该村客商麇集，故其村之繁盛，比市镇有过之而无不及。

龙游纸品种在清代有黄笺、白笺、南屏三种。南屏纸又有焙干与晒干两类。龙游南乡民间全赖造纸为生，乡民全心全意培养竹山，专为腌料做纸。可见造纸业在当地经济生活中的重要性之大。

龙游县在光绪二十年有纸商开的纸店近20家。在这些纸商中，一类纸商是因为龙游为纸品商贸集散地，纸商从外地迁入经营，如林品茂兄弟三人都是乾隆时从福建上杭县白沙塘村来县南经营纸业并定居的；另一类更多的纸商是将龙游纸贩销到龙游以外的地方，如清前期闽汀帮经销至江苏一带，清中叶以后改由宁绍商帮经营。

清代有关龙游纸业生产贩销的史料较多，有龙游本地纸商，有迁居于此的闽、徽纸商，也有赣省与浙省东阳、江山的纸商。

龙游商帮的产生和发展

龙游地处浙江西部，历史上一直是浙、闽、赣、皖四省和省内金、衢、严、丽四府之交通孔道，物产丰饶，粮食、竹木等大量外输。南宋建都杭州，对木材和纸张需求巨大，带动龙游木材与造纸行业开发。凭借地理优势和江南经济发展契机，依靠自身文化素养和开拓进取精神，龙游商人走出山沟，逐鹿中原，远征边关，漂洋出海，终成中国十大商帮之中唯一以县域命名的龙游商帮。

龙游商帮崭露头角于南宋，迨至明代已蔚为壮观，明万历时已有“遍地龙游”之谚。旧志中也有“龙丘之民，往往糊口于四方，诵读之外，农贾相半”，“龙游之民，多向天涯海角，远行商贾，几空县之半，而居家耕种者，仅当县之半”的记载。至清朝康熙、乾隆年间“其居家土著者，不过十之三四耳。”可见直至清前期，龙游商帮的势头依然有增无减。

《龙游商帮》一书内页介绍
Introduction to *Longyou Merchants Group*

龙游造纸历史悠久，其毗邻的江西铅山，浙江江山、常山数县都是重要造纸地，这些地方造纸技艺高超，造纸技艺自然也流传到龙游。造纸在龙游县经济中占有极其重要的地位，清代时知县多次下令禁止外地人流入龙游砍伐竹笋，盖“南乡居民多以纸槽为业”，12株竹可做纸料1担，每担2元，做纸除去成本可净获利1元。不自做纸而腌料出售，纸料可得3～4角至7～8角（不同时期），而掘笋12株仅值30～40文，两者相差甚巨。

清中晚期龙游纸商（槽户）林巨伦是纸商中的佼佼者，其经营造纸，积累成巨富，又喜举善事，远近颇为闻名。其祖父林品茂，原籍闽之汀州，乾隆间来龙游，偕其兄弟在县南经营纸业。品茂之子（即巨伦之父）世居于南乡坳头，以纸槽为业。“父殁，巨伦承其业。刻意经营，积资累巨万，性好行善”[105]，曾捐资11 000余两白银修建通驷桥等。龙游县劳锦荣，南乡溪口人，“南乡故多竹，其父业纸槽，锦荣自

[105] 张海瀛.中国十大商帮[M].合肥：黄山书社，1993:433-444.

幼矫健，出入修篁丛菁向，督工制纸以为乐”[106]。

[106] 张海瀛.中国十大商帮[M].合肥：黄山书社，1993:433-444.

槽户生产纸张必须雇用工匠，工匠多来自江西铅山、浙江东阳等地。龙游南乡有许多外地来的工匠，光绪二十四年曾有400多位纸槽工人罢工滋事“势甚汹汹”的记载。这种自由雇佣劳动者（纸槽工匠）在龙游纸业生产中大量存在，可以推断，在槽户所经营的造纸作坊（或工场）中已经有了新生产方式的萌芽。

龙游纸商兼营行业前端造纸，其生产不是为了自给，而是一种控制完整产业链的商品运营模式，这样，商业资本与产业资本就结合在一起了。这在经济结构中是很有意义的，值得手工业经营史研究者重视。

（4） 在浙东的宁波府：

余姚在清代是浙江产纸的重点地区，所造纸张既要满足本地的需要，还要售到全国多地。据1903年3月9日英国浙江海关税务司三品衔余德呈报的《光绪二十八年（1902年）宁波口华洋贸易情形论略》中所述：同治八年（1869年），宁波出口的纸、酒、药材等，共计银90 000两。光绪二十八年，宁波有纸张外销记载，“往北路者纸与瓷器、毛竹；往长江等处者锡箔、纸、草席、陈酒”[107]。

[107] 中华人民共和国杭州海关.近代浙江通商口岸经济社会概况：浙海关、瓯海关、杭州关贸易报告集成[M].杭州：浙江人民出版社，2002:311..

（5） 在浙江中部的金华府，东阳县造纸一枝独秀：

道光《东阳县志》载：“理皮藤，有文理，可造纸，出永宁乡白溪。”[108]东阳的东白山区和玉山（磐安）一带是剡溪的源头，楮林密布，古藤披拂，曾经是藤纸的主产地之一，以之造纸最坚。“本邑惟永宁乡白溪地方能造，盖近剡故。”康熙十年仅白溪一地有槽户3户19人，产皮纸、绵纸，特产之一是以桑皮、笋壳为原料的鱼卵纸，其中又以白溪村谱纸、鱼卵纸质量最佳。“进三”纸为清中叶名牌纸，在杭州、宁波、上海等地的书局，一概免检入库，许多书局还亲自来白溪村挑货。由于市场交易兴旺，到清末民初，白溪村全村200余人都以造纸为业。

[108] [清]党金衡，王恩注.道光东阳县志：卷四 物产[M].清道光八年刻本，商务石印公司，1914（民国三年）：12.

第四，加工纸与纸的衍生品形成了品牌。

除了以上纸品之外，加工纸也形成了品牌。清代杭城的笺纸很著名，清徐庸在《前尘梦影录》中载：“老友陈柏君大令曾觅得康熙年间洞帘罗纹纸数页，周围暗花边，皆六尺匹，托杭城造笺纸良工王诚之为之，加椎染色，同于古制。”[109]花笺则以谢公笺最为著名，光绪《杭州府志》记载：“纸以人得名者，有谢公，有薛涛。所谓谢公者，富春谢司封景初师厚，创笺样以便书尺，俗因以为名。”又说：“谢公有十色笺：深红、粉红、杏红、明黄、深青、浅青、深绿、浅绿、铜绿、浅云，即十色也。”[110]

[109] 谢国贞.明代野史笔记资料辑录之一：明代社会经济史料选编 上[M].福州：福建人民出版社，1980:202.

[110] [清]陈文騄，吴清坻.光绪杭州府志：卷八一 物产：四[M].1925（民国十四年）：20.

清代杭州乌金纸也有所发展，《本草纲目拾遗》载：“江浙造纸处，多有两面黝黑如漆，光滑脆薄，不中书画，惟市铺用以裹珍宝及药物作衬纸，又呼熏金纸，以其熏黑捶砑而光也。”[111]当时曾有“天下浙地有乌金纸”的说法。清代浙江山阴、会稽、上虞、富阳均有出产。山阴由华家埲（今属萧山）华氏独家生产。光绪《上虞县志》载：“乌金纸出西北蔡林，今惟九都赵姓能制，闻亦传媳不传女。”[112]

[111] [清]赵学敏.本草纲目拾遗[M].从明，校注.北京：中医古籍出版社，2017:368.

[112] [清]储家藻，徐致靖.光绪上虞县志校续：卷三十一 食货志二：物产[M].1899（清光绪二十五年）：29.

在清代，绍兴鹿鸣纸的发展因锡箔产业的发展而更加繁盛。锡箔是以鹿鸣纸原纸为隔纸进行加工，经过多道工序，将小小的锡片捶打成薄页褙在鹿鸣纸上，并经过压制整理而成的，是一种专供拜佛礼神、丧葬祭祖用的高档加工纸品。

晚清上虞道乌金原纸
Original Wujin paper made in Shangyu area during the late Qing Dynasty

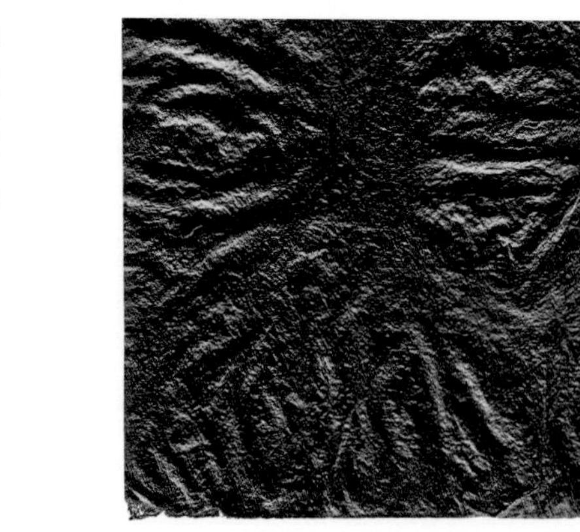
晚清民国时期打制过金箔的乌金纸
Wujin paper used to make gold foil during the late Qing Dynasty and the Repubican Era

晚清时，绍兴府城及山阴、会稽两县成为全国最大的锡箔生产基地，绍兴城区从事锡箔加工业的人数相当可观，有“锡半城”之称。据宣统三年（1911年）的统计，从业人员31 000多人，其中有打箔工人8 000人，杂工（包括浇锭子、排纸、裁约、做块头等）2 000人，扑粉工（大多数为童工）400人，褙纸、砑纸、揭中锭、揭十分的男女工20 000余人，外加1 000多人的箔坊、箔铺主的家属。绍兴生产的锡箔除部分内销外，大多从上海口岸出口。据《会稽县劝业所报告册》载，清宣统年间（1909～1911年），锡箔年产出160万块，其中外运140万块，价值130万银圆。晚清时，绍兴锡箔开始出口印尼。[113]

[113] 李永鑫.绍兴通史：第五卷[M].杭州：浙江人民出版社，2012：109.

鹿鸣纸原纸
Original Luming paper

手工纸发展的另一个侧面是其所支撑的衍生品的生产也不断发展。诸如绍兴纸扇的扇面用的是上等桑皮纸，并以烟煤调柿漆反复涂刷而成。纸扇生产是清代山阴、会稽两县农村重要副业之一。宣统二年（1910年）《山阴县劝业所报告书》载：“山邑出品以绸酒锡箔折扇为大宗。”“贩出折扇五百五十万柄，价值十八万八千元。”宣统三年（1911年）《会稽县劝业所报告册》载：“扇业。属会邑境内运出者约六万把，货值三千元。”晚清时期绍兴的纸扇业集中于周家桥、迎驾桥、张溇一带，不论农户、居民，家家糊扇面、削扇骨、做纸扇。

总结清代浙江造纸业的生产特征，总体上尚处于家庭手工业阶段，且就近与本地的原料生产紧密结合。虽然是商品化的生产，但就商品生产形态与商品化程度来说，又存在着不同情况及形态。

第一种形态表现为，在“以竹为业”的山乡，造纸业是山民主要的经济来源。在这里，乡民从原料生产到制成纸的整个农工生产过程都是在家庭内完成的。同治《湖州府志》载：孝丰东沈钱家边，户户生产黄纸。“曝之日，弥冈被阜，或飓风骤雨，妇女倾家争抬，上下山坡，捷于猩猱，少顷，则委而土耳。谚曰：‘东沈钱家边，水碓接连牵，家家户户出黄阡，一阵狂风起，妇女臀向天。’”[114] 这是一种商业性农业同商品性手工业相结合的独立的家庭商品生产形态。

[114/115]
宗源翰. 同治湖州府志：卷三三　物产：下[M].台北：成文出版社，1970：2551-2556.

第二种形态表现为纸笺及其他衍生品手工业。这是纸的加工工业，有着更高的技术要求，是同农业相脱离的独立小商品生产，它的商品化程度显然较前一种乡土农家商品生产形态高。

第三种形态表现为作为家庭补充性副业的一种商品性生产。如湖州府德清县莫干山区诸村乡民“大率为樵为耕，以其隙造纸”[115]，砍柴种地，若有闲暇时间便造纸，它只是自给性的粮食生产和山间特产采集的必要补充。

第四种形态是像富阳这样的纸乡，“邑人率造纸为业，老幼勤作，昼夜不休”，“北乡妇女，惟佐其夫，揭晒草纸，所得甚微”[116]，在这里造纸业是很多家庭的经济支柱和谋生之道，因此整个家庭全年几乎全部精力都投入其中。

[116]
[清]陈璚. 杭州府志：卷八一　物产：四[M].1922.

第五种形态是像龙游商帮那样通过开店销售和贩运销售开展经营，基本上是纯粹的商家。在后期出于控制前端生产环节的考虑，若干商家变成了兼业开槽造纸的槽主型槽户。

从政策与机制供给对于产业的拉动角度审视浙江手工纸产业发育受到的影响，实际上在明代以前已有不少的案例，但作为对古代产业政策的简明总结，此处的摘要只述及明清时段。

第一个方面是贡纸制度对产业发展的促进。

浙江由于纸品出色，至少从唐代以来就是中国著名的贡纸地区之一。明清时期浙江手工纸的不少品种，如衢州屏纸、温州蠲纸、富阳元书纸、常山榜纸与开化纸等，由于具有选料严、做工精、造纸水质好、纸性优等特色，长期作为贡品上贡朝廷和作为官府公文及考试用纸，因此从品质到生产规模都在官府的督办之下，使其必须追求精益求精。

“明初的朝廷用纸，摊派各造纸产地朝贡，浙江贡纸25万张，仅次于直隶，居全国第二位。”[117] 明代后期到清代乾隆时期的御用书籍和官刻，曾较长时间首选开化贡纸印制，由于内府需求量大，以至于形成了古籍收藏界著名的“开化纸版”，卷帙惊人的《四库全书》全部7套中就有几套使用了开化纸制作，用纸量之大无需多言。

[117]
谷宇. 浙江地区传统纸工艺的保护研究[D].上海：复旦大学，2014：5.

[118] 俞光. 温州古代经济史料汇编[M].上海:上海社会科学院出版社,2005:308.

虽然从唐代就开始上贡的温州蠲纸在此阶段停产，但是温州纸仍然被当作贡品每年上贡朝廷。嘉靖《温州县志·卷三》之贡赋篇记：“温州每岁派南京历日黄纸六千四十张，白纸九万八千三百五十七张。”[118]可见数量还是相当大的。

开化纸印制的古籍
Ancient work printed on Kaihua paper

第二个方面是书籍文闱用纸市场的拉动。

明清时期，竹纸由于性价比高，成为书籍印刷的主流用纸，而浙江地区既是中国竹纸生产最大的基地之一，又是读书、科举等文化事项的繁盛之地和文化人的聚集地，同时以杭州、宁波、嘉兴为中心的本地刻书业和藏书业极其发达。明清时期浙江的坊刻、私刻书籍数量很大，考试和练习用纸需求也大，竹纸生产不仅要供给本地市场，而且销售遍及全国，因此较为强烈地促进了浙江造纸业的发展。

第三个方面是国外销售的带动。

温州生产的屏纸、皮纸都是温州港大宗出口的货物之一。富阳传统手工造纸，据最早有全县性数据的清代光绪年间《富阳县志》记载，光绪三十二年（1906年），富阳竹纸每年约可博六七十万金，草纸约可博三四十万金，主要出口地为东南亚国家。

三 浙江省现代造纸业态的发展历程

3 Development of Modern Papermaking Industry in Zhejiang Province

（一） 民国初期至1937年前段：产能长足发展与名纸消失隐忧并存

从晚清开始，由于国外“洋纸”的输入和机制造纸技术的引进，浙江手工纸业发展与浙江政治经济变迁的关系开始更加密切。一方面，随着中国经济中心从杭州、宁波、南京、苏州这样的江南核心区域转移到近代才开始崛起的现代中国第一大都市——上海，长三角的整体经济格局随之发生巨大变化。另一方面，随着浙江省内产业经济发展局势不断起伏变化，1860年之后，浙江省的手工纸业经历了数次跌宕起伏，虽然从产量上来说仍呈现鼎盛之势，但这种发展带有巨大的隐忧。主要影响因素包括：民国之后，传统的文化名纸很快消逝，大部分的手工纸生产都是为生活用品和民间祭祀用品服务；持续千余年的贡纸制度消失，手工纸向满足高端需求发展的技艺革新动力和压力均不足；近代之后，国内与国际局势动荡，加之外来“洋纸”的竞争使传统手工纸的市场萎缩；国内官僚资本的盘剥和控制致使产业利润空间压缩，因此浙江大部分手工造纸企业或作坊都处于举步维艰状态。

清末，浙江为清军与太平军交战的主要战场之一，受此影响，浙江1860～1866年的人口由此前的缓慢增长猛跌入急剧衰减的低谷。在清军和太平军的双重冲击下，浙江城市和农村被焚烧、抢掠一空者为数甚多。加之1867年前后的大天灾，浙江手工业与地方经济遭受灭顶之灾，一直到清末光绪、宣统年间才得以恢复。随后的政局有近20年的相对稳定期，近代手工纸业在“五口通商”的影响下应运而生并得到发展。但发展的时间很有限，因为不久后即爆发辛亥革命，随之形成了军阀割据，政局又趋于混乱、动荡，连年内战不息，交通中断，商旅隔绝，严重阻碍了工商业的发展。

从第一次国共合作的北伐成功（1928年）到“九一八”事变（1931年），此阶段浙江手工纸产业的发展处于又一个兴旺的时期，全省大部分产纸县的产值都达到了有文献数据记载的历史高水平。根据民国五年（1916年）农工商部统计：“全国产值不过四千二百万元，江西凡八百万元，福建凡七百五十万元，江苏六百五十万元，浙江只四百万元。”民国十三年（1924年），“浙江省制纸工业殊不弱，虽不能与闽省并驾齐驱。然岁产亦有三百万两，产地最胜之处，向以严州衢州金华三县为巨擘”[119]。而到了民国十九年（1930年），浙江全省手工造纸产值约2 000万元，约占全国五分之二。

[119] 彭望恕. 全国纸业调查记[J].农商公报,1924(118):100-108.

从表1.2中的数据占比可以看出，民国中期浙江各县手工纸产值差别很大，区域分布极不均衡，其中富阳已呈一枝独秀之势。民国元年（1911年），富阳产纸即已占全

[120] 周安平. 20世纪50~60年代浙江省富阳县手工造纸业研究[D].杭州：浙江财经学院,2013.

[121] 浙江设计委员会统计部.浙江之纸业[Z].1930:201.

省手工纸总产值的44%；民国十九年（1930年），富阳一跃成为全国手工纸产值最高的县，计产值8 667 912元（银元），占全省手工纸总产值的41.56%，名列全省各县之首。高峰年份，富阳手工造纸曾经占全国手工纸总产量的25%。[120]

表1.2 民国十九年（1930年）浙江省各市县手工纸产值和占比统计表[121]
Table 1.2 Handmade paper output value and proportion of cities and counties in Zhejiang Province in 1930

市、县	产值（元）	百分比	市、县	产值（元）	百分比
富阳	8 667 912	41.56%	武义	243 456	1.17%
萧山	1 360 620	6.53%	遂安	239 778	1.15%
衢州	1 034 783	4.96%	景宁	202 350	0.97%
江山	75 336	3.61%	绍兴	179 880	0.86%
诸暨	714 450	3.47%	奉化	169 050	0.81%
泰顺	685 200	3.19%	寿昌	158 400	0.76%
余杭	671 100	3.22%	汤溪	155 420	0.75%
宁安	548 028	2.63%	上虞	127 224	0.61%
永嘉	529 644	2.54%	遂昌	110 783	0.53%
黄岩	518 722	2.49%	松阳	108 913	0.52%
瑞安	506 070	2.43%	温岭	100 980	0.49%
龙游	454 910	2.18%	嵊县	87 966	0.42%
桐庐	405 347	1.94%	永康	85 194	0.41%
金华	308 640	1.49%	庆元	71 156	0.34%
孝丰	283 520	1.36%	浦江	61 848	0.30%
新登	276 307	1.33%	于潜	54 921	0.26%
缙云	274 807	1.32%	昌化	52 248	0.25%
常山	274 800	1.32%	平阳	48 536	0.23%
临海	248 040	1.20%	新昌	16 836	0.08%

初刊本《浙江之纸业》
First edition of *Zhejiang Paper Industry*

富阳手工造纸业不光产值高，槽户数和产量也位于全省之首。从事纸业生产者占全县总人口的五分之一，占男性劳动力的三分之一。《浙江之纸业》记载：在同一时期，富阳县有槽户10 069户，拥有纸槽10 864具，手工纸产量达到641.11万件（合59 002吨）。[122] 浙江《建设月刊》载："富阳土纸价格自民国十五年以后比较平稳，至民国十九年十月，纸价飞涨，六千元书由11元涨到15元，海放纸由5元涨到8元，'纸价涨，槽户发'。"[123]

[122] 林伟昭.温州造纸业史略[Z]//中国人民政治协商会议温州市瓯海区委员会文史资料委员会.瓯海文史资料:第十辑.2004:154.

[123] 浙江设计委员会统计部.浙江之纸业[Z].1930:201.

除了富阳之外，温州产纸也在民国中期达到有记载数据的最高水平。民国初期，温州屏纸已闻名全国，以销量大、销售地域广著称，但纸质较差。民国四年（1915年），浙江巡按使屈映光抵温巡视，在其所撰《永嘉县宣言》中云："上乡瞿溪内有纸槽出纸，贩售镇江各处，近以纸质粗劣，折阅者多，亟宜设法改良。"[124]

[124] 王文治.富阳县志[M].杭州：浙江人民出版社，1993:394-395.

《温州市志》记载：民国二十五年（1936年），温州各县历史年产量达到最高，为36.2万担。民国十九年（1930年），永嘉（包括今永嘉县及温州市鹿城、龙湾、瓯海三区）有纸槽1 333具，每具需纸工3至5人，计纸工4 244人；瑞安有纸槽606具，计纸工1 920人；泰顺有纸槽297具，计纸工1 945人。随着纸业的发展，温州纸业行会组织相继成立。民国二十二年（1933年），南屏纸同业公会成立，沈介卿任主席。民国二十五年（1936年），永嘉县纸业公会成立。[125]

[125] 林伟昭.温州造纸业史略[Z]//中国人民政治协商会议温州市瓯海区委员会文史资料委员会.瓯海文史资料:第十辑.2004:154.

除了产量可观之外，手工纸品类也相当丰富。《浙江之纸业》记载："浙江省手工制纸之产量首推富阳，产纸计十七种，以坑边、原斗、黄烧等统计之，已超过七百万块，元书纸等亦在十万件以上。萧山盛产黄笺，年产十万件。衢县产南屏纸与花笺独丰，各十万担。江山方高称冠一时，亦在十万余担。他如诸暨之鹿鸣、泰顺之花笺，每年产量亦尚不弱。余杭、临安之黄烧纸，年达二百万块。永嘉之斗方纸年达二十万件。黄岩之千张，年产在三十万块以上。此仅就产量最丰之县，举其杰出者而已。至其他各县或则出纸之种类较繁，其产量散而不众，反之种类之少者，其量亦有可观。"[126]

[126] 浙江设计委员会统计部.浙江之纸业[Z].1930:201.

除此之外，因为清末民初政治改良，民国初年政府鼓励各项工商事业发展，召开了各种博览会，浙江名纸在国内国际展览会中频频获奖。如民国四年（1915年），富阳县礼源乡山基村槽户姜芹波（忠记）所造昌山纸，获政府农商部嘉奖。同年，在巴拿马万国商品博览会上，富阳竹纸中的"昌山纸""京放纸"双双获得二等奖；新登县产皮纸获"支那纸"荣誉奖。民国十五年（1926年），在北京举办的国货展览会上，富阳产"京放纸""昌山纸"分别获得二、三等奖。民国十八年（1929年），在杭州举办的第一届西湖博览会上，富阳产元书纸、富阳大源产乌金纸、江北上里山产白皮纸分获特等奖。

民国年间，浙江手工纸在产量、产值、种类等方面表现良好，但是并不意味着前途一片光明。实际上，当时无论是浙江设计委员会对全省手工纸业的调查，还是个别学者对浙江纸业的调查及对多个典型产纸区的专项调查，均在整体上表现出对浙江造纸业态衰落的担忧："而吾浙产纸自古闻名，故可谓历史上之产纸要地。今则因纸槽户不求改良，古法失传，而原料中如藤楮之属，亦形缺乏，因之浙纸声价，一落千丈，其能在中国纸业维持地位者，仅迷信所用之纸箔烧纸，及包装用之草纸粗纸而已；倘不急谋挽救，则以今日日趋衰熄之势，浙纸恐为历史上之名词而已。"[127]

[127] 浙江设计委员会统计部.浙江之纸业[Z].1930:178.

据民国浙江大陆银行档案的记述：1930年前后，"富阳纸产额连余杭各地在内，有估值1 000万元之说，仅富阳一县有称800万或700万者，恐今年纸价低落，产额减少，以现值估计实不过六七百万元，而纸之类竟有17种之多，如坑边、厚斗、鹿鸣、京放、段放、黄烧元，其中仅花笺与元书纸堪供书写，余则多供民间祭祀用焚化及卫生之用，纸价因纸件大小、牌号等级不同亦复纷杂不等。造纸原料选用毛竹、稻草、桑皮等项，乡下人有制造木轮，叠石设架，籍水力以捣纸料造纸，竹帘有极工细者，十五年北平国货展览会曾给'特定奖'，惜乎造法罔知改进，殊难与机制纸洋纸抗衡，以应时代之需求"。[128]

[128] 黑广菊，刘茜.大陆银行档案史料选编[M].天津：天津人民出版社，2010:194-196.

《浙江之纸业》报告小组在调查洋纸输入情形时分析："进口之纸可分两类，一为洋纸输入，二为各通商口岸进口纸料。洋纸进口，民国元年温州关并无记录，宁杭两关亦以宁波为关口大宗，全省进口六万海关两；民五（1916年）以后杭关之洋纸输入逐增，已驾宁关而上，自民十至民十四宁关又恢复其优势……由统计可知各通商口岸进口者以上等纸为多，中次纸实不足计，可知浙纸之供中次用途者本省自制已足敷用，惟上等纸不能不仰给于外耳。历年进口都在增长中。"[129]由此可知高端用途纸不仅洋纸已经独占优势，即便是"土纸"，外区域"土纸"也压倒了本省纸。浙江省输入之纸，计有洋纸及土纸两种。输入之土纸，大都为上等纸品，盖中下级者，本省已有出品，足以敷用。"至洋纸入境，与日俱增，民国十年，洋纸输入为数只九万余两，民国十六年增至三十四万两，而近年输入更为激增，长此以往，浙纸前途殊可焦忧也。"[130]

[129] 浙江设计委员会统计部.浙江之纸业[Z].1930:54，188.

当时的调查者反思："盖通商口岸进来之纸多上等纸，而次下之纸为数极微，反之本省输出之纸，上等为数不巨，而次下纸或三四倍或十倍于上等纸。此颇足以观本省产纸之大略，夫粗用之纸，代替品多，迷信用纸，消灭实易；而吾省所产转恃以为大宗，纸业之危机殆，不可恫哉。"民国中期，虽然浙江手工纸产值惊人，"但据本会最近实地调查，凡两千余万大都为粗制纸类，至于艺术上、印刷上诸大用途之纸，均不能不仰于外洋或闽赣皖诸省"[131]。

[130/131] 吴文英.浙江之纸[J].浙江省建设，1937:17.

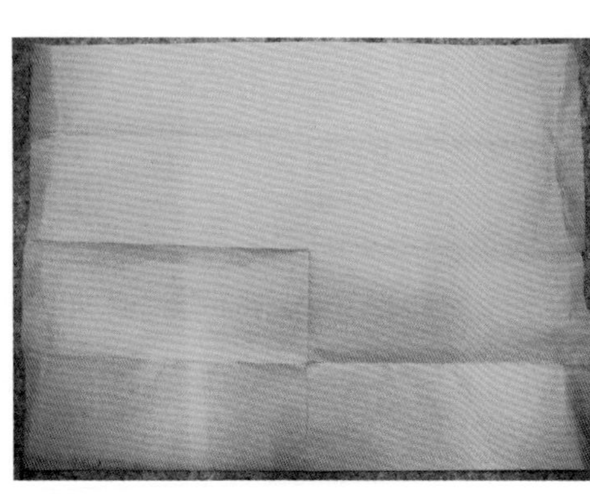

民国年间浙江产的『土报纸』
Local newspaper produced in Zhejiang Province during the Republican Era

当然，即使在整体上技术落后的情况下，民国浙江手工纸发展也有部分突出表现。如温州为近代报业提供土报纸原料，据当时报道："温州将有国产新闻纸。我国新闻纸多进口，每年报馆、印书馆全国统计不下三千万元，国人多不注意及之。现上海绅商许世英、冯少山、金瀚及其他热心商业人士发起筹备浙江温州新闻纸制造。"[132] 民国二十六年（1937年），王贤川在西山创办大明振记纸厂，从奉化引进制造技术，开始生产蜡纸原纸。此后，有中国、光华、建国三家蜡纸厂陆续开办，均生产蜡纸原纸。同年六月，上海商务印书馆经理王云五来温筹办温溪纸厂。

[132] 经济消息汇志：温州将有国产新闻纸[J].东省经济月刊，1929，5(4)：5-6.

随着浙江手工纸在民国时期的进一步发展和中外贸易交流日益频繁，浙江手工纸开始走出国门。20世纪40年代，泽雅屏纸登陆上海，市场扩大至山东、江苏、福建、台湾以及东南亚等地。富阳手工纸除行销国内18个省市外，还出口外销日本、菲律宾、新加坡等东南亚国家。

民国时期，纸业的营销渠道得到了进一步的发展。以富阳县为例，民国时期及以前，县境内所产的各类纸品购销，全由私营商业（包括产纸区大槽户兼做纸商）经营。民国伊始，在富阳纸商中，开始兴起营销纸品的商行（简称纸行），这是以销售为载体，一头联结产纸区槽户，另一头联结大中城市的一种组织形式。纸行多为纸商中大户，最初在富阳坊区（县城）内有广源纸行、振和纸行2家。民国十五年（1926年）富阳纸行增至22家，年营业总额达320万元（银元）之多。民国十八年（1929年），在富阳县城开设的纸行仍有15家之多，总营业额为43.5万元（银元）。新登县城区（该县1958年并入富阳县）纸行（营销桑皮纸、草纸）营业额为4万元（银元）。

20世纪20年代中期，浙江手工纸业已经开始受到动荡的政治环境和中外商业交流所带来的较强的影响。中外商业交流频繁给浙江省手工纸的出口带来了便利，同时外国纸产品开始进口到中国，对浙江手工纸市场亦造成一定的冲击。据《浙江之纸业》记载，民国前期，中国进出口纸的数量不断攀升。

表1.3 1924~1927年浙江省土纸进出口纸数量与金额对比[133]

Table 1.3 Import and export quantity and amount of handmade paper from 1924 to 1927 in Zhejiang Province

年份	进口数量（担）	进口额（两）	出口数量（担）	出口额（两）
1924	4 105	59 422	86 784	1 208 014
1925	4 044	54 964	87 277	788 670
1926	1 661	58 843	105 191	968 037
1927	1 696	59 245	139 763	1 436 632

[133] 浙江设计委员会统计部．浙江之纸业[Z].1930：54-60，69.

表1.3给出了1924～1927年浙江省土纸出口、进口的数量与金额。同样源自《浙江之纸业》的数据，1912年手工纸进口金额为34 194两白银，出口金额为353 003两，出口金额约是进口金额的10倍。到1924年，进口金额为59 422两，出口金额为1 208 014两，增长到20倍。到1927年，进口金额为59 245两，出口金额为1 436 632两，为24倍。可见虽然口岸开放使手工纸进口获得便利，但对造纸大省浙江而言，整个民国前

期出口则持续更大幅度增长和兴旺。

另一个值得注意的经营环境变化是，民国以来浙江省手工纸的苛税和官员的盘剥不断增加。民国十七年（1928年）6月12日颁布的一条布告中有如下内容：“浙江省政府财政厅令各县电文，按照颁布的暂行条例第六条及本省补充办法第十三条之规定，自七月一日起应实行加徽纸价十分之一（计一角五分），以后按月照此增收。”虽然这只是对近邻省份安徽之纸入浙省加税的记载，但实际上本省纸均面临较重税赋问题。国外进口纸的冲击和税赋的双重压力给浙省手工纸业的发展带来了危机。

瞿溪老街上的胡昌记纸行旧址
The former site of Huchangji Paper Shop on Quxi Ancient Street

除了税赋增加之外，地方官员和官僚资本对手工纸业的盘剥也是非常严重的。民国二十七年（1938年）夏，温州瞿溪胡昌记等纸行拉拢地方绅士陈达人等成立“永瑞土纸生产合作社”，欲垄断卫生纸买卖。此后，沈永年（国民党永嘉县党部代理书记长）、陈卓生等在温州成立了“永嘉县纸类运销处”。沈永年为控制整个泽雅纸山卫生纸的营销，由运销处每月给合作社1 000元的津贴便取而代之，纸市场买卖全盘掌握在沈永年等人手中。于是运销处杀价盘剥，纸农利益由此受损。如民国二十八年（1939年）4月上旬，上海卫生纸每件4.8～7.8元，而运销处收购价仅2～3元，不及上海售价的一半。运销处、合作社独霸市场，不准外来纸商自由议价收购，深为纸农痛恨。

不久后由于战争影响，港口封锁，土纸滞销，纸类运销处停止收购，纸农生活来源断绝，于是双方矛盾日趋激化，终于爆发了轰轰烈烈的纸农反抗斗争，即震惊一时的“纸山暴动”。经纸农多次流血斗争，在众人合力抗争下，主政的国民党地方当局最终答应纸农的要求：抚死医伤；归还欠款；撤销运销处和合作社，恢复卫生纸自由买卖。“纸山暴动”本身是纸农深受不平等的垄断销售渠道的盘剥，为维护自己利益而进行的暴力抗争。

据查考衢州历史档案，1928年受国内第二次北伐战争影响，衢州纸业损失惨重。1936年衢州纸槽业公会主席王开位在呈请地方政府救济纸槽业文中说：“衢产尖屏，目前约三十万担（件）之谱，不及全盛期之半，价格以前衢售七元以上，今已跌至四元左右。”[134]

[134] 叶元春. 建国前的衢县纸槽业[M]//中国人民政治协商会议浙江省衢州市委员会文史资料研究委员会. 衢州文史资料：第四辑. 杭州：浙江人民出版社，1988:21-34.

1931年“九一八”事件爆发，关内关外交通阻塞，土纸销数锐减，价格猛跌。1934年左右，中国经济受世界资本主义经济周期性的不景气影响，工农业生产也随之萎缩，商业经济衰退，纸的销量和价格因之更加萎缩，这种情况一直延续到抗日战争全面爆发前夕。

（二） 1937～1945年：战争导致手工纸行业整体萎缩

1937年抗日战争全面爆发后，浙江手工纸行业遭受了巨大的冲击。民国元年，浙江的各类工厂有2 493家（包括手工工场）。一战期间，由于主要资本主义国家忙于欧战，对中国的经济侵略暂时放松，再加上民国初年政府颁布了一些鼓励实业发展的政策，从1927年至1937年的10年里，虽然在全国范围内内战不断，但总体上对浙江影响不大，这在客观上有利于浙江工业的发展。因此，经过10年的建设，浙江的初级工业化水平向前迈进了一步，到抗日战争全面爆发前，可以说浙江的工业化进程在国内是较为领先的。

抗日战争后期的8年，浙江工业损失惨重。关于战争时期浙江工业损失比较完整的数据是战后国民政府行政院善后救济总署浙江分署所汇总的损失情况，其中手工造纸业战前有6 815家厂商，战前有资本1 123 650元。抗日战争中浙江工业估计损失11.236 5亿元（这仅是沦陷区的直接损失，其他间接损失还未计入），损失不可谓不惨重。[135]

[135] 浙江省政府.浙江省善后救济资料调查报告：工业善后 损失情形[M]//袁成毅.浙江抗战损失初步研究.西安：陕西人民出版社，2003：122.

由于浙江全省绝大部分地区被日军占领，富裕槽户和资本较雄厚的商家，纷纷逃难，贫困槽户和资本较短拙的纸农则无力开业生产；再加上内外交通隔绝，销路中断，生产者处于极端的困难状态。但很意外的是，在日伪统治之下，城乡迷信流行，结果反倒促进了地方民间祭祀用纸的消费，手工纸总产量虽然减少，减产约30%，民间祭祀用纸却保持了发展态势并上升为主导产品，其产量占全部产量的50%以上。

浙江产纸首县富阳损失尤重。从1937年12月24日日军侵占富阳县城至1945年8月15日日军投降，入侵日军实施了水陆交通封锁，所产纸品难以运销出境，农业和造纸生产遭到严重破坏。如1939年10月，日军行至土纸运销出入要口新义乡杜墓村时，烧毁了价值600万余元（按银元计）的富阳土纸存货，约占当时富阳县全年手工纸总产值的70%。日军侵占时期富阳造纸业从兴旺发达陷入衰败境地，并导致其在相当长的一段时期内一蹶不振。《富阳传统手工造纸》一书的资料显示：民国二十五年（1936年），富阳竹纸产量为51.55万件；至胜利后的民国三十五年（1946年），富阳竹纸产量为34.05万件，减产17.5万件，下降34%。富阳县土纸年产量由1936年的13 512吨，下降至1949年的9 480吨，槽户数由1936年的10 069户，下降到1949年的3 456户。[136]

“肩背雨伞小包裹，出门到处找槽户；三餐薄粥毛盐过，蓑衣笠帽当被铺。”这首民谣，真实反映了当年纸农的困境。[137]

[136] 周关祥.富阳传统手工造纸[Z].2010：7.

[137] 庄孝泉.富阳竹纸制作技艺[M].杭州：浙江摄影出版社，2009：17.

《富阳传统手工造纸》书影
A photo of *Fuyang Traditional Handmade Paper*

2016年调查时的棠岙村
Tang'ao Village in 2016

温州是另一个受战争影响巨大的造纸区。温州在抗日战争中先后三次沦陷，温州纸业的原料、成品、设备、厂房遭日伪军掠夺、焚烧、破坏，损失严重，数以千计的纸农受此牵连。民国二十八年（1939年）10月，18艘货船满载毛边纸、屏纸、木材、木板、木炭等货物，共计35 000余担，在瓯江口遭日军拦截，货物被抢掠一空，经济损失严重。民国三十年（1941年）4月19日至5月1日，温州第一次沦陷期间，温州纸行大部分纸张被日军焚毁。如东门陡门头的泰源祥山货行被烧毁四六屏纸1 007件、提屏纸503件；东门行前街头的东兴行和大南门外的隆茂行，有六九屏纸100件、南屏纸153件被日军烧毁。民国三十三年至民国三十四年（1944～1945年），温州第三次沦陷期间，屏纸业经济损失达1 136万元，生产蜡纸的温州大明实业厂直接经济损失达545.8万元。至民国三十八年（1949年），温州城区仅剩机制纸厂1家、蜡纸厂2家，其他多为家庭造纸小作坊，造纸业呈现出严重衰败的局面。[138]

遭受战争影响的还有龙游屏纸产业。《浙江经济情报》上的一则新闻也证实战争影响了龙游屏纸的销量：龙游南屏纸，每年外销约14万件，远销山东、河南、天津、北平、营口等地，但近年来销路不佳，今年纸销总值不足40万元。[139]

龙游屏纸系供城市使用的卫生纸和冥纸。民国初期年产量高达30万担，是当地重要的生产行业。但屏纸工艺水平较为原始，槽户劳动非常辛苦，大多数纸农全家辛苦劳累一整年，也只是勉强为生。战争使屏纸需求大大降低，纸农无处谋生，流离失所。1937

[138] 林伟昭.温州造纸业史略[Z]//中国人民政治协商会议温州市瓯海区委员会文史资料委员会.瓯海文史资料：第十辑，2004：149~158.

[139] 产业：龙游纸产衰落[J].浙江经济情报，1936，1(1-5)：15.

破败的造纸设施遗存
Ruined papermaking equipment remains

年至1938年，因杭州陷落，通向外界的交通中断，龙游屏纸业生产几乎全部陷于停顿。除了民营纸槽之外，“华丰”“民丰”等大型造纸厂被日军强行霸占，耗资10万元筹建的温溪纸厂无法经营，一些勉强开工的纸厂也由于原料昂贵而相继歇业。[140]

[140] 陈真.中国近代工业史资料：第4辑[M].北京：三联书店，1957:536-589、796.

虽然战争时期浙江省手工纸主要产区遭到重创，但是仍然有一些离战争较远的山区小村落的手工纸生产在支撑着手工纸市场，宁波奉化的棠岙纸就是一例。棠岙地处偏僻，当地人本就以手工纸为业。抗日战争时，浙东、浙南及富阳手工纸生产作坊遭到了巨大的打击，但是奉化的棠岙等山村受战争的影响小，因此在当时承担了大量手工纸生产的任务，例如政府的训令布告用纸、学堂的教学讲义用纸等。同时由于战争使交通中断，洋纸进口受到影响，这也给了浙江手工纸喘息的生机，浙江手工纸产业在战争初期遭受重创之后，土纸产量有短暂恢复，不过整体上还是举步维艰。

（三）1945～1949年：手工纸行业在“光复”憧憬中举步维艰

抗日战争胜利后，浙江手工纸产业稍有恢复。民国三十七年（1948年）的《浙江经济年鉴》记载：“富阳、余杭、临安，得益于天然之利产量颇丰。浙东以绍衢为最盛……萧山因屹峙江畔，与富阳隔水相望，实形成本省纸业之中心地。衢县江山、常山、龙游诸县，实足与绍属相抗衡，因居于纸业之中心，一则临产纸之名区，各有其特殊地位。惟最近温属纸产如四六屏、六九屏、大九十等大量生产，运输上海，几有压倒富阳起而代之之势。”[141]

[141] 浙江省银行经济研究室.浙江经济年鉴[M].杭州：杭州出版社，1948:423-424.

富阳手工造纸生产在日军投降后稍有恢复，但由于基础设施遭到破坏，加之接踵而来的通货膨胀，纸价暴跌，使恢复生产的纸农槽户深受其害，手工纸生产仍处于惨淡和萧条状态。据1993年版《富阳县志》记载：“富阳（不包括新登县）手工纸年产量由1936年的13 512吨，下降到1949年的9 480吨；槽户数由1936年的10 069户，下降到1949年的1 546户，由于生产连年下降，纸农生活十分困难。”[142]

[142] 富阳县志编纂委员会.富阳县志[M].杭州：浙江人民出版社，1993:370.

衢州纸业在战后本应恢复的短暂岁月里的发展也非常不乐观。据《建国前的衢县纸槽业》一文的分析：“衢州手工业利用竹浆造纸，当萌芽于明末清初，兴于19世纪末年，逐渐形成纸槽行业，鼎盛于本世纪1920年代末和1930年代初，起伏30余年。其间，抗日战争后的衢州纸号业、纸槽业以及山区广大的劳动人民，满以为度过抗战艰辛岁月，国难已靖，可以重振旧业，于是城区的纸商忙于调动头寸，重新投资，山区纸槽业主也忙于破签起槽，生产又复呈现兴旺气象。但为时不久，国民党当局又掀起国内战争，不惜孤注一掷，发行金圆券，执行通货膨胀政策，疯狂掠夺人民资财。纸商槽户一年前的投资，待到土纸制出运到杭州销出，所得之值已不及原有的十分之一，于是山区纸槽又几乎全部放槽歇业。这是一次空前浩劫。到新中国成立前夕，不仅山区槽户无力腌料起槽，即使城区的纸商也无力周转了。素有‘叶半城’之称的纸号业也陷入奄奄一息的困境。”[143]

[143] 叶元春.建国前的衢县纸槽业[M]//中国人民政治协商会议浙江省衢州市委员会文史资料研究委员会.衢州文史资料：第四辑.杭州：浙江人民出版社，1988:21-34.

民国早期存世的昌山纸1
Changshan paper made in the early Republican Era (I)

民国早期存世的昌山纸2
Changshan paper made in the early Republican Era (II)

（四）1949～1978年：中华人民共和国成立后前30年对于浙江造纸产业发展的促进

1949年新中国成立后，政府对手工纸的生产进行了统筹管理，概括来说，“1956年以前，手工纸隶属于中央轻工业部造纸局管辖，1959年以后转第二轻工业部管理，1972年交商业部管理，1978年由全国供销合作社分管，1981年具体领导单位是农林牧副渔部日杂废旧物质局”[144]。在政府下达的具体政策方面，分为两个阶段。

[144] 谷宇.浙江地区传统纸工艺的保护研究[D].上海：复旦大学，2014:4.

第一阶段为1949～1958年：

1949年后，基于造纸业业态百废待兴的困境，政府对手工纸生产十分关注，从生产到销售各方面给予支持，支持手工制纸作坊和槽户恢复生产。如在造纸中心县的富阳，中华人民共和国成立之初，富阳县手工纸仍由私营纸商营销，1950年6月，富阳县人民政府制定并实施手工纸产销政策，以公共财政力量引领，推进服务于广大散弱造纸户的纸品市场建设，拓展流通渠道，促进了槽户手工纸生产能力的快速提高和造纸意愿的快速恢复。

1953～1956年，中国普遍开始对手工产业进行社会主义改造，浙江省对土纸行业也进行了相应的改造。1953年，开始将私营纸行私私合营模式转成公私合营模式。1956年12月，根据国务院有关文件精神，浙江省政府下达了《关于切实加强土纸市场管理的指示》，规定“土纸”（传统手工纸）是国家统一收购物资，除供销社收购外，任何单位不得收购。由此开启了20余年的土纸“统购统销”时期。

2016年调查组调查时泽雅纸山的乡村公路
Country road leading to Zhishan Mountain of Zeya Town in 2016

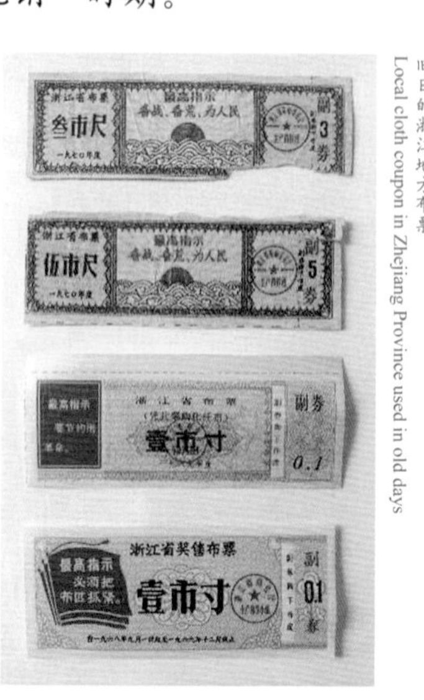

旧日的浙江地方布票
Local cloth coupon in Zhejiang Province used in old days

以富阳县为例，1953年，在富阳县城有永茂、通利和协记3家较大的纸行同步实行公私合营；1954年秋，在富阳县城和大源镇，各成立公私合营纸行1家；1954年6月，国有土产公司余杭支公司富阳办事处、新登经营组一并撤销，其下属收购组转为县集体所有制并归口县供销社管理。上述国有商业撤销办事处，其原有收购业务划归所在乡镇供销社经营。至1956年6月，全县所有私营纸行均"过渡"为县或乡集体所有商业企业，归口当地供销社。同时，原有的4个手工纸交易市场也一并撤销。自此，县境内各类手工纸均由当地供销社全权收购。

在温州泽雅纸山，由于当地田地少口粮不能自给，纸农粮食靠政府供应，而造卫生纸是纸农购买供应粮的主要收入来源。20世纪50年代前期，地方政府十分关心纸山纸农的生产生活，不但不赚卫生纸的钱，反而拿钱补贴卫生纸生产，如纸山当地的区公所和后来的人民公社都有一位副职基层官员专门负责卫生纸产销工作。经过近十年时间的发展，到20世纪60年代，纸山的竹料卫生纸产量开始逐年上升。此时，政府又专门向纸山农村供应木材、煤炭等造纸扩产必需的物资，同时为了方便纸山纸农卖纸，公路修到哪里，卫生纸收购点就同步到哪里。

第二阶段为1959～1978年：

1959～1961年是三年困难时期。在此之前开展的"大跃进"运动，使农村工作片面强调以粮为纲，山区纸农被迫放弃土纸生产，上山开荒种粮。这一时期的政策给浙江土纸生产带来了很大的冲击，造成土纸生产严重滑坡，仅富阳县毁竹林面积就达1 600多公顷，荒芜竹林面积达4 600余公顷。富阳的平原产粮地区推行稻草还田做基肥，坑边纸原料随之大减，槽户因缺原料普遍停槽，草纸生产减产严重。

1962年春，富阳县委及时调整农村工作政策，提出了山区在山靠山，纸区要以竹养纸，以纸养业；平原产粮区要以农为主，以副（生产草料坑边纸）养农的指导方针。同年3月15日，富阳县土纸联合社成立，承担组织手工造纸行业开展技术交流、提供市场信息等业务。富阳县委一名副书记、县政府一名副县长共同负责抓手工纸生产，各区、乡也相应建立纸业生产工作机构，确立了专人负责的机制。

1969年前后，受"文化大革命"影响，富阳许多地方把生产小队的纸业收归生产大队统一管理，统一采购原料发放给生产小队的农户，制成品由大队销售给供销社。农户生产1挑纸（1担纸）的工资仅2元5角，纸户生产积极性下降，20世纪70年代前期开始出现私下偷偷生产和销售的现象，出现与统一安排生产和统购统销制度背离的苗头。

概括地说，自1949年新中国成立至1978年改革开放前夕，浙江当地政府对手工纸纸农和纸商的扶持资助政策主要包括以下5点：

（1） 发放手工纸预购定金。每年削竹办料时，纸农需要大量资金，投资集中。以往多数槽户只能用借高利贷方式走民间借贷。新阶段里，地方政府通过供销合作社每年发放无息手工纸预购定金，支持槽户发展手工纸生产。据统计，富阳县在

1951～1982年的32年间，共发放土纸预购定金1 564万元，如果按平均数计算，每年发放预购定金48.9万元（考虑到当时的币值和购买力水平，这一支持还是有力度的）。

（2） 安排削竹的粮食补助和造纸用糨糊米。20世纪60年代至70年代中后期，国家实行粮、棉、油的统购统销，以人定量供应，但鉴于上山削竹劳动强度大、耗粮多的实际情况，以及晒纸刷焙墙须使用糨糊米，经上报并经浙江省粮食部门同意，1964年至1969年富阳县共拨出大米214 000 kg，作为削竹办料补贴粮（补贴标准：每削青竹5 000 kg补粮5 kg）。1972年至1979年，又拨出大米244 500 kg，作为造纸的糨糊米（补贴标准：文化纸每担补米0.5 kg，卫生纸每担补米0.25 kg）。

（3） 定量供应料袋布。20世纪60至70年代棉布严格凭布票证供应，坑边纸生产需要洗料用的料袋，每只料袋用布14～18市尺[145]。经上报并经浙江省主管部门批准，每块坑边纸（12刀，共1 080张，尺寸：21 cm×23 cm）定额耗布0.1市尺，列入国家计划指标，并指定富阳棉织厂定点生产，由供销社按生产队投售坑边纸数量组织供应布料，即使在20世纪60年代棉布供应十分困难的时期，坑边纸料袋用布也能照常保证供应，不误生产。按定额计算，国家每年供应坑边纸料袋布达20万市尺。

[145] 1市尺≈33.33 cm。

（4） 原料差价补贴。1965年后，由于本地青竹原料涨价，以及外省、外县采购的青竹原料路途远、运价高，导致土纸生产成本较高，同时由于执行统购统销又不能随意提高纸价，为了支持多购原料，增加土纸生产，富阳县对外购原料给予一定的差价补贴，如青竹的牌价为每5 000 kg 260元，市价为320元，差价60元由国家补贴。

（5） 物资奖售。1961年后，浙江的省、市、县各有关部门专门抽出一部分紧俏物资，对土纸实行临时性或一次性的奖售。1962年下半年至1963年上半年，省供销合作社、商业厅决定在收购文化纸、卫生纸、坑边纸时给予产户棉布、化肥的奖售，奖售标准：文化用纸每件奖售棉布0.5市尺，卫生纸每件奖售棉布0.5市尺，坑边纸每10块奖售棉布0.5市尺、化肥0.5 kg。

第二节 浙江省手工造纸业态现状

Section 2 Current Status of Handmade Paper in Zhejiang Province

2016年7月至2019年4月，中国科学技术大学手工纸研究所组建的调查组对浙江全省当代手工造纸业态进行了系统而深入的田野调查和文献研究，根据采集当代活态造纸点信息的原则，实地调查了浙江省全部11个地级市中仍有活态生产的7个地级市（杭州市、湖州市、绍兴市、宁波市、温州市、丽水市、衢州市，其余嘉兴市、金华市、台州市、舟山市暂未发现仍存在活态生产）的全部89个县级区划（包括37个市辖区、19个县级市、32个县、1个自治县）中的12个仍有活态生产的县域。对除富阳区以外的11个县域的15家厂坊全部做了调查并录入数据库（本调查组已经发现的当代活态造纸点的集合）；在至今造纸业态仍密集分布的富阳区中选择了25家具有一定代表性或显示度的手工造纸作坊与工厂、3家造纸工具工坊进行田野调查，记录完整信息并录入数据库。

信息采集格式是从地理与人文环境，材料、工艺与工具，传承历史与现状，经营渠道、市场与销售数据，纸品种类与用途，习俗与品牌文化，发展挑战与现状思考等方面全方位采集信息资源；同时在中国科学技术大学手工纸实验室对全部工坊与厂家的代表性纸品进行规范的物理性能和纤维特性分析。调查与研究分析获得了较为全面的浙江省域当代手工造纸业态、产品及造纸人群现状信息，以及分布、结构和兴衰情况，参见表1.4。

表1.4　2016年7月至2019年4月调查时段浙江手工纸分布信息简表（据调查组田野样品采集与实验分析汇总）
Table 1.4　Distribution of handmade paper in Zhejiang Province from July 2016 to April 2019 (based on the field investigation and experimental analysis)

地点	造纸企业与作坊(或纸品)	种类	田野样品采集/实验分析	纸种/品牌名	原料	状态
龙游县城区	浙江辰港宣纸有限公司	皮纸	采集并实验分析	龙游辰港山桠皮纸	山桠皮	生产
开化县华埠镇溪东村	开化纸研究中心	皮纸	采集并实验分析	黄宏健新制开化纸	山棉皮、竹浆	实验生产
瓯海区泽雅镇唐宅村	潘香玉竹纸坊	竹纸	采集并实验分析	泽雅屏纸	丛生竹	生产
瓯海区泽雅镇岙外村	林新德竹纸坊	竹纸	采集并实验分析	泽雅屏纸	丛生竹及嫩毛竹	生产
泰顺县筱村镇榅桥村	翁士格竹纸坊	竹纸	采集并实验分析	脚碓打浆纸	嫩毛竹	生产
泽雅镇周岙上村村委会三楼	雅泽轩	皮纸	采集并实验分析	温州皮纸“乱云飞”	桑皮、山桠皮	恢复生产中
				灵峰黄柏笺		
			田野样品采集	温州土皮纸	桑皮	
绍兴县平水镇宋家店村	绍兴鹿鸣纸	竹纸		鹿鸣纸	嫩毛竹	停产
嵊州市浦南大道388号	嵊州市剡藤纸研究院	藤纸	采集并实验分析	混料葛藤纸	葛藤、绵浆、龙须草浆板、其他	生产
安吉县上墅乡龙王村	安吉县龙王村手工竹纸	竹纸	采集并实验分析	黄表纸	老毛竹	停产
				锡箔纸	老毛竹	生产
				越王纸	纯毛竹	
奉化区萧王庙街道棠岙村溪下庵岭墩下13号	奉化区棠岙村袁恒通纸坊	竹纸	采集并实验分析	棠岙纸	苦竹	生产
				棠岙纸	苦竹、桑皮	
松阳县安民乡李坑村	李坑村李坑造纸工坊	皮纸	采集并实验分析	“李坑牌”绵纸	山桠皮（40%）、木浆（60%）	生产
临安区於潜镇枫凌村	杭州临安浮玉堂纸业有限公司	皮纸	采集并实验分析	白构皮“本色云龙纸”	白构皮	生产
				混料书画“宣纸”	山桠皮、竹浆、龙须草浆、木浆	
临安区於潜镇千茂行政村平渡自然村	杭州千佛纸业有限公司	皮纸	采集并实验分析	千佛纸业白构皮窗户纸	木浆、白构皮	生产
临安区於潜镇千茂村下平渡村民组	杭州临安书画宣纸厂	皮纸	采集并实验分析	临安书画宣纸厂楮皮纸	楮皮	生产
				临安书画宣纸厂书画纸	山桠皮、龙须草浆、木浆、竹浆	
富阳区湖源乡新三村冠形塔村民组	新三元书纸品厂	竹纸	采集并实验分析	新三元书纸品厂本色仿古元书纸	嫩毛竹	生产

续表

地点	造纸企业与作坊(或纸品)	种类	田野样品采集/实验分析	纸种/品牌名	原料	状态
富阳区大源镇大同村方家地村民组	杭州富春江宣纸有限公司	竹纸	采集并实验分析	富春江宣纸公司竹宣纸	嫩毛竹	生产
富阳区灵桥镇蔡家坞村	杭州富阳蔡氏文化创意有限公司	竹纸	采集并实验分析	特级元书纸	纯竹浆	生产
富阳区大源镇大同行政村朱家门自然村	杭州富阳逸古斋元书纸有限公司	竹纸	采集并实验分析	逸古斋毛竹元书纸	嫩毛竹	生产
				逸古斋苦竹元书纸	苦竹	
				逸古斋毛竹染色元书纸	嫩毛竹	
富阳区大源镇大同行政村兆吉自然村第一村民组	杭州富阳宣纸陆厂	竹纸	采集并实验分析	玉竹宣	竹浆（75%）、山桠皮（25%）	生产
				古籍印刷纸	龙须草浆（90%）、针叶木浆（10%）	
富阳区湖源乡新三行政村颜家桥自然村	富阳福阁纸张销售有限公司	竹纸	采集并实验分析	元书纸	毛竹、竹浆板、龙须草浆板	生产
富阳区大源镇大同行政村兆吉自然村方家地村民组	杭州富阳双溪书画纸厂	竹纸	采集并实验分析	双溪“特级”元书纸	生嫩毛竹肉（97%）、檀皮（3%）	生产
富阳区湖源乡新二村元书纸制作园区	富阳大竹元宣纸有限公司	竹纸	采集并实验分析	白唐纸	嫩毛竹	生产
富阳区大源镇大同行政村朱家门自然村20号	朱金浩纸坊	竹纸	采集并实验分析	元书纸	黄纸边（12%）、白木浆（8%）、嫩毛竹（80%）	生产
富阳区湖源乡新二行政村钟塔自然村46号	盛建桥纸坊	竹纸	采集并实验分析	元书纸	嫩毛竹	生产
富阳区大源镇骆村（行政村）秦骆自然村241号	鑫祥宣纸作坊	竹纸	采集并实验分析	元书纸	毛竹	生产
富阳区湖源乡新二村元书纸制作园区	富阳竹馨斋元书纸有限公司	竹纸	采集并实验分析	竹馨斋古法纯手工元书纸	纯竹浆	生产
富阳区常绿镇黄弹行政村寺前自然村71号	章校平纸坊	竹纸	采集并实验分析	“迷信纸”	嫩毛竹	生产
富阳区大源镇大同行政村庄家自然村	庄潮均作坊	竹纸	采集并实验分析	元书纸	竹青（70%）、龙须草浆板（30%）	生产

地点	造纸企业与作坊(或纸品)	种类	田野样品采集/实验分析	纸种/品牌名	原料	状态
富阳区大源镇三岭行政村三支自然村21号	蒋位法作坊	竹纸	采集并实验分析	毛边纸	棉花（占三分之一）、废纸边与竹料（占三分之二）	生产
富阳区灵桥镇新华村	李财荣纸坊	竹纸	采集并实验分析	祭祀黄纸	老毛竹（60%）、水泥袋（20%）、棉花（20%）	生产
富阳区常安镇大田村32号	李申言金钱纸作坊	竹纸	采集并实验分析	金钱纸	苦竹	暂时停产
富阳区常安镇大田村105号	李雪余屏纸作坊	竹纸	采集并实验分析	屏纸	苦竹	暂时停产
富阳区灵桥镇山基村	姜明生纸坊	竹纸	采集并实验分析	祭祀纸	嫩毛竹、纸边	生产
富阳区渔山乡大葛村	戚吾樵纸坊	竹纸	采集并实验分析	“迷信纸”	毛竹（50%）、废纸边（50%）	生产
富阳区湖源乡新三村	张根水纸坊	竹纸	采集并实验分析	祭祀纸	毛竹（50%）、废纸边（50%）	生产
富阳区灵桥镇山基村	祝南书纸坊	竹纸	采集并实验分析	祭祀纸	毛竹料（85%）、废纸边（10%）、棉花（5%）	生产
富阳区新登镇袁家行政村	杭州山元文化创意有限公司	竹纸	采集并实验分析	山元文化毛竹元书纸	嫩毛竹（90%）、青檀皮（10%）	生产
富阳区鹿山街道五四村	五四村桃花纸作坊	皮纸	采集并实验分析	五四村新制桃花纸	野生干构皮	恢复生产中
富阳区新登镇大山村	大山村桑皮纸恢复点	皮纸	采集并实验分析	大山村草皮纸	桑皮（60%）、稻草（40%）	恢复生产中

一 浙江省手工造纸业态现存资源特征

1 The Existing Resource Characteristics of Handmade Paper in Zhejiang Province

1949~1958年，强调独立自主的中华人民共和国停止了国外机制纸的自由倾销，市场纸价得以稳定，浙江手工造纸业的发展获得了良好的环境支撑。为了激活饱受摧残的手工造纸行业，各级地方政府采取了一系列促进生产的措施，如发放贷款、成立手工业改进所指导生产、建立渠道和平台帮助推销产品等，同时土地改革也解放了生产力。种种因素的聚合促进了浙江手工造纸业的爆发性发展和结构优化。据统计，1952年浙江省手工纸产量为25 000吨，1956年的产量则大幅增长到72 000吨；在产量增加的同时，产品种类也发生了显著变化，民间低端祭祀用纸由20世纪40年代占全部产量的50%下降到1957年的19%。

但是这种良好的产业复苏性发展态势没有持续下去，受随后的一系列政治运动及1978年之后城市化、工业化浪潮勃兴的影响，到调查时的21世纪的第二个十年，浙江手工造纸业态变化巨大。

（一）手工造纸活态点大幅锐减

1930年12月由浙江省政府设计委员会主持编写的《浙江之纸业》[146]记载，1930年以前浙江省产纸县共有53个。

1940年浙江省政府设计委员会修订再版的《浙江之纸业》[147]记载，浙江手工造纸产地包括富阳、余杭、临安、新登、安吉、奉化等44个县，而这些地区，基本上涵盖了浙江全省。

在《浙江地区传统造纸工艺的保护研究》（以下简称《保护研究》）一文中[148]，作者根据《浙江之纸业》绘制的地图可更直观地反映20世纪前期浙江手工造纸区域的分布情况。从图中可以看出，1940年前后浙江手工造纸区域分布非常广泛，几乎遍布全省。《保护研究》一文中的另一张手工造纸分布图，则直观地反映了浙江手工造纸当代分布情况。该文撰写于2014年，作者根据自己此前数年的实地调查，确认了他认为浙江省当时仍在进行手工造纸的地区。从图中可以看出，2014年浙江有杭州市区、安吉县、临安县、富阳区、诸暨市、嵊州市、台州市、瓯海区、瑞安市、衢州市、开化县、奉化市12地仍在进行手工造纸。对比两张图，可以明显看出浙江手工造纸活态分布区域大幅锐减。

本调查组在2016年7月28日至11月11日前往浙江实地进行第一轮现场考察时，也深刻感受到浙江多地出现手工造纸活态锐减的情况，不少手工造纸业原先繁荣的地区现在仅剩岌岌可危的“独苗”。

[146] 浙江设计委员会统计部.浙江之纸业[Z].1930:158.

[147] 浙江省政府设计委员会.浙江之纸业[Z].启智印务公司,1940:12.

[148] 谷宇.浙江地区传统造纸工艺的保护研究[D].上海:复旦大学,2014.

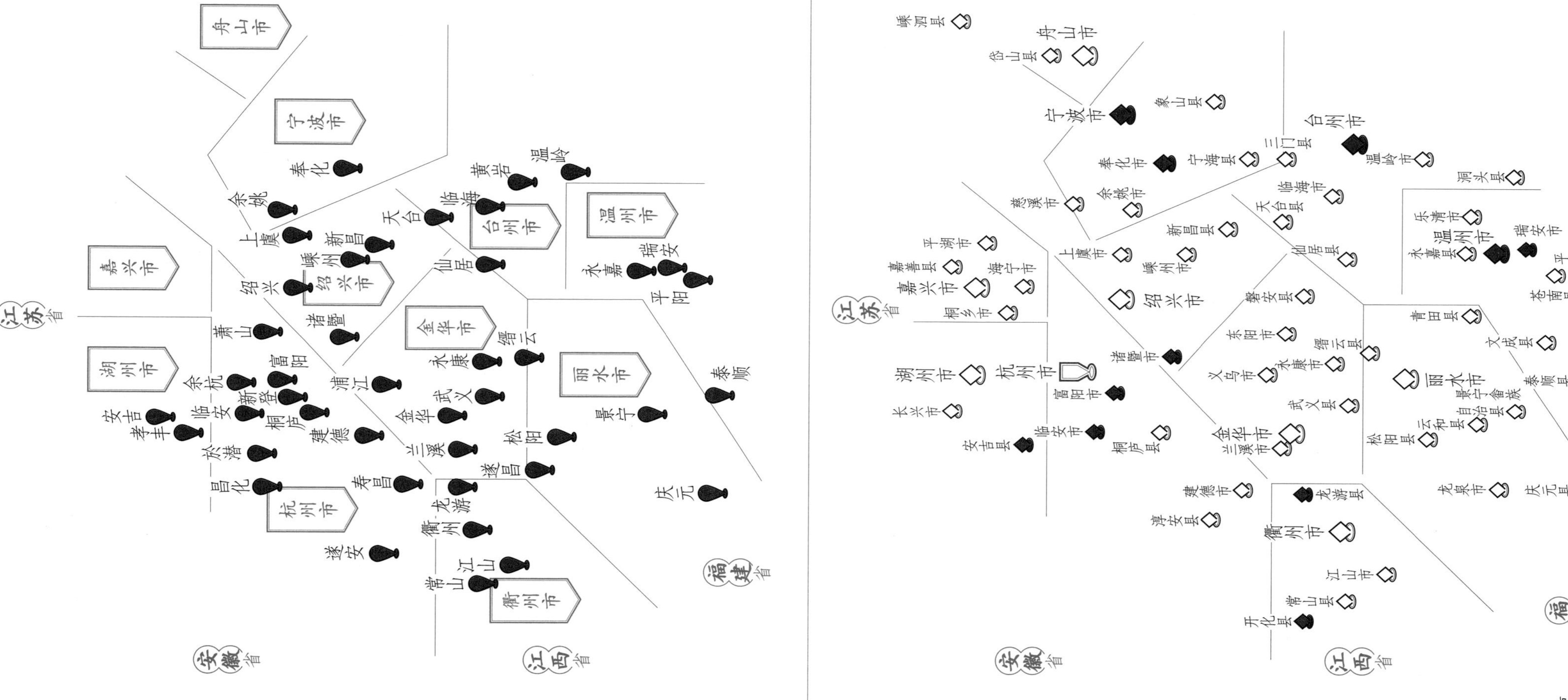

20世纪40年代浙江手工造纸县分布图
Distribution map of Zhejiang handmade papermaking counties in the 1940s

2014年浙江手工造纸活态分布图
Distribution map of handmade papermaking sites in Zhejiang province in 2014

2016年7月至2019年4月，调查组系统寻访了可获得信息的浙江全部仍存有活态手工造纸业态的地区，发现杭州市富阳区仍然有较为集中的生产业态，温州市瓯海区泽雅镇有相对分布于多村落的多家屏纸生产作坊，杭州市临安县有3家造纸厂，奉化区棠岙村、龙游县城区、安吉市龙王村、嵊州市科技园区、松阳县安民乡李坑村、泰顺县榅桥村、开化县溪东村等地仍存在1~2户手工纸作坊或工厂，而在绍兴的平水镇、上虞的蔡林村，仍存有历史名纸鹿鸣纸、乌金纸的造纸环境、工具设施和技艺展示馆。

仅五六年时间，《保护研究》中（2014年前）提及的12个地区又减少了诸暨市（县级）、台州市、瑞安市（县级）、杭州市区等4个造纸地。其中，若详细比较增减，前述《保护研究》一文中所记述的有些造纸点本调查组在调查中没有发现，如松阳县，而有些造纸点则是新恢复生产的，如泰顺县榅桥村的翁士格竹纸作坊的竹纸生产是2015年造纸师傅翁士格由闽北回村后恢复的。当然，由于调查组在信息获取上存在局限性，完全有可能遗漏浙江当前偏远山区依然以手工纸坊形式进行活态生产的造纸点信息，而导致本书在成稿时未将其列入。

表1.5　2016年7月至2019年4月调查组实地调研发现的手工造纸活态造纸点及工具作坊 [149]

Table 1.5　Papermaking sites and tool workshops discovered by the investigation team from July 2016 to April 2019

名称	地点	经营形式	有无家族传承人及其他
朱金浩纸坊	富阳区大源镇	家庭手工作坊	无
盛建桥纸坊	富阳区湖源乡	家庭手工作坊	无
富阳福阁纸张销售有限公司	富阳区湖源乡	注册公司	无
鑫祥宣纸作坊	富阳区大源镇	注册公司	儿子曾短暂经营纸坊
富阳竹馨斋元书纸有限公司	富阳区湖源乡	注册公司	有（儿子会造纸，负责生产管理与经营）
杭州富阳蔡氏文化创意有限公司	富阳区灵桥镇	家庭作坊转注册公司	有（女婿学会造纸兼生产管理，女儿负责经营）
章校平纸坊	富阳区常绿镇	家庭作坊	无
富阳大竹元宣纸有限公司	富阳区湖源乡	注册公司	无
袁恒通纸坊	宁波市奉化区	家庭作坊转注册公司	子女继承，负责公司经营
新三元书纸品厂	富阳区湖源乡	家庭作坊转注册公司	子女负责公司经营
杭州富阳双溪书画纸厂	富阳区大源镇	手工纸收购转注册公司	无
杭州富春江宣纸有限公司	富阳区大源镇	纸品经营转注册公司	女儿负责经营，儿子在日本上学
庄潮均作坊	富阳区大源镇	家庭作坊	无

[149] 富阳区活态造纸点在2016年8月至2019年4月间仍有较多遗存（富阳本地统计数据是2016年358家、2019年年初201家），但本着体现代表性和多样性原则，本表只选列入《中国手工纸文库·浙江卷》的造纸厂坊，不表示富阳区境内这一时段只有25家造纸点和3家工具作坊。

续表

名称	地点	经营形式	有无家族传承人及其他
杭州富阳逸古斋元书纸有限公司	富阳区大源镇	家庭作坊转注册公司	有（儿子会造纸，侄子会造纸）
杭州临安书画宣纸厂	杭州市临安区	家庭手工作坊转注册公司	无
杭州临安浮玉堂纸业有限公司	杭州市临安区	注册公司	无
杭州千佛纸业有限公司	杭州市临安区	注册公司	无
蒋位法作坊	富阳区大源镇	家庭作坊	无
李财荣纸坊	富阳区灵桥镇	家庭作坊	无
李申言金钱纸作坊	富阳区常安镇	家庭作坊	无
李雪余屏纸作坊	富阳区常安镇	家庭作坊	无
姜明生纸坊	富阳区灵桥镇	家庭作坊	无
祝南书纸坊	富阳区灵桥镇	家庭作坊	无
翁士格手工作坊	温州市泰顺县	家庭作坊	无
杭州富阳宣纸陆厂	富阳区大源镇	注册公司	有（子女负责经营，儿子开始学习造纸）
戚吾樵纸坊	富阳区渔山乡	家庭作坊	无
泽雅唐宅村潘香玉竹纸坊	温州市瓯海区泽雅镇	家庭作坊	无
泽雅岙外村林新德竹纸坊	温州市瓯海区泽雅镇	家庭作坊	无
张根水纸坊	富阳区湖源乡	家庭作坊	无
浙江辰港宣纸有限公司	衢州市龙游县	注册公司	有（女儿和女婿参与生产管理和经营）
鲍锦苗作坊	湖州市安吉县	家庭作坊	无
开化纸研究中心	衢州市开化县	研究中心	造纸人本人尚年轻
雅泽轩	温州市瓯海区泽雅镇	家庭作坊	无
绍兴鹿鸣纸	绍兴市柯桥区	无	无
剡藤纸研究院	绍兴市嵊州市（县级）	研究院+注册公司	无
李坑造纸工坊	丽水市松阳县	家庭作坊	有（女婿参与造纸和经营）
杭州山元文化创意有限公司	富阳区洞桥镇	注册公司	经营人尚年轻
五四村桃花纸作坊	富阳区鹿山街道	家庭作坊	无
大山村桑皮纸恢复点	富阳区新登镇	家庭作坊	无
永庆制帘工坊	富阳区大源镇	家庭作坊	无
光明制帘厂	富阳区灵桥镇	注册公司	有（招聘技工）
郎仕训刮青刀制作坊	富阳区大源镇	家庭作坊	无

如果展开来看，若干造纸村落从全村密集生产业态转变为仅存孤立的作坊或业态消亡也只是数十年间的事。骆鑫祥的宣纸作坊位于富阳区大源镇的骆村。2019年1月调查组回访时纸坊经营者骆鑫祥介绍，由于骆村地处山间，不利于农田开垦，当地村民传统上即以造纸为生。在骆鑫祥的记忆中，1984年前后最高峰时全村有五六十户人家造手工纸，几乎是全村都在造纸。从20世纪80年代末开始，受市场行情和机械造纸冲击的影响，整个骆村造纸业走向衰亡，2016年调查组入村调查时，骆村仅剩骆鑫祥1家造纸作坊，而且没有下一代传承人，骆村85%的村民家庭都改行从事卷帘门加工和销售。

又如20世纪30年代是奉化县萧王庙镇棠岙纸制作的鼎盛时期，仅棠岙村的东江、西江、溪下3个自然村就有纸槽300多口，从业人员达1 000多人，所产竹纸从萧王庙埠头落船经宁波销往全国各地。20世纪五六十年代，棠岙竹纸坊还为《浙江日报》《宁波大众》等新闻单位生产过大量新闻纸。到了20世纪80年代末，受机制纸冲击的影响，手工纸坊多数难以为继，至2016年调查时仅剩下袁恒通家庭经营的一个纸坊，业态的变迁可以用“崩盘”来形容。

袁恒通家庭纸坊正门
The front door of Yuan Hengtong's family paper mill

从表1.5可以看出，浙江全省现存的手工造纸活态生产单元中，以手工造纸家庭作坊为主。根据统计，正式被《中国手工纸文库·浙江卷》收录的42家厂坊中，22家为家庭作坊式经营，超过总数的一半；5家为由家庭作坊转而注册为公司；2家为原先经营手工纸收购转售生意，后转而注册为公司，并以公司形式生产手工纸。剩下的厂坊中有8家一开始就注册了公司。

（二）多种历史名纸技艺失传，纸品由高端到低端下滑趋势明显

据1930年版《浙江之纸业》记载，民国中期前浙江手工纸种类繁多，分四大类：黄白纸类、黄烧纸类、草纸类、皮纸类。其中，黄白纸类中包括南屏、花笺、昌山、白笺、元书、毛边、京放、方高、鹿鸣、黄笺、厂黄、段放、海放、京边、黄元、二细纸、连纸等纸品，黄烧纸类包括黄烧纸、千张、粗高、边黄、折边、毛角连等纸品，

[150] 浙江设计委员会统计部．浙江之纸业[Z].1930：232-234.

草纸类分为坑边、斗纸、粗纸、名槽、坊纸、草纸、三顶、小纸蓬等，皮纸类包括绵纸、皮纸、桑皮纸、参皮纸、桃花纸、蚕种纸、羊皮纸、雨伞纸等。详见表1.6。[150]

表1.6　民国中期浙江手工纸品类与名称一览表
Table 1.6　Paper types and names of handmade paper in Zhejiang Province during the middle Republican Era

纸类	品种
黄白纸类	南屏、花笺、昌山、白笺、元书、毛边、京放、方高、鹿鸣、黄笺、厂黄、段放、海放、京边、黄元、二细纸、连纸、其他黄白纸
黄烧纸类	黄烧纸、千张、粗高、边黄、折边、毛角连、其他黄烧纸
草纸类	坑边、斗纸、粗纸、名槽、坊纸、草纸、三顶、小纸蓬、其他草纸
皮纸类	绵纸、皮纸、桑皮纸、参皮纸、桃花纸、蚕种纸、羊皮纸、雨伞纸、其他皮纸

[151] 浙江政府设计委员会．浙江之纸业[Z].启智印务公司，1940:12.

同样，据1940年版《浙江之纸业》统计，1940年前浙江造纸种类共有96种。其中，“历来制造现仍制造之种类”中包括皮纸、桑皮纸、草纸、元书纸等22种；“历来制造现不制造之种类”中包括竹烧纸、赤亭纸、谢公笺等68种；“历来不造现在制造之种类”中包括坑边、厚斗、京放、段放等74种。详见表1.7。[151]

表1.7　浙江各县历来就造与现在在造纸品种类
Table 1.7　Paper types made from ancient times and the ones made currently in different counties in Zhejiang Province

县别	历来造纸种类	现在造纸种类
杭县（旧县名，别名钱塘县）	皮纸、竹纸、桑皮纸、竹烧纸、草纸、油纸、圪泊纸	无
富阳	竹纸、草纸、桑皮纸、小井纸、皮纸、塘纸、赤亭纸、谢公笺、鹿鸣、花笺、元书纸、五千元书、粗高、裱心、六千元书	坑边、厚斗、鹿鸣、六千元书、京放、段放、海放、五千元书、京边、长边、粗高、桑皮、黄烧纸、昌山、厂黄、塊头纸、大黄笺
余杭	藤纸、竹烧纸、皮抄纸	小连、黄烧、海放、大连、桑皮纸、黄元、元书、京放、草纸
临安	黄烧纸、茶白纸、大皮纸、方稿纸、蚕生纸、桑皮纸、元书纸	黄烧、裱心、五千元书、大昌山、海放、红表、六千元书、草纸
於潜	桃花纸、秋皮纸、银色纸、桑皮纸	桃花纸
新登	绵白纸、方高纸、蚕生纸、银皮纸、竹帖纸、元书纸、桑皮纸、黄烧纸	坑边、屏纸、雨伞纸、蚕种纸、皮纸、大斗、海放
昌化	八百张、京边纸、油纸	六印参、桃花纸、毛长、阔参皮茶箱、七印参、大参皮、毛草、三连毛纸
嘉兴	由拳纸、梅里笺	现虽有少量出产，然品质低劣且时制时辍，故不列入
吴兴	桑皮纸、长钱纸、黄纸、草纸、黄白纸、纸帐	无
安吉	桑皮纸、纸帐	草纸
孝丰	黄白纸、桑皮纸、草纸	折边、方高、粗高、黄元、板折、昌山、红笺、海放、黄笺、板笺、南屏、五千元书、六千元书、毛角连

县别	历来造纸种类	现在造纸种类
鄞县	稻秆纸、监钞纸、皮纸、纸帐、纸被、麦麹纸	无
慈溪	黄历日纸、白历日纸	无
奉化	监钞纸、竹纸、皮纸	鹿鸣、真料、徐青、皮纸、厚斗、真皮、马青、信纸
镇海	稻秆纸	现有少量出产，因其数极微，故不列入
定海	楮纸	无
象山	监钞纸	无
绍兴	竹纸、草纸、侧理纸、黄纸、绵纸	鹿鸣、草纸
萧山	黄纸、白纸	黄笺、黄元、鹿鸣、黄京放、昌山、白笺、连史、元书、大京放
诸暨	藤纸、茶白纸、五连纸、黄皮纸、草纸、桑皮纸、七连纸、黄纸	鹿鸣、黄纸、京放、大草纸、南屏、连史、黄长边、草纸、连七、羊皮纸、元书纸
余姚	竹纸	溪屏
上虞	大笺纸	溪屏
嵊县	剡藤纸、玉版纸、硾笺、竹纸、敲冰纸、小竹纸、苔笺、花笺、澄心堂笺、月面松纹纸、小簾笺、粉云罗笺、南屏	南屏、皮纸、连五、草纸、黄纸
新昌	冰纸、麦麹纸、月面松纹纸、竹纸、稻秆纸	桑皮纸、花笺、草纸、溪源纸
临海	黄檀、东陈	千张、中青
黄岩	藤纸、玉版纸	千张、中青、坊纸
宁海	黄公纸	现今产量甚微，故不列入
温岭	无	小坊
天台	大淡	花笺、南屏、长连、谱纸、皮纸、小白纸
仙居	烧纸、皮纸	烧纸、皮白纸
金华	漆纸	大簾粗纸、小粗纸、细粗纸
兰溪	纸	无
东阳	鱼卵纸	粗纸
永康	无	全屏、中方
武义	无	南屏、二号屏纸
浦江	皮纸	红鼎、六局纸
汤溪	无	南屏、黄笺
衢县	纸	南屏、花笺
龙游	烧纸	烧纸、南屏、黄笺、元书
江山	绵纸、藤纸、竹纸	方高、花笺
常山	榜纸、东纸	花笺、绵纸

续表

县别	历来造纸种类	现在造纸种类
开化	藤纸	无
建德	楮皮纸	六印参
淳安	改连、皮纸	无
桐庐	墨煤、草纸、历日纸	名槽、三项、横大、昌斗、坑边
遂安	纸	花笺、交白、南屏
寿昌	无	花笺
分水	徐青纸、银色纸、烧纸	无
永嘉	贡聊纸、蠲纸	南屏、斗坊、绵纸
瑞安	无	南屏、二细纸、押头纸、笋壳纸、小细蓬
平阳	无	斗方、四号薄
泰顺	无	花笺、毛边
丽水	山里纸	无
青田	长聊竹纸、短聊竹纸、皮纸	无
缙云	方纸、南屏、草纸	南屏、草纸
松阳	白蜡纸	松纸、油纸、绵纸
遂昌	大簾纸、小簾纸、黄标纸	无
龙泉	纸	无
庆元	毛边纸	毛边纸
云和	毛头纸	无
宣平	竹纸、方纸	无
景宁	绵纸、包扎毛边纸	花笺、毛边

《浙江省手工造纸业》一书中还记载，1930年以前浙江手工纸名称繁多，共有89种，1940年手工纸名称共有96种，1956年手工纸名称增至168种。[152]

[152] 袁代绪.浙江省手工造纸业[M].北京:科学出版社，1959:30-33.

关于手工纸名称增加的原因，该书作者的理解是：手工纸的得名缘于所用原料、产区、规格、质量、用途的不同和某些历史原因，而历史原因是手工纸名称复杂化的主要原因。“解放前，浙江手工纸的销售几乎100%掌握在商业资本包卖主手中，这些人为了尽可能多地获取暴利，在收购小生产者的手工纸时总是把收购价格压低到最低限度来相对地提高出售价格，有时还压低到货物的实际价值以下。”此时，小生产者们不得不通过停止生产该种手工纸或是将该种手工纸的规格、质量改变一下，或者把生产过程的操作方法变换一下，使用一种新的名称代替旧名称等方式来“反抗”商业资本包卖主的“压迫”。

不过，值得特别注意的是，虽然手工造纸种类增加，但是增加的多为低端纸品，如祭祀、包装、生活日杂用品用纸。

前文提及，1956年浙江手工纸名称共有168种，按用途来说，可分文化用纸、民间祭祀用纸、实用纸（包括工业用纸）、卫生用纸四类，其中文化用纸为高端纸品，仅有16种，其余为卫生用纸、实用纸、民间祭祀用纸。

《富阳传统手工造纸》一书中所统计的数据也可以从另一面印证浙江手工纸品的变化及产品规格从高端向低端转变的趋势。

该书中提供了1930年、1950年、1960年、1980年、1990年、2000年、2005年7个年份节点富阳县（包括原新登县）手工纸品种变化数据，显示了富阳手工纸品种变化情况。具体数据是1930年为24种，1950年为46种，1960年为52种，1980年为15种，1990年为14种，2000年为9种，2005年为9种。[153]

[153] 周关祥.富阳传统手工造纸[Z]. 2010:26-28.

7个年份的手工纸品种数据表明，富阳当地传统手工造纸品种在趋势上确实出现了由高端至低端的变化过程。以1930年至1960年为例，1930年富阳（新登）地区所产24种手工纸品中，文化用纸4种，卫生纸、日用纸、祭祀用纸20种；1950年，文化用纸6种，卫生纸、日用纸、祭祀用纸40种；1960年文化用纸5种，卫生纸、日用纸、祭祀用纸47种。

2006年5月8日《富阳日报》的报道中也提到：2001年至2005年，富阳存在的土纸品种主要有元书纸、书画纸、祭祀纸、四六屏（一种卫生纸）、机制引线纸、乌金纸（2002年完全停产）。[154] 富阳的三大名纸——元书纸、井纸和赤亭纸，从严格意义上说后两者已经失传，特级元书纸和一级元书纸也已经多年未见生产；富阳最具代表性的纸类之一的桑皮纸已经停产，手艺濒临失传；富阳著名的稠溪村乌金纸原纸20世纪80年代末逐渐停产，技艺濒临失传；富阳曾经名噪一时的超级元书纸因相应纸品评定机构的撤销也早就不再生产。

[154] 周关祥.富阳手工造纸历史与现状[N].富阳日报，2006-05-08.

调查组在实地调查过程中对此问题进行了专门的访谈，访谈对象之一、临安区杭

调查时龙王村唯一遗存的纸坊
The only surviving paper mill in Longwang Village during the investigation period

州千佛纸业有限公司总经理陈晓东回忆：陈氏家族从祖父辈开始造纸，刚开始造过一种被称为桃花纸的纸品，由于纸张特别柔软耐翻，被广泛用于写印家谱和抄经文，那是一种非常好的纸。不过1980年之后，因为需求量减少等原因，当地就不再制作。陈晓东表示，因为他本人当年还很小，因此现在说不清这种纸到底是用什么材料和怎么做出来的。

安吉县龙王村早期生产的高端书画纸主要有京放、元书、六平三类，这三类纸品选材、工艺考究，往往需要5~6人协作，产量有限。1949年前，该村从事造纸的村民有数百人，纸槽数量近50口。1949年后，机制纸逐渐代替手工纸成为书写载体，当地手工纸业改为主要生产卫生纸，用于书画的高端京放纸的制作技艺逐渐失传。

（三）手工造纸工艺流程已经多有缺失，核心工艺流程时常不完整

以富阳区生产元书纸的工艺流程为例，分为原料处理、制造方法、后续工序3个部分，从斫竹开始到制成一张元书纸，共有70多道工序。大源山区据此还流传着“片纸非容易，措手七十二”的谚语。[155]

[155] 周关祥.富阳传统手工造纸[Z].2010:114.

调查时发现，出于提高效率和降低成本的考虑，手工造纸工艺在悄悄变化，有不少传统工艺在适应市场等借口下被省略或被替代，传统意义上的“工匠之心”也逐渐消失。2006年5月8日《富阳日报》的报道中称：湖源乡部分土纸生产厂家，已经在传统的工艺流程中加入了很多现代自动化技术。开办纸厂的李伟军称，做元书纸的工艺流程中，在敲料、磨料、搅拌等环节中都吸收了现代造纸技术，以期提高土纸的生产效益。[156] 这里值得关注的是，所说的“自动化技术”和“现代造纸技术”，其实有相当一部分体现在对传统工艺时间和体力要求上的大幅压缩，但这种压缩对手工造纸技艺的破坏却时常被忽略。

[156] 周关祥.富阳手工造纸历史与现状[N].富阳日报，2006-05-08.

灵桥镇蔡氏文化创意有限公司负责人、资深造纸师傅蔡玉华则表示：传统制作较

刮青皮的老人（徐建华供图）
An old man scraping the bamboo (photo provided by Xu Jianhua)

高等级元书纸的竹子，首先要经过去除外层青皮的工艺环节，然后拿干净的竹肉再往下加工。但刮青皮是强体力活，人工工资较高，2016年开始每人每天需要250~300元的工钱，而且还不太容易找到有力气做这项工作的熟手，因为熟手多为当地中老年人，不少人已经有心无力，年轻人则很少吃得了这个苦，很少有人愿意干。为了节省工资成本，解决人手缺乏问题，现在富阳大部分造纸厂家和作坊都不再刮去外层竹皮，直接使用带皮竹子造手工纸，因此造不出高等级元书纸了。

又如原料改变问题，据富阳竹纸文物收藏者朱有善的说法：富阳高等级的元书纸最早是用当地的石竹为原料造纸；晚清民国时期因石竹产量减少，改用石竹料加毛竹料混合造纸；再往后因石竹越来越少，成片的石竹几乎绝迹，因此全部用嫩毛竹为原料造纸。以至于在现代谈起富阳元书纸，清一色的说法都是以毛竹为原料造纸，但实际上石竹造的竹纸和毛竹造的竹纸在自然白度、抗老化等性能上有较明显的差别。

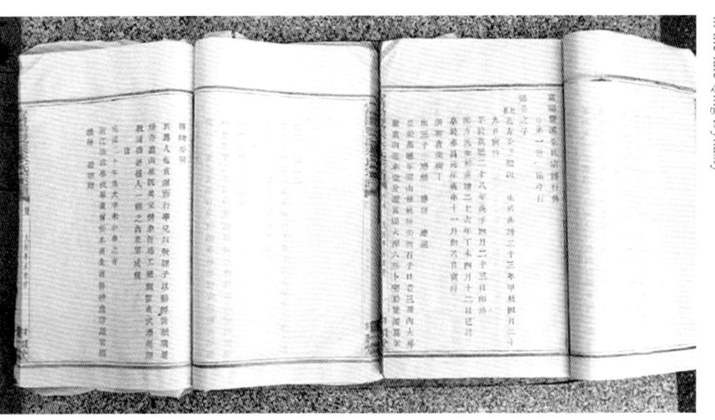

石竹纸（左）与毛竹纸（右）印制家谱效果对比（均为清末同一宗族印本）
Comparison of printing the same genealogy on *Dianthus chinensis* L. paper (left) and *Phyllostachys edulis* paper (right) in the late Qing Dynasty

二 浙江省手工纸业态运行现状

2 Current Running Status of Handmade Paper in Zhejiang Province

根据调查组2016年7月至2019年4月对浙江全省手工纸业态的田野调查和文献研究，认为浙江手工造纸的当前特征可以归纳为以下4点。

（一）“传承”与“变革”并存

当然，这里所说的“传承”并非是一成不变地沿袭古法，而是指在新的时代里能保持关键工艺和原料加工原则，有明确的制造好纸的理念。“变革”也并非抛弃性地变易传统造纸法度，而是指应时变通，采用新的合适的技术、设备和材料，同样，有明确的制造好纸的理念和目标仍是前提。

在立足自然资源优势、传承传统技艺和坚持生产性保护的同时，浙江省手工造纸行业也在不断进行着纸品技艺改进和市场消费创新探索，正在尝试营造在传承的基础上发展，在发展的基础上创新的局面。随着工业化、城市化以及信息化新历史时期的到来，纸张消费需求、民众生活习惯和造纸生产技术正在发生大的变化，浙江手工纸在原材料、产品形态以及工艺和设备变革上在当代环境中体现出如下特色。

1. 原料选用与加工中的坚持与变通

以浙江省域造纸中心，同时也是中国三大手工造纸中心之一的杭州市富阳区为例，其主流产品竹纸是继承和发扬宋代以来使用嫩竹原料生产元书纸的加工技术生产的。富阳手工竹纸品种虽然从宋代起即已较为丰富，但以使用单一原料——竹料为特色，历史上有过石竹纸、毛竹纸、苦竹纸3个大类。从涉及富阳竹纸原料记载的晚清民国年间的文献和实物遗存看，其在发展过程中陆续使用了若干混合原料造纸，如桑树皮、构树皮、麻等，有效改善了竹纸的某些使用性能缺陷，但并非主流。20世纪70年代在全国流行造宣纸的潮流的影响下，开始添加龙须草、青檀皮等原料，生产出专门用于书法和绘画用途的"富阳宣"，不仅丰富了纸张品种，也改进了专项用途纸的性状。

用于造纸的嫩毛竹（徐建华供图）
Tender *Phyllostachys edulis* for papermaking (photo provided by Xu Jianhua)

除主原料外，富阳传统手工造高端竹纸所用辅料主要是优质石灰、人的尿液（童子尿）、黄豆浆（主要用于苦竹原料的发酵）等，现代多数厂坊又加入了漂白粉。非常值得注意的是，与全国其他使用抄纸法造纸的手工造纸地区不同，富阳当地手工造竹纸由于有着特别工艺技法的支撑，传统方式都不添加纸药，这是全中国独一无二的抄纸技艺传统，同时也使富阳竹纸在原料加工工艺上有着独特而严格的要求。

独特的淋尿工序
Unique urine fermenting procedure

2. 产品链条相对丰富与自成体系

浙江省历史上手工纸产品类型较为齐全，在手工纸六大纸类里，竹纸、藤纸、皮纸、草纸曾经都是畅销全国的大宗产品，分别在一个或多个朝代里达到高峰，并诞生过若干个中国名纸品牌，这在中国省级区域中还是很少的。

以当代纸品生产延伸链为例，多个产纸区如富阳、龙游、奉化、临安、温州等既产手工本色纸、漂白纸、修复专用纸，又生产多类型的手工染色纸和艺术加工纸，产品类型、质量和技术应用的创新有一定影响力。就富阳地区而言，随着手工纸业的发展，以原纸为载体，带动了染色纸、木刻与雕版印刷、装裱修复、纸札等行业的兴起和发展，形成了较完整的传统造纸相关产业链。

就个案来看，杭州富阳逸古斋元书纸有限公司是大源镇大同村一个不大的纯手工纸坊，全部员工只有五六个人，但家族造纸历史很长，从明代万历年间开始造纸，到2019年年初，14代造纸人对造纸工艺的传承在《富春朱氏宗谱》上都有清楚的记录，可以说造出好纸的宗族使命感强烈。作为一个专门造竹纸的工坊，其2016~2019年的状况是，“逸古斋”意图恢复祖先造出过的最传统的本色毛竹元书纸，同时也在试制其他竹原料纸，如苦竹修复纸、苦竹乌金原纸、石竹元书纸。“逸古斋”还在本色元书纸的基础上拓展了多色染色元书纸、版画印刷竹纸、佛经印刷竹纸、雕版古籍印刷竹纸，等等。从优质原纸延伸开来并保持着清晰的发展脉络及体系，颇具特色。

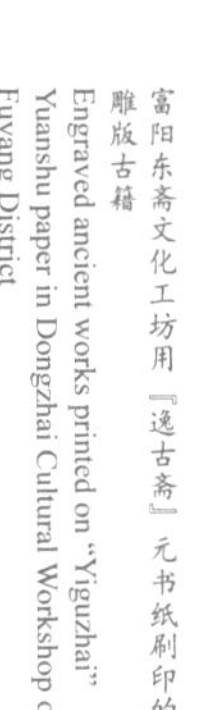
富阳东斋文化工坊用『逸古斋』元书纸刷印的雕版古籍
Engraved ancient works printed on "Yiguzhai" Yuanshu paper in Dongzhai Cultural Workshop of Fuyang District

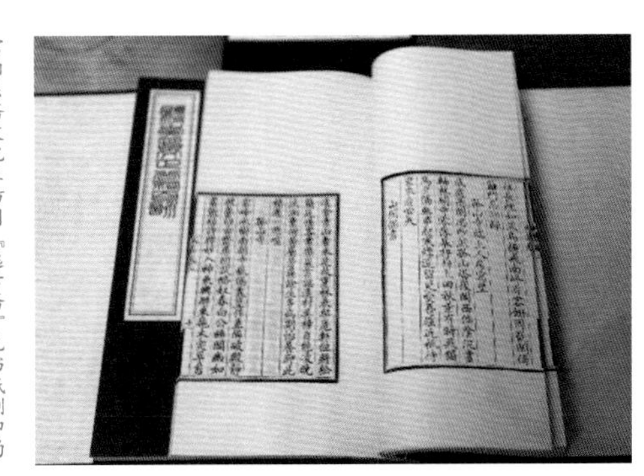

3. 工艺和设备

富阳是浙江当代手工造纸唯一的中心聚集区，因此工艺和设备改良、演化的脉络也相对最清晰，最具代表性。2006年，富阳竹纸制作技艺被文化部列入全国第一批国家级“非遗”保护名录。富阳手工造纸工序多且工艺复杂，地方流行的说法是，其生产工艺流程要经过大小72道工序，因此富阳纸农间有一句谚语：“片纸非容易，措手七十二。”其中核心工序包括：斫竹—打桠—断竹—削竹—拷白—浸坯—砍料—腌料—堆灰竹蓬—入镬—煮料—出镬—翻滩漂洗—淋尿堆蓬—入场—制浆—抄纸—晒纸—包装盖印。

当然，传统时期浙江手工造纸的工艺流程和设备要求较为稳定，但在不同时期伴随着生产不同的纸品，其工艺流程与设备要求是不断变化和改进的。因此富阳竹纸研究专家李少军认为：业态在传承传统造纸技艺的同时，在工艺和设备上在不断调整和进步。[157] 那么，这种调整和进步（当然也有可能会带来退步）主要表现在哪几个方面呢？

[157] 李少军.富阳竹纸[M].北京:中国科学技术出版社,2010:25-28.

第一，传统造纸工艺不断改进。手工造纸工艺改进和提升的努力贯穿了造纸的全过程，集中体现在原料加工环节上。例如，富阳手工造竹纸在努力保证所得原始竹料质量的前提下，在腌料时直接使用市面上购买的生石灰取代过去村民自己燃烧草木料得到的石灰。从业态分工上说，一方面省去了大量时间和人力物力，而缺乏人力正是当前手工造纸行业发展的瓶颈；另一方面又使成品纸纤维不会因为石灰烧制不良而混入杂质，导致纸的品质和售价受影响。

第二，浙江手工纸生产设备也有一些变化和创新。浙江是现代木浆体系机制纸工业生产的发达地区，随着制纸工业的发展和技术进步，传统手工纸在生产过程中，有部分槽坊在蒸煮、制浆、焙纸等工序上，采用了一些更简单而有效率的动力机械设备。例如，采用高压蒸锅代替木桶锅，使蒸煮竹料的时间由原来的7天以上缩短至1天左右；加入了不少电力设施，如电动石碾、电动打浆机等，节省了大量人力成本。这些受机制纸行业启发而进行的对设备的改进，对于提高生产效率、缩短生产周期、增加产量以及节约劳力、减轻劳动强度等有明显的作用。

电动石碾
Electronic stone roller

但同时需要注意的是，采用电动设备获取动力从而取代传统的石碾、水碓等也带来了某些负面作用，如对竹料纤维造成的损害较强等。目前来看，其对造出高品级的竹纸还是有明显的影响的，因此需要对设备改进有全面的认识。

（二）地域共性和业态多样性特征并存

浙江手工造纸具有较强的地域特征，以自然资源分布和物质生活条件为基础的手工造纸分布、技艺传承和业态发展具有典型的地域文化特色。

首先，浙江省多山多水，气候温和，因此竹林生长十分茂密，是中国竹资源的主产区之一，这些自然资源的分布有利于手工造纸业特别是竹纸产业的发展。从浙江省地形和自然资源的分布来看，可分为三种类型：山区、半山区和平原区。山区多竹林和树木，所以居住在山区的居民多从事以竹为原料的手工造纸生产；半山区除林木外，一些地方可以种植水稻，所以半山区的居民主要以竹和稻草为手工纸的生产原料；平原区的地形适合种植水稻，竹林和造纸树木没有山区和半山区集中，并且地表优质水资源也相对匮乏，手工造纸的资源条件相对不佳。所以，浙江手工纸的产区集中在竹林丰郁、水源充沛的山区和半山区。

泰顺县榅桥村深山区的纸坊
Paper mill in the remote mountain area of Wenqiao Village in Taishun County

此外，浙江手工造纸与当地经济、文化发育状况以及纸农生计状况紧密相关。随着中国经济文化中心从宋代开始转向江南地区，尤其是自南宋开始杭州成为首都和中国中心城市，且明州（宁波）从唐代即已成为大的国际通商口岸城市，浙江地区经济文化快速繁荣起来，纸张不仅成为江南地区文化生活和物质生活的必需品，也成为供给更广大消费市场的大宗消费品。用纸需求的增加及市场的发育对造纸条件优越、技艺传统深厚的浙江手工纸业态产生了积极影响，手工纸生产成为纸农的主要收入来源和维持生计的保障。

自然环境、历史传承和生活条件等形成了浙江手工造纸的地域共性，同时浙江造纸业态还呈现出不同地域所形成的多样性特征，直到当代虽然其在整体上萎缩严重，但依然保持着地域共性和多元化个性并存的局面。浙江手工造纸的多样性主要表现为以下4点。

1. 造纸地域分布多样性仍突出

根据调查组2016年7月至2019年4月的田野调查，在当代中国社会手工造纸技艺普遍受到冲击而面临萎缩与消亡威胁的大背景下，浙江省内当代活态传承的手工造纸地点仍分布于全省东南西北的多个市、区、县，而且多个市、区、县仍有多个分布于境内不同地域的造纸点，这种分布特征即便是手工造纸厂坊数量最多的安徽省也已经不具备。根据调查组的田野调查，浙江省当前时段手工造纸业态主要分布在杭州市富阳区、临安区，宁波市奉化区，衢州市龙游县，温州市瓯海区泽雅镇等地点。其中，2019年年初富阳竹纸行业协会统计约有201家造纸作坊或企业分布在富阳区的多个乡镇与街道。

温州泽雅纸山连片的屏纸抄纸房
Ping Paper Mill on Zhishan Mountain in Zeya Town of Wenzhou City

2. 造纸原料多样性与丰富性仍突出

根据调查组2016年7月至2019年4月的田野调查，浙江手工造纸量大面广的原料是各种竹子，使用较多的是毛竹、水竹、苦竹、丛生竹、石竹等。树皮是造纸中使用的第二大原料，包括山桠树皮、山棉树皮、桑树皮、构树皮、雁皮、青檀树皮等。此外，还用到稻草、龙须草、麻、藤等造纸原料。在使用某一种原料生产纯料纸的同时，多种原料按照一定比例混合的造纸方式也很流行，特别是用龙须草浆板等外购浆板原料混合皮料制作的当代“书画纸”。

松阳山区李坑村用于造纸的山桠树
Edgeworthia chrysantha Lindl. for papermaking in Likeng Village of Songyang Mountain area

3. 工艺因地域传统形成的丰富性仍突出

浙江手工纸制作工艺有着突出的多样性与丰富性。例如，从打浆工序来说，浙江有人力石碾、电动石碾和机器打浆等多种方式；从成纸方式来说，既有单人抄纸、两人抬帘抄纸，也有吊帘抄纸、喷浆成纸，还有与藏区造纸相似的浇纸法，可以说当代中国所有的成纸方式全部都有；在纸帘入槽手法上，仅以富阳而论，既有手法缓慢的一道水元书纸抄纸、四道水苦竹乌金原纸抄纸，还有在全国也显得非常特别的反复入槽十几道水的桑皮桃花纸抄纸。

在发酵工艺上，富阳区的淋尿与黄豆浆发酵法都是非常有特色和讲究的。特别值得注意的是富阳区在抄制竹纸时不同于全国其他手工造纸片区，在抄纸过程中并不加入纸药，这在中国用抄纸法成纸的地区中是独一无二的工艺。

富阳区大源镇苦竹乌金原纸四道水抄纸法
Scooping pulp four times to make original *Pleioblastus amarus* Wujin paper in Dayuan Town of Fuyang District

祭祀用途的当代泰顺竹纸
Bamboo paper in Taishun County for sacrificial purposes

4. 品种和用途的多样性仍突出

浙江作为中国手工造纸最重要的代表性省份之一，手工纸的品类和用途非常丰富，几乎涵盖了中国古代和现代手工纸的全部主流使用领域。有生产、生活用纸，有书法、绘画用纸，有书籍刷印、修复用纸，有民间和官府契约、文书用纸，有丧葬、祭祀用纸，有宗教、节庆用纸，甚至在20世纪前期一度生产了批量的报纸印刷纸，号称“土报纸”。除了原纸外，还有用各种植物、矿物、化工提取物染色的五颜六色的颜色纸，以及用多种方式后加工的文化生产和艺术创意用加工纸。

浙江产手工纸涵盖用于封建社会从中央到地方各级官府书写、印刷文书的藤纸和元书纸，古籍写印竹纸，书画竹纸，竹草卫生纸，铁笔蜡纸，打制金银锡箔的乌金与鹿鸣原纸等。此外，刻印家谱记载祖先伟业与宗族血缘、做成纸钱焚烧、写印经书、裱糊窗户、作包装纸等满足各种现实需求用途的手工纸也有较大用量。历史上手工纸对浙江省百姓和仕宦阶层的生产生活和文化消费的方方面面有着既广且深的渗透，直到今天依然有迹可循。

（三）传统型造纸模式与现代转型探索并存

根据调查组2016年7月至2019年4月进行的手工纸田野调查与地方文献研究发现，在全浙江展开深度调查的42家手工纸（工具）生产厂坊当中，除了绍兴鹿鸣纸已完全停产外，采用家庭作坊式从事生产的有22家，以企业经营方式从事生产的有19家，手工造纸呈现出传统农业经济生产模式和现代商业化生产模式并存的局面，其中传统农户型生产方式稍占主流。

浙江手工造纸具有农耕经济与现代经营相结合的典型特征，主要表现为：

（1） 到2019年年初，浙江手工造纸业态特点之一是仍以个体农户或村落里的微型家庭作坊为多，多分布在山区和半山区，以一位或两三位家庭成员造纸的偏多。造纸作坊规模小、产量低，主要作为手工纸的前端生产者和供应者。调查中多数作坊主本人或家庭紧密成员是一线手工纸生产者的情况居多。

（2） 由于从2005年开始，中国文化与旅游部（原文化部）和浙江省对“非遗”保护传承的全方位促进，民间和文化界追求恢复古法造纸的“时尚”初步形成，特别是在造文化艺术用纸的富阳古法元书纸体系中，宣传并探索古法的厂坊增多。为了全流程控制技艺过程以保证产出精品，从初级原料开始全部坚持纯手工生产的趋势出现，不同工序特别是前端分工机制反而削弱。由于精力和资金投入变大，所以在追求以古法造高端市场用纸时，农户型作坊的产量普遍都不大，有些还会出现明显的减量，如追求古法的富阳元书纸代表性工坊“逸古斋”即如此。

追求古法造纸的小纸坊自己加工原料——刮青
Raw materials processing with the traditional papermaking techniques in a small paper mill - scraping the bamboo

富阳手工纸『产、学、研』模式的尝试
An attempt on the mode of "Industry-University-Research" of handmade paper in Fuyang District

（3） 纸坊产品销路多变者多。这主要是因为在当代的市场环境下，一个村落有密集的家庭造纸作坊和全村落集体造纸的业态已经很少，由于缺乏基本的产业聚集，产业生态的破碎、断裂反而是常态，特别是乡土性交易平台和经销商经常缺位。因此，小纸坊必须顺应消费市场行情变化，有快速调节能力，这样才能以小规模的造纸谋生。

由于浙江具有地理、文化、经济上的优势，锤炼了浙江造纸人应变能力强的思维，形成了出口谋利、多品种小批量生产、定制化与礼品化生产、跨界衍生品配套等商贸型经营思路，即便手工纸市场的某一块受到冲击，纸品也不会面临滞销风险，销路相对稳定。

相对中国其他省份而言，浙江手工造纸的现代运营思路较好地弥补了农业型手工业作坊的缺陷，在生产规模、产品选型、原始创新、销售体系和运营管理等方面形成了某种程度的示范带动效应，与手工纸传统式生产既相互衔接又相互补充。

（四）内销型纸厂与外销型纸厂并重

浙江手工纸消费的特点是历史上销售面就很广，而且各产纸区域及大的厂家有着相对稳定的对口市场。

1. 文献记载上分布极广的国内市场

[158] 浙江省政府设计委员会.浙江之纸业.[Z].启智印务公司，1940:12.

古代缺乏详细的文献记录，以现代文献数据来看，据1940年版《浙江之纸业》[158]的历史统计数据，民国中期浙江省手工造纸各地纸行的销售地很广。杭州市城区、江干区、湖墅区造手工纸多销往天津，山东浦口、青岛，江苏等地；富阳造手工纸销往浙苏两省各县；余杭造手工纸销往苏浙两省各埠；宁波市造手工纸销往河北、山东、大连、江苏、江西铅山、镇海等地；临海县海门造手工纸销往本地北岸；永嘉县造手工纸销往本地仙女镇、台州等地。

[159/160] 周关祥.富阳传统手工造纸[Z].2010:85.

富阳是最具代表性的产纸区，《富阳传统手工造纸》[159]记载，历来富阳手工纸生产量大、品种多、销售面广，在国内纸品市场上有着举足轻重的地位。1951年以前，富阳手工纸由产地纸商（纸行）收购后，一般运销给无锡、苏州、上海等地的纸商，然后由这些城市的纸商扩散推销到江苏、山东、天津、北京等省、市。1952年起，富阳手工纸由当地供销社统一收购后，在本县内销售极少，基本上当年收购多少，就向省内的外县和省外调拨多少。在国内销售范围也很广，涉及江苏、安徽、江西、广东、山西、陕西、湖北等22个省、市、自治区，以及浙江省内杭、嘉、湖、宁、绍等地。其中竹料卫生纸和黄元等祭祀用纸，主销江苏、山东、西藏、黑龙江等省、自治区；草料坑边纸，主销上海和江苏省的苏南、松江及浙江省内杭、嘉、湖、宁、绍等地。

2. 文献记载与田野调查反映的外销市场

仍以原富阳县为例，富阳手工纸在民国时期开始有出口外销日本等国家的记录，但数量不多，中华人民共和国成立后，外销量逐年增多。1960年后，浙江主管部门每年下达给富阳的手工纸出口计划指标为3 000吨左右。据《富阳传统手工造纸》[160]记载：1965年至1983年，富阳县手工纸外贸（出口）情况虽然时高时低，但整体呈增长趋势。如1965年，富阳县手工纸外贸出口数量为550吨，1983年为2 785吨，最高年份（1982年）出口量接近5 000吨（4 990吨）。从国别看，集中销往日本、新加坡、马来西亚等国。

在2019年1月的回访调查中，调查组发现浙江有若干手工纸厂是完全出口型或主体出口型的。

位于临安区的杭州千佛纸业有限公司，其主要产品是窗户纸和书画纸，产品95%出口日本、韩国。该厂按照日本、韩国客户要求生产书画纸，产品不在国内市场销售，全部用于出口。

位于富阳区大源镇的杭州富春江宣纸有限公司，其年产手工纸5万刀左右，产品80%销往日本、韩国。

2016年8月，调查组调查位于龙游县的浙江辰港宣纸有限公司，获得的信息是该公司产品主体部分外销日本及韩国。

龙游皮纸非遗展示馆陈列的销售样品
Samples in the exhibition hall of bast paper in Longyou County

三 浙江手工造纸行业活态传承发展面临的挑战

3 Challenges to the Inheritance and Development of Zhejiang Handmade Paper Industry

改革开放以来，中国社会发生了巨大变迁，从以农业社会生产形态为主向以工业社会生产形态为主转型，从以农村生活和乡土消费为主流向以城市化时尚集聚消费为主流转型，并逐渐从传统商铺销售渠道向网络电商销售模式转型，今天的手工造纸业态确实面临着史无前例的冲击与挑战。浙江作为中国城市化、工业化的代表性省份，全国电商体系建设最发达省份，确实给非常“古典”的手工造纸行业带来了直接的生存发展方面的压力。

（一）手工造纸工艺传承后继乏人，造纸技工人群锐减，老龄化严重

传统造纸手工艺后继乏人的问题，是浙江手工纸传承中面临的严峻问题。调查组通过整理收入本书的42家手工造纸作坊与工厂的信息发现，除了数家因主持人尚年轻等原因未明确是否有传承人外，29家确定没有传承人，9家造纸户的子女“参与继承”。不过，这里的“参与继承”，包括参与公司经营，而不仅指参与一线造纸技艺的传承。值得注意的是，子女参与的9家造纸户多为注册公司。在这9家造纸厂坊中，子女能够从事生产性造纸的有5家。

此外，进入21世纪，在经济发达的浙江，愿意从事造纸的年轻人大幅减少，造纸工人老龄化严重成为常态。如富阳区常安镇大田村造纸历史悠久，在现代有记忆的鼎盛时期全村有700多人参与造纸，但是随着外出打工队伍的不断壮大，造纸户越来越少，愿意学习造纸技艺的年轻人寥寥无几。调查组2016年入村时了解到，大田村仅剩下8~10口槽投入生产，且从事造纸的人基本都在60~70岁，老龄化趋势十分严重，已经到了力不从心、难以为继的境地。

富阳区湖源乡的富阳竹馨斋元书纸有限公司负责人李胜玉也遇到类似情况，因为嫌工资待遇低、工作时间长、劳动强度大等，当地已经难以找到愿意从事手工造纸的年轻人了，李胜玉造纸工厂中的工人全部来自外地，主要是来自贵州黔东南地区锦屏县的纸工，而且年龄均超过45岁。

『竹馨斋』中造纸的贵州师傅
A papermaker from Guizhou Province making paper in "Zhuxinzhai" paper mill

独自一人在家造纸的翁士格
Weng Shige making paper at home all by himself

（二）受机械纸的冲击大，为维持纸坊生存“省工减料”现象很普遍

当代，受机械制纸高效率、低成本的强烈冲击，以及现代生活、工作环境条件变革的影响，浙江与全国一样，除了少数特定客户群所需的纸张，如富阳、奉化专供古籍修复用的竹纸外，手工纸销量明显减少，性价比优势持续下降。为了维持纸坊经营，减少亏损，造纸厂坊工艺上省工减料、原料上以次充好以降低成本的做法较为普遍。

富阳“竹馨斋”负责人2019年1月在受访时表示：造纸工人的最低工资是200元/天，纸坊共有抄纸、榨纸、制浆工人6名，每天的人工工资为1 200元，按照工艺标准做1捆纸成本为450元，而一捆纸在市场状况不理想的当下只能卖430元，“是亏本做生意”。在不能提升纸品等级和特色的前提下，如果造纸户想不亏本，只能“偷工减料”，比如在竹浆中掺入0.8~1.0元/kg的废纸。还有一些手工作坊，为了节约工资，降低成本，采取不找工人，夫妻俩竭尽全力或男性纸工自己一人造纸的方式，以努力将纸坊维持下去，诸如泰顺县的翁士格竹纸坊、松阳县李坑村的造纸工坊、富阳区的张根水纸坊等都是如此。

（三）手工造纸处在标准缺失严重的运营状态

行业内没有统一的标准，也是浙江手工造纸活态传承发展遇到的难题之一。

调查中富阳区骆村造纸户骆鑫祥反映：目前手工纸行业很多领域都没有统一的标准，鱼龙混杂现象带来了很多困扰。骆鑫祥举例说，由于国家对于古籍新印和修复用纸没有设定统一标准，很多纸厂将经过烧碱强化学处理的纸销往公家和私人机构用于古籍印刷修复，这一方面对于追求高质量、长寿命，遵循自然之道的古法造纸厂家是一种伤害，另一方面对于古籍保存本身也形成了致命的“短命之殇”，越修越短命。

又如温州纸山地区产的卫生纸在数十年前曾经是大宗民生商品，当地收购价是一条纸8.5元的时候，外地来此收购的价格是一条10元。于是瓯海当地供销社在泽雅纸山各路口设立卫生纸检查站，防止外地土产公司到泽雅收购卫生纸，泽雅的卫生纸遂形成先运到各地日用杂品公司或供销社，再批发给下属各村镇街道分店销售的特殊方式。1987年后，温州私营经济和商业流通业崛起，泽雅区公所看到卫生纸个体销售杂乱无章，规格不统一，质量没有保障，税收又会流失，于是政府把供销社、卫生纸公司、个体纸业协会等联合起来，统一收购卫生纸，再调拨给个体工商户销售。1987年下半年开始，各村纸户先是用汽车送货到各地总社；1988年开始直接送货到江苏南通等地区基层供销社商店的基层总店；1989年开始直接销售到各地集镇的个体大户。卫生纸送货越到基层价格越高，纸往基层下送一级，纸的价格就往上升一点。纸的价格一路上浮，而卫生纸的尺寸则变得越来越窄，厚度也在变薄，同时掺杂废纸等也更无顾忌，直到机制卫生纸强势覆盖并将手工卫生纸挤出市场。

泽雅镇当代添加水泥袋纸的粗劣屏纸
Ping paper of poor quality made with cement bag paper added in the raw materials in Zeya Town

四 浙江手工造纸代表性民俗与文化记忆

4 Representative Folk Customs and Cultural Memories of Handmade Paper in Zhejiang Province

浙江造纸业历史悠久，根据现有史料记载可以追溯到东晋时期。自距今约1 700余年的东晋到距今1 300余年的唐代，以剡溪藤纸、由拳村藤纸为代表的一代名纸已经流通全国，名满华夏。在约1 700年的造纸技艺传承中，留下了非常丰富的民俗故事和极具浙江地方特色的造纸文化，现以传说所具有的典型性和价值为选择依据，择要概述如下。

（一）一个特色鲜明的造纸文化区："温州纸山"

1. "温州纸山"得名由来

顾名思义，"纸山"是指乡村世世代代、千家万户以造纸为主要谋生产业的特定山地区划。"温州纸山"并非历史概念，而是有着现代内涵的文化地理概念，特指温州市瓯海区泽雅镇和瑞安市（温州市下辖县级市）湖岭镇全境，以及瓯海区瞿溪镇和鹿城区藤桥镇属的传统手工造纸地区。

追根溯源，"温州纸山"一词并非本地纸农对自己生产生活环境的命名，也非文人雅士的赋名，而是民国年间中国共产党浙南游击纵队开展活动的信息交流用语，指纵队游击活动的特定区域。温州纸山的"山"坐落在瓯海区泽雅镇，即泽雅镇的崎云山、凌云山两座小山脉所包含的造纸山区，未包括同属温州的平阳县南雁荡山和泰顺、文成县等传统造纸山区。1939年，以温州纸农为主体的"纸山暴动"事件震惊全国，"纸山"一词广泛传播。[161]

[161] 林志文，周银钗.瓯海屏纸[M].北京：中国民族摄影艺术出版社，2016：181.

泽雅纸山的纸坊
Paper mill on Zhishan Mountain in Zeya Town

2. “捣纸案”

1937~1945年抗日战争后期，温州至上海的航运道路中断，永嘉县属的纸类运销处和永瑞土纸生产合作社垄断市场。因为渠道受损，运销处和合作社一度停止收纸，并较长时间拖欠纸农一半的纸款，本就依赖此微薄收入生活的广大纸农迫于生计，于1939年7月自发组织到温州著名的纸业交易中心瞿溪老街上的瞿溪纸行，要求付清欠款并收纸以维持生计。双方发生激烈冲突，冲突中一名纸农被打死，永嘉县纸类运销处负责人因此被愤怒的纸农带进纸山中。后经多方协力调停，合作社付清纸农欠款，恢复土纸自由买卖，这一运动被称为“捣纸案”，媒体则称为“纸山暴动”。“捣纸案”的主要发起力量是纸山核心区瓯海泽雅和瑞安湖岭的普通纸农，从此“纸山”与“捣纸案”挂上了钩。[162]

[162] 林志文，周银钗.瓯海屏纸[M].北京：中国民族摄影艺术出版社，2016：181.

3. 《纸山保卫战》

《纸山保卫战》是一部由温州人编导、温州人参演、反映温州传统造纸技艺与文化保护内容的电影。《纸山保卫战》由温州天运纵横文化传播有限公司和温州市瓯华传媒有限公司联合摄制，讲述的是在抗日战争期间，一位日本年轻学者渡边，为了得到温州市泽雅纸山一带历史悠久的“水碓古法造纸”和瑞安县东源村的“木活字制作工艺”等珍贵的文化遗产，差使一名叫岗村的军官带着军队意图强取，却遭遇中国当地游击队的顽强抗击，日军最终被击溃，使得温州传统造纸工艺得以很好地被保护的故事。该电影于2016年下半年在温州矾山拍摄。

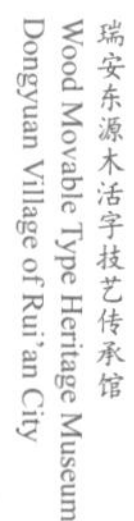

瑞安东源木活字技艺传承馆
Wood Movable Type Heritage Museum in Dongyuan Village of Rui'an City

（二）与造纸相关的人物故事

1. 衣衫褴褛的“蒸锅大户”史尧成

调查时，富阳逸古斋元书纸有限公司朱中华转述了这样一个故事：富阳县造纸历史上，建造一口竹料蒸锅（也称甑锅）是全村或周边几个村的一件大事，也是需要较大投资和较多人力的行为，一般只有大户人家才会造一口蒸锅，小户造纸人通常只能搭伙或付给费用方可蒸竹料。大约是在清代（已经说不清具体是哪个年份），县里有个叫史尧成的造纸大户，居然拥有了48口蒸锅。一天，当时的富阳县令下乡体察民情的时候，发现县内方圆几十千米的毛竹上都能看到史尧成家的记号（富阳县的习俗，为了防止砍竹时砍到别人家的竹林引起纠纷，竹林所有人会在每棵竹子上写上户主的名字或画上识别标志），感到十分意外。于是决定前往史家一探究竟，看看这位还不认识的造纸大户。

调查时富阳蔡家坞写有户主家名号的竹林
Bamboo forest marked with the name of its household in Caijiawu Village of Fuyang District during the investigation

乡人引县令来到史大户住处时，只见一口一口的蒸锅，有一位衣衫褴褛的老人在一旁烧火煮料。县令大人上前询问史尧成去哪了，老人道自己便是县令所寻之人，县令大怒，传唤带史尧成至衙门板刑伺候。史尧成大惑不解，说我没有犯法啊！县令教训道：你已经如此富有，竟然还自己烧火，不留一点生计给旁人，实在该打！于是著名的史大户就被打了一顿屁股，狼狈不堪。

2. 头脑灵光的“贩运大户”李百万

调查中，富阳大田村李申言纸坊李申言讲述了李百万的故事：现在富阳区常安镇大田村所造的竹纸全部销往江苏，但是在若干年之前，村里造的纸都是销往湖州的。大约在民国前期，有一位湖州的富贾专门做纸的生意，因为觉得大田村竹纸性价比高，于是在大田村开了一间门店专门收购村里的纸。所有村民的纸都经过他的手被运到湖州，再从湖州通过水路运到江苏，既解决了村民们纸的销路问题，商人也因此富甲一方。因为这位商人姓李，村民们又都觉得他非常有钱，所以喊他“李百万”，喊得久了他就成了纸商里的出名人物了。

3. “造纸状元”余福金

浙江造纸有1 700年左右的历史，出过无数名纸，自然也少不了造纸技艺独占鳌头的“纸状元”，这个故事说的是民国年间富阳的“纸状元”余福金。据大源镇兆吉村造纸师傅喻仁水讲述，兆吉村有一位造纸大师名叫余福金。1945年，县里有一位开纸槽的造纸户叫唐宝善，在农历小满之时砍了一批嫩竹料，加工后运回到作坊拌完料开始抄纸，然而扣纸后湿纸帖上的水总有一些走不掉，形成鼓包，一连换了10个师傅仍解决不了，弄得唐宝善愁眉苦脸。

一天，唉声叹气的唐宝善在大源街上偶然碰见了31岁的“纸状元”余福金，连忙向他请教，余福金听后表示可以去试试。本来不敢指望的唐宝善喜出望外，连忙表示只要余福金愿意去试，他就抬轿来请，最后果真用轿来抬余福金。余福金第一天去了纸槽，什么也没做，只是看了看已有的两块板子，吩咐赶紧再做一块，将原来500张一隔的湿纸贴改成250张一隔，并告诉抄纸工动作要做得慢一些、匀一些。果然经过余福金看似不费力的指点，不仅解决了湿纸帖走水的问题，做出来的纸张也十分均匀细薄。余福金在富阳被称为“造纸状元”，名声很大，后来就被临安县人请去做了造纸师傅。

（三）蔡家坞村里流传的技艺传说

蔡家坞村位于富阳区灵桥镇，村子里一直流传着与造纸技艺相关的几个传说。

1. “吊帘”发明的乡间传说

历史上浙江捞纸一直使用的是单人双手托提帘的方法，连续不停地重复动作时，抄纸人双手和胳膊比较费力，捞完纸后还需先把帘床放置于纸槽一角，才能拿起纸帘

富阳吊帘抄纸纸槽上方的木架
Wooden frame hanging above the papermaking trough in Fuyang District

去扣放湿纸。后来有了吊帘就省力多了，但是吊帘技术是什么时候由谁发明的呢？

据蔡家坞村造纸户的说法，吊帘是民国年间灵桥镇某个村子的一位技艺高超的捞纸师傅发明的，从此捞纸工再也不需要去刻意摆放帘床了。

2. “鹅榔头”来历的富阳版传说

据说从前在晒纸房里，由于压干的纸帖不容易一张张分离揭开，所以在纸块上方吊有一个装着草木灰的布包，每揭一张纸，用头顶一下灰包，洒落一点灰到纸上，纸便能顺利地被揭下。

有一天，一位晒纸工在晒纸的时候与一位路过晒纸房的陌生人聊天，聊得忘记去顶灰包，导致纸揭不下来。与他聊天的人见到这个情况就说：“你去找个羊蹄子来。”说完便走了。纳闷的晒纸工心里想，“难道我要去找一个真的羊脚来吗？”想想觉得不现实，便自己用木头做了一个类似于羊蹄子形状的木榔头。每次感觉纸快要揭不下来的时候，用榔头在纸上划几下，纸便能轻松揭下。由于榔头的形状又有点像鹅头，因此当地造纸的人将这种松纸帖的工具叫作“鹅榔头”。

用『鹅榔头』划松纸贴
Using the wooden hammer to separate the paper layers

3. “热要火里去，冷要水里去”

富阳造纸行当中有一句老话叫“热要火里去，冷要水里去”。大致的意思是：造最好的竹纸时，像腌料、蒸煮这类与火和太阳打交道的工序要选择在夏天高温的时候进行，使竹料经过高温发酵，更容易熟化；而洗料和捞纸这类水里的活要选择冬天寒冷的时候进行，低水温能够让纸更紧密光洁。那么在水火和冬夏之间干什么呢？富阳造竹纸的过程中，在腌料和洗料之间的半年时间里主要完成堆蓬等工序。

（四）富阳不同村落造纸人的祭祀仪式

祭祀是造纸文化中的重要内容，浙江各地造纸人的传统是会在每年不同的时间节点举行形式各异的与造纸有关的祭祀仪式。

（1）调查中，富阳大竹元宣纸有限公司李文德介绍：在富阳区湖源乡新二村，20世纪六七十年代生产队成员集体上山砍竹子，开山那天上山前要祭祀，方式是敲打梅花锣鼓，用猪头、鱼等祭祀祖先，以感谢给后辈带来造纸的好手艺，同时祭拜山神，希望顺风顺水，生意兴隆。21世纪初已改为开山前请造纸和砍竹师傅们吃饭的习俗了。

新二村连片的浸泡竹料池
Bamboo soaking pools in Xin'er Village

（2）富阳逸古斋元书纸有限公司朱中华介绍的开山祭祀的内容与以上不同：富阳区大源镇一带历史上就有开山祭祀的习俗，但大源镇在祭祀中讲究的是人，主持开山祭祀的人须是村里公认有福气、人缘好的男人或者槽主，但很奇怪的是要由妇人念经。调查组成员进一步探寻就里，朱中华也说不清楚为什么必须由妇人念经。

（3）富阳区灵桥镇蔡家坞村的开山仪式又不太一样：一般在小满（通常为每年5月20~22日中的一天）前3天开山开始砍竹子。20世纪六七十年代生产队时期有一个传统，每次开山砍竹前，生产队里的所有人要集中会餐，会餐前要拜观音菩萨，祈求观音菩萨保佑上山砍竹安全。祭拜仪式和宴席在房子大的人家里办，全村100多号人通常要办十几桌，由生产队出钱。

（五）造纸行当特别的禁忌

在浙江民间千余年的造纸历史中，出于技术保密和信仰等原因，禁忌习俗多样，几乎每个造纸集中区都有自己的禁忌要求。当然，由于从事行当相同，技艺过程相近，有不少禁忌是相同的。以下根据调查组所搜集到的禁忌内容，择要介绍5条。

1. 女人不得到做纸的地方去

富阳大竹元宣纸有限公司李文德介绍：20世纪80年代初分山分槽到户之前，湖源乡的传统习俗是女人不得去做纸的地方。关于这一忌俗的来历，李文德推测是因为那时候人普遍比较穷，衣服少也缺钱买，因此涉及可能损坏衣服的工序时，男人会尽可能地把衣服脱下来。洗料时男人穿的衣服少，故不让女人去；蒸煮中往纸甑里放发酵竹料捆时男人穿的衣服少，故不让女人去；晒纸为高温作业，男人基本不穿上衣，故不让女人去；压榨时需要反复压榨，非常耗体力，男人一般不穿上衣坐在榨杆上，故不让女人去。

2. 女人不能去石灰池旁

大田村的习俗强调的重点与湖源乡新二村不同，纸坊主李申言介绍的习俗传统是：腌料的时候女人不能去石灰池旁边，村里人相信一旦违背了这一传统，纸就做不好。李申言认为原因有两点：第一，男人们在腌料的时候，任务很重，每个人都要竭尽全力、齐心协力，才能完成工作。石灰池旁多一个人就会干扰他们干活，特别是女人去了就会分散男人的注意力。第二，石灰池旁边温度很高，腌料劳动强度很大，男人们多数只穿裤衩，女人去石灰池旁既不能帮忙干活，又会导致双方都不自在。

石灰池旁正在腌料的工人们
Workers fermenting the materials by a lime pool

3. 禁止女性经过料塘

位于富阳区大源镇大同行政村庄家自然村的杭州富春江宣纸有限公司的庄富泉的说法是：古代人迷信，认为女人会来月经，不干净，如果来月经的女性在料塘边走一圈，造出来的纸的质量就至少要下降一个等级。因此，在破除迷信之前（20世纪50年代中期），村子里在造纸时，会要求提前关闭料塘24小时，并禁止女人走过。

4. 偷原料的纸户三代不准开槽

朱中华介绍：富阳历史上有偷原料的人家三代不能开槽，偷砍竹子的人家一代不能开槽的禁忌，这个规矩百年来很少有人违反。有一个故事，大约150年前，有个姓徐的人到宋家村偷偷挑了一担料，被村民发现了，宋家村召集了保长等一群有威望的族人，先勒令姓徐的人把原料还给宋家人，然后当场让徐家偷料的人写了一份三代不准开槽的保证书。据说直到后来徐家偷料人的孙子娶了宋家村的一位姑娘，宋家村方才把徐姓祖先写的保证书还给了徐姓人家。

5. 贡纸秘术不得外传

明清两代的开化纸非常有名，在明代晚期到清代中期的数百年里是著名的御用贡纸，由于品质特别出色，其造纸材料及工艺高度保密，外人一直不得其传。孙红旗《国楮》一书描述：开化造纸工艺——抄纸之术不得外传，在贡纸村落里严格要求传男不传女，倘若家里只有女儿，哪怕是倒插门的女婿，也明确规定不准传女婿而可传

传说中的开化贡纸小村
Legendary small papermaking village of the tribute paper in Kaihua County

外孙。开化纸防范技艺外泄的禁令非常之严，以至于今天开化县恢复制造历史名纸时，一段时间里连贡纸的原材料都众说纷纭，颇有分歧，没有一个准确的答案。

（六）造纸长歌《朱三与刘二姐》

曾在富阳广泛流传的民间长篇叙事唱本《朱三与刘二姐》，创作与传唱于手工造纸行业，展现了富阳手工造纸的盛衰过程。

富阳纸乡盛传着“纸槽焰弄，嘴像马桶”的俚语。说的是纸乡人终日劳苦、造纸工序高度重复而单调，为消除疲惫，让枯燥生活增添生趣，造纸师傅们喜欢讲顺口溜、俏皮话、讽刺话，而纸乡土秀才则在此基础上创编出笑话故事和可传唱的唱本。

著名唱本《朱三与刘二姐》相传是富阳造纸村民在造土纸过程中的集体创作，曲调节奏与造土纸的工序非常合拍。唱本借用的是明朝弘治年间余杭刘二姐跟苏州朱三私奔的故事，编成歌谣，首先在纸农中流传，后被改编成湖剧、越剧等地方曲目。

至迟在明末，富阳一带就已有《朱三与刘二姐》山歌本在民间传唱，至清代，坊间刻印的《朱三与刘二姐》唱本更多。与富阳接壤的余杭县葫芦桥，是富阳土纸经运河远销江苏、上海等地的起点。老辈人说，当年的富阳造纸人常成群结队肩挑土纸去余杭，技术好的富阳造纸小伙也常去余杭帮忙做土纸。于是，富阳小伙和余杭姑娘的爱情故事常常上演，这为长歌的诞生创造了条件。随着当地土纸的贩卖，长歌随纸商的脚步传到浙北、苏南地域，成为造纸行业创作的江南流行叙事唱本。

据老辈人的说法，20世纪二三十年代的富阳，民间唱《朱三与刘二姐》几乎成了时尚。富阳民间至今还传唱着与其相关的民谣，描述和印证着当年的“火热”。如“做纸勿唱朱三歌，捞纸越捞越格苦；耕田勿唱朱三歌，种落稻田勿发棵”，说明当年人们唱朱三，就是为了解除疲劳，调节单调枯燥的体力劳动。“若话朱三唱得全，讨个老婆勿要铜钿”，则是青年小伙子把“唱朱三”作为向心爱的姑娘表达爱情的独特媒介，姑娘们被“朱三求爱刘二姐”深深打动，居然不要聘礼，只要爱情了。

20世纪80年代《朱三与刘二姐》山歌采集旧照
A photo of collecting information of the folk song *Zhu San and Liu Erjie* in the 1980s

第三节 浙江省手工纸保护、传承和研究现状

Section 3 Current Protection, Inheritance and Researches of Handmade Paper in Zhejiang Province

一 浙江省对手工造纸进行的传承保护工作

1 Inheritance and Protection of Handmade Papermaking in Zhejiang Province

（一）政策促进的做法、用意和成效

就传承与保护来说，实际上浙江省域手工造纸行业已经有1 700余年的历史，其传承至今毫无疑问一直存在着从官府到民间、从皇室到宗族的各种支持和保护力量。如古代著名的皇室与官府贡纸制度、宗族间普遍流行的例行修谱、官学和书商大规模的刻书印书，都成为促进手工纸行业发展的重要力量。

绍兴平水镇用石竹纸印制的晚清宗谱
Genealogy in the late Qing Dynasty printed on *Dianthus chinensis* L. paper in Pingshui Town of Shaoxing City

不过，真正把传承与保护造纸工艺作为当务之急，其背景与大规模工业化、城市化、信息化时代的到来直接相关。因为新的时代导致传统农业型、乡土型、书写型技艺文化受到强烈冲击，其传统技术与消费规则在较大范围内被新技术、新消费规则替代，面临生存危机，往日生机勃勃的技艺与产业变成“非遗”，因此抢救性保护、活态保护与传承被迅速提上重要的议事日程。

这一进程的发生，在中国最早源自晚清民国时期西方科技体系的系统化输入，而急剧的变革来自20世纪八九十年代开始的高度工业化、城市化变革，在21世纪初的前20年又复合了信息化、网络化后，其强度进一步增加。因此，本节所说的在浙江省进行的传承保护工作主要是指20世纪90年代开始的保护与促进举措。

1949年中华人民共和国成立后，采取了一系列恢复民生手工业、振兴乡村手工造纸业态的措施。

1950年春，浙江省工矿厅（后改工业厅）建立乡村手工业改造所（1950年7月改手工业改进所），将手工纸恢复和发展生产作为主要工作之一，并在富阳、临安、衢州等地设立办事处。省政府要求手工业改进所在手工造纸行业着重做好以下工作：发放削竹、腌料的贷款，帮助陷于困境的土纸厂坊恢复生产；帮助遭遇产品滞销的民间祭祀用纸厂坊改产手工竹浆，支援上海、嘉兴等地机制纸工业原料供应。[163] 上述举措有效地促进了浙江手工纸中心区的行业复苏。

[163] 缪大经.追溯浙产手工纸，展示特色机皮纸[Z].中日韩造纸史学术研讨会，2009:115-119.

此后，政府出面组织分散而弱小的纸农与槽户联合成立造纸合作社，利用供销社体系深入县、区、乡镇并设立统购统销制度，采用生产队集体造纸模式，等等。一直到20世纪80年代初期，市场化大潮开启，分山林资源和造纸设施到农户，供销社统购统销体系才退出历史舞台，之后工业化高潮迭起，一直持续到今天。

浙江省对于民间工艺和“非遗”的保护是走在中国最前列的，从其法规政策颁布和实施时间上也可见一斑。

2004年，浙江省政府颁布《关于加强民族民间艺术保护工作的通知》，开始着力于“非遗”的保护工作，这时，以国家文化部代表国家主导的“非遗”传承保护工作（当时国家层面的名称是民族民间文化，主管机构是文化部的民族民间文化中心）也才处于研究阶段。

2006年6月10日，浙江省政府颁布了《关于进一步加强文化遗产保护的意见》，要求在新农村建设中充分考虑文化遗产保护与生态环境和谐的问题。

2007年3月15日，浙江省文化厅制定颁布《浙江省非物质文化遗产名录评审工作规则》。2007年12月4日，浙江省文化厅发布《浙江省文化厅关于拟确认第一批浙江省非物质文化遗产代表性传承人的公示》，拟确认第一批270名浙江省“非遗”代表性传承人，其中富阳市手工造纸技艺传承人庄富泉、李法儿被选为浙江省竹纸制作技艺代表性传承人。

浙江省文化厅关于印发《浙江省非物质文化遗产名录评审工作规则》（试行）的通知

发布时间：2015-07-29　　点击数：1837

各市、县（市、区）文化广电新闻出版局：

为建立和完善评审工作机制，进一步规范我省非物质文化遗产名录评审工作，根据《国务院办公厅关于加强我国非物质文化遗产保护工作的意见》（国办发[2005]18号）、《浙江省政府关于进一步加强文化遗产保护的意见》精神，特制订《浙江省非物质文化遗产名录评审工作规则》（试行），现印发给你们，请参照执行。

二〇〇七年三月十五日

附件

浙江省非物质文化遗产名录
评审工作规则（试行）

第一条　为建立和完善评审工作机制，进一步规范我省非物质文化遗产名录评审工作，根据《国务院办公厅关于加强我国非物质文化遗产保护工作的意见》（国办发[2005]18号）精神，特制定本规则。

第二条　省文化厅设立浙江省非物质文化遗产保护工作专家库，评审将根据每次工作需要，从专家库中分类抽选专家，组成省非物质文化遗产名录评审委员会（以下简称“评审委员会”），负责对申报浙江省非物质文化遗产保护名录项目进行评审，提出浙江省非物质文化遗产名录推荐名单。

第三条　评审委员会设主任委员一名，副主任委员、委员若干，秘书长一名，实行主任委员负责制，副主任委员协助主任委员。主任委员由文化厅主要领导担任，副主任委员由省文化厅分管领导担任，委员及办公室主任由省文化厅有关职能部门负责同志和相关领域的专家组成，经随机抽选并报经主任委员同意后聘任，聘期自该次评审工作结束时中止。

评审委员会下设省民族民间艺术保护工程办公室（以下简称“评审办公室”），具体负责评审委员会日常事务。

第四条　入选评审委员会委员应具备以下条件：

（一）从事文化遗产保护工作，具有相当职务和经历，实践经验丰富；

（二）从事文化遗产保护研究，一般应具有高级专业技术职务；

（三）热爱文化遗产保护事业，遵纪守法，具有良好的职业道德；

（四）专家须以独立身份参加浙江省非物质文化遗产名录项目评审工作，并愿意接受省文化厅的监督与管理。

《浙江省非物质文化遗产名录评审工作规则》文件（网络截图）
Work plan on Evaluation Standards of Intangible Cultural Heritage List in Zhejiang Province (screenshot of a webpage)

2008年4月1日，浙江省文化厅官方网站发布公告，公布浙江省被列入国家级“非遗”项目代表性传承人的名单。该文件称，文化部于2007年6月、2008年1月先后公布了第一批、第二批国家级“非遗”项目代表性传承人（其中，第一批为民间文学、杂技与竞技、民间美术、传统手工技艺、传统医药等5大类的传承人，第二批为民间音乐、民间舞蹈、传统戏剧、曲艺、民俗等5大类的传承人），两批国家级“非遗”项目代表性传承人共有777人，浙江省有43人获此殊荣，其中富阳市庄富泉被列为竹纸制作技艺国家级“非遗”项目代表性传承人。

浙江省政府在2007年年底和2008年年初，先后公布了浙江大学、中国美术学院、浙江师范大学、浙江传媒学院、杭州师范大学和浙江艺术职业学院6所高校为“非遗”研究保护基地，其用意是发挥高校在“非遗”保护技术和研究中的优势。

2008年6月16日，为了科学、有效地保存保护浙江省“非遗”，并对其进行合理利用，浙江省决定开展“非遗”数据库建设和分布图编制试点工作，摸索经验，以点带面。

2008年6月2日，为深入贯彻“非遗”“保护为主、抢救第一、合理利用、传承发展”的保护工作方针，落实《浙江省非物质文化遗产保护条例》第二十四条：“鼓励、支持教育机构将非物质文化遗产纳入教育内容，建立传承教学基地，培养非物质文化遗产传承人才”的规定，更好地发挥各类学校在“非遗”教育和传承中的积极作用，探索传承新机制，推进浙江省“非遗”保护和传承，浙江省开展了“非遗”传承教学基地申报和命名工作。符合条件的浙江省高等院校、中等职业技术学校和中小学校均可申报。

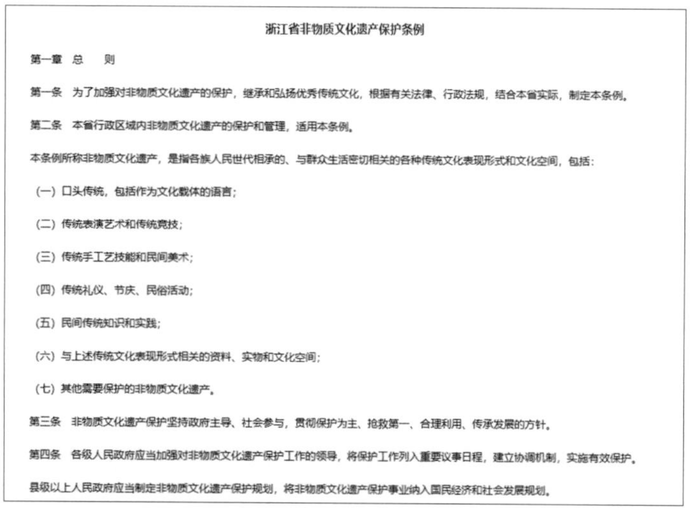

浙江省非物质文化遗产保护条例

第一章 总 则

第一条 为了加强对非物质文化遗产的保护，继承和弘扬优秀传统文化，根据有关法律、行政法规，结合本省实际，制定本条例。

第二条 本省行政区域内非物质文化遗产的保护和管理，适用本条例。

本条例所称非物质文化遗产，是指各族人民世代相承的、与群众生活密切相关的各种传统文化表现形式和文化空间，包括：

（一）口头传统，包括作为文化载体的语言；

（二）传统表演艺术和传统竞技；

（三）传统手工艺技能和民间美术；

（四）传统礼仪、节庆、民俗活动；

（五）民间传统知识和实践；

（六）与上述传统文化表现形式相关的资料、实物和文化空间；

（七）其他需要保护的非物质文化遗产。

第三条 非物质文化遗产保护坚持政府主导、社会参与，贯彻保护为主、抢救第一、合理利用、传承发展的方针。

第四条 各级人民政府应当加强对非物质文化遗产保护工作的领导，将保护工作列入重要议事日程，建立协调机制，实施有效保护。

县级以上人民政府应当制定非物质文化遗产保护规划，将非物质文化遗产保护事业纳入国民经济和社会发展规划。

《浙江省非物质文化遗产保护条例》文件（网络截图）
Work plan on Evaluation Standards of Intangible Cultural Heritage in List Zhejiang Province (screenshot of a webpage)

2009年9月17日，浙江省文化厅开展“首届中国（浙江）非物质文化遗产博览会暨第六届中国中华老字号精品博览会”，并举行浙江省“非遗”精品节目踩街表演，国家和省级有关“非遗”代表性传承人、工艺美术大师等落户杭州东方文化园恳谈会等活动。

2009年4月，浙江省文化厅与浙江日报、钱江晚报、今日浙江、浙江之声联合举办了浙江省“非遗”普查十大新发现评选活动。各地依据评选范围和评选条件，积极推荐“非遗”普查新发现项目。2009年6月7日，最终评选出“缠足苦”等10个项目为浙江省“非遗”普查十大新发现项目，“蓝夹缬”等10个项目为浙江省“非遗”普查十大新发现入围终评项目。其中，主要分布于上虞市蔡林村的“上虞乌金纸制作技艺”被列为浙江省“非遗”普查十大新发现并入围终评项目。

2014年9月16日，浙江省文化厅发布《浙江省文化厅关于加强全省非物质文化遗产生产性保护工作的指导意见》，该《意见》指出：将着力于五个推动，一是推动传统手工艺传承模式改革，培养更多后继人才，为“非遗”保护奠定持久、深厚的人才基础；二是推动“非遗”生产性保护与旅游业、文化创意、设计服务等相关产业的融合发展，实现“非遗”产品文化价值与实用价值的有机统一；三是推动“非遗”资源的深入挖掘，塑造区域文化形象，彰显城市文化特色和美丽乡村的魅力；四是推动“非遗”更紧密地融入人民群众的生产生活，满足人民群众的精神文化和审美需求；五是推动“非遗”生产性保护与改善民生相结合，促进文化消费、扩大就业，为经济结构调整和产业转型升级做出贡献。加强对浙江省“非遗”的生产性保护，提升“非遗”保护质量和水平。

2015年，浙江省温州市瓯海区文化馆报送的“竹纸制作技艺（泽雅屏纸制作技艺）”被列为第四批国家级“非遗”代表性项目，区文化馆成为保护责任单位。

2011年，龙游皮纸制作技艺入选第三批国家级“非遗”保护名录。2012年12月，杭州市富阳区李法儿、衢州市万爱珠入选第四批国家级“非遗”富阳竹纸制作技艺、龙游皮纸制作技艺代表性传承人。2018年5月，温州市瓯海区林志文入选第五批国家级“非遗”泽雅屏纸制作技艺代表性传承人。

除了国家级“非遗”代表性传承人外，2013年10月杭州市富阳竹纸制作技艺传承人蔡玉华、瑞安市南屏纸制作技艺传承人尹寿连入选第四批浙江省级“非遗”项目代表性传承人。2017年11月杭州市临安区千洪桃花纸与“宣纸”制作技艺传承人陈旭东入选第五批浙江省“非遗”项目代表性传承人。

（二）浙江手工造纸行业技艺传承保护的标志性成果

浙江省在当代手工造纸技艺传承保护方面成果较为丰富，调查组根据省内主要造纸片区的特色工作，择其标志性成果叙述如下。

1. 温州泽雅屏纸技艺文化集中展示区

1998年泽雅水库建成后，出于保护水源质量考虑，政府从严控制了水库上游造纸业的发展，不允许纸农改用机械造纸，但此时泽雅屏纸在生产中已经引入了不少机械以提高效率，新规对业态造成了较强的冲击。若干纸农离开乡村外出打工，而因为多种原因留守农村的纸农一时找不到其他产业，只能利用传统工具继续从事传统型的手工造纸以谋生。

约从2000年开始，瓯海地方政府启动了“纸山文化”品牌建设，系统地对泽雅纸山文化资源进行保护、发掘、探究。根据林志文、周银钗的概括，标志性成果包括：

2001年，四连碓造纸作坊被国务院公布为第五批全国重点文物保护单位。

2005年，黄坑村和水碓坑村作为造纸文化古村落，被浙江省人民政府公布为省级历史文化名村。

2007年，泽雅造纸工艺入选浙江省“非遗”名录。

2007年，瓯海区政协文史委出版了瓯海文史资料《纸山文化》专辑。

2008年，瓯海区文广新局与浙江师范大学合作成立“泽雅造纸工艺保护和传承研究”课题组。

2009年，国家“指南针计划”项目“中国传统造纸技术传承与展示示范基地建设”项目落户泽雅纸山，并被列为2010年瓯海区级重点建设工程。[164] 项目规划范围包括国家级文保单位四连碓造纸作坊群和垟坑、唐宅、横垟、水碓坑等代表性造纸村落区域，总面积120公顷，为一带四区功能格局，即造纸文化展示带、造纸文化展示中心区、地方文化展示区、造纸技术恢复试验区、四联碓展示区。[165]

[164] 雕龙.泽雅造纸列入“指南针计划”[J].造纸化学品，2010(2)：13.

[165] 林志文，周银钗.泽雅造纸[M].北京：中国戏剧出版社，2010：6-9.

2010年12月，在唐宅村附近建成泽雅传统造纸专题展示馆。

泽雅传统造纸专题展示馆内景
The interior view of Zeya Traditional Papermaking Exhibition Hall

2010年10月，林志文、周银钗编著的《泽雅造纸》一书由中国戏剧出版社出版，这是研究泽雅纸山造纸工艺与文化的第一本专著。

2012年9~10月，以“千年纸山，魅力瓯海”为主题的第一届中国（温州）泽雅纸山文化节举办。

2015年，泽雅屏纸制作技艺被列入第四批国家级“非遗”保护名录。

2018年，林志文入选第五批国家级“非遗”泽雅屏纸制作技艺代表性传承人。

2. 湖州市安吉县龙王村美丽乡村造纸文化体验区

2014年，安吉县上墅乡龙王村在美丽乡村和山村农家乐建设过程中，村委会筹集、投入250万元，富有创意地打造了手工造纸陈列馆和造纸作坊文化长廊，推出了“手工造纸技艺”“龙王年画”乡村文化体验游、亲子游等传统文化体验游项目，将龙王村历史悠久的手工造纸工艺和文化作为特色主题资源导入美丽乡村建设。2016年12月调查组入村调查时，龙王村的造纸文化与美丽山水、休闲农家紧密结合，已有农家乐52家、民宿5家，从事休闲旅游业的村民有300多人。2015年龙王村旅游者达8万人次，旅游收入约480万元。

调查组现场调查了解到，龙王村竹纸制作技艺传承人仍在村中造手工纸，保存着完整的手工造纸工艺流程，并且常态化地指导、参与手工造纸体验项目。

[166]
中科大在富阳设立竹纸研发基地[N].杭州日报，2016-12-15.
[167]
孙红旗.开化纸系的神奇[J].文化交流，2013(6)：49.

龙王村造纸文化长廊一角
A section of Papermaking Culture Corridor in Longwang Village

手工纸研究所与逸古斋『产、学、研』基地揭牌
Opening ceremony of Handmade Paper Research Institute and Yiguzhai "Industry-University-Research" Base

3. 富阳区大源镇大同村“逸古斋”的深度“产、学、研”实验模式

2016年6～7月，杭州富阳逸古斋元书纸有限公司造纸师傅朱中华经富阳区“非遗中心”推荐，与同村“富阳宣纸陆厂”手工造纸师傅喻仁水一起参加了文化部主办的全国非遗人群高校研修研习计划，前往中国科学技术大学进行了30天的驻校研修，结业后被中国科学技术大学手工纸研究所聘为实践教师，《富阳日报》做了专版报道。2016年当年，朱中华就接待了1 000余次的学校及相关机构的参观，义务介绍与展示富阳竹纸工艺。

中国科学技术大学手工纸研究所及北京德承贡纸坊在2016年12月13日与杭州富阳逸古斋元书纸有限公司联合建立“产、学、研”基地，共同致力于富阳竹纸高端名纸的复原研究。

对于本次合作签约，《杭州日报》做了如下报道：中国科学技术大学手工纸研究所是中国手工造纸研究与技术分析的代表性机构，是目前全国唯一的手工纸研究所，建有专业的手工纸测试分析实验室，系国家重大研究项目“中国手工纸文库”的主持单位。中国科学技术大学基于“产、学、研”深度协作的需要，由所属的手工纸研究所与大同村逸古斋建立手工造纸技术合作研发机制，助力富阳打造“中国竹纸之乡”文化金名片。[166]

4. 复旦大学与开化县联合研发恢复“开化纸”制作技艺

从2008年年底开始，开化县文化部门开始着手挖掘开化纸制作技艺。据孙红旗在《开化纸系的神奇》一文中的描述：他们寻访开化纸传人，探寻开化纸产地遗留的纸槽和抄纸工具，对采料、炊（煮）皮、沤皮、揉皮、打浆、洗浆、配剂、舀纸、晒干、收藏等工序进行了较为详尽的田野调查记录与整理。[167] 地方政府十分重视这一传统文化，在各级政府直接推动下，浙江省文化厅发文确定开化纸为浙江省第三批“非遗”，开化县政府免费提供约1 300 m^{2}的土地，投入约200万元（不包括设备），与复旦大学联合成立以恢复开化纸为宗旨的院士工作站。

2017年3月24日，开化县政府与复旦大学联合成立的院士工作站——“开化纸研究实验室·杨玉良院士工作站”正式启用，该站是衢州首个文化类院士工作站。

中国科学院院士、复旦大学中华古籍保护研究院院长杨玉良在揭牌仪式上表示，

[168] 程磊，李啸.复旦大学前校长领衔，开化纸将重出江湖，可存千年[EB/OL].http://zj.zjol.com.cn/news/592557.html?from=timeline.

他的团队将用现代的科学技术，与“开化纸技艺修复与保护开发项目”负责人一道，把开化纸技艺恢复出来，生产最高端的能在国际上用来修复古籍的纸。[168]

杨玉良开化纸院士工作站揭牌（黄宏健供图）
Opening ceremony of Yang Yuliang Kaihua Paper Academician Workstation (photo provided by Huang Hongjian)

二 浙江手工造纸研究现状综述

2 Current Overview of Handmade Paper Researches in Zhejiang Province

浙江手工纸生产集中于奉化、龙游、温州、绍兴、富阳等地，对于浙江手工纸的研究主要集中于富阳和温州。当代浙江手工纸研究起步于20世纪80年代，近几年逐渐增多。研究主要集中于对手工纸历史起源的梳理和探讨，以及对手工纸现状的研究，包括制作技艺、经营、传承和保护等方面，努力为手工纸的下一步发展和保护提出建设性意见。由于起步较晚，无论是在历史、现状方面，还是在发展方向方面，当代浙江手工纸的相关研究都还不够丰富。

有关浙江手工纸研究情况综述如下（主要按地区分类）：

（一）宁波市奉化区

[169] 李大东.关于对奉化棠云传统造纸作坊技术的调查[R].中国文物保护技术协会学术年会,2011:179-184.

（1）2011年李大东的研究报告《关于对奉化棠云传统造纸作坊技术的调查》[169]大致介绍了棠云村造纸的起源和发展，对袁恒通所维持的原始手工作坊的造纸工艺进行了详细介绍，包括配料、工具等。

该报告称，棠云自古就有江、袁两大姓氏，一位江姓御史虽然相中了造纸行业，但其后人认为此业辛苦，便早早放弃祖业。随着市场的竞争，棠云村昔日三百纸槽共同造纸的兴盛状况已不复存在，今天又回归到以家庭为单位造纸的初创时代。

随着时代的变迁、造纸业的兴衰、造纸从业者的减少，至今只有袁师傅仍维持着原始手工造纸作坊的经营，为我们保留了古代造纸的岁月，实为不可多得的“活的造纸文物”。随着高科技的迅速发展，原始手工作坊造纸更显得难以生存，如从保存“活的造纸文物”角度考虑，应重点保护，这是一笔巨大的财富，可以为后人演示古代造纸实况，是第一手教材。

(2) 2016年陈伟权的文章《棠云竹纸的文明传奇》[170]从棠云竹纸为天一阁书籍修复所做的贡献切入，对实地调查的所见所闻进行了讲述，并通过对棠岙小村仅剩的一家造纸坊的经营者袁恒通的采访，介绍了其造纸的工艺。此外，还介绍了联合国教科文组织纸张保护项目对棠云造纸的评价与保护。

[170] 陈伟权.棠云竹纸的文明传奇[J].文化交流,2016(5):50-52.

（二）杭州市富阳区

(1) 1991年11月，中共富阳县委宣传部、富阳县文化局与富阳县文联编写《富阳土纸风情录》[171]，这成为当时极少数专门对富阳土纸进行介绍的著述。

(2) 1992年，钱云祥的研究论文《档案史料记载中的富阳土纸》[172]按照时间顺序，从东晋、南北朝时期富阳竹纸的问世开始，对史料中记载的富阳土纸进行了梳理，并从地理、历史、经济、社会等方面分析了富阳土纸兴盛不衰的原因。

(3) 1993年，朱学林、徐庚发在《编写〈富阳之纸业〉的几点体会》一文中，对富阳土纸的基本情况进行了介绍，然后从选取材料到筛选材料、编写，介绍了《富阳之纸业》的编写过程，并总结了编写经验。

(4) 1995年，缪大经的研究论文《探讨"富阳纸"的起源及其他》[173]对富阳纸的起源进行了探讨，并对手工造纸和机械造纸分别进行了阐述。

(5) 1999年，周永泉的文章《富阳能永葆"造纸之乡"美称吗？》[174]分析了富阳造纸行业的优势，包括历史、地理环境优势，聚焦优势，技术优势，价格优势和投资、经营机制优势，指出了富阳造纸行业发展中的问题，包括环境污染、分布分散、产品单一、品牌意识和经营管理水平较低，以及安全生产工作中的问题。

[171] 中共富阳县委宣传部，富阳县文化局，富阳县文联.富阳土纸风情录[Z].1991.

[172] 钱云祥.档案史料记载中的富阳土纸[J].浙江档案,1992(6):41-42.

[173] 缪大经.探讨"富阳纸"的起源及其他[J].中国造纸,1995(2):63-64.

[174] 周永泉.富阳能永葆"造纸之乡"美称吗？[J].当代经济,1999(11):58-59.

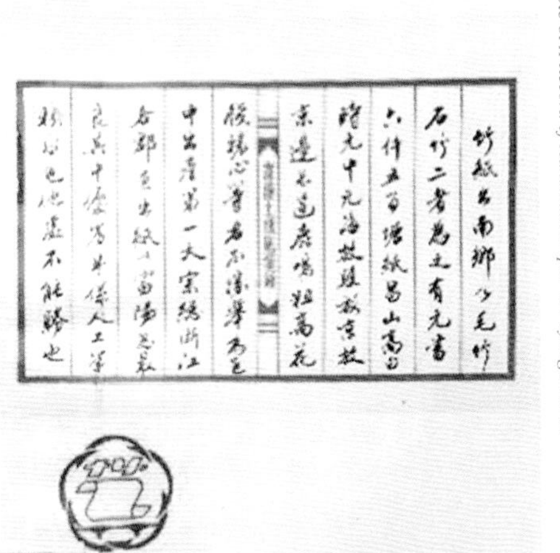

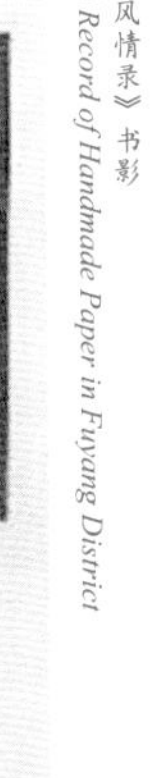

《富阳土纸风情录》书影
A photo of *A Record of Handmade Paper in Fuyang District*

史话

□ 富阳县档案局 钱云祥

档案史料记载中的富阳土纸

富阳，素有"土纸之乡"美称，在我国造纸史上占有重要地位。相传在汉明帝时代，富阳就有造纸业了，从那时算起，至今已有1900多年历史，所以说历史十分悠久。富阳的造纸业，据说是从生产皮纸开始的。皮纸以桑枝皮、藤皮、楮皮为主要原料，产品有桑皮纸、桃花纸等。

富阳竹纸是问世于东晋南北朝时期，继浙江嵊县"剡藤纸"，余杭"黄藤纸"以后，富阳就开始用嫩竹为原料生产竹纸了。唐代，富阳所产的上细黄白状纸，就以品质精粹，为人称道。至宋，富阳的竹纸生产显著

明末清初是富阳土纸生产的旺盛期，据清光绪《富阳县志》记载："其时，邑人率造纸为业，老少勤作，昼夜不休"。各地槽户，名纸竞出，纸业产销兴旺。

民国初年至1925年，富阳纸业更为鼎盛。民国元年（1912年），富阳土纸产量约占全国土纸总产量的25%，其产值占全省手工造纸额的44%，名列全省各县之首，从事土纸生产的人口占全县总人口的五分之一。民国四年（1915年），礼源乡山基村姜芹波（忠记）生产的"昌山纸"获国家农商部嘉奖，并被确认为最

新加坡等东南亚国家。

民国二十六年（1937年），抗日战争开始，由于战乱，富阳土纸业陷于衰败境地。抗战胜利后，土纸生产虽稍有恢复，但仍处萎缩状态。

建国后，富阳纸业得到很大发展，成为富阳农村主要副业之一。全县51个乡镇，有44个生产土纸；全县50多万农业人口中，从事土纸生产的约4万余人，以做纸收入作为主要经济来源的达到10余万人。

纵观富阳土纸生产的历史，就总体而论，是兴盛不衰的，"土纸之乡"，名不虚传，其原因主要有四：

《档案史料记载中的富阳土纸》（截图）
Fuyang Local Paper in Historical Records (screenshot)

纸坛纵横

浙江富阳纸业的基本情况

● 缪大经
（浙江杭州，310009）

摘要：本文介绍了富阳纸业发展简况与现状。
关键词：富阳纸业；可持续发展
中图分类号：TS78　文献标识码：D　文章编号：1001-6309(2005)02-0082-04

富阳，杭州西南方向的一个县级市。从杭州往国家4A级风景名胜千岛湖高速公路的首站就是富阳（或水路，从钱塘江上溯30km）。富阳全境面积1 831km²。东面是杭州市的西湖、萧山、余杭区；北是临安市；南及西南是桐庐县；东南角则与诸暨市交界。

富阳已连续4年被评为全国百强县(市)行列。且位次逐年前移，2003年居第30位，说明其经济社会发展成就，不断有新的增长点，并曾称"富阳现

造纸厂(公司)年产能力300多万t的县级市却罕见。

2.土纸的工具改革

富阳号称"土纸之乡"，自明清至20世纪50～60年代广为人们所熟知。其传统的"蒸煮锅、腌皮料、竹浸制、牛踏草"的土法制浆和手工抄纸所使用的简陋工具，恶劣环境和劳动条件，曾引起有关部门的重视和进行工具改革，也取得节约燃料，引进小型打浆机等半机械动力设施。由于当时的经济水平、使用习惯及其他原因，未能见更多成效。

《浙江富阳纸业的基本情况》（截图）
Basic Information of Fuyang Paper Industry in Zhejiang Province (screenshot)

（6）2005年，缪大经的研究论文《浙江富阳纸业的基本情况》[175]介绍了富阳纸业的发展简况与现状，包括富阳纸业的产量分布、主要经济指标分析和造纸工业园区建设等。

[175] 缪大经.浙江富阳纸业的基本情况[J].纸和造纸,2005(2):82-85.

（7）2008年，王桓、胡展的文章《千年一叹富阳纸》[176]讲述了富阳手工造纸的辉煌与没落，并在赴当地调查及了解富阳手工造纸技艺与现状的基础上，对其传承与保护进行了思考。

[176] 王桓,胡展.千年一叹富阳纸[J].浙江画报,2008(5):15-19.

（8）2009年，洪岸的论文《富阳竹纸制作技艺》[177]对竹纸制作技艺进行了讲述。

[177] 洪岸.富阳竹纸制作技艺[J].浙江档案,2009(1):29.

（9）2010年，李少军的文章《富阳竹纸：竹纸天工解读·竹纸文化探究》发表。

（10）2013年，周安平的硕士学位论文《20世纪50～60年代浙江省富阳县手工造纸业研究》[178]从宏观角度考察了有"造纸之乡"美誉的浙江省富阳县的手工造纸业，并简要介绍了富阳手工造纸业的历史沿革和当代概况。当代概况包括富阳手工造纸业与人民生活关系、所在的自然环境、分类及制造程序和生产成本等。

[178] 周安平.20世纪50~60年代浙江省富阳县手工造纸业研究[D].杭州:浙江财经学院,2013.

该论文对富阳农民家庭手工造纸的成本收益进行了分析，从分工和专业化的角度研究了富阳手工造纸业的作用，探讨了政府组织和当地社会环境对富阳手工造纸业专业化的影响，分析了富阳手工造纸业向机械造纸业的转变过程及其原因。

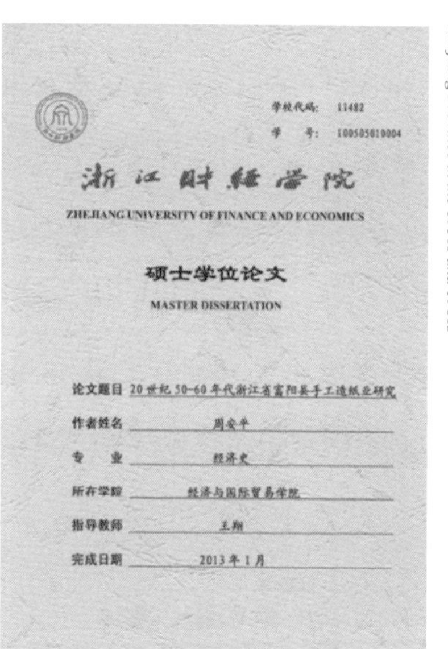

学校代码：11482
学 号：100505810004
浙江财经学院
ZHEJIANG UNIVERSITY OF FINANCE AND ECONOMICS
硕士学位论文
MASTER DISSERTATION
论文题目 20世纪50-60年代浙江省富阳县手工造纸业研究
作者姓名 周安平
专 业 经济史
所在学院 经济与国际贸易学院
指导教师 王翔
完成日期 2013年1月

《20世纪50～60年代浙江省富阳县手工造纸业研究》论文封面
Dissertation cover of *Handmade Paper Industry in Fuyang County of Zhejiang Province in the 1950s and 1960s*

《守望竹纸》书影
A photo of *Watching Bamboo Paper*

（11）2013年，张再青的文章《缘竹坊里竹纸香》[179]介绍了富阳市湖源乡新三行政村冠形塔自然村李法儿家的造纸坊，包括富阳纸的历史、造纸坊的发展以及缘竹坊主要纸品元书纸的相关介绍。

[179] 张再青.缘竹坊里竹纸香[J].浙江画报,2013(6):44-47.

（12）2015年，张亚如的论文《刍议富阳竹纸的传承与发展》[180]研究了富阳竹纸的生产条件，包括自然环境和社会环境；概述了富阳竹纸的生产过程、业态传承及其创新情况。

[180] 张亚如.刍议富阳竹纸的传承与发展[J].卷宗,2015,5(12):681.

（13）2016年，叶勤的研究论文《"纸中君子"——富阳竹纸》[181]介绍了富阳竹纸的特点、所获荣誉和行销情况，并对富阳竹纸的种类和技艺进行了介绍。

[181] 叶勤."纸中君子":富阳竹纸[J].杭州(周刊),2016(4):50-53.

（14）2019年，汤书昆、汤雨眉的研究论文《乌金纸考》[182]系统考辨了历史名纸——乌金纸的起源、产地、材料、工艺和用途，以及与富阳纸工联合恢复生产乌金

[182] 汤书昆,汤雨眉.乌金纸考[Z].中华文物学会2019年年刊,2019:244-255.

纸过程中遇到的工艺难题。

(15) 2005年，富阳市政协文史委员会编撰了《中国富阳纸业》[183]一书，分富阳纸业概述、传统篇、现代篇、企业篇、文献资料选录、附录几个部分，集中了53篇研究文章与文献资料，几乎涵盖了富阳纸业的方方面面，是当代第一本系统讨论富阳纸业的汇编文集，虽然手工纸只占50%左右，但有较高的参考价值。该书附有较丰富的图片资料。

[183] 富阳市政协文史委员会，中国富阳纸业[M].北京：人民出版社，2005.

(16) 2010年，周关祥编著《富阳传统手工造纸》[184]一书，对富阳传统手工纸近代以来的历史生产情况进行了较详细的叙述，提供了不同时段的丰富的行业数据，特别是现代造纸数据信息有较高的参考价值。

[184] 周关祥.富阳传统手工造纸[Z].2010.

(17) 2010年，李少军所著《富阳竹纸》[185]出版，该书的特点是紧扣富阳竹纸制作的原材料和完整工艺流程，图文配合，非常深入、细致地介绍了每一步具体的操作技艺及关键环节要求，可称富阳竹纸制作工艺的指导教材。

[185] 李少军.富阳竹纸[M].北京：中国科学技术出版社，2010.

(18) 2016年，陈刚主编的《守望竹纸——2015中国竹纸保护与发展研讨会论文集》[186]出版，该书是2015年在富阳召开的全国性竹纸研讨会的论文结集，共收录竹纸研究文章22篇、综述1篇、大会发言稿3篇，以开阔的视域探讨了全国竹纸的传承与发展问题。其中专门研究富阳竹纸的论文有7篇。

[186] 陈刚.守望竹纸：2015中国竹纸保护与发展研讨会论文集[C].杭州：浙江文艺出版社，2016.

（三）衢州市开化县

(1) 1985年，程光的论文《开花纸与开花榜纸——古书用纸胜谈》[187]，对开化纸与开化榜纸的特点和区别进行了介绍。

(2) 2007年，杨居让的研究论文《馆藏善本探秘之一〈古今图书集成〉之用纸》[188]讲到《古今图书集成》有开化纸版本，称其“洁白如玉”。

(3) 2013年，孙红旗的研究文章《开化纸系的神奇》[189]，对开化纸的起源和兴盛进行了介绍，并研究了开化纸的衰落和传承情况。

(4) 2015年，王传龙的研究论文《“开化纸”考辨》[190]对开化纸的起源、得

[187] 程光.开花纸与开花榜纸：古书用纸胜谈[J].图书馆工作与研究，1985(2)：34.

[188] 杨居让.馆藏善本探秘之一《古今图书集成》之用纸[J].当代图书馆，2007(3)：11-13.

[189] 孙红旗.开化纸系的神奇[J].文化交流，2013(6)：48-49.

[190] 王传龙.“开化纸”考辨[J].文献，2015(2)：15-23.

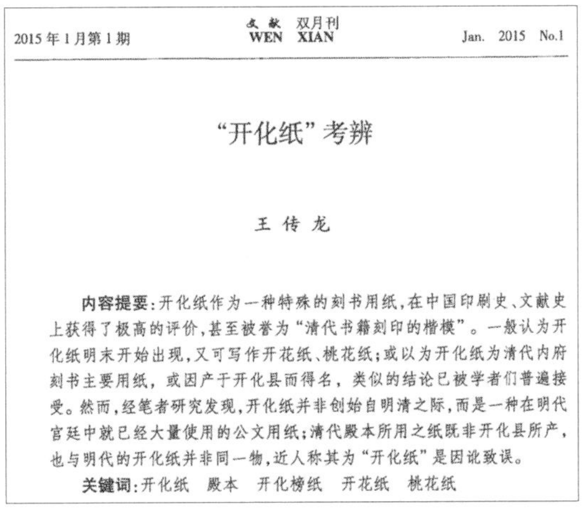

2015年1月第1期　文献 双月刊 WEN XIAN　Jan. 2015 No.1

“开化纸”考辨

王传龙

内容提要：开化纸作为一种特殊的刻书用纸，在中国印刷史、文献史上获得了极高的评价，甚至被誉为“清代书籍刻印的楷模”。一般认为开化纸明末开始出现，又可写作开花纸、桃花纸；或以为开化纸为清代内府刻书主要用纸，或因产于开化县而得名，类似的结论已被学者们普遍接受。然而，经笔者研究发现，开化纸并非创始自明清之际，而是一种在明代宫廷中就已经大量使用的公文用纸；清代殿本所用之纸既非开化县所产，也与明代的开化纸并非同一物，近人称其为“开化纸”是因讹致误。

关键词：开化纸　殿本　开化榜纸　开花纸　桃花纸

《“开化纸”考辨》（截图）
Research on Kaihua Paper (screenshot)

名、使用情况、原产地等进行了研究，认为为学者们普遍接受的开化纸于明末出现，又可写作开花纸、桃花纸等的说法有误。

（5）2015年，孙红旗创作小说《国楮》，讲述了一代名纸开化纸造纸世家创业的曲折、艰辛及后来取得成功的故事。

（6）2017年11月23日，开化纸制作工艺及开化纸本文献国际学术研讨会在开化县举办，会上，来自美国加州大学伯克利分校、斯坦福大学，国内复旦大学等高校的专家学者，以及韦力等知名藏书人齐聚开化，分享、交流开化纸本的研究成果。

（7）2018年，易晓辉在《清代内府刻书用“开化纸”来源探究》一文中对开化纸提出了自己比较独特的看法：清宫内府刻书大量使用的“开化纸”及“开化榜纸”一直被认为产自浙江省开化县。然而经过研究发现，清宫刻书所用“开化纸”实为一种“连四纸”，“开化榜纸”实为“泾县榜纸”，两者产地都在安徽泾县一带。经检测发现相关纸样纤维成分为100%青檀皮，以青檀皮造纸为安徽泾县所特有。文献考证的结论跟纸样分析的结果相吻合，表明清宫内府刻书用“开化纸”和“开化榜纸”应属泾县宣纸体系。

（8）2018年12月，开化贡纸制作技艺入选首批浙江省传统工艺振兴目录。

（9）在2019年5月23日举办的瑞典斯德哥尔摩国际邮展中，国际邮票雕版大师马丁·默克设计的邮票“帆船”所用的邮票纸为新恢复的开化纸的“样品”纸。

（四）衢州市龙游县

（1）李钟凯1990年发表的《桑皮造纸史话（上）》[191] 对桑树的植物属性进行了介绍，研究了我国桑树种植的源流，概述了历代以桑皮造纸的情况，尤其是魏晋南北朝和隋唐五代的桑皮造纸。李钟凯1991年发表的《桑皮造纸史话（下）》[192] 继续讲述宋元、明清时期以及近代的桑皮造纸历史，对当代桑皮纸的发展进行了展望。其中对浙江造桑皮纸有系列论述。

（2）2013年，吴星辉的研究论文《龙游皮纸艺术特色研究》[193] 对龙游皮纸的人文历史、原材料、纸质特性、制作工艺等方面进行了分析，详细介绍了其制作工艺和艺术特性以及当前的保护措施。

[191] 李钟凯.桑皮造纸史话：上[J].中国造纸，1990（2）：67-69.

[192] 李钟凯.桑皮造纸史话：下[J].中国造纸，1991（4）：61-63.

[193] 吴星辉.龙游皮纸艺术特色研究[J].包装世界，2013（3）：5-7.

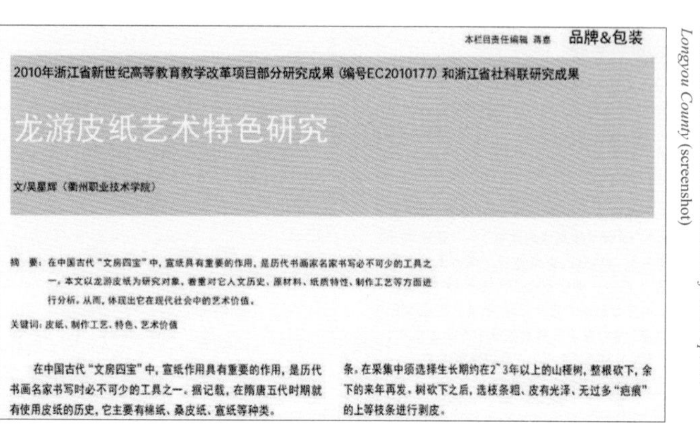
本栏目责任编辑 蒋鑫　品牌&包装

2010年浙江省新世纪高等教育教学改革项目部分研究成果（编号EC2010177）和浙江省社科联研究成果

龙游皮纸艺术特色研究

文/吴星辉（衢州职业技术学院）

摘　要：在中国古代“文房四宝”中，宣纸具有重要的作用，是历代书画家名家书写必不可少的工具之一。本文以龙游皮纸为研究对象，着重对它人文历史、原材料、纸质特性、制作工艺等方面进行分析，从而，体现出它在现代社会中的艺术价值。

关键词：皮纸、制作工艺、特色、艺术价值

在中国古代“文房四宝”中，宣纸作用具有重要的作用，是历代书画名家书写时必不可少的工具之一。据记载，在隋唐五代时期就有使用皮纸的历史，它主要有棉纸、桑皮纸、宣纸等种类。

条。在采集中须选择生长期约在2`3年以上的山桠树，整根砍下，余下的来年再发。树砍下之后，选枝条粗、皮有光泽、无过多“疤痕”的上等枝条进行剥皮。

《龙游皮纸艺术特色研究》（截图）
Research on Artistic Characteristics of Bast Paper in Longyou County (screenshot)

(3) 2018年，吴建国在《龙游皮纸制作技艺》一文中对龙游传统皮纸的历史、工艺及目前龙游皮纸发展现状做了较详细的阐述。

（五）绍兴市柯桥区平水镇、嵊州市、上虞市

(1) 1987年，陶仁坤撰写的《绍兴实用大全》[194]一书对绍兴鹿鸣纸的特性、工艺、传说进行了描述。

(2) 2008年，彭燕的论文《浅谈绍兴古法造纸及雕版印刷》[195]从三个方面较系统地回顾了古代绍兴造纸及雕版印刷的兴起和发展概况，叙述了藤纸的产生与绍兴雕版印刷的兴起，竹纸与绍兴雕版印刷的兴盛，元明清时期的造纸大发展与期间绍兴雕版印刷的兴衰，并结合社会历史文化的变迁，探讨了其历史渊源。

(3) 2016年，王淳天在《小议剡藤纸》一文中通过对古剡县（今嵊州）名纸——剡藤纸做文献考证，梳理了剡藤纸的历史发展脉络，指出其鼎盛时期在唐代；列举了剡藤纸除承载文字外的其他较为特殊的功用，如盛放茶叶、制成被子、制成纸帐、制药等。

(4) 20世纪60年代，《宁波大众》杂志登载了沈暨王《乌金纸春秋》一文，提出“乌金纸相传为晋代魏良宰所创，至今有一千五百年历史”，但未阐述这一观点的来源。

(5) 2016年，刘仁庆在《古纸纸名研究与讨论（之四）唐代纸名（上）》的研究文章中提到乌金纸原产于浙江上虞、绍兴等地。此纸表面乌黑发亮，如同金子一样，故而得名。乌金纸是生产薄如蝉翼金箔的关键用品之一。

纵横 SURVEY

古纸纸名研究与讨論

之四｜唐代纸名(上)

⊙ 刘仁庆（中国造纸学会）

◆ 乌金纸

唐代纸名。原产于浙江上虞、绍兴等地。此纸的表面乌黑发亮，似金子一样，故而得名。乌金纸是生产薄如蝉翼金箔的关键用品之一。金箔是从古至今进行“贴金”工序不可缺少的材料。所谓贴金，就是用涂胶把金箔黏贴到织物、皮革、纸张、器具及建筑物等表面，以起到装饰、美化的作用。据说，乌金纸始创于晋代，明·宋应星（约1587-1655年）在《天工开物》中介绍说：“凡乌金纸由苏杭造成，其纸用东海巨竹膜为质，用豆油点灯，闭塞周围，只留针孔通气，熏染烟光，而成此纸”。上虞县“赵开堂”店制造的乌金纸远近闻名，其生产精工细作，首先要选用当年山阴竹笋所长之嫩竹，在“大暑”时砍下，流水中浸泡五个伏天（故此纸又称五伏纸），制成竹浆。加入黄豆，制成乌金纸坯，刷以梓油或麻油熏的烟子（炭黑），待其慢慢阴干即成乌金纸。乌金纸的机械强度、韧性和耐磨性都很好，多次捶打亦不损破。它用于碑文拓本，人称乌金拓。图27。

图27 乌金纸

《古纸纸名研究与讨论（之四）唐代纸名（上）》（截图）
Research and Disscussion on Ancient Paper Names (Part 4): Paper Names in the Tang Dynasty (I) (screenshot)

(6) 2017年，丁婷在其硕士学位论文《南京金箔传统锻制技艺的保护与传承研究》中提到：从《天工开物》中可以看到，乌金纸只有浙江、江苏一带才能制造，因为制造乌金纸用的竹子适于在江浙一带生长。在我国，浙江省绍兴市上虞区生产的乌金纸质量非常好。2009年5月，乌金纸制作技艺被列入第三批浙江省“非遗”名录，

[194] 陶仁坤.绍兴实用大全[M].杭州：浙江科技出版社，1987:507-508.

[195] 彭燕.浅谈绍兴古法造纸及雕版印刷[J].图书馆工作与研究，2008(9):68-70.

并入围浙江省“非遗”普查十大新发现终评项目，乌金纸的制作技艺又重新受到了人们的关注。

（六）温州市瓯海区泽雅纸山

（1）2005年，黄舟松的研究报告《温州泽雅四连碓造纸作坊遗址》[196]为全国重点文物保护单位温州四连碓造纸作坊保护问题的初步研究成果，主要包括温州造纸历史考证、价值评估和保护内容三个方面。基本观点为：温州造纸始于唐代，盛于宋、明，最盛为20世纪三四十年代；温州造纸有非常完备、合理的生产和销售模式；温州四连碓造纸作坊是“中国造纸术的活化石”，不仅有很高的历史价值，而且有多方面的科学和艺术价值；它的保护内容应包括工艺设施和工艺流程两个系列、自然和人文两个环境、生产和销售两个中心。

[196] 黄舟松.温州泽雅四连碓造纸作坊遗址[J].东方博物，2005(3):38-42.

温州泽雅四连碓造纸作坊遗址

黄舟松（温州瓯海区博物馆 325005）

[摘要]

本文为全国重点文物保护单位温州四连碓造纸作坊保护问题的初步研究成果，主要包括温州造纸历史考证、价值评估和保护内容三个方面。本文基本观点为：温州造纸业始于唐代，盛于宋、明，最盛为上世纪三四十年代；温州造纸有非常完备、合理的生产和销售模式；温州四连碓造纸作坊是“中国造纸术的活化石”，不仅有很高的历史价值，而且有多方面的科学和艺术价值；它的保护内容应包括工艺设施和工艺流程两个系列，自然和人文两个环境，生产和销售两个中心。

关键词：泽雅　四连碓　造纸作坊　遗址保护

《温州泽雅四连碓造纸作坊遗址》（截图）
Siliandui Paper Mill Relics in Zeya Town of Wenzhou City (screenshot)

（2）2009年，樊嘉禄的研究文章《浙江温州屏纸制作技艺调查》[197]对浙江屏纸的历史进行了简要叙述，详细介绍了温州屏纸的制作工艺。

[197] 樊嘉禄.浙江温州屏纸制作技艺调查[J].黄山学院学报，2009,11(5):64-66.

（3）2010年，王亚军的研究文章《浙江横垟村纸山文化的内涵、传承及变迁》[198]，提出“纸山文化”是温州泽雅地区独特的一种区域文化，具有丰富的内涵。文章通过泽雅镇横垟村宗族的个案研究，介绍了横垟村潘氏宗族造纸的历史和现状，进而挖掘纸山文化的内涵，解读纸山文化的传承与变迁，希望以此丰富和深化“非遗”保护研究内容。

[198] 王亚军.浙江横垟村纸山文化的内涵、传承及变迁[J].重庆文理学院学报(社会科学版)，2010,29(3):14-17.

（4）2011年，林志文、周银钗的研究文章《温州造纸与泽雅纸山》[199]发表于《温州日报》。林志文、周银钗历时3年，深入泽雅镇81个村落，走访上千户人家，追溯温州历史上的造纸技艺。文章介绍了温州皮纸、蜡纸、草纸及其用途，介绍了蠲纸的用途、加工方法和历史，并对泽雅纸山的地理环境等进行了描述。此外，还叙述了温州手工造纸千年来的分布和生产简况。

[199] 林志文，周银钗.温州造纸与泽雅纸山[N].温州日报，2011-09-11:14.

（5）2011年，李琳琳在其硕士学位论文《传统文化区变迁研究：以温州“泽雅纸山文化区”为例》[200]中采用多学科综合的方法，对作为传统文化区代表的“泽雅纸山文化区”进行了研究，把该文化区的形成放在当时独特的历史阶段和相对应的人地关系中考察，采用文献数据检索与实地调查相结合的研究方法反映泽雅纸山文化区的

[200] 李琳琳.传统文化区变迁研究：以温州“泽雅纸山文化区”为例[D].金华：浙江师范大学，2011.

变迁，探讨传统文化区的制度变迁过程、制度变迁的影响以及技术对文化区的作用，提出制度变迁与技术进步是文化区发展的内部动力。

该文第三章在概述“泽雅纸山文化区”发展情况时，对手工造纸的工艺、工序和用途进行了整理，重点界定了纸山文化区的内涵，即以手工纸为核心文化因素，包括现存的20多道造纸工序、造纸工具、造纸作坊以及以手工纸销售所形成的集市、街道和传统民居等。

（6）2011年，李琳琳、朱华友、王景新的研究文章《温州泽雅纸山地区古村落地域文化考察》[201]研究了温州泽雅纸山地区古法造纸的古村落，包括空间分布、主要古村落、古建筑和民俗风情，并对温州泽雅纸山地区手工纸的历史渊源、工序进行了介绍，对温州泽雅纸山地区古村落地域文化进行了思考。

[201] 李琳琳，朱华友，王景新.温州泽雅纸山地区古村落地域文化考察[J].温州职业技术学院学报，2011，11（1）：20-23.

（7）2012年，《福建纸业信息》刊登了浙江温州瓯海打造纸山文化品牌的“六个一”方案。[202]

[202] 浙江温州瓯海“六个一”打造纸山文化品牌[J].福建纸业信息，2012（2）：15-16.

（8）2012年，韩旻羲的研究论文《温州泽雅纸山古村落空间形态探析》[203]以温州泽雅纸山古村落为研究对象，从街巷网、水系、造纸生产设施、村落边界四个空间布局因子分析泽雅纸山古村落空间布局的形态和特色。研究发现，泽雅纸山古村落选址受造纸生产的影响很大。

[203] 韩旻羲.温州泽雅纸山古村落空间形态探析[J].浙江建筑，2012，29（11）：2-8.

（9）2012年，孟兆庆的文章《纸山文化：古法造纸术》[204]以图文结合的形式展现了温州市瓯海区泽雅西岸的景色和造纸的工艺流程。

[204] 孟兆庆.纸山文化：古法造纸术[J].社会与公益，2012（9）.

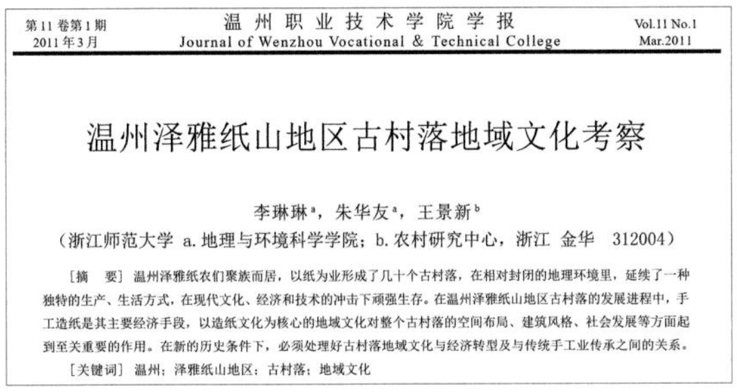

第11卷第1期 2011年3月 温州职业技术学院学报 Journal of Wenzhou Vocational & Technical College Vol.11 No.1 Mar.2011

温州泽雅纸山地区古村落地域文化考察

李琳琳[a]，朱华友[a]，王景新[b]

（浙江师范大学 a.地理与环境科学学院；b.农村研究中心，浙江 金华 312004）

［摘　要］温州泽雅纸农们聚族而居，以纸为业形成了几十个古村落，在相对封闭的地理环境里，延续了一种独特的生产、生活方式，在现代文化、经济和技术的冲击下顽强生存。在温州泽雅纸山地区古村落的发展进程中，手工造纸是其主要经济手段，以造纸文化为核心的地域文化对整个古村落的空间布局、建筑风格、社会发展等方面起到至关重要的作用。在新的历史条件下，必须处理好古村落地域文化与经济转型及与传统手工业传承之间的关系。

［关键词］温州；泽雅纸山地区；古村落；地域文化

《温州泽雅纸山地区古村落地域文化考察》（截图）
Cultural Investigation on the Ancient Villages in Zhishan Mountain Area of Zeya Town in Wenzhou City (screenshot)

青年文学家

泽雅非物质文化遗产
——造纸术调研报告

郑丽丽　温州医学院　浙江　温州　325035
李梦华　温州医学院　浙江　温州　325035
裘科跃　温州医学院　浙江　温州　325035
邹若男　温州医学院　浙江　温州　325035

摘　要：泽雅位于温州市西北部18公里处，风景优美，古朴宁静，人称“西雁荡”，素有“纸山”美誉。造纸是当地人主要的收入来源，一专职纸农一年可净收入2000—6000元不等。但是由于传统造纸销路差，效益低下，劳动量大，耗时长，纸农收入赤字，子代极少愿意继承造纸行业，泽雅地区的一些村民逐渐放弃了原始的造纸技术，就西岸地区仅剩下20户不到的人家依然坚持造纸，造纸术正趋于没落甚至消失的境况。

关键词：泽雅造纸；西岸社区；环境污染；“指南针”计划；江苏南通

2000以上的占28.6%，因此经济利益是吸引纸农继续造纸的重要原因。而其中仅9.4%觉得造厂的资金过高，一个造纸厂需要30万，有些纸农负荷不起。就只有2.2%在机械造纸调查对象中认为造纸术是国家的文化遗产，有必要继承下去，所以一直在坚持造纸。其次，目前打工难赚钱，工作不稳定，而至于祖传的造纸，收入乐观，工作稳定且自由是目前机械造纸纸农依然坚持造纸的几大原因。

政府对于机械造纸的态度如何？

《泽雅非物质文化遗产——造纸术调研报告》（截图）
Intangible Cultural Heritage in Zeya Town: Papermaking Research Report (screenshot)

（10）2012年，郑丽丽、李梦华、裘科跃、邹若男的研究报告《泽雅非物质文化遗产——造纸术调研报告》[205]，采用普查和随机抽查的方法对小源村等5个地区进行了机械造纸与手工造纸的调研，分析了纸农数量为何减少、为何有些纸农依然坚持造纸、政府对于机械造纸的态度如何等行业突出问题，并对手工纸面临的销售困难状况提出了有针对性的建议。

[205] 郑丽丽，李梦华，裘科跃，等.泽雅非物质文化遗产：造纸术调研报告[J].青年文学家，2012（18）：302-303.

（11）2014年，周吉敏、郑高华的文章《泽雅古法造纸的亘古魅力》[206]对浙江古法造纸的历史、地理环境进行了描述，介绍了纸农的一天，以及造纸的工序，并介绍了纸山造纸业的现状以及对相关工艺的保护情况。

[206] 周吉敏，郑高华.泽雅古法造纸的亘古魅力[J].浙江画报，2014（4）：34-37.

[207] 周吉敏、倪志坚.泽雅屏纸制作技艺[J].浙江档案，2014(3):46-47.

（12）2014年，周吉敏、倪志坚的文章《泽雅屏纸制作技艺》[207]概述了泽雅屏纸的历史及现状，并对泽雅屏纸的制作工艺做了详细的介绍。

（13）由林志文、周银钗编著，中国戏剧出版社出版的《泽雅造纸》一书，第一次以文字与图片相结合的形式，系统而详细地介绍了泽雅传统造纸工艺技术，以及水碓、纸帘、纸槽等配套工具的制造技术。这是第一次对泽雅传统造纸工艺进行较为完整的描述，遗存于温州纸山地区的"中国造纸术的活化石"第一次有了系统传承研究之作。

《泽雅造纸》从操作程序、技术要求、其他事项、劳动感受等方面，全面详细地介绍了泽雅造纸的整个过程与技术要领，为传承千年的传统手工造纸工艺保存了详实的历史资料。书中介绍了水碓、纸帘、纸槽的制造技术，描述了泽雅纸山卫生纸的生产盛况和销售流通情况。该书被瓯海区政府列入"指南针计划"专项"中国传统造纸技术传承与展示示范基地建设"试点项目并予以资助出版。

《泽雅造纸》书影
A photo of *Zeya Papermaking*

（七）其他

[208] 柳义竹.谈谈我国手工纸的原料[J].纸和造纸，1986(3):36-37.

[209] 关传友.中国竹纸史考探[J].竹子研究汇刊，2002,21(2):71-78.

（1）1986年，柳义竹的研究文章《谈谈我国手工纸的原料》[208]介绍了我国手工纸的制作原料。文中说到的浙江毛边纸即属于以竹为原料的一类。

（2）2002年，关传友的研究文章《中国竹纸史考探》[209]考证和探讨了中国古代竹纸的起源和历史后认为，中国竹纸起源于晋代，唐宋时期竹纸业迅速发展，明代竹纸业发展兴盛，清代竹纸业发展达到了鼎盛时期，近现代竹纸业发展仍旺盛不衰。该文探讨了古代竹纸生产的过程、技术以及对古代社会经济、文化的影响。其中介绍清代竹纸的部分提及浙江产区，介绍了主要生产州县和其所产纸品的特点。

[210] 缪大经.追溯浙产手工纸，展示特色机皮纸[Z].中日韩造纸史学术研讨会，2009:115-119.

[211] 谷雨.浙江地区传统造纸工艺的保护研究[D].上海：复旦大学，2014.

（3）2009年，缪大经的文章《追溯浙产手工纸，展示特色机皮纸》[210]从浙江手工纸入手，简要介绍了浙江手工纸的发展情况，重点介绍了中日韧皮纤维纸的起源与发展情况，以及浙江手工纸机械化后长纤维长网纸机的引入对于手工纸发展的影响。

（4）2014年，谷雨的硕士学位论文《浙江地区传统造纸工艺的保护研究》[211]通过实地调查，总结出5种传统造纸工艺的生存现状。在初步分析各自特点后，选取几种有借鉴意义的模式进行SWOT分析，发现浙江地区传统造纸工艺保护工作中存在的问题，并针对具体问题提出保护策略，希望以此促进传统造纸工艺的传承和发展。

[212]
严戒愚.浙西传统手工制纸的现状及出路[J].包装世界,2015(2):81-82.

(5) 2015年，严戒愚的《浙西传统手工制纸的现状及出路》[212]一文介绍了浙西临安传统手工制纸的发展制作现状。通过对杭州临安浮玉堂纸业有限公司的考查，介绍了手工制纸的工艺，从5个角度讨论了如何对浙西手工制纸技艺进行保护与传承：新农村建设、生态旅游、文化教育、文化创意产业、地方政府。

[213]
刘仁庆.关于我国传统手工纸的现况和问题[J].纸和造纸,2015,34(1):72-76.

(6) 2015年，刘仁庆的研究文章《关于我国传统手工纸的现况和问题》[213]介绍了我国传统手工纸的分布状况、生产技艺及目前存在的问题，对今后发展提出了建设性意见。其中提到了浙江产区，对浙江的气候、环境等做了介绍，并介绍了浙江所产的几种纸品。

[214]
刘仁庆.关于手工纸纸名的辨识[J].造纸科学与技术,2016,35(5):88-90.

(7) 2016年，刘仁庆的研究文章《关于手工纸纸名的辨识》[214]介绍了宋代浙江富阳生产的元书纸的原料、工艺及特点等。

虽然从较高的研究要求和研究深度来看，针对当代浙江手工造纸工艺、经济与文化成就的探究成果与安徽宣纸和夹江竹纸相比还不算丰厚，但在全国各手工纸造纸省区中仍处于上游水平。

日晒雨淋夜露中的苦竹乌金纸原料
Raw materials of *Pleioblastus amarus* Wujin paper exposed to the sun and rain

第二章 衢州市

Chapter Ⅱ Quzhou City

第一节

浙江辰港宣纸有限公司

浙江省
Zhejiang Province

衢州市
Quzhou City

龙游县
Longyou County

调查对象
龙游县
浙江辰港宣纸有限公司
皮纸

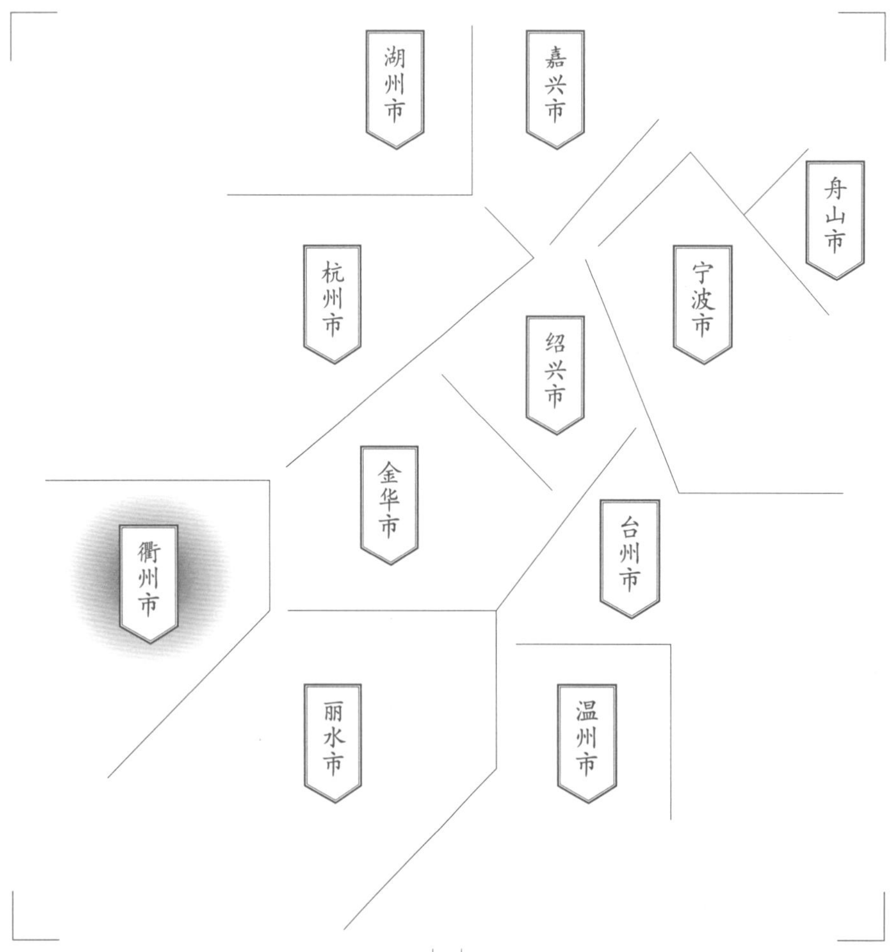

Section 1
Zhejiang Chengang Xuan Paper Co., Ltd.

Subject

Bast Paper in Zhejiang Chengang Xuan Paper Co., Ltd. in Longyou County

一
浙江辰港宣纸有限公司的基础信息与生产环境

1
Basic Information and Production Environment of Zhejiang Chengang Xuan Paper Co., Ltd.

浙江辰港宣纸有限公司（旧名龙游县宣纸厂）位于衢州市龙游县的灵山江畔，地理位置为：东经119° 10′ 6″，北纬29° 1′ 1″。厂区所在地交通便利，处于浙赣铁路及杭金衢高速、龙丽高速、杭新衢高速三条高速公路交会处。2016年7月29日、8月29日至30日，调查组两次进入辰港宣纸有限公司调查；2018年12月25日，调查组再次回访，核实相关数据并补充图片。综合获得的公司基础生产信息为：2016年，厂区占地38 666.7 m^2，建筑面积27 100 m^2，拥有固定资产1 709万元，主要生产“龙游宣纸”、画仙纸、山桠皮纸、雁皮纸、古艺国色工艺“宣纸”。原厂区位于县内的溪口镇渡头村，2005年搬迁至龙游县城区，目前的旧厂区作为公司的库房。浙江辰港宣纸有限公司由集体制企业发展而来，源头是1954年成立的造纸合作社——沐尘造纸社。

⊙1

⊙1
浙江辰港宣纸有限公司半废弃的旧厂区
Half-abandoned old factory of Zhejiang Chengang Xuan Paper Co., Ltd.

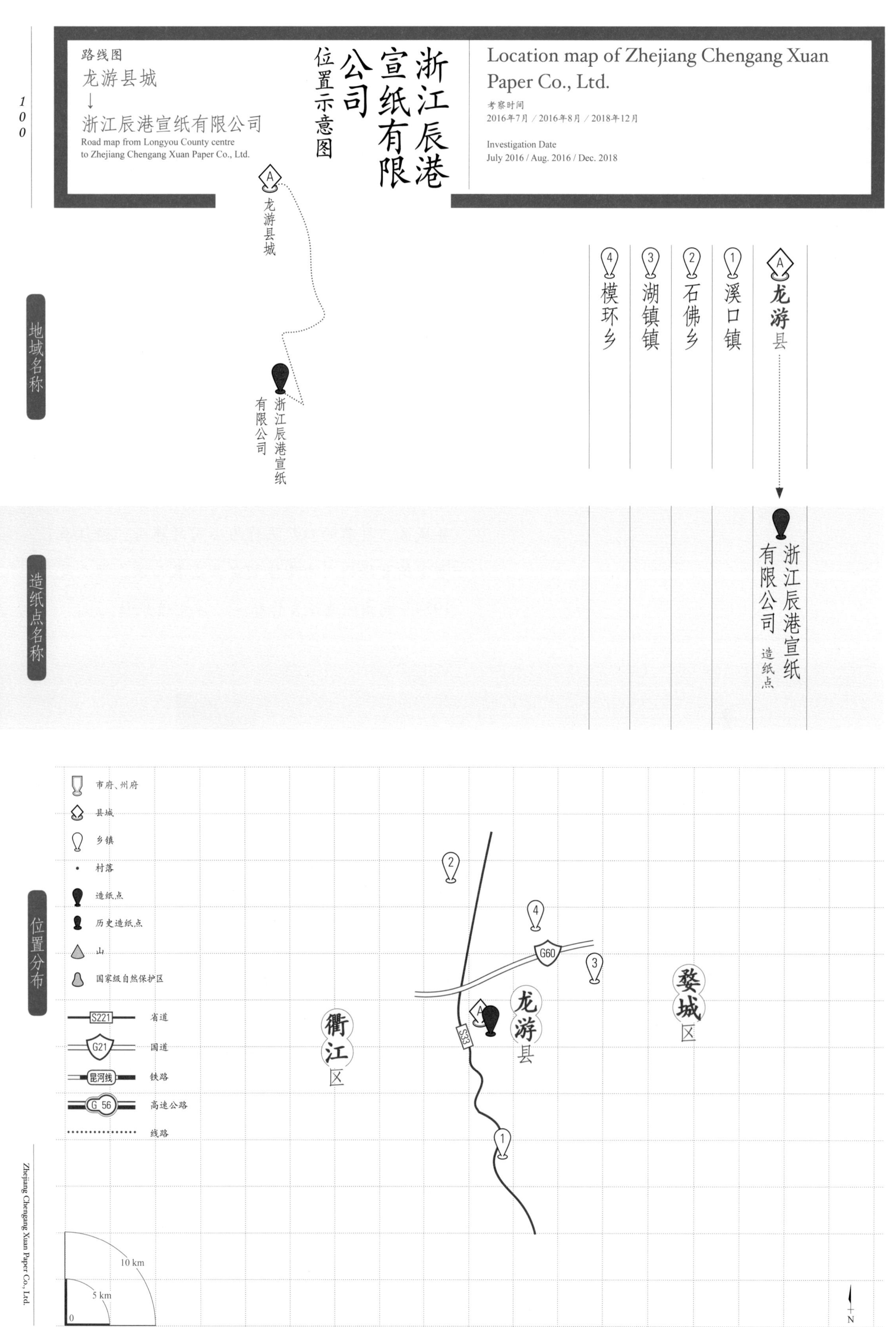

路线图
龙游县城
↓
浙江辰港宣纸有限公司
Road map from Longyou County centre
to Zhejiang Chengang Xuan Paper Co., Ltd.
浙江辰港宣纸有限公司位置示意图
Location map of Zhejiang Chengang Xuan Paper Co., Ltd.
考察时间
2016年7月 / 2016年8月 / 2018年12月
Investigation Date
July 2016 / Aug. 2016 / Dec. 2018
A 龙游县城
浙江辰港宣纸有限公司
地域名称
A 龙游县
1 溪口镇
2 石佛乡
3 湖镇镇
4 模环乡
造纸点名称
浙江辰港宣纸有限公司 造纸点
位置分布
市府、州府
县城
乡镇
村落
造纸点
历史造纸点
山
国家级自然保护区
S221 省道
G21 国道
昆河线 铁路
G 56 高速公路
线路
G60
S33
龙游县
衢江区
婺城区
10 km
5 km
0
N

⊙1

龙游县建制始于秦代，距今已有2 200余年历史，东汉初平三年（192年）分太末县置新安县，境域包括今龙游、遂昌两县及原汤溪县之半。吴越宝正六年（931年），吴越王钱镠认为“以卯为墓，不祥，改曰龙游”。此为龙游县名之始。[1] 此地调查时隶属浙江省衢州市。龙游县地处浙江西部的金（华）衢（州）盆地，地理坐标为：东经119° 02′ ～119° 20′，北纬28° 44′ ～29° 17′，总面积1 138.72 km²。龙游地处亚热带季风气候区，气候湿润，日照充足，雨量充沛，春早秋短、夏冬长，适合山桠皮纸、雁皮纸主要原料的生长。

《中华本草》记载：龙游所产雁皮属于中文学名浙雁皮系列的一种，为瑞香科荛花属植物多毛荛花（*Wikstroemia pilosa* Cheng）的茎皮，可入药、可造纸，其本体为高达约1 m的落叶灌木，主要分布在安徽、浙江、江西、湖南一带。[2]

山桠属瑞香科结香属（*Edgeworthia chrysantha* Lindl.）的一种，为多年生落叶灌木，高可达2 m。山桠别名有水菖花、打结花、黄瑞香、三桠（因树枝呈三叉状分支而得名），其树皮是非常优质的造纸原料。

龙游境内河流属钱塘江水系。主干流衢江横贯中部，境内主流长28 km，流域面积达1 053.84 km²；灵山江穿城而过，流长93.38 km，流域面积达334 km²；另外还有芝溪、罗家溪等。

⊙1 山桠树 *Edgeworthia chrysantha* Lindl.

[1] 陈学文.龙游商帮研究[M].杭州:杭州出版社,2004:27.

[2] 国家中医药管理局.中华本草[M].上海:上海科学技术出版社,1999.

支流更是密集分布。这些河流为山桠皮纸、雁皮纸原料的自然生长与种植提供了丰富的水资源。

调查组通过现场访谈和后续文献研究了解到，龙游所产雁皮和山桠皮具有质嫩柔韧、纤维丰富均匀、易提炼和成浆率高等特点。龙游县东南山区的气候和土壤特性特别适合山桠树、雁皮树的生长。特别是此地的山桠皮，是衢州一带最有名气的优质原料，纤维长，均匀细密，交错感好，吸附性强，是龙游山桠皮纸润墨性能出色的主要原因。

龙游历史上有生产山桠皮纸和雁皮纸的传统，制作过程中对水质有着特殊的要求。调查组在调查中了解到，传统的原料生产和加工地在龙游县东南山区的溪口镇、沐尘乡等地。旧时沐尘乡属于溪口镇，调查时沐尘乡已同溪口镇平级。山中山泉水流终年不绝，是制浆的关键性天然资源。龙游县境内河溪密布，特别是灵山江水源充足，水质清澈、凉滑，是制造高档山桠皮纸和雁皮纸的重要保障。

⊙1
山泉水水源
Water source of the mountain spring

二
龙游造纸及浙江辰港宣纸有限公司的历史与传承

2
History and Inheritance of Papermaking in Longyou County and Zhejiang Chengang Xuan Paper Co., Ltd.

据当地流传的说法，龙游早在唐代就生产“藤纸”“竹纸”等，但在文献和地方史志中并未发现早至唐代的记载。明代学者、浙江右参政陆容在其《菽园杂记》中记载：“浙之衢州，民以抄纸为业，每岁官纸之供。”[3]至清代龙游传统手工造纸技艺有了很大发展，主要分布于沐尘乡、庙下乡、罗家乡等地，主要生产藤纸、皮纸、元书纸等，有较为久远和系统的传承历史。

民国时期，龙游所产的山桠皮纸和雁皮纸以薄匀、白净、挺韧而声名远播。据《龙游商帮研究》记载：1929年龙游有纸槽317条，槽工1 802人，1940年纸槽增至350条。如灵山乡步坑源村就有9家共11条纸槽，年产量达8 000担。民国初龙游产纸30万担，产值200万元，主要有黄笺、白笺、南屏纸。南屏纸又有焙、晒两种。[4]

1949年龙游县溪口区成立造纸工会，刘氏纸槽归属溪口区沐尘乡二村分会，毛元福任分会主任。直到20世纪70年代，各类传统纸制作工场仍广泛分布在龙游南部山区各乡村。

从造纸组织业态的变化来看，1949年中华人民共和国成立后，先是将分散槽户组织起来成立造纸合作社，1954年成立沐尘造纸社，1983年以沐尘造纸社为基础成立龙游县宣纸厂，1994年由承包人万爱珠、徐昌昌夫妇更名为浙江龙游辰港宣纸有限公司。原厂区位于溪口镇渡头村，2015年在龙游县城郊迁建新厂，2016年在新厂建皮纸“非遗”展示馆。

⊙2

⊙2 新厂区展示馆内陈列厅一角 A corner of the exhibition hall in the new factory

[3] 陆容.历代笔记小说大观:菽园杂记[M].李健莉,校点.北京:中华书局,1985:153.

[4] 陈学文.龙游商帮研究[M].杭州:杭州出版社,2004:44-46.

万爱珠，1951年生，18岁拜师傅学习造纸，调查时任浙江辰港宣纸有限公司董事长兼总经理。访谈中万爱珠自述的传习史为：1972年进入龙游沐尘造纸社（龙游县宣纸厂前身），师从毛华根、毛元福等师傅开始学习龙游皮纸制作工艺，在3年的学徒生涯中，从山桠皮纸、雁皮纸的原料挑选、制作配方熟悉等开始，先后学过原材料加工以及各式皮纸的捞制、榨纸、焙纸、检纸等全套技艺，出师后不久即成为一名技术过硬且工序流程掌握较全面的龙游皮纸制作师傅。

据万爱珠自述，她一直在龙游宣纸厂的车间里从事皮纸制作，同时也开始带学徒，直到1981年。主要学徒有邱林根、童林荣、刘国良、张文秀等十多人。1994年她成立浙江辰港宣纸有限公司并任董事长兼厂长后，开始较大规模地开展对龙游皮纸制作技艺传承人的培训，每年都有十几名新人被招进厂里做学徒。万爱珠表示，在她主导的传习体系里，目前能熟练掌握龙游皮纸制作技艺的工人有400余人。可见传习者队伍有一定规模。

2011年，龙游皮纸制作技艺入选第三批国家级“非遗”保护项目名录；2014年，万爱珠入选国家级“非遗”龙游皮纸制作技艺代表性传承人。从龙游皮纸万爱珠本人家庭的传承脉系来看，徐昌昌是万爱珠的丈夫，徐晓静是二女儿，柴建坤是二女婿，大女儿已去世。辰港宣纸有限公司龙游皮纸非遗展示馆内展示的龙游皮纸制作技艺传承谱系见表2.1。

⊙1

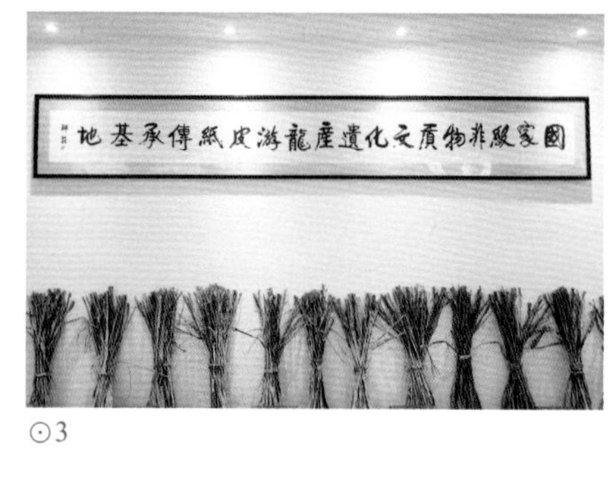

⊙3

⊙2

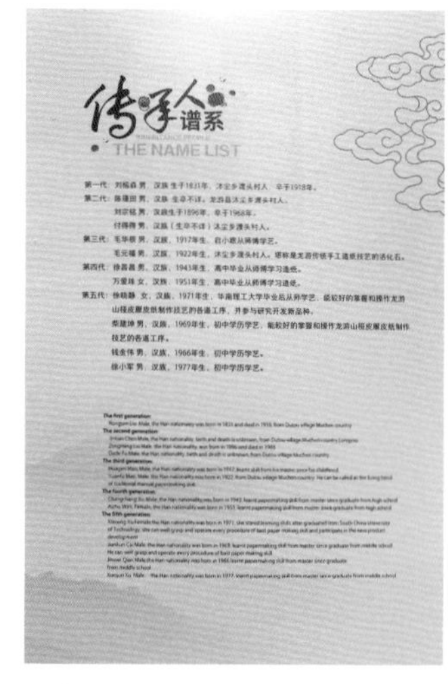

⊙4

⊙1
董事长万爱珠
Wan Aizhu, chairman of Zhejiang Chengang Xuan Paper Co., Ltd.

⊙2
访谈中的万爱珠（左一）
Interviewing Wan Aizhu (first from the left)

⊙3
龙游皮纸『非遗』传承基地内景
Interior view of bast paper in Longyou County in "the intangible cultural heritage" base

⊙4
龙游皮纸非遗展示馆中的传承谱系展板
Display board of inheritance genealogy of bast paper in Longyou County in the intangible cultural heritage exhibition hall

表2.1 龙游皮纸制作技艺传承谱系
Table 2.1 Inheritance genealogy of bast papermaking techniques in Longyou County

传承代数	姓名	性别	民族	基本情况
第一代	刘榕森	男	汉	生于1831年，龙游县沐尘乡渡头村人，卒于1918年
第二代	陈瑾田	男	汉	生卒年不详，龙游县沐尘乡渡头村人
	刘宗铭	男	汉	生于1896年，卒于1968年
	付得得	男	汉	生卒年不详，龙游县沐尘乡渡头村人
第三代	毛华根	男	汉	自小跟随师傅学艺
	毛元福	男	汉	1922年生，龙游县沐尘乡渡头村人，堪称龙游传统手工造纸技艺的“活化石”
第四代	徐昌昌	男	汉	1943年生，高中毕业后跟随师傅学习造纸，为万爱珠丈夫
	万爱珠	女	汉	1951年生，高中毕业后跟随师傅毛华根、毛元福学习造纸
第五代	徐晓静	女	汉	1971年生，华南理工大学毕业后从师学艺，掌握山桠皮纸、雁皮纸制作技艺中的多道工序，并参与研发新品种，为万爱珠女儿
	柴建坤	男	汉	1969年生，初中学历，掌握山桠皮纸、雁皮纸制作技艺中的多道工序，为万爱珠女婿
	钱金伟	男	汉	1966年生，初中学历
	徐小军	男	汉	1977年生，初中学历

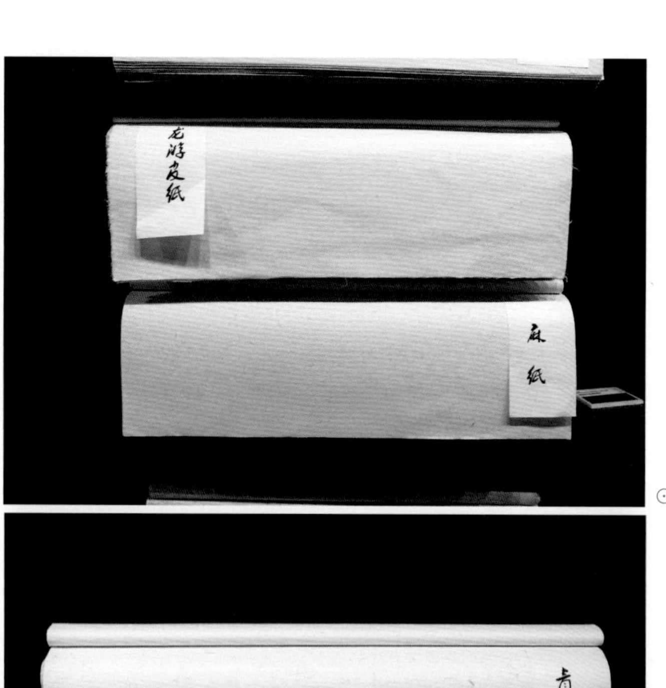

⊙1
新生产的龙游皮纸与麻纸
Newly-made bast paper in Longyou County and jute paper

⊙2
皮料加工纸：青苔纸
Leather processing paper: Qingtai paper

⊙3
木纹纸与特种黑色剪纸
Wood-grained paper and superb black cutting paper

⊙4
特种红色剪纸
Superb red cutting paper

三
浙江辰港宣纸有限公司的代表纸品及其用途与技术分析

3
Representative Paper and Its Uses and Technical Analysis of Zhejiang Chengang Xuan Paper Co., Ltd.

（一）浙江辰港宣纸有限公司代表纸品及其用途

调查组成员两次入厂调查得知，用山桠皮纸、雁皮纸制作技艺生产出的纸的品种很多，其中也有颇为丰富的加工纸，如青苔纸、万年红、木纹纸、特种红色剪纸、特种黑色剪纸，等等。

龙游皮纸可做如下划分：按造纸原料划分可分为传统山桠皮纸和雁皮纸两大类，当然也还有其他原料，如青檀皮、稻草、麻等；按制作工艺可分为画仙纸、国色“宣纸”、特种纸等；按用料配比可分为净皮纸、特净皮纸、纯楮皮纸、纯雁皮纸、山桠皮纸等；按帘纹可分为罗纹纸、龟纹纸、绵连纸、蝉翼纸等。龙游山桠皮纸、雁皮纸除适用于书画外，还在书籍装帧、包装、装潢等方面有着广泛的用途。

浙江辰港宣纸有限公司的纸品主要为雁皮纸与山桠皮纸两种原纸，其生产的雁皮纸以薄为特色，具有很强的韧性，不易散墨。调查时其生产的雁皮纸按重量分为三大类：1.6～1.7 kg/刀、1.8～1.9 kg/刀、2.2 kg/刀。该纸品多用于古籍修复与画山水画。山桠皮纸主要用作书画用纸，主要原料为稻草与山桠皮，因配方与工艺的不同，对日本、韩国销售时按照出口国家的习称改称为画仙纸、国色“宣纸”等。纸品尺寸分为四尺、六尺、八尺，也可接受定制。已生产的山桠皮纸最大尺寸为一丈二（约4 m）。

（二）浙江辰港宣纸有限公司山桠皮纸性能分析

测试小组对采样自浙江辰港宣纸有限公司的山桠皮纸所做的性能分析，主要包括定量、厚度、紧度、抗张力、抗张强度、撕裂度、撕裂指数、湿强度、白度、耐老化度下降、尘埃度、吸水性、伸缩性、纤维长度、纤维长宽度和润墨性等。按相应要求，每一项指标都重复测量若干次后求平均值，其中定量抽取了5个样本进行测试，厚度抽取了10个样本进行测试，抗张力抽取了20个样本进行测试，撕裂度抽取了10个样本进行测试，湿强度抽取了20个样本进行测试，白度抽取了10个样本进行测试，耐老化度下降抽取了10个样本进行测试，尘埃度抽取了4个样本进行测试，吸水性抽取了10个样本进行测试，伸缩性抽取了4个样本进行测试，纤维长度测试了200根纤维，纤维宽度测试了300根纤维。对浙江辰港宣纸有限公司山桠皮纸进行测试分析所得到的相关性能参数见表2.2。表中列出了各参数的最大值、最小值及测量若干次所得到的平均值或者计算结果。

表2.2　龙游辰港山桠皮纸相关性能参数

Table 2.2　Performance parameters of Chengang *Edgeworthia chrysantha* Lindl. paper in Longyou County

指标		单位	最大值	最小值	平均值	结果
定量		g/m²				18.2
厚度		mm	0.064	0.048	0.056	0.056
紧度		g/cm³				0.325
抗张力	纵向	N	24.9	19.0	21.4	21.4
	横向	N	13.6	10.7	12.1	12.1
抗张强度		kN/m				1.117
撕裂度	纵向	mN	251.2	197.3	220.5	220.5
	横向	mN	503.6	213.9	429.6	429.6
撕裂指数		mN·m²/g				17.9
湿强度	纵向	mN	1 477	1 342	1 404	1 404
	横向	mN	953	808	873	873
白度		%	62.8	61.3	62.0	62.0
耐老化度下降		%				2.2
尘埃度	黑点	个/m²				16
	黄茎	个/m²				4
	双浆团	个/m²				0
吸水性	纵向	mm	10	6	7	2
	横向	mm	8	5	6	1
伸缩性	浸湿	%				0
	风干	%				1.00
纤维	长度	mm	4.7	0.1	1.0	1.0
	宽度	μm	25.5	0.4	5.7	5.7

⊙1

⊙2

⊙1
车间里的成品山桠皮纸
Edgeworthia chrysantha Lindl. paper in the workshop

⊙2
成品雁皮纸（1.8 kg/刀）
Final product of Yanpi paper (1.8 kg per 100 pieces)

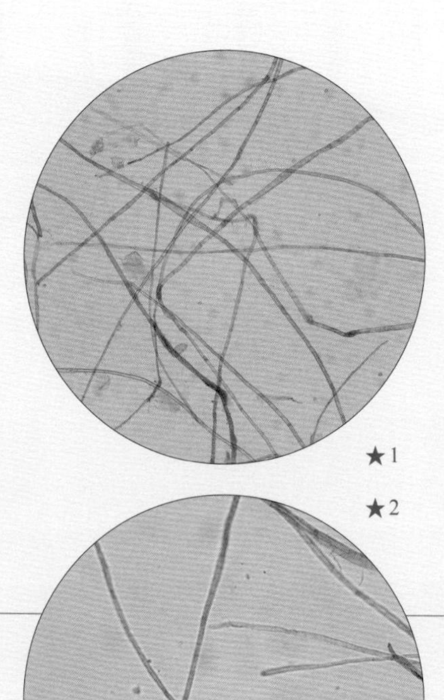

★1

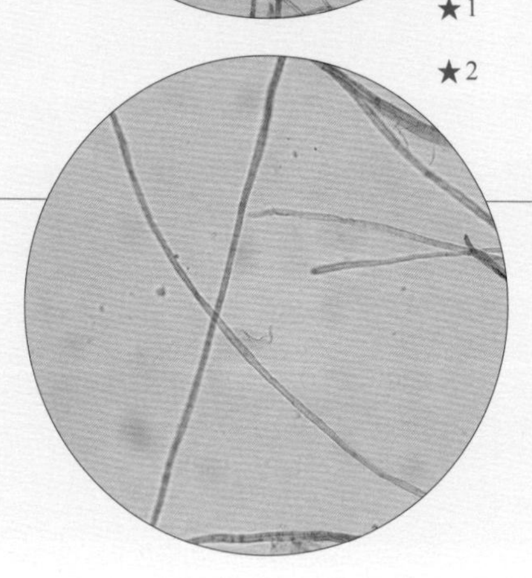

★2

⊙1

由表2.2可知，所测龙游辰港山桠皮纸的平均定量为18.2 g/m^2。龙游辰港山桠皮纸最厚约是最薄的1.333倍，经计算，其相对标准偏差为0.08，纸张厚薄较为一致。通过计算可知，龙游辰港山桠皮纸紧度为0.325 g/cm^3，抗张强度为1.117 kN/m。所测龙游辰港山桠皮纸撕裂指数为17.9 mN·m^2/g，湿强度纵横平均值为1 139 mN（数值四舍五入，下同），湿强度较大。

所测龙游辰港山桠皮纸平均白度为62.0%，白度较高。白度最大值是最小值的1.024倍，相对标准偏差为0.008，白度差异相对较小。经过耐老化测试后，耐老化度下降2.2%。

所测龙游辰港山桠皮纸尘埃度指标中黑点为16个/m^2，黄茎为4个/m^2，双桨团为0。吸水性纵横平均值为2 mm，纵横差为1 mm。伸缩性指标中浸湿后伸缩差为0，风干后伸缩差为1.00%。说明龙游辰港山桠皮纸的伸缩差异不大。

龙游辰港山桠皮纸在10倍和20倍物镜下观测的纤维形态分别如图★1、图★2所示。所测纤维长度：最长4.7 mm，最短0.1 mm，平均长度为1.0 mm；纤维宽度：最宽25.5 μm，最窄0.4 μm，平均宽度为5.7 μm。

★1
龙游辰港山桠皮纸纤维形态图（10×）
Fibers of *Edgeworthia chrysantha* Lindl. paper in Zhejiang Chengang Xuan Paper Co., Ltd. of Longyou County (10× objective)

★2
龙游辰港山桠皮纸纤维形态图（20×）
Fibers of *Edgeworthia chrysantha* Lindl. paper in Zhejiang Chengang Xuan Paper Co., Ltd. of Longyou County (20× objective)

⊙1
龙游辰港山桠皮纸润墨性效果
Writing performance of *Edgeworthia chrysantha* Lindl. paper in Zhejiang Chengang Xuan Paper Co., Ltd. of Longyou County

四 浙江辰港宣纸有限公司山桠皮纸的生产原料、工艺与设备

4 Raw Materials, Papermaking Techniques and Tools of *Edgeworthia chrysantha* Lindl. Paper in Zhejiang Chengang Xuan Paper Co., Ltd.

(一) 山桠皮纸的生产原料

1. 主料：山桠皮

山桠树属瑞香科结香属，为多年生落叶灌木，花蕾有养阴安神、明目的功效，树皮为造纸的高级原料，茎皮纤维可造纸和人造棉，枝条柔软，农村里常用来编筐和篮。

2. 辅料：水

龙游县内河流主干流为衢江，厂区附近的灵山江旧名灵溪，是衢江在龙游县境内的第一大支流，另还有社阳港（竺溪）、罗家溪等。调查组实地调查时测试浙江辰港宣纸有限公司造纸用水，其pH为6.0～6.5，偏弱酸性。

⊙2

(二) 山桠皮（雁皮）纸的生产工艺流程*

据调查中万爱珠等人的介绍，并综合调查组两次入厂的现场观察，浙江辰港宣纸有限公司所产山桠皮（雁皮）纸的生产工艺流程可归纳为：

壹	贰	叁	肆	伍	陆	柒	捌	玖	拾	拾壹	拾贰	拾叁
蒸料	剥皮	踏洗	摊晾	打料	选皮	榨料	搅拌	捞纸	榨纸	焙纸	检纸、切纸	包装入库

⊙3

* 因该公司山桠皮纸与雁皮纸造纸工艺基本相同，故只介绍山桠皮纸的具体制作工序、工艺及工具。

⊙2 新厂区内种植的山桠树 *Edgeworthia chrysantha* Lindl. planted in the new factory

⊙3 造纸取水的灵山江水源 Water source of Lingshan River for papermaking

壹 蒸料

1 ⊙1

将采集到造纸厂区的山桠皮放进锅里加水蒸煮，把水加到离锅盖5 cm处，慢慢蒸约12个小时，从早蒸到晚，隔日清早即可蒸好，为的是便于更好地剥皮。蒸好的标准是皮料色泽转为黄褐色，轻拉即可撕开。

⊙1

贰 剥皮

2

用手剥去外皮，同时对蒸煮后的山桠皮的杂质进行清理。据万爱珠介绍，山桠树皮都是分叉的，叉里面也要清理干净，一点黑点都不能留下，这样才能做出合格的原料。

叁 踏洗

3 ⊙2

山桠皮蒸煮后将其拿到小溪边用脚踏洗或者用手揉洗，要洗3～4遍，再次去除山桠皮表面的杂质。

⊙2

肆 摊晾

4

将踏洗过的皮料铺在干净石头上晾晒干。

伍 打料

5 ⊙3

将晾干的皮料放进锅形的石臼或石桶里捣。

⊙3

陆 选皮

6

精心挑选合格的皮料作为造纸原材料进行加工，将不达标的皮料剔出放置一边。

⊙4

柒 榨料

7 ⊙4

传统的工艺是用石磨将挑选好的皮料磨碎，一次上料要磨2个小时。

⊙1 蒸料 Steaming the materials

⊙2 手脚并用的踏洗 Stamping and cleaning with hands and feet

⊙3 传统的石臼打料 Traditional way of beating the materials with a stone mortar

⊙4 石磨磨碎 Grinding the materials on a millstone

捌 搅 拌

8 ⊙5

将磨碎后的原料放入匀浆池加水搅拌，不同的纸的生产工艺不同，有些纸匀浆后还需再放入混浆池进行混浆。

⊙6

玖 捞 纸

9 ⊙6～⊙8

高档纸捞纸时会在槽里加野生猕猴桃汁作为纸药，相对普通的纸则会加入一些化学分散剂作为纸药，如聚丙烯酰胺。

⊙5

⊙7

⊙8

拾 榨 纸

10 ⊙9⊙10

捞出来的湿纸帖用榨纸机与千斤顶榨干，一般捞两天纸榨一次。

⊙9

⊙10

⊙5 匀浆 Stirring the paper pulp

⊙6 捞纸 Scooping and lifting the papermaking screen out of water

⊙7 放纸 Piling the paper

⊙8 双人捞纸 Scooping and lifting the papermaking screen out of water by two papermakers

⊙9 榨纸机 Paper-pressing machine

⊙10 千斤顶（红色设备） Lifting jack (the red equipment)

拾壹 焙纸

11

⊙11～⊙14

将榨干的纸静置2～3天让它自然风干，然后焙纸。首先用鹅榔头在压干的纸帖四边划一下，让纸松散开；然后捏住纸的右上角捻一下，这样右上角的纸就翘起来了；再用嘴巴吹一下，黏在一起的纸就分开了；最后，晒纸工人用手沿着纸的右上角将纸帖中的纸揭下来，往铁焙上贴时一边刷一边贴，使纸表面平整。然后下一张纸继续重复该动作。铁焙中的水需要烧到约100 ℃，据现场询问，铁焙中的水一年换一次，一般是过年时换。待纸贴满整个铁焙后，从开始晒纸处将水分已经蒸发干的纸取下来。该工序中1个人晒纸另1个人收纸，分工明确。

⊙12

拾贰 检纸、切纸

12

⊙15⊙16

首先对晒好的纸进行检验，挑选出合格的纸，对不合格的纸进行回笼打浆；然后将合格的纸整理好，数好数量，根据客户要求的规格在裁纸机上裁剪。一般1 000张纸裁剪1次。

⊙13

⊙14

⊙11

⊙11 自然风干 Drying in air naturally

⊙12 揭纸 Peeling the paper down

⊙13/14 火墙焙纸 Drying the paper on the drying wall

⊙15

⊙16

拾叁
包装入库
13

根据客户需要的张数与外包装风格要求，将切好的纸包装好后放入仓库。

⊙15 检纸台 Paper-checking table

⊙16 裁纸机 Paper-cutting machine

（三）山桠皮（雁皮）纸的主要制作工具

壹 纸槽 1

实测浙江辰港宣纸有限公司所用纸槽尺寸为：长238 cm，宽232 cm，高86 cm。

贰 和单槽棍 2

实测浙江辰港宣纸有限公司所用和单槽棍尺寸为：长174 cm；棍头长44 cm，宽20 cm。

⊙2

⊙3

⊙1

叁 纸帘 3

实测浙江辰港宣纸有限公司所用纸帘尺寸为：长153 cm，宽80 cm。

⊙4

肆 帘架 4

实测浙江辰港宣纸有限公司所用帘架尺寸为：长166 cm，宽92 cm。

⊙5

伍 打浆槽 5

实测浙江辰港宣纸有限公司所用打浆槽尺寸为：长200 cm，宽95 cm，高46 cm。

⊙6

⊙1 纸槽 Papermaking trough

⊙2/3 和单槽棍 Stirring sticks

⊙4 纸帘 Papermaking screen

⊙5 帘架 Frame for supporting the papermaking screen

⊙6 打浆槽 Trough for beating the paper pulp

陆 石磨 6

实测浙江辰港宣纸有限公司所用石磨规格为：半径56 cm，厚43 cm。

⊙7

柒 鹅榔头 7

实测浙江辰港宣纸有限公司所用鹅榔头尺寸为：长25 cm，直径1.5 cm。

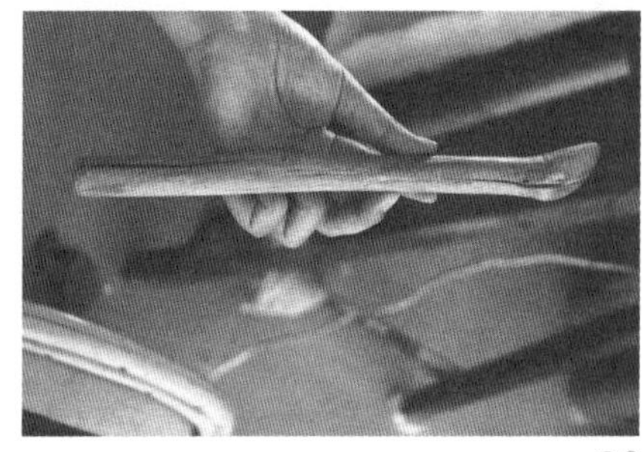

⊙8

捌 松毛刷 8

实测浙江辰港宣纸有限公司所用松毛刷尺寸为：长52 cm，宽13 cm。

⊙9

玖 焙墙 9

实测浙江辰港宣纸有限公司所用焙墙尺寸为：高2 m，长10.8 m，上宽38 cm，下宽48 cm。

⊙10

⊙7 石磨 Millstone

⊙8 鹅榔头 Hammer

⊙9 松毛刷 Pine brush

⊙10 焙墙 Drying wall

⊙1

⊙2

⊙ 1 / 2
辰港山桠皮合作社产出的优质皮料
High-quality bark materials produced by Chengang *Edgeworthia chrysantha* Lindl. Cooperative

五
浙江辰港宣纸有限公司的市场经营状况

5
Marketing Status of Zhejiang Chengang Xuan Paper Co., Ltd.

（一）原料基地与销售渠道建设

1. 先抓根本：原料基地

自20世纪90年代至今，公司在龙游县建设了龙游辰港山桠皮合作社，鼓励当地居民种植、处理皮料，每年收购200～300吨皮料，改变了之前山桠皮必须在湖北武汉与四川等地购买的被动处境，原料的近距离采购在节省成本的同时也使原料供应更有保障。

2. 外销立厂的渠道与经营模式

1976年，原衢州市宣纸厂的产品通过上海外贸公司、浙江工艺品有限公司等渠道出口，公司外销业务约占总营业额的60%。1987年以后对外贸易营业额进一步上升，占到总营业额的85%以上。1994年浙江辰港宣纸有限公司获自营进出口权，“寿牌”“宣纸”、画仙纸、山桠皮纸、雁皮纸、古艺国色工艺“宣纸”、文房四宝、工艺品等产品出口日本、韩国、新加坡及欧美各国，并销售到中国台湾及港澳地区。

2018年12月调查组回访时，万爱珠说，因公司产品大部分面向海外市场，且具有稳定长久的顾客群体，未受到近几年出口形势总体下滑的冲击。当谈到下一步的渠道选择时，万爱珠也表示未来并不打算扩大国内的销售市场，原因是国内市场更容易出现赊账等导致资金周转困难的问题，公司的国内客户仅面向少数长期合作的知名书画家。

截至2018年年底公司年产值1 000多万元，各种纸年产量共100多吨。

⊙3

⊙4

⊙3/4 准备出口日本的画仙纸与画仙半纸
Huaxian paper and Huaxian semi-paper to be exported to Japan

（二）技术进步与产品荣誉

1. 造纸新技术的探索与获奖

据万爱珠介绍，她虽然是手工传统技艺者出身，但是一直注重对造纸技术进行新的探索，“手漉和纸研究项目”曾荣获1992年浙江省人民政府颁发的科学技术进步奖，ADD高级龙康手漉画仙纸1993年荣获中华人民共和国国家科学技术委员会颁发的国家新产品奖，这都是技术含量很高的奖项。

2. 传统产品获得的荣誉

辰港宣纸有限公司所造山桠皮纸与雁皮纸先后获得过中国国际农博会名牌产品、中国文房四宝“国之宝”十大名纸称号。“寿牌”“宣纸”先后荣获浙江省优质产品、浙江省新优名特产品“金鹰奖”等荣誉。整体来看，辰港宣纸有限公司产品的市场认同度一直较高。

⊙1

⊙2

⊙1
『辰港宣纸』的外包装与品牌标志
Outer packaging with brand logo of "Chengang Xuan Paper"

⊙2
『寿牌』『宣纸』标志
Logo of "Shou" (longevity) "Xuan Paper"

六 浙江辰港宣纸有限公司的品牌文化与习俗故事

6 Brand Culture and Traditional Stories of Zhejiang Chengang Xuan Paper Co., Ltd.

⊙3

⊙4

⊙5

（一）品牌宣传与建设举措

1. 龙游皮纸非遗展示馆

2016年调查组首次入厂进行田野调查时，辰港宣纸有限公司的龙游皮纸非遗展示馆正在修建中，2018年回访时提及已初步建成并妥善布置的展示馆，万爱珠很欣慰地表示，丈夫徐昌昌的心愿即将完成。建设展示馆的初衷源于万爱珠的丈夫徐昌昌，作为从事造纸几十年的老一代造纸人，他非常希望能将龙游的手工造纸技艺更多地呈现在社会公众的视野中，让今天的人们从材料加工和工艺方面体验一张纸非常不容易的诞生过程，了解传统纸文化的精髓。

展示馆内陈列了各类皮纸原料及代表性纸品，还原了传统造纸工具，并有对展品的详细介绍及其制作工艺流程的介绍。

在访谈中万爱珠表示，将进一步完善展示馆的陈设，在2019年正式开馆，向大众展示源远流长的龙游皮纸文化和传统手工造纸技艺，让更多的人零距离地感受龙游皮纸文化的魅力。

2. “辰港”名称的由来

浙江辰港宣纸有限公司的前身是1954年成立的沐尘造纸社，1983年更名为龙游县宣纸厂。当时龙游县宣纸厂的纸品在书画圈已有一定的知名度，1989年在龙游宣纸厂的邀请下，时任中国书法家协会主席、著名书法家启功先生为该厂题写了“龙游佳制艺称殊，挥洒云烟笔自如，移得后山名句赞，南朝官纸女儿肤”的诗句，给予了相当高的评价。

⊙6

⊙3 皮纸非遗展示馆漂亮的展墙
The beautiful exhibition wall of bast paper in the intangible cultural heritage exhibition hall

⊙4 展示馆内五光十色的纸品陈列
Various paper displayed in the exhibition hall

⊙5 启功题诗旧照
An old photo of Qi Gong writing poems for Longyou paper

⊙6 启功在龙游纸上的题诗
Poem written by Qi Gong on Longyou paper

“辰港”之名始于公司获得自营进出口权的1994年，因为新公司最初以香港为起点对外出口纸，为使出口的龙游纸更有品牌认识度，万爱珠便以龙游地名中与“龙”字有关联意义的“辰”字及香港地名中的“港”字组成“辰港”。万爱珠兴致勃勃地解释道：龙游的“龙”是十二地支与十二生肖中的形象化代表，龙腾万里、龙飞凤舞、飞龙在天、龙凤呈祥，都带有吉祥寓意；辰为地支的第五位，属龙。最终公司名称及纸的标志统一为“辰港”，并一直沿用至今。

3. 古艺国色“宣纸”

古艺国色“宣纸”为浙江辰港宣纸有限公司的代表纸品之一，造纸原料以山桠皮为主，产品自问世已有近30年的时间，最初由万爱珠的丈夫徐昌昌在20世纪80年代研发。据说研发这种纸最初的缘由是徐昌昌有一次偶然从乡间某老人处得知龙游当地过去有一种非常好的书画用纸，其以山桠皮为主要原料制作，但造纸工艺复杂，几乎已经失传了，非常可惜。于是徐昌昌立志恢复这种造纸工艺。

立下志愿的徐昌昌在龙游走街串巷实地调查、学习生产这种纸的古法技艺，并查找当地历史与乡土文献中关于这种技艺的只言片语的记

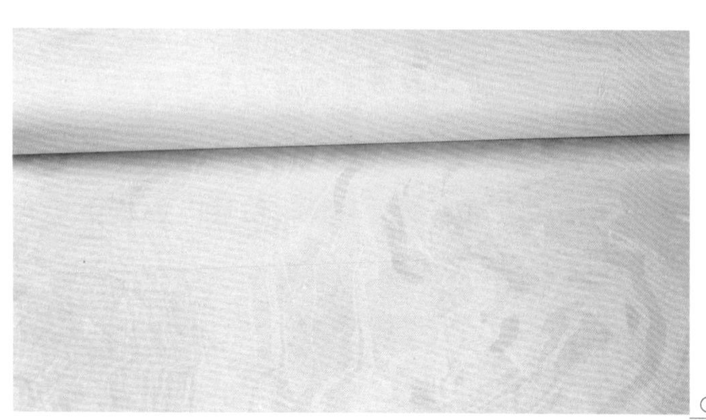

⊙1

⊙1
古艺国色『宣纸』
"Xuan Paper" with traditional papermaking techniques

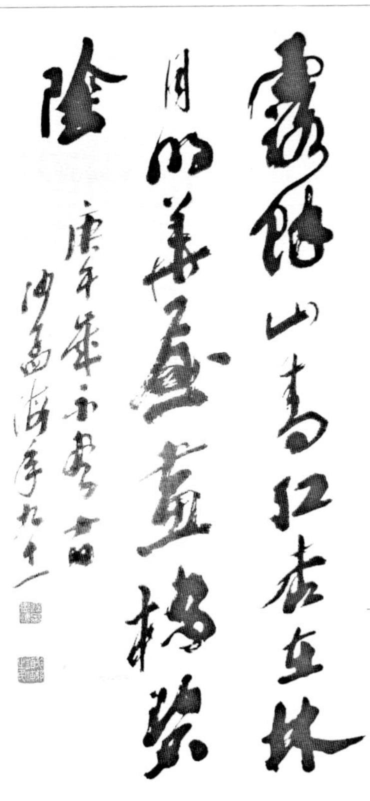

⊙2

⊙3

载，不断实验，耗费了约大半年的时间，终于重新造出了这种纸。后将以此种工艺造出的纸品称为古艺国色"宣纸"。据万爱珠介绍，国色"宣纸"主要用作书画用纸，因书写笔锋流畅、墨色不易晕开，深受书法家们的青睐。浙江本地的中国书法大家沙孟海在此纸上留下了"露余山青，红杏在林；月明华屋，画桥碧阴"的试纸作品。

（二）相关习俗

为蔡伦立像和"祭蔡伦"之念想

2016年调查组向万爱珠女婿柴建坤与女儿徐晓静探询龙游当地祭拜纸祖蔡伦的习俗时，得到的答复是现在完全没有了，在山区沐尘乡的乡间也消失了。2018年12月回访时，调查组在龙游皮纸文化展示馆里，意外地看到万爱珠新塑的蔡伦像，背景是启功当年为龙游宣纸厂题写的那首诗。

万爱珠的说法是："祭蔡伦"是过去龙游祖祖辈辈造纸人的传统习俗，1949年后，这种仪式性的活动被认为是搞封建迷信，特别是在"文化大革命"后，此习俗渐渐就消失了。万爱珠表示：造纸人不能忘掉造纸的老祖宗，因此她在展示馆立了蔡伦像，不过像刚刚立起来，馆还没有对外开放，纪念仪式还没有来得及开展。

⊙2 沙孟海试纸作品 Calligraphy by Sha Menghai

⊙3 蔡伦像边的万爱珠 Wan Aizhu standing by statue of Cai Lun

七 浙江辰港宣纸有限公司的业态传承现状与发展思考

7 Reflection on Current Status and Future Development of Zhejiang Chengang Xuan Paper Co., Ltd.

（一）技艺繁复、工作艰苦带来的后继乏人的传承困境

虽然辰港宣纸有限公司的传承谱系梳理得很清晰，看起来一代代传承有序，包括40岁左右的第五代也有多位代表性传承人，但再往下一代走，年轻人群的传承问题就逐渐暴露出来了。

龙游皮纸传统制作技艺工序上较为繁复，流程控制严格，核心技术与主要工艺都需要具备高超、熟练手工技艺的造纸师傅来操作。从原料加工到成品纸的制作，每道工序皆由手工完成，不仅技艺难度大，而且劳动强度大，特别是学艺周期长，在师徒传承过程中需要徒弟具有很好的悟性，通过刻苦学习与长期实践才能熟练掌握这门制作技艺。因此今天学习龙游皮纸技艺的年轻人很少能坚持下来。

如“捞纸”这道工序，学艺之人需要常年和水打交道，虽说造山桠皮纸、雁皮纸的原料都是无毒无害的，可手常年浸泡在水中手部皮肤会起皱与脱皮。手工制作不仅不能添加器械操作，也不能在手上戴辅助品，手上的任何多余物都将影响到“捞纸”的手感。

再如“烘干”工序，屋中央立一面光滑的铁铸火墙，屋里的温度一年四季都保持在50℃以上，学徒要手工将一张张薄如蝉翼的山桠皮纸或雁皮纸在铁板上贴平、烘干。整个学艺过程至少要三年。

艰苦的条件和苛刻的技艺要求使得在年轻人中几乎无法找到学习手工龙游皮纸制作技艺的传人。调查时发现，一线造纸工人的年龄普遍偏大，在辰港宣纸有限公司的手工造纸流程中，基

⊙1

⊙2

⊙1 偌大的抄纸车间仅有两位师傅在工作
Only two papermakers working at the huge papermaking workshop

⊙2 辛苦劳作的老纸工
Laborious old papermaker

本上都是45岁以上的造纸师傅在进行操作，40岁及以下年龄的人基本找不到，后继无人直接影响到龙游皮纸手工制作技艺的传承。2018年12月调查组回访时发现，整个抄纸车间只有1口槽及2位师傅在工作，正在捞纸的阙师傅表示：他平均每天工作10小时，捞纸700～800张，这种工作强度加上高度单调的操作，很少有年轻人能坚持下来，公司内从事捞纸的师傅现在不到10位，已经没法让每口槽都进行生产。

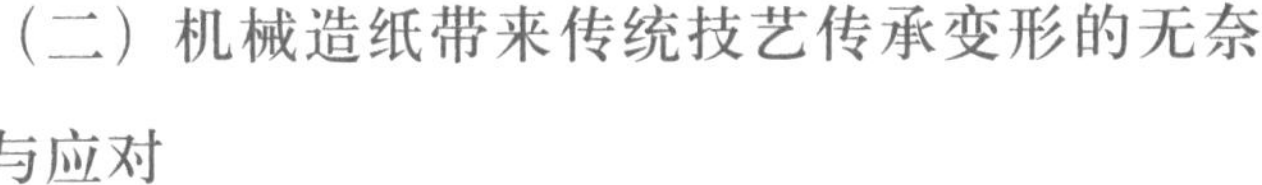

（二）机械造纸带来传统技艺传承变形的无奈与应对

⊙3

⊙4

⊙3 车间里悬挂的培育传承人才的标语 Slogans to encourage more papermaking inheritors

⊙4 皮纸非遗展示馆内举办技艺传承培训班的教室 Classroom for training papermaking techniques of bast paper in the intangible cultural heritage exhibition hall

2016年初次调查时，万爱珠表示：由于手工造纸的效率低、工作强度大，虽然所造皮纸具有寿命长、质感好等优点，但随着机械造纸技术的引入，机械化、自动化生产强烈地冲击着传统手工制作技艺。20世纪末，龙游县尚有数十家手工造纸企业与作坊坚持着传统技艺，但在短短十余年间都先后改手工造纸为半机械造纸或者直接关闭，现在只剩下县内偏远山区零星分布的几家小造纸工坊坚持着传统手工造纸技艺，经营上艰难维持。

访谈中数位辰港宣纸有限公司的访谈者均认为：如果严格按照龙游皮纸古法造纸传统，那么龙游皮纸制作技艺已经处于不纯粹的传承状态，面临“古法”青黄不接的传承变异局面。2018年12月，调查组回访时，万爱珠介绍：今年公司开始和浙西造纸中等专业学校合作，该校造纸专业的学生入学后会在公司实地研习，由公司教授学生造纸技术。2018年造纸专业学生首次进入公司学习和实践，最终有意愿留在公司工作的学生人数尚不明确。

浙江辰港宣纸有限公司

龙游皮纸

Longyou Bast Paper
of Zhejiang Chengang Xuan Paper Co., Ltd.

山桠皮纸透光摄影图
A photo of *Edgeworthia chrysantha* Lindl. paper seen through the light

第二节

开化县
开化纸

浙江省
Zhejiang Province

衢州市
Quzhou City

开化县
Kaihua County

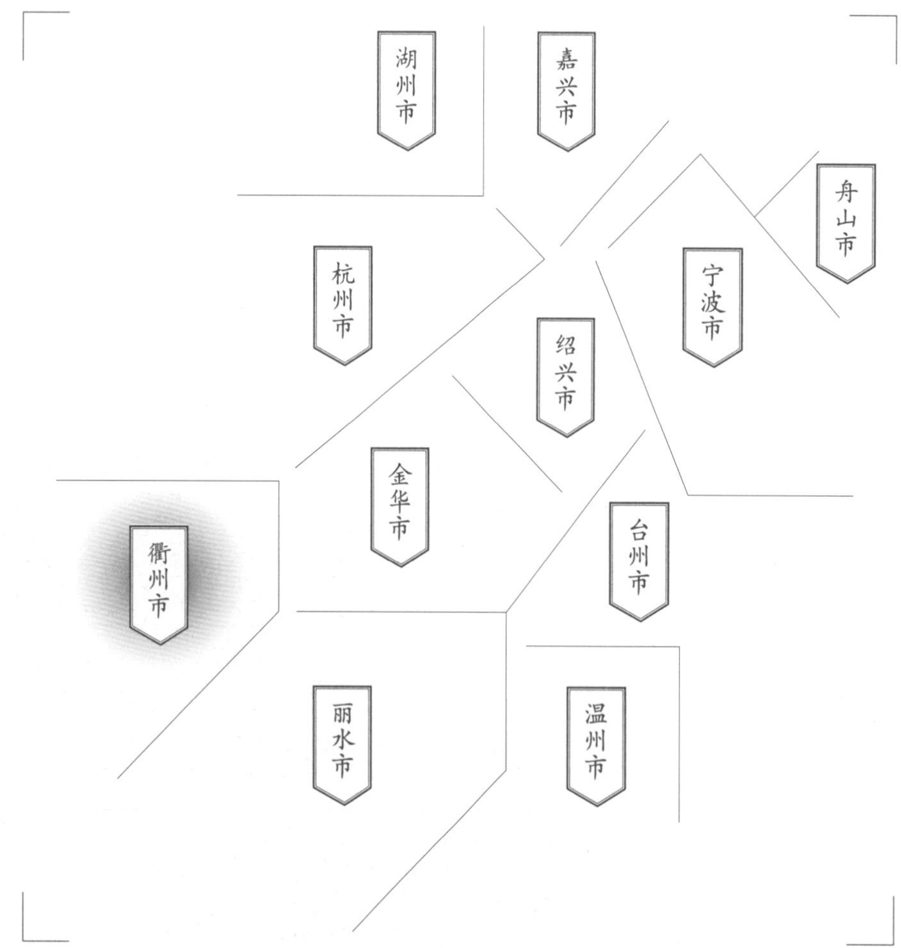

调查对象
华埠镇开化纸研究中心
村头镇形边村
开化纸

Section 2
Kaihua Paper in Kaihua County

Subjects

Kaihua Paper in Kaihua Paper Research Centre of Huabu Town
Kaihua Paper in Xingbian Village of Cuntou Town

一 开化县开化纸的基础信息及分布

1 Basic Information and Distribution of Kaihua Paper in Kaihua County

根据部分文献记载和民间传言，开化纸产于今衢州市的开化县，从概念上说，开化纸有开化造的纸与开化贡纸两种，其内涵并不相同。开化造贡纸并成为高端名纸的历史最早可以上溯到明代中晚期，其业态在清代康熙至乾隆年间达到高峰，是一种著名的高档古籍印刷用纸，属于御用贡纸系列。但开化贡纸制作技艺至清朝晚期已经几近失传，至调查时至少中断了百年的时间。

2016年11月4～6日，调查组入开化县探访调查，发现开化全县只有黄宏健1户在从事开化纸的生产技艺恢复及开化贡纸复原的试验工作，其从事这项工作的时间跨度只有4～5年。2016年11月4日，调查组前往华埠镇溪东村对黄宏健主持的开化纸研究中心（纸坊）进行调研，该实验纸坊位于东经118° 17′ 14″，北纬28° 57′ 51″。

⊙1

⊙1 华埠镇溪东村边的河水与远山 River and mountain near Xidong Village of Huabu Town

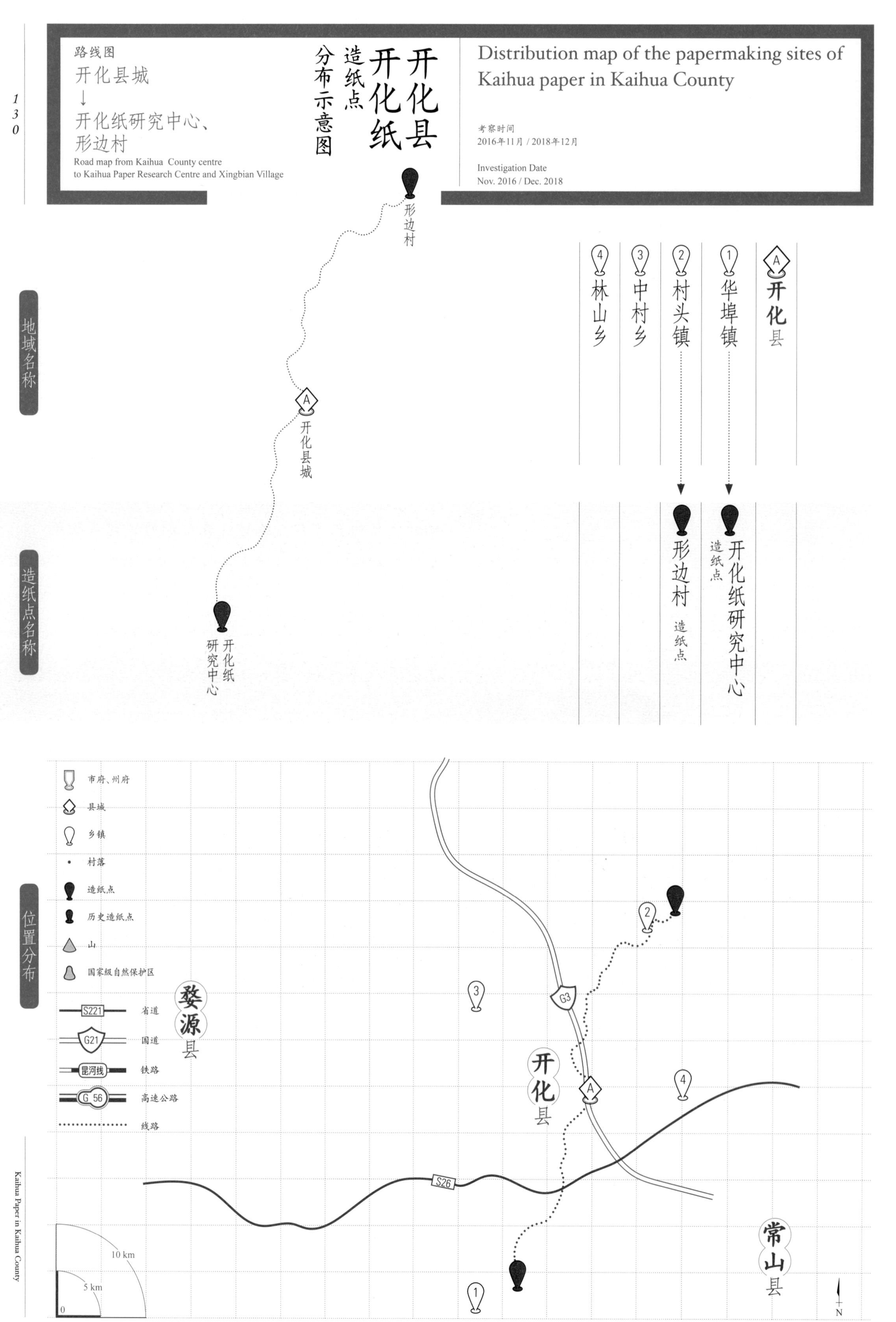

路线图
开化县城
↓
开化纸研究中心、
形边村
Road map from Kaihua County centre
to Kaihua Paper Research Centre and Xingbian Village
开化县
开化纸
造纸点
分布示意图
Distribution map of the papermaking sites of
Kaihua paper in Kaihua County
考察时间
2016年11月 / 2018年12月
Investigation Date
Nov. 2016 / Dec. 2018
形边村
开化县城
开化纸研究中心
地域名称
造纸点名称
位置分布
开化县
华埠镇
村头镇
中村乡
林山乡
开化纸研究中心 造纸点
形边村 造纸点
市府、州府
县城
乡镇
村落
造纸点
历史造纸点
山
国家级自然保护区
S221 省道
G21 国道
昆河线 铁路
G 56 高速公路
线路
婺源县
开化县
常山县
G3
S26
10 km
5 km
0
N

⊙1

调查时黄宏健说，因老家村里旧作坊的生产条件和设备简陋，在县政府和复旦大学中华古籍保护研究院的支持下正在建设开化纸研究中心，其造纸作坊面临搬迁而处于非正常生产状态。黄宏健向调查组成员展示了造纸原料和若干造纸设施（包括纸槽、烘墙），并做了抄纸工艺演示。2017年3月24日，调查组负责人受邀参加开化纸研究实验室·杨玉良院士工作站启用仪式，实地考察了开化纸研究中心，较详细地现场观察了原料、设备与工序展示，以及研究实验，但因开化纸研究中心处于启动之初，未见到现场操作流程。

⊙2

2018年12月19日调查组回访时，开化纸研究中心虽仍在完善中，但院士工作站、手工纸实验室、展示厅等基础设施已建设完毕，黄宏健表示将在2019年增加1 333.4 m^{2}土地用于建设生产性厂房，继续扩大研究中心的规模。

2016年11月6日，调查组前往开化县内的村头镇形边村，对开化纸“非遗”传承人余丹丹及其丈夫徐志明进行访谈。该村地理坐标为：东经118° 30′ 8″，北纬29° 17′ 41″。调查时，余丹丹和

⊙3

⊙4

⊙1/2
建设中的开化纸研究中心（2016年11月）
Kaihua Paper Research Centre under construction (Nov. 2016)

⊙3/4
初步建成的开化纸研究中心（2018年12月）
Newly-built Kaihua Paper Research Centre (Dec. 2018)

徐志明自述已有十余年没有造纸了。

开化县位于浙江省西部钱塘江的源头地带，森林覆盖率达80.7%，属亚热带季风气候，四季分明，冬暖夏凉，降水丰沛。全县拥有133.34 km^2原始次生林，生物丰度、植被覆盖、大气质量、水体质量均居全国前10位；2015年出境水质Ⅰ、Ⅱ类占比为98.3%；空气优良率为99.4%；年平均负氧离子浓度为3 715 个/ cm^3，大幅超出世界卫生组织界定的清新空气的标准（1 000～1 500 个/ cm^3），空气清新度特优。县城PM 2.5均值26 μg/ m^3，排名浙江全省第一。

⊙1

⊙1
形边村的路旁民居
Residences along the roadside in Xingbian Village

二 开化县开化贡纸的历史与传承

2 History and Inheritance of Kaihua Tribute Paper in Kaihua County

根据开化籍作家孙红旗在《开化纸系的神奇》一文中的记述：开化造纸起始于唐宋（不过没有发现明确的信史记载），明清时期达到鼎盛，成为造纸术的典型代表，被当作国家荣誉，或可称“国楮”。明代晚期崇祯朝和清代顺治、康熙、雍正、乾隆诸朝的开化各种方志都介绍开化本邑每年要向北京、盛京（沈阳）进贡开化纸系的贡纸。[5]

清代图书典籍宏博，从顺治朝至宣统朝，清内廷和各省刊行了诸多内府本、赞撰本，其中大凡重要著作流行采用开化纸系的写本和刻印本形式刊行。著名的如清代康熙朝的《钦定古今图书集成》《康熙字典》《全唐诗》《御制数理精蕴》，乾隆朝的《四库全书》，嘉庆朝的《钦定全唐文》《钦定续三通》等，多用所称的开化纸刊印。

北京故宫博物院图书馆原馆长翁连溪在《清代内府刻书研究》中称：“顺治朝刻书多采用开化榜纸和白绵纸；康、雍、乾三朝用纸多为近人所称的开化纸。清以来的藏书家、刻印家、纸商、书籍拍卖商及研究人员不约而同地达成共识：唯开化纸为上品。藏书家陶湘喜收藏开化纸系印本，人称‘陶开化’。”因而，开化纸成为文化和历史承传的一种物质性载体，功莫大焉，是中国古纸中的极品。[6]

御選唐詩序
古者六藝之事皆所以
涵養性情而為道德之
助也而從容諷詠感人
最深者莫近於詩故虞

⊙2

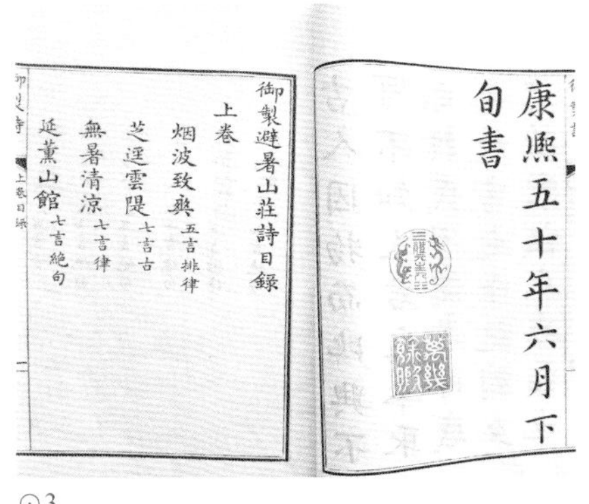
御製避暑山莊詩目錄
上卷
烟波致爽 五言排律
芝逕雲隄 七言古
無暑清涼 七言律
延薰山館 七言絶句

康熙五十年六月下旬書

⊙3

⊙4

⊙5

⊙2/3 康熙朝宫廷用开化贡纸印制的图书
Books printed on Kaihua tribute paper used in the palace during Kangxi Reign of the Qing Dynasty

⊙4/5 《清代内府刻书研究》封面与引文内页
The cover and inside page of *A Study on the Inscriptions of the Imperial Household Department During the Qing Dynasty*

[5] 孙红旗.开化纸系的神奇[J].文化交流,2013(6):48.

[6] 翁连溪.清代内府刻书研究[M].北京:故宫出版社,2013:107.

○1 调查组在形边村开展田野访谈

The investigation team conducting field interviews in Xingbian Village

明代中期以来，一方面开化纸市场需求提升，呈现繁荣景象，另一方面由于贡纸生产负担过重，加之官府、内府对所供榜纸极度浪费，造成优质造纸资源的枯竭。陆容在《菽园杂记》中记述：“每岁官纸之贡，公私靡费无算，而内府贵臣视之，初不以为意也。”官纸随意用来起稿、糊壁、包裹，榜纸肆意充当鳌山烟火、流星爆仗之费，在在皆是。明末清初，由于寇匪蹂躏，邑民逃亡，开化纸的生产一度沉沦，朝廷宪檄查催，依然额办困难，从乾隆六十年（1795年）至光绪朝，《开化旧志》记载，开化纸改实贷为税银交纳国库。清咸丰、同治朝后，开化县域是太平天国运动的主要战场，导致工匠流亡，纸槽彻底废圮。

2008年年底，开化县文化部门开始着手挖掘开化贡纸制作技艺；2009年初，开化县以“开化贡纸制作技艺”之名，向浙江省文化厅申报省级“非遗”，2009年7月，浙江省政府确定开化贡纸为浙江省第三批“非遗”保护项目。开化县政府十分重视这一传统文化工艺，拨专款建立研究中心，支持传承人探索原料配方与开展造纸工艺实验。调查时，黄宏健成为县内恢复制作开化贡纸的唯一造纸人，其在县政府及复旦大学的联合支持下建立了开化纸研究中心。

黄宏健，1973年9月出生于开化县华埠镇，本人和家人并无造纸技艺传承经历。2011年，原本从事餐饮业的黄宏健怀着对家乡开化纸的热情投入到恢复开化纸的制作中，从一无所知到走遍大大小小村落了解开化纸的信息、材料与技艺传说，前往浙江省图书馆、安徽泾县造纸企业、复旦大学等单位探寻开化纸的实物和工艺，到调查时仍在坚持恢复开化纸的试验工作。

2016年11月6日，调查组前往村头镇形边村探访开化纸传承人余丹丹及其丈夫徐志明。徐志明回忆说，徐家在村里从事造纸的年代久远，可以追溯到其父亲以上的5～6代，爷爷的父亲有五六个兄弟。到徐志明能记事起，他的父亲、母亲和姐姐都在从事造纸工作。徐志明的父亲是浙江省级“非遗”开化纸技艺传承人，在世时每年能获得国家“非遗”补助金5 000元。据徐志明回忆，家人是在1966～1967年才停止造纸的。

余丹丹1942年出生，调查时74岁。余丹丹13～14岁时开始学习晒纸技艺，1958年起在乡造纸厂从事了3年的晒纸工作，1961年与徐志明结

⊙1

⊙2

⊙1 开化纸传统技艺研究中心的牌匾
Plaque of Traditional Kaihua Papermaking Techniques Research Centre

⊙2 调查组成员访谈黄宏健（左一）
Researchers interviewing Huang Hongjian (first from the left)

婚。徐志明父亲去世后，因为徐志明曾为公务员同时也缺乏持续造纸经历，余丹丹便继承了非遗传承人的称号和待遇，每年可获得国家“非遗”补助金4 000元。

据余丹丹的说法，她是60岁时才不再造纸的（按照出生时间推算，应该是在2002年前后，但徐家早在1966～1967年即停止造纸，这里尚有衔接不明之处）。徐志明自述5岁开始跟着父亲学习造纸，但参加工作后一直在供销社任职并成为公务人员，因而没有续接家里的造纸祖业，直到退休回村养老。

⊙3

⊙5

⊙4

⊙6

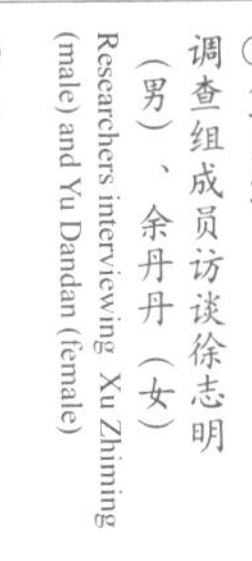

⊙3/5 调查组成员访谈徐志明（男）、余丹丹（女）
Researchers interviewing Xu Zhiming (male) and Yu Dandan (female)

⊙6 徐志明带调查组成员上山找造纸原料
Xu Zhiming taking researchers to look for the papermaking raw materials on the mountain

⊙1

⊙ 1
流经形边村的山间溪流
Mountain stream flowing through Xingbian Village

三 黄宏健新制开化纸的代表纸品及其用途与技术分析

3 Representative Paper, Its Uses and Technical Analysis of the Newly-made Kaihua Paper by Huang Hongjian

（一）黄宏健新制开化纸代表纸品及其用途

2016年调查组调查时黄宏健纸坊恢复制作的开化纸规格为：长90～100 cm，宽50 cm，切两半即为旧日贡纸的规格，即约50 cm×25 cm。黄宏健正在进行古法恢复的开化纸由于仍处于实验期，成品很少，生产出来后并未进入消费市场售卖，而是供复旦大学、中国国家图书馆以及浙江省图书馆进行测试试验和古籍修复与翻印试验等，也有少量用来试验抄写经书、小写意作画。据黄宏健的说法，他的纸坊生产出来的开化纸会先送给北京、上海、杭州的书法家试笔，并根据他们的意见进行改进。

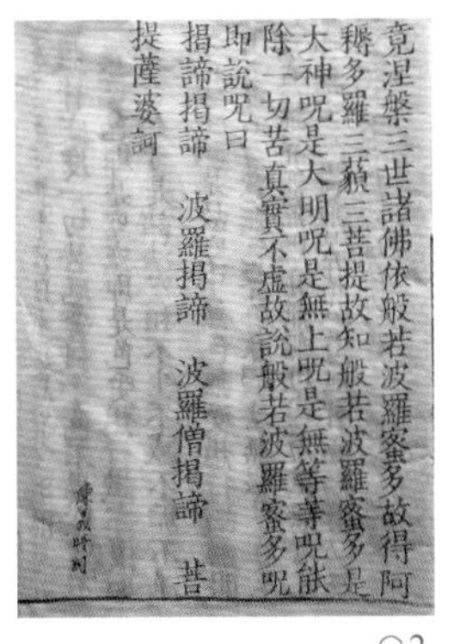
竟涅槃三世諸佛依般若波羅蜜多故得阿耨多羅三藐三菩提故知般若波羅蜜多是大神咒是大明咒是無上咒是無等等咒能除一切苦真實不虛故說般若波羅蜜多咒即說咒曰揭諦揭諦 波羅揭諦 波羅僧揭諦 菩提薩婆訶

⊙2

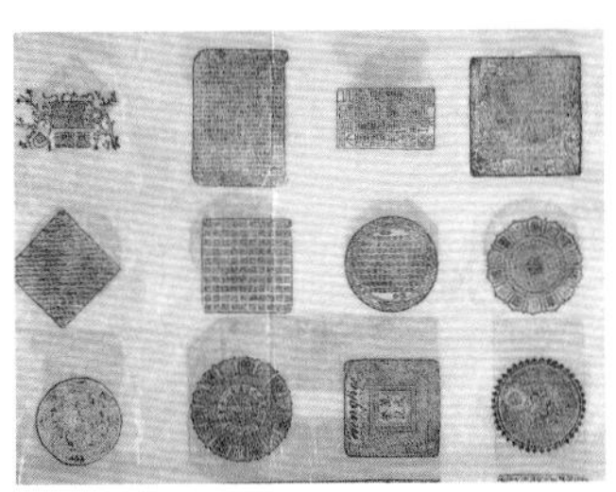

⊙3

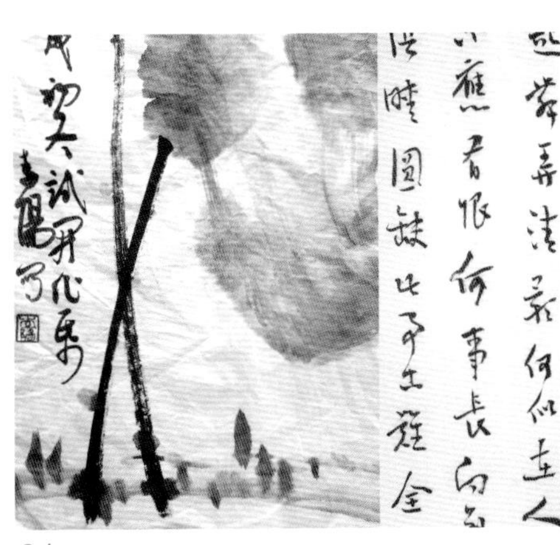

⊙4

⊙2 以试验生产的开化纸试印刷的古籍 Testing ancient works printed on Kaihua paper

⊙3 以试验生产的开化纸试印的印鉴等 Testing seals on Kaihua paper

⊙4 以试验生产的开化纸试纸书画作品 Testing calligraphy and painting works on Kaihua paper

（二）黄宏健新制开化纸代表纸品性能分析

测试小组对采样自黄宏健处的新制开化纸所做的性能分析，主要包括定量、厚度、紧度、抗张力、抗张强度、撕裂度、撕裂指数、白度、耐老化度下降、纤维长度、纤维宽度和润墨性等。按相应要求，每一项指标都重复测量若干次后求平均值。由于纸样很少，采样数量受到限制，其中定量抽取了5个样本进行测试，厚度抽取了5个样本进行测试，抗张力抽取了20个样本进行测试，撕裂度抽取了10个样本进行测试，白度抽取了5个样本进行测试，耐老化度下降抽取了5个样本进行测试，纤维长度测试了200根纤维，纤维宽度测试了300根纤维。对黄宏健新制开化纸进行测试分析所得到的相关性能参数见表2.3。表中列出了各参数的最大值、最小值及测量若干次所得到的平均值或者计算结果。

表2.3　黄宏健新制开化纸相关性能参数
Table 2.3　Performance parameters of newly-made Kaihua paper by Huang Hongjian

指标		单位	最大值	最小值	平均值	结果
定量		g/m²				36.7
厚度		mm	0.104	0.095	0.099	0.099
紧度		g/cm³				0.371
抗张力	纵向	N	33.5	28.4	31.1	31.1
	横向	N	28.4	5.7	23.0	23.0
抗张强度		kN/m				1.800
撕裂度	纵向	mN	414.5	356.8	390.4	390.4
	横向	mN	489.3	401.1	450.6	450.6
撕裂指数		mN·m²/g				11.4
白度		%	74.9	74.2	74.5	74.5
耐老化度下降		%				3.4
纤维	长度	mm	4.5	0.7	2.1	2.1
	宽度	μm	66.5	8.1	35.8	35.8

由表2.3可知，所测黄宏健新制开化纸“开化榜纸”的平均定量为36.7 g/m²。“开化榜纸”最厚约是最薄的1.09倍。经计算，其相对标准偏差为0.024，纸张厚薄较为一致。通过计算可知，黄宏健新制开化纸紧度为0.371 g/cm³，抗张强度为1.800 kN/m。所测黄宏健新制开化纸的撕裂指数为11.4 mN·m²/g。

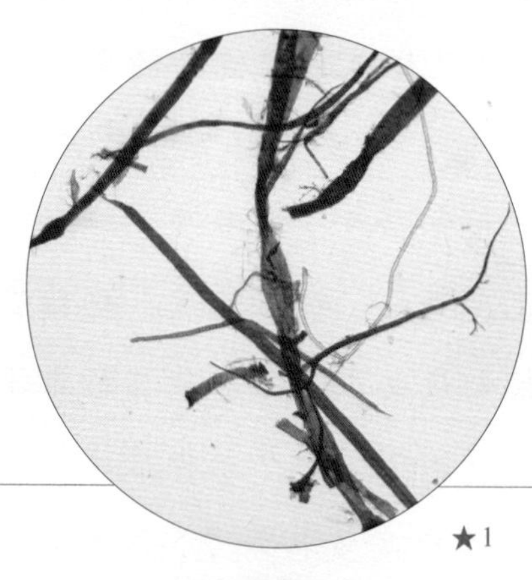

★1

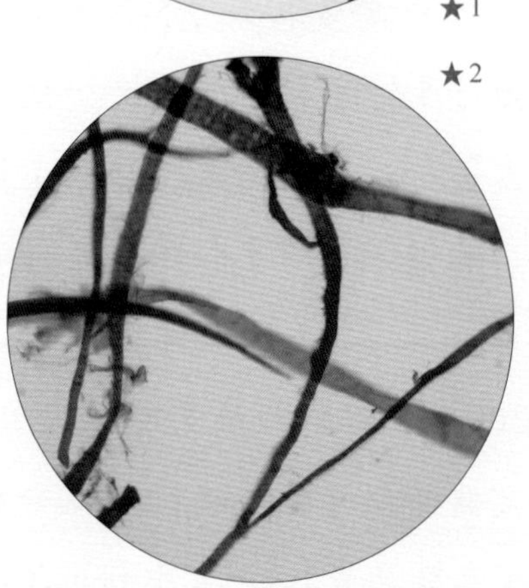

★2

所测黄宏健新制开化纸的平均白度为74.5%。白度最大值是最小值的1.009倍，相对标准偏差为0.002。经过耐老化测试后，耐老化度下降3.4%。

黄宏健新制开化纸在10倍和20倍物镜下观测的纤维形态分别见图★1、图★2。所测黄宏健新制开化纸纤维长度：最长4.5 mm，最短0.7 mm，平均长度为2.1 mm；纤维宽度：最宽66.5 μm，最窄8.1 μm，平均宽度为35.8 μm。

★1　新制开化纸纤维形态图（10×）
Fibers of newly-made Kaihua paper (10× objective)

★2　新制开化纸纤维形态图（20×）
Fibers of newly-made Kaihua paper (20× objective)

⊙1　新制开化纸润墨性效果
Writing performance of newly-made Kaihua paper

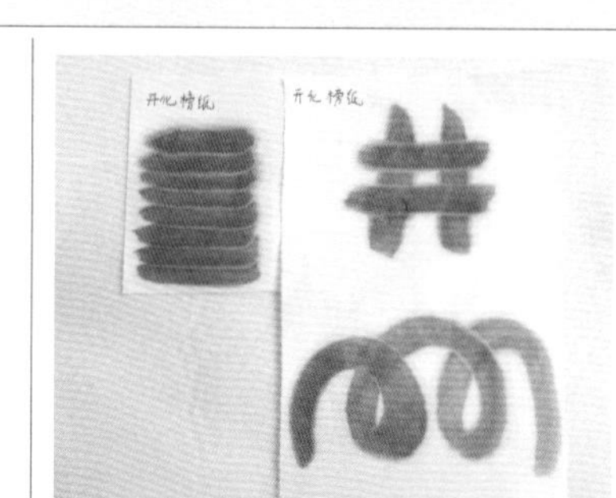

⊙1

四
开化纸的生产原料、工艺与设备

4
Raw Materials, Papermaking Techniques and Tools of Kaihua Paper

（一）新、旧开化纸的生产原料

1. 黄宏健新制开化纸的主料

调查时黄宏健自述他造开化纸的主料是山棉皮，配料会加竹浆等，但由于在试验阶段，具体的情况和配比没有透露。山棉皮为瑞香科植物，学名为*Wikstroemia monnula* Hance，亚灌木状，主产地为广东、广西、贵州、浙江几省区，其树皮为传统的优质造纸原料。

2. 旧日造贡纸的原料传说

访谈中徐志明对历史上开化贡纸所用原料提出了不同说法，他的表述是：最好的原料叫“黄构皮”，是长在悬崖边的小灌木，但“黄构皮”在徐志明爷爷造纸时就已经极为稀少。晚清至民国前期的开化纸为“花皮”所做的纸，后期也会加入一定量的“野皮”，当时人们称由“花皮”和“野皮”混合造出来的纸为绵纸。1949年后，开化当地采用100%“野皮”做纸，徐志明的记忆中当时这种纸被称为“玉山纸”。

至于当地为什么不称“开化纸”而称“玉山纸”，从地缘来看，江西省的玉山县离开化县很近，是因为历史上玉山县就是这种纸的主产区？还是以玉山县作为销售的集散中转地？面对调查组的进一步探寻，徐志明表示他也弄不明白。

对于“黄构皮”“花皮”和“野皮”的准确植物学名称，前两者只是记忆中老辈人说的名称，后者调查组成员通过使用“形色”软件对徐志明家从山上移种的植株和叶子进行识别，判断应该为瑞香科的植物。不过，上述三种原料到底与山棉皮有无关联或哪一种就是山

⊙2

⊙3

⊙2/3 徐志明家种植的『野皮』
"Ye Pi" (wild bark) planted by Xu Zhiming

棉皮，调查组尚无法断定。

3. 辅料

（1）纸药。在对徐志明的访谈中获知，他们村里造玉山纸用的纸药比较丰富，可选用猕猴桃藤、毛冬青、苦栗根、榆树根、龙头皮（现场考察即青桐），徐志明介绍最好的纸药是榆树根。

（2）石灰。据徐志明的说法，制造开化纸需要使用石灰，民国以前用柴火烧制石灰，因此里面有草木灰成分，后来用煤，里面有硫黄等成分，所以在一定程度上影响了开化纸的质量。

（3）水。根据黄宏健长期的测试数据，作坊用水pH受季节影响波动很大，丰水期为7.2～7.6，枯水期为6.5～6.8，一般为6.8～7.2。

⊙1
山棉皮植株
Wikstroemia monnula Hance (raw material for papermaking)

⊙2

⊙3

⊙2/3 村外河边的『龙头皮』
"Long Tou Pi" along the river outside the village

（二）黄宏健新制开化纸的生产工艺流程

根据黄宏健的介绍，结合在现场的调研及徐志明对旧日工艺的若干补充，新制开化纸的生产工艺流程可归纳为：

壹	贰	叁	肆	伍	陆	柒	捌	玖	拾	拾壹
采皮	蒸煮	剥皮	煮料	洗料	打浆	添加纸药	捞纸	压榨	烘纸	检验

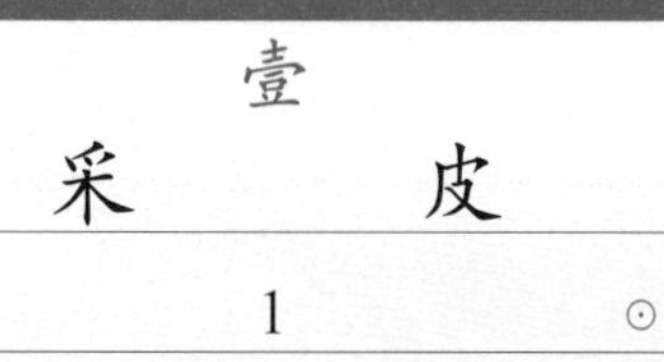

壹 采皮

1 ⊙1

每年清明左右去山上采山棉皮，因为清明左右的山棉皮最利于采摘，清明再过20天后由于过了最佳采料期，便不再集中采摘。2015～2016年采皮工人的工资是250元/天。据黄宏健介绍，采摘地点是开化县附近海拔800～1 500 m的山上，这些山山势陡峭，岩石裸露部分较多，土质为酸性。黄宏健纸坊2015～2016年一年采摘的干料约为100 kg，干料最大的获得率约为18%。

调查时徐志明补充：春秋天时一般采的是“野皮”，秋天以后采“黄构皮”，冬天采当时的“花皮”。

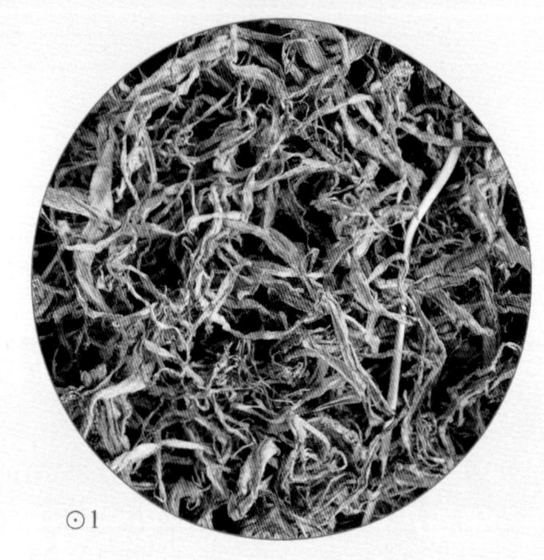

⊙1

贰 蒸煮

2 ⊙2

蒸煮的目的是去掉外皮的黑壳。据黄宏健的说法，一般将山棉皮用锅煮至一定温度，煮好的标准是从锅中随机取出一块可很容易地去掉外皮。据黄宏健介绍，他最长蒸煮时间为20小时，最短时间为10小时，大约每8小时查看一次。蒸煮时要将老树皮与嫩树皮分锅煮。

传统做法是采完皮后将皮捆起来，用锅煮1天、焖1夜，木锅的尺寸是上部直径约2尺4（约80 cm），下部直径约3尺（约100 cm）。

⊙2

⊙1 山棉皮干料 Dried *Wikstroemia Monnula* Hance

⊙2 开化纸传统技艺研究中心仿建的木锅 Imitated wooden boiler in Traditional Kaihua Papermaking Techniques Research Centre

⊙3

叁 剥皮

3

树皮煮好后第二天开始剥皮。通常从附近请短工剥皮与撕皮，2016年女工的工资为90元/天。工人将皮料撕成小料并捏做成团，放到蒸锅中加石灰蒸煮。

肆 煮料

4

⊙3

在蒸锅底部放入石灰并搅拌均匀，然后把撕好的皮捆扎后放入锅中蒸煮。1捆约10 kg，根据树皮老嫩程度放入不同量的石灰，封起来焖煮1天。通常煮两次，焖12小时后拿出，晒干，漂洗干净。如果发现蒸煮得不到位也可再煮一次。

伍 洗料

5

⊙4～⊙10

将浆料用洗料的布袋子装起来放入流动的河水中用力清洗，洗料的时间大约持续1天，洗完后仔细挑选出残存的杂质，将洗后的浆料放进纸槽捞纸。徐志明叙述的传统工艺是：将煮好的皮料用流动的清水漂干净，再将漂干净的料拣壳去杂质，1名女工1天大约可以给4～5捆材料拣壳，之后将其摊在河滩边晒7天左右，冬天晒最好，如果遇到阴雨天需要将其收回。调查组回访时了解到，黄宏健做开化纸的晾晒环节也已经进行了调整：洗净去杂质的皮料捣烂放在大纸槽中，用木条和布组成的架子将皮料捞出，置于河边的鹅卵石上滤干水分，在阳光下晾晒2～3个月，皮料颜色转为白色时方可使用。晾干后还要再放到水里过一下以使皮料保持一定的水分，有助于保持最终纸品的白度。因此也有了“日晒雨淋，不计时，以白为度”的说法。

⊙4

⊙5

⊙6

⊙7

按照徐志明的说法，这时需要再将装在大袋中的料放在水碓下，用脚踩着水碓清洗，一般早上3点开始洗，洗到早上七八点结束。一般来说，“花皮”一次性即可洗好，“黄构皮”则需要多洗几次。接着将料放在灶房的大缸里用槽棍捶打，打到近似于煮好的稀饭一样的糊状即可。

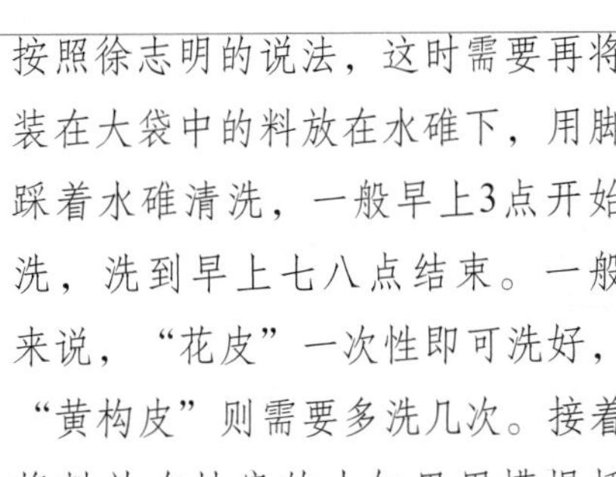

⊙8

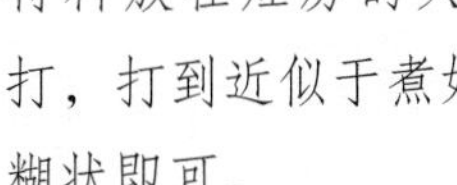

⊙9

⊙10

⊙3 煮料后晾晒的皮料 Bark materials after boiling and drying

⊙4/10 徐志明演示并讲解流水洗料 Xu Zhiming demonstrating and explaining the cleaning procedure

陆

打　浆

6　⊙11

纸的品质的关键在于制浆，因而打浆的步骤非常重要。开化纸采用的是手工打浆，其做法是将料放在灶房的大缸里用槽棍捶打，打到近似于煮好的稀饭一样的糊状，感知标准是捞出一团料放在水里能化开并能看到纤维，且纤维能快速全部分散便可使用。

⊙11

柒

添加纸药

7　⊙12

捞纸所需的纸药可用杨桃藤枝制作，将其插在水里可以保存1～2个月，一般捞一刀纸需要2碗（小茶碗）纸药液，纤维越粗糙需要的纸药越多。徐志明说，当地春天到夏天期间使用较多的是“龙头皮”。需要注意的是，纸药原材的浸出液一定要搅匀，所以一般需要打1 000次以上，达到比较通透的程度，如果捞出的纸膜太薄则需再加纸药液。

⊙12

⊙13

⊙14

捌

捞　纸

8　⊙13⊙14

徐志明的说法是，形边村过去传下的贡纸传统是每一贡纸户每年定额上贡300张，其余则可自行销售。有记忆的传统是一年正常捞5次，一般是在10月到来年6月捞纸，产量各户自定。按照全劳力全天候劳动标准，使用“野皮”大约每天能捞1 000张，使用“黄构皮”每天能捞500～600张，因为“黄构皮”主要用于造贡纸，品质与工艺要求比较高，因而操作起来需要更加细心。

玖

压　榨

9　⊙15

开化纸压榨采用的是木榨。开化纸研究中心使用的压榨方法沿袭过去的古法，依据古法的工艺能够更好地控制方向和力度。单次压榨纸张不应超过600张，且压榨不是一次成型，每次压榨后要滤水，滤水的时间依操作者经验不同而有所区别。通常完成压榨需要半小时。

⊙15

⊙11 捶打后的纸浆 Paper pulp after the beating Procedure

⊙12 泡纸药的木桶 Barrels for making papermaking mucilage

⊙13/14 黄宏健在捞纸 Huang Hongjian scooping and lifting the papermaking screen out of water

⊙15 研究中心内的传统木榨 Traditional wooden squeezing device in the research centre

拾
烘　　纸

10　⊙16

访谈中了解到的古法是：毛边纸料的四边需要切边，切到没有毛边为宜。再用一块平的木条沿皮纸的四边刮一遍，这个过程称为松纸起头。皮纸的黏性较大，且并不是一次抄纸成型，捞出的纸易产生毛边。在确认皮纸没有毛边后，用一个小镊子将纸掀起来以正面贴于焙墙上，从反面开始刷纸。一面土焙墙大约贴20张纸，贴纸上墙的时候要一张一张贴。土焙墙温度比较适宜，约在60 ℃，通常20分钟之后纸才会干。土墙烘纸需燃烧大量的柴火，面临环境保护的压力。2018年开化纸研究中心以电焙墙替代土焙墙，使用加热循环水的电焙墙受热更均匀，能满足皮纸烘纸一般不超过40 ℃的需求。现有电焙墙单边可同时烘12张纸，单次烘纸虽少于土焙墙，却更加节省成本。

⊙16

拾壹
检　　验

11　⊙17⊙18

对烘好的纸进行检验，挑出不合格的纸，对于合格的纸按照客户要求打包。

⊙18

⊙17

⊙16
研究中心内的烘焙间
Drying room in the research centre

⊙17/18
黄宏健在检验纸样
Huang Hongjian checking the paper

（三）开化纸的主要制作工具

壹 洗料袋 1

用来洗料的布袋子。实测开化县村头镇形边村徐志明家洗料袋的尺寸为：长188 cm，直径72 cm。

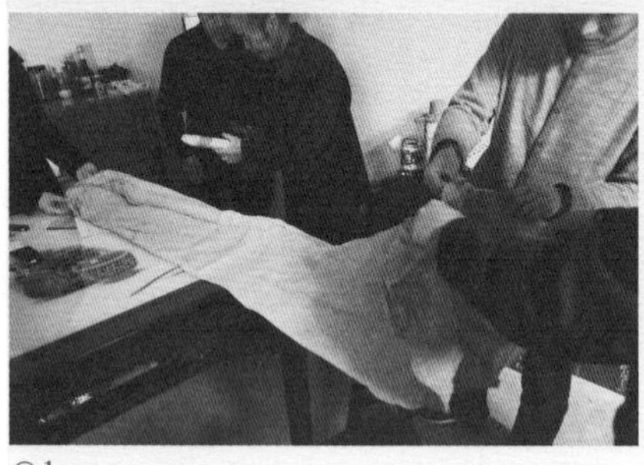

⊙1

贰 纸帘 2

捞纸工具，用于形成湿纸膜和过滤多余的水分。实测徐志明家压榨时放在木板上作底垫的纸帘尺寸为：长65 cm，宽51 cm，厚4 cm；抄纸时用的纸帘尺寸为：长90 cm，宽58.5 cm。调查中余丹丹介绍，她们家的旧纸帘是在衢州市的制帘户处定做的，单价1 000元一张。2018年12月回访时实测开化纸研究中心使用的纸帘尺寸为：长115 cm，宽61 cm。

⊙2

叁 木锤 3

用来敲打皮料。实测黄宏健纸坊木锤尺寸为：柄长55 cm，柄直径2.5 cm，锤直径13 cm，锤厚14.5 cm。

⊙3

肆 石台 4

敲打皮料的石台，石质，表面有不规则条纹，通过在石台上的捶打可以让皮料纤维更紧密。实测黄宏健纸坊所用石台尺寸为：直径45 cm，高12 cm。

⊙4

伍 纸槽 5

盛放纸浆的工具，方形，捞纸工站在侧边进行工作。实测黄宏健纸坊实验用纸槽尺寸为：长121 cm，宽100 cm，高34 cm，厚10 cm。

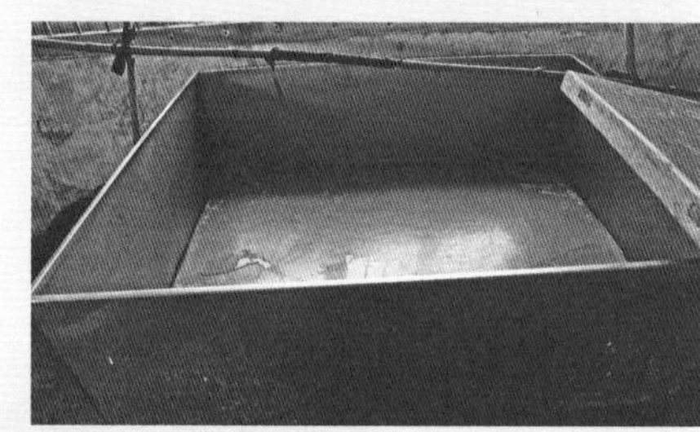

⊙5

陆 焙墙 6

用于烘纸的设施，梯形，烘纸工站在焙墙边进行操作。实测黄宏健纸坊工作用焙墙尺寸为：长273 cm，上宽24 cm，下宽45 cm，高169 cm。

⊙6

⊙1 徐志明家的洗料袋 Bag for cleaning the papermaking materials in Xu Zhiming's house

⊙2 徐志明家保留的损坏的旧帘 Old broken papermaking screen kept by Xu Zhiming

⊙3 研究中心的纸帘 Papermaking screen kept in the research centre

⊙4 研究中心的木锤和石台 Wooden mallet and stone table in the research centre

⊙5 黄宏健纸坊的捞纸槽 Papermaking trough in Huang Hongjian's paper mill

⊙6 电焙墙 Electronic drying wall

五 开化纸的市场经营状况

5 Marketing Status of Kaihua Paper

历史上著名的开化贡纸的古法制作工艺失传已久，其材料、产区的确定当前仍处于众说不一的状态，并且开化贡纸只是用于印制古籍图书和珍藏，早已不再流通于市场。调查时黄宏健纸坊试验恢复生产的少量开化新纸只供给特定的大学、图书馆等单位进行测试实验和古籍修复与翻印试验等，也有少量的试制品送给北京、上海、杭州的书法家试笔以便于改进，属于产品开发阶段，因而未有市场销售数据。

2018年12月调查组通过回访了解到，在复旦大学杨玉良院士团队的帮助下，开化纸研究中心所制开化纸品的帘纹、白度与使用寿命等指标都有很大的提高，并开发出薄型修复用纸、典籍印刷用纸、版画等书画用纸三类新产品。

⊙7

⊙8

⊙10

⊙9

⊙ 7/10 试验生产中的开化纸传统技艺研究中心大门与内景
The gate and the interior view of Traditional Kaihua Papermaking Techniques Research Centre

黄宏健向回访人员表示：2019年研究中心的工作重点是在年底前搭建完整的开化纸指标体系，同时进行产业化发展。产品定位是：开化纸不面向大众群体销售，仅面向小众高端客户生产。计划同故宫博物院、荣宝斋、金陵刻经处等单位合作推出一些高端的文创艺术品，在力所能及的前提下，满足国家图书馆、中央美术学院、中国美术学院等单位的定制纸的需求。

⊙1

⊙2

⊙1/2
研究中心试验生产的样纸
Sample paper made by the research centre

六 开化纸的文化传说与造纸事象

6 Cultural Legends and Papermaking Stories of Kaihua Paper

（一）文化传说

1. 开化本土长篇文学作品《国楮》

《国楮》是由浙江公安文联作协主席孙红旗先生创作的长篇小说，小说以开化榜纸生产为主要题材，讲述了乾隆三十年至四十七年，衢州府“绍熙纸行”老板徐廷誉和他的两个儿子继承抄纸祖业，历经诸多困难险阻后，上贡开化榜纸的故事。《国楮》中的“楮”指的是一种名为楮的灌木植物，楮皮纤维丰富，多作为原料用于造纸，可使造出的纸张更具有韧性。这一点在小说中也常有体现，如第十九章中，绍熙纸行的纸工林叔对安徽学政朱筠介绍“绵纸”：“绵纸在浙江一带叫‘皮纸’或‘藤纸’，多以楮皮等为原料，细柔韧性。”[7]

2. 采山棉皮的故事

开化县的老人谢水根在衢州新闻网（2018年10月21日）撰文回忆少年时代在老家山村里采集造纸原料山棉皮的往事：

在计划经济年代，山棉皮是供销社收购的土特产中的一个重要品种。

放假挣钱的那几天早上，母亲天未亮就起床，为我和父亲做带上山吃的米饭团或玉米粿，用一层层的破旧布裹起来延长热气。我们结伴十多人一起出发，徒步十多里的羊肠小道，到了目的地后，一人一条山坞，个个像猎人跟踪野猪一样进入树林中。在密密麻麻的树林里，要采到山棉皮何等不容易。山棉皮树树干矮又小，只能聚精会神寻找树木的茎部，站在高处往下仔细看以分辨山棉皮的树叶，不让山棉皮树从眼皮底下“逃走”。在满头大汗、

[7] 孙红旗.国楮[M].杭州:浙江文艺出版社,2015:177.

气喘喘地看到一株山棉皮树时，像肉搏战一样跨上前把山棉皮树连根拔起来。有时也会碰到一个多小时看不到一株山棉皮树的情况，但一点也不气馁，坐下抽几斗旱烟后继续寻找。当然也有碰上好运气时，一处就能找到不少山棉皮树。

采山棉皮树，被虫咬、野蜂蜇是常有的事，有的人脚或手还会被毒蛇咬伤，严重的甚至致残。尽管这样，我们还是“明知山有虎，偏往虎山行”。因为一天能采到二十斤以上的山棉皮树，七斤山棉皮树能得干熟皮一斤，五尺长以上的甲级干熟皮每斤七角钱，四尺长以上的乙级干熟皮每斤六角钱，四尺长以下的丙级干熟皮每斤四角钱。一天能挣到两元钱就好极了。

山棉皮树采回后，只能说钱刚挣到百分之七八十，还得在当天晚上或次日把山棉皮树圈在圆木桶里，木桶口倒放在铁锅里用旺火蒸一个多小时，将山棉皮蒸熟。蒸熟的程度有讲究，如蒸得太熟了剥皮时皮易断；如蒸得不熟剥皮时皮难剥下来，有一层皮黏在树枝上，会影响脱皮率。皮剥下来后，还要把皮上一层稀薄黑色的壳去掉。去这层壳跟山棉皮蒸熟的程度有密切的关系，未蒸熟的去壳很费工夫。一般一个木桶能圈下三十斤左右的山棉皮树，蒸熟后剥皮、去壳这两道工序，单凭一人做，需要四五个小时才能完成。因而白天家中一人去采山棉皮，晚上家里的男女老少也派上了用场。我弟妹多，有他们帮忙，一桶山棉皮蒸熟后，一个多小时就忙好了。在这期间，还要搞点小动作，将剥断的山棉皮接起来，晒干皮卷缩后看不出破绽，卖时能抵得上甲级皮。也有接得不到位的，被精明眼亮的收购站人员看出来。

⊙1

⊙1 调查组上山找山棉皮
Researchers searching for *Wikstroemia monnula* Hance on the mountain

光阴似箭。如今社会发生了翻天覆地的变化，山棉皮早在30多年前就没人去采了。

（二）造纸事象

1. 抄纸之术不得外传

孙红旗在《国褚》一书中介绍，开化造纸工艺——抄纸之术不得外传，传男不传女，倘若只有女儿，哪怕是倒插门女婿，也不传女婿而传外孙。造纸中的很多环节都是体力活，承担造纸行业主要工序的匠人大多以男性为主。古时造纸竞争激烈，造纸配方难以检验，使用何种纸药、纸料比例都是自家造纸的机密。嫁出去的女儿就像是泼出去的水，被认为是“外面”的人，造纸机密不能外传，因此不得传女。若女儿不外嫁，造纸技艺也是不传给上门女婿的，但生下来的外孙因为是跟母家姓，是可以传授造纸技艺的。虽然核心技艺不可以传授，但是女儿和上门女婿是可以学习烘纸等简单工艺的。

2. “正宫”号

据徐志明的说法，彤边村一带造开化贡纸的

⊙2

繁荣期主要在清朝的康熙至乾隆年间，据说康熙皇帝用纸一定要用开化纸，因此即便遇上天灾，村里也得交出每年定额的贡纸。民国期间老辈人传下的说法是，康熙至乾隆年间每个村子每年交500刀，作为上交贡纸的回馈，村子就不用交税了。徐志明特别自豪地强调，民国年间他爷爷是村里造纸造得最好的人，其创立的“正宫号”开化纸行向全国各地销售开化纸。

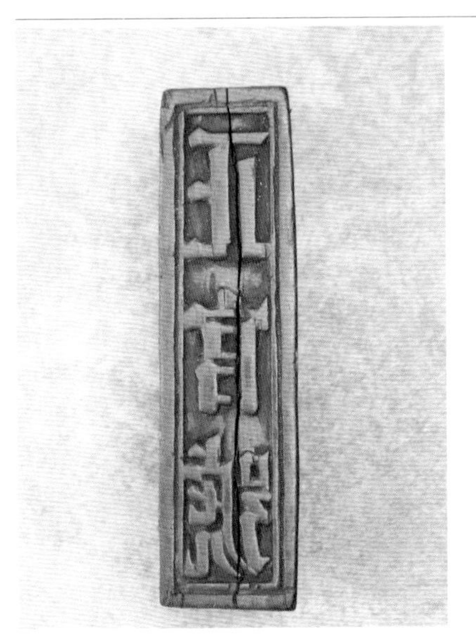

⊙3

⊙4

⊙2
《国楮》书影
A photo of *Guo Chu*

⊙3
徐志明爷爷所用的旧日纸号的章
Old seal used by Xu Zhiming's grandfather in the past

⊙4
采集回纸坊的山棉皮
Wikstroemia monnula Hance collected in the paper mill

七
开化县开化纸的业态传承现状与发展思考

7
Reflection on Inheritance and Development of Kaihua Paper in Kaihua County

开化纸是明清两朝名贵的宫廷用纸之一，是历史上闻名遐迩的珍贵造纸文化遗产，可惜贡纸制度中断已久，民间造纸工艺的延续也断了30年以上，因此恢复其生产的价值自然无需多言。

21世纪初，开化县政府相关部门出资支持开化纸传承人进行古法制作技艺的恢复与探索。开化县文化部门从2008年年底开始着手挖掘开化纸制作技艺，寻访开化纸传人，探寻开化纸产地遗留的纸槽和抄纸工具，对生产纸的采料、炊（煮）皮、沤皮、揉皮、打浆、洗浆、配剂、舀纸、晒干以及收藏保存等工序进行了尽可能详尽的记录与整理。2009年，浙江省政府确定开化纸制作技艺为浙江省第三批“非遗”，十分重视这项传统文化。[8]

开化县政府在前期对黄宏健纸坊提供基础支持后，又免费提供了约1 300 m²的土地，不包括设备投入计价约200万元人民币。开化县政府与复旦大学联合成立院士工作站，工作站于2016年12月15日启用，主要目标是引入分析和测试等现代技术手段，支撑高水平开化纸的现代性重生。2017年11月24日，第一届古籍写印材料国际研讨会在开化县开幕，会后来自国内外的专家学者共同参观了开化纸研究中心与院士工作站，观摩了最新研制的古籍修复用纸。

调查组认为，开化县政府与复旦大学联合设立的产学研基地是促进开化纸产业现代化发展的一种有益探索与尝试。开化纸作为明清时期的一种名贵的宫廷用纸，是中国手工纸技艺发展史上不可或缺的组成部分，其技艺精湛、品质高贵，恢复造纸工艺的挑战是巨大的，单靠传统民间技

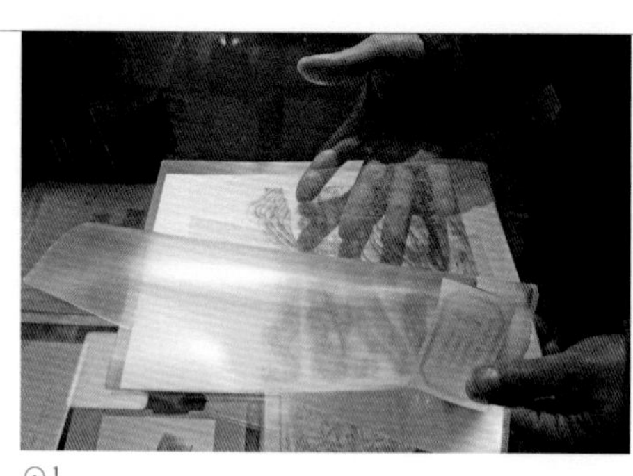

⊙1

⊙2

⊙1
新制作的古籍修复用纸
Newly-made paper for repairing ancient books

⊙2
《四库全书》中对于开化纸的记录
Record of Kaihua paper in *Siku Quanshu* (*Complete Library in the Four Branches of Literature*)

[8] 孙红旗.开化纸系的神奇[J].文化交流,2013(6):49.

艺传承已经很单薄的小纸坊体系很难支撑。通过新型工艺技术平台和人才团队的协同，将历史名纸传统制作工艺的复原探索与前沿技术的实验研究相结合，虽然尚不清楚其后续发展与结果如何，但确实催生出我们对当代手工纸传承发展的新思考。

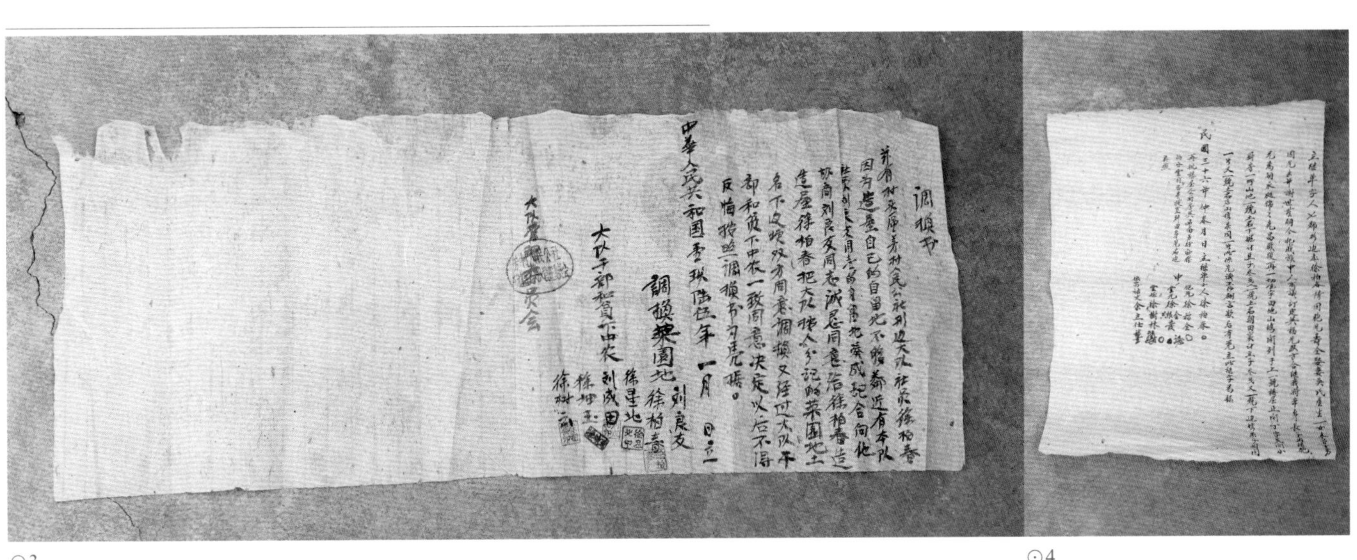

⊙3 ⊙4

⊙5

開化紙之歷史地位

開化紙抄造起始于唐，興于宋，盛于明清。明陸容在《菽園雜記》中記錄了開化紙抄造的全過程；同時記叙了洪武至成化年間内府使用榜紙的狀况。天順大臣倪岳在《青谿漫稿》中描寫過開化紙的故事。清康熙年間開化教諭姚夔寫有《藤紙》詩五首，其《飲和堂集》被收錄于《四庫全書》總目。

近代官私刻家和收藏家，對開化紙十分青睞。大藏書家周叔弢、陶汀等對開化紙情有獨鍾。故宮博物院圖書館館長翁連溪稱：「順治朝刻書多采用「開化榜紙」和「白棉紙」、康雍乾三朝用紙多爲近人所稱的「開化紙」」；沈陽故宮博物院長武斌教授說：「文溯閣《四庫全書》紙張選用的是潔白堅韌的開化榜紙。」上海文史館館長、商務印書館董事長張元濟曾說：「昔日開化紙精潔美好，無與倫比。」

康乾盛世，開化紙在清代的影響力達到了頂峰。許多鴻篇巨著、名貴典籍均爲開化紙的刻寫本，如康熙年間的《古今圖書集成》壹萬卷；《康熙字典》初刻本叁拾陸卷；《全唐詩》玖佰卷；《四庫全書》叁萬柒仟卷等。開化紙是重要的載體，承載了中國上下五千年的人類文明史，成爲中華民族最珍貴的文化遺産。

⊙6

開化紙之價值意義

開化紙最突出的特點是紙張白度的耐久性。衆所周知，古書典籍、史料文獻的保存年限很大程度上取决于紙張的壽命。據資料顯示，康熙年間的開化紙善本現在的生命狀態相當于人的中年，也就是說開化紙的正常壽命可達五、六百年以上。這是相當了不起的事情。

目前，許多國家都面臨珍稀古籍、史料文物老化而物色不到優質紙張來修復、保存的難題。開化紙制作技藝恢復對保護古籍、史料文物方面的貢獻意義非凡，在相關領域將引起全世界的關注。而且在古籍、收藏、書畫等市場前景廣闊。浙江省圖書館希望盡早恢復生産傳統開化紙，用以修復館藏的開化紙古籍。

國家級非遺專家（造紙類）樊嘉祿教授認爲，開化紙是藤紙。目前造紙類國家級傳統技藝非遺項目唯藤紙類是空白的，國内尚未發現其它地方有制作藤紙的技藝，如果開化紙以藤紙項目來申報國家級非遺項目，必能取得事半功倍之效，且意義重大。

歷史給開化紙傳統技藝創造了再現輝煌的機遇。開化紙的恢復，將極大提升開化城市歷史文化内涵，豐富文化旅游資源，擴大國家東部公園的影響力和知名度。

⊙7

⊙ 3/4
历史上用开化纸书写的地契
Title deed for land written on Kaihua paper

⊙ 5/7
开化纸的介绍及恢复过程记录
Introduction and record of recovery process of Kaihua paper

化纸

究中心

Kaihua Paper

of Kaihua Paper Research Centre in Kaihua County

黄宏健新制开化纸透光摄影图

A photo of Huang Hongjian newly-made Kaihua paper seen through the light

第三章
温州市

Chapter Ⅲ
Wenzhou City

第一节

泽雅镇唐宅村潘香玉竹纸坊

浙江省
Zhejiang Province

温州市
Wenzhou City

瓯海区
Ouhai District

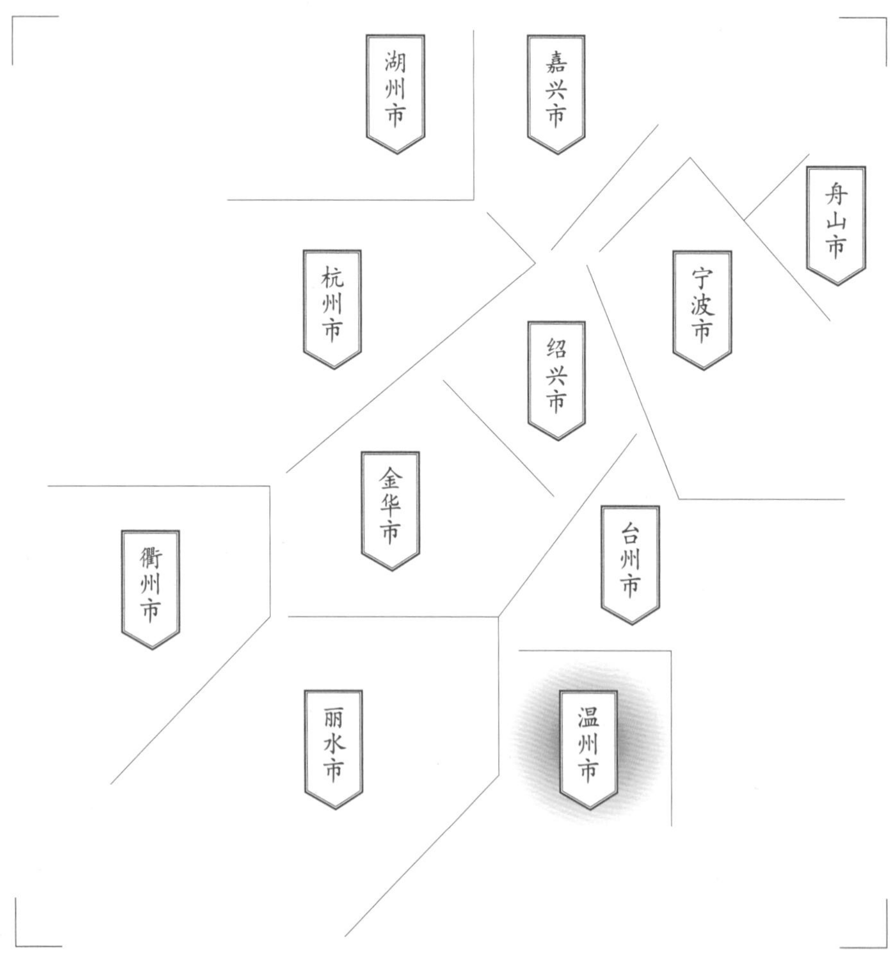

调查对象

泽雅镇唐宅村潘香玉竹纸坊 竹纸

Section 1

Pan Xiangyu Bamboo Paper Mill in Tangzhai Village of Zeya Town

Subject

Bamboo Paper of Pan Xiangyu Paper Mill in Tangzhai Village of Zeya Town

一
泽雅屏纸及唐宅村造纸的基础信息

1
Basic Information of Ping Paper in Zeya Town and Papermaking Practice in Tangzhai Village

泽雅，顾名思义是聚水之地，秀丽之乡，位于温州市瓯海区西部，瓯江支流的戍浦江上游，地理位置为：东经120° 24′，北纬28° 0′。泽雅镇东临三溪平原的瞿溪镇，南连瑞安市湖岭镇，西倚青田县山口镇，北接鹿城区藤桥镇，距离温州市区18 km。泽雅原名“寨下”，是“寨下”温州话发音的音译。

泽雅山区的人们世世代代以造纸为主业，所以泽雅又称“纸山”。据林志文在《泽雅造纸》一书中的记载：泽雅的山山水水之间，曾经建造了555座水碓和上万架纸槽。[1] 过去，在泽雅所辖82个行政村中，有80个行政村建碓造纸，可谓是家家有水碓，户户有纸槽，全民都操造纸之法，“纸山”之称名副其实。

⊙1 泽雅山水风光图 Scenery of Zeya Town

[1] 林志文，周银钗.泽雅造纸 [M]. 北京：中国戏剧出版社，2010：93－155.

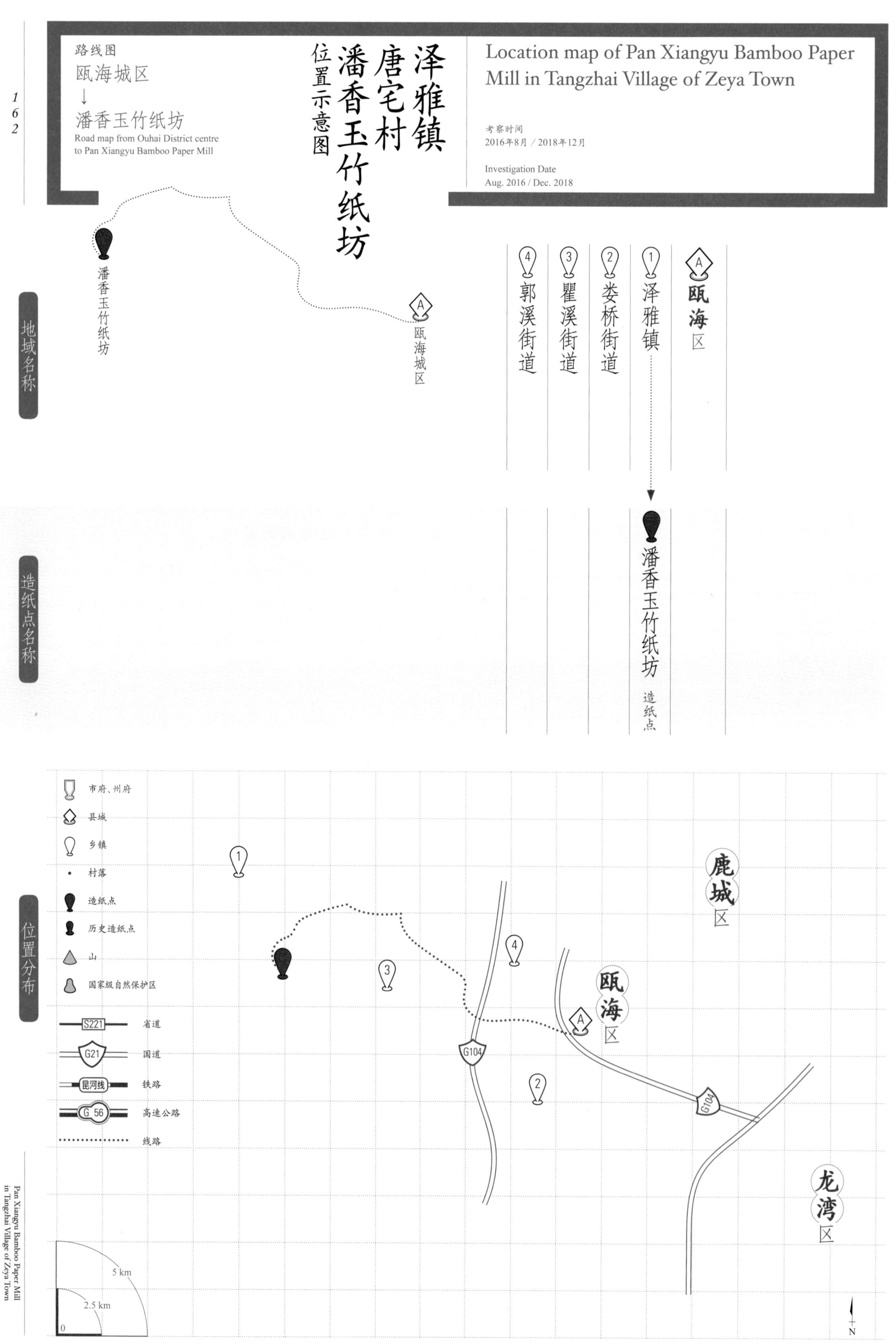

路线图
瓯海城区
↓
潘香玉竹纸坊
Road map from Ouhai District centre to Pan Xiangyu Bamboo Paper Mill
泽雅镇
唐宅村
潘香玉竹纸坊
位置示意图
Location map of Pan Xiangyu Bamboo Paper Mill in Tangzhai Village of Zeya Town
考察时间
2016年8月 / 2018年12月
Investigation Date
Aug. 2016 / Dec. 2018
潘香玉竹纸坊
瓯海城区
地域名称
造纸点名称
位置分布
瓯海区
泽雅镇
娄桥街道
瞿溪街道
郭溪街道
潘香玉竹纸坊
造纸点
市府、州府
县城
乡镇
村落
造纸点
历史造纸点
山
国家级自然保护区
S221
省道
G21
国道
昆河线
铁路
G 56
高速公路
线路
鹿城区
瓯海区
龙湾区
G104
5 km
2.5 km
0
N

泽雅为浙江省历史上著名的竹纸品种——泽雅屏纸的产地，有从宋代延续到现代的著名的“纸山文化”，有“中国造纸术活化石”的誉称。2001年，泽雅四连碓造纸作坊群成功申报并被批准为第五批全国重点文物保护单位，2009年又获国家文物局批复建设“中国传统造纸技术传承与展示示范基地”。同时，泽雅屏纸也是第四批国家级“非遗”保护项目（2007年被列入浙江省级“非遗”名录，2016年被列入国家级名录）。

据陪同调查的泽雅屏纸制作技艺国家级“非遗”传承人林志文的说法，直到20世纪中叶，曾经的泽雅还是家家户户都造竹纸，几乎占到农村家庭的98%，所造主要有传统竹料卫生纸（厕纸）与民俗祭祀焚烧用纸两大类。历史上，泽雅屏纸所用原料包括水竹、绿竹、单竹等丛生竹。2016年调查组入纸山多个村落调查时则已普遍添加机械纸边类杂料。2016年8月获得的信息是，整个泽雅镇只有唐宅村、外水良村、水碓坑村少数农户在制作屏纸，其业态已经大幅收缩。

唐宅村位于温州市瓯海区泽雅镇，地理位置为：东经120°24′58″，北纬28°0′9″。

2016年8月28日，调查组入唐宅村现场考察获得的信息是：唐宅村在通往龙井山的公路旁集中建造有水碓9座、纸槽40多口、腌塘50多个、纸烘1个，共占地2 667 m^2。2014～2015年的年产量约为6 600条（一条4 000张）。2018年12月18日，调查组再次前往唐宅村补充调查时，业态已经更加萎缩，有多家造纸户因各类原因而歇业。

调查组访谈泽雅镇政府相关工作人员获得如下资料：唐宅村有山地63.22万 m^2、园地7.2万 m^2、

⊙1

耕地17.5万 m^2，山多地少，竹林茂密。2016年8月调查时有村民279户共计840人，其中常住人口100多户共计200多人。现尚有22户从事古法造纸。村民多为潘姓和唐姓，其中潘姓约占唐宅全村总人口的五分之四，唐姓约占全村总人口的五分之一。村中唐姓先民原居于苏州，后迁至瑞安，瑞安的其中一支又迁入唐宅村。潘姓家族先祖最早来自福建，后迁至上潘，之后辗转至唐宅村。

⊙2

⊙1
唐宅村外的造纸专用水碓
Hydraulic pestle for papermaking outside Tangzhai Village

⊙2
唐宅村河边的造纸作坊群
Paper mills along the river in Tangzhai Village

二
潘香玉竹纸坊的历史与传承

2
History and Inheritance of Pan Xiangyu Bamboo Paper Mill

由于唐宅村多个纸坊所造竹纸均为单一民俗用途的低端纸，材料与工艺高度接近，因此2016年8月调查组调查时，在林志文的建议下，选择了相对有代表性的潘香玉竹纸坊作为田野考察的详细样本。

潘香玉竹纸坊为当地典型的家庭个体作坊，属于当地世代造纸的潘姓宗族中的一户。潘香玉，1949年出生，2016年调查时已67岁。潘香玉自述从小就在村里的生产队捞纸（时间为20世纪60到70年代），1978年改革开放后，生产队集体合作造纸形式解体，分山林资源到每一户，潘香玉便回到了家里自己造纸。据潘香玉回忆，在造纸量最高的20世纪90年代，他们家一年可以做600条纸，以张数算，有240万张之多，按照农村手工业的收益标准，产量与收入都是挺可观的。21世纪开始后不久，纸的市场销量下滑很快，2015年只做了300条，而且后面的市场情况也很不乐观。

潘香玉2014年被评为泽雅屏纸制作技艺温州市级“非遗”传承人，是整个泽雅镇为数不多仍常年在一线造纸的“技艺名人”。潘香玉家是世代传习的造纸世家，但访谈中问及其父辈以上的姓名与传承谱系时，潘香玉表示记不起来了。有清楚记忆的是父亲潘元友主要从事原料生产，已故。

⊙3

⊙3 林志文（男）与手持传承人证书的潘香玉（女）
Lin Zhiwen (male) and Pan Xiangyu (female) holding the Certificate of Papermaking Inheritor

三
潘香玉竹纸坊的代表纸品及其用途与技术分析

3
Representative Paper, Its Uses and Technical Analysis of Pan Xiangyu Bamboo Paper Mill

（一）唐宅村潘香玉竹纸坊代表纸品及其用途

据调查组2016年8月28日的调查，较好品质的泽雅屏纸成纸呈淡黄色，较差品质的则呈褐黄色或灰黄色，规格几乎都为22 cm×17 cm。原料一般为当地产丛生竹制浆。主要用作民俗的祭祀焚烧用纸以及当地乡村厕纸。由于用途非常单一和居于最低端的市场，因此制作上不讲究，通常都会添加一定数量的机制废纸等。

（二）唐宅村屏纸性能分析

测试小组对唐宅村泽雅屏纸所做的性能分析，主要包括定量、厚度、紧度、抗张力、抗张强度、白度、纤维长度和纤维宽度等。按相应要求，每一项指标都重复测量若干次后求平均值，其中定量抽取了5个样本进行测试，厚度抽取了10个样本进行测试，抗张力抽取了20个样本进行测试，白度抽取了10个样本进行测试，纤维长度测试了200根纤维，纤维宽度测试了300根纤维。对唐宅村泽雅屏纸进行测试分析所得到的相关性能参数见表3.1。表中列出了各参数的最大值、最小值及测量若干次所得到的平均值。

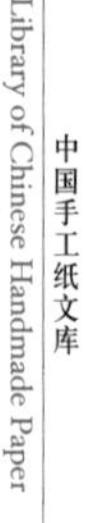

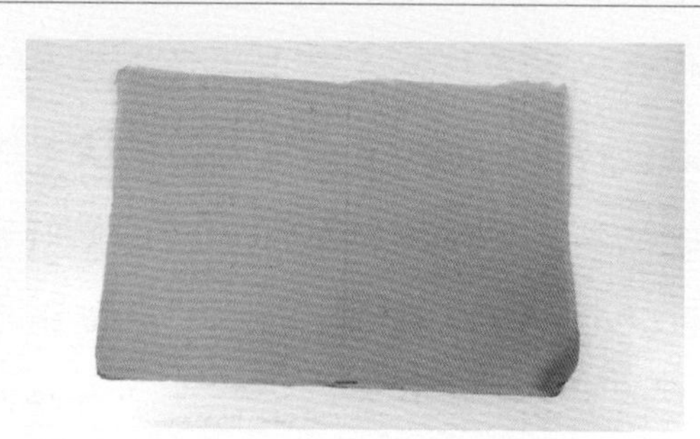

⊙1

⊙1 唐宅村潘香玉竹纸坊所造屏纸 Ping paper in Pan Xiangyu Bamboo Paper Mill in Tangzhai Village

表3.1　唐宅村泽雅屏纸相关性能参数
Table 3.1　Performance parameters of Ping paper in Tangzhai Village of Zeya Town

指标		单位	最大值	最小值	平均值
定量		g/m²			60.0
厚度		mm	0.274	0.196	0.226
紧度		g/cm³			0.265
抗张力	纵向	N	11.2	4.3	7.4
	横向	N			
抗张强度		kN/m			0.493
白度		%	20.8	19.3	19.8
纤维	长度	mm	3.1	0.5	1.6
	宽度	μm	34.3	0.4	14.4

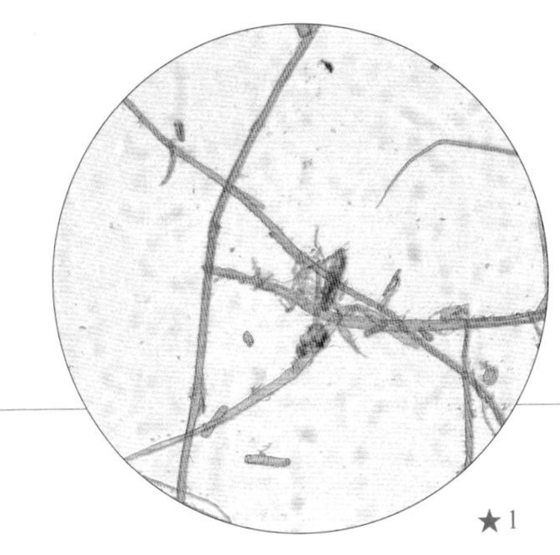

★1

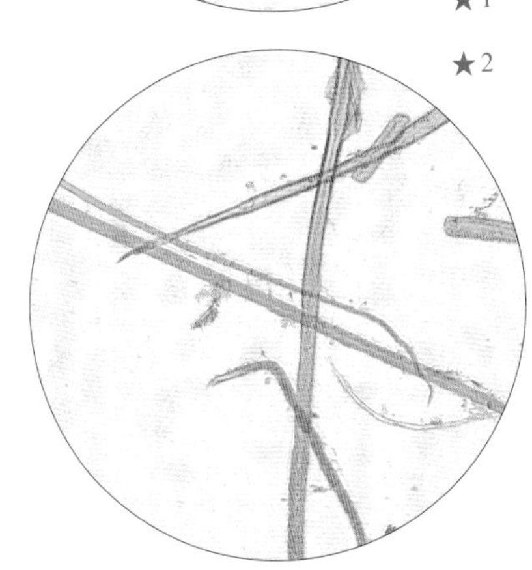

★2

由表3.1可知，所测唐宅村泽雅屏纸的平均定量为60.0 g/m^2。唐宅村泽雅屏纸最厚约是最薄的1.398倍，经计算，其相对标准偏差为0.103。通过计算可知，唐宅村泽雅屏纸紧度为0.265 g/cm^3。唐宅村泽雅屏纸抗张强度为0.493 kN/m。

所测唐宅村泽雅屏纸平均白度为19.8%，白度一般。白度最大值是最小值的1.078倍，相对标准偏差为0.022，白度差异相对较小。

所测唐宅村泽雅屏纸在10倍、20倍物镜下观测的纤维形态分别见图★1、图★2。所测唐宅村泽雅屏纸纤维长度：最长3.1 mm，最短0.5 mm，平均长度为1.6 mm；纤维宽度：最宽34.3 μm，最窄0.4 μm，平均宽度为14.4 μm。

★1 潘香玉竹纸坊所造屏纸纤维形态图（10×）
Fibers of Ping paper in Pan Xiangyu Bamboo Paper Mill (10× objective)

★2 潘香玉竹纸坊所造屏纸纤维形态图（20×）
Fibers of Ping paper in Pan Xiangyu Bamboo Paper Mill (20× objective)

四
唐宅村泽雅屏纸的生产原料、工艺与设备

4
Raw Materials, Papermaking Techniques and Tools of Ping Paper in Tangzhai Village of Zeya Town

（一）唐宅村泽雅屏纸的生产原料

1. 主料：丛生竹

泽雅屏纸以温州水竹、绿竹、单竹等丛生竹为主要原料制成，其中温州水竹是制造泽雅竹纸的主要原料。温州水竹为丛生型，竿直节长，竹竿壁薄腔大，竹质细腻，纤维柔软性好，备料、制浆操作方便，符合卫生纸吸水好、易散于水的质量要求。

造屏纸通常用的原料是三年期的老竹子，二年生以下的竹子通常不砍伐。潘香玉竹纸坊由于没有年轻人传承，加之造纸的收益微薄，一般都是67岁的潘香玉自己或76岁高龄的丈夫潘银勋上山砍伐竹料。一条纸需要用到水竹料15～18 kg。

2. 辅料：水

唐宅村包括潘香玉竹纸坊所用的水均为山溪水，实地测试流经捞纸坊边的该山溪水pH为6.0～6.5，偏弱酸性。

⊙1
村宅边的温州水竹丛
Wenzhou water bamboo grove by the residences in the village

⊙2

（二）泽雅屏纸的生产工艺流程

据泽雅屏纸国家级"非遗"传承人林志文在《泽雅屏纸》中的描述，以及林志文陪同入村时的现场介绍，综合调查组2016年8月28日在潘香玉竹纸坊的实地调查，当代唐宅村泽雅屏纸的生产工艺流程可归纳为：

壹	贰	叁	肆	伍	陆	柒	捌	玖
斫竹	做摞	腌刷	爊刷	洗刷	捣刷	踏刷	淋刷	烹槽

拾	拾壹	拾贰	拾叁	拾肆	拾伍	拾陆
捞纸	压纸	分纸	晒纸	囤纸	拆纸	缚纸

⊙2 造纸作坊群附近的山溪水源 Mountain stream source near the paper mills

壹 斫竹

1 ⊙1

一般于晚冬和早春的1～3月从竹园挑选生长期2年以上、4年以下的丛生竹，用柴刀砍断。当竹林茂密时，需要用专用的竹凿凿断竹子，然后用刀背剔除枝叶，用竹篾打捆，运到原料堆放场。据林志文的说法，斫竹时一定要平整地砍断竹子，以竹桩表面不露出泥面为标准。

⊙1

贰 做摞

2 ⊙2

做摞就是把运到原料堆放场的竹子截断、锤裂、晒干、扎成捆，也称做料。

（1）截竹。把枝叶已经剔除干净的竹子用柴刀截成段，每段1 m左右。

（2）锤竹。把截断的竹子用锤子锤裂。有些老竹竹壁比较厚，故也有用斧头劈开的。

（3）晒料。把锤裂的竹段在地上铺开晒干。如果竹段直接入灰塘腌制，只要把竹料的青皮颜色晒褪掉即可。如果需要存放一段时间再入塘，就需要晒干，否则竹料会发霉变质。

（4）做摞（捆料）。把晒干的竹料用竹篾相交3圈扎成捆，每捆约10 kg。

⊙2

⊙1 斫竹 Cutting the bamboo

⊙2 造纸人在截竹做摞 Papermakers cutting the bamboo and packing into bundles

叁

腌　　刷

3　　⊙3～⊙9

腌刷就是把成捆的竹料搬到腌塘中，用石灰沤制熟透。泽雅当地造纸人称在腌塘中用石灰沤制腌熟的竹料为“刷”（当地方言发音的谐音）。

（1）浸料。把捆好的竹料整齐堆放到“腌塘”中并加清水浸泡5～7天。为了让干燥易上浮的竹料浸泡均匀，需要在竹料上放上竹条或木条，俗称“塘夹”，在塘夹上压石头，俗称“压塘夹”，从而使竹料完全浸没在水中。

（2）加石灰。竹料泡足水分后，把竹料搬出腌塘，排干腌塘中的腐水，再把竹料放到腌塘中，加满清水，把石灰撒在竹料上，然后在竹料上面放上塘夹、压上石头，使竹子和石灰全部浸泡在水中，并使石灰慢慢溶进水里。

（3）捭塘。在腌制过程中，需要上下翻动竹料，并将塘中水搅拌均匀，泽雅当地称“捭塘”，目的是让整塘竹料在石灰水里腌制均匀。

一般100 kg青竹放15～20 kg石灰，每20天左右搅动一次腌塘水。等腌刷完，用手拗断竹段时声音柔和，几乎没有声响。林志文的解释是：判断竹子是否腌熟可以从以下标准来看，腌熟了的竹子拗断时是没有声音的，且竹子呈褐黄色；若没有腌制成熟，竹子呈淡白色，拗断时有声响。一般腌制6个月竹子便可熟透，有时3个月即可腌熟。

⊙3 清水浸料 Soaking the materials in clean water

⊙4/7 腌塘中石灰水浸泡竹料 Fermenting the bamboo materials with lime water in the soaking pond

⊙8/9 捭塘翻料 Stirring the materials in the soaking pond

肆 熾刷 4

熾刷是泽雅当地的叫法，实际上即蒸料，就是把腌熟的竹段放在烘桶（篁桶）中蒸，使其软化。

（1）取刷叠刷。取出刷子，将其集中在一起叠起来。把腌熟的竹料捆洗净石灰后从腌塘中搬出，运到熾烘边，整齐密集地堆放到大铁镬上的烘桶里。铁镬上横放几根木棒当作堆竹料的架子，把竹料捆与铁镬及镬中的水隔离开来。

（2）加水密封。烘桶中集满竹料捆后，铁镬里加满水并加盖，用红黄泥泥糊密封住烘桶缝隙。

（3）烧火熾刷。熾刷用木柴或者煤作燃料，熾刷的时间根据竹料捆的数量而定。一般一烘桶刷约熾6小时，需要150 kg煤或者200 kg木柴。

⊙10

⊙11

伍 洗刷 5

⊙10⊙11

刷指的是竹段或竹料捆，洗刷就是在捣刷之前把腌熟、熾熟的竹段搬到清水中洗干净。由于石灰黏附在竹段中不易出来，需要将整条的竹段反复敲打、反复清洗才能洗干净。如果是晒干备用的竹段，先把刷放到清水中浸泡7天左右，把竹段浸胀，然后洗净沥干。

陆 捣刷 6

⊙12～⊙17

捣刷（即打浆）就是把腌熟、熾熟并用清水洗干净的竹段，挑到水碓里捣断、捣散、捣碎。

（1）解刷。把沥干水的整摞竹段解开，放到捣臼中。

（2）挪摞（拔摞）。挪摞就是用捣杵把一摞竹段捣散，捣成粗长绒。其工艺要点是：挪摞过程中要用双手握住一捧竹段并放在捣臼里捣，水碓捣一下，刷条往左或往右翻转一下，把成条的刷捣散，捣成粗长绒。手要握得松紧有度。捣短的竹段需要头尾翻转，把竹段均匀地捣软捣散。一般一臼竹段（40 kg）捣9 000～10 000次（碓头150 kg），约需3小时。

（3）添刷。捣刷过程中需要专人往捣臼里加刷，捣杵头捣一下，就要往捣臼中添一点刷，称“添刷”。捣臼一边的竹段添完了，要把碓坛扫干净，转到捣臼的另一边继续添竹段，把竹段捣细成刷绒。

⊙12

⊙13

⊙10/11 洗刷
Cleaning the bamboo materials

⊙12 解刷
Untying the bamboo sections and putting them into the grinding machine

⊙13 工作中的水碓
Hydraulic pestle in use

⊙14

⊙15

柒 踏刷 7

⊙18

即用双脚在踏槽里踩踏捣细搅匀了的竹浆料。

（1）泡刷。将竹绒倒进小槽里，加水把全部的竹绒泡10分钟左右，放掉多余的水。

（2）踏刷。用双脚踩踏竹浆，把竹浆润胀。踏刷的技艺要点在于：不能乱踩踏，要一脚紧挨一脚地循序踏踩。来回踏踩约20遍后，拿一小撮竹绒放入盆里或者水桶里，加入少量的清水用手左右搅动几下，把竹绒搅成糊状纸浆，用手捞出并置于手心中查看，纸浆中看不到"细珠儿"即可。若看到有"细珠儿"，还要继续踩踏。注意每脚下去都要踏到底。同时槽角、槽边的竹绒都要踩踏到底、踩踏均匀。

⊙16

⊙17

⊙18

⊙14/15 椰摞 Beating the bamboo sections

⊙16 添刷 Adding bamboo materials to the mortar

⊙17 捣出的竹绒 Bamboo nap after mashing

⊙18 踏好的竹浆 Papermaking material after stamping

捌 淋刷

8 ⊙19⊙20

淋刷即把小槽中踏透的竹浆加满水，双手并排拿着棍子将竹浆搅拌均匀。淋刷的过程与工艺要点为：首先向槽中加入三分之一的水，用脚把竹浆翻上来，再加满水（水占到槽容量的80%为宜），双手拿着棍子将竹浆搅拌均匀，然后排干水。淋刷好的竹浆自然沥干水需要1小时左右，因此都在捞纸前一天的傍晚踏刷、淋刷。

⊙20 ⊙19

玖 烹槽

9 ⊙21

烹槽即将槽中踏好的湿竹浆搬到大槽中，用竹棍做椭圆状搅打，将湿竹浆彻底化开，均匀地分散在水中，成悬浮状纸浆。

（1）打散。将小槽中排干水的湿竹浆搬一半到大槽中，加满水（水占到槽容量的80%为宜）。双手握着竹棍把成堆的竹浆上下左右推拉打散，使湿竹浆均匀地分散在纸槽中。

（2）烹槽。双手紧握一根长1.2～1.5 m的小竹竿，按顺时针或者逆时针方向做椭圆状搅拌，一直搅拌到可以看到悬浮状的纸浆为止。

（3）隔槽。烹槽后稍等片刻，用一块木板将浮在水面上的纸浆隔到前面，把纸槽隔成两半，前五分之二的空间用来储存纸浆，后五分之三的空间用于捞纸。

（4）拍沉。用竹片将半浮半沉在隔板后面的纸浆轻轻拍沉。待10分钟后即可“捞纸”。

⊙21

⊙19 搅拌竹浆 Stirring the bamboo pulp

⊙20 经过淋刷的竹浆 Bamboo pulp after adding water and being evenly stirred

⊙21 烹槽 Stirring the bamboo pulp with a bamboo stick

拾

捞　　纸

10　⊙22～⊙25

（1）泛浆拍匀。开始捞纸时，先用“簾床”（簾托）把纸槽中沉下的纸浆轻轻泛起，轻拍均匀，然后开始捞纸。泛匀纸浆后需要立即捞纸，否则纸浆又会沉下去。
（2）纸浆轻拍均匀后，双手平持纸帘，稍稍倾斜入水，再用力平稳抬起纸帘，轻轻抖动过滤掉些许水分，再将纸帘上的纸轻轻扣放在帘架上，这样一张湿纸就做好了。

⊙22

⊙23

⊙24

⊙25

拾壹

压　　纸

11　⊙26

压纸，即使用压架，利用杠杆原理把纸岸（泽雅当地把刚捞起来叠放在一起的纸张称为“岸”）中的水分榨干。
把捞好的纸放在压榨板上，上面用木板盖着，再横放6根木棍，用压架将纸中的水分慢慢压出，前后约需30分钟。

⊙26

拾贰

分　　纸

12　⊙27～⊙29

分纸，就是把纸帖上的纸分开，一蒲蒲地像扇子一样展开，一般来说5张为一蒲，叠在一起。
先将压榨干的纸帖放在凳子上，然后用“纸砑”将纸的一角剔松剔高，将纸分开。

⊙27

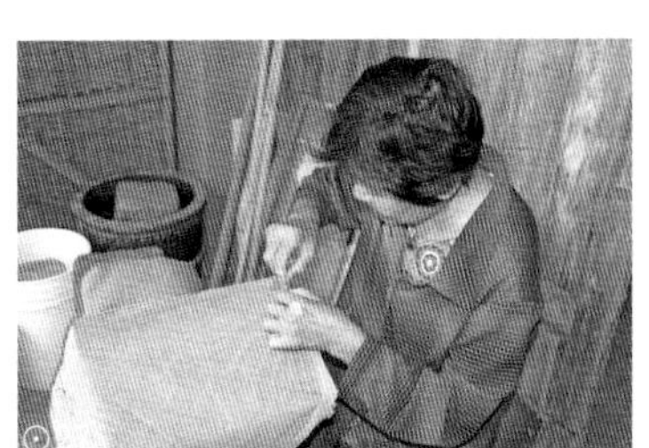
⊙28

⊙29

⊙22/25 捞纸 Scooping and lifting the papermaking screen out of water
⊙26 压纸 Pressing the paper
⊙27/29 分纸 Separating the paper

拾叁
晒纸

13 ⊙30

把分出来的纸放在矮草上或者放在屋子里，一蒲一蒲地摊开晾干。

⊙30

拾肆
囤纸

14

将晾干的纸蒲放在凳子上，一蒲一蒲地整理平直。

拾伍
折纸

15 ⊙31

把理好的纸蒲一张一张拆分开，以刀（100张）为单位折角整齐叠放，20刀为一重（2 000张），两重为一条（4 000张）。

⊙31

⊙32

拾陆
缚纸

16 ⊙32

缚纸也称捆纸，用塑料绳将40刀纸捆成一条纸。

⊙30 晒纸 Drying the paper

⊙31 折纸 Splitting the paper layers

⊙32 缚纸 Binding the paper

（三）唐宅村潘香玉竹纸坊屏纸的主要制作工具

壹 手工抄纸槽 1

调查时抄纸槽为水泥浇筑，林志文介绍过去纸槽多由石板砌成。实测潘香玉竹纸坊所用的抄纸槽外部尺寸为：长255 cm，上宽123 cm，底宽100 cm，高75 cm。

⊙33

⊙34

贰 纸帘 2

用于抄纸的工具，滤水后将湿纸膜留在网状平面上。帘用苦竹丝编织而成，表面光滑平整，帘纹细而密集。实测潘香玉竹纸坊所用的纸帘尺寸为：长120 cm，宽32.5 cm。

叁 帘架 3

支撑纸帘的架子，硬木制成。实测潘香玉竹纸坊所用的帘架尺寸为：长132 cm，宽33.5 cm，高2 cm。

⊙35

⊙33 手工抄纸槽 Handmade papermaking trough

⊙34 可分纸的纸帘 Papermaking screen which can separate the paper

⊙35 帘架 Frame for supporting the papermaking screen

五 唐宅村潘香玉竹纸坊的市场经营状况

5 Marketing Status of Pan Xiangyu Paper Mill in Tangzhai Village

据潘香玉介绍，2015年其作坊一年生产300条竹纸，规格都是22 cm × 17 cm，品种类别单一，用途据说也只有民俗祭祀焚烧用纸一种，已经不作为厕纸了。2015～2016年每条纸的售价是95元，每条纸4 000张，细算每张纸只卖2.3分钱。按照所产竹纸全部卖完的理想情况计算，全年造纸收入约28 500元，即便潘香玉竹纸坊所用竹料源于自家竹子，水碓、纸槽等公用设施基本不花钱，如果算上石灰、工具折旧费用（如纸帘等）以及砍竹料、蒸洗踏料、抄纸晒纸等的人工付出，实际的收入按照两个人全年劳作来计算只能算是辛苦钱。纸坊由潘香玉和丈夫潘银勋维持生产，造出的纸则由本村人收购后卖往温州本地及上海、江苏南通、福建等地。由于不管销售，具体的销售地点潘香玉和丈夫潘银勋也说不清楚。不过潘香玉说，如果当年卖不掉就要放在家里的房间中。调查中，调查组因为测试等需要提出要购买若干实物纸样，潘香玉即从房间内抱出数摞纸，估计存放未售出的纸尚有一定的余量。

⊙1 潘香玉家存放的竹纸 Preserved bamboo paper in Pan Xiangyu's house

六
唐宅村泽雅屏纸的文化事象与习俗故事

6
Cultural Events and Traditional Stories of Ping Paper in Tangzhai Village of Zeya Town

（一）做纸习俗

1. “做纸，做纸，盖盖半年被，吃吃年半米”

20世纪50～70年代的集体化造纸时期，添竹段大多是小孩或老人的事情，有些小孩七八岁就已学会添竹段了。纸农有句顺口溜：“做纸，做纸，盖盖半年被，吃吃年半米”，就是指捣竹段时，半夜出门半夜归，一夜只睡半夜床；半夜出门饿肚子，往往吃了点心再出去，捣竹段归来又是深夜，肚子饿了又要吃点心。描述了当年老人和孩童夜出夜归的辛苦。

2. 纸农菜文化：“全天候，通家忙”的产物

温州人周荣光曾在其书《泽雅·纸农乡味》中提到了泽雅的一味菜品——纸农菜。2010年，75岁高龄的周荣光带上七旬的老伴在农历正月初二直奔泽雅山区，只为一寻纸农菜。何谓纸农菜？这还得从“全天候，通家忙”这句话来溯源。

在关于泽雅古法造纸的乡土传说中，泽雅纸传承的是“蔡伦改良”之前的原始造纸之法，共有72道繁琐工序，是一种“全天候，通家忙”的生产方式。男丁、壮丁早出晚归，在外辛勤劳作；女人、孩子在家从事分纸、折纸等相对省力的劳作，但都忙得不可开交。因此泽雅造纸人家流行饭菜同蒸的纸农菜，从而把烧菜的时间节省下来。

周荣光说，纸农菜里的蒸菜系列就是泽雅纸山特定环境下的饮食文化产物，是纸农经过世代探索和实践选择的成果，主要特点就是省时省力，饭菜同蒸。饭香菜熟，一起上席。泽雅人称：“番薯饭吃吃，饭馒头蒸蒸”。别具特色的蒸盘就有14种蒸法。

⊙2

⊙2 老人抱着竹段
An old man holding the bamboo sections

（二）造纸人的民约乡规

1. 七人合伙建造水碓的契约碑文

泽雅唐宅村如今还保存着清朝乾隆五十五年7个造纸人合伙建造水碓的契约石碑，碑文为："子玉、子任、茂九、子光、子金、茂金、茂同。众造水碓一所，坐落本处土名曹路下驮潭。廷附税完，当为兴造之日，共承七脚断过，永远不许转脚，不乱随人捣刷，不乱粗细，谷至拨启先捣米，不许之争，争者罚一千串吃用。各心允服。乾隆五十五年二月潘家立。"碑刻记载了泽雅农民在18世纪就将"股份制"运用到造纸业中，用契约的形式定下了合资的7户造纸户合理使用水碓的详细规定及操作办法。

2. 四连碓造纸作坊

水碓是泽雅的文化符号，而其中的四连碓更是其中的突出代表。四连碓造纸工坊位于泽雅镇石桥村南头，建于明朝初年，占地约0.28 km^2，水渠长约230 m，顺流分4级水碓，可反复利用水力资源，故名"四连碓"。2001年，四连碓造纸作坊被列为全国重点文物保护单位，这是中国古代造纸术的活化石。

按照林志文在《泽雅造纸》一书中的诠释：水碓文化对于泽雅人来说有着特殊的意义，它隐含着泽雅的山性、人性、纸性，是泽雅的历史人文雕塑，凝聚的是一个文明从产生到渐渐遁去的漫长历程。

⊙1

⊙2

⊙1 契约碑文 Contract inscription

⊙2 『四连碓』造纸作坊群石碑 Stone monument of "Silandui" papermaking mills

七
温州泽雅屏纸的业态传承现状与发展思考

7
Reflection on Current Status and Development of Ping Paper in Zeya Town of Wenzhou City

（一）传承保护现状

1. 产业历史状况

泽雅屏纸历史悠久，直至当代仍然保存有较好的造纸连片业态，最典型的是制浆料的设施——水碓，其水碓分布连片的壮观性、完好性让人叹为观止。调查时还有20几座水碓保存完好，据说历史上最盛时有555座，其水碓现存之多与保护之良好在全国来说都是其他造纸地区无法望其项背的。2001年，泽雅“四连碓”造纸作坊群被国务院列为第五批全国重点文物保护单位。

2009年10月，依托国家文物局“指南针计划”对“四连碓”文化遗产的专项资助，唐宅村建立了泽雅屏纸展示馆。同时建设了传统造纸体验区，有3位温州市级泽雅屏纸传承人在体验区内造纸并向游客演示造纸技艺，不仅给造纸人在本村提供了增加造纸附加值的新空间，也兑现了将造纸技艺展示给地方百姓和游客的传承承诺。

⊙3

⊙5

⊙6

⊙4

⊙3 『四连碓』造纸作坊群 "Silandui" papermaking mills

⊙4 生态博物馆正门 The front door of the ecological museum

⊙5 传统造纸专题展示馆 Traditional papermaking exhibition hall

⊙6 传统造纸体验区 Traditional papermaking experience area

2. 产业传承状况

2018年调查回访时，唐宅村泽雅屏纸的造纸传承人主要有3位，分别是潘香玉、林妹和潘碎香。一般来说，3个造纸人一天可抄纸1 000帘，最多可抄1 500帘，一帘为6张纸，也就是说一天可抄纸6 000～9 000张。而以目前的市场价格来计算，一条（4 000张纸为一条）可赚60元，造纸人一天最多也就赚30～50元，与一天的劳作相比，收入显得十分微薄。如果有重要接待任务或游客团队到来，造纸人会被安排在传统造纸体验区表演造纸技艺，政府一般一天会补贴几百块钱，比自己造纸所获收入要高得多，因此造纸人参与的积极性很高。

⊙1

（二）面临的发展困境

唐宅村泽雅屏纸传承与发展目前存在的问题和面临的挑战也让人感到很不轻松。

（1）唐宅村一线造纸人普遍年龄偏大，一线造纸人超过70岁的有1位，接近70岁的有1位，60岁以上的共有3位。不少村民反映，按照现在这样的情况，估计10年后泽雅屏纸将因为找不到人生产而消失。

目前，泽雅屏纸主要有4位造纸传承人：住在泽雅镇上的国家级传承人林志文以及住在唐宅村里的市级传承人潘香玉、林妹和潘碎香。林妹2018年时72岁，从七八岁开始接触造纸，迄今为止造纸已有60多年了，林妹家以前是一家人一起造纸，后来子女都出去务工了，丈夫是残疾人，现在家里就只有林妹独自一人造纸了。潘香玉69岁，林志文61岁，潘碎香也已经50多岁

⊙1 纸槽前的传承人林妹（体验区内）
Inheritor Lin Mei in front of the papermaking trough (inside the experience area)

⊙2

⊙3

了。村里造纸人普遍年龄偏大，又缺少传承人，因此泽雅屏纸的传承遭遇困境，面临非常紧迫的失传危险。

（2）据林志文介绍，之前村里造纸是全家人一起造纸，男女按照造纸工序进行合理分工。由于泽雅屏纸用途变得非常单一，销路打不开，市场不景气，造纸收入较低，大部分男劳力为了维持生计都外出打工，年轻人也外出务工求学，目前村里造纸的人中女性偏多，且都是年纪较大不愿外出的女性。

（3）当地用来打浆的水碓1年不用就会烂掉，需要不间断地使用。造纸人一少，很难维持不间断使用，水碓一坏掉，修理或再造也不知道找谁承接。大型核心工具的缺损给造纸技艺传承带来直接压力。

（4）捞泽雅屏纸所需的特别制作的分纸型纸帘附近地区已经没有人制作，以潘香玉竹纸坊为例，其家所用的纸帘还是20世纪80年代留下来的。2016年潘香玉在与调查组交流中表示：一来年纪大了，家里也没有年轻人继承，对于造纸越来越力不从心；二来帘子坏了也不知道找谁去做，和丈夫商量，如果纸帘坏了就停止造纸算了。

⊙4

⊙2 传承人潘香玉在抄纸
Inheritor Pan Xiangyu scooping and lifting the papermaking screen out of water

⊙3 传承人林妹在捞纸
Inheritor Lin Mei scooping and lifting the papermaking screen out of water

⊙4 传承人潘碎香在晒纸
Inheritor Pan Suixiang drying the paper

（三）造纸生态与展望

林志文认为，目前的唐宅村造纸生态没有活力，困境主要在于没有开拓市场的意识、没有开拓市场和开发纸的新用途的人才，想要将泽雅屏纸重新发展起来，需要引进具有创新意识和能力的人才；需要积极利用泽雅风景区的优势打造“景区+造纸+文创”的产业链。将泽雅的山水风光作为吸引客源的引子，营造“非遗”文化生态区，将泽雅屏纸融入其中，增加新的品种，制作以纸为媒的时尚文创产品，吸引年轻游客和对纸山文化感兴趣的人群，为泽雅屏纸输入新的活力。

⊙1

⊙2

⊙1
已有些破败迹象的水碓房
Hydraulic pestle house becoming dilapidated

⊙2
半废弃的水碓
Hydraulic pestle to be abandoned

⊙3

⊙3
初步建成的纸山观光山道
Preliminary mountain road built for sightseeing in Zhishan Mountain

泽雅镇唐宅村屏纸

Ping Paper
in Tangzhai Village of Zeya Town

潘香玉竹纸坊屏纸透光摄影图
A photo of Ping paper in Pan Xiangyu
Bamboo Paper Mill seen through the light

第二节

泽雅镇岙外村林新德竹纸坊

浙江省
Zhejiang Province

温州市
Wenzhou City

瓯海区
Ouhai District

调查对象
泽雅镇岙外村
林新德竹纸坊
竹纸

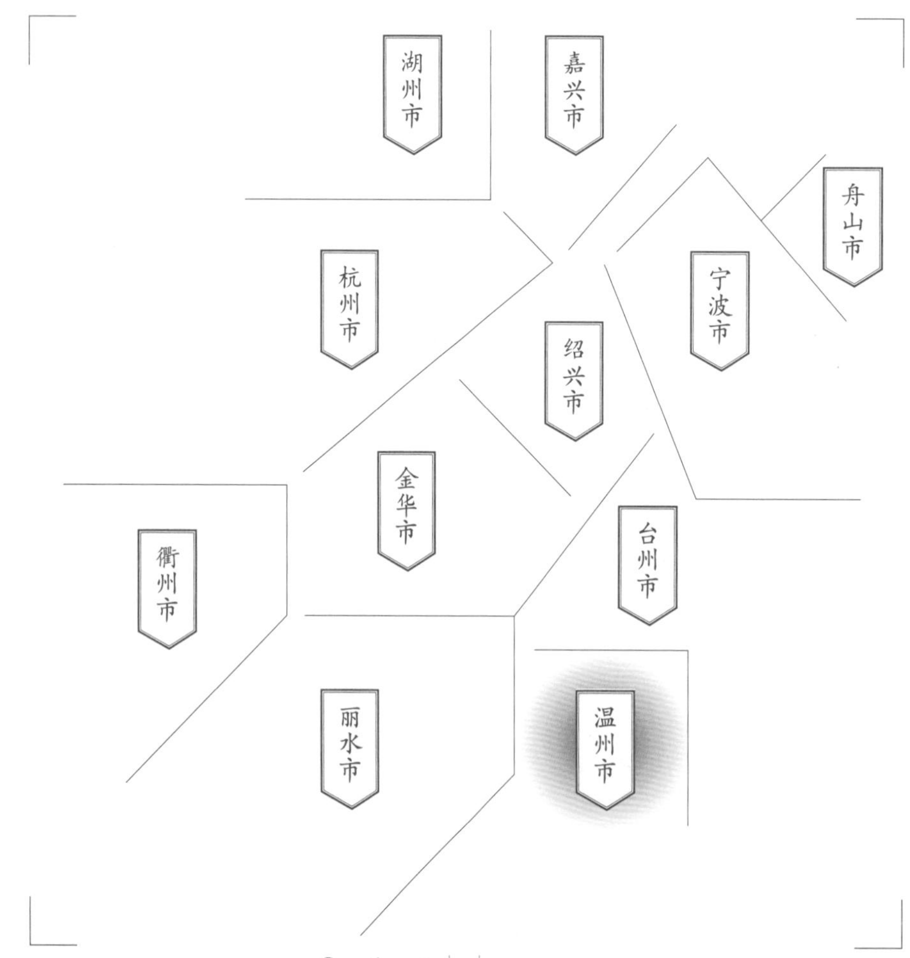

Section 2
Lin Xinde Bamboo Paper Mill in Aowai Village of Zeya Town

Subject

Bamboo Paper of Lin Xinde Bamboo Paper Mill in Aowai Village of Zeya Town

一

泽雅镇岙外村竹纸的基础信息

1

Basic Information of Bamboo Paper in Aowai Village of Zeya Town

岙外村为泽雅镇下辖的行政村，原名叫林岙村，后经区划调整，林岙村分成岙底村和岙外村两个行政村。岙外村的地理位置为：东经120°25′43″，北纬28°2′4″。按照当地人的口述，林岙村为世世代代造竹纸的温州村落，其造纸历史悠久，但到底能上溯至什么朝代，尚未发现明确的文献记述。

2016年11月9日，田野调查组入村调查，据纸坊主人林新德回忆，直到40多年前，也就是20世纪70年代的时候，当时的林岙村还有500多户人家在造纸，其中位于岙外村范围内的有200多户，几乎是家家户户都生产竹料手工卫生纸。一个典型的例子是，当时的一个区委书记，在农村人的意识里已经是不小的"官"了，但他的家中也没有舍弃造纸的行当，区委书记本人还经常坚持在生产第一线，可见当年人们多么"钟情"于造纸。

⊙1 岙外村街景图 Street view of Aowai Village

⊙2 岙外村村委会 Aowai Village Committee

在20世纪50～70年代的计划经济时期，泽雅地区的造纸户们主要生产的是卫生纸，由国家的基层代表机构供销社统购统销。2016年11月调查组调查时的模式是每个村都有专门收纸的人，但收的是民俗所需的祭祀焚烧用纸，集中收购后再对外销售。20世纪80年代末90年代初，随着卫生纸行业工业化程度的提高，手工卫生纸的市场受挤压，造纸户们辛苦劳作生产出来的卫生纸没了销路，做纸的人也就逐渐减少，余下还在坚持手工做纸的人也都不做卫生纸了，逐渐转向生产民俗用纸，也就是通常所说的"迷信纸"。1995年后，连焚烧用途的"迷信纸"都很少有人制作了。2016年11月9日调查组初次走访时，林新德已是岙外村为数不多还在制作民俗纸的造纸户；2018年12月18日调查组回访时，林新德家庭纸坊已经暂时歇业不再生产了。

泽雅镇岙外村林新德竹纸坊位置示意图

Location map of Lin Xinde Bamboo Paper Mill in Aowai Village of Zeya Town

考察时间
2016年11月 / 2018年12月

Investigation Date
Nov. 2016 / Dec. 2018

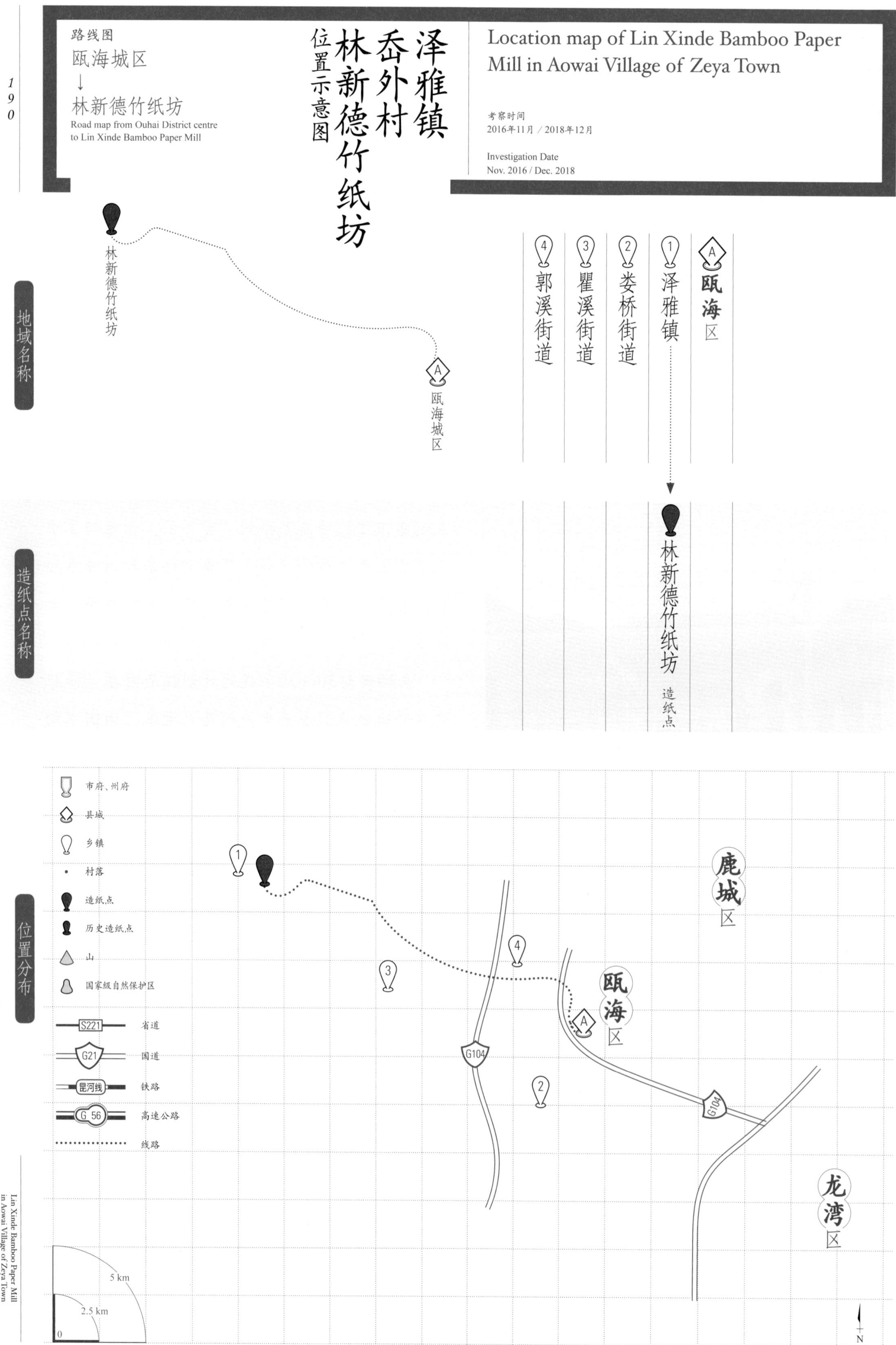

二 林新德竹纸坊的造纸历史与产销现状

2 Papermaking History and Current Production and Sales Status of Lin Xinde Bamboo Paper Mill

林新德，1950年出生于泽雅镇岙外村，10岁左右开始学添刷（一种为纸槽添加造纸原料的工序），因为添刷很易学，通常小孩子在一旁看大人演示几遍就能学会，所以林新德从很小的时候就开始从事添刷工作。但直到16岁学会捞纸之后，才正式被当作一个造纸行当的劳动力。

访谈中林新德说，在关于他们家族的记忆中，家族世世代代都是造纸的，他父亲、爷爷，直到太上太公那一辈都是以做纸为生的。林新德的父亲名叫林颜法，爷爷的名字他已记不清了。林新德另有两个兄弟，但都不再从事造纸这一行业了。妻子周洪翠1954年出生，比他小4岁，是泽雅镇周岙上村人，其学艺过程与丈夫经历非常相似，10岁学会添刷，15岁学会捞纸。林新德夫妇育有3个女孩、1个男孩，子女都已成家立业，但都不从事屏纸生产行业，可以说家人中年轻一辈无人继承祖业。

林新德、周洪翠夫妇俩可以说大半辈子专业从事屏纸生产，靠着造纸的微薄收入，夫妇俩支撑起这个家庭，包括养育子女、供子女读书、嫁女儿、帮儿子结婚、翻新老房子，等等。1978年改革开放后，温州作为全国经商和办家庭小工厂的前沿之地，镇上许多人放弃造纸业，外出务工、经商、办企业，但当年很年轻的林新德夫妇一直留在村里造纸。问及原因，林新德表示，他们两人因子女多，文化程度不高，自己觉得离不开家庭和乡村，所以一直在家操守祖辈传下来的旧业——手工造纸。

2016年11月调查组与其交流时，林新德说：“造纸太辛苦了。”他年轻的时候，造纸赚钱并不容易。从1985年开始，卫生纸制造行业一下子变得容易赚钱了，因为纸品质柔软和易溶于水，在上海、宁波等城市供不应求。当时流行以一条纸（4 000张）的高度（80 cm）为基准进行销售，也就是无论每张纸的质量如何，只要达到80 cm的

⊙1

⊙2

⊙1 纸坊里的周洪翠 Zhou Hongcui in the paper mill

⊙2 家门前坐着的林新德 Lin Xinde sitting in front of his house

高度就可以按照一条纸的价格销售，所以为了能够多挣钱，每张纸的质量也就不去讲究了，不管是损坏了的还是厚薄不一的都混在一起。

市场行情好，所以造纸户的热情很高，一般都是3天捞5臼刷（臼指用于抄纸的纸槽），1臼相当于要捞50 kg左右的纸。家家户户晚上也不休息，夜以继日地捞纸、分纸。一般1臼刷可以做3～4条纸。

以林新德家的造纸历史数据来看，最多的时候，一年能捞800条纸，也就是320万张，而现在基本上一年只捞200条左右的纸。以造纸量中等偏上的2009年来看，那时候行情相对好一点，夫妻二人造纸500多条，每条纸销售价50元，收入约25 000元，每条纸的成本在20元左右，需减去约10 000元，所以夫妻二人的月净收入在1 250元左右，平均下来每人只有625元/月。林新德表示，虽然钱少，但相对于外出打工来说比较稳定，同时在农村的生活成本也比较低，所以虽然手工造纸的行情不好了，最多少赚点钱，但也不至于亏本。

行情不好的原因除了销路不畅外，还有一个主要的原因就是原材料价格上涨。泽雅地区造纸户造纸的原料是竹子，多是丛生竹，但本地砍竹与买竹的成本高，调查时他们主要是购买来自福建的相对便宜的竹料。泽雅一带造屏纸的竹子以水竹为主，以前1 kg鲜原料只要40元左右，而现在1 kg要60～80元，更主要的是泽雅本地乡村现在严重缺少劳动力，没人去砍竹子了。有时造屏纸的收入连支付砍竹工的工资都不够。通常制作一条纸需要25 kg左右的丛生竹原料。

⊙1

⊙2

⊙1/3 林新德家中存放的历年造的屏纸
Ping paper made over the years preserved in Lin Xinde's house

⊙3

⊙4

⊙ 4
岙外村造纸工坊废弃的纸槽
Abandoned papermaking trough in the paper mill of Aowai Village

⊙1

⊙1
岙外村造纸工坊旁的造纸水源
Stream for papermaking near the paper mill in Aowai Village

三
林新德竹纸坊的代表纸品及其用途与技术分析

3
Representative Paper, Its Use and Technical Analysis of Lin Xinde Bamboo Paper Mill

（一）林新德竹纸坊代表纸品及其用途

2016年11月调查组调查时林新德竹纸坊沿用半传统方式造低端祭祀用纸，其改变主要是添加机械纸的纸边与废纸。纸品很单一，供周边村民焚烧祭祖使用，规格为：长25 cm，宽20 cm。2018年12月调查组回访时林新德已经暂时停止生产，家中库存了不少屏纸。

（二）林新德竹纸坊代表纸品性能分析

测试小组对采样自岙外村林新德竹纸坊的屏纸所做的性能分析，主要包括定量、厚度、紧度、抗张力、抗张强度、白度、纤维长度和纤维宽度等。按相应要求，每一项指标都重复测量若干次后求平均值，其中定量抽取了5个样本进行测试，厚度抽取了10个样本进行测试，抗张力抽取了20个样本进行测试，白度抽取了10个样本进行测试，纤维长度测试了200根纤维，纤维宽度测试了300根纤维。对岙外村林新德竹纸坊屏纸进行测试分析所得到的相关性能参数见表3.2。表中列出了各参数的最大值、最小值及测量若干次所得到的平均值。

⊙2

⊙2
林新德竹纸坊成品屏纸
Ping paper in Lin Xinde Bamboo Paper Mill

表3.2 岙外村林新德竹纸坊屏纸相关性能参数
Table 3.2 Performance parameters of Ping paper in Lin Xinde Bamboo Paper Mill in Aowai Village

指标		单位	最大值	最小值	平均值
定量		g/m²			53.8
厚度		mm	0.238	0.169	0.206
紧度		g/cm³			0.261
抗张力	纵向	N	2.3	2.1	2.2
	横向	N	2.2	2.0	2.1
抗张强度		kN/m			0.137
白度		%	23.3	22.8	23.0
纤维	长度	mm	2.5	0.1	0.8
	宽度	μm	26.2	0.4	6.2

由表3.2可知，所测岙外村林新德竹纸坊屏纸的平均定量为53.8 g/m²。岙外村林新德竹纸坊屏纸最厚约是最薄的1.408倍，经计算，其相对标准偏差为0.111。通过计算可知，岙外村林新德竹纸坊屏纸紧度为0.261 g/cm³。岙外村林新德竹纸坊屏纸抗张强度为0.137 kN/m。

所测岙外村林新德竹纸坊屏纸平均白度为23.0%，白度较低。白度最大值是最小值的1.022倍，相对标准偏差为0.008，白度差异较小。

所测岙外村林新德竹纸坊屏纸在10倍、20倍物镜下观测的纤维形态分别见图★1、图★2。所测岙外村林新德竹纸坊屏纸纤维长度：最长2.5 mm，最短0.1 mm，平均长度为0.8 mm；纤维宽度：最宽26.2 μm，最窄0.4 μm，平均宽度为6.2 μm。

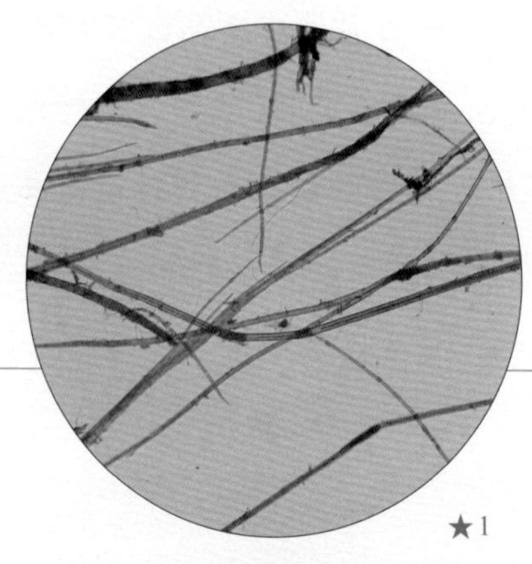

★1

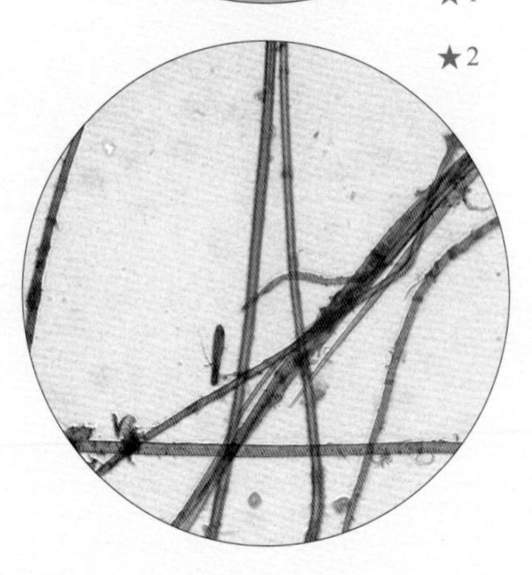

★2

★1 林新德竹纸坊竹纸纤维形态图（10×）
Fibers of bamboo paper in Lin Xinde Bamboo Paper Mill (10× objective)

★2 林新德竹纸坊竹纸纤维形态图（20×）
Fibers of bamboo paper in Lin Xinde Bamboo Paper Mill (20× objective)

四 林新德竹纸坊造纸的生产原料、工艺与设备

4 Raw Materials, Papermaking Techniques and Tools for Papermaking in Lin Xinde Bamboo Paper Mill

（一）林新德竹纸坊造纸的生产原料

由于调查时泽雅竹纸已经只剩下祭祀焚烧的单一用途，而且消费对象对品质要求很低，因此造纸材料也由过去的讲究变得不讲究了。

1. 主料：竹子

泽雅的竹纸历史上以温州本地生水竹、绿竹、单竹等丛生竹以及嫩毛竹为主要原料，有的年代原料不足或价格高时也从闽北等地采购原料。调查时作为屏纸原料的竹料已经不甚讲究，据现场观察，多数纸坊会添加工业纸废料，甚至还会添加水泥袋纸，一般1臼原料添加的废料不超过7.5 kg。

2. 辅料

（1）石灰。传统竹料沤制时，林岙村以及林新德纸坊多用海蛎壳烧制的石灰，2016年调查时已经改用普通的石灰。

（2）水。水为村旁小溪沟渠中的水，实测林新德竹纸坊纸槽中清水的pH为6.0左右，呈弱酸性。

（二）林新德竹纸坊造纸的生产工艺流程

经调查组实地观察及与林新德的交流，并参考林志文《泽雅造纸》中的记述，岙外村林新德竹纸坊造纸的生产工艺流程可归纳为：

壹	贰	叁	肆	伍	陆	柒	捌	玖	拾	拾壹	拾贰	拾叁	拾肆
斫竹	做料	腌刷	爊刷	洗刷	捣刷	踏刷	淋涮	烹槽	捞纸	压纸	分纸	晒纸、理纸	拆纸、捆纸

在泽雅和温州当地民间传说中，手工造竹纸需要72道工序，但实际入村调查时发现详细的工艺数往往难以与上述数字对上，也缺乏清楚记载每道工序的名称与过程的乡土文献，因此调查组认为，更多的可能是用一个中国人喜欢的吉祥数来描述造纸工序的丰富与技艺的复杂，以彰显其不易与辛劳。

壹 斫竹

1 ⊙1

斫竹时从竹山的竹园中挑选生长期2年以上、4年以下（毛竹除外）的丛生竹，用柴刀砍断；当竹丛中植株比较密，柴刀无法施展时，需要用特制的竹凿凿断竹子。然后用刀背将砍好的竹子剔除枝叶，用竹篾打捆后运下山。

选择竹子的生长期非常重要，竹子太老纤维木质化严重，不容易通过腌法将其中的木素去除；竹子太嫩，纤维素含量低，杂质较多，捞纸时容易阻塞帘眼，难以滤水。砍伐时间的选择很重要，泽雅岙外村一般在晚冬和早春的1～3月进行。

⊙1 岙外村旁的丛生竹 Dense bamboo near Aowai Village

贰 做料

2 ⊙2

做料就是把竹子截断、锤裂、晒干、扎成捆。截竹的时候要把枝叶剔除干净，然后用柴刀截成1 m左右长度的竹段。随后，把截断的竹子用锤子锤裂，注意要对准竹节锤，这样竹子才容易裂开。锤裂的竹料需要铺开晒干，晒到竹料青皮的颜色褪掉变白就可以了，不需要晒得很干，根据林新德多年的经验，新鲜竹子比存放时间长的干竹子纤维好，造出的纸会更好。最后，将晒好杀过青的竹料用竹篾相交3圈扎成捆，每捆约10 kg。

叁 腌刷

3 ⊙3⊙4

即把成捆的竹料搬到腌塘中，用蛎灰（海边贝壳类材料烧制的石灰，在浙江温州和闽东北一带传统上多用此法制石灰）沤制，将竹料腌软腌熟。腌熟的竹料称作“刷”（方言谐音）。从造纸学原理讲，用蛎灰或石灰腌刷称碱法制浆，就是利用石灰水碱液去除造纸原料中的半纤维素、木质素等杂质，提纯植物纤维。

在交流中林新德表示，以往造纸原料紧张时，竹料一般腌满3个月，就取出经高温蒸煮后捣成刷绒。竹料一般腌7～12个月后不需要蒸煮，可直接捣成刷绒。现在一般都腌3～6个月。

腌刷的详细工序可分为：

（1）浸料。即把捆好的竹料整齐、集中堆放到腌塘中，加清水浸泡5～7天。为了不让干燥的竹料浮出水面，要在竹料上面放上竹条或木条，俗称“塘夹”，再在塘夹上压上石头，俗称“压塘夹”。

（2）加蛎灰。竹料吸足水分后，把竹料搬出腌塘，排干塘中的腐水，再把竹料放回塘中，加入清水，水加满后，在竹料上撒上蛎灰，蛎灰要尽量覆盖所有竹料，然后放上塘夹、压上石头。要注意不能压太重的石头，不然蛎灰液难以浸入竹料。

（3）扳塘。在沤制过程中要把竹料上下搬动，称“扳塘”，目的是让整塘的竹料腌制均匀。扳塘时要把竹料搬出腌塘，然后把腌塘中的蛎灰水搅拌均匀，再将竹料搬回。第一次扳塘约在放入蛎灰后的第10天，以后每间隔20天左右翻一次，

⊙3

⊙4

⊙2 林新德造纸坊旁堆放的竹料 Bamboo materials stacked next to Lin Xinde Paper Mill

⊙3/4 林新德家腌塘中沤制的竹料 Bamboo materials fermented in the pond of Lin Xinde's house

一塘竹料一般翻3次即可。如果有时间经常把腌塘水搅动搅动，刷会腌得更均匀。

竹料与石灰配比：在竹料与蛎灰或普通石灰的配比上，一般是100 kg竹料投放20 kg蛎灰或者15 kg石灰，竹料较老的话需要多加一点蛎灰或石灰。石灰比蛎灰的腐蚀力强，不需要晒料、浸料和扳塘了，腌刷时集料、加水、撒石灰三道工序一次性完成，但腌制过程中仍要多次搅动石灰水。

辨别竹料是否腌熟，林志文和林新德详细描述的办法是：用手拗断刷时通过听、看、感来判断。听拗断（从竹青往里拗）刷时的声音，未腌熟的刷拗断时声音脆响，而腌熟的刷拗断时几乎没有声响；看刷里外的颜色，未腌熟的刷里外均呈淡白色，断面呈硬断面，而腌熟的刷里外均呈褐黄色，断面有褐黄色的竹丝似“藕断丝连”；感即用手拗断刷时的感觉，未腌熟的刷拗断时手感硬硬的，手摸断面有刺手感，而腌熟的刷拗断时手感柔软，手摸断面没有刺手感。

肆 熝刷 4

熝刷就是把腌熟的刷整齐地堆集到烘桶中蒸煮软化，通过这样一个过程，将竹子中的木素等杂质分解，提纯纤维素。

（1）搬刷。在腌塘中洗净腌熟的刷中的石灰渣，并搬到纸烘边。纸烘是熝刷的工具，由泥灶、1~2只大铁镬、木质烘桶、烟囱四部分组成。

（2）码刷。腌熟的刷要整齐、密集地堆放在大铁镬上的烘桶里。烘桶填满刷之后，在铁镬里加满水，盖上盖子，并用红黄泥泥糊密封烘桶的缝隙。

（3）烧火熝刷。一般一烘桶需要熝6小时左右，需要消耗150 kg煤或200 kg木柴。一个烘桶可以装80白刷，1白刷约为30 kg。熝熟桶中的刷之后，要利用桶中的热量焖1天1夜，直到烘桶完全冷却后，再掀开桶盖把刷取出。蒸熟的刷称“熟料”，否则称“生料”。

调查时，由于造纸户数量锐减，当地已没有能力维持如此大规模的烧火熝刷，此道工序简化处理，即把腌熟的刷堆放在地上，用尼龙布或篷布覆盖密封，利用自然能提高刷堆内部温度，使刷自然熟化，一般需要10天左右。

伍 洗刷 5

捣刷之前，把腌熟的刷搬到溪流中用干净的水洗干净，主要是洗净刷条中的石灰残渣。清洗过程中，需要把整摞刷拿起反复敲打、反复清洗才能洗干净。

陆 捣刷

6 ⊙5～⊙8

用水碓把腌熟洗净的刷捣成刷绒。

技艺要领：

（1）挪摞。把沥干水的整摞刷解开，放到捣臼中，用双手握一捧刷条，水碓每捣一下，刷条就往左或往右翻转一下，把成条的刷捣散，捣成粗长绒，这一过程叫挪摞。

（2）添刷。即捣头每捣一下，就往捣臼里添一点刷，要捡长的、粗的刷往捣臼里添，这样才能捣均匀。这里要注意添刷的量也很讲究，添多了不易捣碎，添少了会“捣岩”，因为捣头和捣臼都是石头的，石头碰石头容易捣坏碓头。

（3）拌刷。观察到刷捣成可以捞成纸的刷绒后，要加入一定量的清水边捣边拌均匀。拌刷是把刷绒进行润胀的第一步。刷拌匀了，就可以停掉水碓，把刷绒拨到畚箕里，挑回家等待踏刷。

水碓是造纸工具中用到的最大的工具，一般是很多户人家共同轮流使用。泽雅水库电站修成后，不少村落开始使用电碓捣刷。

碓头所用的石材取自附近山中，重量超过150 kg，一次可以捣刷30～50 kg，一次捣出来的刷可以捞4条纸。电碓与水碓的结构还是有一定区别的，前者靠皮带传递动力。

⊙5 公用的电碓捣刷房 Public electronic pestle mill

⊙6 电碓捣刷设施 Electronic pestle

⊙7 村人自制的石质碓头 Homemade stone pestle by the villagers

⊙8 电碓的动力传输皮带 Power transmission belt of the electronic pestle

柒
踏 刷
7

把捣细的刷绒放入纸槽的小槽里，加水踩踏成湿刷浆。技艺要领：

（1）泡刷。将刷绒倒入小槽，加水把全部的刷绒泡一下，再放掉多余的水，留下的水量以浸没小槽底部铺设的毛竹条为宜。

（2）踏刷。注意不能胡乱踩踏，要一脚紧挨一脚地循序踩踏，才能踩踏均匀，一般要来回踩踏20遍，这样可以使刷绒进一步润胀。

据林志文描述，在过去，踏刷是青年男女交流感情的常见方式，男青年常常利用姑娘捞纸之机帮助心仪之人踏刷，借机交流思想、沟通感情。在自然经济时期，农村的劳动力最宝贵，以劳动的形式帮忙比馈赠物品更令姑娘们高兴。

捌
淋 刷
8 ⊙9

把小槽中踏透的刷浆加满水，双手并排拿着“烹槽棒儿”和“竹爿儿”，将踏透的“刷浆”搅拌均匀。

具体过程：先向小槽内的刷浆中加入槽容量三分之一的水，用脚把刷浆翻上来，再加满水，开始搅拌。待搅拌均匀后，排干水。注意排水时，只能把槽塞挪开一点，让水慢慢流出，缓速排干。淋后的刷浆自然沥干水大约需要2小时。

淋刷一方面可以把刷绒进一步化开，另一方面可以把刷绒中的粉状物溶化在水中，随水流出去，起到纯化纸浆的作用。

玖
烹 槽
9

即把小槽中踏好的湿刷浆搬到大槽里，用竹竿搅打，将湿刷浆彻底化开，均匀分散在水中，成悬浮状纸浆。技艺要领：

（1）先将小槽里排干水的湿刷浆搬一半放入大槽中，加满水，水以满纸槽八分为宜。双手握着“刷打”（一小块约3 cm厚的小木板，中央插入一根约1 m长的木杆）把成堆的刷浆上下左右推拉打散，使湿刷浆均匀地分散在纸槽中。

（2）随后用“烹槽棒儿”横向用尽全力划，直到纸槽中全是悬浮状的纸浆。

（3）烹槽后稍等片刻，用一块木板将纸槽隔成两部分，五分之二的空间用来储存纸浆，五分之三的空间用来捞纸。

（4）最后用“竹爿儿”将半浮半沉在隔板后面的纸浆轻轻拍沉，十分钟后就可以捞纸了。

⊙9
淋刷的小槽（左）
Trough for cleaning the materials (left)

拾 捞纸

10 ⊙10～⊙13

技艺要领：

（1）开始捞纸时，先用帘托把纸槽中沉下的纸浆轻轻泛起，轻拍均匀，然后立刻开始捞纸，否则纸浆又会沉下去。

（2）纸帘从前往后入水，角度约为125°。随后，将帘沿着纸槽壁平整端起，出水面后稍微前倾。帘上提时轻轻抖动，边抖边滤干水，最后将帘上的纸扣放到纸岸上。

（3）重复以上动作，持续捞纸，在此过程中，如果发现纸浆不均匀，还需要浅烹几次纸槽。

一般来说，熟练的捞纸工1分钟可以捞5～7张纸，每天可以捞1 500张以上；如果起早贪黑捞纸，可以捞2 000张以上。

⊙10

⊙12

⊙11

⊙13

⊙10/13 林新德演示捞纸
Lin Xinde showing how to scoop and lift the papermaking screen out of water

拾壹 压纸

11 ⊙14～⊙16

使用压架，以纸岸（用于盛放纸的垫板）为支点，利用杠杆原理把湿纸垛中的水缓缓榨至半干。

待水压干后，用纸敲儿轻敲纸岸表面的帘隔线，使纸岸表面的帘隔线断开，再双手同时用力下压拗断纸岸，把纸岸按帘隔线拗断成3段或4段。

⊙14

⊙15

拾贰 分纸

12 ⊙17⊙18

把纸岸中的纸每5～7张分为一份，像扇子一样打开为一蒲，叠在一起。

先用纸砑把纸的一边和朝身体的一面轻轻往上踢松、踢高，使纸岸边角上的纸张松开，这一过程叫“踢纸额”。随后用纸砑在纸岸表面斜着砑出5～6道砑痕，让纸岸表面的纸张之间进入空气，使纸岸松弛，容易分纸。最后，用手指夹着纸角一张张掀出纸来。

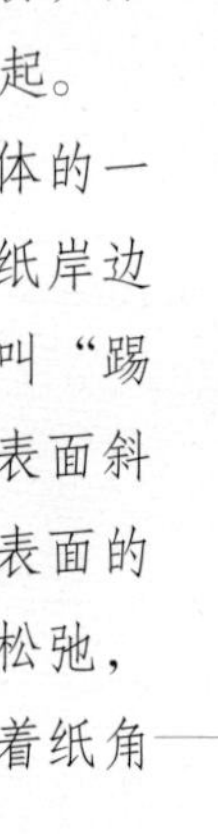

⊙16

⊙17

⊙18

拾叁 晒纸、理纸

13

把分出的纸挑到野外分蒲晒干，需要5～6小时的曝晒。有人在分纸时便会在纸上做上单独的标记，以免晒纸时被风吹乱，与别家的纸张弄混。然后把晒干的纸蒲整理平直，并按照质量分成甲、乙、丙、丁等等级，剔除次品。

拾肆 拆纸、捆纸

14

把晒干理好的纸蒲拆分成刀，100张纸为1刀，折角后整齐叠放在一起。拆纸完成后，一般以20刀为1重，1重为半捆纸，约2 000张。用纸锉锉干净四面的毛屑，使之外观平整。把2重纸，也就是40刀纸用竹篾捆成一条。

⊙14 林新德家的纸榨 Pressing device in Lin Xinde's house

⊙15 / 16 纸榨构件 Components of the pressing device

⊙17 / 18 周洪翠正在分纸 Zhou Hongcui separating the paper

（三）林新德竹纸坊造纸的主要制作工具

壹 纸研 1

用来分纸的工具。实测林新德家所用纸研尺寸为：长15 cm，宽7 cm，直径3 cm。

⊙19

贰 纸槽 2

盛纸浆的槽，传统纸槽用石板砌成，现代纸槽多用水泥砌筑。实测林新德家所用纸槽尺寸为：长256 cm，宽112 cm，高78 cm，壁厚5 cm。

⊙20

叁 帘架与纸帘 3

抄纸时的组合工具。林新德家所用帘架尺寸为：长119 cm，宽33 cm；所用纸帘是一隔六的（即一帘纸可分成6小张纸），尺寸为：长108 cm，宽25.5 cm。

⊙21

⊙19 纸研 Tool for separating the paper

⊙20 抄纸槽 Papermaking trough

⊙21 纸帘与帘架 Papermaking screen and its supporting frame

五 泽雅镇造纸的相关习俗与文化事象

5 Relevant Customs and Cultural Events of Papermaking in Zeya Town

（一）泽雅镇造纸的相关习俗

1. 女性为造纸主力

据林新德介绍，泽雅历史上都是妇女从事捞纸工作，是造纸的主力。这在汉族造纸地区是非常少见的，因为捞纸需要具有良好的体力以及技术，通常都是男性的专属工序，女性一般都是从事辅助工作，如晒纸、剪纸、检验。探讨其原因时，林志文补充解释道："因为泽雅是浙南的深山区，以前没有公路，运输全靠手提肩扛，男性有很多体力活要干，曾经大量生产的泽雅屏纸要男性运送到山外，所以每家每户的捞纸活就全都落在了妇女头上。直到现在，住在山里的造纸户，都还保持着妇女捞纸的习惯，男性只是打下手，但男性要负责把纸挑到山外。泽雅人在娶媳妇的时候，婆家往往都愿意挑会造纸的姑娘做媳妇。"林新德也笑着说现在的老伴周洪翠，就是因为当年捞纸的技术好，才被林家人相中，被林新德娶回家做媳妇的。

2. 水碓与电碓的共建共享规约

水碓是造纸工具中最大的工具，历史上，贫穷的泽雅造纸村落与作坊仅靠一两户或几户是建造不起水碓的，一般都是很多户人家或一两个村庄共同出钱建造，然后权益共享，轮流使用。在泽雅造纸的传统习惯中，水碓的交接都在子夜12时，所以需要接续用水碓的造纸人半夜就要起来捣刷。旧日纸农间流传一句顺口溜："做纸，做纸，盖盖半年被，吃吃年半米。"就是指捣刷时，"半夜出门半夜归，一夜只睡半夜床"。半夜出门怕饿肚子往往吃了点心出去，捣刷归来又是半夜，肚子饿了又要吃点心。

1998年，泽雅修了水库，利用水能发电，水库大坝以下的村落渐渐都开始使用电碓捣刷了，并且政府曾经规定造纸电碓的用电可以免费。2016年11月调查组调查时，岙外村的电碓是泽雅现存的唯一一组电碓了。这组大型电碓功率达7 000瓦，由3组电碓组成，1997年建成。林志文补充介绍，当时

⊙1

⊙1 访谈林新德夫妇（中坐者林新德，右侧立者周洪翠）
Interviewing Lin Xinde (sitting in the middle) and his wife Zhou Hongcui (standing by)

一组电碓的造价就达2万多元，由近百户人家集资建成并轮流使用，刚建成时有100多户人家使用这组电碓，几乎24小时不停地运转。21世纪后使用的人逐渐减少了，2016年调查时只有20余户人家在断续使用。林新德表示，平常不使用时，碓头是被锁住的，防止被别村的人偷用。2018年12月调查组回访时，因为没有销路等原因，岙外村本已不多的生产屏纸的几户人家几乎全部停产了。

⊙1

（二）泽雅镇造纸的文化事象

1. “屏纸”名称的由来

据林新德回忆，村里的长辈们曾说在元末明初，福建南屏（今福建南平市附近）的百姓为逃避战乱迁居到泽雅。泽雅处于偏僻的深山区，较为安全，山水秀美，资源丰富，适宜居住与生活，但交通、地形等因素限制了很多行业的发展，于是擅长造纸的南屏人重操旧业，结合泽雅当地的优质水源与丰富的竹料，将泽雅当地的丛生竹用水碓捣成纸浆来造纸，后人因造纸匠人来自南屏而将所造纸张取名为“屏纸”，即南屏人造的纸。

2. “纸山”名称的由来

“纸山”字面意思可理解为世代以造纸为生的人生活的山区。林新德表示作为祖祖辈辈大都从事造纸的林岙村人，几十年前自己学习造纸时村里有近500户人家都在造纸，“纸山”这个名字自孩提时期就一直说到现在，是根植在记忆中忘不掉的。而据林志文在《泽雅造纸》一书中提出的观点，“纸山”的名字并不是源自当地的纸农对生产环境的命名，“温州‘纸山’是指瓯海泽雅和瑞安湖岭的全境，以及瓯海瞿溪和鹿城藤桥的部分地区，没有包括平阳南雁荡山和泰顺、文成等造纸山区”[2]。

“纸山”的名称还与其自然环境有关。泽雅地区在季风气候影响下，年降水量稳定但季节分配不均。夏季降水充沛而集中，冬季降水量较小，此环境很适宜竹子生长。同时，泽雅地区水力资源丰富，可利用溪水的落差带动水碓捣碎竹料；且水质清澈，适合用于竹料浸泡、打浆造纸等。可以说，各方面的优越条件，再加上家家户户造纸的壮观的聚集业态，促成了“纸山”之名的形成。

⊙2

[2] 林志文，周银钗.瓯海屏纸[M].北京：中国民族摄影艺术出版社，2016：179-180.

⊙1 泽雅镇岙外村的电碓 Electronic pestle in Aowai Village of Zeya Town

⊙2 林新德竹纸坊中的屏纸成品 Ping paper in Lin Xinde Bamboo Paper Mill

六 泽雅镇手工竹纸的业态传承现状与发展思考

6 Reflection on Current Status and Development of Handmade Bamboo Paper in Zeya Town

（一）泽雅镇手工竹纸的业态传承现状

1. 业态大面积萎缩属于常态

从整个泽雅屏纸的生存状态来说，由于全民使用手工卫生纸的时代已经过去了，机制卫生纸轻便、柔软、洁白、便宜，而且生产效能之高是手工卫生纸无法望其项背的，因此手工卫生纸的衰落实际上是产品演化的常态。在这一背景下，泽雅屏纸的主要消费功能因市场颠覆性的变化而逐渐丧失，产品用途只剩下一种——祭祀焚烧，并且因利润极低，只有中老年人愿意继续生产。

2. 技艺传承状态堪忧

短短30年时间，泽雅地区家家户户造纸的乡村手工业从普及变成每个村落只剩下几户造纸，不少村庄甚至无人承袭祖业了。以林岙村来说，调查时的2016年11月也只有20余户造纸人家（有些还不是长年坚持）。作为重点访谈对象的林新德与周洪翠夫妇年龄在60～70岁，下一代中没有愿意学习造纸技艺的，这不是林新德、周洪翠一户单独的情况，仍在造纸的人家几乎都是类似的情况。在2018年12月18日的回访调查中，曾参与过造纸的村民周美英表示，目前村里仅有林新德与林江勇两位造纸师傅仍在造纸，今年64岁的林江勇从事造纸40余年，仍坚持独立经营。林新德在回访中也表示因年纪大了，把家中现有的4臼（约200 kg）纸料用完，就再也不从事造纸工作了。林志文的判断是：如果没有新的出路，林岙村的造纸业态最多再维持10年。

⊙3

⊙3 全村仅有的抄纸人林江勇（2018年12月）
Lin Jiangyong, the only papermaker in the Village (Dec. 2018)

（二）泽雅镇手工竹纸发展可能的生存路径

1. 发展新的市场需要的品种

根据林志文《泽雅造纸》一书对当地造纸工艺的研究总结，以及调查组的入村观察，泽雅竹纸的原料、工艺按照“古法”来说实际上是较为讲究的，包括优选丛生竹，使用海蛎壳烧制的石

⊙1

灰以及包含17道大工序、72道小工序的制作技艺。从目前泽雅竹纸的生产来看，工序减少，原料把关放松，丛生竹的品质疏于控制，海蛎烧石灰变为一般石灰，添加多种废纸甚至添加水泥袋纸，这是与产品低端化、利润空间大幅收窄相适应的选择，或者说是无路可走的被迫选择。

如果恢复“古法”，通过打造新的技艺传统、拓展市场开发优质客户、引入启动资本（来自政府、公益基金或投资人），造出适用于中高端用途、消费需求明晰的新“泽雅竹纸”，如竹料古籍修复用纸、竹料古法印刷用纸，或许可以为泽雅竹纸带来生机与活力。

2. 结合纸山旅游开辟体验工坊群

泽雅山区山水秀丽幽静，纸山文化丰富迷人，连片水碓遗存量举世无双，确实是藏在深闺人初识的开展体验旅游的宝地。目前伴随着当地交通状况的初步改善，旅游业刚刚兴起，预计这种势头会更快速地发展。因此，可将泽雅山区核心文化基因——手工造纸及体验流程、独具魅力的水碓工具提炼成适合体验旅游的旅游产品，以游、娱、学一体的村落化观光线进行布局，促进泽雅竹纸的新生。

按照泽雅纸山旅游的最初动议者林志文的说法，应打造“山水泽雅，千年纸乡”品牌，在大源溪西岸原手工造纸最密集的原西岸乡19个行政村42个自然村中建设融景观与造纸文化于一体的“造纸谷”体验文化景观带。

⊙1
林岙村荒废的造纸工坊
Abandoned paper mill in Lin'ao Village

⊙3

⊙2

⊙2
林新德家中晾晒的屏纸
Drying Ping paper in Lin Xinde's house

⊙3
背靠群山的林岙村
Lin'ao Village backed by mountains

泽雅镇岙外村

213

屏纸

Ping Paper
in Aowai Village of Zeya Town

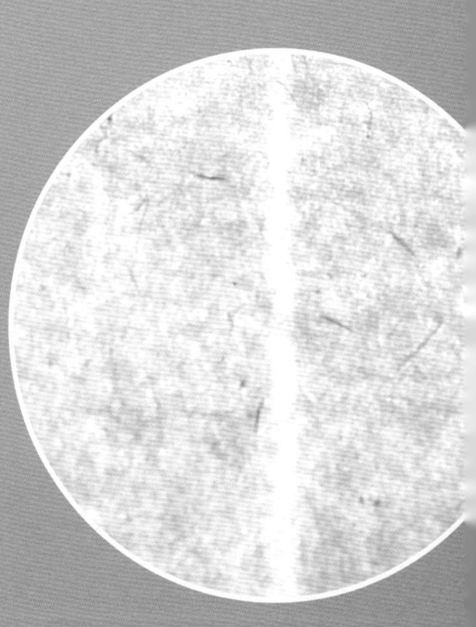

林新德竹纸坊屏纸透光摄影图
A photo of Ping paper in Lin Xinde Bamboo Paper Mill seen through the light

第三节

泰顺县榅桥村翁士格竹纸坊

浙江省
Zhejiang Province

温州市
Wenzhou City

泰顺县
Taishun County

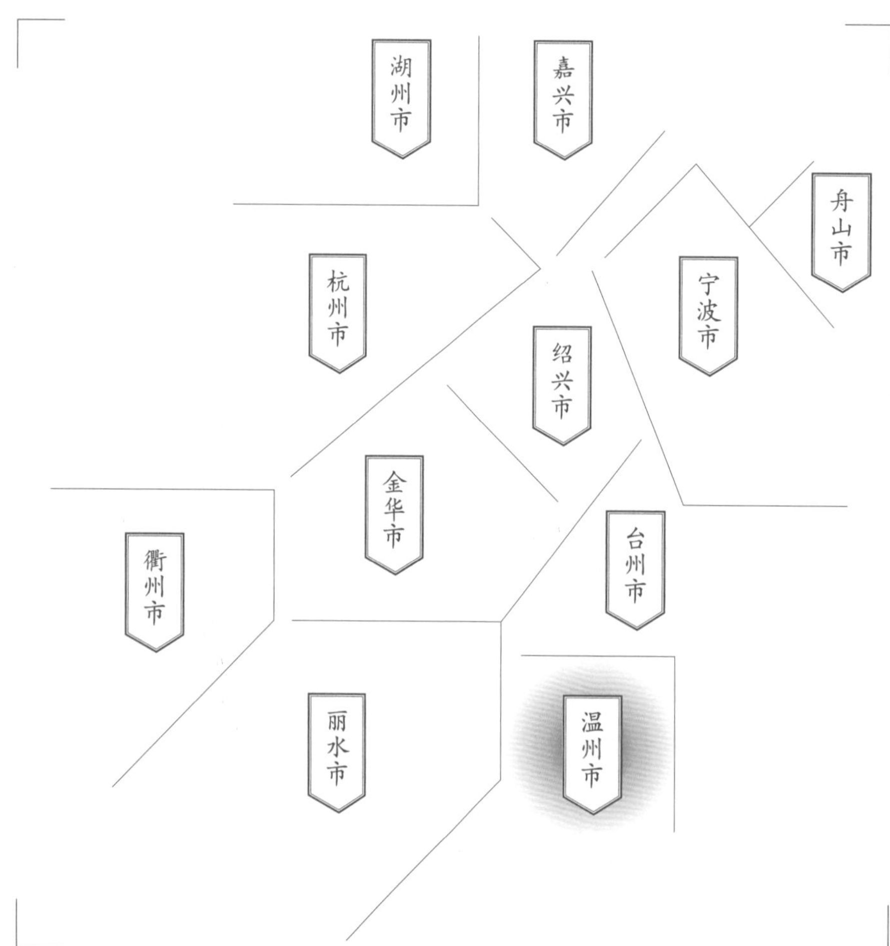

调查对象

筱村镇榅桥村翁士格竹纸坊竹纸

Section 3

Weng Shige Bamboo Paper Mill in Wenqiao Village of Taishun County

Subject

Bamboo Paper in Weng Shige Bamboo Paper Mill in Wenqiao Village of Xiaocun Town

一
泰顺县手工造纸的基础信息与生产环境

1
Basic Information and Production Environment of Handmade Paper in Taishun County

泰顺属温州市辖县，为浙江省最南部的深山区县域。明代景泰三年（1452年），官军平定地方以邓茂七、叶宗留为首的民变之后正式建泰顺县，取“国泰民安、人心归顺”之意，由明代宗赐名并一直沿用到今天。

据《温州古代造纸史略》记载：温州除生产南屏纸外，温州花笺、桑皮纸生产也从未停止，但似乎质量一般。“有泰顺之花笺、永嘉之桑皮，其质不良，出产未旺。”（林大同《鉴止水斋谭屑》）[3] 据调查中获悉的文献与田野信息，历史上在泰顺县的岭北乡分布着大量竹纸造纸作坊，虽然旧日泰顺造纸作坊分布很广，数量也相当大，但岭北的手工造纸因其从业人员多、聚集度高、规模大，而成为泰顺具有代表性的手工造纸基地。岭北乡位于泰顺西北方向，居住着徐姓等姓氏，据《徐氏家谱》记载，其地徐氏造纸始于明代，但具体的年代与内容所述不详。[4]

⊙1

⊙1 翁士格竹纸坊周边环境 Surrounding environment of Weng Shige Bamboo Paper Mill

[3][4] 潘猛补.温州古代造纸史略.[EB/OL]. (2016-07-10) [2018-12-29] . http://blog.sina.com.cn/s/blog_afe8e 7660102 uwzc.html.

泰顺县 榅桥村 翁士格竹纸坊 位置示意图

Location map of Weng Shige Bamboo Paper Mill in Wenqiao Village of Taishun County

考察时间
2016年11月 / 2017年7月 / 2018年12月

Investigation Date
Nov. 2016 / Jul. 2017 / Dec. 2018

路线图
泰顺县城
↓
翁士格竹纸坊
Road map from Taishun County centre to Weng Shige Bamboo Paper Mill

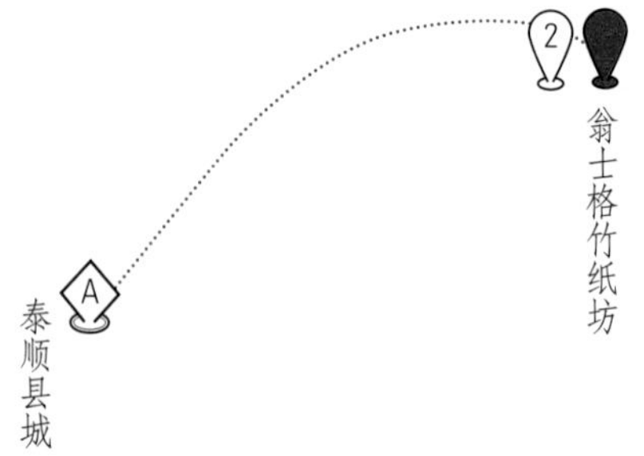

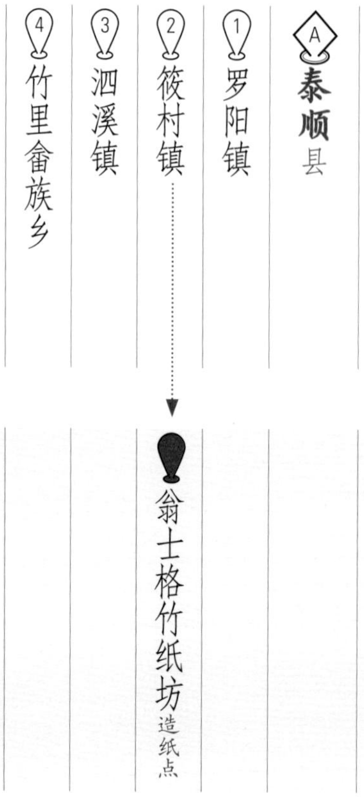

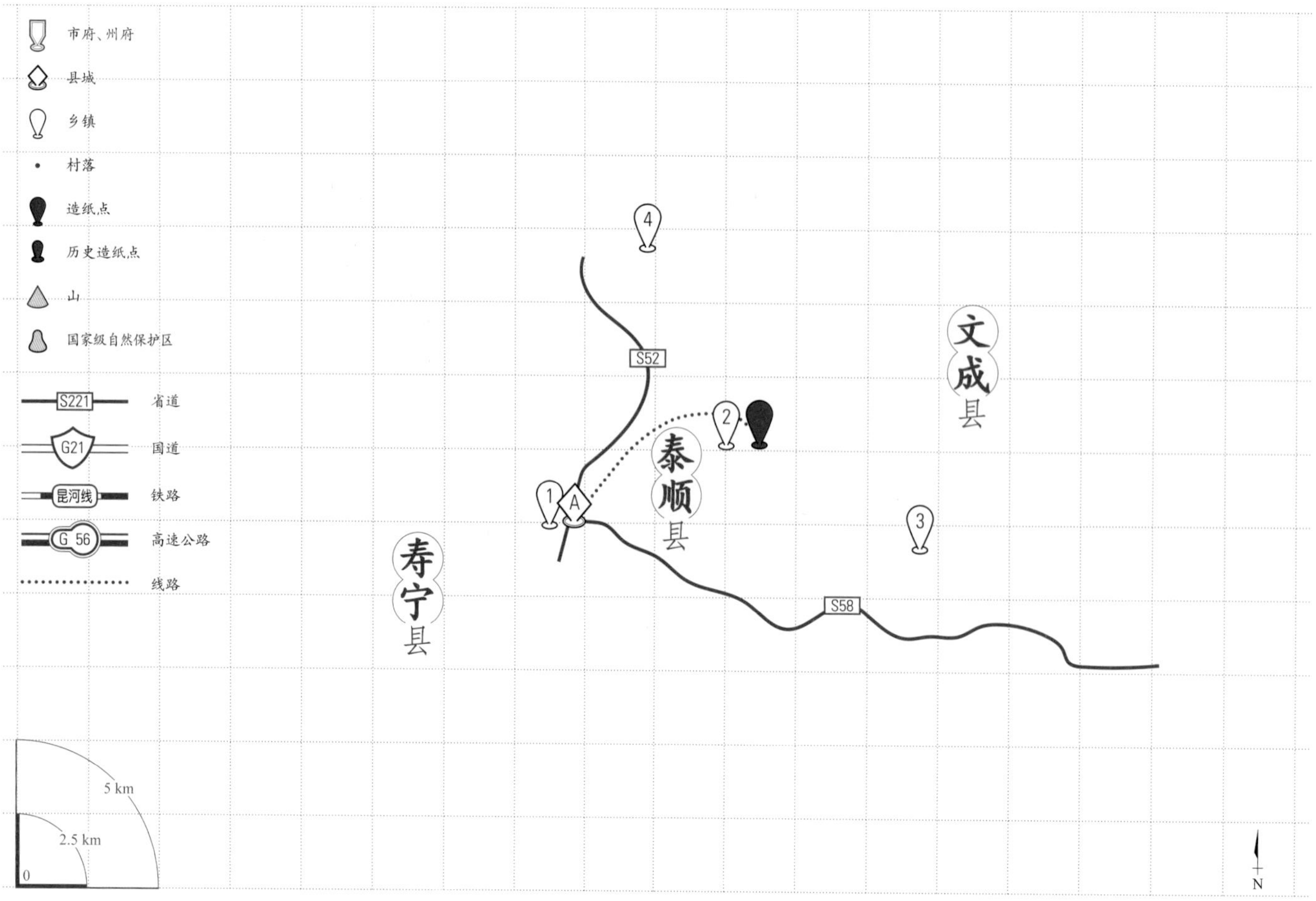

泰顺历史上另一种有影响的纸是绵纸，属于著名的温州皮纸类，是用浙江本地产灌木植物山棉皮的植物韧皮纤维所造的纸，而非竹纸类。林志文、周银钗在《泽雅造纸》一书中写道：“清康熙年间（1662～1722年），泰顺柳峰乡墩头村以祖传手艺，家家户户从事绵纸生产。1972年泰顺绵纸厂工人达3 000多人，1990年泰顺绵纸停止生产。”[5]

据乡土文化研究者苏康宝记述：泰顺县柳峰乡墩头村造纸已有300余年历史，“鼎盛时期，墩头村曾有100多人从事造纸业，每月都有百万张成品绵纸发往全国各地。繁荣年代，墩头村的造纸业消耗着周边县市30 000多斤绵纸原料，绵纸几乎成为墩头村的代称”[6]。

1930年，《浙江之纸业》统计数据显示：泰顺以685 200元的产值位于浙江省手工造纸产值表第六名，共有纸槽297具，占全省的1.08%，工人1 945人，全部为男性，原因可能与书写用纸类纸纸质较高、制法亦繁有关。[7]

历史上，除业态已经消失的以树皮为原料的绵纸外，泰顺主产竹料制作的毛边与花笺纸，尤其是以嫩竹制作的小尺幅书写用纸——花笺纸的名声更大。虽然同省的衢县、江山、常山等地都生产花笺纸，而且也有一定的名气，但根据1930年《浙江之纸业》统计的数据，泰顺花笺产量以60 300件居浙江省首位。

泰顺自然环境适合竹类生长，在明代即开始手工造纸，所产手工纸以质量佳、技术精而名满浙南，“泰顺竹纸制作技艺”已被列为温州市级“非遗”项目。

浙江之紙業（二）
浙江省政府設計會 編
民國十九年

⊙1

⊙1 《浙江之纸业》书影
A photo of *Zhejiang Papermaking Industry*

[5] 林志文，周银钗．泽雅造纸[M]．北京：中国戏剧出版社，2010：129.

[6] 苏康宝．墩头绵纸的“前世今生”[N]．温州日报，2010-04-11.

[7] 浙江省政府设计委员会．近代纸业印刷史料：第4卷　浙江之纸业[M]．南京：凤凰出版社，2014：40-66.

2016年11月9日、2017年7月24～25日、2018年12月17日，调查组三次驱车前往泰顺深山里的筱村镇榅桥村，对目前了解到的泰顺仅存的一家竹纸造纸户翁士格进行访谈。榅桥村的地理坐标为：东经119° 59′ 33″，北纬27° 34′ 4″。翁士格竹纸坊所在的筱村镇，全镇平均海拔800 m，常年平均气温16 ℃，各类植物特别是竹类资源丰富，为造竹纸提供了充足的原料。

泰顺县位于浙江省最南端，调查时是温州市下辖的六县之一，地理坐标为：东经119° 37′ ～120° 15′，北纬27° 17′ ～27° 50′，距温州市区136 km，距省城杭州450 km，处于洞宫山脉和南雁荡山脉的交叉地带，最高峰白云尖海拔1 611.3 m，平均海拔超过500 m，为全浙江省海拔最高的县城。泰顺东南邻苍南县及福建省的福鼎县、柘荣县，西南接福建省福安县、寿宁县，西北靠景宁县，东北毗文成县。从造纸工艺的地区分布来说，泰顺的地理位置较为优越，其与崇安、连城相距不远，崇安、连城均是福建历史上非常著名的手工纸产地。

泰顺属于深山区县，山高水深，素有“九山半水半分田”之称。泰顺自然生态保护完好，品质出色，是中国首批生态示范区县，有“中国茶叶之乡”“中国廊桥之乡”和“中国十大最纯净的美丽风景线”“浙南净土”“自助旅游天堂”等诸多誉称。泰顺县以廊桥遗存多而闻名，现存33座各式古代廊桥，其中15座古廊桥被列为国家级文物保护单位，“木拱桥传统营造技艺”被列为联合国教科文组织“人类急需保护的非物质文化遗产”项目。

⊙1

⊙1 国家级重点文物保护单位：北涧桥
Beijian Bridge, key cultural relics site under the state protection

二 翁士格竹纸坊的历史与传承

2 History and Inheritance of Weng Shige Bamboo Paper Mill

翁士格1971年出生于温州泰顺县的榅桥村，因为家庭贫困，8岁时跟随造纸的外公去福建闽北的景宁县学习造纸。由于年龄小，起初只是打下手做杂活，12岁时正式学习造纸，先学踩料，因为这项技术很考验技巧，翁士格说自己学了五六年才学会。学会踩料后，翁士格又跟母亲学习分纸和焙纸，学习3个月左右便熟练掌握分纸和焙纸技术。最重要的捞纸技术翁士格也学了3年左右。16岁开始，出师的翁士格先后到浙江省丽水市的庆元县、福建武夷山东南坡的南平市松溪县等地帮人造纸，工作8年后于20世纪90年代后期回到泰顺。

回到泰顺后，翁士格发现曾是竹纸窑集产区的家乡已经没有人造纸，感到非常可惜，于是在修理好村里的手工造纸遗存设施后开始重拾旧业。翁士格技艺全面，手法娴熟，经常前往翁士格竹纸坊交流的富阳逸古斋创始人、手工竹纸制作代表性传承人朱中华称赞翁士格“是竹纸体系中真正的人才，是真正造纸的人”。

⊙2

⊙3

根据访谈获知的信息，翁士格的父亲名叫翁学知，2017年已73岁，并不会造纸，翁士格的造纸技术主要由外公和母亲一系传授。翁士格自述外公也姓翁，但已经不记得外公的生辰了。在调查人员的要求下翁士格推算，如果其外公在世的话应该在110岁左右，也就是其外公应在清末出生，但他的造纸技艺是跟谁学的就完全没有线索了。翁士格有一儿一女，女儿已经嫁人，没有学过造纸，儿子翁卿飞学过一个月捞纸，后来就没再学习过，目前跟姐夫学习做会计。

据翁士格回忆，老辈人的说法是以前泰顺有

⊙2 翁士格家周边村落景观 Village landscape around Weng Shige's house

⊙3 调查人员与翁士格在土焙墙前合影（左起：朱中华、翁士格、汤书昆） Researchers and Weng Shige in front of the drying wall (from left to right: Zhu Zhonghua, Weng Shige, Tang Shukun)

⊙ 1
泰顺廊桥
Covered Bridge in Taishun County

3 000多家做纸的工厂，是一个手工造纸很普遍的地方，他还记得20世纪70年代后期至80年代前期在自己家门前的山头上就有两个工厂，分别隶属于当时的两个生产队，他小时候就在工厂里干活挣工分。1982年分田到户后，生产队取消，开始以家庭为单位生产手工纸，当时翁士格所在的村子有15户以上的村民从事手工造纸。但业态和市场都变化得很快，20世纪80年代后期手工造纸还红红火火，到90年代后期以后就逐渐没人造纸了，到2016、2017年，全村只剩下翁士格一人仍坚持造纸。

访谈时据在场的翁士格的同乡翁卿丰回忆，翁山乡（2011年与筱村镇合并）现在很少有人造纸，他之前在村子附近看到过造纸槽，但2017年村里拆迁后就没有了。翁卿丰称用竹子做花笺纸的技艺已经失传很多年，他本人用机器做过“迷信纸”，虽然能造出来，但是纸太厚，没有成功。

据调查，泰顺造纸人所说的花笺纸此前一直是书画用小尺幅竹料纸，翁士格自己儿时就曾用自家造的花笺纸写毛笔字，但大规模造纸后期，书画用纸已经很少生产，主要都是造用于祭祀焚烧的纸，当地也称“迷信纸”。2016年11月调查组了解到，由于在福建学习过造“好竹纸”，翁士格除了生产一般“迷信纸”外，也生产文化用纸，调查时已经有人预订了一批文化用纸——花笺纸。翁士格表示已经准备好了新的原料，只要有客户需要，同时有相应的纸帘，他就能做出不同规格的文化用纸，而不仅仅是相对来说比较粗糙的“迷信纸”。

2017年7月调查组回访时了解到，翁士格已经按照文化用纸要求改进工艺，延长原料浸泡时间，造出的纸的质量已经明显比上一年好。翁士格所造民间信俗用纸，主要销往泰顺本地，以及温州市下辖的文成县、平阳县等地。

⊙1

⊙1 废弃的泡料池 Abandoned soaking pool

⊙2 翁士格竹纸坊周边山坡 Weng Shige Bamboo Paper Mill surrounded by hills

三 翁士格竹纸坊的代表纸品及其用途与技术分析

3 Representative Paper, Its Uses and Technical Analysis of Weng Shige Bamboo Paper Mill

（一）翁士格竹纸坊代表纸品及其用途

调查时翁士格竹纸坊主要生产两种纸：一种是“迷信纸”，又称祭祀纸或火烧纸，品质与规格相似性都很高，使用中的差异和区别也很小；另一种是文化用纸，即用于书法和绘画的纸品，不过2017年才开始恢复生产。据了解，翁士格前几年只做火烧纸，2016年以来，开始根据材料的优劣程度做纸，好的竹料挑选出来做文化用纸，剩下的竹料用来做“迷信纸”。

另外，调查组还在翁士格家发现了留存已超过30年的老纸，据翁士格自述这是1980年前后生产的，但不是他本人造的，是翁士格外公在世时做的文化用纸，即当地所说的泰顺花笺纸。

据说花笺纸最早是为了满足交通不便的泰顺文人对于纸张的需求，从杭州、绍兴等地方引入造纸技术，使用当地山中的竹子造纸，作坊的设置多依山傍水，利用山林的优势，日常生产画面具有一种独特的韵味。泰顺花笺纸的生产在清代已形成一定规模，并且在民国之后又达到了一个高潮，主要用于文人的书画创作，而经济能力较强者则会用宣纸，而将花笺纸作为练习用纸，另外花笺纸也被用作办公用纸，据悉，明代的绍兴师爷就将泰顺花笺纸用作公文用纸。

⊙3 翁士格存放在家的老纸 Old paper preserved in Weng Shige's house

⊙4 翁士格家的花笺纸 Huajian paper stored in Weng Shige's house

⊙5 翁士格家的脚碓打浆纸 Dajiang paper made with foot pestle in Weng Shige's house

（二）翁士格竹纸坊代表纸品性能分析

1. 泰顺脚碓打浆纸性能分析

从制浆工序的传统性与技艺的原生性考虑，调查组在本身分别度不大的祭祀用毛竹纸中选择了采用脚碓打浆做成的纸进行性能分析。

测试小组对采样自翁士格竹纸坊的脚碓打浆纸所做的性能分析，主要包括定量、厚度、紧度、抗张力、抗张强度、撕裂度、撕裂指数、湿强度、白度、耐老化度下降、尘埃度、吸水性、伸缩性、纤维长度、纤维宽度和润墨性等。按相应要求，每一项指标都重复测量若干次后求平均值，其中定量抽取了5个样本进行测试，厚度抽取了10个样本进行测试，抗张力抽取了20个样本进行测试，撕裂度抽取了10个样本进行测试，湿强度抽取了20个样本进行测试，白度抽取了10个样本进行测试，耐老化度下降抽取了10个样本进行测试，尘埃度抽取了4个样本进行测试，吸水性抽取了10个样本进行测试，伸缩性抽取了4个样本进行测试，纤维长度测试了200根纤维，纤维宽度测试了300根纤维。对泰顺翁士格竹纸坊脚碓打浆纸进行测试分析所得到的相关性能参数见表3.3。表中列出了各参数的最大值、最小值及测量若干次所得到的平均值或者计算结果。

表3.3 翁士格竹纸坊脚碓打浆纸相关性能参数

Table 3.3 Performance parameters of Dajiang paper made with foot pestle in Weng Shige Bamboo Paper Mill

指标		单位	最大值	最小值	平均值	结果
定量		g/m²				19.3
厚度		mm	0.071	0.060	0.065	0.065
紧度		g/cm³				0.297
抗张力	纵向	N	11.0	6.2	9.0	9.0
	横向	N	6.7	5.0	5.8	5.8
抗张强度		kN/m				0.493
撕裂度	纵向	mN	143.2	89.2	118.5	118.5
	横向	mN	92.4	73.5	83.2	83.2
撕裂指数		mN·m²/g				5.2
湿强度	纵向	mN	629	507	551	551
	横向	mN	405	338	364	364
白度		%	33.7	33.6	33.6	33.6
耐老化度下降		%				1.4
尘埃度	黑点	个/m²				324
	黄茎	个/m²				116
	双桨团	个/m²				0
吸水性	纵向	mm	35	28	31	22
	横向	mm	26	20	23	8
伸缩性	浸湿	%				0.25
	风干	%				1.25
纤维	长度	mm	2.8	0.4	1.6	1.6
	宽度	μm	19.8	1.0	11.0	11.0

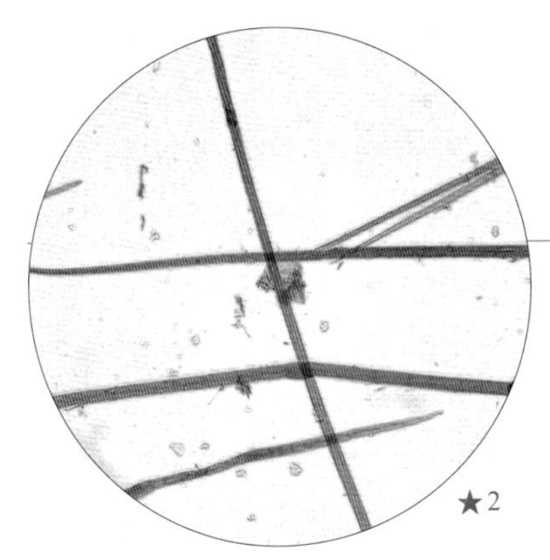

由表3.3可知，所测泰顺翁士格竹纸坊脚碓打浆纸的平均定量为19.3 g/m²。脚碓打浆纸最厚约是最薄的1.18倍，经计算，其相对标准偏差为0.060，纸张厚薄较为一致。通过计算可知，脚碓打浆纸紧度为0.297 g/cm³，抗张强度为0.493 kN/m。所测脚碓打浆纸撕裂指数为5.2 mN·m²/g；湿强度纵横平均值为458 mN，湿强度较小。

所测泰顺翁士格竹纸坊脚碓打浆纸平均白度为33.6%，白度较低。白度最大值是最小值的1.003倍，相对标准偏差为0.002，白度差异相对较小。经过耐老化测试后，耐老化度下降1.4%。

泰顺翁士格竹纸坊脚碓打浆纸尘埃度指标中黑点为324个/m²，黄茎为116个/m²，双桨团为0。吸水性纵横平均值为22 mm，纵横差为8 mm。伸缩性指标中浸湿后伸缩差为0.25%，风干后伸缩差为1.25%。

泰顺翁士格竹纸坊脚碓打浆纸在10倍、20倍和40倍物镜下观测的纤维形态分别见图★1、图★2、图★3。所测脚碓打浆纸纤维长度：最长2.8mm，最短0.4 mm，平均长度为1.6 mm；纤维宽度：最宽19.8 μm，最窄1.0 μm，平均宽度为11.0 μm。

★1 翁士格竹纸坊脚碓打浆纸形态图（10×） Fibers of Dajiang paper made with foot pestle in Weng Shige Bamboo Paper Mill (10× objective)

★2 翁士格竹纸坊脚碓打浆纸纤维形态图（20×） Fibers of Dajiang paper made with foot pestle in Weng Shige Bamboo Paper Mill (20× objective)

★3 翁士格竹纸坊脚碓打浆纸纤维形态图（40×） Fibers of Dajiang paper made with foot pestle in Weng Shige Bamboo Paper Mill (40× objective)

⊙1 翁士格竹纸坊脚碓打浆纸润墨性效果 Writing performance of Dajiang paper made with foot pestle in Weng Shige Bamboo Paper Mill

2. 泰顺花笺纸（1980年产）性能分析

测试小组对采样自泰顺翁士格家纸坊1980年制作的花笺纸所做的性能分析，主要包括定量、厚度、紧度、抗张力、抗张强度、撕裂度、撕裂指数、湿强度、白度、耐老化度下降、尘埃度、吸水性、伸缩性、纤维长度、纤维宽度和润墨性等。按相应要求，每一项指标都重复测量若干次后求平均值，其中定量抽取了5个样本进行测试，厚度抽取了10个样本进行测试，抗张力抽取了20个样本进行测试，撕裂度抽取了10个样本进行测试，湿强度抽取了20个样本进行测试，白度抽取了10个样本进行测试，耐老化度下降抽取了10个样本进行测试，尘埃度抽取了4个样本进行测试，吸水性抽取了10个样本进行测试，伸缩性抽取了4个样本进行测试，纤维长度测试了200根纤维，纤维宽度测试了300根纤维。对泰顺翁士格家纸坊1980年生产的花笺纸进行测试分析所得到的相关性能参数见表3.4。表中列出了各参数的最大值、最小值及测量若干次所得到的平均值或者计算结果。

表3.4 翁士格家纸坊1980年生产的花笺纸相关性能参数
Table 3.4 Performance parameters of Huajian paper produced in 1980 in Weng Shige Paper Mill

指标		单位	最大值	最小值	平均值	结果
定量		g/m^2				17.2
厚度		mm	0.066	0.044	0.054	0.054
紧度		g/cm^3				0.319
抗张力	纵向	N	18.7	13.2	15.8	15.8
	横向	N	5.4	4.0	4.7	4.7
抗张强度		kN/m				0.683
撕裂度	纵向	mN	119.7	88.6	106.9	106.9
	横向	mN	103.0	71.8	84.3	84.3
撕裂指数		mN·m^2/g				5.6
湿强度	纵向	mN	953	827	892	892
	横向	mN	516	390	442	442
白度		%	29.78	29.47	29.6	29.6
耐老化度下降		%				0.73
尘埃度	黑点	个/m^2				
	黄茎	个/m^2				
	双桨团	个/m^2				
吸水性	纵向	mm	11	6	8	3
	横向	mm	8	6	7	1
伸缩性	浸湿	%				
	风干	%				
纤维	长度	mm	3.0	0.4	1.7	1.7
	宽度	μm	28.8	2.1	7.6	7.6

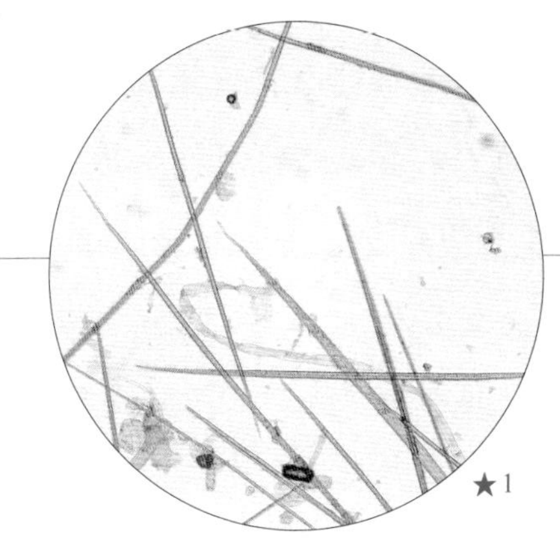

★1

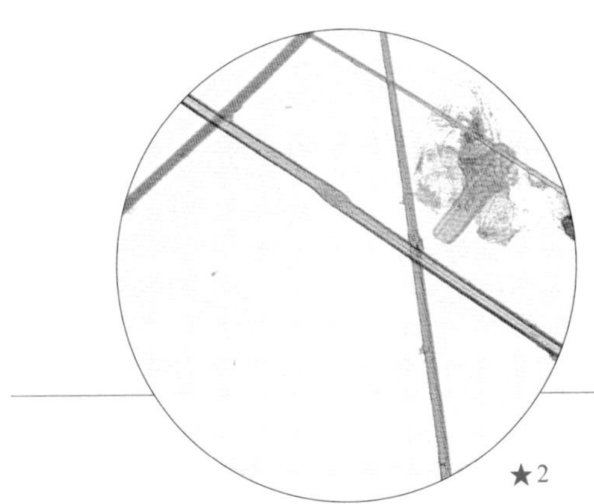

★2

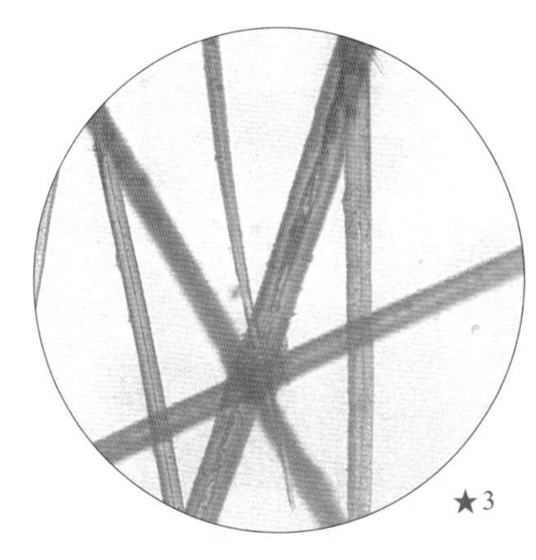

★3

由表3.4可知，所测翁士格家纸坊1980年生产的花笺纸的平均定量为17.2 g/m^2。最厚约是最薄的1.5倍，经计算，其相对标准偏差为0.125，纸张厚薄较为一致。通过计算可知，此花笺纸抗张强度为0.683 kN/m，紧度为0.319 g/cm^3。所测翁士格家纸坊1980年生产的花笺纸的撕裂指数为5.6 mN·m^2/g；湿强度纵横平均值为667 mN。

所测翁士格家纸坊花笺纸平均白度为29.6%，白度较低。白度最大值是最小值的1.011倍，相对标准偏差为0.003，白度差异相对较小。经过耐老化测试后，耐老化度下降0.7%。

翁士格家纸坊花笺纸的尘埃度、伸缩性无法测试。吸水性纵横平均值为2.2 mm，纵横差为1.2 mm。

翁士格家纸坊花笺纸在10倍、20倍和40倍物镜下观测的纤维形态分别见图★1、图★2、图★3。所测花笺纸纤维长度：最长3.0 mm，最短0.4 mm，平均长度为1.7 mm；纤维宽度：最宽28.8μm，最窄2.1 μm，平均宽度为7.6 μm。

★1
1980年生产的泰顺花笺纸纤维形态图（10×）
Fibers of Huajian paper produced in 1980 in Taishun County (10× objective)

★2
1980年生产的泰顺花笺纸纤维形态图（20×）
Fibers of Huajian paper produced in 1980 in Taishun County (20× objective)

★3
1980年生产的泰顺花笺纸纤维形态图（40×）
Fibers of Huajian paper produced in 1980 in Taishun County (40× objective)

⊙1
1980年生产的泰顺花笺纸润墨性效果
Writing Performance of Huajian paper produced in 1980 in Taishun County

四 翁士格竹纸坊造纸的生产原料、工艺与设备

4 Raw Materials, Papermaking Techniques and Tools for Papermaking in Weng Shige Bamboo Paper Mill

（一）翁士格竹纸坊造纸的生产原料

1. 主料：毛竹

翁士格竹纸坊使用的是每年农历小满前后砍下的嫩毛竹，即当年清明破土而出的竹笋生长约30天后，于小满时分砍下作为造纸原料。

2. 辅料

（1）纸药。泰顺当地的造纸户称其为“胶水”，是手工造纸艺人对山上一种植物黏液的俗称，又称“纸药”。翁士格使用的纸药是罗汉松根部的皮泡出来的黏液，当地方言称罗汉松为“罗松”，与沙松根属于一类。据翁士格介绍，他使用的罗汉松根是由专人提供的，当需要这种树根的时候，翁士格就包下一个山头，然后派人去挖，挖出来的新鲜树根泡在一个木桶里，每桶加15 kg盐巴。翁士格称，泡在桶里的“胶水”十年不会腐坏。捞纸时，“胶水”的使用比例一般是“一担纸一斤根”，即生产50 kg纸需要0.5 kg的罗松根泡出的黏液。

（2）水。翁士格造纸使用的水是自家附近山上流下的山泉水，2016年调查时实测该水的pH为5.5～6.0，呈弱酸性。

⊙1

⊙2

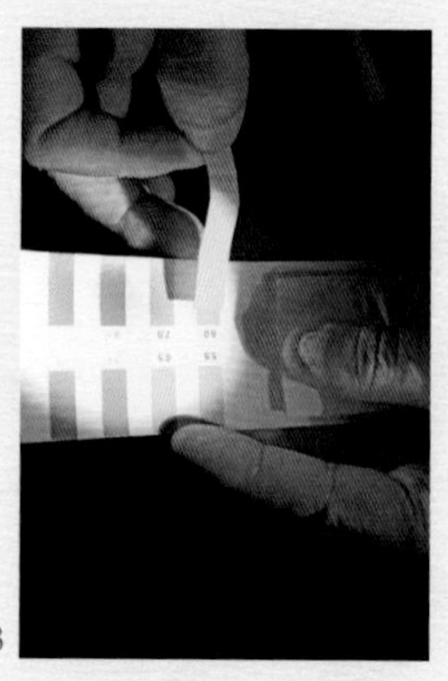

⊙3

⊙1/2 泡在桶里的纸药 Papermaking mucilage soaking in a bucket

⊙3 翁士格造纸用水的pH测试 pH test of papermaking water in Weng Shige Paper Mill

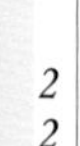

⊙4

⊙5

⊙ 4 / 5
翁士格家附近茂密的毛竹林
A thick bamboo forest near Weng Shige's house

（二）翁士格竹纸坊造纸的生产工艺流程

根据调查组2016年11月9日、2017年7月24～25日实地调查及翁士格的补充，翁士格造纸坊所造花笺纸的生产工艺流程可归纳为：

壹	贰	叁	肆	伍	陆	柒	捌	玖	拾	拾壹
斫竹	削皮	腌料	踩料	打浆	捞纸	压纸	做额沿	分纸	焙纸	打包成捆

壹 斫竹

1

翁士格做纸的主要原料是小满前后的嫩毛竹。一般直接取材于附近的山头。据翁士格介绍，每年伐竹工将竹子砍下山后，捆好并搬到街边售卖，翁士格直接从伐竹工处购买，2016～2017年100 kg毛竹的购买价为50元。

贰 削皮

2

购回的毛竹需削皮，由于调查时只有翁士格一人在纸坊承担全部制作工作，因此削皮也是他一人完成。削皮工序看似简单，但掌握好分寸还是需要一定的训练的。翁士格介绍，削得太浅，青皮去不干净，削得太深又浪费了原料。削皮时，翁士格每天凌晨4点起床，一直工作到晚上12点左右，削皮工作往往需持续一个月左右，劳动强度较大，没有很好的体力和意志力是很难坚持下来的。

⊙1 翁士格正在砍竹 Weng Shige cutting the bamboo

⊙2 翁士格演示削皮 Weng Shige showing how to strip the bark

叁

腌料

3 ⊙3～⊙6

翁士格家的纸坊共有5个用来腌料的塘，现场实测其尺寸为：长、宽各5 m，高2 m。为了防止渗水，料塘底部一般铺上3层塑料布。

腌料时先要将削皮后的竹子捆成捆放入塘中，每捆竹料30～40 kg，一个料塘大约能下料15 000 kg，加水和石灰浸泡3～4个月，腌4个月的竹料最好用。一般100 kg竹子要放入24 kg左右的石灰。翁士格所用的石灰来自浙江衢州，2017年1 kg石灰的售价为0.6元左右。据翁士格所说，从衢州买来的石灰是非常好的天然石灰，不会产生污染。每年翁士格要采购十几吨石灰用于腌料。

腌制后的竹料需漂洗，以洗净残留的石灰，洗好后再放入清水池中浸泡约35天。2017年7月调查组回访时了解到，翁士格已经改进了工艺，腌好的竹料放入清水池浸泡的时间增至40天左右，造纸质量也因此有所提高。据介绍，延长浸泡时间是为了使原料更好地熟化，一般来说，竹料放在清水塘里35天即可熟化，但浸泡45天至50天以上熟化程度会更好。

翁士格告诉调查组，100 kg毛竹最终可以做成12 kg左右干纸，也就是说成浆率在12%左右。

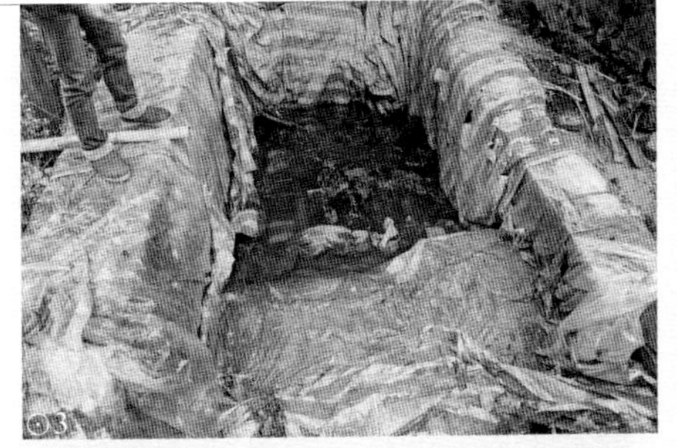

⊙5

⊙6

肆

踩料

4 ⊙7⊙8

将腌制好的并清洗去除掉石灰残渣和其他杂质的竹料放入踩料池，用脚不停踏踩，使竹料呈糊状。踩料既需要力气又考验技术，不能只是使蛮力，用力过猛，料会被踩“死”，无法使用。踩料时需手脚配合，翁士格常一只手拽着墙上的绳子借力，另一只手扶住池边或杵一根木棍保持平衡，一只脚支撑，另一只脚踩料。一般来说，一批料需踩6小时左右，按照翁士格竹纸坊的放料量，6小时踩的料可以抄纸约2 000张。

2017年调查组现场观察翁士格踩料时他颇为骄傲地表示，一般人只能使用一只脚踩，而他可以两只脚灵活地配合着踩料，一只脚踩下去，另一只脚从料中翻上来，再接着踩下去。翁士格回忆，因为家庭困难，以前是赤脚踩料，因为常年踩竹浆料，脚皮越磨越厚。现在经济条件比之前好，踩料时一般穿上袜子与厚底鞋。

⊙8

⊙7

⊙3/4 翁士格家腌料的腌料塘 Soaking pool in Weng Shige's house

⊙5/6 料糖里正在腌制的竹料 Bamboo materials fermented in the soaking pool

⊙7 夜晚翁士格正在踩料 Weng Shige stepping on the materials at night

⊙8 已经踩好的浆料 Prepared pulp

伍 打浆

5 ⊙9⊙10

将踩好的浆料放入纸槽，注水后用槽棍打制成可以捞纸的均匀悬浮状态。一般来说，纸浆打好之后，会有过多的浆浮上来，这时候需要使用压浆板把过多的纸浆压下去，待捞出差不多百余张纸的时候，再取出压浆板。

⊙9

⊙10

陆 捞纸

6 ⊙11～⊙13

捞纸就是用纸帘将纸槽里的纸浆捞出形成湿纸膜。捞纸时，先用帘轻轻拍水，使槽中混有纸浆的水泛起波浪，伴随着波浪，将纸帘插入水中，待纸帘出水时将纸浆捞出，再稍微倾斜纸帘，排出多余的水。如果需要做白纸，翁士格现在的做法是在纸浆中加入漂白粉。翁士格说，他捞纸比较慢，一次连续不间断操作只能捞500张左右。

⊙11

⊙12

⊙13

⊙9/10 翁士格在打浆 Weng Shige stirring the papermaking materials

⊙11/12 翁士格在捞纸 Weng Shige scooping and lifting the papermaking screen out of water

⊙13 捞纸中添加纸药 Adding papermaking mucilage into the pulp

柒 压纸

7 ⊙14～⊙16

纸浆经过捞纸工序后已有了纸的雏形，将捞好的纸放在纸槽旁边的帘衣上。放在帘衣底部的前两张纸会比较厚，约为平常纸张厚度的两倍。抄到2 000张左右时，在湿纸上盖上压榨用的席子，又称筒席，使用木榨压榨，挤出纸中的水分。一般2 000张纸需使用木榨压1小时左右，压榨后的纸仍含有70%的水分。据了解，目前翁士格竹纸坊仍然使用最传统的木榨压纸，木榨运用杠杆原理，压纸时，翁士格坐在杠上，通过一起一落的方式挤压湿纸中的水分。

⊙14

⊙15

⊙16

捌 做额沿

8 ⊙17～⊙20

将压榨好的纸拿出，在纸的一边盖上剔纸板（材料为杉木条），将纸边刮平整。这道工序是为了使边平整光滑，撕纸时不致使纸破损，称为做额沿。

⊙17

⊙18

⊙19

⊙20

玖 分纸

9 ⊙21

经过做额沿工序后，使用竹制钳子，将压好的纸从一角钳开，为下一步刷纸焙纸做准备。

⊙21

⊙14 将捞好的纸倒扣在榨床的湿纸垛上
Turning the newly-produced paper upside down on the wet board

⊙15 用传统木榨榨纸
Pressing the paper using traditional wooden presser

⊙16 翁士格正在用臀部坐压法压纸
Weng Shige pressing the paper by sitting on the presser

⊙17 压榨好的纸
Paper after pressing

⊙18/19 翁士格在做额沿
Weng Shige trimming the paper edges

⊙20 翁士格做额沿时使用的剔纸板和刀
Tools for trimming the paper edges

⊙21 用竹钳从一角将压榨好的纸分开
Separating the pressed paper from one corner with bamboo tweezers

拾 焙纸

10 ⊙22～⊙28

用纸刷将分好的纸一张一张刷在土焙纸墙（又称“烘笼”，砌法类似砖墙，上窄、下宽、中空，中间用来添柴烧火，墙面一般刷有桐油和石灰混合物，墙体内部铺有石膏板和防水布，表面刷纸筋灰）上，烘干后再揭下来。一面墙可以贴30张纸。烘焙时间根据刷纸人数而定，如果4个人同时刷纸，3～4分钟就能干，温度高的话，1分钟就能揭下来。如果是一个人焙纸，墙面温度50～60 ℃，一面贴完再贴另一面时，这时刚开始贴的那面墙上的纸已经烘干，可以揭下。如果墙温在80 ℃以上，每张纸烘焙1分钟即可。调查组2017年7月24日晚上现场观察时，由于时间已晚，只有翁士格一个人刷纸，没有烧烘笼，用的是白天烧烘笼的余温，完全让纸自然干。翁士格说，他一般晚上焙纸。算下来，他一天可以做2 500张纸，做得最好的人可以做3 000张左右。烘笼的温度不能过高，60～80 ℃最好，纸张不能干得太快，否则会影响纸的质量。

⊙22

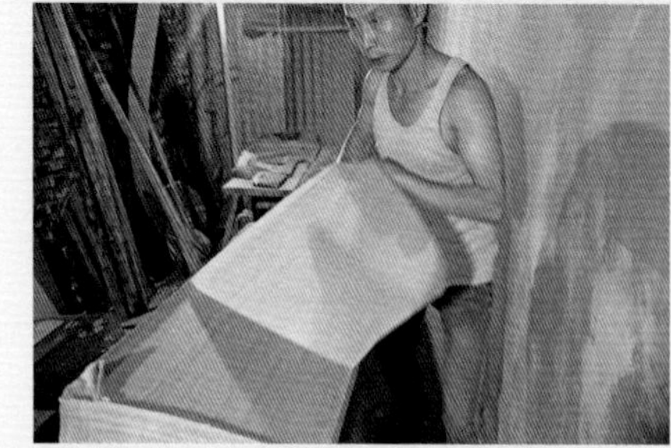

⊙23

烘纸的土焙墙和烧火的炉子是翁士格在附近村庄里请人专门做的，花费约5 000元。2016年夏天暴雨天气较多，山上发大水，墙被冲坏了一部分，修缮又花了2 000多元。实测翁士格竹纸坊正在使用的烘纸墙尺寸为：高180 cm，厚45 cm，长292 cm。

⊙26

⊙27

⊙28

⊙24

⊙25

拾壹 打包成捆

11 ⊙29～⊙31

将烘干的纸打包成捆，并将两边打磨平整。为了方便计数，整理好的纸张每100张夹一个小纸条，称为一摞纸。一般45刀一捆，一刀80张，即一捆3 600张。

⊙29

⊙30

⊙31

⊙22/25 揭纸、刷纸上墙 Splitting the paper layers and pasting them on the wall

⊙26 土焙纸墙 Earthen drying wall

⊙27/28 给土焙纸墙加温的火炉的炉膛 Hearth for warming the drying wall

⊙29/30 打包成捆 Packing the paper into bundles

⊙31 已整理好并夹上小纸条的纸张 Paper sorted and clipped with small notes

（三）翁士格竹纸坊造纸的主要制作工具

壹 纸帘 1

2017年调查组调查时翁士格正在使用的纸帘尺寸为：长80 cm，宽47 cm，购自江西瑞安，上面还印有制帘师傅的标记。纸帘属于易损耗物品，一般可以使用3～5年，使用不当的话几个月就会损坏。据翁士格介绍，泰顺之前有许多编织纸帘的工匠，现在附近只有瑞安有一位上了年纪的织帘工匠。所以纸帘的造价也很高，大约2 000元一张，比安徽泾县和浙江富阳都高不少。

⊙32

贰 帘架 2

帘架是承托纸帘完成捞纸工序的木质托架，中间密布小竹棍。调查组实测翁士格使用的帘架尺寸为：长85 cm，宽50 cm，厚2 cm。

⊙33

叁 挑料耙 3

实测翁士格正在使用的挑料耙尺寸为：长40 cm，最宽处8 cm，最窄处3 cm。

⊙34

肆 纸刷 4

实测翁士格使用的纸刷尺寸为：长30 cm，宽17 cm。纸刷前部由松树针叶制作而成，入锅加盐煮后制作成刷子，用于焙纸时刷纸上烘墙。

⊙35

伍 分纸移动木板 5

实测翁士格竹纸坊使用的分纸移动木板尺寸为：长71 cm，宽41 cm。

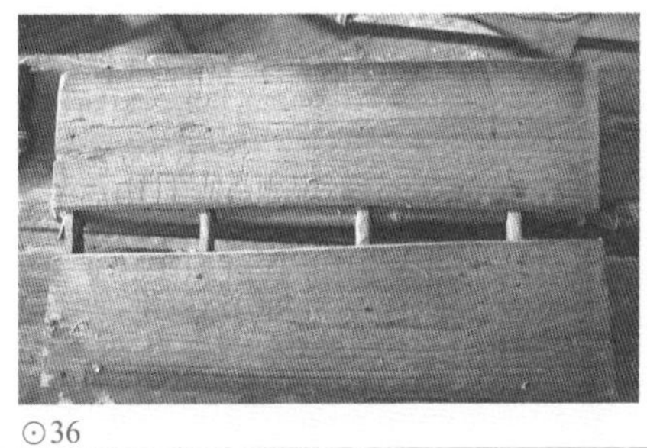

⊙36

陆 切纸刀 6

实测翁士格竹纸坊所用切纸刀尺寸为：长55 cm，宽5 cm。据了解，此前翁士格用刀切纸，2017年调查组调查时主要用电锯。文化纸不用切纸，因为文化纸的尺寸是宜大不宜小。

⊙37

⊙32 纸帘 Papermaking screen

⊙33 帘架 Frame for supporting the papermaking screen

⊙34 挑料耙 Rake for stirring the materials

⊙35 纸刷 Papermaking brush

⊙36 分纸移动木板 Wooden board for separating the paper

⊙37 切纸刀 Knife for cutting the paper

柒
竹镊子
7

竹镊子用于钳成叠湿纸边，便于后续揭纸。实测翁士格所用竹镊子尺寸为：长20 cm，宽1 cm。

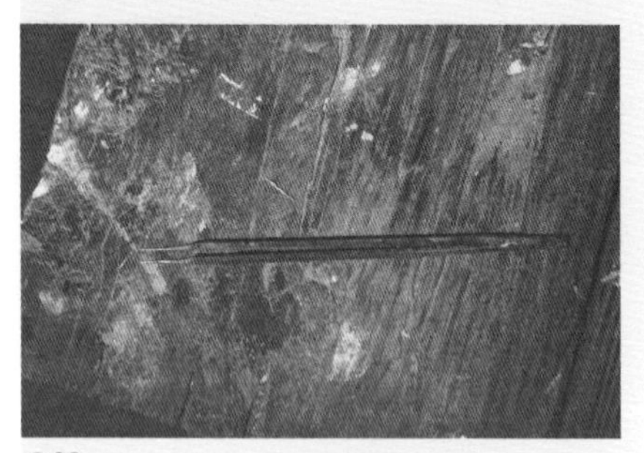
⊙38

捌
磨纸石
8

磨纸石主要用来将纸捆的边磨平整。实测翁士格正在使用的磨纸石尺寸为：长12 cm，宽7.5 cm。磨纸石的尺寸没有强制性规定，随意性较大。

⊙39

玖
打料耙
9

打料耙用来打匀纸槽中的浆料。

⊙40

拾
帘　衣
10

帘衣用于放置刚捞好的纸，实测尺寸为：长105 cm，宽48 cm。帘衣中间凸起，两边微塌，便于依自然斜度排水。帘衣一般用木板制成，翁士格家的帘衣则是用竹子编制的。捞纸时，会先捞一两张厚纸铺在最底下。

⊙41

拾壹
纸　槽
11

纸槽用于盛放纸浆并作为打料、抄纸的容器。实测翁士格竹纸坊当时正在使用的纸槽尺寸为：长174 cm，宽111 cm，高68 cm。

⊙42

拾贰
筒　席
12

放置在湿纸垛最上面覆盖纸张的篾席，方便压纸。实测翁士格竹纸坊当时正在使用的筒席尺寸为：长71 cm，宽43.5 cm。

⊙43

⊙38 竹镊子 Bamboo tweezers
⊙39 磨纸石 Stone for smoothing bundled paper
⊙40 打料耙 Rake for stirring the materials
⊙41 竹制帘衣 Bamboo mat for putting the wet paper
⊙42 老纸槽 Old papermaking trough
⊙43 筒席 Mat for pressing the paper

五 翁士格竹纸坊的市场经营状况

5 Marketing Status of Weng Shige Bamboo Paper Mill

翁士格表示，他每天工作12小时以上，一天可以抄纸2 500张左右，一年可以造100多条纸，每条纸8 000张，即每年约生产100万张纸。

翁士格子女均不在村子里居住，妻子也外出打工了，因此调查时全家就只有他一个人，平时基本上也是他一个人从事造纸全流程工作，生意好忙不过来时会去紧邻的平阳县水头镇请帮工。翁士格近几年几乎全年无休地造纸，2015年生产了100多条纸。一条纸两捆，也叫两件，一捆纸50刀，每刀80张纸。售卖的时候一般以捆为单位，翁士格制作的手工祭祀焚烧纸的售价为每捆350元，单张纸的售价约为8分钱，如果按照120条的年生产量计算，2015年的毛收入约为84 000元。

2017年调查组在访谈中了解到，近两年翁士格竹纸坊开始造文化纸，或者比焚烧竹纸品质好的竹纸，有些人会买去写写画画，因此纸价提高了。文化用纸1.5元/张，做活动散卖时，也卖过5元/张。2016年翁士格竹纸坊的销售额达15万元，因增加了文化用纸的生产，所以其年收入增加了5万多元。

还有一部分收入来自政府的支持，作为泰顺县仅存的制造竹纸和花笺纸的活态传承人，翁士格每年可得到7万元左右的针对传承人的补贴。

2017年翁士格的平均月收入为15 000元左右。至于销售市场，翁士格说文化用纸主要销往南通、上海等地，民间信俗用纸主要销往泰顺本地，以及温州市下辖的文成县、平阳县等地的乡村。

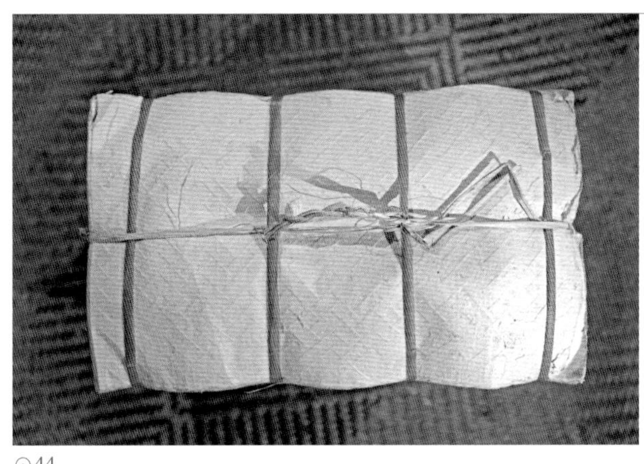

⊙44

⊙44 翁士格家的纸捆 Paper bundle in Weng Shige's house

六 泰顺竹纸的文化习俗故事

6 Cultural Culture and Custom Stories of Bamboo Paper in Taishun County

（一）泰顺“吊九楼”旧俗

吊九楼，指将九张八仙方桌平地凌空叠起，形成“九层楼”的模样，意喻九重天。每年的六月初六或七月初七，在半路村的和谐树边（又称三姐妹树，树名源于传说：三姐妹死于此地，后长出三棵树，并在树干中部联结在一起），当地人会把供奉的佛像抬出来供奉。据地方文史资料记载，泰顺吊九楼习俗源于北宋时期，多见于求雨、祈太平、佛像开光、添寿等公众聚集性活动。吊九楼开始立楼的地方要先用罗盘定方位，按春夏秋冬不同季节，预测风向，然后将九张方桌叠立成功，在顶层还置一大饭甑，四个桌角点上香烛。叠桌时每一张桌子的四个桌脚下要事先垫一张道士下了“符咒”的花笺纸，因为花笺纸不会打滑，此种做法一直流传至今。

整个吊九楼的操作过程比较复杂，登坛作法的道士要有扎实的功底，且对地域、气候、风向等地理与气象方面的知识都要有所掌握。可以说吊九楼是一种集神秘文化、高难度杂技于一体的民间活动。

（二）传媳不传女的技艺传承习俗

调查组查阅资料[8]时了解到，泰顺岭北地区造纸艺人除了将造纸工艺传给儿子外，有“传媳不传女”的规矩，目的是不让手艺外传，以减少竞争对手。据翁士格介绍，其8岁跟随外公在景宁学艺时，景宁就有“传媳不传女”的说法。在瑞安周边，打纸帘的手艺不会传给女儿、外甥，只教儿子，翁士格的纸帘师傅（姓黄，育有2个儿子3个女儿）也曾经说过类似的话，而像捞纸的手艺则没有这么一说。富阳逸古斋高端竹纸生产技艺传人朱中华补充道：“这应该是根据不同的工艺

⊙1

⊙1 半路村和谐树
Hexie (harmonious) tree in Banlu Village

[8] 薛一泉.泰顺传统手工艺寻访：大山深处行将消失的造纸作坊[EB/OL].[2016-10-30]. https://sanwen8.cn/p/49fVzqe.html.

而定的，泽雅抄纸都是女性抄。”

（三）花笺纸的传说

道士用翁士格的花笺纸画符，然后将其冲水给肚子疼的小孩子喝，能起到止痛作用，而其他纸非但不起作用，还容易吃坏肚子。另外如果村庄中有青壮年人（20岁至50岁）去世，祭奠时如果烧的是机械纸，这个村庄就会变得不太平，容易死更多的年轻人，而如果用翁士格的花笺纸，这个村就不会出现什么问题，就算有人过世，也都是80岁、90岁的老人。

另据翁士格介绍，他家的纸帘以前是由皇帝赐名的，所生产的花笺纸可用于平定大海的风浪。人们往往以几百担的数量往海里扔，扔下去之后就能平息大风巨浪。翁士格十二三岁左右时就跟外公去温州的海边亲眼见证过。朱中华也听说过江苏沿海一带的港口，每逢新船下海时要烧纸钱才能风平浪静。

七 翁士格竹纸坊的传承与泰顺竹纸的发展出路

7 Inheritance of Weng Shige Bamboo Paper Mill and Future Development of Bamboo Paper in Taishun County

（一）翁士格竹纸坊的传承困境与坚持的动力

1. 后继无人的技艺中断危机问题

后继无人问题是多数手工造纸厂坊面临的严峻问题，也是翁士格竹纸坊目前面临的最大困境。调查组两次前往泰顺翁士格造纸作坊了解到的现状是：翁士格的儿女均未从事手工造纸行业，也未学或未能学成翁士格的造纸手艺，目前造纸坊内所有的工作基本由翁士格一人完成，既无学徒，也无传承人，其辛苦程度可想而知，如果没有特别的毅力，或者出现身体不适等情况，随时可能中断生产。作为泰顺竹纸目前发现的唯一一家活态手工造纸户，翁士格面临的不仅是自己的造纸坊无传承人的问题，更是泰顺花笺纸生产技艺的活态可能完全断档、消失的问题。

2. 如何解决造纸工艺链条上的要素残缺问题

调查组还了解到，翁士格未请工人、一个人经营纸坊的一个重要原因是请不到合适的技术工人，因手工造纸辛苦，很多曾经造纸的人已不愿意从事这一行。另外，造纸工序中，纸帘是不可缺少的工具，随着业态由聚集变成衰落的“孤岛”，相关配套工具的制造工匠因为无法生存而越来越少或完全消失，这对于手工造纸活态的保存无疑是一个严峻的挑战。

3. 收入成为坚持生产最关键的动力

访谈中据翁士格自述，目前坚持经营纸坊的原因是每月有万余元收入，这比他此前外出打工挣得明显要多，而且是在老家吃住，成本也低。造纸特别是造文化纸是技术活，在泰顺及周边地区已经没有什么竞争者了。翁士格在接受访谈时也表示，如果收入稳定，按他目前的年龄，继续干6～7年时间，如果身体好，干到60岁应该不成问题。问题是翁士格单线维系着泰顺竹纸的传承，一旦他因为可

⊙1

⊙1
从砍竹开始忙碌的翁士格
Weng Shige busy chopping the bamboo

能出现的某些原因停止生产，泰顺竹纸中较为高端的花笺纸的手工制造技艺能否传承就是个疑问了。

（二）面向发展的努力与尝试

调查组了解到，由于没有提炼出一套标准的造纸工艺流程，造纸户对于工具、材料的选用多凭经验和感觉，如果造低端纸久了，对于材料和工艺的把关往往会更加放松。

翁士格回村造“迷信纸”的初期，因使用老毛竹、存放时间过久的石灰及沤料不充分等原因，制造出的纸张质量好坏不一，销售价格也低。2006年，富阳逸古斋的高端竹纸生产技艺传人朱中华先后数次到泰顺筱村镇榅桥村与翁士格交流，购买原料和存下的旧纸，并邀请翁士格到富阳大同村的造纸坊参观。翁士格看到了朱中华造的售价千元每刀的书画和古籍修复用毛竹与苦竹纸后眼界大开，萌生了造文化用纸及恢复花笺纸制造工艺的强烈意愿。

2017年7月调查组回访时了解到，翁士格也意识到要造出高端竹纸，工艺和材料改善是根本，并且已付诸实施。例如，泡料已由30余天增加至40天以上，以使原料腌沤充分熟化，为造出质量更好的纸在制浆阶段打好基础。

⊙2

⊙3

⊙2 翁士格新试造的花笺纸 Newly-made Huajian paper

⊙3 朱中华造的一级元书纸 Superb Yuanshu paper made by Zhu Zhonghua

竹纸

泰顺县榅桥村 翁士格竹纸坊

Bamboo Paper
of Weng Shige Bamboo Paper Mill
in Wenqiao Village of Taishun County

脚碓打浆纸透光摄影图
A photo of Dajiang paper made with foot pestle seen through the light

花笺纸

泰顺县榅桥村 翁士格竹纸坊

Huajian Paper
of Weng Shige Bamboo Paper Mill
in Wenqiao Village of Taishun County

旧花笺纸透光摄影图
A photo of old Huajian paper seen through the light

第四节 温州皮纸

浙江省
Zhejiang Province

温州市
Wenzhou City

瓯海区
Ouhai District

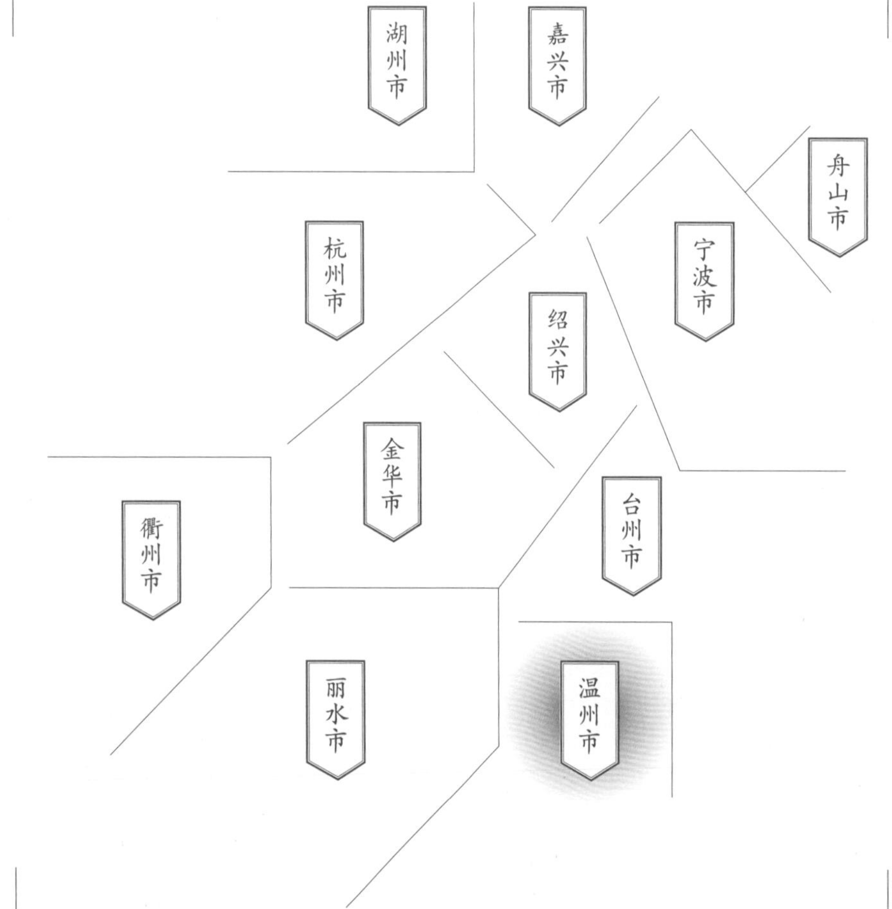

调查对象

泽雅镇周岙上村
雅泽轩
皮纸

Section 4
Bast Paper in Wenzhou City

Subject

Bast Paper in Yazexuan Company in Zhouaoshang Village of Zeya Town

一
温州皮纸的基础信息与生产环境

1
Basic Information and Production Environment of Bast Paper in Wenzhou City

温州市位于浙江省东南部，东经119° 18′ ～121° 18′，北纬27° 03′ ～28° 36′。温州有“东南山水甲天下”的美誉，仅国家级重点风景名胜区和国家级自然保护区就有雁荡山、楠溪江、百丈漈–飞云湖，乌岩岭、南麂岛；泰顺县境内的白云尖海拔1 611 m，为全市最高峰；主要水系有瓯江、飞云江、鳌江。温州古为瓯地，称东瓯，公元323年建永嘉郡，传说建郡城时有白鹿衔花绕城一周，故名鹿城，已有近2 000年的建城历史。历史上以手工业发达著称，造纸、造船及青瓷、丝绸、绣品、漆器等的生产在中国历史上均有一定地位，至2017年有联合国人类“非遗”代表作项目4项、国家级“非遗”代表作项目34项，项目总数在全国地级市中非常突出。

温州南宋时被辟为对外通商口岸，有“一片繁荣海上头，从来唤作小杭州”之称。2016年5月，因“温州历史悠久，文化遗存丰富，历史街区特色鲜明，传统风貌保持较完好，保存有独特的‘山水斗城’格局，具有重要的历史文化价值”，被列为“国家历史文化名城”。

⊙1

⊙1 温州市区瓯江全景图 Panorama of Oujiang River in Wenzhou City

路线图
瓯海城区
↓
雅泽轩
Road map from Ouhai District centre to Yazexuan Company

温州皮纸造纸点分布示意图

Distribution map of the papermaking site of bast paper in Wenzhou City

考察时间
2017年7月／2018年12月

Investigation Date
Jul. 2017 / Dec. 2018

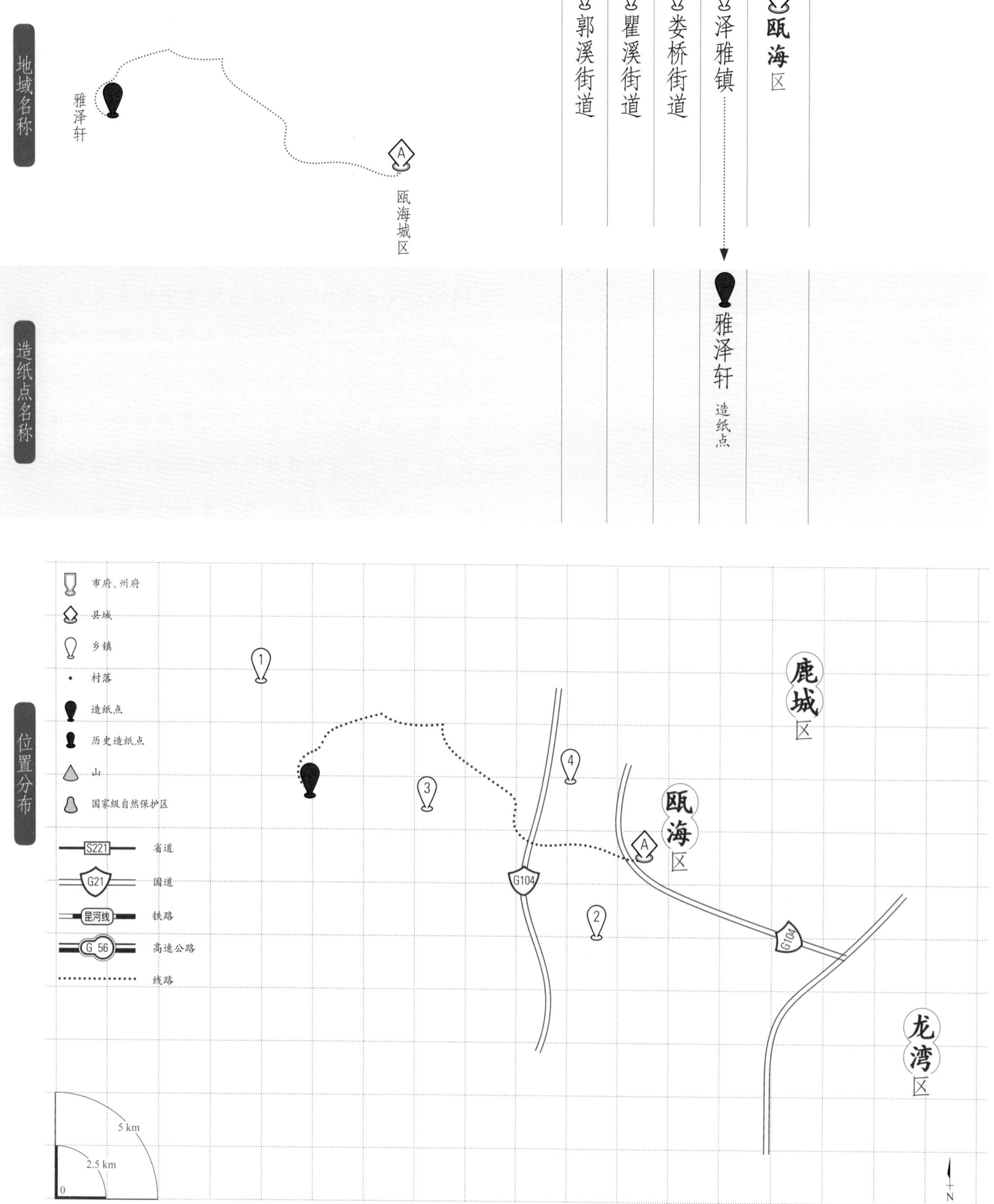

⊙2

温州手工造纸历史悠久。据温州竹料屏纸的国家级代表性传承人林志文的研究，唐宋以来，温州曾以植物长纤维韧皮以及竹子、稻草、松木等为原料，制造出蠲纸、皮纸、蜡纸原纸、屏纸、草纸等纸种。

根据调查组2017年7月23～25日、2018年12月26日对温州皮纸的实地调查，以及查阅相关温州皮纸的手工造纸资料，整理出温州皮纸的基础信息如下：

温州最早的手工纸为皮纸，史称蠲纸，晚唐五代即有出产，而且曾经是贡纸。据文献记载，古代温州蠲纸采用纯桑皮为原料，纸质韧，一面光一面糙，纸纹特殊，在温州皮纸上作画，能忠实反映墨色。现代温州皮纸厂于1953年建厂，开始仍保持手工造纸工艺，1960年采用长网、圆网造纸机，改手工抄纸为机械造纸，所产“白泉牌”温州书画皮纸1986年、1990年获浙江省优质产品称号。[9] 除“白泉”商标外，温州皮纸还有“雁荡山”商标。

1985年以后，因为成本高，市场小，温州皮纸再次停产。1995～1996年国有温州皮纸厂改制，工人下岗，工厂解散。

温州准提寺遗址曾是温州皮纸厂的旧厂址，位于温州市九山河边。据2010年后恢复温州皮纸生产的蔡永敏回忆，中华人民共和国成立后，温州当地的寺庙全部关闭，为了帮助寺庙里的僧尼谋生，温州皮纸厂将僧尼及当地的纸农吸纳进纸厂做造纸工人。蔡永敏称，当时温州皮纸厂僧尼数量约占该厂造纸工人总数的60%，纸农约占40%。除温州皮纸厂外，温州另一家与该厂同一时期成立、同一时期改制结束经营的温州蜡纸厂的造纸工人中也有还俗的僧尼。调查组查阅1998年出版的《温州市志》，其中也提及“1958年还俗僧尼在东门庆福寺组织的复生造纸厂并入温州皮

⊙1 温州五马历史街区
Wuma Historic District in Wenzhou City

⊙2 1980年原温州皮纸厂『雁荡山牌』注册商标
"Yandangshan Brand" registered as trademark by the former Wenzhou Bast Paper Factory in 1980

[9] 章志诚.温州市志：上编[M].北京：中华书局，1998：1153-1155.

纸厂”，可侧面印证蔡永敏的说法。

蔡永敏说，在他小时候的记忆里，九山河河岸两边有很多造纸作坊，温州皮纸厂的工人就在九山河里洗皮。调查时，温州皮纸厂原厂区已经被拆迁，只保留一个门头，上面写着“準提寺”。

提及温州皮纸用作书画纸的来历，蔡永敏表示：温州皮纸原用途是用作包装纸（又称包皮纸），是用过后“扔掉不要的纸”，这些包装纸无意中流传到某些注重笔墨效果的画家手中，用后反响很好，于是画家们到温州找寻这样的纸。蔡永敏说，温州皮纸是“扔到垃圾堆里被拿去画画”的纸，并且是“偶然性、慢慢发展起来的”。

2017年7月24～25日，调查组在蔡永敏位于温州市泽雅镇周岙上村村委会三楼的雅泽轩调研时了解到：2015～2016年，蔡永敏开始试制并恢复制作温州皮纸，其间得到原温州打字蜡纸厂（即温州皮纸厂）副厂长兼技术科科长方又园、化验室化验员卢锦秀的帮助，他们将原温州皮纸厂生产温州皮纸“原纸”（打字蜡纸上的衬纸）的国企标准原稿交给蔡永敏，大大缩短了他恢复制作温州皮纸的探索及研发时间。

2016年12月，蔡永敏申请提交的“温州皮纸制作技艺”被列入温州市级“非遗”保护项目。据蔡永敏介绍，目前他已经注册了三个商标，分别是“白泉”“灵峰”“曙光”，“白泉”用作温州皮纸商标，“灵峰”将用于木炭水墨纸等素描纸的商标，“曙光”暂定为恢复后的蠲纸商标，即“曙光牌”加工纸。但访谈中，对于调查组只看到新制作的成品纸，未能看到造纸现场的问题，蔡永敏未给予正面回答，只是表示刚刚恢复

⊙1

生产，计划新建的独立生产场地正在与地方政府洽谈用地问题，暂时在另外的地点生产，希望以后再约时间去考察。

2018年12月18日，调查组再次回访时了解到，蔡永敏采用的是基于温州皮纸生产标准的外地下单生产方式，其此前申请的“白泉”商标已用于生产的手工纸产品，“灵峰”商标则用于加工纸产品。

从造纸原料和用途演化来说，综合文献和口述调查反映的不同时期温州皮纸的记述，大体上是其以桑皮、山棉皮（当地又称山桠皮）、楮皮等植物韧皮纤维原料制造，又称绵纸、伞纸、蜡纸原纸。温州皮纸最早作为贡纸，然后成为供当地人使用的手工土纸，再后用作糊雨伞伞面的纸，继而又作为打字蜡纸的原纸，最后直到现代才作为书画用纸并著称于世。

⊙2

⊙3

⊙1
原温州皮纸厂门头刻有『準提寺』的门额
Title of "Zhuntisi" on the top of the gate of the former Wenzhou Bast Paper Factory

⊙2
蔡永敏与方又园（右）
Cai Yongmin and Fang Youyuan (right)

⊙3
蔡永敏新生产的『灵峰牌』涂布加工纸
Newly-made coated processed paper of "Lingfeng Brand" by Cai Yongmin

二 温州皮纸的历史与传承

2 History and Inheritance of Bast Paper in Wenzhou City

明清时期大宗生产的屏纸（竹纸）、皮纸曾为温州港大宗出口货物之一。20世纪，温州民间造纸以产南屏纸为主，20世纪50年代改称南屏纸为“温州卫生纸”并享誉国内外，主要的造纸地区有永嘉（瓯海）、瑞安、平阳、泰顺等县和乐清县的大荆等地。温州平原水稻地区以制造皮纸、草纸为主，永嘉（瓯海）、瑞安、平阳等县山区以制造竹纸为主，泰顺的原岭北、碑牌、柳峰等乡镇则主要生产皮料绵纸。

温州地区有记载的最早生产的手工纸是桑皮纸，史称蠲纸。元程棨《三柳轩杂识》载：“温州作蠲纸，洁白紧滑，大略类高丽纸。东南出纸处最多，此当为第一，然所产少，至和以来方入贡。权贵求索漫广，而纸户力已不能胜矣。”[10]宋至和年间（1054～1056年）蠲纸被列为贡品，与嵊县剡藤纸、余杭由拳纸并称浙江三大名纸。宋代周辉在《清波别志》里说：“唐有蠲府纸，凡造纸户免本身力役，故以蠲名，今出于永嘉，士大夫喜其发越翰墨，争捐善价取之，一幅纸能为古今好尚，殆与江南澄心堂等。”曾几《茶山集》卷四《送绍兴张耆年教授之永嘉学官》载：“蠲纸无留笔，生枝不带酸。”[11]张九成《横浦集》卷十八：“庚甲乃与贱命同，老汉抑何幸耶？蠲纸二百聊作挥洒供。”[12]

综合以上史料可以看出，历史上的蠲纸使用桑皮制作，质量上乘，可与“澄心堂纸”媲美，位列浙江三大名纸，不仅是贡品，还受到文人士大夫们的欢迎。

清光绪《永嘉县志》详细介绍了温州蠲纸（当时称蠲糊纸）的制作方法：（在桑皮原纸

⊙4

⊙4 张九成《横浦集》卷十八中提及蠲纸
Juan paper included in Volume 18 of *Hengpu Collection* written by Zhang Jiucheng

[10] 张宝琳，王棻，戴咸弼.浙江省永嘉县志[M].北京：中华书局，2010.

[11] 曾几.茶山集[M].北京：中国书店出版社，2018：127.

[12] 张九成，永瑢，纪昀，等.横浦集[M].台北：台湾商务印书馆股份有限公司，1986：422.

上）“以糨粉和飞面入朴硝，沸汤煎之，候冷，药酽用之。先以纸过膠礬胶矾，干，以大笔刷药上纸两面。再候干，用蜡打如打碑，以粗布缚成块，揩摩之。旧州郡尺牍皆用之，今已罢制，姑存其法。”按此记载，蠲纸是用糨粉、面粉、朴硝（现称为芒硝）等煎成药液，将纸经过胶矾、干燥、刷药、再干燥，再经上腊、打光等工序制作而成。

1965年，温州市今瓯海区的白象塔里发现一张唐代大观三年（1109年）的《佛说观无量寿佛经》旧纸，纸残页经测试与温州蠲纸特征相符。根据《永嘉县志》记载，北宋时温州蠲纸年贡500张。明朝初年，瓯海瞿溪开设造纸局。明宣德五年（1430年）温州太守何文渊体恤民情，奏请因水质浑浊，不宜再造蠲纸。明朝廷鉴此，遂撤造纸局。[13] 明初以后，温州蠲纸逐渐绝迹，与温州桑皮原料缺乏、造纸技术改进不足、环境遭到破坏、市场竞争激烈以及廉价竹纸开始兴盛有关。[14]

近现代温州造纸业最兴盛的时期在20世纪三四十年代，这段时期也是温州近现代经济最兴

⊙1 温州泽雅的竹纸作坊群（下部棚屋组）
Bamboo paper mills in Zeya County of Wenzhou City (sheds)

[13] 黄舟松.温州造纸史初探[N].温州日报,2007-07-21

[14] 苏勇强,何欣.宋代温州蠲纸的兴衰[J].文史知识,2012(11):62-70.

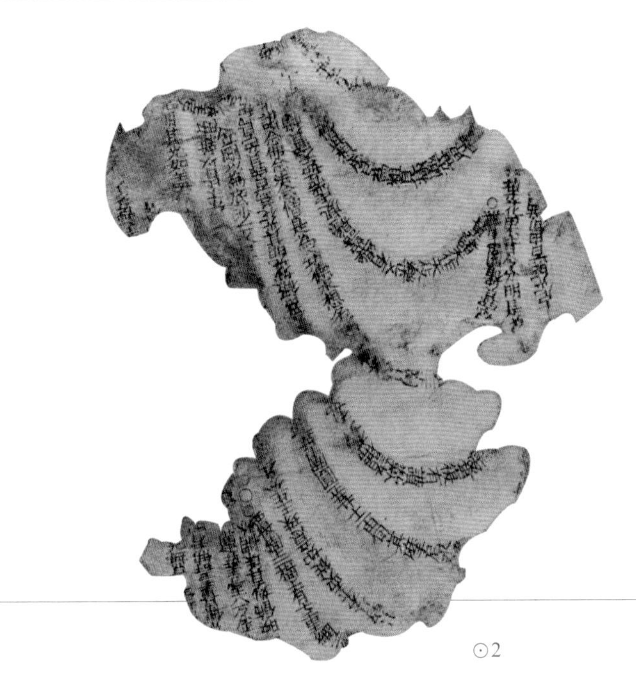

⊙2

盛的时期。据俞雄、俞光所著的《温州工业简史》记载：温州土纸1936年产量为36.2万担，是整个民国期间产量之最。造纸业兴盛主要原因是市场的扩展，自20世纪30年代初始，由于温州经济大发展的带动，温州商人向外扩展市场的行动十分活跃，这时，永嘉纸行等店铺在上海打开了温州纸的销路，继而又逐步运销至山东、江苏、福建、台湾等地，销量十分可观。据统计，中华人民共和国成立初期整个“纸山”约有3万户“槽户”，从事造纸的纸农约10万余人，占当地人口的80%，经济收入占当地经济收入的85%，可见其规模之盛。当时生产的纸品种很多，有“四六屏”“六六屏”“小刀包”“方高”等20多种。除了“四六屏”可供包装、引火、卫生日用外，其他大多数是祭祀、丧葬用纸。温州纸的集散地是现瓯海区的三溪（瞿溪、雄溪、郭溪）和瑞安市的潮至。[15]

说到现代温州皮纸生产，不得不提温州打字蜡纸厂。据1998出版的《温州市志》记载：温州打字蜡纸厂，又名温州皮纸厂，为全民所有制企业，前身为1951年由失业工人为生产自救而成立的温州造纸厂，生产雨伞纸与土报纸。同年8月改为公营，1953年改名温州皮纸厂。1960年先后建成长网、圆网造纸机各2台，改革了传统手工抄纸，实现了机械化生产。1990年，工业产值1 469万元，职工477人。主要产品：“曙光牌”打字蜡纸、工业滤油纸和“白泉牌”温州书画皮纸、木炭素描纸、彩色粉笔画纸。1990年生产工业用纸727吨、文化纸27吨。“白泉牌”温州书画皮纸于1986年、1990年获浙江省优质产品称号，1990年获轻工部优质产品称号；“曙光牌”打字蜡纸1984年获浙江省优质产品称号，1990年获轻工部优质产品称号；“曙光牌”工业滤油纸1986年、1990年获浙江省优质产品称号。[16]

1985年以后，因为成本高，市场萎缩，温州皮纸生产再度中断。1995～1996年国有温州皮纸厂停产，员工全部解散。据蔡永敏提供的温州皮纸厂1982年4月内部印制的《书画温州皮纸的研究工作报告》（以下简称《报告》）记载，书画用温州皮纸的研究试验工作分为四个阶段：

第一阶段是1961年至1966年“文化大革命”前。1960年温州皮纸厂实现机械化生产，同年12月，根据温州著名画家提供的资料，经过一年努力，以手工形式恢复专用温州皮纸生产，称为温州书画皮纸。温州书画皮纸以桑树皮为原料，专供国画和书法创作使用。1962年，著名画家潘天寿用温州皮纸作《双清图》时，称赞其“笔能走，墨能化，尚有韵味，并不减于宣纸也”。

⊙2 白象塔出土的唐代温州蠲纸（温州博物馆供图）
Juan paper in the Tang Dynasty unearthed from Baixiang Tower in Wenzhou City. (photo from Wenzhou Library)

[15] 林志文，周银钗.温州造纸与泽雅纸山[N].温州日报,2010-11-11(14).

[16] 章志诚.温州市志：上编[M].北京：中华书局,1998：1153-1155.

1962年6月27日《浙江日报》第二版发表以胡可署名的文章《画家与工人友谊的结晶——追记温州国画纸诞生》，详细介绍了温州书画皮纸的诞生过程。经相关专家鉴定后，书画用温州皮纸开始生产。1966年因政治运动停产。

第二阶段是1973年至1981年4月嘉兴试画会议。《报告》记载：1973年画家吴作人等向周恩来总理提出恢复温州皮纸的请求。在周恩来的指示下，轻工业部召开文房四宝会议，要求温州皮纸厂恢复温州皮纸生产，并要求该厂先恢复手工抄造工艺，再进一步研究以机械生产代替手工生产。1973年温州皮纸厂恢复机械制浆及半动力手工抄造生产，产品技术条件按照1961年的技术条件执行，产品质量得到画家的好评。但1974年因政治波动第二次停产。

1978年4月，轻工业部和文化部联合召开第二次文房四宝会议，会上再次决定恢复温州皮纸生产，同时轻工部和财政部联合批准提供补助费55万元，改造和新建1 990 m^2厂房，新增年产国画纸50吨的生产线。1980年，温州皮纸厂开始研究采用机械化造纸，经过一年多时间的试验，在强调运用手工抄纸原理、保持手工纸质量特色的基础上，用新的制浆造纸技术，实现了生产全过程的机械化。

1981年4月，试画会议在浙江嘉兴召开，请18位画家试笔，其中浙江美术学院（现中国美术学院）有13人参加。试纸画家一致认为，机制皮纸的优点是纸质细腻、坚实，以泼墨法作画效果尚好，但存在墨色灰、墨韵变化不足、有单面光等缺点。

第三阶段是1981年4月至1982年4月。《报告》记载：1981年2月，轻工业部召开第三次文房四宝会议，会上决定成立中国书画用纸协作小组，任务是促使本行业在现有生产工艺的基础上，逐步采用现代化生产方法与科学管理，将手工生产实践技艺进一步提高到理论层面，使古老的传统工艺保留下来，使失传的品种得到恢复。

1981年7月，浙江省轻工业厅向浙江省科委提出开展"中国书画用纸——温州皮纸的研究"项目研究，整理、总结传统温州皮纸生产的经验，试验多原料、多品种，研究新工艺、新设备，以解决国画纸市场供应紧张问题。1982年浙江省科委批复同意温州皮纸研究项目立项，起止年限为

⊙1 原温州皮纸厂原厂老照片 An old photo of the former Wenzhou Bast Paper Factory

⊙2 原温州打字蜡纸厂员工合影旧照 An old photo of the staff from the former Wenzhou Wax Paper Factory

1982～1983年。1981年11月，浙江轻工业厅组织温州打字蜡纸厂及协作单位民丰纸厂、浙江美术学院再次启动重点攻克机制书画温州皮纸存在的墨韵墨色质量问题的研究工作。1981年12月，经过多次试验，机械造纸质量被认为完全可达到传统手工制纸品质。

1982年4月书画皮纸实现机抄，同年12月通过浙江省轻工业厅组织的鉴定，“书画用纸”在国内第一次实现了全过程机械化，研制单位可批量生产。《中国造纸》还刊发文章《温州打字蜡纸厂的传统产品“温州皮纸”恢复生产》[17]，称恢复后的“温州皮纸”经浙江美术学院等单位的教授及知名画家试笔，并经中央工艺美术学院副院长、中国书法家协会副会长陈叔亮等试用后，认为“质量又有提高，适于表现中国书法和水墨画等特有的风格”。

第四阶段是今后[18]的巩固与发展阶段。《报告》里提出的任务是：吸收用户与画家意见，对纸张外观、手感等进行进一步研究与突破。

⊙3

⊙4

⊙5

⊙6

⊙7

⊙3 原温州打字蜡纸厂20世纪70年代生产的出口雨伞纸
Paper umbrella for export produced by Wenzhou Wax Paper Factory in the 1970s

⊙4 20世纪80年代原温州打字蜡纸厂生产的『烟花纸或降落伞纸』
"Firework paper or Parachute paper" produced by Wenzhou Wax Paper Factory in the 1980s

⊙5 1962年6月27日《浙江日报》记述温州书画皮纸的文章
An Article in *Zhejiang Daily* about Wenzhou calligraphy and painting bast paper, released on June 27, 1962

⊙6 潘天寿使用温州土皮纸绘制的《石榴图》
Pan Tianshou using Wenzhou handmade bast paper to draw *Pomegranate*

⊙7 原温州打字蜡纸厂试纸纸样目录封面
Catalogue cover of test sample papers in the former Wenzhou Wax Paper Factory

[17] 温州打字蜡纸厂的传统产品“温州皮纸”恢复生产[J].中国造纸，1982(1):46.

[18] “今后”指1982年4月之后，报告时间为1982年4月。

调查中蔡永敏特别介绍，温州皮纸厂恢复温州皮纸生产的过程，离不开两个人的努力：一位是温州打字蜡纸厂首任书记盛敬连，他是宁波人，原是杭州皮纸厂的捞纸工人，浙江省轻工业厅派他来到温州组建温州皮纸厂，他对温州皮纸厂的发展及温州皮纸的研发起了重要作用。另一位是时任浙江省造纸工业公司技术顾问的陈志蔚[19]。作为温州皮纸研发小组主要研发人，陈志蔚帮助温州打字蜡纸厂成功试制木炭素描纸和粉画纸，填补了我国两项美术用纸的空白。

晚清及民国时期温州纸的销售渠道中，纸行是核心机构，当时温州最著名的纸行之一胡昌记，就是调查组本次重点访谈对象蔡永敏家祖上开设的纸行，而另一家著名纸行林星记，则是他外婆家祖上开设的纸行。胡昌记是蔡永敏的高祖父胡远彪创办的，地点在温州市瓯海区瞿溪镇的瞿溪老街，而瞿溪老街是从什么时候开始成为温州南屏纸业最重要的商贸集散地并延续到20世纪中叶的，蔡永敏表示也不清楚。

访谈时根据蔡永敏的详细介绍，调查组绘制了以他外婆家族为主的纸行经营传承谱系，不过需要说明的是，以瞿溪老街为生存基地的纸行基本从事本地竹纸（即温州南屏纸）的经营，并非以经营温州皮纸为业务重点。

⊙1

⊙3

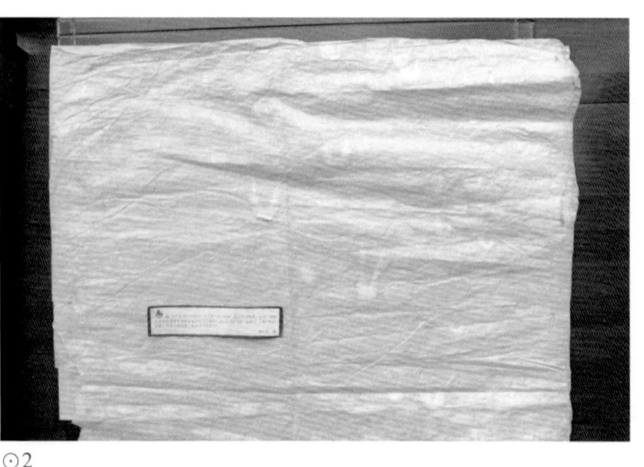

⊙2

⊙4

⊙ 1
1981年原温州打字蜡纸厂生产的温州皮纸（加厚型）
Bast paper in Wenzhou City produced in Wenzhou Wax Paper Factory in 1981 (extra thick)

⊙ 2
1982年原温州打字蜡纸厂手工抄温州皮纸新品种试验纸：『乱云飞』
Trial "Luanyunfei", a type of bast paper in Wenzhou City made by the former Wax Paper Factory in 1982

⊙ 3
1982年试纸作品
Drawing on a sample paper in 1982

⊙ 4
陈志蔚（前排中）与员工合影
A photo of Chen Zhiwei (middle one of the front row) and employees

[19] 陈志蔚，(1919—1994)，江苏常州人，1941年毕业于中央技艺专科学校造纸科。历任浙江嘉兴民丰造纸厂总工程师，浙江省轻工业厅造纸工业公司高级工程师，中国造纸学会理事。先后组织成功试制描图纸、电容器纸、静电复印描图纸及其他军工、工业用纸，并投入生产。电容器纸1980年获国家金质奖。其于1979年获全国劳动模范称号。

⊙5

表3.5　蔡永敏外婆家族的纸行传承谱系
Table 3.5　Family genealogy of Cai Yongmin's grandmother for paper trading inheritance

	与蔡永敏的关系	姓名	性别	传承方式	现状	备注
代表性传承人	高祖父	胡远彪	男	纸行	去世（1866—1915年）	创办胡昌记
	伯曾外祖父	胡克勤	男	纸行	去世（1887—1955年）	
	曾外祖父	胡克文	男	纸行	去世（1890—1944年）	
	外伯公	胡银华	男	纸行	去世（1912—1990年）	
	外祖父	胡银林	男	纸行	去世（1918—1984年）	
	外祖母	林阿六	女	纸行	去世（1921—2018年）	林星记纸行传承人
	姑姥姥	胡绍渠	女	纸行	去世（1918—1983年）	
	父亲	蔡显奎	男	销售		曾就职于温州皮纸厂供销科
	女儿	蔡丛丛	女	木版印刷		学习木版印刷
	女儿	蔡晨阳	女	外贸		正在读大学

⊙5
胡昌记旧宅
Old houses of Hu Changji Paper Trading

据蔡永敏回忆，20世纪50年代公私合营后，由于政府对竹纸统购统销，其家族成员没有再从事纸业销售。蔡永敏的父亲进入温州打字蜡纸厂工作，后任职供销科科长，1982年50岁时即退休。蔡永敏1963年出生，16岁（1979年）时进入温州打字蜡纸厂工作，学习捞纸，做过7～8个月的捞纸工，还熬过纸药（当地称“油水”）。1985年通过公务员考试进入公安系统工作至2015年退休。退休后，蔡永敏开始研究温州皮纸的造纸技艺，以恢复温州皮纸生产为新的人生目标。

蔡永敏告诉调查组，在恢复温州皮纸的探索中，为了找到与温州皮纸生产相近的厂家与产地，他曾先后走访浙江省富阳、临安，安徽泾县、潜山，贵州等手工造皮纸的地区。但其调研的皮纸厂家和传承人中，目前还没有一家可以专业生产温州皮纸。蔡永敏称，安徽有一家生产传统桑皮纸的厂家，可以造专供北京故宫修复书画所用的高档桑皮纸，但其与温州皮纸传统产品的制作工艺仍存在差别。

蔡永敏有两个女儿，大女儿蔡丛丛25岁（截至2018年），之前在安徽读大学，学习装潢设计，大学毕业后拜师杭州十竹斋的魏立中学习木版印刷；小女儿蔡晨阳22岁（截至2018年），在江西某大学学习外贸。蔡永敏说，两个女儿对造纸都感兴趣，也都表示希望能从事与造纸相关的工作，但会不会学造纸技艺则“很难说”。

⊙2

⊙1

⊙1
蔡永敏和外婆林阿六在老宅门前
Cai Yongmin and his grandmother Lin Aliu in front of their old house

⊙2
林阿六
Lin Aliu

三
温州皮纸的代表纸品及其用途与技术分析

3
Representative Paper, Its Uses and Technical Analysis of Wenzhou Bast Paper

（一）温州皮纸代表纸品及其用途

1. 温州皮纸厂代表纸品及其用途

（1）“白泉牌”温州皮纸。据蔡永敏回忆，1949年至1966年，温州皮纸厂生产的手工书画纸为“白泉牌”温州皮纸，尺寸为六尺、四尺、三尺三类，主要材料为山桠皮、桑皮。主要作为书画用纸，销往全国各地，出口至东南亚、日本、法国等地，由于时间较久远，售价及销量无法统计。

温州皮纸的一大用途是用于书法和绘画，特点是纸质细腻绵韧，墨色深厚多变，韵味丰滋隽永，深受以泼墨和大写意见长的一代中国画名家如傅抱石、刘海粟、潘天寿等的喜爱。

温州皮纸不仅是很有特色的书画纸，还是拓印碑帖、水印木刻、古籍重版、水印复制、中式信笺和装裱的上选纸。

（2）“曙光牌”打字蜡纸。据蔡永敏回忆，温州皮纸厂生产8开（26 cm × 36.8 cm）、16开（21 cm × 29.7 cm）的“曙光牌”打字蜡纸，1973年之前使用的材料是手工抄制的温州皮纸，1973年恢复温州皮纸生产后使用的是机械纸，主要作为蜡笺衬纸、影印用纸。“曙光牌”打字蜡纸曾经销往全国各地。

（3）工业滤油纸。蔡永敏介绍，温州皮纸厂生产的滤油纸是一种工业用纸，主要用棉花、桑皮、山桠皮加化学原料制成，用途是滤油。温州皮纸厂生产的滤油纸销往全国，用于炼油设备、汽车等。

（4）军工绵纸。据蔡永敏介绍，温州皮纸厂生产的军工绵纸用于国防事业，主要供部队使用。军工绵纸由棉花、桑皮、山桠皮等原料制成，颜色为红色，由于年代较久，尺寸、类型不详。

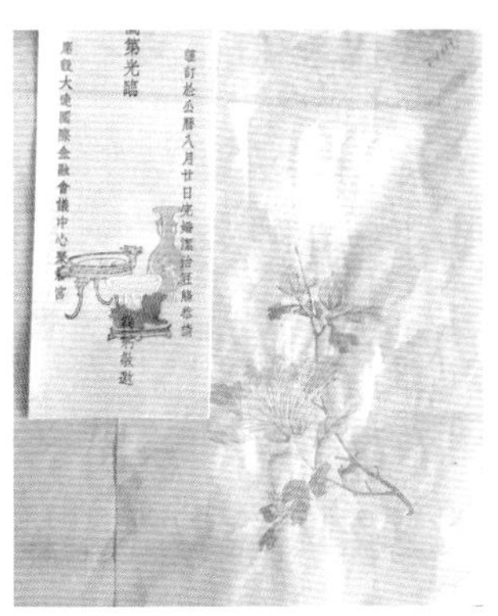

⊙3

⊙4

⊙3 用温州皮纸制作的信笺及邀请卡 Writing paper and invitation card made with bast paper in Wenzhou City

⊙4 蔡永敏保存的军工纸（用于包书皮） Military paper preserved by Cai Yongmin (for book covering)

2. 蔡永敏恢复中的温州皮纸及其用途

（1）书画纸。据蔡永敏介绍，目前他已按1961年书画纸的标准恢复了温州皮纸，取名为“白泉牌”温州皮纸。根据制作工艺、尺寸、原料、颜色、纸性等差异，“白泉牌”温州皮纸又分为小云彩、皮宣、土皮纸、加厚皮纸等种类。据蔡永敏介绍，“白泉牌”温州皮纸尺寸主要有三尺、四尺两种，主要材料为桑皮和山桠皮，作为书画用纸。2017年7月调查组访谈时了解到，蔡永敏首先恢复的温州皮纸为“乱云飞”。蔡永敏称，“乱云飞”得名于上海画院著名画家曹简楼的试纸感受。当年曹简楼试用温州皮纸厂1982年生产的温州皮纸后，觉得“像云朵在天上飞一样”，提议纸名为“乱云飞”。

2018年8月蔡永敏开始在网上销售其产品，主要卖给温州、中国美术学院等处的业内知名画家，如谢振鸥、金松等。蔡永敏称，还有一些画家慕名来买纸。

（2）温州土皮纸。蔡永敏介绍，除按1961年书画纸的标准恢复生产温州皮纸外，他还恢复生产了另一种皮纸——温州土皮纸。蔡永敏称，新恢复的温州土皮纸使用的是纯桑皮，尺寸为四尺，主要作为书画用纸。

⊙1

（二）温州皮纸性能分析

1. 温州皮纸“乱云飞”性能分析

测试小组对蔡永敏恢复的温州皮纸“乱云飞”所做的性能分析，主要包括定量、厚度、紧度、抗张力、抗张强度、撕裂度、撕裂指数、湿

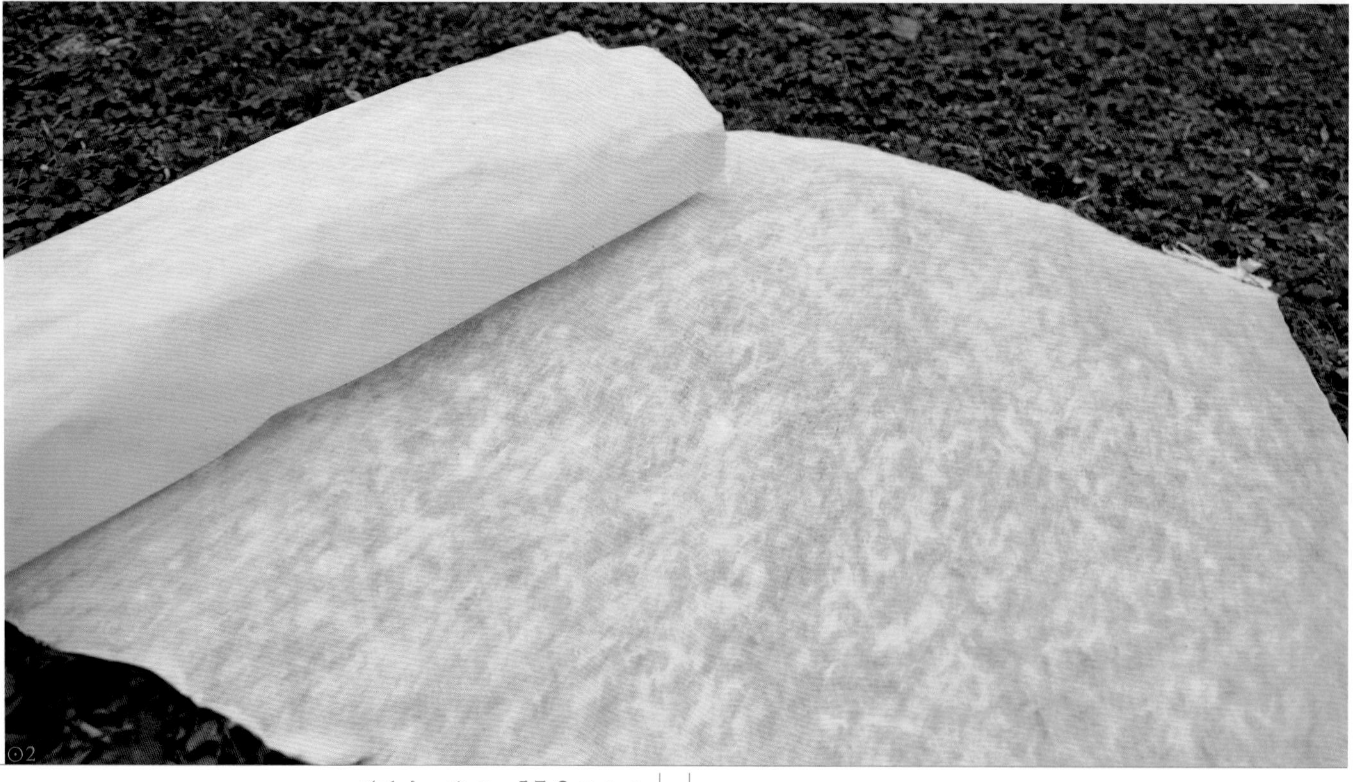
⊙2

⊙1 上海画院著名画家曹简楼（左三）正在试纸
Cao Jianlou (third from the left), famous painter from Shanghai Painting Institute testing paper

⊙2 蔡永敏恢复生产的温州皮纸『乱云飞』实拍图
"Luanyunfei", a type of bast paper in Wenzhou City, resumed production by Cai Yongmin

强度、白度、耐老化度下降、尘埃度、吸水性、伸缩性、纤维长度、纤维宽度和润墨性等。按相应要求，每一项指标都重复测量若干次后求平均值。其中定量抽取了5个样本进行测试，厚度抽取了10个样本进行测试，抗张力抽取了20个样本进行测试，撕裂度抽取了10个样本进行测试，湿强度抽取了20个样本进行测试，白度抽取了10个样本进行测试，耐老化度下降抽取了10个样本进行测试，尘埃度抽取了4个样本进行测试，吸水性抽取了10个样本进行测试，伸缩性抽取了4个样本进行测试，纤维长度测试了200根纤维，纤维宽度测试了300根纤维。对温州皮纸“乱云飞”进行测试分析所得到的相关性能参数见表3.6。表中列出了各参数的最大值、最小值及测量若干次所得到的平均值或者计算结果。

表3.6 温州皮纸“乱云飞”相关性能参数
Table 3.6 Performance parameters of “Luanyunfei”, a type of bast paper in Wenzhou City

指标		单位	最大值	最小值	平均值	结果
定量		g/m^2				28.1
厚度		mm	0.223	0.070	0.103	0.103
紧度		g/cm^3				0.273
抗张力	纵向	N	12.8	5.9	8.9	8.9
	横向	N	22.3	13.1	19.7	19.7
抗张强度		kN/m			0.953	0.953
撕裂度	纵向	mN	497.7	260.1	348.4	348.4
	横向	mN	526.2	434.1	497.2	497.2
撕裂指数		mN·m^2/g				15.0
湿强度	纵向	mN	1 062	715	822	822
	横向	mN	1 580	1 438	1 478	1 478
白度		%	61.9	60.0	61.3	61.3
耐老化度下降		%				2.9
尘埃度	黑点	个/m^2				252
	黄茎	个/m^2				60
	双桨团	个/m^2				0
吸水性	纵向	mm	10	6	7	5
	横向	mm	15	8	12	5
伸缩性	浸湿	%				1.50
	风干	%				1.30
纤维	长度	mm	10.7	1.1	5.3	5.3
	宽度	μm	36.3	3.2	17.1	17.1

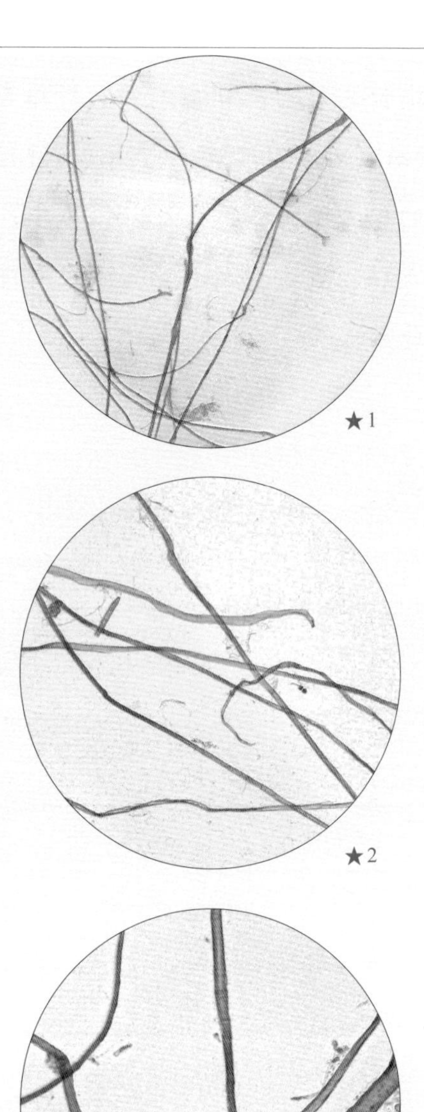

★1

★2

★3

由表3.6可知，所测温州皮纸“乱云飞”的平均定量为28.1 g/m²。温州皮纸“乱云飞”最厚约是最薄的3.19倍。经计算，其相对标准偏差为0.423。通过计算可知，温州皮纸“乱云飞”紧度为0.273 g/cm³，抗张强度为0.953 kN/m。所测温州皮纸“乱云飞”的撕裂指数为15.0 mN·m²/g；湿强度纵横平均值为1 150 mN，湿强度较大。

所测温州皮纸“乱云飞”的平均白度为61.3%，白度较高。白度最大值是最小值的1.031倍，相对标准偏差为0.007。经过耐老化测试后，耐老化度下降2.9%。

所测温州皮纸“乱云飞”尘埃度指标中黑点为252个/m²，黄茎为60个/m²，双桨团为0。吸水性纵横平均值为5 mm，纵横差为5 mm。伸缩性指标中浸湿后伸缩差为1.50%，风干后伸缩差为1.30 %。

温州皮纸“乱云飞”在4倍、10倍和20倍物镜下观测的纤维形态分别见图★1、图★2、图★3。所测温州皮纸“乱云飞”纤维长度：最长10.7 mm，最短1.1 mm，平均长度为5.3 mm；纤维宽度：最宽36.3 μm，最窄3.2 μm，平均宽度为17.1 μm。

⊙1

★1 温州皮纸『乱云飞』纤维形态图（4×）
Fibers of "Luanyunfei", a type of bast paper in Wenzhou City (4× objective)

★2 温州皮纸『乱云飞』纤维形态图（10×）
Fibers of "Luanyunfei", a type of bast paper in Wenzhou City (10× objective)

★3 温州皮纸『乱云飞』纤维形态图（20×）
Fibers of "Luanyunfei", a type of bast paper in Wenzhou City (20× objective)

⊙1 温州皮纸『乱云飞』润墨性效果
Writing performance of "Luanyunfei", a type of bast paper in Wenzhou City

2. 温州皮纸加工纸“黄柏笺”性能分析

测试小组对蔡永敏制作的温州皮纸“黄柏笺”所做的性能分析，主要包括定量、厚度、紧度、抗张力、抗张强度、撕裂度、撕裂指数、湿强度、白度、耐老化度下降、尘埃度、吸水性、伸缩性、纤维长度、纤维宽度和润墨性等。按相应要求，每一项指标都重复测量若干次后求平均值。其中定量抽取了5个样本进行测试，厚度抽取了10个样本进行测试，抗张力抽取了20个样本进行测试，撕裂度抽取了10个样本进行测试，湿强度抽取了20个样本进行测试，白度抽取了10个样本进行测试，耐老化度下降抽取了10个样本进行测试，尘埃度抽取了4个样本进行测试，吸水性抽取了10个样本进行测试，伸缩性抽取了4个样本进行测试，纤维长度测试了200根纤维，纤维宽度测试了300根纤维。对温州皮纸加工纸“黄柏笺”进行测试分析所得到的相关性能参数见表3.7。表中列出了各参数的最大值、最小值及测量若干次所得到的平均值或者计算结果。

表3.7　温州皮纸“黄柏笺”相关性能参数
Table 3.7　Performance parameters of “Huangbojian”, a type of bast paper in Wenzhou City

指标		单位	最大值	最小值	平均值	结果
定量		g/m^2				27.3
厚度		mm	0.085	0.072	0.078	0.078
紧度		g/cm^3				0.350
抗张力	纵向	N	32.9	27.4	29.6	29.6
	横向	N	23.8	19.9	21.4	21.4
抗张强度		kN/m				1.700
撕裂度	纵向	mN	442.5	369.1	414.3	414.3
	横向	mN	486.7	410.2	448.0	448.0
撕裂指数		mN·m^2/g				15.8
湿强度	纵向	mN	1 217	991	1 132	1132
	横向	mN	876	762	807	807
白度		%	59.8	58.2	59.1	59.1
耐老化度下降		%	55.1	54.1	54.6	4.5
尘埃度	黑点	个/m^2				80
	黄茎	个/m^2				140
	双浆团	个/m^2				0
吸水性	纵向	mm	19	18	19	12
	横向	mm	17	15	16	3
伸缩性	浸湿	%			20.17	0.85
	风干	%			19.79	1.05
纤维	长度	mm	9.9	0.4	5.7	5.7
	宽度	μm	28.1	4.8	17.1	17.1

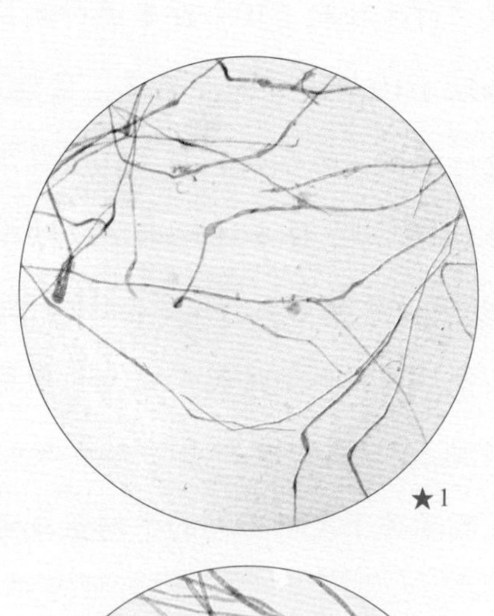
★1

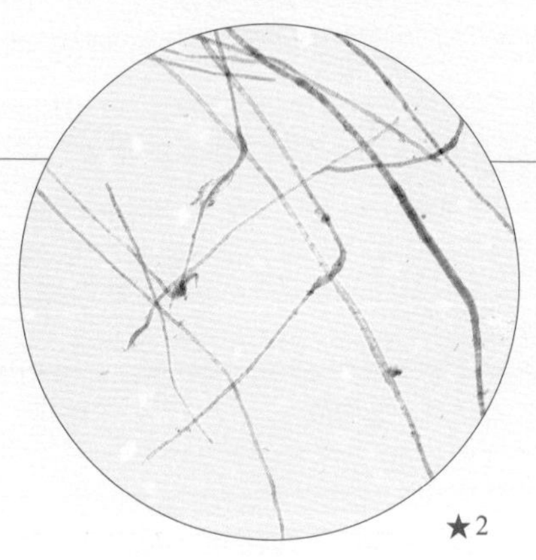
★2

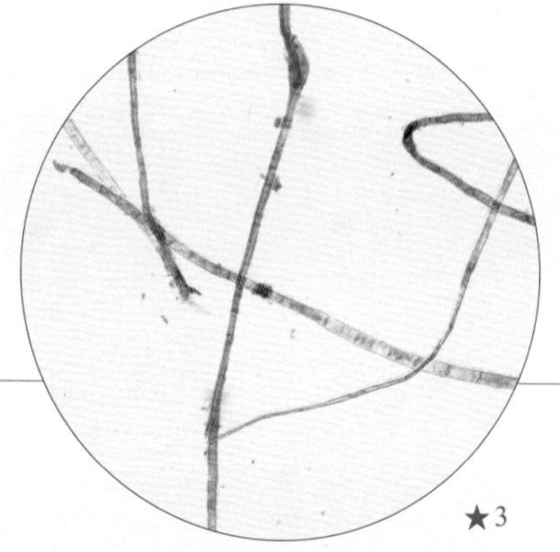
★3

由表3.7可知，所测温州皮纸“黄柏笺”的平均定量为27.3 g/m^2。温州皮纸“黄柏笺”最厚约是最薄的1.18倍。经计算，其相对标准偏差为0.124，纸张厚薄较为一致。通过计算可知，温州皮纸“黄柏笺”紧度为0.350 g/cm^3，抗张强度为1.700 kN/m。所测温州皮纸“黄柏笺”的撕裂指数为15.8 mN·m^2/g；湿强度纵横平均值为970 mN，湿强度较大。

所测温州皮纸“黄柏笺”的平均白度为59.1%。白度最大值是最小值的1.027倍，相对标准偏差为0.010。经过耐老化测试后，耐老化度下降4.5%。

所测温州皮纸“黄柏笺”尘埃度指标中黑点为80个/m^2，黄茎为140个/m^2，双桨团为0。吸水性纵横平均值为12 mm，纵横差为3 mm。伸缩性指标中浸湿后伸缩差为0.85%，风干后伸缩差为1.05%。

温州皮纸“黄柏笺”在4倍、10倍和20倍物镜下观测的纤维形态分别见图★1、图★2、图★3。所测温州皮纸“黄柏笺”纤维长度：最长9.9 mm，最短0.4 mm，平均长度为5.7 mm；纤维宽度：最宽28.1 μm，最窄4.8 μm，平均宽度为17.1 μm。

⊙1

★1
温州皮纸『黄柏笺』纤维形态图（4×）
Fibers of "Huangbojian", a type of bast paper in Wenzhou City (4× objective)

★2
温州皮纸『黄柏笺』纤维形态图（10×）
Fibers of "Huangbojian", a type of bast paper in Wenzhou City (10× objective)

★3
温州皮纸『黄柏笺』纤维形态图（20×）
Fibers of "Huangbojian", a type of bast paper in Wenzhou City (20× objective)

⊙1
温州皮纸『黄柏笺』润墨性效果
Writing performance of "Huangbojian", a type of bast paper in Wenzhou City

四
温州皮纸厂书画用途桑皮纸的生产原料、工艺与设备

4
Raw Materials, Papermaking Techniques and Tools of Mulberry Bark Paper for Calligraphy and Painting in Wenzhou Bast Paper Factory

（一）温州皮纸厂书画用途桑皮纸的生产原料

1. 主料：桑皮

据蔡永敏介绍，20世纪中后期温州皮纸厂正常生产书画用皮纸阶段，供销科每年6月、7月会派专人在浙江省桐乡、海宁、温州以及贵州省等桑树质优价低的地方驻点收购桑皮，每年收购一次。当年用不完的桑皮可保存好在第二年继续使用。

2. 辅料

（1）纸药，当地又称油水。调查组根据蔡永敏的介绍，整理出温州皮纸厂使用过的三种纸药：

① 冬青叶。冬青叶采下后，放入木桶中，架在放有开水的锅上蒸煮20分钟左右，煮至冬青叶可用手指搓揉至黏糊状即可。将煮好的冬青叶打碎过滤，放置一夜后即可使用。

② 刨花楠。福建霞浦当地产的一种土名叫刨花木的植物，不用蒸煮，可直接浸泡使用。

③ 野生猕猴桃藤。采来后切成1.0～1.5 m的长段，像插花一样将其放入水池中保鲜。使用时用木锤敲碎后放入水中，油水自然会出来。

据蔡永敏介绍，当地人认为，如果将制作好的野生猕猴桃藤纸药放置在外面，遇打雷天气时纸药就会变成水，油水将失效。蔡永敏特别向调查组强调这不是迷信说法，他本人曾见过打雷后油水失效的情况。

据蔡永敏介绍，除以上三种纸药外，温州皮纸厂使用的纸药还有青桐根、水仙花皮、黄蜀葵、榆木等。蔡永敏说，青桐根只有温州有。他的代工厂生产温州皮纸时并没有使用这些纸药，因为

代工厂不在温州，纸药“从温州运过去很难，成本吃不消”。

(2) 水。蔡永敏称，温州皮纸厂当年造纸时对水质要求较高，“十分纸，七分水”，pH不能超过7，是弱酸性水。据他回忆，当年温州皮纸厂使用的是山泉水，“pH为7，是标准的中性水”。

（二）温州皮纸厂书画用途桑皮纸的生产工艺流程

由于温州皮纸厂已经解散多年，原厂区和生产现场因城市建设拆迁而消失，蔡永敏的生产代工现场又未能实地考察，因此基本工艺现场操作图缺失较多，工具与设备也缺失。基本叙述来源于蔡永敏本人的回忆、介绍和供图。

据蔡永敏介绍，其恢复温州土皮纸生产使用的是古法工艺，蒸料时需使用铁锅不间断蒸煮36小时，具体来说，即将已经泡好的皮料放入竹桶中，将竹桶放在蒸笼里蒸煮。除此处不同之外，温州皮纸厂书画用途桑皮纸的其他生产工艺与蔡永敏按1961年书画纸的标准恢复生产的“乱云飞”相同，因此不再赘述，仅介绍温州皮纸厂书画用途桑皮纸的生产工艺流程。

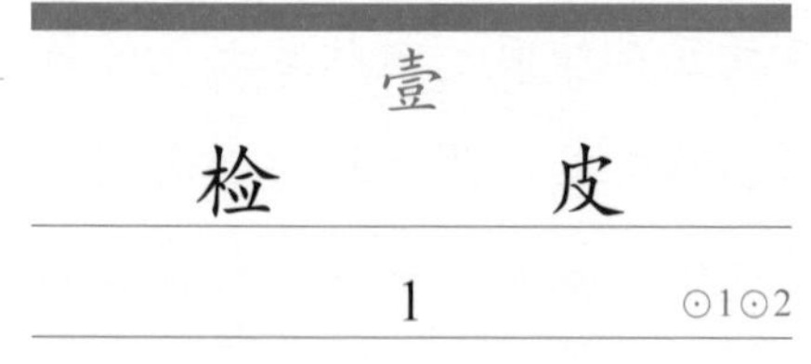

壹 检皮

1 ⊙1⊙2

挑去烂皮、烂枝，剪掉枝头。

⊙1 晒干的桑皮 Dried mulberry bark

⊙2

贰 切皮

2

将挑拣好的桑皮切段，切段长短直接影响后期纸的制作品质。切段时使用飞刀，先将一把约20条的桑皮握成捆后，伸入飞刀中切段。飞刀是一种圆筒形滚动切皮工具，滚筒上装有三个刀片，将桑皮伸入飞刀其中一面，可将桑皮切成段状。功能类似于现在切稻草使用的工具。

叁 浸皮

3

将切好的桑皮加水浸泡2个小时左右，水要漫过桑皮，若有浮皮，要搅拌将其沉底。

肆 洗皮

4

使用离心式洗皮机（圆筒洗皮机），以类似水力碎浆机的原理，通过电动机搅拌，使用自然水把附着在桑皮上的泥沙清洗掉。

伍 蒸料

5

将洗净的桑皮放入铁制蒸球中高压蒸煮，蒸煮前加入适量纯碱。蔡永敏说，传统加碱的比例他已经记不清了，目前是250 kg皮料约放入5 kg纯碱。蒸料过程中，工人会凭经验和感觉为蒸球放气，以保持蒸球内的压力。一般250 kg皮料需蒸4小时左右。

陆 第一次洗料

6

蒸好后，利用高压泵将煮好的皮料打入洗料池清洗。第一次清洗时需要保留下大约20%残碱（凭经验，主要看泡沫量），这样打浆时比较容易。

柒 打浆

7

将洗好的料放入打浆机内打浆。

捌 第二次洗料

8

将打好的浆放入滚筒式洗浆机内再次清洗，洗去之前残留的纯碱。

⊙2 检皮 Checking the bark

玖 漂白

9

打完浆洗好料之后，加入过氧化氢浸泡漂白，漂白时间为1～2小时。

拾 第三次洗料

10

漂白后的浆料再次清洗，工人凭经验，洗到没有气泡为止。洗料池底放有袋子，用于过滤洗好的浆料。

拾壹 捞纸

11 ⊙3

使用纸帘捞纸，尺寸为四尺，四尺纸帘规格为69 cm × 138 cm。捞纸时，工人按自己的工作量放料，中途料少可再加料。捞纸时，纸帘由里往外下水，再从上水处倒水。蔡永敏介绍，一般好纸需荡帘2～3次。根据个人情况不同，每个捞纸工人每天可捞纸200～800张。

拾贰 压榨

12

将捞好的纸放在压榨工具上，压好后送去风干，一般积到500～600张纸压榨一次。

拾叁 揭纸、烘纸

13 ⊙4⊙5

将纸揭开按张贴在以柴火或煤为燃料加热的烘干墙上，风干后揭下。揭湿纸帖时为了使纸张方便揭下，可按需要在揭纸处喷水。

⊙3

⊙3 捞纸 Scooping and lifting the papermaking screen out of water

拾肆

包　　装

14

烘干的纸经过检验、裁切后包装。蔡永敏回忆，温州皮纸厂当年用机器切纸，使用牛皮纸做外包装，100张纸为一刀。

⊙4

⊙5

⊙4 刷纸 Pasting the paper on the wall

⊙5 揭纸 Peeling the paper down

（三）温州皮纸的主要制作工具

蔡永敏介绍，由于温州皮纸厂当年使用的造纸工具常见且简单，加上年代较久，除一个做机械书画纸使用的纸帘、刷子及一些化验室使用的化验工具外，其他工具均未保留。调查组根据留存的工具整理相关信息如下：

壹 长帘网 1

据蔡永敏介绍，原温州皮纸厂制作机械书画纸使用的长帘网全由手工制作。

⊙1

贰 洗料袋 2

测纤维长短用，使用真丝制成。实测原温州皮纸厂留存的洗料袋尺寸为：袋口宽75 cm，袋长102 cm。

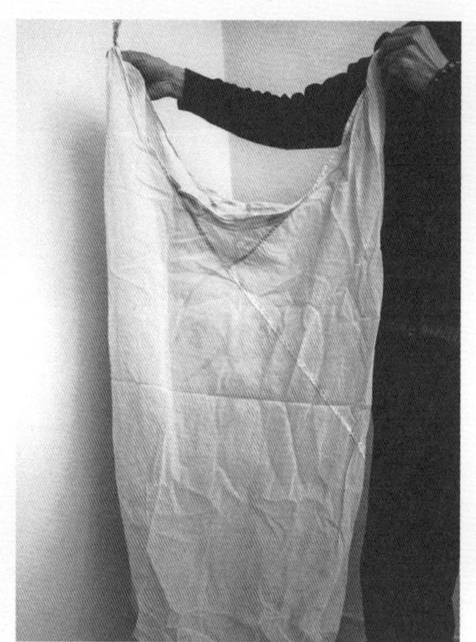

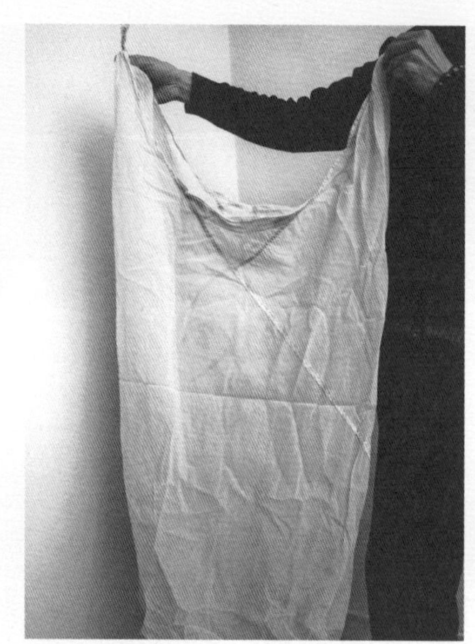

⊙2

叁 化验袋 3

车间及化验室用于测定纸料、叩解度（即打浆度）及其他纤维。实测原温州皮纸厂留存的化验袋尺寸为：长53 cm，宽30 cm。

⊙3

⊙1 原温州皮纸厂使用的长帘网 Long papermaking screen net used in the former Wenzhou Bast Paper Factory

⊙2 原温州皮纸厂留存的洗料袋 Cleaning bag preserved in the former Wenzhou Bast Paper Bark Factory

⊙3 原温州皮纸厂使用的化验袋 Bag for testing the materials used in the former Wenzhou Bast Paper Factory

肆 刷子 4

用于晒纸时刷纸。实测原温州皮纸厂留存的刷子尺寸为：长13.7 cm，宽11 cm。

⊙4

陆 滴管 6

化验时使用。实测原温州皮纸厂留存的滴管长13.5 cm。

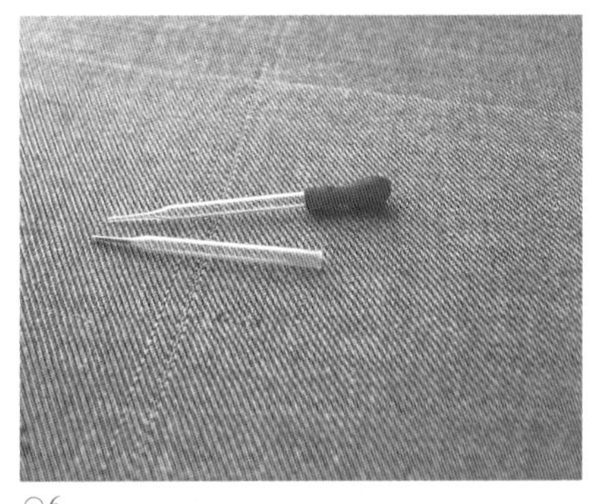

⊙6

伍 玻璃片 5

化验时使用。实测原温州皮纸厂留存的长方形玻璃片尺寸为：长10 cm，宽5 cm；圆玻璃片直径为8 cm。

⊙5

⊙4 原温州皮纸厂留存的刷子 Brush preserved in the former Wenzhou Bast Paper Factory

⊙5 原温州皮纸厂化验室留存的玻璃片 Glasses preserved in the lab of the former Wenzhou Bast Paper Factory

⊙6 原温州皮纸厂化验室留存的滴管 Laboratory dropper preserved in the former Wenzhou Bast Paper Factory

五
温州竹纸及皮纸过去与现在的市场经营状况

5
Past and Present Marketing Status of Bamboo Paper and Bast Paper in Wenzhou City

⊙1

⊙1 访谈中兴致勃勃讲解的蔡永敏 Cai Yongmin talking animatedly during the interview

（一）历史上的销售业态与数据

晚清、民国时期的温州手工纸销售

晚清、民国时期温州手工纸的销售主要由专门的纸行完成，纸行向纸农收购纸，再把它销向更广泛的市场。当时温州本地著名的纸行有胡昌记、黄正昌、陈茂来、林星记、陶升记等。调查组本次调查的新温州皮纸恢复人蔡永敏即是著名纸行胡昌记的后人，同时也是林星记纸行的传人。

据蔡永敏口述，胡昌记由他的高祖父胡远彪创办，地点位于温州市瓯海区瞿溪镇瞿溪老街。瞿溪老街是自古代延续到20世纪中叶的温州纸业最重要的集散地，但具体什么年代形成手工纸的中心交易市场，调查组未能获得可信的说法与记载。瞿溪镇的得名是因为瞿溪流经镇区，而老街正好位于瞿溪出山汇入大河的交会点。瞿溪老街全长约400 m，沿街都是前店后家的砖木建筑。蔡永敏听家中长辈说，过去老街每天有一次竹纸（以竹纸为主，也有少量皮纸）纸农与纸行和采购商之间的交易集市，繁盛时每天有多达上千担竹纸的交易，交易数量相当大。1949年后，随着政府机构介入竹纸收购，采取统购统销政策并在乡村多处设收纸点，同时有公路通往造纸点丰富的“纸山”，瞿溪老街以水运码头和交易窗口功能支撑的繁荣不再呈现。

2014年2月10日《温州日报》的文章《瞿溪老街：繁华虽褪，记忆犹存》[20] 中这样描述胡昌记纸行当年的兴隆生意：

“在这些宅子里，胡昌记曾是老街最具代表性的纸行之一。胡昌记被拆掉了两间房，目前仍有七间房，基本格局犹存，楼板中间开着用于上下传送屏纸的楼井，楼上是仓库。”

[20] 华晓露，张世铎．瞿溪老街：繁华虽褪，记忆犹存[EB/OL].(2018-12-18).[2014-01-29]. http:// news.66wz. com / system/2014/01/29/ 103982323.shtml.

“这屋子的人很会做生意，纸业很有名。”

“这是以前的大户人家，纸都卖到国外去了。”

“老街就是屏纸的集散地，每天都有来自瑞安湖岭、瓯海泽雅的纸农，挑着屏纸来瞿溪老街出售。胡昌记、林宅、毛宅等各大纸行顾客纷至沓来，店内店外以及道路两旁到处都摆满了屏纸，空气中都弥漫着一股水洗过的‘酸味儿’。这些大纸行的屏纸都销往上海、苏北、东北、台湾及东南亚等地。知名的纸行除了胡昌记之外，还有黄正昌、陈茂来等。据说，这些纸行每年销售额达430万担（一担约两块大洋）。”

温州籍台湾著名女作家琦君[21]在《青灯有味似儿时》[22]一书中以《纸的怀念》一文回忆了童年时期家乡造纸的情况，记录了温州纸山“做纸人”造纸的艰辛及瞿溪老街纸行的经营状况。关于当时的瞿溪老街纸行，琦君是这样记叙的：

“瞿溪乡本地并没有真正产纸，方圆十里之内，根本就没有一家造纸人家。所有的纸，都是由附近山乡刻苦的山地人做的……所有的纸，都由他们一张张做出来，再一担担挑到我们瞿溪乡集中，转给纸行成交以后，纸行再以双把桨平底船，运到距离三十里水路的城区，装轮船运往各地。”

“瞿溪有好多家纸行，各自挂着招牌。也各自请有经验丰富的中间人，代为选择质量，称斤论两、讨价还价。”

“如果再说纸行收买好一担担的纸，多则数千担，少亦数百担，还得仔细整理、点数，不足的必须补足，四边要磋磨光滑，重新用薄竹片捆扎，在边上印上红或绿色字号商标与纸的品类（品类多至

⊙1

⊙2

⊙3

⊙1 胡昌记旧宅今貌（蔡永敏供图）
Old houses of Hu Changji Paper Trading (photo provided by Cai Yongmin)

⊙2 胡昌记老屋内景
Interior view of the old houses of Hu Changji Paper Trading

⊙3 琦君著散文集《青灯有味似儿时》书影
Prose collection *The Green Lantern Reminds Me of the Childhood* written by Qi Jun

[21] 琦君（1917—2006年），本名潘希真，当代台湾女作家、散文家，浙江温州市瓯海区人。曾任中国台湾文化学院教授。著有散文集、小说集及儿童文学作品40余本，主要著作有《永是有情人》《水是故乡甜》《万水千山师友情》等。

[22] 琦君.青灯有味似儿时[M].北京：国际文化出版公司，2014.

十几种，我只记得有所谓‘头类’‘二类’两种，是我们写字常用的）……各类纸分类包扎妥当，运往温州城里的公司行号，交货取款。然后报关装大轮船运往外地。”

综合两篇文章的记述，可以提炼出的经营信息、销售目的地信息、运输信息有：

（1）到瞿溪老街来卖纸的主要是瑞安湖岭、瓯海泽雅的纸农，屏纸是主导产品，他们都是挑着纸担翻山越岭到瞿溪老街的。

（2）胡昌记、林宅、毛宅等大纸行收购的屏纸销往上海、苏北、东北、台湾及东南亚等地，销售目标市场不仅跨度很大，有些还需漂洋过海。

（3）大纸行每年销售额达430万担，因此销售收入高达860万块大洋，交易额相当惊人。

（4）瞿溪乡本地没有一家造纸人家，老街是纯粹的交易集散地。

（5）纸行以双把桨平底船将收购并集中的纸运到15 km外的城区，然后报关装大船运往外地。

（6）纸行会请经验丰富的中间人对质量和成交价格进行把关。

（7）纸行从纸农处收购的纸还得点数，将四边磨光，用薄竹片捆扎，印上红或绿色字号商标与纸的品类。

20世纪40年代末至50年代初，胡昌记曾与其他几家纸行合作成立永瑞土纸生产合作社，之后不久即实行公私合营，生产合作社也不再独立经营了。

（二）温州打字蜡纸厂（温州皮纸厂）阶段的市场与业态

温州打字蜡纸厂是20世纪50年代至90年代中国很有影响的规模化手工及机械造纸企业，前身为1951年由工人合股合作建立的温州造纸厂，生产雨伞纸与土报纸。1953年改名温州皮纸厂。1960年开始改为原料不变、以机械生产的生产方式。1990年工业统计产值为1 469万元，职工477人，主要产品：“曙光牌”打字蜡纸、工业滤油纸，“白泉牌”温州书画皮纸、木炭素描纸、彩色粉笔画纸。

调查组结合访谈并查阅1998年《温州市志》，总结温州打字蜡纸厂（温州皮纸厂）蜡纸原纸市场与业态如下：

1. 皮纸

1953年10月，温州皮纸厂开始手工制造打字蜡纸原纸（白绵纸），1960年实现机械化生产。同年，以传统方法试制成功温州书画皮纸。1980年5月，机械化生产的温州皮纸经全国18位著名画家试笔，认为效果接近手工纸，1983年获轻工业部科技成果三等奖，1985年开始出口联邦德国、日本，并销售至中国港澳地区。据1998年《温州市志》[23]统计，1990年包括温州皮纸厂在内的三家长纤维纸生产企业总产量为464.34吨，出口5.68吨。

⊙4

曙光牌滤油纸各种规格出厂价目表

规格（公分）	单位	单价（元）	规格（公分）	单位	单价（元）	规格（公分）	单位	单价（元）	规格（公分）	单位	单价（元）
71×71	百张	54.90	33×30	百张	11.50	45×39.5	百张	21.00	29×27	百张	9.00
70×70	〃	53.40	32.5×32.5	〃	11.50	40×40	〃	18.00	28×28	〃	9.00
66×66	〃	47.00	32.5×31	〃	11.50	35.5×35.5	〃	14.00	27.5×27.5	〃	9.00
65×65	〃	46.00	32.5×30	〃	11.50	35×35	〃	14.00	28.5×26	〃	8.00
64×64	〃	45.00	32×32	〃	11.50	35×33.5	〃	14.00	28×26	〃	8.00
62×62	〃	42.00	31.5×31.5	〃	11.00	35×31.5	〃	13.00	26×26	〃	8.00
61×61	〃	41.00	31×31	〃	10.50	34×31	〃	12.00	25×25	〃	7.00
60×60	〃	39.00	30.5×30.5	〃	10.50	32.5×27	〃	10.00	25×24	〃	7.00
64×33	〃	23.00	30×30	〃	10.00	32×28	〃	10.00	24.5×24.5	〃	7.00
61×29	〃	20.00	32×26	〃	10.00	32×27	〃	10.00	24×24	〃	7.00
51×51	〃	30.00	31×29.5	〃	10.00	30×29	〃	9.50	24×23.6	〃	6.00
38×38	〃	15.00	31×28	〃	10.00	29.5×29.5	〃	9.50	23.5×23.5	〃	6.00
33.5×33.5	〃	12.00	64×55	〃	40.00	29×29	〃	9.50	23×23	〃	6.00
33×33	〃	12.00	60×50	〃	34.00	30×27.5	〃	9.00	22×19.5	〃	5.00
33×32	〃	12.00	57×54	〃	35.00	30×27	〃	9.00	21×21	〃	5.50
33×31.5	〃	11.50	48×48	〃	26.00	30×25	〃	9.00	20×20	〃	5.00
33×31	〃	11.50	48×46	〃	25.00	29.5×26	〃	9.00	19×19以下	〃	4.00

温州打字蜡紙厂 厂址：浙江温州白泉 电报：0553 电话：3161

⊙5

⊙4 20世纪90年代日本客户来厂考察合影
Group photo of Japanese customers visitors and papermakers in the 1990s

⊙5 温州打字蜡纸厂（温州皮纸厂）『曙光牌』滤油纸出厂价目表
Price list of oil paper of "Shuguang Brand", produced by Wenzhou Wax Paper Factory (Wenzhou Bast Paper Factory)

[23] 章志诚. 温州市志：上编[M]. 北京：中华书局，1998：1153-1155.

2. 蜡纸

1954年，温州皮纸厂以本厂自制的白绵纸为基础，用手工方法试制成功省内第一张打字蜡纸，当年产量为1.67万盒。1968年采用打字蜡纸联合机后，实现从涂布到分切过程的连续生产。1990年生产工业用纸727吨、文化纸27吨。

⊙1

（三）“雅泽轩”恢复温州皮纸的情况

据蔡永敏介绍，他创办温州“雅泽轩”（全称“温州雅泽轩文创旅游发展有限公司”）的目的是致力于恢复已中断的温州皮纸生产，自2016年9月开始试制温州皮纸，到调查组首次调研时的2017年7月，已经试制出千余刀温州皮纸，将于

⊙2

⊙3

⊙1 1950年原温州打字蜡纸厂生产的『白绵纸』
"Baimian paper" produced by the former Wenzhou Wax Paper Factory in 1950

⊙2 『曙光牌』打字蜡纸品牌标志
Logo of wax paper of "Shuguang Brand"

⊙3 蔡永敏恢复的温州皮纸加工纸——灵峰黄柏笺
Lingfeng Huangbojian, a type of processed bast paper in Wenzhou City resumed production by Cai Yongmin

2017年下半年或2018年将试制成功的温州皮纸量产并推向市场。

2017年7月调查组在调查时了解到，蔡永敏初步恢复的温州皮纸分为17个品种，分别是：指画荡浆纸、指画淡浆纸、指画浓浆纸、淡矾熟纸、浓矾熟纸、淡胶矾熟纸、浓胶矾熟纸、淡胶矾白色蝉翼景写笺、浓胶矾蝉翼影写笺、淡胶矾本色蝉翼针写笺、玉版笺、加胶玉版笺、黄柏玉版笺、黄柏笺、仿唐纸、仿宋纸、木炭画纸。

2018年12月16日调查组回访时了解到，蔡永敏目前已经生产8种“白泉牌”温州皮纸手工纸以及24种“灵峰牌”加工纸，“白泉牌”温州皮纸四尺（68 cm × 138 cm）每张售价3～20元，“灵峰牌”加工纸三尺（63 cm × 93 cm）、四尺（72 cm × 172 cm）每张售价14～26元。

蔡永敏表示，其纸品刚开始销售，为了打开销路，会为一些展览、活动提供免费用纸，对于一些画家也是半卖半送，还未进入正常销售阶段，因此销量数据暂时无法统计。

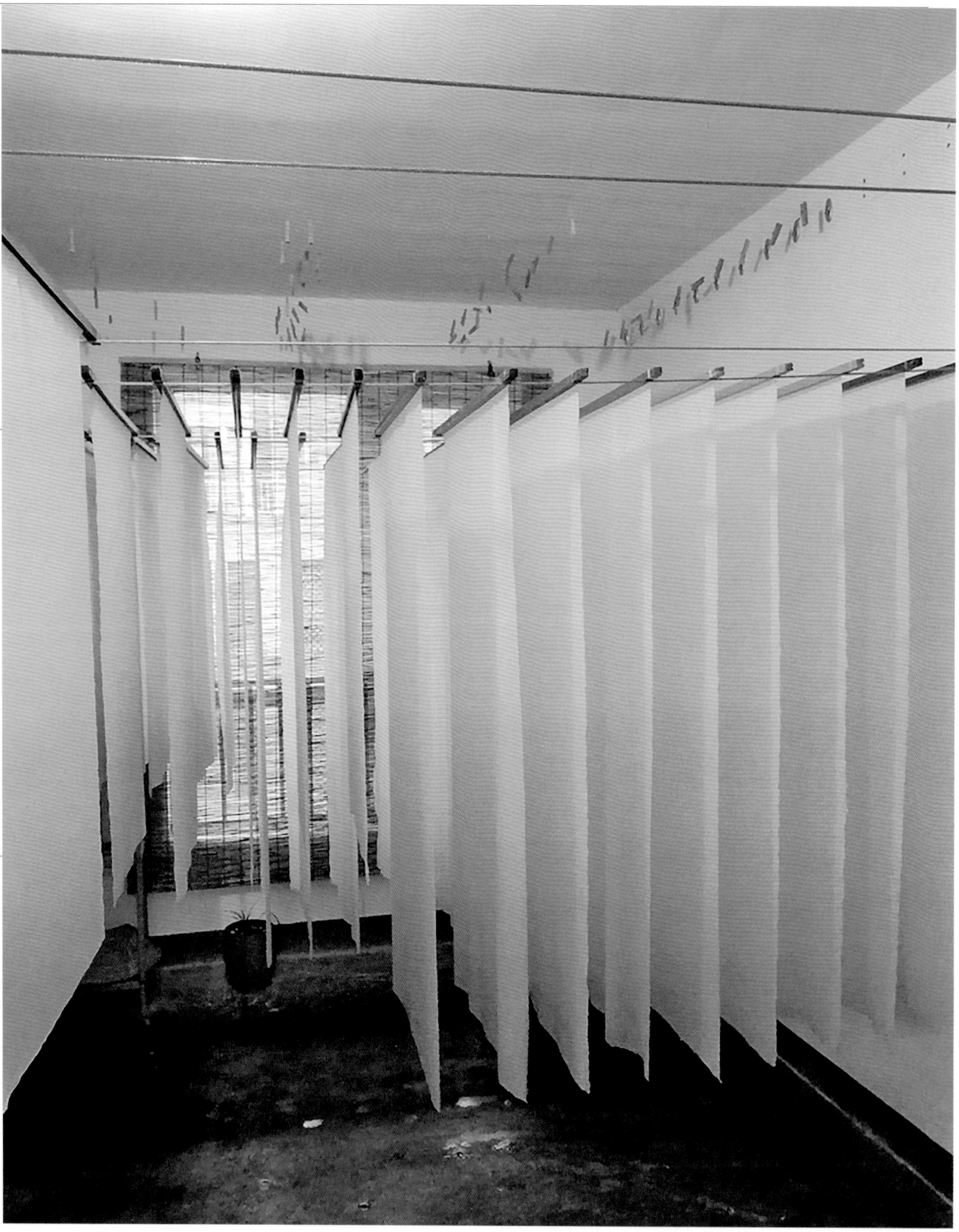

⊙1
蔡永敏新生产的涂布加工纸——黄柏笺
Huangbojian, a type of coated processed paper newly-made by Cai Yongjian

六 当地造纸相关民俗与文化轶事

6 Related Local Customs and Cultural Anecdotes of Papermaking

（一）纸行往事

1. 生意兴旺的根本：诚诚实实做人

琦君在散文《纸的怀念》一文中特别讲了胡昌记“阿公”的做人原则：

“胡昌记的阿公，是我外公的好朋友，外公在我家的日子，他每晚都提着一盏红灯笼，摸到我家来，和外公坐在边，讲不完‘当年初’（从前）的古老事儿，我抱着小猫，趴在柴仓里听故事，总是听不厌。”

“父亲问他纸行生意是怎么兴旺起来的，他笑呵呵地说：‘没有什么秘诀啊，我只叫儿孙要勤勤恳恳、诚诚实实地做生意，对山头做纸卖纸的，不能欺侮，对城里的公司行号，不能失信用，生意自然会好啦！’”

琦君书中提到的“胡昌记的阿公”，即是蔡永敏的阿太（当地方言，即蔡永敏外公胡银林的父亲胡克文）。

2. 胡昌记的“大生意”

1937年，胡昌记与林星记联姻，蔡永敏的外公胡银林娶了外婆林阿六。蔡永敏的外婆林阿六2018年97岁时去世，没有上过学。访谈中蔡永敏回忆了从前外婆给他讲的旧事：当年外婆的兄弟经常从瓯江坐船出发去台湾推销纸，再从台湾运红糖回来售卖，当时纸行生意红火，家族产业很大，“家里的银元都是用麻袋装的”。

从蔡永敏转述的林星记纸行民国年间的生意情况来看，其已通江达海，“大进大出”，已经不是温州本土“坐地商”的形象了。

⊙2

⊙2 蔡永敏到老家看望林星记传人外婆林阿六（左）
Cai Yongmin visiting his grandmother Lin Aliu (left)

（二）纸厂往事

1. 画家与温州皮纸

原温州皮纸厂厂长李黎光2011年8月4日在《光明日报》发表文章，谈到中国书画纸行业品牌意识淡薄时举例，之前厂家在纸上标注品牌或钤上印记的较少，随着现代中国的变革，书画界需要个性化产品，当代画家程十发即喜欢用纯桑皮抄造的温州皮纸，并称其“楮先生为第一品”。这种温州皮纸正面右下角钤有“温州皮纸”的印章，“多年深受消费者欢迎，并未见有投诉印盖得不是地方，相反对未钤印的纸倒有不敢问津的”。李黎光在文中还提到，程十发曾为香港集古斋出版的《当代八家画选》绘制八幅册水画，使用的都是温州皮纸，每幅画还特意保留了“温州皮纸”的印章。李黎光称，程十发还称赞：“不仅纸好，这枚印也制得好，我常将其入画。”[24]

据刘仁庆的文章介绍，中国山水画大师傅抱石生前画画喜爱用皮纸，新中国成立后，常居南京的傅抱石常用浙江生产的四尺温州皮纸作画。[25] 另据浙江省造纸学会缪大经的文章介绍，1991年傅抱石在上海美术馆展出的1960年至1965年间所创作的30幅作品中，有22幅是用温州皮纸画的。当时温州皮纸采用摇摆式半机械手工抄造。据傅抱石次子傅二石称，其父亲曾保存8张温州皮纸，作为绘画的标准用纸。[26]

2. 试纸故事

为了测试温州书画皮纸的绘画效果，温州皮纸厂邀请多位画家试画。除举办嘉兴试画会议外，根据蔡永敏提供的材料，原浙江美术学院教授夏与参曾撰文回忆试画经过：

1981年12月初至1982年3月，温州皮纸厂在杭州、温州进行过多次纸样试笔，参与人员包括温州、杭州老、中、青多画种画家。这些画家不仅在抄纸机旁现场试画进行对比，更多的时候是随时随地逐纸试画，对症开方，有的放矢。

此外，1980年前后，温州皮纸厂还派人邀请北京画家吴作人、天津画家刘继卣、南京画家陈大羽、上海画家徐子鹤以及温州本地书画家等多人对1962年、1973年的手工纸与1981年的机制纸进行试画，1982年又对试画作品逐件进行了比较，这有助于了解各阶段抄制的温州皮纸的墨色是否灰变、笔

⊙1

⊙1 傅抱石作品 Painting of Fu Baoshi

[24] 李黎光.书画纸品牌印记趣谈[N].光明日报，2011-08-04(012).

[25] 刘仁庆."纸文化杂谈"之四：刍议与纸有关的国画[J].中华纸业，2011，32(1):74-77.

[26] 缪大经.中国书画及其用纸[J].纸和造纸，2000(5):50-52.

⊙2

路是否消退等性能问题。夏与参称，经过对比，在水墨渗化、灵活多变方面，“以前的机制纸都稍逊于此次的试产品”。

1982年12月，温州书画皮纸通过鉴定，随后投入批量生产。

3. “伤湿止痛膏”以纸代布

调查组查阅资料时发现，温州皮纸厂生产的桑皮纸曾被上海中药制药三厂用作“伤湿止痛膏”的膏药用纸。

上海中药制药三厂1970年发表于《中草药通讯》的文章显示，该厂生产的“伤湿止痛膏”因止痛效果好受到欢迎，但每年要耗费许多棉布，决心寻找其他材料替代。温州打字蜡纸厂（即温州皮纸厂）在“无现成纸样、无资料、无设备”的情况下，于1969年4月初步试制成功以纸代布涂制“伤湿止痛膏”新工艺。同年9月小规模投产，供临床试用。后听取意见，又对纸张的化学处理配方、橡胶配方及其他各道工序进行了数百次改进试验。

文章中介绍，用于“伤湿止痛膏”的原纸为温州打字蜡纸厂（即温州皮纸厂）生产的桑皮纸，定量30 g/m^2左右，需整幅定量一致，纤维束、硬浆块要求越少越好，另外还要求纸张纵横拉力比接近。[27]

“伤湿止痛膏”以纸代布试制成功

·上海中药制药三厂·

我厂生产的“伤湿止痛膏”因其止痛效果显著，为广大劳动人民所欢迎。但每年要耗用国家350余万公尺棉布，每当工人同志眼看一匹一匹的白布经涂胶后被切成小块，没用上几天就扔掉了，感到非常痛心。决心在制作伤湿止痛膏的生产中彻底革命。

在无产阶级文化大革命取得决定性胜利的时刻，为了落实毛主席“备战、备荒、为人民”的光辉指示，在既无现成纸样，又无资料、设备的情况下，发扬敢想、敢闯的革命精神，在温州打字蜡纸厂的支持和配合下，于1969年4月初步试制成功以纸代布涂制“伤湿止痛膏”新工艺。于同年9月小型投产，供临床试用。并在认真听取了广大工农兵群众的意见后，又对纸张的化学处理配方、橡胶配方及其它各道工序作了数百次改进试验。这就为在膏药生产中给国家节省大量棉布开辟了一条新路。

一、对原纸的要求：

1． 原纸采用温州打字蜡纸厂生产的桑皮纸。

2． 定量：30克/米^{2}左右。

3． 整幅定量一致。

4． 纤维束、硬浆块要求越少越好。

5． 纵横拉力比接近。

二、纸张化学处理工艺：

膏药用纸要经过涂胶、干燥、切断、衬纸等多道工序，所以对纸提出耐拉（有一定强度）、抗热（干燥时不发脆）的要求，同时在生产过程中，对纸的二面提出了完全不同的要求，一面要求纸面和橡胶的结合力好，不致发生脱胶现象，另一面又要求纸面有防粘的效果，使卷起的膏药迅速撕开时，不致分层。在使用过程中，对纸又提出防水（有湿强度），不易撕裂（有一定撕裂度）的要求。

针对上述要求，我们对纸采取了一次浸渍，二次涂布的处理方法。

1． 浸渍：

5%聚乙烯醇+0.5%平平加+相对聚乙烯醇固体含量20%甘油。

⊙3

⊙2 1982年试纸作品
A work of paper testing in 1982

⊙3 上海中药制药三厂1970年发表的文章
Article published by Shanghai No.3 Traditional Chinese Medicine Factory in 1970

[27] 上海中药制药三厂.“伤湿止痛膏”以纸代布试制成功[J].中草药通讯,1970(2):22-23.

七 温州皮纸业态恢复与发展的思考

7 Reflection on Recovery and Development of Bast Paper in Wenzhou City

据蔡永敏介绍，温州皮纸造纸业态已经中断多年，2016年9月雅泽轩开始试制温州皮纸，2017年中期通过多种途径已经试制出千余刀温州皮纸。蔡永敏表示温州本地的生产基地尚未建成，这些纸采用的是按照温州皮纸的生产标准在外地下单生产的生产方式，但对材料与工艺标准有明确要求。至于具体的代工产地和厂家，蔡永敏未透露。

关于温州皮纸的业态发展，访谈中蔡永敏提出了两点意见：

（一）从当前状态来看，需要先建立纸博物馆来展示性保护

访谈中问及对于温州皮纸传承发展的想法，蔡永敏表示：由于温州皮纸厂原厂区因为被拆迁已荡然无存，他目前最迫切的愿望是建立温州及中国首家皮纸博物馆，而不仅仅是温州以桑皮为原料的书画纸博物馆。蔡永敏的愿景是以温州造纸文化为核心，以展示设计和能够引导观众参与其中的教育活动为主，让更多的社会群体深入了解、发扬与传承温州皮纸文化及其对中国文化和大众生活的价值。

在蔡永敏的宏大构想中，温州皮纸博物馆将是温州皮纸的专业研究平台、木版水印技艺的体验平台、皮纸文化的传播平台、皮纸交流教育的平台。

构想中的温州皮纸博物馆分为两层：一层是温州皮纸文化活态展示馆（即皮纸生产车间），在这个展馆中，游客可以认识温州皮纸发展历程、了解温州皮纸文化、欣赏温州纸山风情，通过专业人士亲手操作及试纸表演等活动，认识温州皮纸的特性，了解造纸原料的处理方法及制作流程，包括检皮、漂浆和捞纸等步骤。

⊙1

⊙2

⊙1 『雅泽轩』内收藏的原温州皮纸厂相关书信资料
Related letters about the former Wenzhou Bast Paper Factory kept in "Yazexuan"

⊙2 蔡永敏向调查组介绍『雅泽轩』藏品及相关资料
Cai Yongmin introducing "Yazexuan" collections and related data to the researchers

二层暂定为木版水印体验馆、皮纸名画展示馆、古纸研究所、大师工作室。木版水印体验馆展示中国传统木版水印工艺及作品、传统木版水印表演，以及木版水印产品、艺术礼品等相关纪念品。皮纸名画展示馆展示以温州皮纸为载体的各时期名人书画作品。古纸研究所主要研究世界各地古纸保护和创新技术。大师工作室将作为温州皮纸和木版水印大师的创作办公空间及国内外皮纸作品交流平台。

蔡永敏补充表示，目前温州皮纸博物馆地址还未确定，温州市瓯海区及鹿城区政府都有意为他提供场地，一处位于泽雅镇的龙滩湿地公园，另一处是鹿城区藤桥镇原岙底中学旧址。

截至2018年12月调查组回访时，蔡永敏宏大的设想尚未落地，但成立了温州雅泽轩文创旅游发展有限公司，并在温州市泽雅镇周岙上村村委会三楼建立“雅泽轩·传祺文化”艺术长廊，长年展示他收集的温州皮纸的相关历史资料、纸样和书画作品。

调查组调研时了解到，蔡永敏一直在有意识地培养两个女儿，希望两个女儿能够一个“主内”，另一个“主外”。不管是恢复温州皮纸生产体系还是建立温州皮纸博物馆，蔡永敏一方面希望能够重建温州皮纸文化遗产体系，另一方面也希望能够为两个女儿留下可以继承的产业。

（二）恢复造纸的一大瓶颈：环保问题

调查组了解到，目前最让蔡永敏头疼的是环保问题。蔡永敏坦言，制造温州皮纸最关键的步骤是煮皮，温州本地的桑皮太薄，无法用来制造合乎标准的书画纸。经过他的考察，发现浙江嘉兴的桑皮用来生产书画纸最好，而且当地有化工厂，煮皮工序中产生的污水可以直接通过化工厂管道排出。因此他准备将煮皮与后续抄纸技术分开，即煮皮工序在嘉兴当地完成，后续抄纸工序移至温州或富阳完成。蔡永敏认为，手工造纸面临不可避免的环境污染问题，如果将煮皮与造纸分开完成，制浆阶段借助现代工厂体系的环保设施，或许可以突破污染物排放的困境。

⊙3

⊙3 蔡永敏向调查组展示其收藏的老照片
Cai Yongmin showing his old pictures to a researcher

瓯海区泽雅镇

285

雅泽轩

温州皮纸

Wenzhou Bast Paper
of Yazexuan Company in Zeya Town of Ouhai District

「灵峰」黄柏笺透光摄影图

A photo of "Lingfeng" Huangbojian seen through the light

温州皮纸

瓯海区泽雅镇 雅泽轩

Wenzhou Bast Paper
of Yazexuan Company in

『乱云飞』透光摄影图

A photo of "Luanyunfei" (a type of bast paper in Wenzhou City) seen through the light

第四章

绍兴市

Chapter Ⅳ
Shaoxing City

第一节

绍兴

鹿鸣纸

浙江省
Zhejiang Province

绍兴市
Shaoxing City

绍兴县
Shaoxing County

调查对象
平水镇
宋家店村
鹿鸣纸

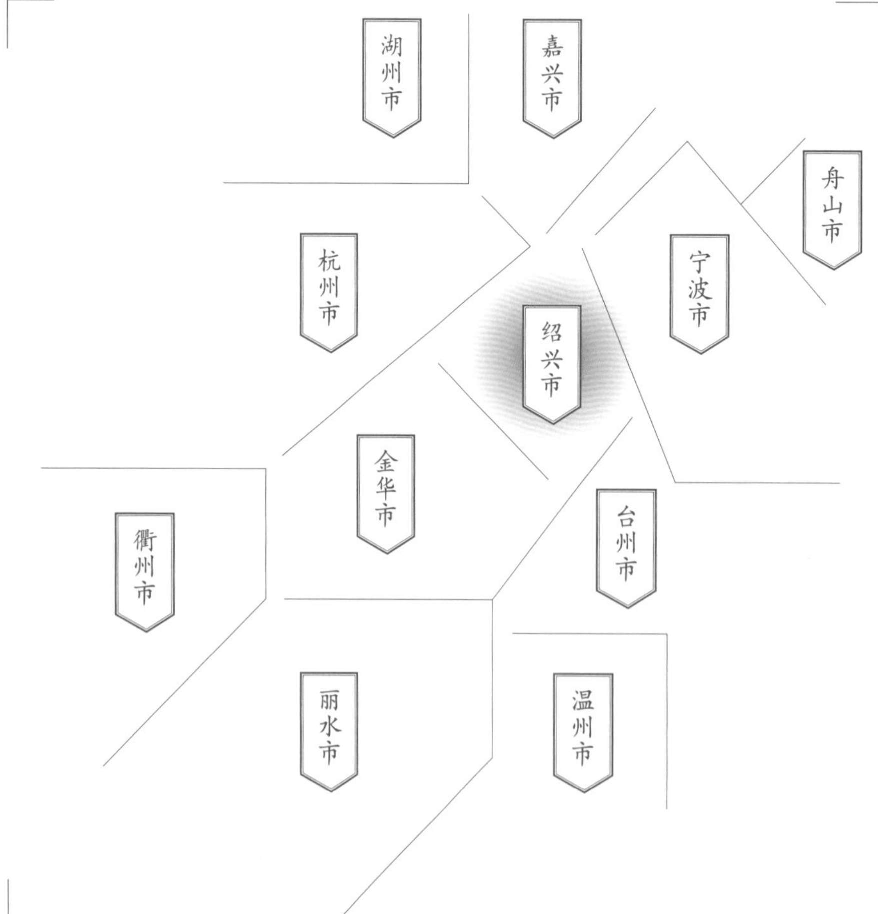

Section 1
Luming Paper in Shaoxing County

Subject

Luming Paper in Songjiadian Village of Pingshui Town

一
绍兴县平水镇鹿鸣纸的基础信息

1
Basic Information of Luming Paper in Pingshui Town of Shaoxing County

绍兴市绍兴县（2013年改为柯桥区）平水镇宋家店村位于绍兴县南部山区，地理位置为：东经120° 42′ 45″，北纬29° 52′ 91″，由原光明村和宋家店两个自然村组成。2016年时的村域面积为6.98 km²，有农户675户，人口1 844人，分为16个村民小组。宋家店全村的山林面积为9 237亩（1亩≈666.67 m²），毛竹山面积为1 403亩，茶山面积为1 280亩，水田面积为480亩。

调查组于2016年11月10日和2018年12月26日前往宋家店村进行实地调查和访谈，了解到一些与造纸相关的基础信息：由于平水镇的鹿鸣纸在20世纪60年代就已停产，停产时间较久，所以难以寻找到了解造纸技艺的老一代人。调查组经过多方努力，在宋家店村村委会寻找到曾经造过鹿鸣纸的老工人宋汉校（1934年出生），并对其进行了较深入的访谈。

鹿鸣纸为绍兴的历史名纸，原材料为毛竹，呈米黄色，传统上主要作为地方流行的纸扇用纸。

⊙1

⊙1 宋家店村村委会展示鹿鸣纸历史的文化礼堂
Cultural hall showing the history of Luming paper in Songjiadian Village Committee

路线图
绍兴市区
↓
宋家店村
Road map from Shaoxing City centre to Songjiadian Village

绍兴鹿鸣纸造纸点分布示意图

Distribution map of the papermaking sites of Luming paper in Shaoxing County

考察时间
2016年11月 / 2018年12月

Investigation Date
Nov. 2016 / Dec. 2018

绍兴市区

宋家店村

地域名称

造纸点名称

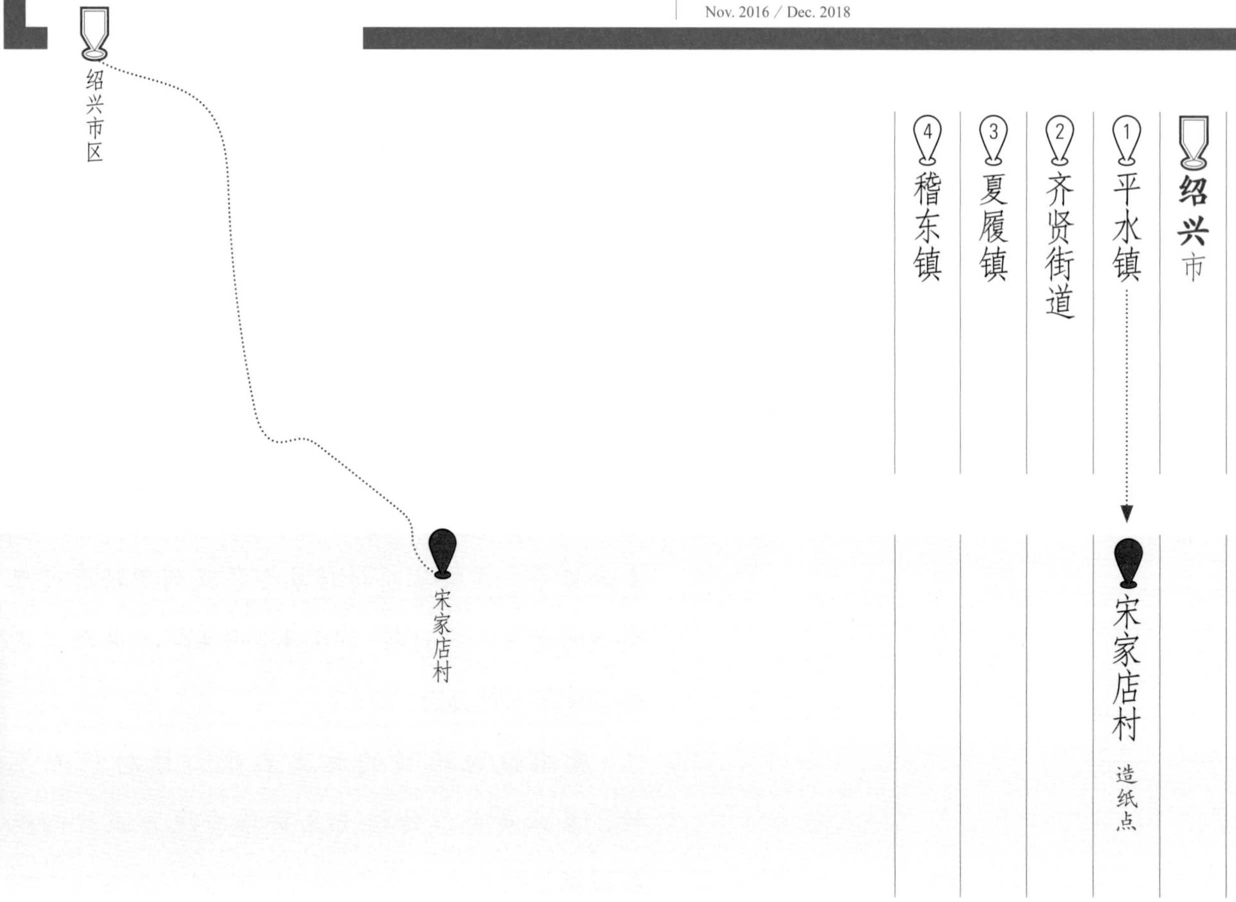

绍兴市

① 平水镇

② 齐贤街道

③ 夏履镇

④ 稽东镇

宋家店村造纸点

位置分布

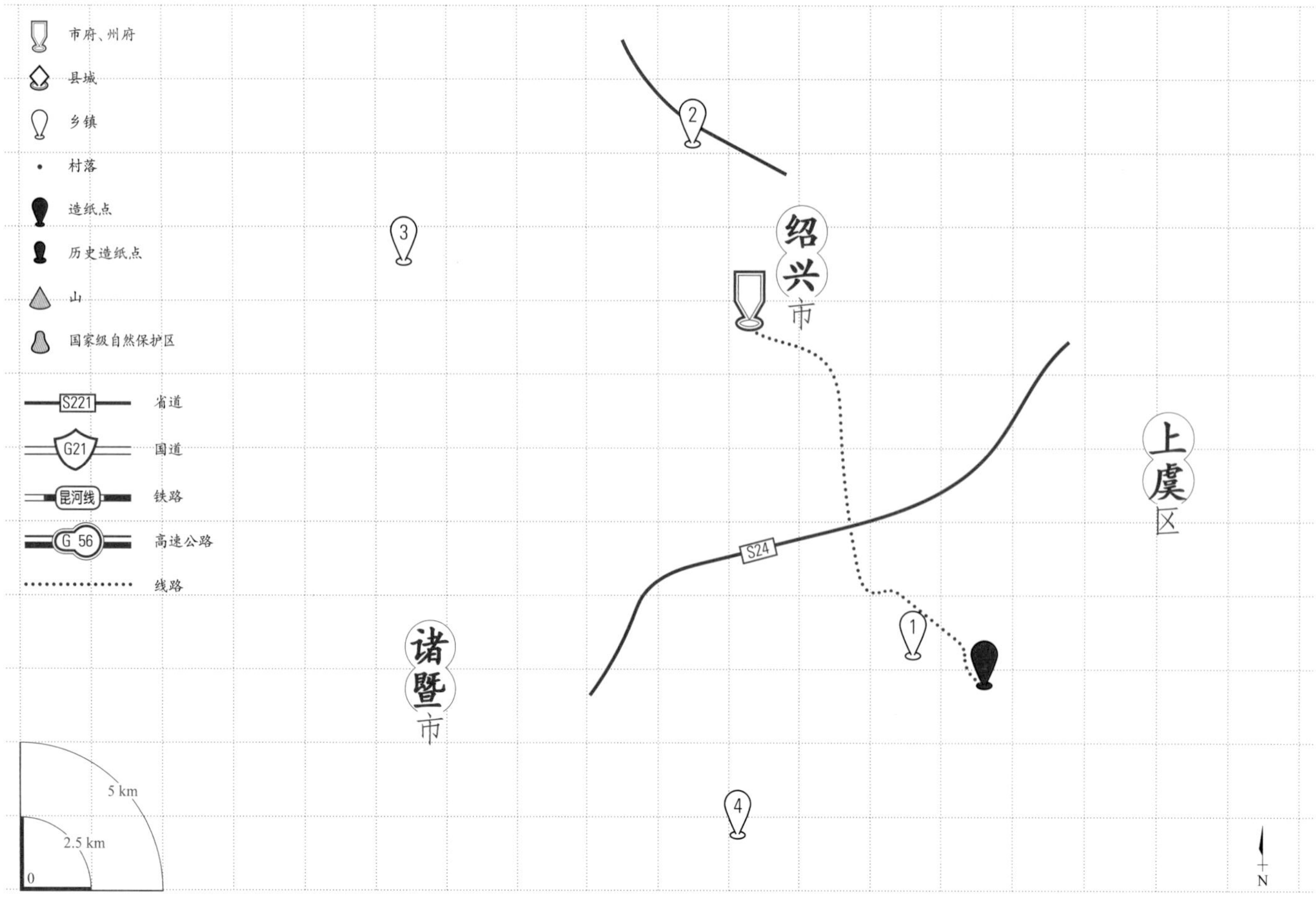

市府、州府
县城
乡镇
村落
造纸点
历史造纸点
山
国家级自然保护区
S221 省道
G21 国道
昆河线 铁路
G 56 高速公路
线路

绍兴市
上虞区
诸暨市
S24
5 km
2.5 km
0
N

二
绍兴县平水镇鹿鸣纸的历史与传承

2
History and Inheritance of Luming Paper in Pingshui Town of Shaoxing County

面对调查组成员对纸名来历的探询，2016年访谈时已72岁的宋汉校老人讲了一个故事：相传，古时造纸人手工造纸劳动强度大，又无法满足温饱的需求，常常疲惫得在石臼旁或烘纸房内昏睡过去。每当这个时候，似乎有感应的高山上的梅花鹿总是流泪长鸣，以唤醒劳累过度的造纸人，因此这种纸被称为“鹿鸣纸”。

当地民间相传，东晋大书法家王羲之到会稽（今绍兴）后，发现了鹿鸣纸，高兴得手舞足蹈，不仅自己常用，还一次买下9万张，送给他的好友谢安。

鹿鸣纸的生产始于绍兴夏履镇双桥村，相传已有超过千年的历史。但是日铸岭内鹿鸣纸是从什么年代开始生产的？由于停产多年，乡土文献也未发现任何记载，所以访谈中未能获得相关有效信息。

另据宋汉校口述，他本人小学五年级毕业后就开始做挑夫，一直到32岁，之后他开始在当地家庭式作坊学习鹿鸣纸的制浆技术，学习了3～4年。20世纪60年代绍兴县境内的鹿鸣纸完全停产后，他又重新从事挑夫工作。绍兴平水镇鹿鸣纸用纯毛竹制作，成品纸外观呈米黄色，纸质轻薄松软，有较好的质感。据宋汉校介绍，鹿鸣纸最早作为褶扇的原纸，后因为纸张材质较为出色，也被用来作为书法绘画和抄写佛经的用纸；它的另一个较为特别的用途是与当地生产的锡箔纸共同加工成祭祀用纸。

⊙1

⊙1 访谈宋汉校 Interviewing Song Hanxiao

三
绍兴县平水镇鹿鸣纸的生产原料、工艺与设备

3
Raw Materials, Papermaking Techniques and Tools of Luming Paper in Pingshui Town of Shaoxing County

（一）平水镇鹿鸣纸的生产原料

1. 主料：毛竹

据宋汉校介绍，过去平水镇一带生产鹿鸣纸，原料都是取自当地生长的嫩毛竹，通常都是当年春天生长的新竹，且必须是“母竹种”（竹形直且粗壮，竹身没有损伤）。

2. 辅料：水

用于生产鹿鸣纸的水都是取自平水镇当地河流中的水。

⊙1
宋汉校老人带领调查组探察水源
Song Hanxiao leading the research team to the water source

⊙2
当年造鹿鸣纸的毛竹原料林
Phyllostachys edulis forest for making Luming paper in old days

（二）平水镇鹿鸣纸的生产工艺流程

旧时生产鹿鸣纸用的全是土制设备，共分3大工种50多道流程。根据宋汉校的叙述并结合村文化礼堂展示的工艺流程，鹿鸣纸的生产工艺流程可归纳为：

玖 腐竹个 → 拾 上大榨 → 拾壹 舂竹 → 拾贰 抄纸 → 拾叁 烘纸 → 拾肆 上小榨

因为缺乏工艺调查数据的支持，所以各工艺环节只能依据村文化礼堂展示的内容采取简述方式描述。

壹 斫竹

1 ⊙3⊙4

斫竹工是竹山上的第一个工种。不是所有的嫩毛竹都可砍斫，斫竹工必须留养好“母竹种”，把密植中的嫩竹斫掉部分，把小、残的嫩竹也斫掉。造纸时将砍下的竹子削掉竹梢，将竹子拖到刨竹坪上交给断削工。

⊙3/4 斫竹 Cutting the bamboo

贰 断竹 2

⊙5

断削工把斫竹工拖到刨竹坪的嫩毛竹用量杆量好，断成2.2 m的长段，并削去生竹枝的竹结。将断好的竹段放到刨竹架上，刨竹工可随手拿来上刨架。

⊙5

叁 刨竹 3

⊙6

刨竹是一门技术活。刨竹工从小就要跟随老师傅学艺，拿刨刀的两只手既要有强劲，又要会用浮劲，这样刨下来的竹青厚薄均匀。将刨下来的竹青（即“亮篾”）捆成小把备用。竹山上工作的四人中，刨竹工技术最好，待遇也好。旧时遇到忙季，技术好的刨竹师傅很难请到，在吃饭时常请他坐上座。

肆 敲竹 4

⊙7

敲竹是一门需要很强手劲的工作，要学会左右手轮换敲。若仅用单手敲，一天下来这只手肯定会伤到筋骨。农历芒种后，由于嫩毛竹已长开竹叶，这种嫩竹便有点老了。若碰到比较粗壮的老竹段，敲竹工需要咬紧牙关用足力气敲，才能使得白竹的破碎性达标。将敲好的白竹扎成捆，一捆重约50 kg。敲竹工把敲后的竹子捆好后，用力一转，让一捆白竹下端分片散开。

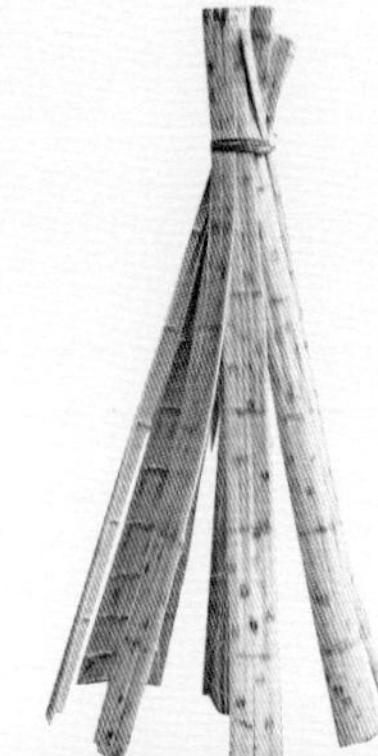

⊙7

⊙6

⊙5 断竹 Chopping the bamboo

⊙6 刨竹 Scraping the bamboo

⊙7 敲好的白竹 Prepared white bamboo

伍 断竹个

5 ⊙8

断竹工地常设在囤部旁。断竹凳头是一截直径约15 cm、长约30 cm的硬质弯圆木，下端10 cm垂直于地面。凳头旁有一根小木桩，其高度约超出凳头10 cm，凳头左边直立一块平石，平面向凳头，小木桩与平石相距45 cm。断竹使用的是一把身长30 cm、重1.5～2 kg的钩刀。断竹时将白竹左边抵到平石，右边扣住小木桩。断竹工左手捏紧白竹，并用右脚踏紧白竹，工人紧靠小木桩，右手用力把白竹斩断。斩断的白竹用竹篾捆成直径约35 cm的竹片团，这就叫竹个。一竹个的重量为15～20 kg。

⊙8

陆 浆竹个

6 ⊙9

浆竹的石灰池长1 m左右，宽60 cm，深约45 cm。池内是已配好的较稀的石灰浆。浆竹工用“浆竹双刺”扎入竹个的中心部位，将竹个放到浆竹池内，待整个竹个染上石灰浆后，将其拎起直立在石灰池旁，再由辅助工用双手晃动竹个，将竹个内的石灰水沥出，之后依次堆叠。最后上覆稻草，以防雨淋。过2～3天等石灰水干后，就可上镬。

柒 上镬

7 ⊙10

囤部是一个较大的柱形体，四周用厚木板围成桶形。桶外用黄泥石灰夯实以防漏水。外围砌以块石。囤部内高2.2 m左右，直径2 m，底部设有出水口。把上好浆的竹个依次排列在囤部内，一镬能装300个左右的竹个。上好镬后，上面盖上草和泥，再挑水满上。囤部中心部位装有一根量水竹竿，以观测水位。一般煮5～6天后，每天需补充2～3担水，日夜不停煮半个月左右，镬里的竹个就会熟透、发软。

⊙9

⊙10

捌 出镬

8 ⊙11

先去掉囤部上面覆盖着的草和泥，同时将囤部内部的热水从出水口排干，让镬内的热量散发掉，然后把竹个取出，挑到溪中。洗竹凳是一条长90 cm、高60 cm、宽50 cm的木凳，安置在溪水中，凳面略露出水面。把出镬后的竹个放在凳面上，清洗时会用一块敲板和一只水勺。洗竹工一边敲竹个，一边用水勺舀水冲洗，把竹个里外的石灰冲净。冲过的竹个仍需在溪水中浸泡好几天，之后再冲洗一次，这叫二镬。

⊙11

玖 腐竹个

9 ⊙12

把经过两次冲洗的竹个放入腐竹池。池内清水需浸没竹个10 cm以上。水中需掺入一定量的人尿。浸泡1个月左右，当水面上浮起许多大大小小的水泡时，说明这池竹个完全腐熟了。

⊙12

⊙8 断竹个 Bundled bamboo sections

⊙9 浆竹个 Liming the bundled bamboo sections

⊙10 上镬 Putting the bundled bamboo sections in the utensil

⊙11 出镬用的洗竹凳、敲板和水勺 Wooden stool, board and dipper for cleaning the bundled bamboo sections

⊙12 腐竹个 Fermenting the bundled bamboo sections

拾 上大榨

10 ⊙13

大榨是快速脱水的装置，底部由3根长约4 m、宽约25 cm的方木并排铺就。大榨前端4根方形木桩长约1.3 m，后端2根长约1 m，6根桩均高约20 cm，下端均与底部通过木榫连接。前端左右各两根桩间装有上下相距约15 cm的横档，以固定滚轴。圆形滚轴长1.5 m，直径约45 cm。滚轴两端各开20 cm×15 cm的方孔，用以插入撬棍。后端两桩间横档相距30 cm左右。榨杠是一根长约3.2 m、直径为30 cm的圆形木棍，其尾部插在后桩之间，榨杠的前端套上一根篾索，绕住滚轴。撬棍的一端呈鸭嘴状，且稍折。压榨时，由负责抄纸、舂竹、烘纸的三人合力，不断用撬棍转动滚轴，使榨杠逐步下压，紧缩上下底板间距离，让被榨物（竹个、湿纸）快速脱水。

拾壹 舂竹

11 ⊙14⊙15

舂竹工一次将6个腐好的竹个放到纸作坊内。先用大榨榨干竹个内的水分，将竹个分成许多小把，用手扭断成三段，放入脚踏碓石臼内舂成糊状。而后放入木桶内加少量水并用木勺不停地搅拌，至有黏性即成纸浆。再把纸浆倒入槽缸内搅匀，供抄纸工抄纸。舂竹工每天要舂两臼竹（共6个竹个），需挑7～8担水。舂竹时，其左手握住护杆，右手拿拨杆，单脚不停地踩踏碓板。即使是寒冬时节，舂竹不一会儿，舂竹工就会汗流浃背，热得仅着短裤。除了使用脚踏碓石臼外，水碓也可以用来舂竹。水碓是利用溪水的冲击力来驱动滚筒的装置。水碓的圆轴直径为20 cm，长约5.5 m。轴中部装有1.5 m×1.5 m的圆形滚筒，滚筒横装着24块木板。轴左右两端装有两块打板。溪水冲击横板推动着滚筒旋转，打板就能敲到碓木的尾部，这样两只碓头就会一前一后舂竹。水碓里舂的一般是竹青，竹青比白竹硬，人工无法舂碎。在水碓中舂碎的竹青看似很细，已经成浆了，但始终有着一根根小小的“筋”。这种竹浆在纸浆中的含量不能超过10%，否则就会影响鹿鸣纸的质量。

⊙14

⊙15

⊙13

⊙13 上大榨 The model of pressing the bamboo

⊙14 舂竹 The model of beating the bamboo

⊙15 水碓舂竹 The model of beating the bamboo with a hydraulic pestle

拾贰
抄　　纸

12 ⊙16

槽缸由4块石板砌成，形成高约1.25 m、长2 m、宽1.5 m的长方体石池。抄纸工用竹帘抄纸。双手持竹帘，由上而下、由远处向胸前呈弧形从缸内把纸浆缓缓捞起，必须始终保持竹帘的平稳。从竹帘上、下、左、右看纸浆的颜色，如果纸浆普遍呈淡黄色，就说明纸抄得厚薄均匀。若帘上纸浆颜色有暗淡之处，则需冲掉重新操作。冬天，槽缸的左边放一只暖手炭火钵头，当抄纸工的双手被冻得发痛时，就伸进热水中烫热一下。槽缸的右边是叠放抄好的湿纸的平台，平台旁有2根长50 cm的小竹竿。抄纸竹帘边上有2根细小的木棒，抄纸工右手拿上面的小木棒，左手拿下面的小木棒，并将木棒扣住平台上的2根竹竿，将帘上的湿纸慢慢放下，这样就将每张湿纸叠放在一起了。

⊙16

⊙17

拾叁
烘　　纸

13 ⊙17

在生产鹿鸣纸的工种中，烧壁最辛苦，因为烧壁的柴均需烧壁工上山砍下、储藏。生产鹿鸣纸的季节是冬季，雨雪特别多，不便砍柴，因而必须备足烧壁柴。

烧壁每天需要200～250 kg柴，在2个多小时内烧完。然后用木板和泥灰将前后2个风洞封死。封洞后半个小时左右，壁上已热得烫手了。烘纸工用刷帚把配制好的稀米糊刷在热壁上，将湿纸贴在墙上，用一根长约25 cm略粗于手指的木棍在湿纸块上轻轻划出几条痕迹，使湿纸略有分离，再用嘴在纸角上吹气，当单张湿纸被吹开一角时，即可用手轻轻将整张纸揭下，用晒帚轻贴在热壁上。一间壁弄能烘贴24张纸，当最后一张纸贴上去时，最先贴的4张纸已经干燥了。烘纸时如此贴上、揭下、码齐，周而复始。

壁弄的温度决定着烘纸的进度，热壁时每张纸几秒钟就能烘干。若壁弄温度下降得快，就会影响烘纸的进度，因而工人往往不停歇，夜以继日地烘纸。

⊙16 抄纸示意图
The model of scooping and lifting the papermaking screen out of water

⊙17 废弃的烘壁与烘纸房
Abandoned drying wall and drying room

拾肆
上小榨
14 ⊙18⊙19

小榨的前面有长1 m、高50 cm、宽45 cm的榨杠，其上配有一根长1.3 m、粗约15 cm的篾索，篾索套住榨杠并连在下面的小轴上。榨杠下面是烘干的鹿鸣纸，20刀为一件。榨实后捆上五道纸花篾。成捆的鹿鸣纸的左右两边用泥砖磨光并用红色牌印印上记号，之后在绍兴城里的纸行上市销售。

⊙18

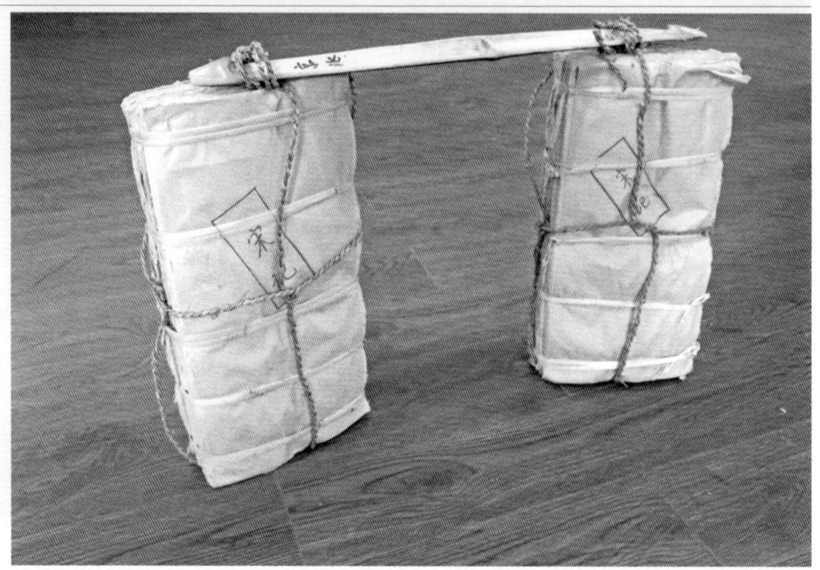
⊙19

（三）平水镇鹿鸣纸的主要制作工具

由于生产鹿鸣纸的场地和工具多已损毁，村委会展馆内陈列的多为按原始工具模样缩小的模型，以便于展示鹿鸣纸的制作工艺。

壹
斫竹工具
1

这是斫毛竹的专用工具。从右至左分别是月圆形刨刀、敲竹专用铁榔头（左下）和斫竹用的窝斧（左上）。窝斧一方面用来斫竹，另一方面可用来挖土，能把竹在其深根部斫倒，这样能增加竹的用材量。

⊙20

⊙18 上小榨 Putting the paper on a smaller pressing device

⊙19 捆扎成件 Bundling the paper

⊙20 斫竹工具 Tools for cutting the bamboo

贰

篾　　索

2

篾索长5 m、直径6 cm，是将嫩竹篾经石灰水浆过后煮熟，再由人工绞成，是大榨上连接其他部件的牵引索。

⊙21

肆

晒　　帚

4

此烘纸晒帚为宋家店村（原立新大队）宋志明的祖辈所用，存至今已有100多年的历史。它是用松树上的松丝串扎而成。一般的烘纸、抄纸师傅都能亲手制作晒帚。

叁

纸　　帘

3

抄纸竹帘以棕丝为经、以篾丝为纬，手工编织而成。此帘长62 cm、宽45 cm，是用来抄低档纸的（抄高档纸的纸帘长90 cm左右）。此帘由板榜村丁升才收藏，已有上百年的历史。据丁升才回忆，古时天台仙居山区有人专门生产此类竹帘。

⊙23

伍

壁　　弄

5

烘纸的地方称壁弄，分为里、外壁弄。其中间有高约1.3 m、宽约6 m、长约5 m的柴火膛。膛口有1.3 m高的火门，下面留有小风洞，用来清理炭灰等。

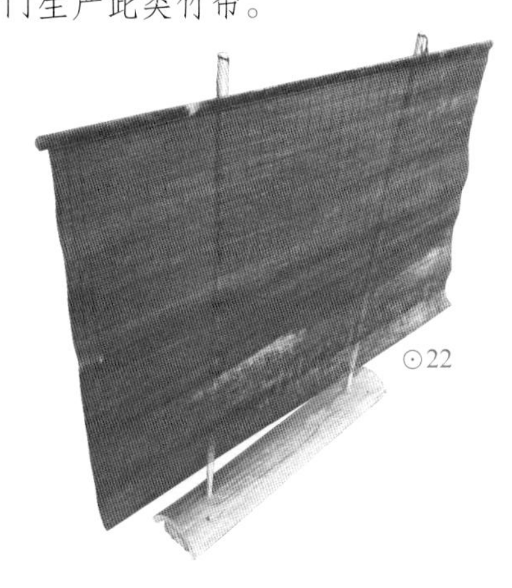

⊙22

⊙24

⊙21 篾索 Rope made of bamboo

⊙22 纸帘 Papermaking screen

⊙23 烘纸晒帚 Broom for drying the paper

⊙24 壁弄 Place for drying the paper

四
平水镇鹿鸣纸销售市场的历史信息

4
Historical Information of Sales Market of Luming Paper in Pingshui Town

宋汉校回忆：据老一辈人的说法，鹿鸣纸生产与销售曾经是旧绍兴县一代很繁盛的乡土手工业，旧时会稽、山阴二县（调查时已经合并于绍兴市，分别称越城区与柯桥区）域内有四五个乡镇共几十个村庄生产鹿鸣纸。仅日铸岭内的原王化乡就有板榜、溪上、里街、直街、田坂里、安基、陈家坳等7个自然村生产鹿鸣纸，可见鹿鸣纸的产量还是可观的。

旧时，平水镇主要的经济来源就是当地生产的鹿鸣纸和茶叶。挑山工会挑着鹿鸣纸翻越日铸岭到上灶埠头，再乘船去绍兴城里，在纸画行中出售纸张后，换来铜钱、铜板、角子，装在钱褡内背回家中，以此来养家糊口。

绍兴鹿鸣纸质地薄而轻，松软、细腻。它既是做褶扇的原料和习字学画的理想用纸，又是东南亚各国做锡箔纸、抄写佛经的必备用纸。因此绍兴鹿鸣纸旧日在东南亚各国很畅销。

相传鹿鸣纸可与棉花混合制成棉衣，这种棉衣刀枪刺不破，可谓古代版的“防弹衣”。

访谈中据宋汉校回忆，20世纪60年代，在鹿鸣纸停产前的最后几年里，平水镇生产的鹿鸣纸需要挑夫人工肩挑到绍兴县的生产队去交工，他记得当时交纸是4 000张为1担（50 kg），每担价格是10元钱。宋汉校当时一天可挣10工分，约0.55元。抄纸工一天挣0.8元，晒纸工一天挣0.6元。

五 平水镇鹿鸣纸的文化轶事与乡土习俗

5 Cultural Anecdotes and Local Customs of Luming Paper in Pingshui Town

（一）文化轶事

1. 太公丁长茂造万安桥

溪上村鹿鸣纸制作的发起人叫丁长茂。20世纪60年代，溪上村仍保留着制作鹿鸣纸最完整的工具和场所，但由于保护力度不足，目前已全部损毁。其中，水碓毁于20世纪60年代。溪上村村口有一座建造于清嘉庆十九年的万安桥，距今已有200余年的历史，是平水茶马古道仅剩的最古老的石拱桥。此桥据传为当时溪上村丁氏祖先丁长茂太公出资建造，是当时当地村民通往绍兴、杭州、京城的必经之桥。

2.“造户董（东）家”

当地有一个有意思的习俗，凡是生产稳定的专业造纸户又被称为“造户董（东）家”，当时能成为“造户董（东）家”必须要具备以下几个条件：有较多的私人毛竹山；有一定的资金；有生产场地，如作坊、囤部、水池、水碓等。大的“造户董（东）家”一年能煮2～3镬（一镬约含300个竹个），小的“造户董（东）家”通常只能两户合作煮1镬竹个。至于为什么称为“造户董（东）家”，调查组在访谈中没能了解到相关信息。

⊙1

⊙1 溪上村丁长茂修建的万安桥 Wan'an Bridge built by Ding Changmao from Xishang Village

（二）乡间习俗

1. 媒头纸

鹿鸣纸又称媒头纸。旧时百姓点老烟时会把媒头纸卷成竹筷型纸卷以引火，相当于现代人们使用的火柴或打火机。媒头纸以鹿鸣纸为原料，用双手搓成筷状，是火石时期之后的引火用具。它在火炭中触碰引火后，用嘴一吹就能产生火苗，可用来点火，如点烟、点香烛、点柴草等，再一吹火苗就会熄灭并保持阴燃状态，之后将其装入盛有燃着木炭的火钵头内，上面盖上柴灰，这样可昼夜维持火源，与后来发明的火柴有着同样的作用。

2. 亮篾

在刨竹过程中产生的嫩竹青，在水里浸过并晒干后能用于照明，相当于火把，称为亮篾。在封建时期，百姓要想使用亮篾，就要向竹园主购买。到了集体化时期，生产队按每户人口分配亮篾。

⊙1

⊙2

⊙1 媒头纸 Paper used for lighting

⊙2 制作亮篾的嫩竹青 Tender bamboo used for making the illumination bamboo sections

六 平水镇手工纸的业态传承思考

6 Reflection on Inheritance of Handmade Paper in Pingshui Town

从2016年的调查来看，原产于旧绍兴县辖、今属柯桥区的平水镇鹿鸣纸，实际上在20世纪60年代其活态生产就已经完全中断，而更早在原会稽、山阴二县较大范围内分布的鹿鸣纸的制作也未发现有活态遗存。因此，从调查组掌握的信息看，鹿鸣纸当前的传承已无活态。

据宋汉校的分析，鹿鸣纸消亡的原因有二：第一，相较于机制纸来说，鹿鸣纸的生产过程和周期都显得冗长复杂，且由于交通不便，要想售卖鹿鸣纸必须让挑山工翻越日铸岭，劳动强度大，支撑产业发展的投入很大。第二，造纸带来的污染严重。据宋汉校回忆，每次在溪水中冲洗竹个时，由于石灰的缘故，溪中的鱼便会大量死亡，这时，所有的村民便会到溪中捡拾死鱼，每家每户至少都能拾得两大碗鱼。

但值得关注的是，平水镇宋家店村基于“非遗”传承的目的已有建设性的举措——在村委会的文化礼堂内专门建有鹿鸣纸工艺与历史文化展厅（建于2016年），系统展示了平水镇一带鹿鸣纸的造纸历史、传统工艺与材料，并收集陈列了若干旧日所用工具。因此从“非遗”的博物馆式保护形态来说，通过及时对若干这一已中断的地方著名工艺的传人的访谈、演示性现场图像的采集，对鹿鸣纸制作技艺进行了较为完整的记录及集中展示，初步实现了尊重现实的传承保护功能。

⊙3

⊙3 平水镇宋家店村『非遗馆』 "Intangible Cultural Heritage Hall" in Songjiadian Village of Pingshui Town

至于鹿鸣纸这种地方历史上有较大影响的传统技艺产品，在当代和未来能否出现恢复性发展的机遇，一方面需视其产品功能、用途能否因获得新的消费渠道和青睐人群而被激活，另一方面则与能否获得特定文化旅游创意产品需求带来的机会有关。目前来说，鹿鸣纸的造纸技艺依然属于历史遗存展示状态，尚未发现活态发展动态。

第二节

嵊州市
剡藤纸研究院

浙江省
Zhejiang Province

绍兴市
Shaoxing City

嵊州市
Shengzhou City

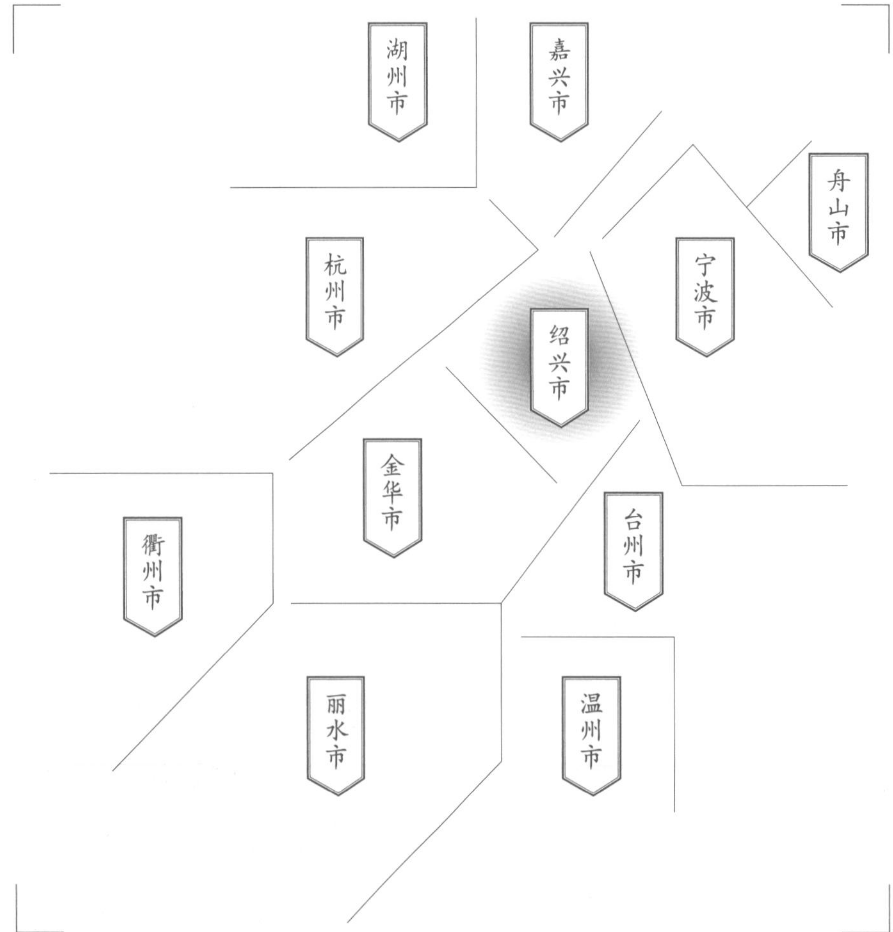

调查对象

嵊州市
剡藤纸研究院
藤纸

Section 2
Shanteng Paper Research Institute in Shengzhou City

Subject

Teng Paper in Shanteng Paper Research Institute of Shengzhou City

一

嵊州市剡藤纸研究院的基础信息与生产环境

1

Basic Information and Production Environment of Shanteng Paper Research Institute in Shengzhou City

嵊州市剡藤纸研究院系以嵊州市奇丽科技新材料有限公司为投资主体的剡藤纸研究与生产机构，2019年年初调查时的办公与展示地址位于嵊州市浦南大道388号的科技创业中心内（剡溪江下游），地理坐标为：东经120° 51′ 40″，北纬29° 37′ 41″。

2019年1月20日，调查组前往剡藤纸研究院调查，了解到的基础信息为：奇丽科技新材料有限公司是一家致力于“科技+文化”产品的研究、设计、制造、销售的科技型企业，2016年正式注册成立，负责人为商浩洋。公司宣称的目标与使命是致力于保护、研发我国各类具有中国传统特色的文化产品。调查时该公司从事的与传统造纸文化与技术相关的工作是恢复与创新艺术专用新材料——嵊州剡藤纸，并为此专门建立了嵊州市剡藤纸研究院。

调查组调查时公司正投资建设剡藤纸非物质文化遗产馆，其坐落在嵊州城郊西白山正在建设中的越剧特色小镇内，地理坐标为：东经120° 46′ 53″，北纬29° 31′ 20″。西白是一个地理区位名称，嵊州有东白与西白两座山，都属于历史文化名山——会稽山系的支脉。

嵊州是绍兴市下辖县级市，是全国县域经济竞争力百强县市。嵊州的历史相当久远，古称剡县。“剡”字起源于西汉前期设立的剡县，其得名相传源自远古“大禹治水，工毕了溪”（即剡溪）的故事。为纪念大禹的丰功伟绩，充满感激的人们取猛火和利刀组成一字——“剡”，以表达两火一刀能避邪、能带来持久安定的良好寓意。唐代初年，剡县更名为嵊州，北宋年间正式设立嵊县建制。若从西汉算起，距今已经有2 200多年的历史。1995年经中华人民共和国国务院批准，嵊县撤县设市，改名嵊州市。

据考证，嵊州市境内的华堂村居住了众多王羲之的后裔，该村地处卧龙山脉，江水环抱，风

⊙1

⊙1 嵊州科技创业中心 Science and Technology entrepreneurial Centre in Shengzhou City

路线图
嵊州市区
↓
剡藤纸研究院
Road map from Shengzhou City centre to Shanteng Paper Research Institute

嵊州市剡藤纸研究院位置示意图

Location map of Shanteng Paper Research Institute in Shengzhou City

考察时间
2019年1月

Investigation Date
Jan. 2019

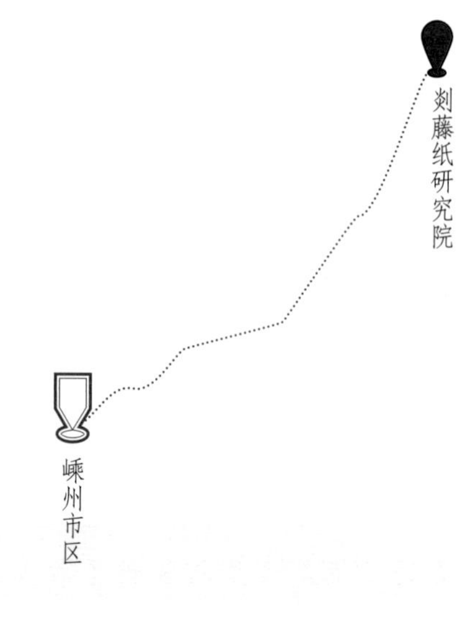

地域名称

嵊州市
① 浦口街道
② 崇仁镇
③ 仙岩镇
④ 黄泽镇

造纸点名称

剡藤纸研究院
造纸点

位置分布

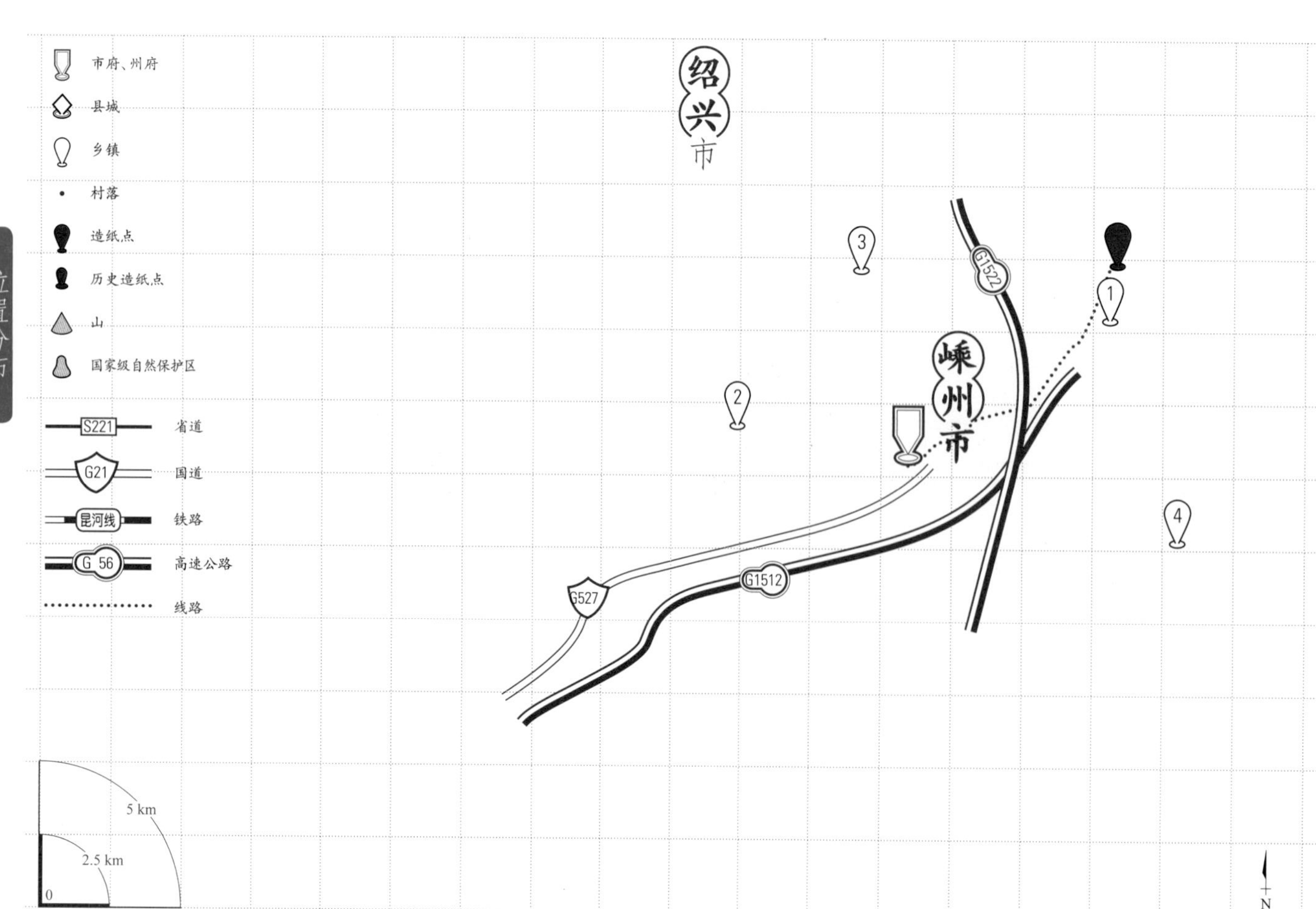

⊙1

⊙2

景优美，形成了家族风格与江南美景融为一体的村落特色。据说，王氏子孙世世代代善书画，流行将作品挂于厅堂，称为“画堂”，后逐渐演变为村名“华堂”。该村有金庭观、华堂大祠堂、静修庵等众多文化内涵深厚的景观。

1 400年前的唐太宗时期，由于皇帝本人对于王羲之书法的无上推崇，“书圣”王羲之成为众人争相学习的对象。自那之后，就形成了众多文人墨客入剡学习、膜拜的风气，都希望在王羲之的隐居地金庭能够领悟到神秘高妙的书法真谛。

嵊州市东西宽64.1 km，南北长55.4 km，总面积1 784.43 km^2。东邻宁波的奉化区、余姚市，南毗新昌县及金华的东阳市，西连诸暨市，北接上虞区、柯桥区。嵊州在曹娥江流域的上游，境内有澄潭江、长乐江、新昌江、黄泽江四大水系，在城关以南汇合于剡溪，四大水系呈向心状分布。剡溪流至三界镇（位于会稽县、嵊县、上虞三地的交界而得名），后汇入曹娥江。

⊙3

⊙1/2 即将完工的剡藤纸非物质文化遗产馆内景
Interior view of the Shanteng Paper Intangible Cultural Heritage Hall to be completed

⊙3 商浩洋参加王羲之故里的金庭笔会
Shang Haoyang participating in Jinting Meeting in Wang Xizhi's hometown

⊙1
金庭观
Jinting Temple

⊙2
剡溪
Shanxi Stream

二
剡溪藤纸与嵊州市剡藤纸研究院的历史与传承

2
History and Inheritance of Teng Paper in Shanxi Area and Shanteng Paper Research Institute in Shengzhou City

魏晋南北朝时期，随着用纸需求量的不断增长，造纸产地不断扩大，造纸技术不断提高，造纸原料日趋多样化，在这一时期，浙江地域山间与溪边的野藤开始成为造纸原料登上历史舞台[1]，并最终成为中国六大纸类之一（藤纸、麻纸、皮纸、竹纸、宣纸、草纸）。

藤纸系晋代纸名之一，它以野生的藤类植物（青藤、葛藤、紫藤、山藤等）为原料。古时浙江嵊县剡溪一带藤类资源丰富，以其所造的纸又名剡纸，所以浙江一带所产的这类纸也有“剡藤”“溪藤”之称。藤纸以藤皮为主要原料抄制而成，纸质光华细腻，洁白如玉，不留余墨。相传公元4世纪，河南人范宁（339—401年）在浙江为官时，发出“教令”（通告）说：“土纸不可作文书，皆令用藤角纸。”这其中的“角”有多种说法：① 作为量词，古代的一件公文为一角，引申为“公文”的意思，所以藤角纸就是用藤料造的公文纸。② 音同“决”，系古代“五音”（宫、商、角、徵、羽）中的第三位，有中等的意思，所以藤角纸为人们常用的一种良纸。③ 无用之虚词，“藤”字为词根，“角”字为后缀，组合为一个词组，没有实际的意义，所以藤角纸与藤纸是同一个意思。“角”的意思还有多种，但目前多数人倾向的意见是第三种。[2]

据中国纸史专家潘吉星的研究，到了唐代，藤纸达到全盛期，但产地也只限于浙江，根据藤纸青、白、黄颜色的不同，被用于不同用途的官府文书。据商浩洋介绍，唐代对于藤纸的颜色有严格的规定，皇家用金色，教士用青色，仕子用白色。另外，藤纸也有包茶等用途。到了南宋初

[1][2] 刘仁庆.论藤纸：古纸研究之四[J].纸和造纸,2011,30(01):69-71.

期，人们在冬天敲冰取剡溪水来造纸，所造纸成为当时的名牌品种，俗称“敲冰纸”[3]。由于需求量大增，造纸工坊滥砍藤料又不注意栽培，到宋代中期剡溪一带数百里内的藤已经基本被砍伐殆尽，生态平衡也遭到了严重的破坏。藤的生长期比麻、楮长得多，本身分布也有限，所以藤纸的制造在唐代之后便走入下坡路。[4]

⊙1

嵊州市奇丽科技新材料有限公司和嵊州市剡藤纸研究院均由商浩洋创建并经营。商浩洋，1977年出生于嵊州剡湖街道（原城关镇），2007年毕业于浙江省科技学院法律专业，大学毕业后原本打算去上海做律师，调查中商浩洋自己的说法是由于其不太喜欢大城市的快节奏，因此回到老家嵊州发展。

商浩洋的爷爷商尊侠和父亲商龙钦都是机械铸造行业的技术专家。爷爷幼年随族人离乡在沪铁器厂做学徒，后进入江南制造局跟从外国“铜匠师傅”（旧社会上海人对机械师的尊称）学铸造技艺，抗日战争爆发后携家人回嵊避战乱，苦于生计，遂与同在上海谋生的嵊籍工匠师傅一起创办嵊县铁工厂（浙江锻压机床集团前身）。在一次熔炼过程中，因所回收的废旧金属中夹杂有工兵手雷（那时因战后不久而有大量遗存），引发炸炉，因伤过重而去世，卒年49岁。

商浩洋的父亲出生于1940年，16岁顶替爷爷入职进厂，拜周祖严（诸暨人，铸造专家）为师，从学徒开始，一步步成为浙江锻压机床集团机械铸造高级技术员。商浩洋的母亲史珍卿出生于1941年，为嵊州市国营棉纺厂工人。商浩洋的妻子何锦霞出生于1979年，为内科医师。

从三代人的经历看，商浩洋的家人之前都未从事过与造纸相关的行业，也没有技艺传承的来源和历史，投身历史名纸剡藤纸的复原研究最主要还是出于商浩洋的个人兴趣爱好。

因为爷爷和父亲都从事与机械相关的职业，因此商浩洋大学毕业回到嵊州后，一开始也是从机械铸造业起家的，主要涉足压力机、柴油机以及纺织机械等的销售和技术服务，可以说是在上述经营中积累了以后转行手工纸行业的经济基础。至于为什么会转行，访谈中商浩洋表示：起心动念源于其本人对于书法十分感兴趣，为了写书法而对好纸非常关注。但有一段时间嵊州地区很难买到好的纸，商浩洋便去宣纸产地安徽泾县买纸，一来二去，慢慢开始熟悉中国传统书画用纸。据商浩洋讲述，2012年，他特地赶到新疆收集一位国家级“非遗”传承人制作的手工纸，老人年近百岁，留存的10张整长卷纸都让商浩洋收了过来。那些纸较为粗糙，一看就带有大西北粗犷的风格。在全国各地收集手工纸的同时，商浩洋隔三岔五跑北京轻工学院，向中国手工纸权威研究者刘仁庆请教手工纸特别是剡藤纸的知识，被刘仁庆赞为“中国研究手工纸200人里

⊙1 潘吉星著《中国造纸史话》书影 Cover of *History of Papermaking in China* written by Pan Jixing

⊙2 商浩洋 Shang Haoyang

[3] 刘仁庆.论藤纸：古纸研究之四[J].纸和造纸，2011，30(1):69-71.

[4] 潘吉星.中国造纸史话[M].北京：商务印书馆，1998：37-38.

面，最年轻、最用心的一位”。在2017年11月23日、2019年1月20日两次对商浩洋的访谈中，调查人员均询问了他作为一个纯粹的外行是如何学习造纸文化与技艺的。商浩洋回忆了若干当年转行的故事：先由嵊州本地的书画家周安声、吕如达两位领入门，在学习书法的过程中逐步了解宣纸制作技艺和产品优劣。2008～2011年最初的创业期间，曾以游历的方式多次到安徽、福建、贵州、山东等手工造纸发达地区学习观摩传统手工造纸。之后又专赴华南理工大学学习特种制浆技术。此外，北京轻工学院刘仁庆教授是当代较有名的中国手工造纸研究者，其在中国手工造纸历史、传统书画纸性能和用途等方面的著述对入门阶段的商浩洋也有较大影响。2017年，他又与复旦大学中华古籍保护研究院建立了合作，并得以到学校进一步了解、采集中国传统造纸文献史料，特别是与剡藤纸恢复有关的资料及信息。商浩洋介绍，奇丽科技新材料有限公司和剡藤纸研究院目前主要的合作单位有两家：一家是复旦大学中华古籍保护研究院，另一家是中国美术学院版画系。与复旦大学的合作主要涉及纸性能的相关测试分析，像抗衰老性能、纤维显微特性等的数据采集与分析，以及参与中国传统纸张的数据库目录建设，基本不涉及产品销售。与中国美术学院版画系的合作主要是因学生们在创作的过程中需要一些新的纸质版画印制材料，而商浩洋恢复中的剡藤纸虽然离古代优质藤纸还有不小的距离，但仍然有一定的吸引力，因此每年可以销售

⊙3

⊙4

⊙5

⊙3
山间找原料
Looking for raw materials on the mountain

⊙4
商浩洋在复旦大学的实验室观摩学习
Shang Haoyang visiting the Laboratory of Fudan University

⊙5
刘仁庆《中国书画纸》书影
Cover of *Chinese Painting and Calligraphy Paper* written by Liu Renqing

一些纸。据商浩洋回忆，2012年开始与中国美术学院版画系合作，2017年开始与复旦大学合作。商浩洋研制的剡藤纸的用途主要包括版画刷印、书画创作、古籍修复3个领域。他也在现代礼品和包装领域开展了一定的延伸和探索。

商浩洋的女儿商和铭出生于2008年，2019年1月调查组调查时商和铭就读于嵊州市城南小学。商和铭作为越韵古诗传承人，非常喜欢中华传统艺术。商浩洋表示他一直在培养她学习书法，但以后的情况很难说，还谈不上手工造纸传习。

⊙1

⊙1
与复旦大学共建『嵊州市剡藤纸保护研究院』签约仪式
Signing ceremony on co-construction with Fudan University of "Shanteng Paper Protection Research Institute in Shengzhou City"

三

嵊州市剡藤纸研究院的代表纸品及其用途与技术分析

3

Representative Paper, Its Uses and Technical Analysis of Shanteng Paper Research Institute in Shengzhou City

（一）剡藤纸研究院代表纸品

剡藤纸在唐代也被称为剡纸（因原料产于剡溪两岸的缘故），主要原材料是野生藤，但集中使用一种藤还是使用多种藤尚无定论（商浩洋在交流中认为葛藤、黄藤、青藤、白藤等多种藤都能用）。2019年1月20日，调查组调查得知，目前剡藤纸研究院正在推广的一款藤纸，其中葛藤占30%，绵浆占30%，龙须草占30%，其他原材料占10%（商浩洋表示暂时还不方便透露原料成分），尺寸为四尺，价格为290元/刀。目前已开发2个系列6个品种。

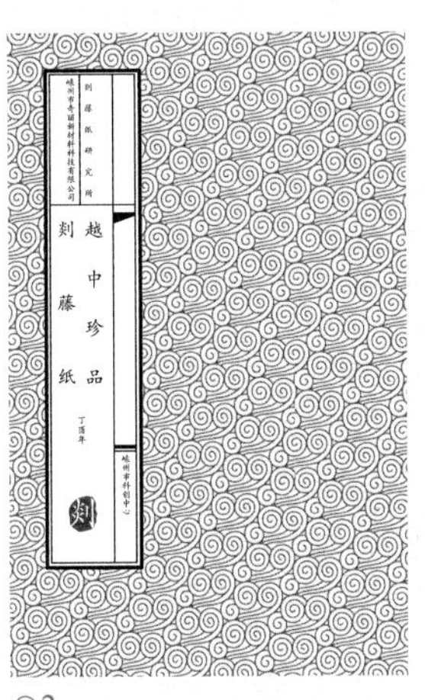

⊙2

⊙3

⊙2/3 剡藤纸研究院新制作的藤纸 Newly-made Teng paper in Shanteng Paper Research Institute

（二）剡藤纸研究院代表纸品性能分析

测试小组对采样自剡藤纸研究院的新制混料葛藤纸所做的性能分析，主要包括定量、厚度、紧度、抗张力、抗张强度、撕裂度、撕裂指数、湿强度、白度、耐老化度下降、尘埃度、吸水性、伸缩性、纤维长度、纤维宽度和润墨性等。按相应要求，每一项指标都重复测量若干次后求平均值。其中定量抽取了5个样本进行测试，厚度抽取了10个样本进行测试，抗张力抽取了20个样本进行测试，撕裂度抽取了10个样本进行测试，湿强度抽取了20个样本进行测试，白度抽取了10个样本进行测试，耐老化度下降抽取了10个样本进行测试，尘埃度抽取了4个样本进行测试，吸水性抽取了10个样本进行测试，伸缩性抽取了4个样本进行测试，纤维长度测试了200根纤维，纤维宽度测试了300根纤维。对剡藤纸研究院混料葛藤纸进行测试分析所得到的相关性能参数见表4.1。表中列出了各参数的最大值、最小值及测量若干次

表4.1　剡藤纸研究院混料葛藤纸相关性能参数
Table 4.1　Performance parameters of Geteng paper in Shanteng Paper Research Institute

指标		单位	最大值	最小值	平均值	结果
定量		g/m²				28.3
厚度		mm	0.096	0.082	0.086	0.086
紧度		g/cm³				0.329
抗张力	纵向	N	13.6	12.7	13.2	10.2
	横向	N	7.5	6.8	7.1	
抗张强度		mN·				0.680
撕裂度	纵向	mN	358.5	304.3	324.6	324.6
	横向	mN	424.8	371.2	401.1	401.1
撕裂指数		mN·m²/g				12.8
湿强度	纵向	mN	1533	1186	1384	1384
	横向	mN	1014	751	878	878
白度		%	72.0	70.8	71.1	71.1
耐老化度下降		%	68.3	66.7	67.0	4.1
尘埃度	黑点	个/m²				44
	黄茎	个/m²				0
	双桨团	个/m²				0
吸水性	纵向	mm	25	18	21	13
	横向	mm	18	12	15	6
伸缩性	浸湿	%			20.15	0.75
	风干	%			19.90	0.50
纤维	长度	mm	5.4	0.5	1.7	1.7
	宽度	μm	45.1	8.6	16.5	16.5

性能分析

所得到的平均值或者计算结果。

由表4.1可知，所测剡藤纸研究院混料葛藤纸的平均定量为28.3 g/m²。剡藤纸研究院混料葛藤纸最厚约是最薄的1.171倍，经计算，其相对标准偏差为0.022，纸张厚薄较为一致。通过计算可知，剡藤纸研究院混料葛藤纸紧度为0.329 g/cm³。抗张强度为0.680 kN/m。所测剡藤纸研究院混料葛藤纸撕裂度为12.8 mN；湿强度纵横平均值为1 131 mN，湿强度较大。

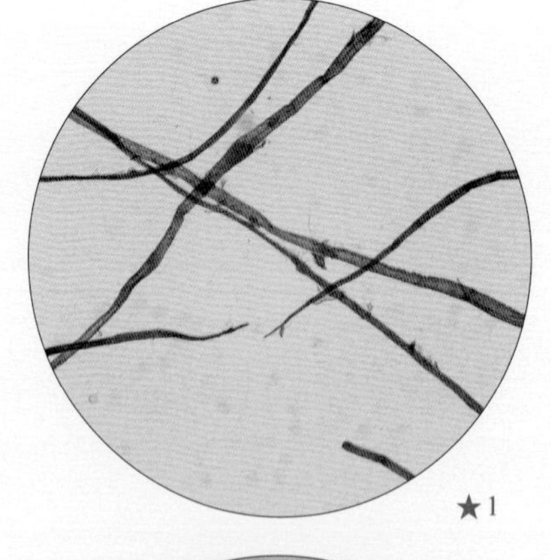

★1

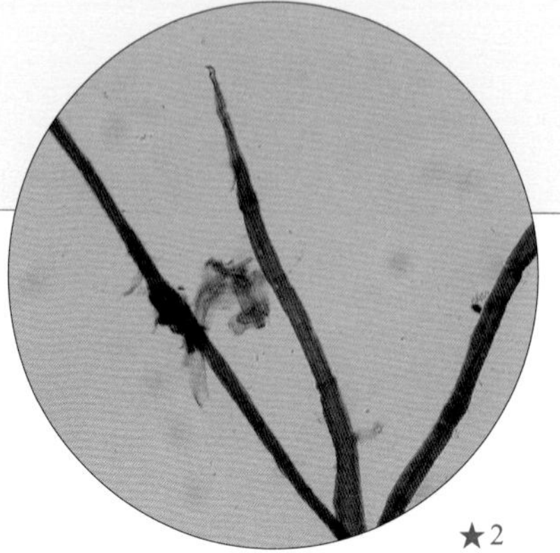

★2

★1 剡藤纸研究院混料葛藤纸纤维形态图（10×）
Fibers of Geteng paper in Shanteng Paper Research Institute (10× objective)

★2 剡藤纸研究院混料葛藤纸纤维形态图（20×）
Fibers of Geteng paper in Shanteng Paper Research Institute (20× objective)

所测剡藤纸研究院混料葛藤纸平均白度为71.1%，白度较高。白度最大值是最小值的1.017倍，相对标准偏差为0.006，白度差异相对较小。经过耐老化测试后，耐老化度下降4.1 %。

所测剡藤纸研究院混料葛藤纸尘埃度指标中黑点为44个/m^2，黄茎为0，双浆团为0。吸水性纵横平均值为13 mm，纵横差为6 mm。伸缩性指标中浸湿后伸缩差为0.75 mm，风干后伸缩差为0.50 mm。说明剡藤纸研究院混料葛藤纸伸缩差异不大。

剡藤纸研究院混料葛藤纸在10倍和20倍物镜下观测的纤维形态分别见图★1、图★2。所测剡藤纸研究院混料葛藤纸纤维长度：最长5.4 mm，最短0.5 mm，平均长度为1.7 mm；纤维宽度：最宽45.1 μm，最窄8.6 μm，平均宽度为16.5 μm。

⊙1

四
嵊州市剡藤纸研究院混料葛藤纸的生产原料、工艺与设备

4
Raw Materials, Papermaking Techniques and Tools of Geteng Paper in Shanteng Paper Research Institute in Shengzhou City

（一）混料葛藤纸的生产原料

1. 主料

（1）葛藤。据商浩洋介绍，研究院生产的混料葛藤纸中所用的葛藤全部来自嵊州当地的西白山，由当地的村民入山采割，收购回来后再加工。因为山里的野生葛藤采集环境较艰苦，难以保证每天稳定的采集量，因此收购时并不以重量来计算，而是给村民大约200元/天的包干工资。

（2）绵浆。绵浆（机制长、短绵浆）主要购于福建、山东等地，2017年的价格在20 000～30 000元/吨。

⊙1
剡藤纸研究院混料葛藤纸润墨性效果
Writing performance of Geteng paper in Shanteng Paper Research Institute

⊙1

(3) 龙须草浆板。龙须草浆板是应中国美术学院版画系要求购买的添加料，购于河南省信阳市，2018年的价格为13 000元/吨。

对于其他原材料，商浩洋表示暂时不便透露相关信息。

2. 辅料

(1) 猕猴桃藤。通常用野生猕猴桃藤榨汁作为纸药类分张剂，购于嵊州当地的山农处，付给山农200元/天的工资，每天能采购25～40 kg的猕猴桃藤，购买回来后自己压榨成汁液。

(2) 水。水质的好坏对于藤纸的质量具有十分重要的影响，剡藤纸研究院造纸所用的水来自剡中第一泉。据商浩洋介绍，该水是葛洪（东晋炼丹家）在此炼仙丹时所发现的最好的水源。经实地取样测试，剡藤纸研究院制作藤纸所用的水的pH为7.3，偏中性。

⊙2

⊙3

⊙4

⊙5

⊙1
西白山里采集葛藤
Collecting kudzu vines (papermaking raw material) in Xibai Mountain

⊙2
剥好的葛藤皮
Peeled kudzu bark

⊙3
机制长绵浆特写
A close look of machine-made Changmian pulp

⊙4
机制短绵浆特写
A close look of machine-made Duanmian pulp

⊙5
龙须草浆板特写
A close look of *Eulaliopsis binata* pulp board

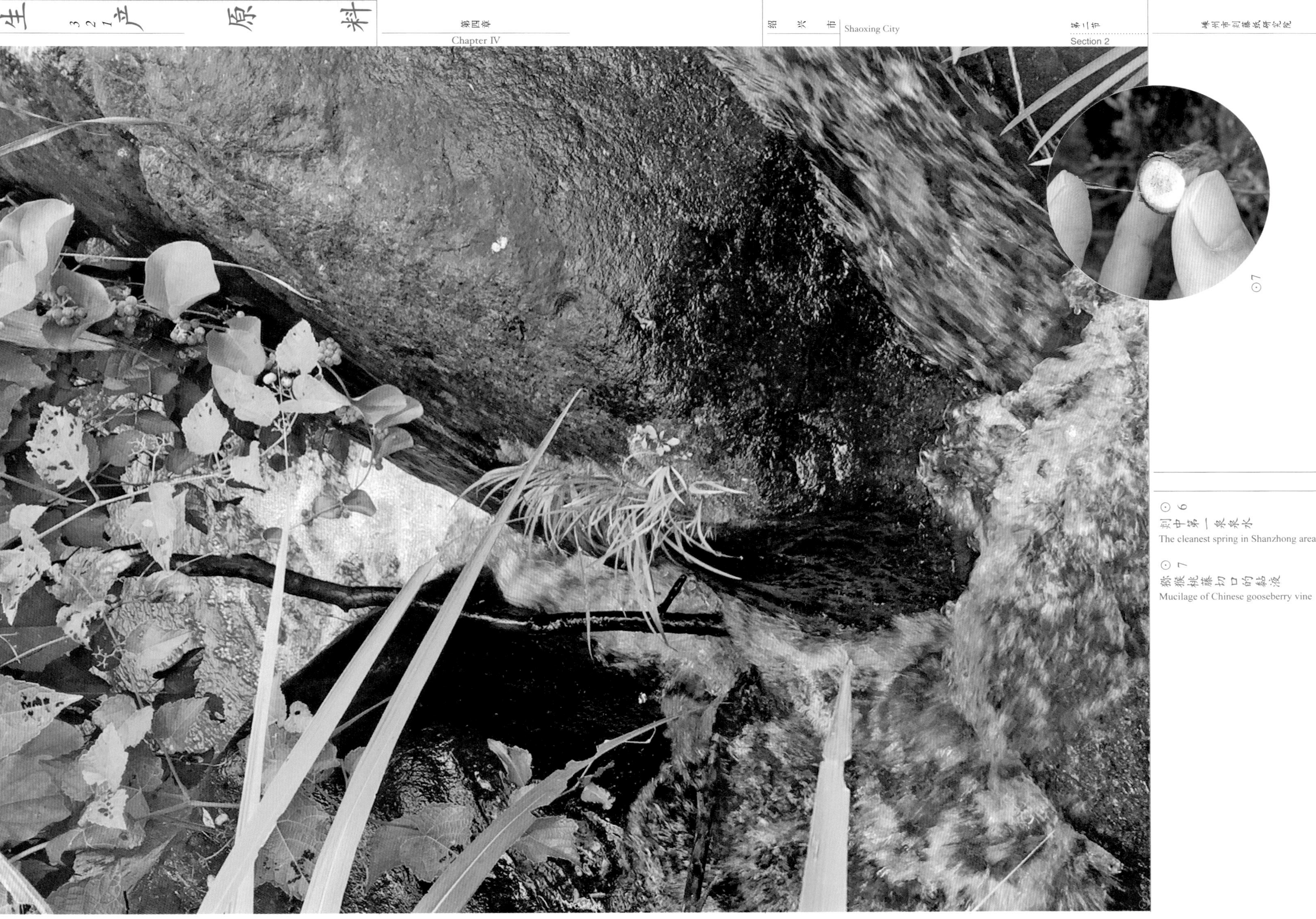

⊙6
剡中第一泉泉水
The cleanest spring in Shanzhong area

⊙7
猕猴桃藤切口的黏液
Mucilage of Chinese gooseberry vine

（二）混料葛藤纸的生产工艺流程

据商浩洋在2017年11月23日和2019年1月20日的访谈中的描述，综合调查组的现场观察，混料葛藤纸的生产工艺流程可归纳为：

壹	贰	叁	肆	伍	陆	柒	捌	玖
斩藤、切条	浸泡、浆灰	发酵、洗料	踏料、水洗	打料、入槽	抄纸	压榨	晒纸	整纸

⊙1

壹 斩藤、切条

1 ⊙1⊙2

曹娥江流域山间水源丰富，黄藤、葛藤等藤枝缠绕生长，每年立秋后采集野藤时，需要将山间缠绕生长的野藤斩断、理顺，再切成长30 cm左右的藤条后扎束。

贰 浸泡、浆灰

2

将成束的藤条浸泡在流动的河水中，上面压上石头，周边砌上堤围，以防藤条被水冲走。浸泡2～3个月，待藤条变软后把成束的藤条放入石灰池内，历时半个白日或一夜，使石灰浆充盈藤条。

叁 发酵、洗料

3

将藤条从石灰池中取出，置于铺有稻草的泥地上，成束堆积，再次淋入石灰浆后，顶部覆盖稻草并夯实。此为发酵处理工序，夏季需要1～2个月，冬季需要4～5个月。发酵至藤条呈泥浆状时，再将藤浆投入箩筐内，移至水池内清洗，洗去藤浆中的石灰。需要洗3次，约花费1周的时间。

⊙2

⊙1
村民采藤下山（商浩洋供图）
Villagers carrying vines down the mountain (photo provided by Shang Haoyang)

⊙2
切条后的藤料
Vine materials after being cut

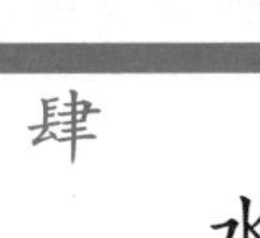

⊙3

肆 踏料、水洗

4 ⊙3

以脚踏藤浆，每次踏300 kg料，需要半天时间。剔除藤条残余物和杂质，然后再加清水反复洗涤，直到藤浆干净为止。然后用手将藤浆捏成饼状备用。

伍 打料、入槽

5 ⊙4

把藤浆饼放在硬木板上，用木板重重拍打，少则几百次，多则上千次，使藤浆饼分散呈泥浆状。在纸槽中加进清水，同时放入藤浆，用木杆不停地搅动，使槽内浆料分散均匀。

⊙4

⊙3 拣料 Picking out the impurities

⊙4 制浆 Making the pulp

⊙5

⊙6

陆 抄纸

6 ⊙5～⊙7

捞纸师傅握住装有纸帘的帘架把手，将靠近自身的一侧先插入浆料中，待纸帘全部没入后平稳抬起，使多余水分流走，这一过程中须注意留在纸帘上的湿纸的厚薄均匀程度，这是保障后续成纸质量的基础。然后从帘架里提起纸帘，转身将纸帘倒扣在榨床的底板或已经形成的湿纸帖上。

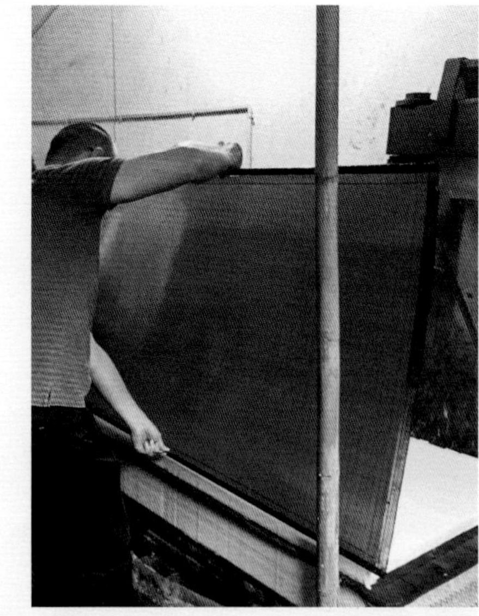

⊙7

柒 压榨

7

捞纸师傅将湿纸通过纸榨机进行压榨，整个过程要缓慢，否则纸张会被压坏，压榨到湿纸不再出水即结束。

捌 晒纸

8 ⊙8

将纸从纸帖上逐张慢慢撕下，刷贴到已经加热至80 ℃左右的铁焙墙上。用松毛刷一边刷一边贴，整个过程中注意保持纸的平整，待纸烘干后揭下。

玖 整纸

9 ⊙9

对晒好的纸进行检验和整理，挑出残次品后，按标准四尺或客户要求的尺寸大小用裁纸机切齐，每100张包扎成一捆。

⊙8

⊙9

⊙5/6 抄纸 Scooping and lifting the papermaking screen out of water

⊙7 放纸帘 Dropping the papermaking screen

⊙8 刷上湿纸的金属焙墙 Metal drying wall with wet paper

⊙9 逐张挑出残次品 Picking out defective products one by one

(三) 混料葛藤纸的主要制作工具

壹 储料槽 1

用于存放捏好的藤浆饼，方便打料，实测剡藤纸研究院所用的储料槽尺寸为：长133.2 cm，宽166.5 cm，深66.6 cm。

⊙10

贰 纸浆槽 2

盛放捞纸时的浆料，捞纸时师傅站于一侧。实测剡藤纸研究院所用的纸浆槽尺寸为：长266.4 cm，宽133.2 cm，深99.9 cm。

叁 烘纸壁 3

用于将捞好的纸晒干，表面光滑，以保证纸的平整。实测剡藤纸研究院所用的烘纸壁尺寸为：高330 cm，宽1 650 cm。

⊙12

⊙11

⊙10 储料槽 Materials trough

⊙11 纸浆槽 Papermaking trough

⊙12 烘纸壁 Drying wall

⊙1

⊙2

⊙1
雅璜乡松林培山
Songlinpei Mountain in Yahuang Town

⊙2
浦口开发区内景
Interior view of Pukou Development Zone

五 嵊州市剡藤纸研究院的市场经营状况

5 Marketing Status of Shanteng Paper Research Institute in Shengzhou City

⊙3

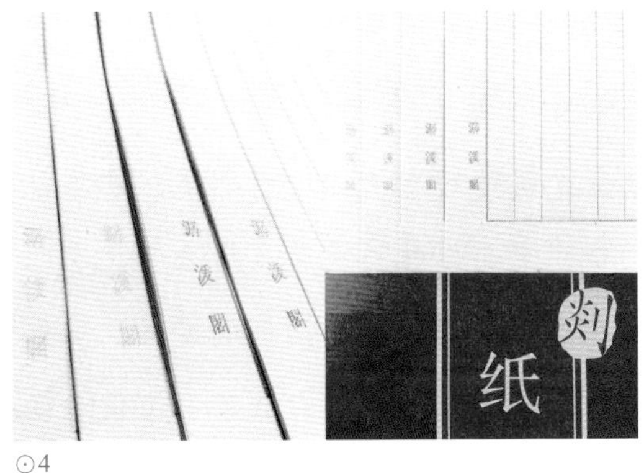

⊙4

⊙5

⊙3 『玉叶』品牌混料藤纸 Teng paper of "Yuye" brand

⊙4 信笺纸 Letter paper

⊙5 书画家试纸现场 In the scene of paper testing

调查中据商浩洋介绍，最初研究院是在嵊州北漳镇外婆坞、雅璜乡松林培山上造纸的，但老的造纸点因为存在环保问题早在3年前（即2016年）就已经被迫停工了。现在研究院全部搬到市郊的浦口开发区内，也因此导致现在不能规模化生产。

商浩洋说虽然他的造纸量因场地不足而受限，但是每年还可以造差不多100刀纸，关键是在持续造藤纸，不能在千辛万苦恢复生产后又中断了。调查时剡藤纸研究院生产的手工纸主要是两款混料葛藤纸（本白色与仿古色），销售渠道全部在国内。产品销售形式有两种：一种是以礼品的形式，作为嵊州与绍兴的地方文化特色产品销售；另一种是作为书画用纸销售。但商浩洋表示，由于剡藤纸的润墨性不是很好，所以以润墨性强的宣纸为主打产品的书画纸市场不太容易打开，只有少数的当地书画家过来购买。商浩洋接下来的计划是将新制剡藤纸向信笺用纸的方向发展，同时用传统纸品加工工艺制作审美性高的印刷品，作为嵊州地方文化传播的一个特色内容，目前这一想法也得到了政府层面的批准。从现在的销售情况来看，主要是以政府（绍兴、嵊州、宁波、深圳）采购为主，从2016年开始，政府采购能占到年销售额的30%～50%。另外，据商浩洋对中国造纸与消费市场的调查，像剡藤纸这样的纤维紧密更偏熟纸特性的纸张更受南方市场欢迎，适合写字和画工笔画与小写意；而北方更多地喜欢购买泾县宣纸那样吸水导墨性好的纸，更多偏向于大写意与追求水墨淋漓的效果。目前剡藤纸的销售市场集中在南方。

六 剡藤纸研究院品牌文化与剡藤纸的习俗故事

6 Brand Culture of Shanteng Paper Research Institute and Custom stories of Shanteng Paper

（一）品牌特色

奇丽科技新材料有限公司和剡藤纸研究院在一定程度上有官方支持的色彩，其近半数产品被纳入到地方政府的采购目录中，由嵊州地方政府作为文化礼品直接采购。为了保护剡藤纸这种地方特色工艺产品，公司的工商登记及注册、知识产权保护等相关材料在2018年全部由嵊州市政府负责办理，成为嵊州市文化精品工程打造单位。

据商浩洋介绍，公司于2016年申报了绍兴市级“非遗”生产性保护示范基地，2017年通过审核正式获批。嵊州藤纸作为市级“非遗”项目得到保护。

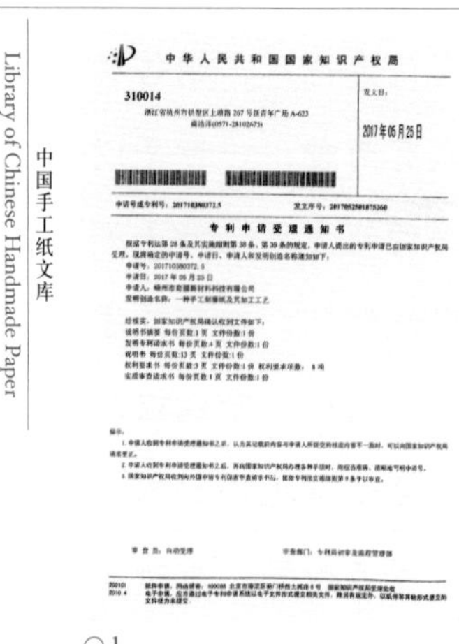

中华人民共和国国家知识产权局

310014

发文日：

2017年05月25日

专利申请受理通知书

⊙1

⊙2

（二）文化事象与故事

1.“剡纸光如月”

剡藤纸在唐朝时的一种称呼叫剡纸，意思就是剡溪产的纸，主要原材料是藤，后来又把它叫作剡藤纸。在唐朝时期，随着剡纸的发展，其知名度越来越高，当时的文人给它取了一个优雅的名字——“玉叶纸”，源于其质地宛如玉石般温润有质感，具有薄、韧、白、滑的特点，晚唐诗人皮日休曾在《二游诗·徐诗》中赞道：“宣毫利若风，剡纸光如月”。

2.“朝拜”王羲之故居

商浩洋在访谈中讲了一个故事：嵊州金庭镇是东晋永和十一年王羲之辞官隐居的地方，镇上有著名的金庭观，为在南齐道士褚伯玉故居旧址上重建的道观。2018年上半年，日本的书道代表团前来朝拜王羲之，在去王羲之故居之前代表团成员都十分郑重地换上了和服，

⊙1 发明专利证明：手工藤纸及加工技术
Certificate of patent for invention: handmade Teng paper and its papermaking techniques

⊙2 《皮子文薮》书影
Cover of *Pizi Wensou*

并且在离王羲之故居前1 km处集体下车排队徒步走过去。到达故居门前，日本代表团坚持要上山到墓前祭拜，行走中若干团员的木屐坏了，他们便光脚踩着石子上山。来到墓前，在完成祭拜仪式之后，日本代表团又十分恭敬地从包中拿出用文言文撰写的卷轴，面朝东方（代表日本）宣读了300多字的古文，读完后又用白话文表述一遍，以表达对书圣王羲之的感恩之情。

⊙3

⊙3 日本书道代表团 The delegation of Japan on calligraphy

七 嵊州市剡藤纸研究院的业态传承现状与发展思考

7 Reflection on Inheritance and Development of Shanteng Paper Research Institute in Shengzhou City

⊙1

⊙1 调查组成员与商浩洋（左一）在曹娥江软桥上合影 A group photo of researchers and Shang Haoyang (first from the left) on the pontoon bridge of Cao'e River

（一）业态传承现状

据商浩洋介绍，开始造纸时他考察学习了多地的手工造纸技艺，但目前他只聚焦于剡藤纸这一个方向。在员工的培养方面，商浩洋想在当地找一位具有一定经验的师傅来演示传统造纸技艺、传播剡藤纸文化。如果找不到这样的师傅，他希望能够与嵊州中等职业技术学校合作，培养年轻的学徒型人才，并聘请安徽泾县专业的造纸师傅来教授技艺。关于公司其余人员的设置，商浩洋表示，其公司销售团队有5～6人，其中2人为兼职，平时主要做农产品推广，但定期会帮商浩洋销售纸；设计团队有3人，其中一位是高级工程师，主要负责公司形象宣传与推广。在传承上，商浩洋表示自己的女儿尚小，还没有考虑过家庭传承的问题。

（二）面临的挑战

据商浩洋自述，在剡藤纸的传承和发展过程中，目前面临的主要问题是造纸工艺很难真正恢复。因为相隔时间太久，而且历史文献上几乎没有对剡藤纸工艺的记载，所以找不到可模仿的标准，工艺无从参照，只能摸着石头过河。同时，由于剡藤纸兴旺的时间距今约800年，相关学术研究很少，不能进行有效的整理与集中研究，这些都不利于对剡藤纸制作技艺的高标准恢复和整体性保护。

尽快寻找到产自剡溪原产地的剡藤纸古代样本也是工艺恢复工作中的一项重要任务，因为标准古纸样品对剡藤纸恢复和传承有着重要的技艺分析探源价值。商浩洋说，仅凭他自己和研究院的水平和能力难以找到古纸标本并独立进行分析，必须依靠这方面的专家提供准确的古纸样品信息并开放分析资源平台。

环保问题也是商浩洋在恢复古法造纸过程中遇到的一个难以逾越的困难。目前当地政府一方面很支持商浩洋恢复历史名纸的传统生产技艺，另一方面对于处理造纸所带来的环境污染问题也十分为难。原先在山村里造纸时，北漳镇外婆坞、雅璜乡松林培山都是山清水秀、环境品质很好的地方，纸坊周边老百姓对于环保问题十分关注和敏感，这给地方政府造成了比较大的压力。造纸过程中产生的废水的确对周边环境有一定影响，虽然也有像生物漂白之类的技术能消除影响，但是成本相当高，从目前的情况看还用不起。

⊙2

⊙3

⊙2 剡藤纸宣传品
Poster of Shanteng paper

⊙3 调查员与商浩洋交流环保问题
A researcher talking about environmental problems with Shang Haoyang

嵊州市
剡藤纸研究院

嵊州藤纸

Shengzhou Teng Paper
of Shanteng Paper Research Institute in Shengzhou City

混料葛藤纸透光摄影图
A photo of Geteng paper with mixed materials seen through the light

第五章
湖州市
Chapter V
Huzhou City

安吉县龙王村
手工竹纸

浙江省
Zhejiang Province

湖州市
Huzhou City

安吉县
Anji County

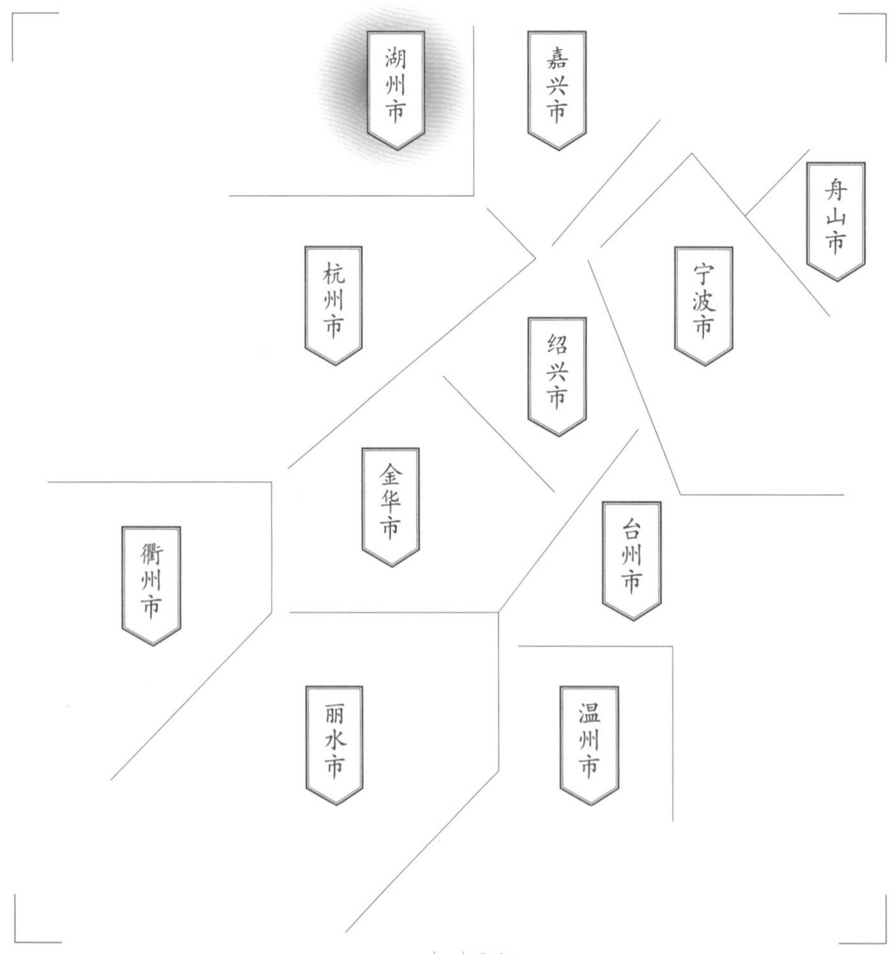

Handmade Bamboo Paper in Longwang Village of Anji County

调查对象
上墅乡
龙王村
竹纸

Subject
Bamboo Paper in Longwang Village of Shangshu Countryside

一 安吉县龙王村竹纸的基础信息及分布状况

1 Basic Information and Distribution of Bamboo Paper in Longwang Village of Anji County

龙王村位于安吉县上墅乡，该村于2007年由原龙王殿、东坞、西坞三村合并而成。根据调查组目前掌握的信息，当前安吉县境内竹纸生产分布于县中南部的上墅乡龙王村及施阮村。2016年11月7日、2018年12月22日，调查组先后两次进入龙王村，通过调查获得如下基础信息：在2014年之前，龙王村区域内包括邻近的施阮村，一共还存有15家手工造纸坊。2014年，为建设生态乡村，发展特色旅游文化，当地政府关停了大部分造纸户槽，并将剩下槽户的生产整合成特色文化展示项目。

调查组入村时，龙王村内现存“浙江省非物质文化遗产旅游景点”——手工造纸文化展示馆，向旅游观光客展示手工造纸技艺。村中有一位手工纸技艺传承人，为本村鲍氏家族传人鲍锦苗。2018年8月，鲍锦苗被评为第六批湖州市“非遗”手工造纸技艺代表性传承人。

通过访谈得知，村民记忆中的造纸历史可追溯到约300年前的清代前期，产品均为以毛竹为原料的手工竹纸。村里最早的造纸户是从本省旧日造纸之乡萧山、富阳和绍兴移居而来的，他们在村里建造造纸作坊以维持生计，并向村民传授完整的古法手工造竹纸技艺。调查中，据村里老辈人回忆，在他们有记忆的造纸最繁荣的时期，村里有近50户人家从事手工造纸。

访谈中调查组了解到，历史上龙王村区域所造的纸张种类丰富、用途多样。有较高端的用于书画的京放纸，也有用于百姓日常生活、祭祀的低端竹纸。20世纪晚期以来，由于手工造纸效益低且劳动强度大，加上工业造纸对手工纸市场形成较大冲击，安吉县区域内的手工造纸日渐式微。

⊙1

⊙1 龙王村村口的『手工造纸文化村』指示牌
Signpost of "Handmade Paper Cultural Village" at the entrance of Longwang Village

路线图
安吉县城
↓
龙王村
Road map from Anji County centre to Longwang Village

安吉县龙王村手工竹纸造纸点分布示意图

Distribution map of the papermaking sites of handmade bamboo paper in Longwang Village of Anji County

考察时间
2016年11月 / 2018年12月

Investigation Date
Nov. 2016 / Dec. 2018

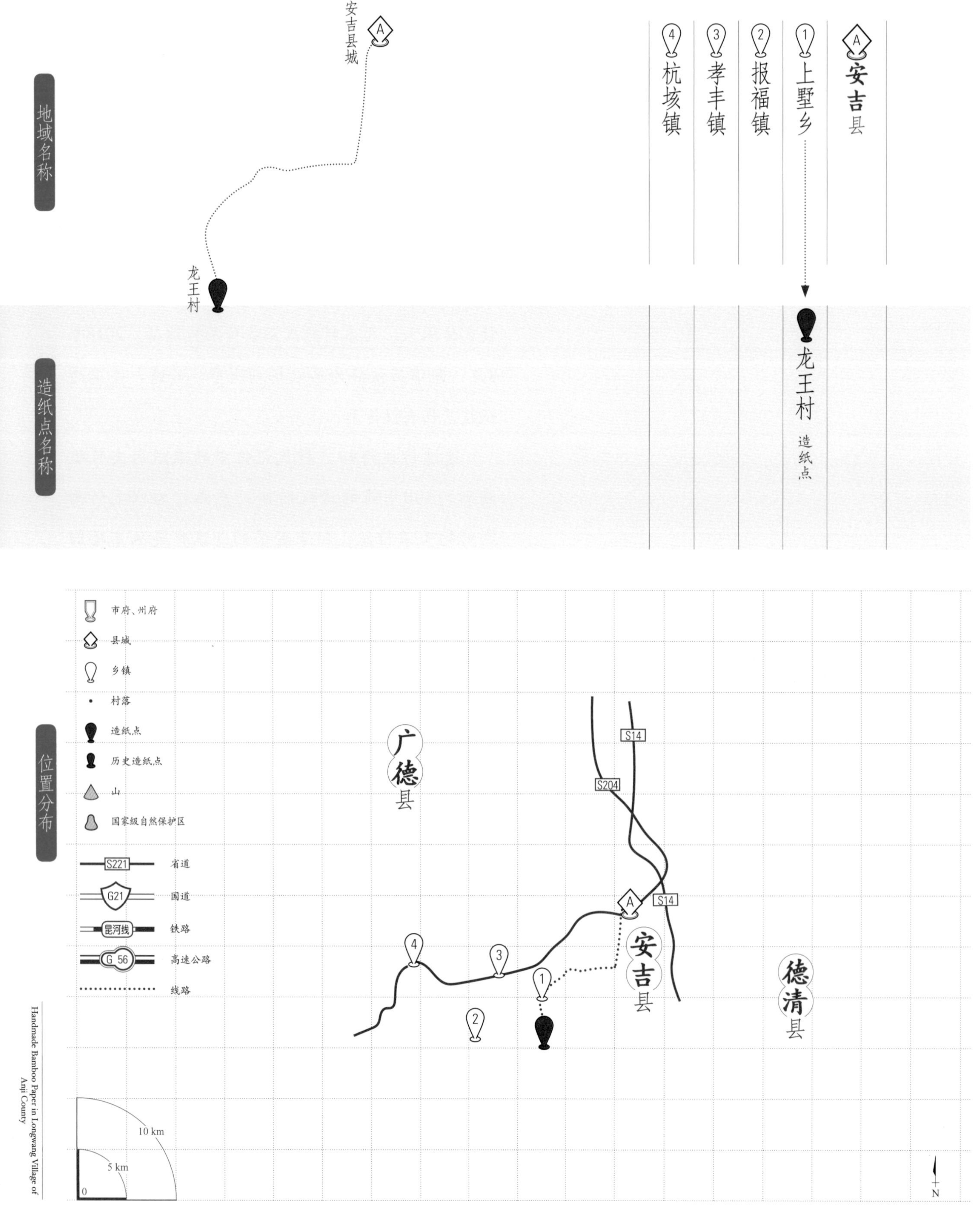

二
安吉县龙王村竹纸生产的人文地理环境

2
The Cultural and Geographic Environment of Bamboo Paper Production in Longwang Village of Anji County

安吉是浙江省北部一个极具发展特色的生态县。2016年县域面积为1 886 km^2，常住人口为46万。安吉建县于公元185年，县名取自《诗经》“安且吉兮”。2012年9月，安吉在第六届世界城市论坛上获得联合国人居署颁发的“联合国人居奖”，这是由联合国发起、联合国人居署面向全世界评选的奖项，安吉是中国首个“联合国人居奖”获得县。[1] 2006年6月5日，在第35个世界环境日表彰大会上，安吉被命名为中国第一个“国家生态县”。安吉因为竹林资源高度聚集、竹产业发达而有“中国第一竹乡”的誉称。

上墅乡龙王村位于安吉县中南部，地处天目山脉东北，地理坐标为：东经119°33′53″，北纬30°29′21″。2016年调查组调查时的区域面积为32 km^2，人口2 115人。龙王村距离杭州市80 km，东接江南天池景区，从大岭古道步行约30分钟可到达；南连董岭浙北大峡谷，倚天目山自然屏障；西邻报福镇；北邻灵峰度假区。龙王村境内林木和水资源丰富，主要水源为西苕溪的支流龙王溪。区域内地形起伏，山区植被以毛竹为主，为造纸业提供了丰富的原材料。

龙王村内的手工造纸文化作坊和造纸陈列馆建成于2014年，投资约250万元。园区以手工竹纸技艺文化为载体，结合引进的河北武强年画艺术，建立了特色比较鲜明的旅游体验业态。2016年，游客每人只需支付20元，即可在园区内体验完整的手工造纸流程，了解当地的竹纸文化和武强年画艺术。

⊙1

⊙1 龙王村入村处 Entrance of Longwang Village

[1] 杭州日报. 那山那竹那城 安吉喜摘“联合国人居奖”[EB/OL]. (2012-09-10)[2018-12-27]. http://ajnews.zjol.com.cn/ajnews/system/2012/09/10/015426395.shtml.

⊙1

⊙2

⊙3

⊙1
龙王村造纸文化作坊入门处
Entrance of the paper mill in Longwang Village

⊙2
龙王村造纸文化作坊俯瞰图
An overlook of the paper mill in Longwang Village

⊙3
武强年画艺术体验工坊
Experiencing workshop of Wu Qiang New Year Pictures Art

三
安吉县龙王村手工造纸的历史与传承

3
History and Inheritance of Handmade Paper in Longwang Village of Anji County

访谈中，据村民口述，龙王村的造纸历史可以追溯到约300年前的清朝雍正、乾隆年间，最早期的造纸村民是从萧山、富阳和绍兴迁移过来的，他们带来了手工造纸技艺，并将这一技艺传给当地的百姓。历史上龙王村村民利用当地丰富的毛竹资源造纸，生产出的纸多运往山外以货易货，交换所需的生活用品。1931～1932年，萧山等地携造纸技艺迁移而来的人逐渐增多，手工造纸渐渐成为龙王村重要的手工艺产业并形成聚集业态。

调查中，据村民回忆，民国时期龙王村一带生产的高端书画竹纸主要有“京放”“元书”和“六平”三类，尺寸约为160 cm×60 cm，原料多选用当年生的嫩竹，工艺考究，产量有限。据曾经造过纸的村中老人描述，制作这些书画用的高级纸，往往是5～6人协作，一天只能生产数百张。这三类纸在生产过程中产生的边角料，通常又被回收利用，制成“海放纸”，这种纸具有较好的可燃性，因此多被用于引火或制作煤油灯的灯芯，也被称为“媒头纸”。1949年中华人民共和国成立前夕，龙王村从事造纸的村民有数百人，纸槽数量近50口。

1949年后，由于传统高端纸制作技艺随着老一代纸工的过世而逐渐流失，外来的机制纸逐渐代替手工纸成为日常书写的材料，从20世纪50年代开始，当地的手工纸业态转变为主要生产用于日常生活的卫生纸。由于这种纸的尺寸为4寸×6寸（1寸≈3.33 cm），因此在当地也被称为“四六平”。

据造纸老人鲍锦苗介绍，原先制作书画用纸时，对竹子的年份和伐竹的时间有着严格的规定，而造卫生纸后，由于纸的质量要求低，也就没有了这些规矩，老竹嫩竹都可以使用，砍竹时间的随意性也很大。20世纪60年代，龙王村区域生产的手工卫生纸已经有一定规模，由安吉县的供销社统一收购，而用于书画创作的高端“京放纸”的生产技艺则逐渐失传了。

据村民们描述，当时龙王村一带的手工造卫生纸生产相当繁盛，1958～1962年，龙王村邻近的施阮村也建立了施阮纸厂，专门生产手工毛竹卫生纸，厂内约有30口纸槽。

20世纪八九十年代，“生产队加集体造纸”的时期结束，手工造卫生纸的缺点逐渐暴露：效益低下、污染严重，加之其工艺繁复，年轻一辈多不愿学习，当地的手工纸生产逐渐萎缩。2014年，当地政府关停了5家造纸坊中的4家，并将仅剩的1家收归村集体所有。手工造纸文化长廊和展示馆也在同年建成，用于发展旅游业，并在造纸技艺表演中传承本地悠久的造纸文化。

2016年11月、2018年12月调查组入村调查时，村中有手工纸技艺传承人一位，为本村造纸世家鲍氏家族的传人鲍锦苗。鲍锦苗2018年被评为湖州市级竹纸制作技艺传承人。在交流中，调查组了解到的现状是鲍锦苗家中仍传承着较完整的手工竹纸工艺，每年出于技艺传承和旅游观光的表演需要，其

⊙1

⊙1 龙王村新造『越王纸』
Newly-made "Yuewang paper" in Longwang Village

与妻子任秋娣仍生产少量手工竹纸。

据鲍锦苗（1956年生）介绍，其祖辈都会造纸，他的太爷爷、爷爷是萧山人，抗战时期迁至龙王村。村里也有抗战之前迁来的萧山人，但具体过来多少人，鲍锦苗也说不清。鲍锦苗表示，他们家搬迁到此地的原因是这里毛竹较多。当时他的祖辈会租一座山种植毛竹以用于造纸。由于当时不通公路，毛竹无法直接拉出去卖，做成纸再挑出去卖会轻松一些。

据鲍锦苗回忆，抄纸等重活主要由年轻男子干，女人主要从事晒纸及碓料等工作，因为捞纸的活较为繁重，女人往往吃不消。年老男子捞不动纸后也会转而从事晒纸工作。

由于年代较久，鲍锦苗仅能记得较近的几位亲人的造纸技艺传承情况，调查组根据鲍锦苗的回忆梳理如下：

⊙2

⊙3

鲍锦苗的爷爷鲍官宝（出生年月不详）及父亲鲍鑫春（出生年月不详）均会造纸。鲍锦苗的母亲朱翠仙（1929—2016年）会晒纸、切段、碓料等。鲍锦苗十三四岁学会晒纸，18岁学会捞纸。当时村里人都在从事造纸工作，他的造纸技艺是跟村里其他造纸户学的，“看一看、玩一玩，不用跟师傅学就学会了”。

鲍锦苗的妻子任秋娣（1955年生）也是当地人，会分纸、晒纸。据任秋娣回忆，她的分纸、晒纸技艺是婚后在婆家（1986年结婚）学会的。任秋娣的娘家也是“做纸的”，其父亲任志炳（1933—1999年）及弟弟任华仁（1967年生）曾在村里的造纸厂工作，都会造纸。鲍锦苗的独子鲍静涛（1987年生）也会造纸，具有初中学历，不过目前从事电脑修理工作。

据鲍锦苗介绍，因为存在环保问题，他的纸坊2014年被关停。目前他主要在村里做泥瓦工，每周六及其他需要表演的时候，他会将做好的浆料拿到村里的手工造纸文化作坊，鲍锦苗表演抄纸工艺，妻子任伙娣表演晒纸工艺，表演一天每人可得50元补助。鲍锦苗忙的时候，其儿子会代替他表演。

从访谈中得知，受造纸表演的时间、场所等限制，鲍锦苗及其妻子任秋娣需要自己想办法解决一些造纸中的难题：如有时候一个星期只表演一次，天热时湿纸块放置时间长会烂掉，鲍锦苗会将大的湿纸块切成四块，放入冰箱中保存。据任秋娣介绍，有时候急需展示晒纸而天又下雨的时候，他们会直接用炭火将纸烘干。

⊙2
鲍锦苗及其妻子任秋娣
Bao Jinmiao and his wife Ren Qiudi

⊙3
鲍锦苗在龙王村造纸文化作坊表演抄纸工艺
Bao Jinmiao performing papermaking techniques in the paper mill of Longwang Village

四 龙王村手工竹纸的代表纸品及其用途与技术分析

4 Representative Paper, Its Uses and Technical Analysis of Handmade Bamboo Paper in Longwang Village

（一）龙王村手工竹纸代表纸品及其用途

2018年12月22日，调查组回访龙王村时从鲍锦苗处了解到，龙王村此前主要制造过元书纸、黄表纸、京放纸、锡箔纸、越王纸等纸品，主要作为书画用纸、祭祀用纸、锡箔原纸。

1. 元书纸

书画用纸。纸质为白色，基本尺寸为55 cm × 44 cm，可根据顾客需求切开改小。据鲍锦苗介绍，做元书纸时，需把毛竹的青皮扒掉。因为他很久没有做元书纸，所以他不清楚该纸的销售价格。

2. 黄表纸

祭祀用纸。碾料时加入姜黄（一种化工原料，成分未知，价格为80元/kg，从富阳购买），纸质为黄色，基本尺寸为46 cm × 39 cm，可根据顾客需求切开改小。2008年以后，顾客购买黄表纸主要在祭祀时制作元宝，造纸户根据此需求将尺寸改为18.5 cm × 11 cm，该纸的销售价格为0.2元/张。据鲍锦苗介绍，虽然黄表纸很容易做，但市场需求量不大，已经不再生产。

3. 京放纸

书法用纸。制作时不需要削去毛竹青皮，纸质为毛竹本色。基本尺寸为55 cm × 44 cm，可根据顾客需求切开改小。

4. 锡箔纸

用于制作锡箔纸的原纸。未加入姜黄，颜色比黄表纸淡一些。据鲍锦苗介绍，锡箔纸和黄表纸都是用老毛竹制作的，叫法不同是因为一个制作时未掺姜黄，另一个掺了姜黄。另外，两种纸的厚薄不同，锡箔纸较厚，黄表纸较薄。薄厚程度由工人在抄纸时通过手感控制。鲍锦苗称，现在

⊙1

⊙1 鲍锦苗家庭作坊生产的黄表纸 Joss paper produced in Bao Jinmiao's family paper mill

他做得最多的是锡箔纸（表演时制作）。锡箔纸尺寸为45 cm × 38 cm。

⊙1

5. 越王纸

书画用纸。以纯毛竹为原料，基本尺寸为60 cm × 40 cm。据鲍锦苗介绍，越王纸比其他纸品厚一些。

⊙2

性能分析

（二）龙王村手工竹纸性能分析

1. 黄表纸

测试小组对安吉龙王村生产的黄表纸所做的性能分析，主要包括定量、厚度、紧度、抗张力、抗张强度、白度、纤维长度和纤维宽度等。按相应要求，每一项指标都重复测量若干次后求平均值。其中定量抽取了5个样本进行测试，厚度抽取了10个样本进行测试，抗张力抽取了20个样本进行测试，白度抽取了10个样本进行测试，纤维长度测试了200根

⊙1 鲍锦苗家庭作坊生产的锡箔纸
Tinfoil paper produced in Bao Jinmiao's family paper mill

⊙2 鲍锦苗家庭作坊生产的『越王纸』
"Yuewang" paper produced in Bao Jinmiao's family paper mill

纤维，纤维宽度测试了300根纤维。对安吉龙王村产的黄表纸进行测试分析所得到的相关性能参数见表5.1。表中列出了各参数的最大值、最小值及测量若干次所得到的平均值或者计算结果。

表5.1 安吉龙王村黄表纸相关性能参数
Table 5.1 Performance parameters of joss paper in Longwang Village of Anji County

指标		单位	最大值	最小值	平均值	结果
定量		g/m²				66.5
厚度		mm	0.286	0.228	0.260	0.260
紧度		g/cm³				0.256
抗张力	纵向	N	11.6	7.5	8.5	8.5
	横向	N	10.2	6.4	8.2	8.2
抗张强度		kN/m				0.560
白度		%	15.7	15.1	15.4	15.4
纤维	长度	mm	3.5	0.5	1.6	1.6
	宽度	μm	23.3	2.5	13.0	13.0

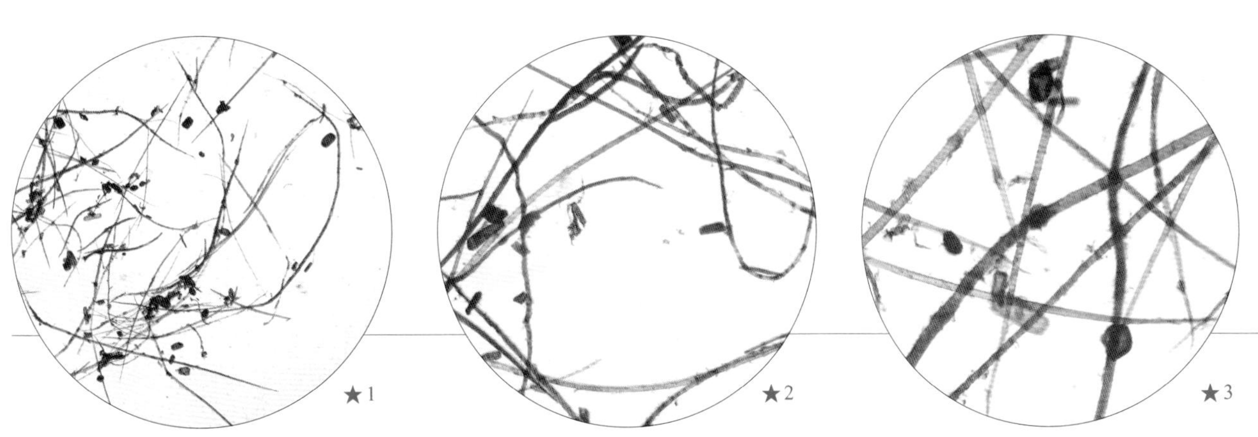

★1 安吉龙王村黄表纸纤维形态图（4×）
Fibers of joss paper in Longwang Village of Anji County (4× objective)

★2 安吉龙王村黄表纸纤维形态图（10×）
Fibers of joss paper in Longwang Village of Anji County (10× objective)

★3 安吉龙王村黄表纸纤维形态图（20×）
Fibers of joss paper in Longwang Village of Anji County (20× objective)

由表5.1可知，所测安吉龙王村黄表纸的平均定量为66.5 g/m²。安吉龙王村黄表纸最厚约是最薄的1.254倍。经计算，其相对标准偏差为0.090。通过计算可知，安吉龙王村黄表纸紧度为0.256 g/ cm³，抗张强度为0.560 kN/m。

所测安吉龙王村黄表纸的平均白度为15.4%。白度最大值是最小值的1.040倍，相对标准偏差为0.008。

所测安吉龙王村黄表纸纤维长度：最长3.5 mm，最短0.5 mm，平均长度为1.6 mm；纤维宽度：最宽23.3 μm，最窄2.5 μm，平均宽度为13.0 μm。所测安吉龙王村黄表纸在4倍、10倍和20倍物镜下观测的纤维形态分别见图★1、图★2、图★3。

2. 锡箔纸

测试小组对安吉龙王村生产的锡箔纸所做的性能分析，主要包括定量、厚度、紧度、抗张力、抗张强度、白度、纤维长度和纤维宽度等。按相应要求，每一项指标都重复测量若干次后求平均值。其中定量抽取了5个样本进行测试，厚度抽取了10个样本进行测试，抗张力抽取了20个样本进行测试，白度抽取了10个样本进行测试，纤维长度测试了200根纤维，纤维宽度测试了300根纤维。对安吉龙王村产的锡箔纸进行测试分析所得到的相关性能参数见表5.2。表中列出了各参数的最大值、最小值及测量若干次所得到的平均值或者计算结果。

表5.2 安吉龙王村锡箔纸相关性能参数
Table 5.2 Performance parameters of tinfoil paper in Longwang Village of Anji County

指标		单位	最大值	最小值	平均值	结果
定量		g/m²				68.6
厚度		mm	0.292	0.244	0.272	0.272
紧度		g/cm³				0.252
抗张力	纵向	N	10.6	7.5	9.2	9.2
	横向	N	5.8	3.9	4.8	4.8
抗张强度		kN/m				0.467
白度		%	23.0	22.1	22.6	22.6
纤维	长度	mm	3.4	0.6	1.6	1.6
	宽度	μm	26.0	3.8	13.3	13.3

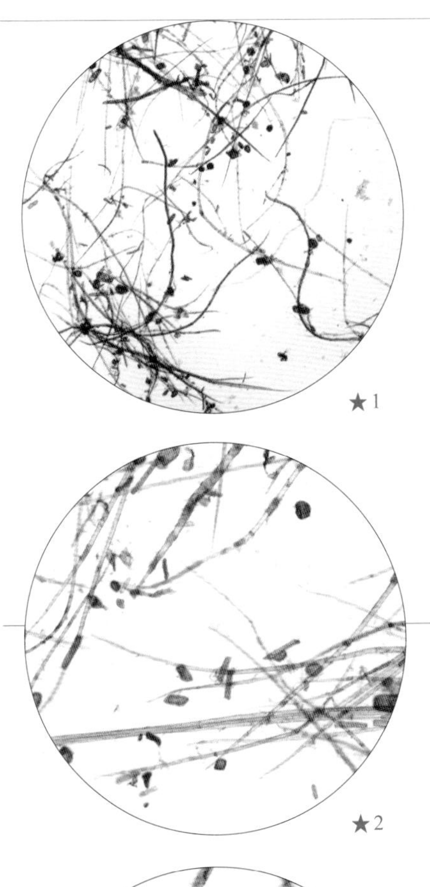

★1

★2

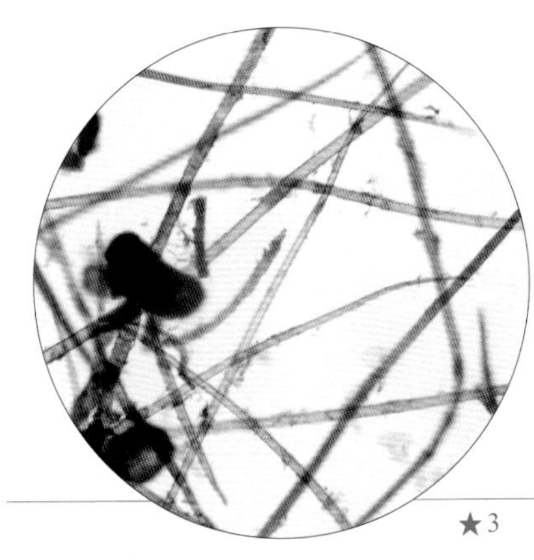

★3

由表5.2可知，所测安吉龙王村锡箔纸的平均定量为68.6 g/m^2。安吉龙王村锡箔纸最厚约是最薄的1.197倍。经计算，其相对标准偏差为0.053。通过计算可知，安吉龙王村锡箔纸紧度为0.252 g/ cm^3，抗张强度为0.467 kN/m。

所测安吉龙王村锡箔纸的平均白度为22.6%。白度最大值是最小值的1.082倍，相对标准偏差为0.014。

所测安吉龙王村锡箔纸纤维长度：最长3.4 mm，最短0.6 mm，平均长度为1.6 mm；纤维宽度：最宽26.0 μm，最窄3.8 μm，平均宽度为13.3 μm。所测安吉龙王村锡箔纸在4倍、10倍和20倍物镜下观测的纤维形态分别见图★1、图★2、图★3。

3. 越王纸

测试小组对安吉龙王村产的越王纸所做的性能分析，主要包括定量、厚度、紧度、抗张力、抗张强度、白度、纤维长度和纤维宽度等。按相应要求，每一指标都重复测量若干次后求平均值。其中定量抽取了5个样本进行测试，厚度抽取了10个样本

表5.3 安吉龙王村越王纸相关性能参数
Table 5.3 Performance parameters of Yuewang paper in Longwang Village of Anji County

指标		单位	最大值	最小值	平均值	结果
定量		g/m^2				86.7
厚度		mm	0.372	0.308	0.341	0.341
紧度		g/cm^3				0.254
抗张力	纵向	N	10.9	8.0	10.0	10.0
	横向	N	23.8	19.9	7.6	7.6
抗张强度		kN/m				0.587
白度		%	19.7	18.2	18.9	18.9
纤维	长度	mm	3.6	0.5	1.4	1.4
	宽度	μm	27.0	3.4	13.0	13.0

★1 安吉龙王村锡箔纸纤维形态图（4×）
Fibers of tinfoil paper in Longwang Village of Anji County (4× objective)

★2 安吉龙王村锡箔纸纤维形态图（10×）
Fibers of tinfoil paper in Longwang Village of Anji County (10× objective)

★3 安吉龙王村锡箔纸纤维形态图（20×）
Fibers of tinfoil paper in Longwang Village of Anji County (20× objective)

进行测试，抗张力抽取了20个样本进行测试，白度抽取了10个样本进行测试，纤维长度测试了200根纤维，纤维宽度测试了300根纤维。对安吉龙王村产的越王纸进行测试分析所得到的相关性能参数见表5.3。表中列出了各参数的最大值、最小值及测量若干次所得到的平均值或者计算结果。

由表5.3可知，所测安吉龙王村越王纸的平均定量为86.7 g/m^2。安吉龙王村越王纸最厚约是最薄的1.208倍。经计算，其相对标准偏差为0.077。通过计算可知，安吉龙王村越王纸紧度为0.254 g/ cm^3，抗张强度为0.587 kN/m。

所测安吉龙王村越王纸的平均白度为18.9%。白度最大值是最小值的1.027倍，相对标准偏差为0.021。

所测安吉龙王村越王纸纤维长度：最长3.6 mm，最短0.5 mm，平均长度为1.4 mm；纤维宽度：最宽27.0 μm，最窄3.4 μm，平均宽度为13.0 μm。所测安吉龙王村越王纸在4倍、10倍和20倍物镜下观测的纤维形态分别见图★1、图★2、图★3。

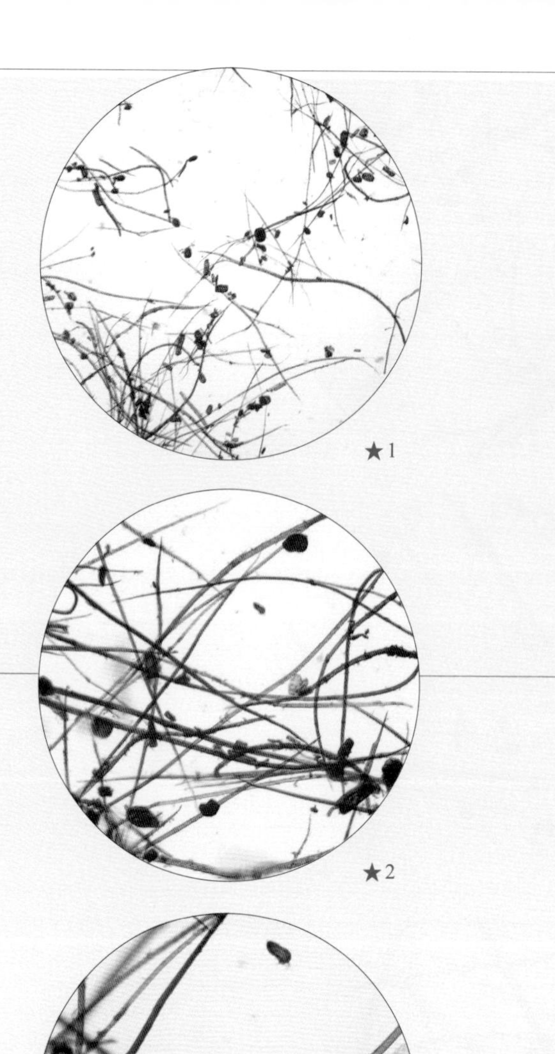

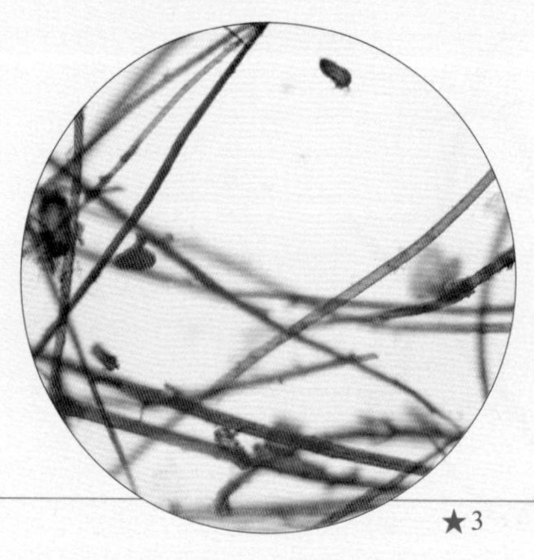

★1
安吉龙王村越王纸纤维形态图（4×）
Fibers of Yuewang paper in Longwang Village of Anji County (4× objective)

★2
安吉龙王村越王纸纤维形态图（10×）
Fibers of Yuewang paper in Longwang Village of Anji County (10× objective)

★3
安吉龙王村越王纸纤维形态图（20×）
Fibers of Yuewang paper in Longwang Village of Anji County (20× objective)

五
龙王村手工竹纸的生产原料、工艺与设备

5
Raw Materials, Papermaking Techniques and Tools of Handmade Bamboo Paper in Longwang Village

（一）龙王村竹纸的生产原料

龙王村手工竹纸生产的主料是毛竹，辅料为水、人尿、石灰和若干染料。

1. 主料：毛竹

安吉龙王村竹类资源丰富，据鲍锦苗回忆，其祖辈当年从萧山迁至龙王村便是因为当地盛产毛竹，好造竹纸谋生。

2. 辅料

（1）石灰。石灰在浆料时使用。

（2）染料。据鲍锦苗介绍，当地制作黄表纸时，会加入一种名为姜黄的化工原料作为染料。鲍锦苗使用的姜黄主要从富阳购买，价格为80元/kg。

（3）水。龙王村水资源丰富，全村主河道有2条：东坞溪、西坞溪，两溪汇合为龙王溪，全长18 km。龙王村造纸用水为龙王溪的优质山溪水。

⊙1
安吉县龙王村丰富的毛竹资源
Rich *Phyllostachys edulis* resources in Longwang Village of Anji County

(4) 人尿。用于竹料发酵，通常由农家自备或收购，以童子尿为优。

⊙1

（二）龙王村竹纸的生产工艺流程

由于龙王村本地的造纸技艺是由萧山、富阳和绍兴地区迁移的民众带来的，调查组发现其流程和富阳地区的造纸流程十分相似。其主要流程可大致分为12道工序：砍竹、削竹、断料、浆料、蒸料、翻滩、浆尿、舂料、抄纸、榨纸、晒纸、捆纸。

壹	贰	叁	肆	伍	陆	柒	捌	玖	拾	拾壹	拾贰
砍竹	削竹	断料	浆料	蒸料	翻滩	浆尿	舂料	抄纸	榨纸	晒纸	捆纸

壹 砍竹

1 ⊙2

调查中调查组了解到的信息是：传统的习惯是在农历小满前后到夏至之间，上山砍当年生的嫩毛竹。当地砍竹很有讲究，只有芒种（每年6月5日左右）前后的嫩竹是生产白纸的上佳原料。砍下的毛竹用页杆（一种测量工具）测量嫩竹长度，将其截成2 m左右的竹筒备用。

⊙2

⊙1 龙王溪 Longwang Stream

⊙2 截断的竹筒 Truncated bamboos

贰 削竹

2 ⊙3

用专用刮刀与固定桩（凳）等组合设备将砍断、切好的竹筒表面的竹青削去，这是一道对人的体力及技艺要求较高的工序。据鲍锦苗介绍，由于削竹的动作很像骑马，削竹的场所又被称为马场。

叁 断料

3 ⊙4～⊙6

先将去完青皮的竹筒在木桩上摔碎，再用锤子锤松竹节部分，这一流程被称为拷白。最后用砍刀将处理好的竹料断切成长35 cm左右的竹片。断切好的竹片捆成一捆备用。

⊙3

⊙4

⊙5

⊙6

肆 浆料

4 ⊙7

将捆好的生竹料堆放在浆料塘里，用石灰水化浆浸泡，浸泡时间约为半个月。

⊙7

⊙3 削竹 Scraping the bamboo

⊙4 摔竹 Breaking the bamboo

⊙5 锤松竹节 Hammering the bamboo

⊙6 断料成竹片 Cutting the bamboo into pieces

⊙7 浆料塘 Fermenting pool

伍 蒸料 5

⊙8

将经过半个月浸泡的生料涂上石灰浆液放置在皮锅中，蒸煮8昼夜，熄火后再放置1～2天后，形成熟料。调查时龙王村仍在用的皮锅每锅可以蒸煮约800捆生料。

⊙8

陆 翻滩 6

⊙9

将蒸煮后的熟料取出，用水洗去熟料上的石灰和脏物。翻滩需要在6天内将熟料翻动4次，其间要用清水浸泡2天。

⊙10

柒 浆尿 7

⊙10

经过翻滩之后的熟料，再用尿液浸透，堆放10余天，目的是让熟料充分发酵腐烂，去除有机质。据鲍锦苗介绍，浆尿是村集体造纸时期的做法，2000年他开办个人造纸坊后尿液已经被碱水代替。

捌 舂料 8

⊙11

将经过浆尿的熟料放入舂料槽，使用脚碓将料舂至没有团块存在的泥状，称为纸精。据介绍，当地有两种碓，一种是利用自然环境制造的水力碓，还有一种是人工脚碓。

⊙9

⊙11

⊙8 皮锅蒸料
Steaming the materials in the utensil

⊙9 翻滩示意图
Showing how to clean the papermaking materials

⊙10 浆尿使用的淋尿板
Fermenting board

⊙11 脚碓舂料
Beating the materials with a foot pestle

玖
抄　　纸

9　⊙12⊙13

将舂好的细浆料放入纸槽，加入清水后用打料耙搅拌，制成纤维均匀悬浮的纸浆液，然后用纸帘抄纸。抄纸依靠的是经验和手感，纸的好坏看的是造纸工的技术和水平。经现场用试纸测试，纸浆的pH为6.0～6.5，偏弱酸性。

⊙12

⊙13

拾
榨　　纸

10　⊙14

将抄好的纸放在木制的榨床上，一步步加码加压，直到榨去纸中约80%的水分时即可。

⊙14

拾壹
晒　　纸

11　⊙15

晒纸之前，用鹅榔头将榨去80%水分的湿纸块的表面刮松，分成一张一张的纸，然后将分好的纸放在晒场晾晒。晒纸场用竹竿搭成，只需将湿的纸张几张一沓搭在竹竿上晾晒即可。

拾贰
捆　　纸

12

晾晒好的纸经过剪裁，成为长6寸、宽4寸的成品纸，然后打包成捆后出售。一般每2 000张纸为一件。

⊙15

⊙12 搅拌浆料 Stirring the pulp materials

⊙13 抄纸 Scooping and lifting the papermaking screen out of water

⊙14 木制榨床 Wooden board for pressing the paper

⊙15 晾纸场 Paper drying field

（三）龙王村竹纸的主要制作工具

壹 砍刀 1

实测龙王村造纸文化作坊所用砍刀尺寸为：刀身长50 cm，宽12 cm；柄长22 cm。

⊙1

贰 页杆 2

⊙2

实测龙王村造纸文化作坊所用页杆的尺寸为：长193 cm，用于测量原竹，以便将原竹较标准地截断成2 m左右的竹筒。

⊙3

叁 刮刀 3

实测龙王村造纸文化作坊所用刮刀尺寸为：长60 cm，宽6 cm。用于刮去竹筒表面的竹青。

⊙4

肆 锤子 4

实测龙王村造纸文化作坊所用锤子尺寸为：全长24 cm；锤头部分长20 cm，直径约4 cm；锤柄长20 cm。用于锤松竹节。

⊙5

伍 断切刀 5

实测龙王村造纸文化作坊所用断切刀尺寸为：刀长41 cm，宽5 cm；柄长15 cm。用于将竹料切成长35 cm左右的竹片。

⊙6

陆 皮锅 6

实测龙王村鲍锦苗家庭作坊所用皮锅尺寸为：直径285 cm，厚27 cm。用于蒸煮竹料。

⊙7

⊙1 砍刀 Chopper

⊙2 页杆 Tool for measuring bamboo length

⊙3 页杆头部 Head of the tool for measuring bamboo length

⊙4 刮刀 Scraping cutter

⊙5 锤子 Hammer

⊙6 断切刀 Tool for cutting the bamboo into pieces

⊙7 皮锅 Utensil for boiling and steaming the bamboo materials

柒
翻滩凳
7

实测龙王村造纸文化作坊所用翻滩凳尺寸为：长146 cm，宽48 cm，高55 cm。用于清洗熟料。

⊙8

捌
淋尿板
8

实测龙王村造纸文化作坊所用淋尿板尺寸为：长212 cm，宽40 cm，厚8 cm。用于码放浸淋尿液的熟料。

⊙9

玖
搅　棍
9

实测龙王村造纸文化作坊所用搅棍尺寸为：长163 cm，直径3 cm。用于在纸槽中搅拌竹浆料。

⊙10

拾
打料耙
10

实测龙王村造纸文化作坊所用打料耙尺寸为：总长212 cm;耙头长21 cm，厚14 cm。用于搅拌纸浆，使纸浆均匀。

⊙11

拾壹
帘　架
11

抄纸工具。实测龙王村造纸文化作坊所用帘架尺寸为：长174 cm，宽64 cm，高4 cm。抄纸时起承托、固定纸帘作用。

⊙12

⊙8 翻滩凳 Cleaning bench

⊙9 淋尿板 Plate for drying the materials after soaking in urine

⊙10 搅棍 Stirring stick

⊙11 打料耙 Rake for stirring the pulp evenly

⊙12 帘架 Frame for supporting the papermaking screen

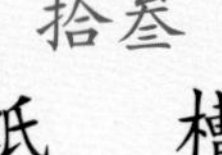

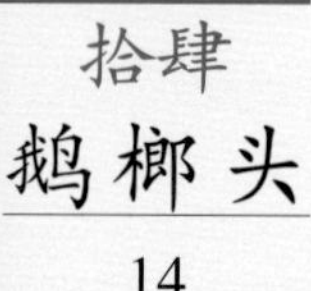

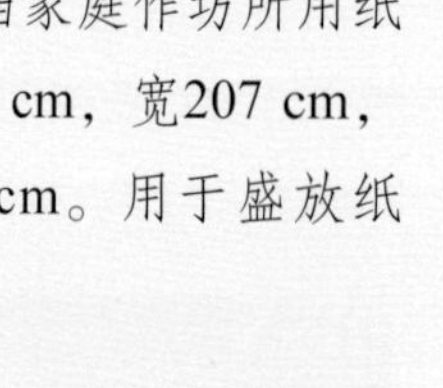

拾贰 纸帘 12

实测鲍锦苗家庭作坊所用纸帘长160 cm，宽50 cm。据鲍锦苗介绍，其所用纸帘主要从富阳购买，以前售价500元/张，现在估计售价800元/张。纸帘尺寸可根据需要定制。根据使用情况不同，一般可以使用三四个月，最多能用半年。

⊙13

拾叁 纸槽 13

实测龙王村鲍锦苗家庭作坊所用纸槽尺寸为：长245 cm，宽207 cm，高98 cm，厚15 cm。用于盛放纸浆、抄纸。

⊙14

拾肆 鹅榔头 14

实测龙王村鲍锦苗家庭作坊所用鹅榔头尺寸为：长18 cm，直径3 cm。用于刮松湿纸表面，便于分纸。

⊙15

拾伍 温水锅 15

由于冬天抄纸时手冷，捞纸槽旁设有温水锅，锅里的水提前烧热并保持温热，冷时可以直接将手放入温水中泡一泡。鲍锦苗介绍，当地捞纸的地方都备有温水锅。

⊙16

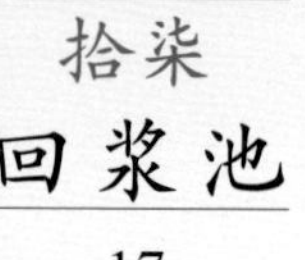

拾陆 磨料机 16

实测龙王村鲍锦苗家庭作坊所用磨料机底盘直径为281 cm，磨盘直径为104 cm。

⊙17

拾柒 回浆池 17

磨料机磨好竹料后，放入回浆池中浸泡，用机器或人工搅拌的方式将磨好的竹浆打散、均匀。实测鲍锦苗家庭作坊所用回浆池尺寸为：外长275 cm，外宽147 cm；内长263 cm，内宽122 cm；高94 cm。

⊙18

⊙13 纸帘 Papermaking screen

⊙14 纸槽 Papermaking trough

⊙15 鹅榔头 Tool for separating the paper

⊙16 纸槽旁的温水锅 Warm water pot next to the papermaking trough

⊙17 磨料机 Grinding machine

⊙18 回浆池 Container holding the grinded materials

六
安吉县龙王村竹纸的用途与销售情况

6
Uses and Sales of Bamboo Paper in Longwang Village of Anji County

根据调查组2017年11月在龙王村对多位造纸村民的访谈，梳理出龙王村竹纸的用途、品类与经济信息如下：

历史上，安吉县出产“京放”“元书”和“六平”三种书画纸，主要销往紧邻的安徽省宁国、广德诸县以及杭州地区。1949年前，该区域约有500人从事手工造纸业，拥有近50口纸槽用于生产。1949年后，由于机制纸对手工纸行业的冲击，以及该县域手工书画用竹纸的优势面对泾县产宣纸和富阳产竹纸未能凸显，中高端书画纸的制作产业陷入发展困境。20世纪50年代后期，当地的手工纸生产开始转型为只生产“四六平”生活用卫生纸。20世纪60年代，中高端书画纸生产基本中断，而卫生纸的生产则日趋繁盛。

访谈中据龙王村村主任回忆，当时村中生产的卫生纸主要由安吉县供销社统一收购再销往周边地区，卫生纸2 000张为一件，供销社的收购价为3元/件。通常情况下，1户竹料卫生纸槽户，全天可以生产6～7件卫生纸，意味着可获得18～21元的毛收入，这在70年代来说在当地还是相当高的收益。

⊙19

⊙19 调查组正在访谈 Researchers interviewing the papermakers

20世纪80年代开始，安吉县毛竹的使用率逐渐提升，用途更加多样化，村中砍伐的毛竹不再以造纸为主，而多用于外销他用。新的用途对原料的需求增加，使得毛竹原料的价格快速上升，造纸的原料成本提高，造纸槽户因为经济效益不佳而大量歇业转行，少量的造纸作坊为了生存下来生产一些低端卫生纸和“迷信纸”。20世纪90年代至21世纪初，机制卫生纸迅速普及，低廉的价格和使用舒适性使得手工卫生纸几乎丧失了最后的竞争力。

2014年，当地政府为了建设生态乡村，发展特色旅游业，关停了施阮村和龙王村的多数造纸作坊，只留下龙王村的一家造纸作坊用于保存历史文化遗产。因此，在调研组前往龙王村时，当地已经不再造纸用于出售。仅存的造纸作坊现位于湖州市级竹纸制作技艺“非遗”传承人鲍锦苗家中，该作坊仍然生产少量的手工纸，但只供村中造纸文化园在游客游览时作展示使用。

据鲍锦苗回忆，以前他的作坊每天两个人（一人捞纸，另一人从事拌料、拉料等辅助工作）可以捞2 000帘纸，每帘纸可以切成4张纸，即8 000张纸。每年开工250天左右。根据市场行情，最好时纸坊每年毛利润在20万元左右（纯收入7万～8万元）。

调查时，龙王村当地的毛竹除了外销以外，基本上用于供村民编织器物或者捆扎扫把。

⊙1

⊙1 鲍锦苗家庭作坊外景
Exterior view of Bao Jinmiao's family paper mill

七 安吉县龙王村竹纸的民俗与文化故事

7 Folk Customs and Cultural Stories of Bamboo Paper in Longwang Village of Anji County

据鲍锦苗介绍，当地造纸历史悠久，传说越王曾来过龙王村，古时村里曾为越王提供过贡纸，专门用来写圣旨。但细问之下鲍锦苗也说不清是哪一代越王于什么时间来过。

2013年5月，龙王村进一步挖掘纸文化，将龙王村所造手工纸更名为越王纸，当地还为此举办了用越王纸印制的地图的首发式。据了解，首发式举行后，慕名到龙王村观光的都市游客数量增加了一成。[2]

⊙2

八 安吉县龙王村竹纸的保护现状与发展思考

8 Reflection on Protection Status and Development of Bamboo Paper in Longwang Village of Anji County

（一）关于竹纸品种变化的原因

龙王村及相邻施阮村生产的书画用竹纸在20世纪上半叶曾经是安吉竹纸的主导品类，但进入60年代突然中断生产且全部转产低端卫生用纸，究其原因，根据调查组田野调查和文献研究掌握的情况，以及与鲍锦苗的交流，认为大约包含以下几个因素：

（1）20世纪中叶的安吉竹纸同泾县宣纸、富阳书画竹纸以及温州皮纸相比，其宜书画的品质

⊙3

[2] 陈丽君.上墅龙王村经营纸文化淋漓尽致　万千都市客“恋”上一张越王纸[EB/OL]. (2013-05-28). [2018-12-28].http://www.anji.gov.cn/default.pHp?mod=article&do=detail&tid=35534.

⊙2 鲍锦苗展示其所做的越王纸 Bao Jinmiao showing his self-made Yuewang paper

⊙3 纸坊里的竹纸传承人鲍锦苗 Inheritor of bamboo paper Bao Jinmiao in the paper mill

特性并不鲜明，也没有达到真正的“高端”，因而随着新中国成立后商品流通机制的改善，以及泾县宣纸、富阳和温州纸产业的复苏，其小区域的主要消费市场（如宣城市的广德、宁国，杭州地区）迅速被当地优势品种如宣纸与富阳、温州书画纸覆盖性挤压，导致生存艰难。

（2）1949年后，机制纸的快速发展和普及，满足了人们对中低档普通书写纸的大量需求，手工竹纸因生产效率低、成本高而难以与机制书写用纸竞争，其市场被机制纸压缩殆尽。

（3）安吉龙王村当地手工竹纸产业形态快速转变为生产生活用卫生纸，与当时供销社统购统销的保障机制有关。供销社负责卫生纸的收购和销售，而且安吉竹料卫生纸原料充足、品质优、成本低（毛竹林区可就地大量取材），同时与繁华的杭州、上海、南京地区离得很近，运输便利性好，因而手工造卫生纸产业繁荣了约30年。

（二）当前保护及发展现状思考

改革开放后的新变化是竹乡安吉的竹产业快速发展，毛竹的使用率大幅上升，用途多样化，导致毛竹原料收购价格上升明显，从而使手工竹纸产业效益降低，加上机制卫生纸快速普及，以手工造卫生纸为主要产业的造纸作坊确实难以为继，这种趋势对一个有历史传承重任的乡村手工产业来说几乎找不到解决问题的办法。

2014年，当地政府在建设生态乡村的主旨下，综合考虑了地方传统工艺和文化资源的发展和利用，以及手工造纸从业者无路可走的困境，关停了当地仅存的5家手工造纸作坊中的4家，然后将剩余的1家收归公有，由龙王村投资250万元建立了手工纸文化园和手工纸技艺展览馆，并纳入乡村生态文化旅游的新业态中。从实际传承与保护效果来看，保存和继承了当地历史悠久的纸文化，并将其发展成特色旅游产业中的一个重要部分。

⊙1

⊙2

从发展前景看，一方面，龙王村内的手工纸文化园对继承和传播纸文化起到了相当重要的作用。如果没有当地政府的“托盘”政策，可能当地手工纸技艺文化离消亡要不了多久。另一方面，现在村中唯一的传承人鲍锦苗在访谈中表示，暂时还没有人愿意来继承这一手工技艺。可以说，龙王村手工竹纸的技艺传承在未来面临着后继无人的难题。

⊙1 龙王村的造纸文化展示墙
Culture displaying wall of papermaking in Longwang Village

⊙2 龙王村水资源标示宣传板
Signboard of water resources in Longwang Village

安吉县龙王村竹纸

Bamboo Paper in Longwang Village of Anji County

黄表纸透光摄影图
A photo of joss paper seen through the light

竹纸

安吉县龙王村

Bamboo Paper
in Longwang Village of Anji County

锡箔纸透光摄影图
A photo of tinfoil paper seen through the light

369

安吉县龙王村 竹纸

Bamboo Paper in Longwang Village of Anji County

『越王纸』透光摄影图

A photo of Yuewang paper seen through the light

第六章
宁波市
Chapter VI
Ningbo City

奉化区棠岙村
袁恒通纸坊

浙江省
Zhejiang Province

宁波市
Ningbo City

奉化区
Fenghua District

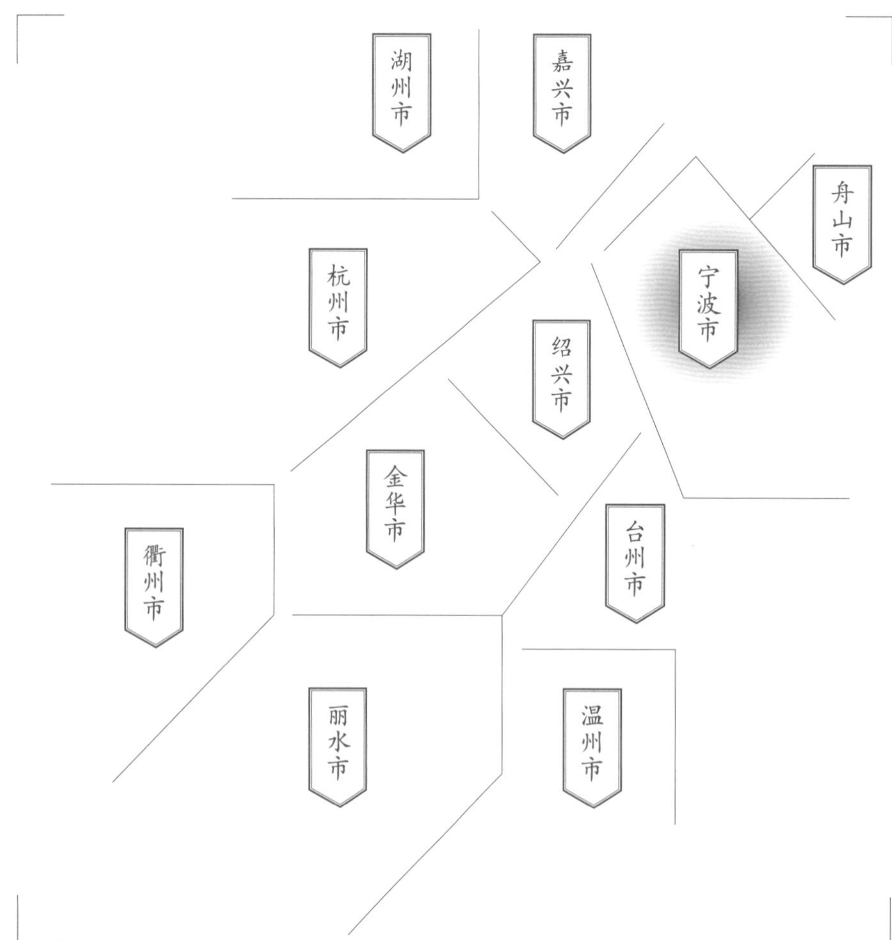

调查对象
奉化区棠岙村
袁恒通纸坊
竹纸

Yuan Hengtong Paper Mill in Tang'ao Village of Fenghua District

Subject

Bamboo Paper in Yuan Hengtong Paper Mill of Tang'ao Village in Fenghua District

一 袁恒通纸坊的基础信息与生产环境

1 Basic Information and Production Environment of Yuan Hengtong Paper Mill

袁恒通纸坊是一家以嫩竹为主料生产“棠岙纸”的手工纸作坊，位于宁波市奉化区（调查时为县级市，2016年9月改为宁波市辖奉化区）萧王庙街道棠岙村溪下庵岭墩下13号，地理坐标为：东经121° 18′ 55″，北纬29° 38′ 29″。纸坊造纸历史已超过半个世纪，2016年3月在奉化市市场监督管理局注册为个体工商户，名称为奉化市恒通棠岙纸制作技术研究中心，法定代表人为袁恒通，调查时中心负责人为袁恒通之子袁建增。“棠岙纸”的名称源于造纸村落名。

调查组成员于2016年10月7日前往作坊现场考察，通过袁建增的描述和实地观察，了解到的袁恒通纸坊基础生产信息为：作坊有员工7人（包括袁建增本人），纸槽2口，厂房占地面积400～500 m^2，主要生产品种多样的棠岙纸。2018年12月23日调查组再次前往袁恒通纸坊进行了回访。

奉化为宁波市辖区，地处浙江省东部，濒临象山港，南连天台山，北依四明山，为亚热带季风区。境内低山丘陵连绵，竹木葱茏，四季常绿，丰富的竹资源为奉化竹纸业的兴起和发展提供了坚实的资源保障。

宋末元初奉化榆林村村人、诗人戴表元在描绘剡源乡间生活的诗《次韵答邻友近况六首》中曾云：“草长岸没渔堑北，月明人语纸槽东。”从此处可知在宋末元初，奉化民间已有了造纸业。据明嘉靖十一年（1532年）的《奉化县图志》记载：“明永乐年间，奉化上贡朝廷日历黄纸二千七百五十张、白纸七万一千张。”由此可知，在明朝中后期，奉化的造纸业已经比较发达，常作为贡纸上贡朝廷。查阅1946年重印并收藏于原奉化市档案馆的《棠溪江氏宗谱》，其中记载：棠岙村在明朝的正德九年（1514年）从江西引进竹纸生产技术，似乎可以作为棠岙村造纸起源比较有据的一种说法。

⊙1

⊙2

⊙1 棠岙村村口的茶亭 Tea kiosk at the entrance to Tang'ao Village

⊙2 袁恒通纸坊入口 Entrance to Yuan Hengtong Paper Mill

奉化区棠岙村袁恒通纸坊位置示意图

Location map of Yuan Hengtong Paper Mill in Tang'ao Village of Fenghua District

考察时间
2016年10月 / 2018年12月

Investigation Date
Oct. 2016 / Dec. 2018

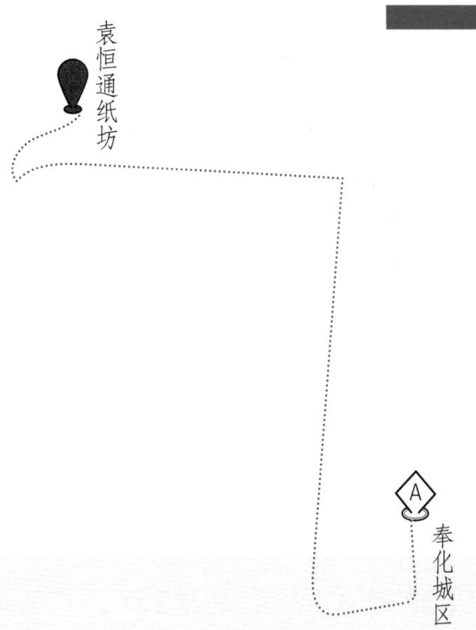

路线图
奉化城区
↓
袁恒通纸坊

Road map from Fenghua District centre to Yuan Hengtong Paper Mill

地域名称

奉化区
萧王庙街道
尚田街道
莼湖街道
大堰镇

造纸点名称

袁恒通纸坊 造纸点

位置分布

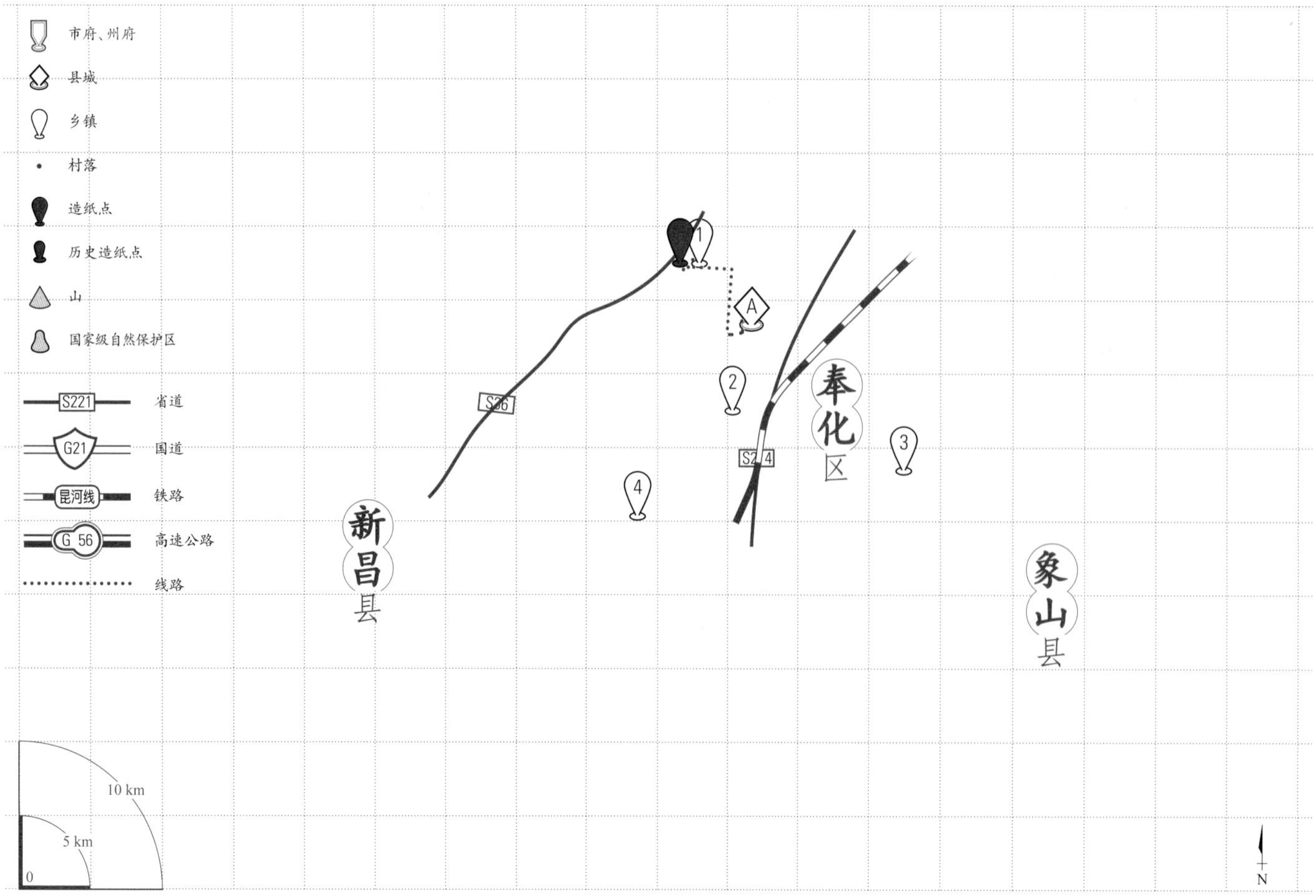

调查组自袁恒通处了解到，棠岙纸以嫩竹为主料，主要产品有防风纸、鹿鸣纸（用以加工锡箔）、乌金纸（用以加工金箔）、新闻纸、“宣纸”等。

20世纪30年代是现代棠岙纸制作的鼎盛期，仅棠岙的东江、西江、溪下3个自然村就有纸槽300多口，从业人员1 000多人，所产竹纸大多从萧王庙埠头落船，经宁波中转销往全国各地。20世纪50年代初期，棠岙村的竹纸坊还为浙江日报、宁波大众等新闻单位提供过大量新闻纸。到了20世纪80年代末，随着机制纸业的兴起，手工竹纸迅速受到市场挤压，棠岙村的手工纸坊经营难以为继，被迫纷纷歇业。到21世纪初，全村只剩下了袁恒通纸坊。按照自然村细分，袁恒通纸坊位于棠岙行政村的溪下自然村。

⊙1

⊙1
棠岙村沿溪的民居
Local residences alongside the stream in Tang'ao Village

⊙1

⊙1
村外山边茂密的竹林
Thick bamboo forest outside the village

二
袁恒通纸坊的历史与传承

2
History and Inheritance of Yuan Hengtong Paper Mill

至调查组第一轮入村调查的2016年10月，作为工商登记企业的恒通棠岙纸制作技术研究中心注册时间仅有7个月，但袁恒通纸坊的经营与技艺传习已有60余年历史。

袁恒通，1936年生于原奉化县棠岙村，1951年拜江五根为师学习造纸，17岁开始在溪下生产大队纸厂造纸，20世纪70年代初成为该纸厂厂长。改革开放初期，纸厂解体，袁恒通便作为个体槽户开槽造纸。1981年，袁恒通申请了奉化县的第一张私人企业营业执照，当时的厂名为溪下造纸厂。建厂时有3口纸槽，10多名工人，厂房占地面积200～300 m^2。每口槽每天能造12～13刀纸，一年能生产30万～50万张纸，产品是以毛竹为原料的大小规格不等的纸，统一名称均为“棠岙纸”，由奉化县土产公司包销。

20世纪80年代末至90年代初，随着机制纸的兴起，手工纸市场受到挤压。1988年，奉化县土产公司倒闭，棠岙纸的销路受阻。棠岙村其他造纸户无奈之下纷纷停产，而袁恒通的溪下造纸厂的营业执照因没有按期参与审核，导致过期作废，曾经在80年代生产红火的溪下造纸厂也面临着停产的危机。

但是，在袁建增眼中是位“纸痴”的老父亲袁恒通，仍然没有放弃从事了大半生的事业，守着自己的手工纸坊，约自1995年开始，每天坚持一人造纸，卖给慕名而来的客户，挣回仅够补贴家用的微薄收入。1997年，宁波天一阁图书馆的李大东在全国范围内寻找适合古籍修复的手工纸，恰好遇到独自在家中造纸的袁恒通，经过反复的商议和研究之后，袁恒通用苦竹原料试制了第一批古籍修复纸样，后经南京博物院检测，袁恒通所制苦竹纸的性能数据与古籍修复纸很接近，是那个年代理想的古籍修复纸张。从2000年以后，以苦竹为原料的“棠岙纸”先后被全国多家图书馆选定为古籍修补用纸。

至调查时的2016年，袁恒通从事手工造纸已有60多个年头，曾制作过大量的防风纸、鹿鸣纸（用以加工锡箔）、乌金纸（用以加工金箔）、新闻纸等，每种纸都曾经有过较为鼎盛的繁荣期，但均因时代变迁和现代造纸技术的发展而销声匿迹。唯有以苦竹为原料的古籍修复纸，成为袁恒通纸坊目前的代表性纸品，同时也是棠岙纸在棠岙村活态存续最重要的支撑。

袁建增，1971年出生，是袁恒通的第五个孩子。袁建增从小便接触造纸，1987年开始在作坊中学习制作原料，1989年开始学习抄纸，直到1995年作坊面临停产。1995年至2015年间，袁建增先是在宁波市打工，后创立了自己的公司，小有成就。2015年，因父亲年纪太大，家中兄弟姐妹普通话说得都不是很好，作坊在对外交流和宣传方面有很大不足，袁建增决定放弃已有的事业，回家中经营作坊并注册公司，负责作坊的日常营销和生产管理。

调查时，袁建增的大哥袁建岳在作坊中负责制作原料；袁建增的大姐袁建兰在作坊中负责晒纸；袁建增的二哥袁建芳和二姐袁建恩都会晒纸，但是没有在作坊中工作；袁建增的二姐夫江任尧在作坊中负责抄纸。除了家中兄弟姐妹以外，作坊还请了一名抄纸工、一名晒纸工及一名打杂工人，整个传承状态较为良好。

⊙2

⊙1

⊙1 访谈中的袁恒通 Interviewing Yuan Hengtong

⊙2 调查组成员访谈袁建增 Researchers interviewing Yuan Jianzeng

三

袁恒通纸坊的代表纸品及其用途与技术分析

3

Representative Paper, Its Uses and Technical Analysis of Yuan Hengtong Paper Mill

（一）袁恒通纸坊代表纸品及其用途

袁建增称，2016年之前袁恒通纸坊的纸统称为“棠云纸”，后上报“非遗”项目的时候取当地“棠岙村”的“棠岙”二字，统一以“棠岙纸”命名，并于2016年3月注册了“棠岙纸”的商标名称。而后想要注册“棠云纸”商标名称时，却发现该名称已被注册，此后“棠岙纸”便是袁恒通纸坊唯一的商标名称。

据调查组成员2016年10月7日入村调查获得的信息：袁恒通纸坊目前以古籍修复纸为代表性纸品，除此之外，也会根据客户订单，生产符合客户需求的不同尺寸规格的纸品，如典籍印刷纸、书写纸、书皮纸。古籍修复纸尺寸为50 cm × 80 cm，颜色以本色为主，也有些许白色修复纸，主要销往中国国家图书馆、浙江省图书馆、上海图书馆、南京图书馆等各大图书馆，用于修复古籍与文献资料。

典籍印刷纸尺寸为55 cm × 90 cm，纸张以白色为主，本色较少；书写纸尺寸为55 cm × 90 cm，纸张以白色为主；另外还有一种书皮纸，是2010年开始生产的新品种，有55 cm × 90 cm和50 cm × 80 cm两种尺寸，颜色较为多样，根据客户需求来定制颜色。据袁建增介绍，典籍印刷纸、书写纸、书皮纸这三种纸的产量较古籍修复用纸少，主要根据客户的订单按需生产。

⊙3

⊙4

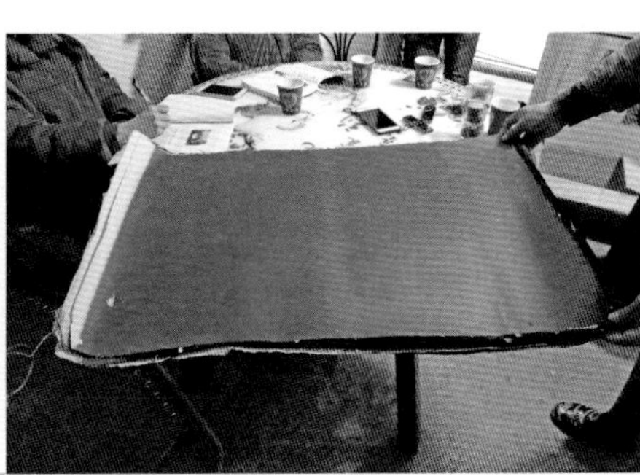

⊙5

⊙3 修复用纸（本色） Paper for repairing purposes (original color)

⊙4 书皮纸（黄色） Book cover paper (yellow)

⊙5 书皮纸（蓝色） Book cover paper (blue)

（二）袁恒通纸坊代表纸品性能分析

1. 棠岙纸（纯苦竹）

测试小组对袁恒通纸坊制作的棠岙纸（纯苦竹）所做的性能分析，主要包括定量、厚度、紧度、抗张力、抗张强度、撕裂度、撕裂指数、湿强度、白度、耐老化度下降、尘埃度、吸水性、伸缩性、纤维长度、纤维宽度和润墨性等。按相应要求，每一项指标都重复测量若干次后求平均值。其中定量抽取了5个样本进行测试，厚度抽取了10个样本进行测试，抗张力抽取了20个样本进行测试，撕裂度抽取了10个样本进行测试，湿强度抽取了20个样本进行测试，白度抽取了10个样本进行测试，耐老化度下降抽取了10个样本进行测试，尘埃度抽取了4个样本进行测试，吸水性抽取了10个样本进行测试，伸缩性抽取了4个样本进行测试，纤维长度测试了200根纤维，纤维宽度测试了300根纤维。对棠岙纸（纯苦竹）进行测试分析所得到的相关性能参数见表6.1。表中列出了各参数的最大值、最小值及测量若干次所得到的平均值或者计算结果。

表6.1　棠岙纸(纯苦竹)相关性能参数
Table 6.1　Performance parameters of Tang'ao paper (*Pleioblastus amarus*)

指标		单位	最大值	最小值	平均值	结果
定量		g/m^2				14.6
厚度		mm	0.056	0.042	0.047	0.047
紧度		g/cm^3				0.311
抗张力	纵向	N	11.5	9.7	10.6	10.6
	横向	N	8.2	6.2	7.2	7.2
抗张强度		kN/m				0.593
撕裂度	纵向	mN	113.5	98.4	108.9	108.9
	横向	mN	156.3	133.7	149.0	149.0
撕裂指数		$mN·m^2/g$				8.8
湿强度	纵向	mN	462	397	425	425
	横向	mN	214	170	190	190
白度		%	35.7	35.2	35.5	35.5
耐老化度下降		%				0.5
尘埃度	黑点	个/m^2				88
	黄茎	个/m^2				36
	双浆团	个/m^2				0
吸水性	纵向	mm	16	15	15	8
	横向	mm	12	10	11	4
伸缩性	浸湿	%				0.50
	风干	%				0.50
纤维	长度	mm	5.2	0.4	1.6	1.6
	宽度	μm	27.0	5.1	11.8	11.8

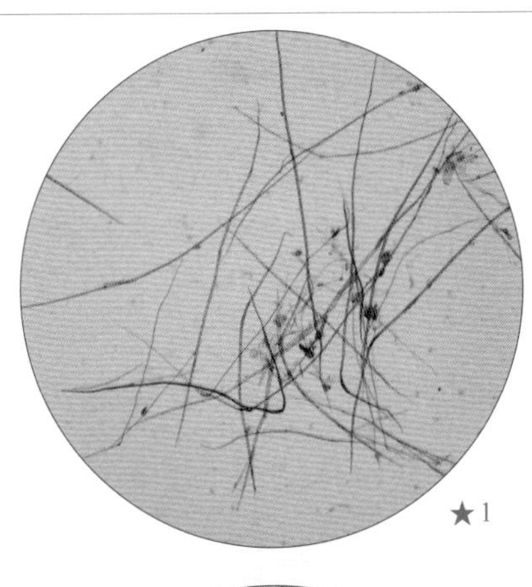

★1

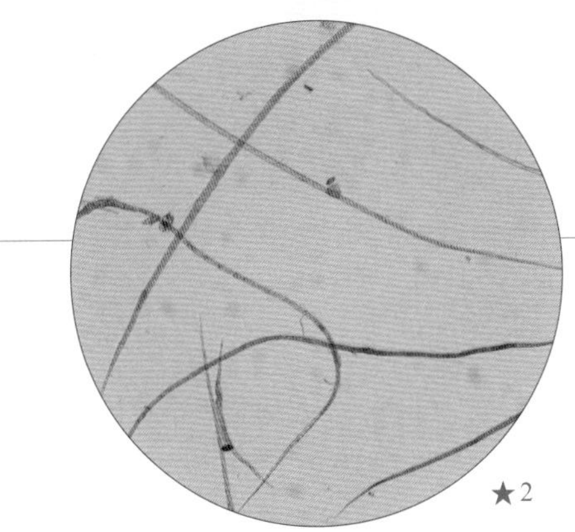

★2

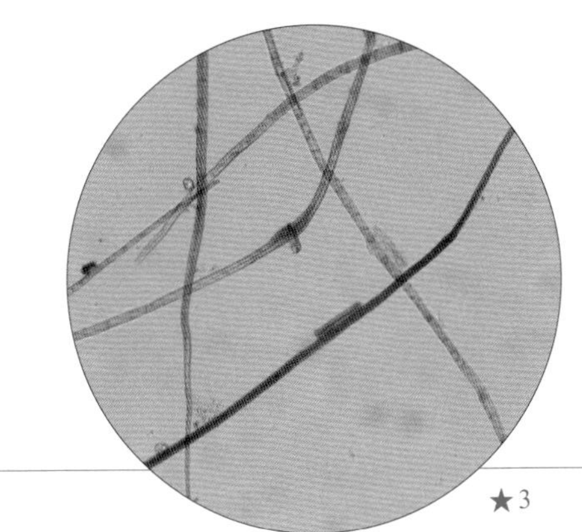

★3

由表6.1可知，所测棠岙纸（纯苦竹）的平均定量为14.6 g/m^2。棠岙纸（纯苦竹）最厚约是最薄的1.33倍。经计算，其相对标准偏差为0.089，纸张厚薄较为一致。通过计算可知，棠岙纸（纯苦竹）紧度为0.311 g/cm^3，抗张强度为0.593 kN/m。所测棠岙纸（纯苦竹）的撕裂指数为8.8 mN·m^2/g；湿强度纵横平均值为308 mN，湿强度较小。

所测棠岙纸（纯苦竹）的平均白度为35.5%。白度最大值是最小值的1.014倍，相对标准偏差为0.004，纸张白度较为一致。经过耐老化测试后，耐老化度下降0.5%。

所测棠岙纸（纯苦竹）尘埃度指标中黑点为88 个/m^2，黄茎为36 个/m^2，双桨团为0。吸水性纵横平均值为8 mm，纵横差为4 mm。伸缩性指标中浸湿后伸缩差为0.50%，风干后伸缩差为0.50%。

棠岙纸（纯苦竹）在4倍、10倍和20倍物镜下观测的纤维形态分别见图★1、图★2、图★3。所测棠岙纸（纯苦竹）纤维长度：最长5.2 mm，

⊙1

★1 棠岙纸(纯苦竹)纤维形态图(4×)
Fibers of Tang'ao paper (*Pleioblastus amarus*) (4× objective)

★2 棠岙纸(纯苦竹)纤维形态图(10×)
Fibers of Tang'ao paper (*Pleioblastus amarus*) (10× objective)

★3 棠岙纸(纯苦竹)纤维形态图(20×)
Fibers of Tang'ao paper (*Pleioblastus amarus*) (20× objective)

⊙1 棠岙纸(纯苦竹)润墨性效果
Writing performance of Tang'ao paper (*Pleioblastus amarus*)

最短0.4 mm，平均长度为1.6 mm；纤维宽度：最宽27.0 μm，最窄5.1 μm，平均宽度为11.8 μm。

2. 棠岙纸（苦竹+桑皮）

测试小组对袁恒通纸坊制作的棠岙纸（苦竹+桑皮）所做的性能分析，主要包括定量、厚度、紧度、抗张力、抗张强度、撕裂度、撕裂指数、湿强度、白度、耐老化度下降、尘埃度、吸水性、伸缩性、纤维长度、纤维宽度和润墨性等。按相应要求，每一项指标都重复测量若干次后求平均值。其中定量抽取了5个样本进行测试，厚度抽取了10个样本进行测试，抗张力抽取了20个样本进行测试，撕裂度抽取了10个样本进行测试，湿强度抽取了20个样本进行测试，白度抽取了10个样本进行测试，耐老化度下降抽取了10个样本进行测试，尘埃度抽取了4个样本进行测试，吸水性抽取了10个样本进行测试，伸缩性抽取了4个样本进行测试，纤维长度测试了200根纤维，纤维宽度测试了300根纤维。对棠岙纸（苦竹+桑皮）进行测试分析所得到的相关性能参数见表6.2。表中列出了各参数的最大值、最小值及测量若干次所得到的平均值或者计算结果。

表6.2 棠岙纸(苦竹+桑皮)相关性能参数
Table 6.2 Performance parameters of Tang'ao paper (*pleioblastus amarus* + mulberry bark)

指标		单位	最大值	最小值	平均值	结果
定量		g/m^2				12.1
厚度		mm	0.040	0.034	0.036	0.036
紧度		g/cm^3				0.336
抗张力	纵向	N	9.8	7.3	8.4	8.4
	横向	N	6.0	4.2	5.2	5.2
抗张强度		kN/m				0.453
撕裂度	纵向	mN	21.5	18.9	20.5	20.5
	横向	mN	39.4	33.5	36.3	36.3
撕裂指数		mN·m^2/g				2.3
湿强度	纵向	mN	947	845	884	884
	横向	mN	425	385	411	411
白度		%	67.3	67.1	67.2	67.2
耐老化度下降		%				4.1
尘埃度	黑点	个/m^2				32
	黄茎	个/m^2				20
	双浆团	个/m^2				0
吸水性	纵向	mm	31	29	30	23
	横向	mm	26	25	25	5
伸缩性	浸湿	%				0.50
	风干	%				0.50
纤维	长度	mm	3.5	0.4	1.4	1.4
	宽度	μm	24.3	5.4	11.7	11.7

由表6.2可知，所测棠岙纸（苦竹+桑皮）的平均定量为12.1 g/m^2。棠岙纸（苦竹+桑皮）最厚约是最薄的1.18倍。经计算，其相对标准偏差为0.052，纸张厚薄较为一致。通过计算可知，棠岙纸（苦竹+桑皮）紧度为0.336 g/cm^3，抗张强度为0.453 kN/m。所测棠岙纸（苦竹+桑皮）的撕裂指数为2.3 mN·m^2/g；湿强度纵横平均值为648 mN，湿强度较小。

所测棠岙纸（苦竹+桑皮）的平均白度为67.2%。白度最大值是最小值的1.003倍，相对标准偏差为0.001，纸张白度较为一致。经过耐老化测试后，耐老化度下降4.1%。

所测棠岙纸（苦竹+桑皮）尘埃度指标中黑点为32个/m^2，黄茎为20个/m^2，双桨团为0。吸水性纵横平均值为23 mm，纵横差为5 mm。伸缩性指标中浸湿后伸缩差为0.50 %，风干后伸缩差为0.50 %。

棠岙纸（苦竹+桑皮）在4倍、10倍和20倍物镜下观测的纤维形态分别见图★1 、图★2、图★3。所测棠岙纸（苦竹+桑皮）纤维长度：最长3.5 mm，最短0.4 mm，平均长度为1.4 mm；纤维宽度：最宽24.3 μm，最窄5.4 μm，平均宽度为11.7 μm。

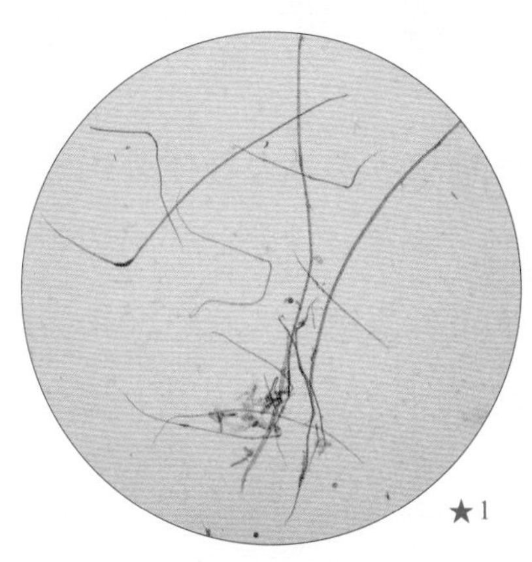

★1

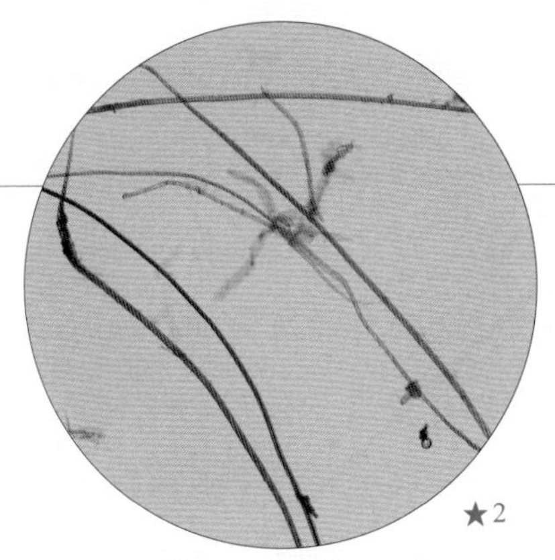

★2

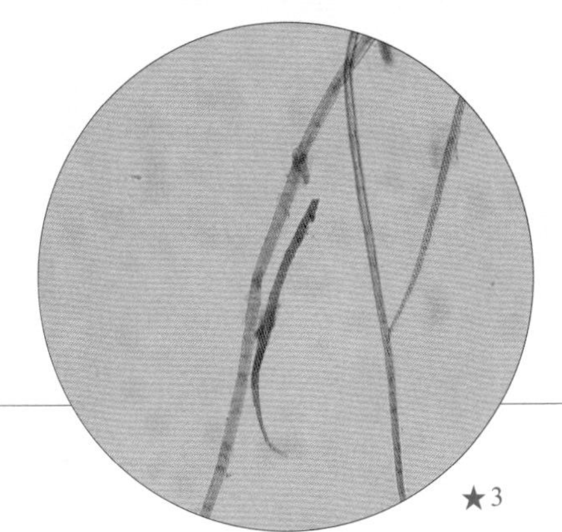

★3

⊙1

★1
棠岙纸(苦竹+桑皮)纤维形态图(4×)
Fibers of Tang'ao paper (*Pleioblastus amarus* + mulberry bark) (4× objective)

★2
棠岙纸(苦竹+桑皮)纤维形态图(10×)
Fibers of Tang'ao paper (*Pleioblastus amarus* + mulberry bark) (10× objective)

★3
棠岙纸(苦竹+桑皮)纤维形态图(20×)
Fibers of Tang'ao paper (*Pleioblastus amarus* + mulberry bark) (20× objective)

⊙1
棠岙纸(苦竹+桑皮)润墨性效果
Writing performance of Tang'ao paper (*Pleioblastus amarus* + mulberry bark)

四
袁恒通纸坊古籍修复纸的生产原料、工艺与设备

4
Raw Materials, Papermaking Techniques and Tools of Paper for Repairing Ancient Works in Yuan Hengtong Paper Mill

（一）古籍修复纸的生产原料

1. 主料：苦竹

袁恒通纸坊生产古籍修复纸的原料是当地生长的苦竹。据袁建增介绍，制作古籍修复纸的原料全部都是从当地收购的，2016年的收购价格为2 元/kg（其中包括砍竹和运竹工人的工资），一年收购量约为10 000 kg。

2. 辅料

（1）纸药。在棠岙纸的抄纸过程中，需要添加纸药使纸张分离。纸坊用的纸药分为植物原料纸药和化学纸药，对于有着较高品质要求的古籍修复纸来说，须使用纯天然植物原料纸药。访谈过程中据袁建增介绍，棠岙纸使用的传统纸药有3种，分别是中国梧桐树的茎、野生猕猴桃藤及“豆腐渣树”（具体学名不详）树叶。根据每种植物的生长季节不同，1年的12个月刚好轮流使用3种植物纸药。每年7～9月，使用梧桐树的茎，将茎敲破后，放在水里浸泡一夜，其汁液即可溶入水中，是极好的纸药。每年1～2月、10～12月，用同样的方法获得野生猕猴桃藤的汁液。每年3～6月，将“豆腐渣树”的新生树叶放入水中，也可获得纸药。

关于纸药的来源，袁建增提供的信息是，村里有一个人知道哪个季节哪里有合适的纸药原料，专门上山寻找并砍伐，隔几天会背1捆原料送至作坊。2016年1捆原料的价格是100多元，1捆通常能用一个星期。

（2）山泉水。袁恒通纸坊造纸使用的水是附近的山泉水，经调查组成员在作坊现场取样检测，造纸用水pH为6.5左右，为弱酸性。

（3）石灰。石灰主要用来腌制浸泡砍下并晒

⊙1

⊙1
纸坊门口梧桐树的枝叶
Leaves of Chinese parasol tree at the entrance to the paper mill

干的竹料捆，以分解木质素与半纤维素成分。

⊙2 纸药 Papermaking mucilage

⊙3 作为纸坊水源地的小溪 Stream as the water source of the paper mill

（二）古籍修复纸的生产工艺流程

据调查中袁建增对工艺的描述，并综合调查组2016年10月7日和2018年12月23日在作坊对工序的实地调研，袁恒通纸坊所造古籍修复纸的生产工艺流程可归纳为：

壹	贰	叁	肆	伍	陆	柒	捌	玖	拾	拾壹	拾贰
砍料	腌料	阴料	洗料	堆蓬	蒸煮	浸泡	捣料	打浆	沉沙	配浆	抄纸

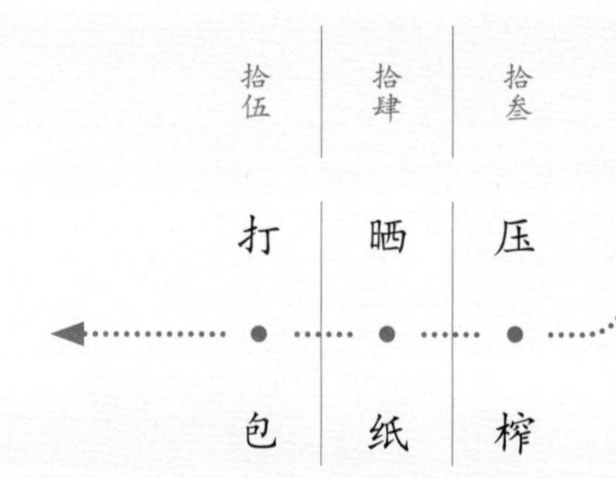

拾伍	拾肆	拾叁
打包	晒纸	压榨

壹 砍料

1 ⊙1

苦竹的砍伐时间从每年的小暑开始直到大暑前，由于必须使用嫩的苦竹，砍竹的工作要在7～10天内完成。砍下来的苦竹用机器敲破，敲破后砍成50 cm长的竹段，并进行捆扎，每捆10～15 kg。

贰 腌料

2 ⊙2

在石灰池中添加水，并放入生石灰进行溶解和搅拌。再将整捆竹料放入搅拌均匀的石灰水中，使石灰水完全浸没竹料。一般情况下，每捆竹料的腌制时间为1～2个月。

⊙1 腌料 Soaking the materials

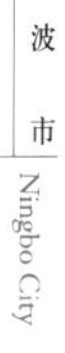

⊙2
砍下的苦竹
Chopped *Pleioblastus amarus*

叁

阴料

3

在背阴的地方挖一个坑，将经过石灰水腌制的竹料置于坑中堆放，再用稻草封盖起来，放置约1个月。

肆

洗料

4 ⊙3

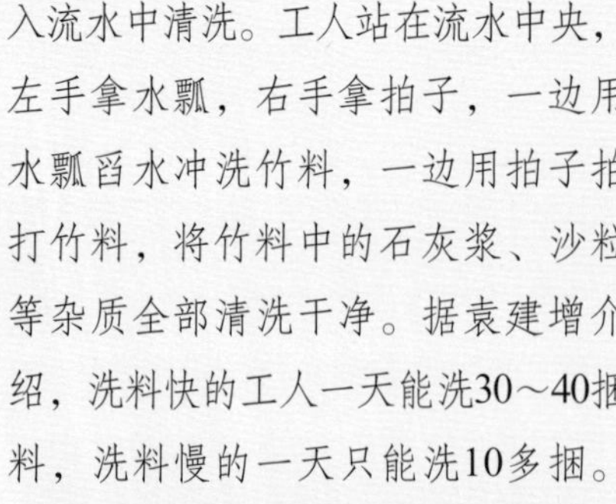

传统方式是将放置了1个月的竹料放入流水中清洗。工人站在流水中央，左手拿水瓢，右手拿拍子，一边用水瓢舀水冲洗竹料，一边用拍子拍打竹料，将竹料中的石灰浆、沙粒等杂质全部清洗干净。据袁建增介绍，洗料快的工人一天能洗30～40捆料，洗料慢的一天只能洗10多捆。

⊙3

伍

堆蓬

5

将洗净的竹料放置于阴凉处堆蓬，用干稻草覆盖，自然发酵1～2个月。

陆

蒸煮

6 ⊙4

将堆蓬后的竹料放入蒸锅中，再加入大半锅水，生火蒸煮，大约半天时间可将水烧开，烧开后焖两天，再等竹料自然冷却。每次约蒸煮2 000 kg竹料。

⊙4

柒

浸泡

7 ⊙5⊙6

将冷却的竹料放置于竹料缸（水缸）中，加水并浇上适量人尿，让竹料缸暴露在自然环境中6个月以上，使竹料自然发酵。据袁建增介绍，之所以选择用水缸泡料，是因为水缸能够自然受热且受热均匀。作坊内的水缸购于江西景德镇，购置价格为1 000元/口。每口缸能泡500 kg竹料，约可以造5 000张纸。

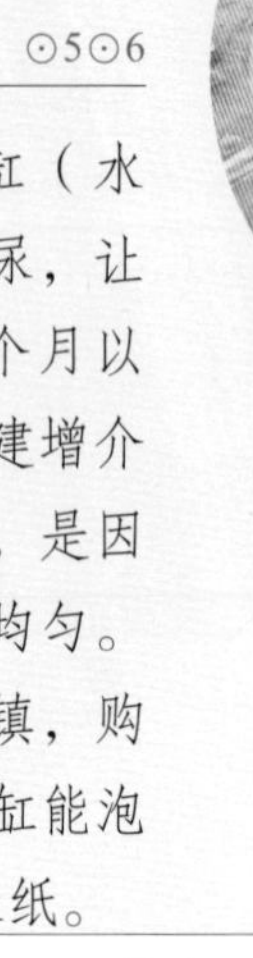

⊙6

⊙3 洗料 Cleaning the materials

⊙4 蒸锅正在蒸煮料 Steaming and boiling the materials in the pot

⊙5 作坊外的竹料缸 Materials vat outside the paper mill

⊙6 浸泡中的竹料 Soaking the bamboo materials

捌

捣　　料

8 ⊙7

将浸泡好的竹料榨干后放入石臼中捣料，捣料过程中需要不停地拿耙子翻料，以使其充分捣碎。整个捣料过程需要40～50分钟，具体的时间根据料的情况而定。

⊙7

玖

打　　浆

9

在打浆机中加水，再慢慢将捣碎的细竹料放进水中，通过打浆机的不停运行将竹纤维打散。打浆过程大约需要10分钟。

拾

沉　　沙

10

将打好的浆料放入沉沙池中，浆料从一条沟流下来，由于竹浆轻，随水流从上表面流下来，重的沙粒就自然沉下来。把经过除沙的浆料引入调浆池中，加水稀释，再一次经过沉沙池进行沉沙。在沉沙池的出浆口有一竹筐，竹筐中有布袋，利用布袋接住打好的浆料并过滤掉水分。

拾壹

配　　浆

11 ⊙8

将打好的苦竹浆料放入配浆池中，并根据纸的不同需求在配浆池中添加不同的配制原料（添加的具体成分袁建增表示不方便透露），然后对原料进行二次混合打浆。

拾贰

抄　　纸

12 ⊙9⊙10

制浆环节完成后，即可将浆料加入纸槽中进行搅拌，等待抄纸。在抄纸过程中，抄纸工需要将纸帘放入水中捞3次纸浆才可形成一张纸。据袁建增介绍，古籍修复纸很薄，越薄的纸越难抄，对抄纸工的技术要求很高。每抄20～30张纸，抄纸工就往纸槽中添加一次纸浆和纸药。抄纸工一天可以抄700～800张纸，从早上7点开始工作，到下午5点左右结束。抄纸工工资按成品计算，20～30元／刀。

⊙9

⊙8

⊙10

⊙7 已捣碎的苦竹料 Mashed *Pleioblastus amarus*

⊙8 配浆 Adding various raw materials to the pulp

⊙9 袁建增二姐夫江任尧在抄纸（夏季） Jiang Renyao, elder brother-in-law of Yuan Jianzeng, making the paper (in summer)

⊙10 抄纸工人在抄纸（冬季） Papermaker making the paper (in winter)

拾叁 压榨

13 ⊙11

当天抄好的纸并不立刻压榨，而是用木板盖上，上面压上木条，慢慢将湿纸垛压实，第二天早上再用千斤顶压榨大约1小时，即可将纸垛压到理想状态。

⊙11

拾肆 晒纸

14 ⊙12～⊙16

将压榨后的干纸帖立刻运往晒纸房晒纸。晒纸工用嘴对着干纸帖的一角吹气，使其便于一张张揭下。在揭纸前，晒纸工会用筒芽头在纸帖上划几下，使纸帖变松。

揭下来的纸在焙壁上用松毛刷刷服帖，焙壁的温度为50～60 ℃。与四尺大小的纸不同的是，由于古籍修复纸的尺寸较小，在贴到焙壁上的时候，可以一张挨着一张，以保证焙壁热量的充分利用。据袁建增介绍，正常情况下，5分钟可以晒好一张纸。为了使晒纸工的工作环境不那么恶劣，同时也是为了使纸张“火气”不要太大，焙壁的温度相对于别的作坊要低，晒纸工的工作环境也相对舒适。晒纸工的工资与抄纸工工资相同。

⊙12

⊙13

⊙14

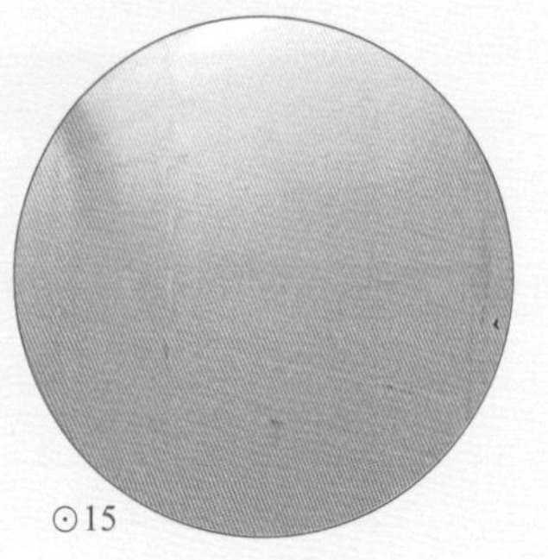

⊙15

⊙16

拾伍 打包

15 ⊙17

将烘干的纸一张张数好并对齐叠好，每5 000张为1件，每件纸用上下两块木板压好并进行捆绑。所有纸品不盖章、不打标签。打包好的纸当天发货，不堆放于作坊中。

⊙17

⊙11 抄纸工人在用压榨机压纸 Papermaker pressing the paper with a squeezing

⊙12 袁建增示范『按摩』纸帖 Yuan Jianzeng showing how to loosen the paper layers

⊙13 揭纸 Peeling the paper down

⊙14 烘纸 Drying the paper

⊙15 烘壁上贴着的纸 Paper on the drying wall

⊙16 从焙壁上揭纸 Peeling the paper down from the drying wall

⊙17 用压纸板压住晒好的纸 Dried paper pressed by the cardboard

Yuan Hengtong Paper Mill in Tang'ao Village of Fenghua District

（三）古籍修复纸的主要制作工具

壹 电动脚碓和耙子 1

电动脚碓是用来捣料的工具，由传统竹纸制作工具脚碓改进而来，将竹料放置于石臼中碓打。调查时实测袁恒通纸坊捣料时用于翻料的耙子的尺寸为：耙杆长120 cm，直径3 cm；耙头长24 cm，宽12 cm。

⊙18

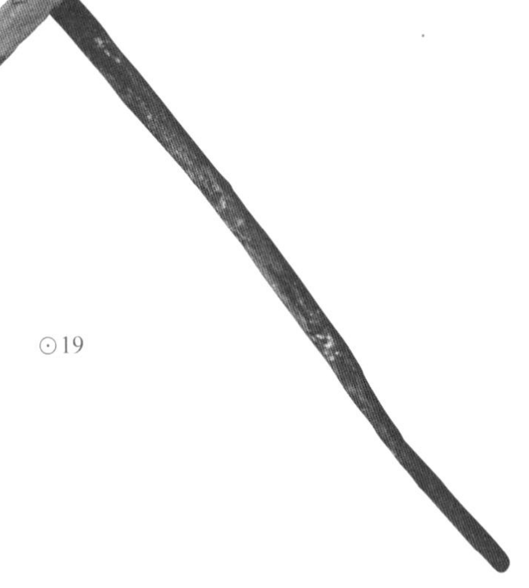
⊙19

贰 打浆机 2

用于搅拌浆料的机器。

⊙20

叁 沉沙池 3

用于去除浆料中杂质的回形池。

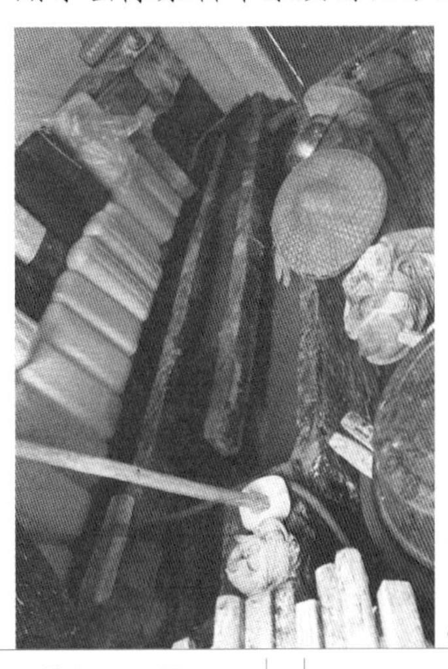
⊙21

肆 纸　帘 4

抄纸工具，用于过滤水分和形成湿纸膜。用细密的竹丝编织而成，表面刷有黑色土漆。实测袁恒通纸坊纸帘尺寸为：长86 cm，宽50 cm。

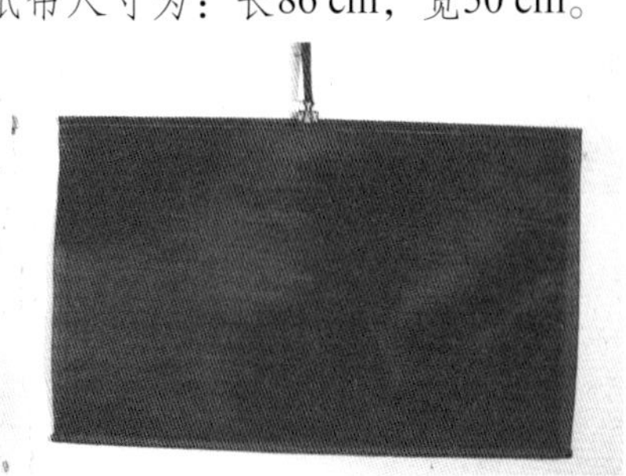
⊙22

⊙18 电动脚碓 Electronic foot pestle

⊙19 翻料的耙子 Rake for in stirring the materials

⊙20 打浆机 Machine for beating the papermaking materials

⊙21 沉沙池 Container for removing the impurities from the pulp

⊙22 纸帘 Papermaking screen

伍 帘床 5

抄纸工具，用于放置纸帘的长方形框架。实测袁恒通纸坊所用帘床尺寸为：长88 cm，宽64 cm。

⊙23

陆 纸槽 6

用于盛放纸浆的长方体水池。

⊙24

柒 松毛刷 7

晒纸工具，可将湿纸在焙壁上刷服帖而不破坏纸的结构和外观。刷柄为木头，刷毛为松针。据袁建增介绍，刷毛最好使用冬天的松针，松针被采摘下来以后晒干保存，待到要做松毛刷的时候再拿出来。实测袁恒通纸坊所用松毛刷尺寸为：长26 cm，宽14 cm。

⊙25

⊙26

捌 筒芽头 8

用于松纸帖的工具，由硬质的檀木做成。实测袁恒通纸坊所用筒芽头尺寸为：长33 cm，直径2 cm。

⊙27

玖 焙壁 9

用砖块砌成并刷有石灰的光滑墙壁，下部烧柴火，墙体即可达到所需温度，用于晒纸。

⊙28

⊙29

⊙23 帘床 Frame for supporting the papermaking screen

⊙24 纸槽 Papermaking trough

⊙25 松毛刷 Brush made of pine needles

⊙26 刚刚采摘的松针 Freshly picked pine needles

⊙27 筒芽头 Tool for loosening the paper

⊙28 正在使用的焙壁 Drying wall in use

⊙29 焙壁屋外部 Exterior of the drying wall

五
袁恒通纸坊的市场经营状况

5
Marketing Status of Yuan Hengtong Paper Mill

袁恒通纸坊作为棠岙村唯一一家传承传统棠岙纸生产技艺的造纸作坊，自2000年以来，每年的订单量都比较稳定。由于纸坊的古籍修复用纸在业内已经有了较好的口碑，可以稳定地销往各大图书馆。据袁建增介绍，2015～2016年所生产的古籍修复纸尺寸为50 cm×80 cm，市场价约为4.8元/张，每年约生产20万张。2015年其中50%左右销往中国国家图书馆。如果20万张纸全部以4.8元/张销售掉，那么一年有96万元左右的毛收入，应该说这在当地属中等以上的乡村手工业的收入水平。

目前袁恒通纸坊销售的纸品主要是修复纸和典籍印刷纸，但也会应市场需求和客户需要生产一些书写纸和书皮纸。在袁家纸坊的销售体系中，修复用纸的销量占总销量的60%，典籍印刷纸占总销量的30%，剩下的书写纸和书皮纸占10%。据袁建增透露，修复用纸的市场价格为480～550元/刀，价格根据用户要求和原料配比情况的不同而有所区别，典籍印刷纸约在500元/刀，比较稳定，而书写纸的价格最高，约650元/刀。

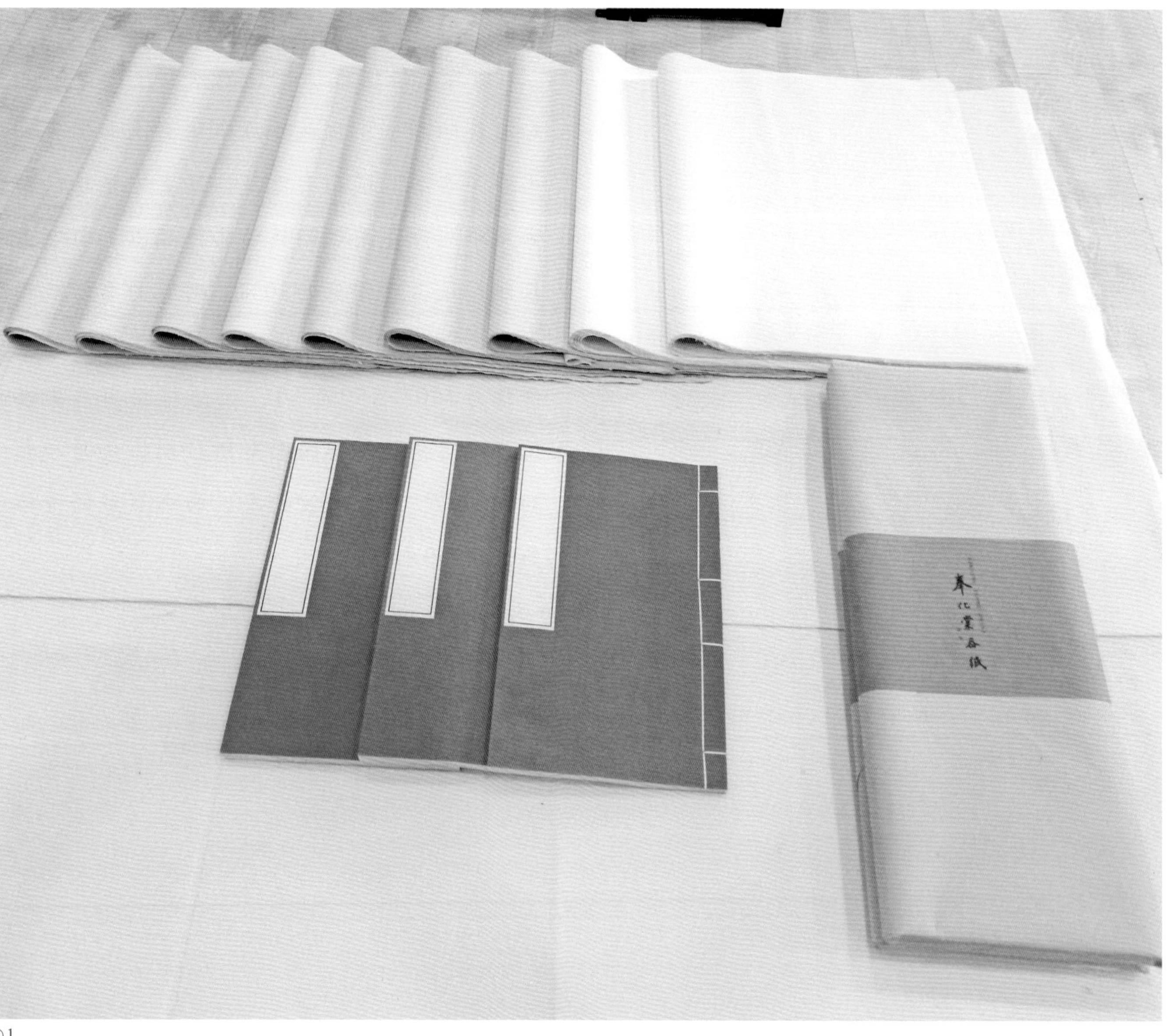

⊙1

⊙1
袁恒通造纸坊纸品展示
Paper displayed in Yuan Hengtong Paper Mill

六 袁恒通纸坊的造纸故事

6 Papermaking Stories of Yuan Hengtong Paper Mill

（一）潜心研制乌金原纸

作为“纸痴”的袁恒通，热心于研究和尝试不同品种手工纸的制作工艺，哪怕在生活艰难、难以保证自身生活的年代也充满探索热情。据袁建增介绍，父亲袁恒通曾在20世纪80年代初尝试过乌金原纸的制作。当时上虞蔡林村的乌金纸厂家和南京的金箔总厂来到袁恒通家中，希望袁恒通能生产出适合打金箔的原纸。这种原纸既要薄又要净，还需要有很强的韧性。经过袁恒通的精心探究，发现苦竹的韧性和纤维的柔软度都比当地传统造竹纸的毛竹要好，因此决定用苦竹原料去尝试制作。虽然这之前杭州富阳县的稠溪村早已有了用苦竹造乌金原纸的工艺传统，但袁恒通自己表示当年并不知道。由于没有可借鉴的制作工艺，袁恒通只能用最传统的制作棠岙纸的方法制作乌金原纸，仅原料加工和准备就花费了一年的时间。在乌金原纸没有被生产出来的时候，连袁恒通自己也不知道到底能不能成功。但是缘于对造纸的痴迷，袁恒通宁愿自己垫付原料成本，也要将乌金原纸造出来。最终，乌金原纸的制作成功给袁恒通纸坊带来了生机。

2018年9月回访上虞蔡林村时，在村中文化礼堂的乌金纸展馆里，调查组成员还看到了1991年袁恒通造的乌金原纸。

据既是乌金纸制造人同时也是浙江省级“非遗”传承人的朱信灿介绍，造乌金纸对乌金原纸的要求很高，不仅仅是工艺上的要求高，对原料的要求也是非常严格的。原纸需要的原料是在谷雨前后3天砍下的苦竹，将其放在大缸中用石灰水腌制，到9月份再取出造纸，这样的要求有的人是做不到的，甚至有的人会将不是谷雨前后砍下的苦竹拿来冒充，但是朱信灿特别强调：“恒通可以，恒通厚道、老实。”

1991年朱信灿走访各地寻找适合的原纸，

⊙2

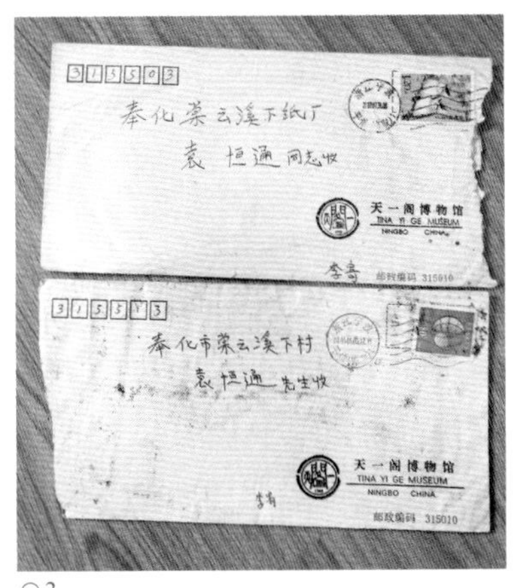

⊙3

⊙2 展示馆摆放的乌金纸（左）和乌金原纸（右）
Wujin paper (left) and the original Wujin paper (right) in the exhibition hall

⊙3 袁恒通与天一阁图书馆来往的信件
Correspondences between Yuan Hengtong and Tianyige Library

后来在奉化棠岙村找到了袁恒通纸坊。开始时他是不放心的，亲眼看着袁恒通在谷雨前后3天砍下了苦竹并把它们放在大缸中密封腌制才离开。后来了解到袁恒通为人老实、厚道，便一直放心地合作了下去。每年一次性购买当时价值2万～3万元的原纸，共30万～46万张纸。一直合作了七八年，直到乌金纸的生产受到了日本传入的现代造纸技术的巨大冲击后才停止了合作。当调查小组提到袁恒通家的乌金原纸时，朱信灿称赞道："恒通家的原纸好，是独一无二的。"

（二）与"天一阁"的不解之缘

据袁建增口述，20世纪80年代末至90年代初，袁恒通的溪下造纸厂关闭了，他舍不得离开造纸坊，就在周边种点蔬菜守着纸厂。直到1997年，当时的宁波天一阁图书馆为修补破损的古籍藏书，需要一批与明代古籍纸相同的竹纸，时任天一阁副研究员的李大东先生遍寻适合的纸张无所获，经人介绍来到利用古法手工造纸的袁恒通纸坊，实地考察后邀请袁恒通试制古籍修复用纸。

古籍修复用纸同其他的纸不同，对纸张的薄度、韧性、颜色以及寿命等有着更为严苛的要求。当时61岁的袁恒通特意去天一阁翻阅古籍，以增加对古籍纸的认知，经过多番试验，终于造出了第一批样纸。南京博物馆对纸张进行了检测化验，认为这种苦竹纸与古籍纸最为接近，而且具有苦涩味道，可以防虫，是修复古籍最理想的纸张。2018年12月回访时袁建增表示，有专家曾评价袁家的修复纸可以保存一千年，真正实现了纸寿千年。

袁恒通纸坊第一笔古籍修复纸的订单是天一阁下的订单，因为时间久远，具体数量袁恒通自己也记不太清了，可能是5 000张左右，后来开始慢慢增多，现在每年能较稳定地获得十几万张的订单。

2000年以后，袁家的古籍修复纸先后被全国各地的图书馆和古籍修复馆所得知，也迎来了国家图书馆时任善本修复组组长张平的来信交流和国家图书馆的订单。同时还有诸如天津图书馆、上海图书馆、辽宁大学图书馆、北京大学图书馆、四川大学图书馆等的订单及来信。自此，袁家造纸坊开始源源不断地接收到来自全国各地的图书馆的订单。

⊙1

⊙2

⊙3

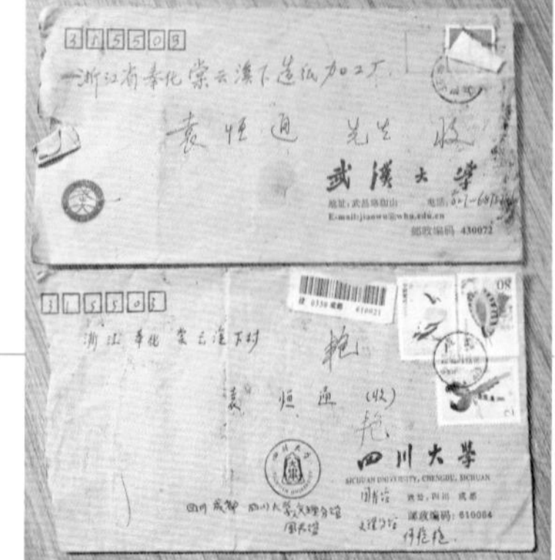

⊙4

⊙1 朱信灿1991年从袁恒通纸坊购买的乌金原纸
Zhu Xincan purchased original Wujin paper from Yuan Hengtong Paper Mill in 1991

⊙2 朱信灿用袁恒通的原纸造的乌金纸
Zhu Xincan made Wujin paper with Yuan Hengtong's original paper

⊙3 国家图书馆张平给袁恒通的来信
Letter from Zhang Ping of the National Library to Yuan Hengtong

⊙4 各地图书馆下订单的信件
Orders from various libraries

七
袁恒通纸坊传承与发展思考

7
Reflection on Inheritance and Development of Yuan Hengtong Paper Mill

2016年11月，调查组在袁恒通纸坊观察到的纸坊的现状是，由于袁恒通年事已高，不适合再继续从事一线的造纸工作，儿女们集体传承了父亲的造纸事业，传承现状是比较正常和有序的。特别是其子袁建增，放弃了已经在外打拼出来的事业，专门回到老家棠岙村主持纸坊的生产及运营，并且有意识地推进纸坊的对外交流与合作，使得家庭小纸坊获得了一批中国古籍修复代表性机构的认可，声名远播。由于袁恒通子女们的年纪并不大，因此第三代接班人的事宜尚未提上日程。

2015年6月，袁恒通纸坊被评为宁波市“非遗”传承基地，不断有外界的学者、学生来纸坊参观学习。纸坊负责人袁建增表示，自己非常希望纸坊能获得各界研究者的广泛关注，成为中小学生体验造纸工艺的基地，创造作为棠岙纸制作技术研究中心的“非遗”传播推广价值。

当问及发展中面临的问题时，袁建增表示最担心的是造纸原料的供给问题。因为目前纸坊抄造古籍修复纸时所添加的纸药全部是由村里的一位老人上山砍伐相关植物制作的，只有他知道什么时间及哪里有合适的纸药原材料，等这位老人无法从事这项工作了，不知道能否继续保证纸药原料的供给。袁建增颇显无奈地说，到时如果需要的话，就要请这位老人带路或指路并派人上山砍相关植物以制作纸药。

⊙5

⊙5 调查时正在搭建的技艺展示间 Craft showroom in construction during the investigation

2018年12月调研组第二次回访袁恒通纸坊时，袁建增正承受着环保问题带来的压力。袁建增说，从目前情况看，似乎环保问题和手工纸“非遗”传承是在两个对立面上的，两者是互相矛盾的。在调查组2018年12月回访之前，袁恒通纸坊因为环保问题已经被关停3个月了，刚刚复工。2018年9月20日，政府发布了环保通知，袁建增面临两条路：一是搬迁纸坊，二是关停。袁建增表示，县里和市里的“非遗办”对此也没有很好的对策，而他个人的态度是“宁可关停，也不搬迁”。他认为一旦搬迁之后，就破坏了这里的历史文化生态和人文传承，“奉化棠岙纸”也就不再是“奉化棠岙纸”了。

袁建增透露，当他回乡接手父亲纸坊的时候是自信满满的，希望可以将父亲守了一辈子的纸坊继续守下去，将手工纸技艺传承下去，让后代人能了解这种文化遗产。但是从目前纸坊的状况来看，前景似乎不容乐观。看着年迈的父亲袁恒通，袁建增表示：“这张纸对于我们来说可以没有，但是对于我父亲来说不能没有，纸没了他也就没了。”

⊙1

⊙1
袁恒通（右）和袁建增（左）父子合影
Yuan Hengtong (right) and his son Yuan Jianzeng (left)

奉化区棠岙村
袁恒通纸坊
苦竹纸

Pleioblatus amarus Paper
of Yuan Hengtong Paper Mill in
Tang'ao Village of Fenghua District

纯苦竹修复用纸透光摄影图

A photo of pure *Pleioblastus amarus* paper
for repairing seen through the light

奉化区棠岙村 袁恒通纸坊

书写用纸

Writing Paper of Yuan Hengtong Paper Mill in Tang'ao Village of Fenghua District

「苦竹+毛竹+桑皮」书写用纸透光摄影图

A photo of "*Pseudosasa amarus* + *Phyllostachys edulis* + mulberry bark" writing paper seen through the light

奉化区棠岙村袁恒通纸坊修复用纸

Paper for Repairing
of Yuan Hengtong Paper Mill
in Tang'ao Village of Fenghua District

『苦竹+桑皮』修复用纸透光摄影图

A photo of "*Pleioblastus amarus* + mulberry bark" paper for repairing seen through the light

奉化区棠岙村
袁恒通纸坊
古籍印刷用纸

Paper for Repairing Ancient Works
of Yuan Hengtong Paper Mill in Tang'ao Village
of Fenghua District

第七章
丽水市

Chapter Ⅶ
Lishui City

松阳县李坑村
李坑造纸工坊

浙江省
Zhejiang Province

丽水市
Lishui City

松阳县
Songyang County

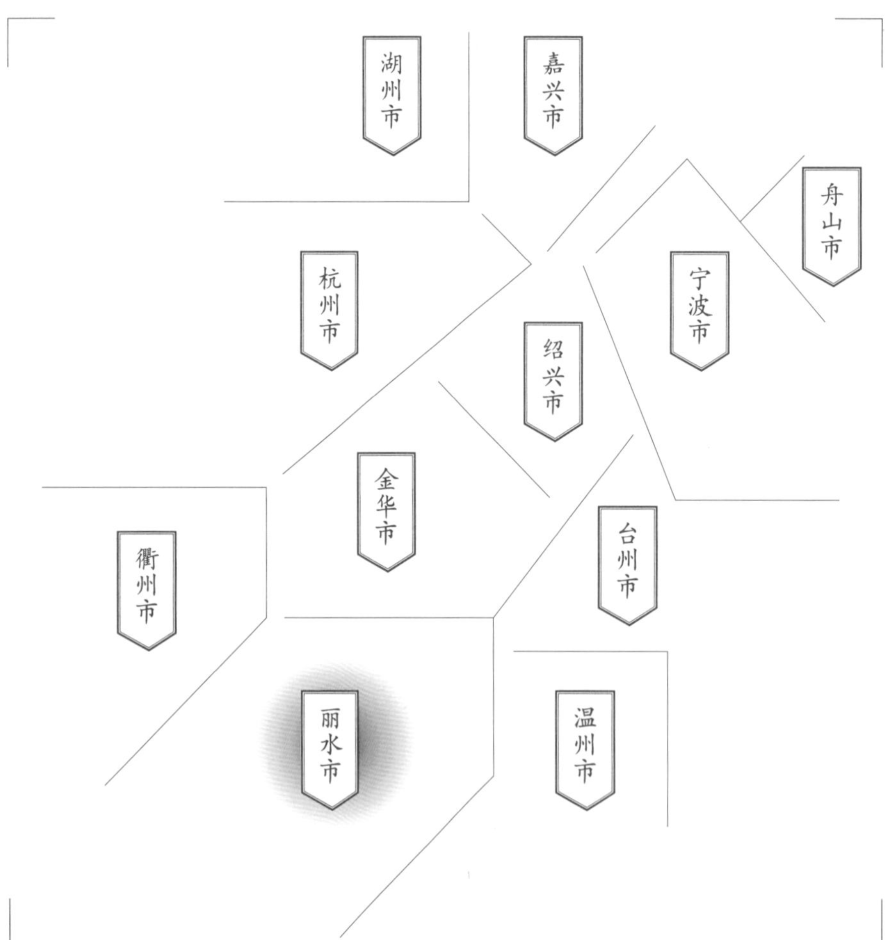

调查对象
安民乡李坑村
李坑造纸工坊
皮纸

Likeng Paper Mill in Likeng Village of Songyang County

Subject
Bast Paper in Likeng Paper Mill of Likeng Village in Anming Countryside

一
松阳县李坑村李坑造纸工坊的基础信息与生产环境

1
Basic Information and Production Environment of Likeng Paper Mill in Likeng Village of Songyang County

李坑造纸工坊位于丽水市松阳县安民乡李坑村，地理坐标为：东经119° 18′ 27″，北纬28° 18′ 15″。李坑村位于松阳县西南方向，距县城约60 km，北靠玉岩镇，南依古寨安岱后村，东接大潘坑村，西连国家4A级旅游景区箬寮原始森林。李坑村植被茂盛，水资源丰富，有非常丰富的古树名木资源，自然环境得天独厚。

根据周姓族谱资料记载，李坑形成村落约在清初，距今约350年，因原先村庄溪坑两侧多为李树而得名。李坑村今存规模最大的姓——周姓的祖先据记载为北宋著名理学家、文学家周敦颐。南宋末年，其一支后人原在钱塘（即今杭州）为官，后为躲避战乱，先迁居至浙江青田县，后迁到景邑后溪（今丽水市庆元县张村乡后溪村）定居。清代康熙年间（1661～1722年），周敦颐第

⊙1 箬寮原始森林的一条小山沟 A small valley in Ruoliao Primeval Forest

松阳县李坑村造纸工坊位置示意图

Location map of Likeng Paper Mill in Likeng Village of Songyang County

考察时间
2019年4月

Investigation Date
Apr. 2019

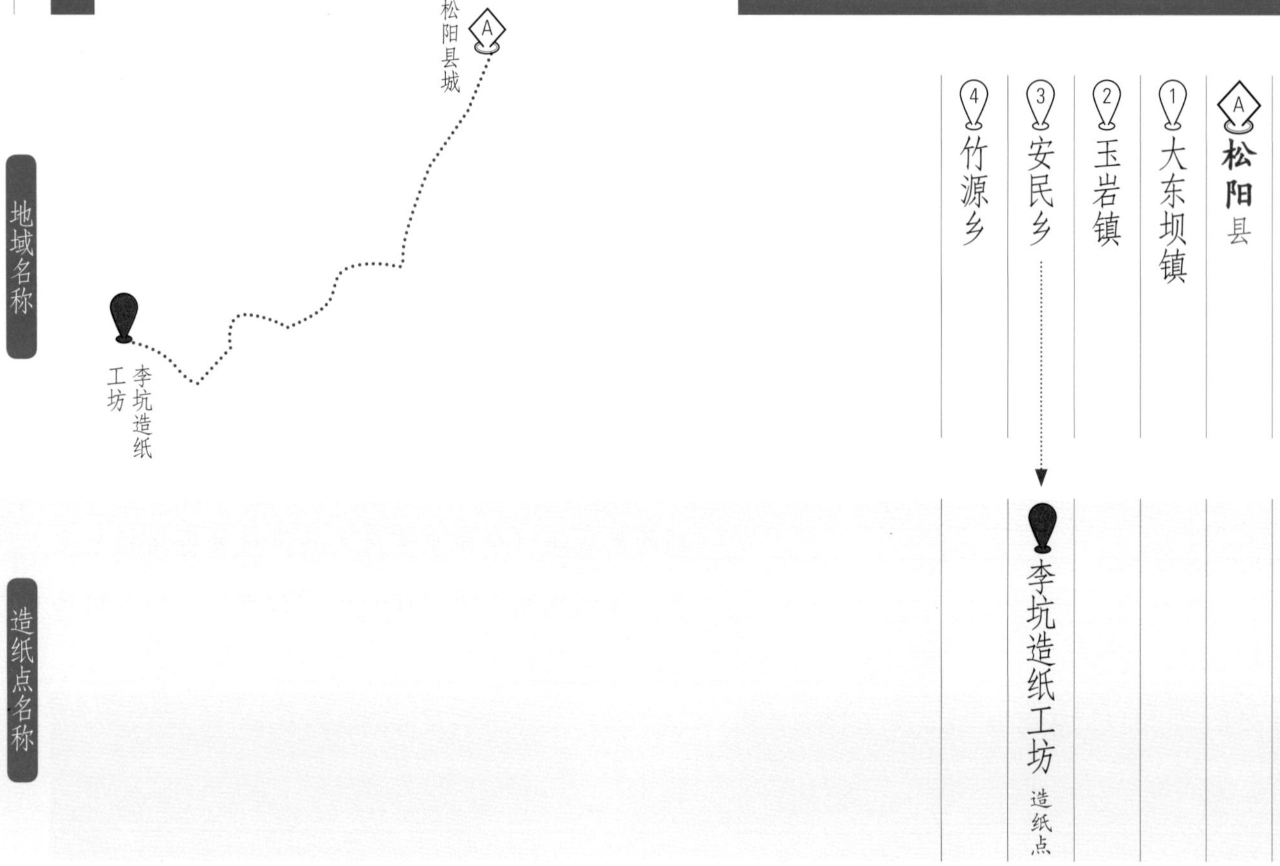

路线图
松阳县城
↓
李坑造纸工坊
Road map from Songyang County centre to Likeng Paper Mill

松阳县城
李坑造纸工坊

地域名称

松阳县
大东坝镇
玉岩镇
安民乡
竹源乡

造纸点名称

李坑造纸工坊
造纸点

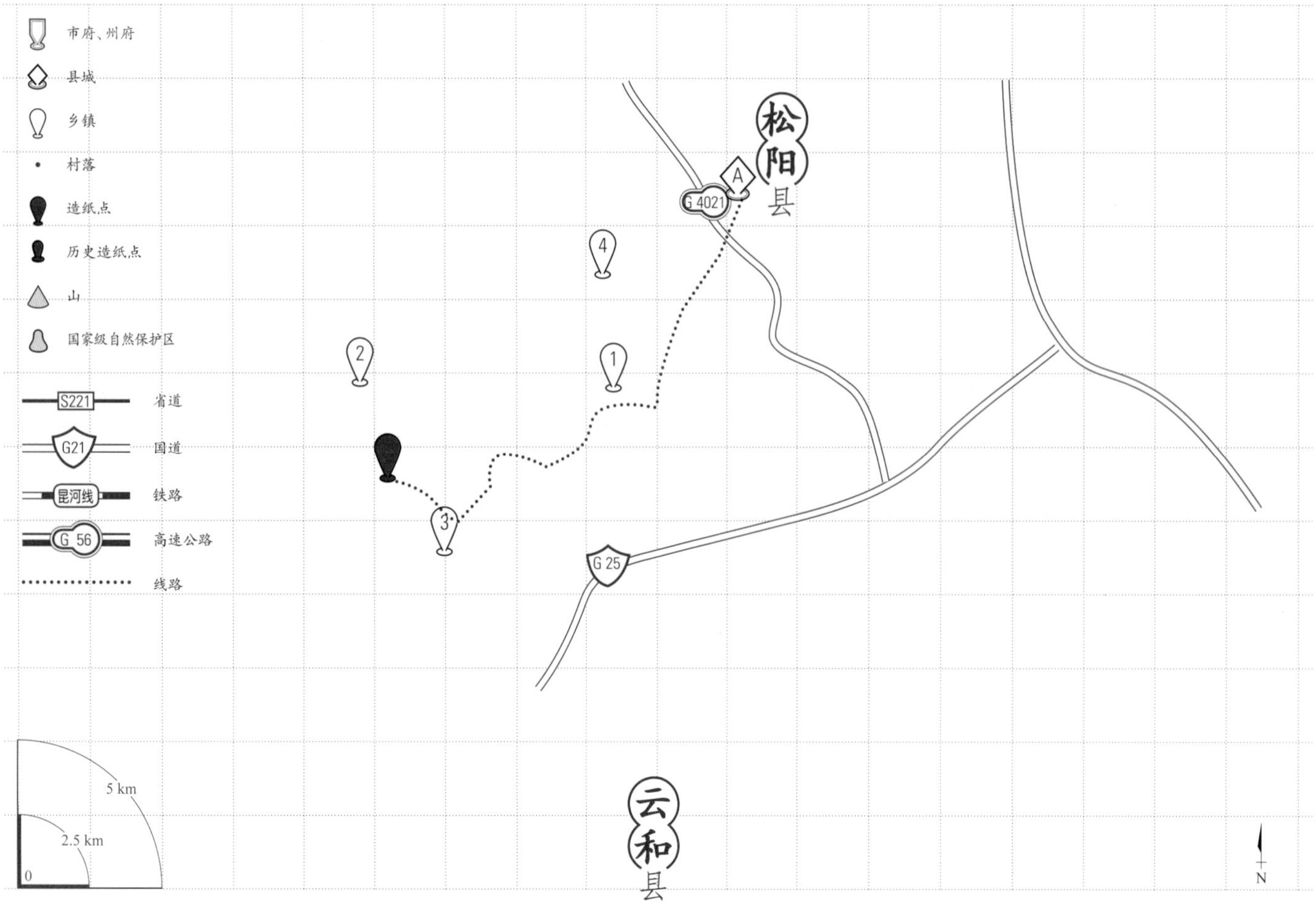

位置分布

市府、州府
县城
乡镇
村落
造纸点
历史造纸点
山
国家级自然保护区
S221 省道
G21 国道
昆河线 铁路
G 56 高速公路
线路

松阳县
G 4021
G 25
云和县
5 km
2.5 km
0
N

三十代孙周春华举家由后溪迁徙至李坑开基立业，成为周姓落户李坑的始祖；随后，毛姓、潘姓、张姓先人陆续迁入，逐渐形成李坑村的宗族人口结构雏形。[1] 截至2016年年底，李坑村共有村民149户共497人。李坑村虽然远离中心城市，但因为旅游资源特色鲜明，自2000年开发旅游业以来，先后获得“国家AAA级旅游景区”“浙江省首批AAA级景区村庄”“浙江省最美乡村三十佳”“浙江省旅游特色村”“浙江省农家乐特色村”等荣誉称号。2019年4月调查组入村调查时，小村里现存10余幢清代至民国时期的古宅，传统风貌与历史格局保存完好，建筑布局精巧，构架坚固，风格独特。其中，永宁古社为县级文物保护单位，周氏祠堂、潘氏宗祠等为第一批县级保护古建筑。整个村坐北朝南，村中古迹众多，大屋高低林立，墙头如群马奔腾，巷弄曲折萦回。村庄被树龄达300～500年的古树群所围绕，清澈纯净的溪水自西向东从村中流过，为村落增添了枕水人家的水乡风情。[2] 空气质量良好，全年均可达到最优质等级，地表水质也达到一级水平，月平均最高温度23.6 ℃，是浙西南旅游、避暑胜地。

⊙1

⊙1 李坑村现存的《张氏宗谱》（修于1936年）
Genealogy of the Zhangs kept in Likeng Village (revised in 1936)

历史上，李坑村因手工造纸技艺而闻名，其工艺流程始终保持传统方式，但或许由于僻处深山，20世纪90年代至21世纪初造纸的活态生产有短暂中断，直至近年造纸技艺才被评为松阳县级“非遗”项目。20世纪六七十年代，手工造纸在李坑村一度风靡，全村八成以上的农户参与其中，产品行销省内外。改革开放后，随着工业化、城市化的快速发展和制造技术的演进，手工造纸技艺产生的经济效益逐渐无法满足村民的需要，很多中青年村民前往城市打工谋生，或转而从事香菇种植，手工造纸行业因此衰落，调查时李坑村只有2～3户村民仍在从事手工造纸，李坑造纸工坊正是其中的代表。

2019年4月9日至11日，调查组前往李坑造纸工坊进行田野调查。据负责人潘黎明介绍，该工坊所销售的纸的品牌为“李坑”，于2018年7月申请注册，主要生产的纸品为纯山桠皮绵纸。李坑造纸工坊采取家庭作坊式生产方式，现有员工3人：负责人兼新一代传承人潘黎明，顾问张祖献、傅珠莲夫妇。主要生产场地为工坊原负责人张祖献的私人住所、院落及附近溪流，另有一间贮藏用阁楼，总占地面积约80 m^2。如全天候生产，李坑造纸工坊日产量可达到1 200～1 300张。

[1] 安民乡人民政府.走进安民[M].北京：中国文史出版社，2018.

[2] 李坑村介绍[EB/OL]. [2018-1-23]. http://www.tcmap.com.cn/zhejiangsheng/songyang_anminxiang_likengcun.html.

⊙1

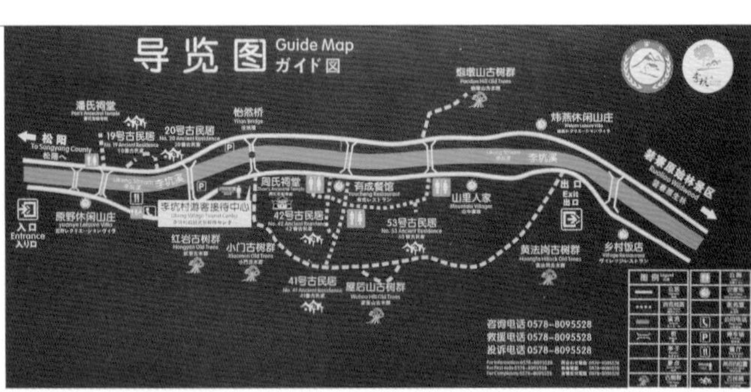

⊙2

⊙3

⊙1
李坑村村头的村名景观石
Landscape stone craved the name of the village in Likeng Village at the entrance of the Village

⊙2
李坑村的导览图牌
Guide map of Likeng Village

⊙3
李坑造纸工坊的主要生产场地
Main production site of Likeng Paper Mill

二 松阳县李坑村李坑造纸工坊的历史与传承

2 History and Inheritance of Likeng Paper Mill in Likeng Village of Songyang County

调查中据李坑皮纸的传承人张祖献、周大法（张祖献舅舅，1959～1961年曾任李坑生产大队大队长）、张林土（张祖献之兄）和傅和发（张祖献内堂弟）所叙述的村里的造纸历史，归纳相关基础信息如下：李坑村造纸历史可追溯至建村之前，至今已近400年。20世纪50年代末，李坑造纸达到离现今最近的鼎盛期，几乎每户村民在农闲时都从事造纸工作，纸品由人工挑运至松阳县城，供销社统一收购后，销售至省内的丽水、温州以及江西、安徽、福建等地。李坑绵纸薄柔、半透明、有韧性，适合作为糊窗纸、灯笼纸、油纸伞用纸、龙灯用纸、鞭炮引线纸等，还可用于书写地契、合同等，写在上面的字不褪色。周大法介绍，得益于浓厚的造纸文化，李坑村出过一位农民书法家周陈显，20世纪40年代曾在松阳县书法比赛中获得第111名的名次。周陈显的一名近亲周氏，是李坑村有史以来绝无仅有的掌握全套手工造纸技艺的两位女性（姓名不详）之一。

潘黎明负责的李坑造纸工坊继承自岳父张祖献。张祖献（1965年生，李坑村人）于中学毕业之后（1981年）正式学习造纸，并利用农闲时间造纸，所造纸由其二哥张祖华代为销售。1986年，松阳流行人工种植香菇，张祖献贷款1 500元种植香菇以补贴家用，最终以失败告终，并欠下了一大笔债务，此后张祖献通过多年造纸才还清债务。2000年左右，张祖献基本停止造纸，只偶尔从之，直至2017年因身体患病被迫完全停止。张祖献的儿子张伟和女儿张丽梅均未学习过造纸技艺，张祖献将造纸技艺传授给了女婿潘黎明，造纸场地、用具亦由其接手。潘黎明（1986年生，李坑村人）中专毕业后在杭州先后从事商业销售、电子产品维修等工作，2016年响应县政府号召回到李坑村经营民宿，最初目的是增加民宿的趣味性而向岳父张祖献学习造纸技艺，以留住更多的游客。2019年调查组调查时其已基本掌握李

⊙4 用李坑绵纸制成的油纸伞 Oil-paper umbrella made of Mian Paper in Likeng Village

⊙5 书写在李坑绵纸上的旧日契约 Old contract written on cotton paper in Likeng Village

坑山桠皮纸制作的整套工艺流程。

据张祖献介绍，其家族造纸有着浓厚的历史渊源，口头传下的记忆是至迟从张祖献的高祖父张仁贵开始就从事造纸工作。张祖献的曾祖父张应满、祖父张以兴、父亲张继荣均掌握了手工造纸的全套工艺流程，其曾祖母（姓名不详）、祖母（姓名不详）、母亲周宝珠、妻子傅珠莲也掌握了分纸、打浆等技术。张祖献的儿子张伟中学毕业后即外出打工，目前在温州从事电线切割工作；女儿张丽梅大专毕业后在杭州工作，后回到李坑村协同丈夫潘黎明经营民宿。张祖献的大哥张贵生（1956—1992年）熟悉造纸的各项技艺和销售流程；二哥张祖华（1963年生）掌握全套造纸技艺，但近年来已不再从事造纸活动，以种茶叶、打工为生。

据潘黎明介绍，其家族也从事造纸业多年，祖父潘正献、大伯潘昌平都掌握全套造纸技艺，祖母李美娟不会造纸。潘黎明的父亲潘关仁仅从事过纸品销售工作，母亲周关葱不会造纸。三个姑母潘金梅、潘关梅、潘昌女，以及其姐姐潘丽女均未学习过造纸。

表7.1　张祖献家族传承谱系
Table 7.1　Zhang Zuxian's family genealogy of papermaking inheritors

传承代数	姓名	性别	与张祖献关系	基本情况
第一代	张仁贵	男	高祖父	生卒年不详，熟悉各项造纸技艺
	潘氏	女	高祖母	不详
第二代	张应满	男	曾祖父	生卒年不详，熟悉各项造纸技艺
	不详	女	曾祖母	生卒年不详，擅长分纸
第三代	张以兴	男	祖父	生卒年不详，熟悉各项造纸技艺
	不详	女	祖母	生卒年不详，擅长分纸
第四代	张继荣	男	父亲	生卒年不详，熟悉各项造纸技艺
	周宝珠	女	母亲	生卒年不详，擅长分纸
第五代	张贵生	男	大哥	1956年生，1992年逝，熟悉各项造纸技艺和销售
	张祖华	男	二哥	1963年生，熟悉各项造纸技艺和销售
	张祖献	男		1965年生，熟悉各项造纸技艺
	傅珠莲	女	妻子	1966年生，擅长打浆、分纸
第六代	潘黎明	男	女婿	1986年生，基本掌握各项造纸技艺

表7.2　潘黎明家族传承谱系
Table 7.2　Pan Liming's family genealogy of papermaking inheritors

传承代数	姓名	性别	与潘黎明关系	基本情况
第一代	潘正献	男	祖父	1992年去世，熟悉各项造纸技艺
第二代	潘昌平	男	大伯	1954年生，熟悉各项造纸技艺
	潘关仁	男	父亲	1958年生，从事成纸的销售工作
第三代	潘黎明	男		1986年生，基本掌握各项造纸技艺

⊙1

⊙2

⊙1
榨完纸的张祖献与傅珠莲
Zhang Zuxian and Fu Zhulian after pressing the paper

⊙2
准备『流水袋料』的潘黎明
Pan Liming preparing to "clean the materials with a bag"

三

松阳县李坑村李坑造纸工坊的代表纸品及其用途与技术分析

3

Representative Paper, Its Uses and Technical Analysis of Likeng Paper Mill in Likeng Village of Songyang County

（一）李坑造纸工坊代表纸品及其用途

根据2019年4月9日至11日的调查，李坑造纸工坊的代表纸品为"李坑牌"绵纸，原料为山桠皮。纸品有大、小两种规格，大者约38 cm × 50 cm，小者约27 cm × 50 cm。主要用于收藏、书写、再加工等。

（二）李坑造纸工坊代表纸品性能分析

测试小组对采样自李坑造纸工坊的"李坑牌"绵纸所做的性能分析，主要包括定量、厚度、紧度、抗张力、抗张强度、撕裂度、撕裂指数、湿强度、白度、耐老化度下降、尘埃度、吸水性、伸缩性、纤维长度、纤维宽度和吸墨性等。按相应要求，每一项指标都重复测量若干次后求平均值。其中定量抽取了5个样本进行测试，厚度抽取了10个样本进行测试，抗张力抽取了20个样本进行测试，撕裂度抽取了10个样本进行测试，湿强度抽取了20个样本进行测试，白度抽取了10个样本进行测试，耐老化度下降抽取了10个样本进行测试，尘埃度抽取了4个样本进行测试，吸水性抽取了10个样本进行测试，伸缩性抽取了4个样本进行测试，纤维长度测试了200根纤维，纤维宽度测试了300根纤维。对"李坑牌"绵纸进行测试分析所得到的相关性能参数见表7.3。表中列出了各参数的最大值、最小值及测量若干次所得到的平均值或者计算结果。

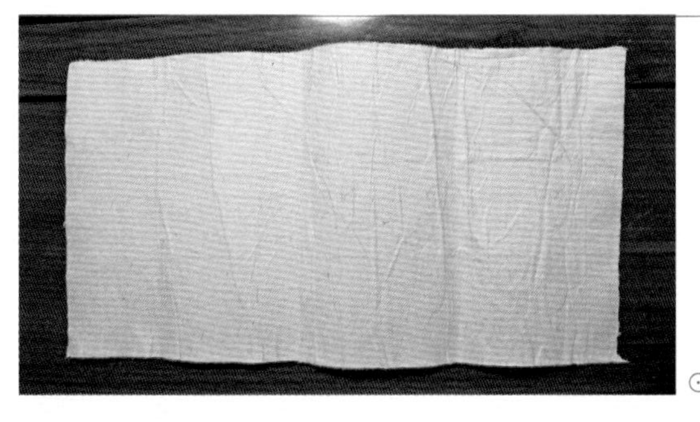

⊙3

⊙3 『李坑牌』绵纸成品 Mian paper product of "Likeng Brand"

表7.3 “李坑牌”绵纸相关性能参数
Table 7.3 Performance parameters of Mian paper of “Likeng Brand”

指标		单位	最大值	最小值	平均值	结果
定量		g/m^2				12.2
厚度		mm	0.054	0.048	0.051	0.051
紧度		g/cm^3				0.239
抗张力	纵向	N	7.7	5.6	6.9	6.9
	横向	N	5.2	4.3	4.9	4.9
抗张强度		kN/m				0.393
撕裂度	纵向	mN	207.3	145.2	180.7	180.7
	横向	mN	261.1	203.0	229.4	229.4
撕裂指数		mN·m^2/g				16.8
湿强度	纵向	mN	410	305	343	343
	横向	mN	259	177	220	220
白度		%	42.1	41.3	41.8	41.8
耐老化度下降		%				3.0
尘埃度	黑点	个/m^2				152
	黄茎	个/m^2				84
	双桨团	个/m^2				0
吸水性	纵向	mm	36	30	33	26
	横向	mm	32	26	28	5
伸缩性	浸湿	%				0.75
	风干	%				0.75
纤维	长度	mm	4.1	0.5	1.8	1.8
	宽度	μm	22.3	4.0	10.3	10.3

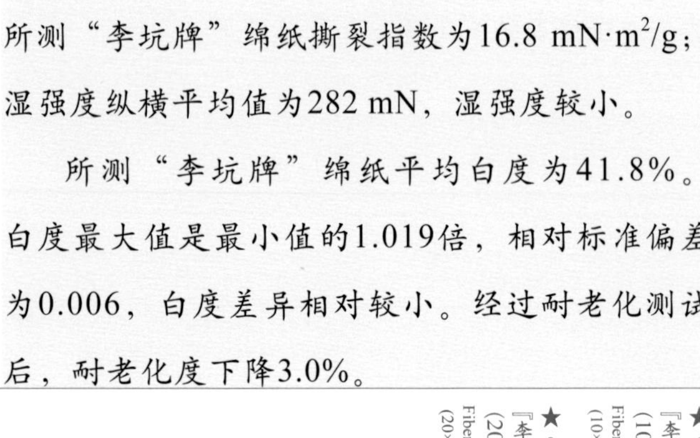

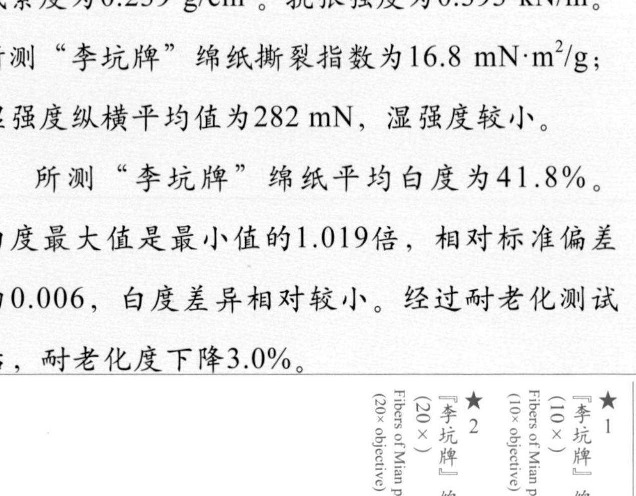

由表7.3可知，所测“李坑牌”绵纸的平均定量为12.2 g/m^2。“李坑牌”绵纸最厚约是最薄的1.125倍，经计算，其相对标准偏差为0.043，纸张厚薄较为一致。通过计算可知，“李坑牌”绵纸紧度为0.239 g/cm^3。抗张强度为0.393 kN/m。所测“李坑牌”绵纸撕裂指数为16.8 mN·m^2/g；湿强度纵横平均值为282 mN，湿强度较小。

所测“李坑牌”绵纸平均白度为41.8%。白度最大值是最小值的1.019倍，相对标准偏差为0.006，白度差异相对较小。经过耐老化测试后，耐老化度下降3.0%。

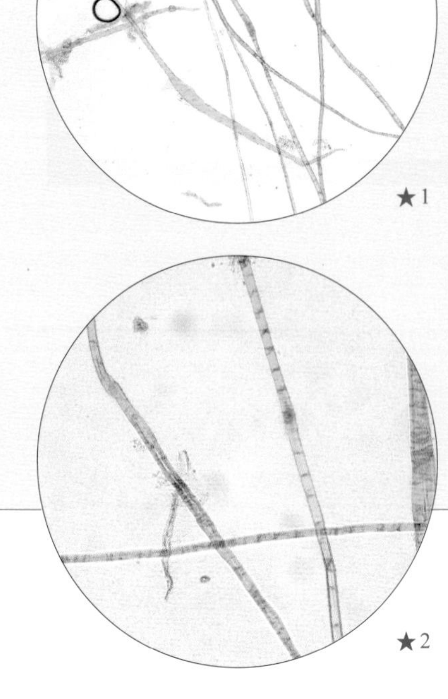

★1 『李坑牌』绵纸纤维形态图（10×）
Fibers of Mian paper of “Likeng Brand” (10× objective)

★2 『李坑牌』绵纸纤维形态图（20×）
Fibers of Mian paper of “Likeng Brand” (20× objective)

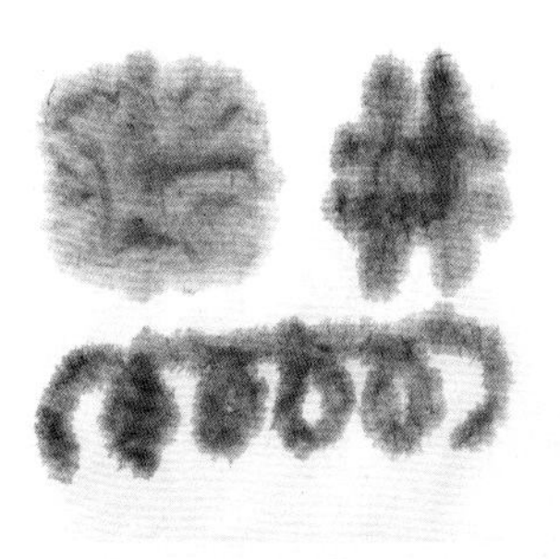

⊙1

所测"李坑牌"绵纸尘埃度指标中黑点为152个/m^2，黄茎为84个/m^2，双浆团为0。吸水性纵横平均值为26 mm，纵横差为5 mm。伸缩性指标中浸湿后伸缩差为0.75%，风干后伸缩差为0.75%，说明"李坑牌"绵纸伸缩差异不大。

"李坑牌"绵纸在10倍和20倍物镜下观测的纤维形态分别见图★1、图★2。所测"李坑牌"绵纸纤维长度：最长4.1 mm，最短0.5 mm，平均长度为1.8 mm；纤维宽度：最宽22.3 μm，最窄4.0 μm，平均宽度为10.3 μm。

四 松阳县李坑村"李坑牌"绵纸的生产原料、工艺与设备

4 Raw Materials, Papermaking Techniques and Tools of Mian Paper of "Likeng Brand" in Likeng Village of Songyang County

（一）"李坑牌"绵纸的生产原料

1. 主料：山桠皮

山桠皮树（又名三桠皮树、水菖花、遂昌花等），属瑞香科结香属，为多年生落叶灌木，树皮可取纤维，是制造传统绵纸的高级原料。李坑村及周边的安岱后村、乌弄村山林阴湿肥沃，山桠皮树常常成片生长，每年11月左右最宜采伐。造纸工坊制作绵纸时，或上山砍伐，或向村民收购。2017年，干皮收购价约为30元/kg。

⊙1 『李坑牌』绵纸润墨性效果 Writing performance of Mian paper of "Likeng Brand"

⊙2

⊙1
李坑造纸工坊附近的山桠皮树
Edgeworthia chrysantha Lindl. bark surrounding Likeng Paper Mill

松阳县李坑村李坑造纸工坊

2. 辅料

(1) 猕猴桃枝。猕猴桃枝富含胶质，其汁水的主要作用是利于揭纸分张。李坑村周围生长着大量野生猕猴桃树，制作绵纸时上山采伐即可。采回来的枝条，敲裂其表皮，切成长约30 cm的小段，捆扎成小捆浸入水中1天以上，使汁液充分渗出，再用纱布袋过滤，即可得到猕猴桃枝纸药。每次制纸药约需猕猴桃枝15 kg，制成的纸药可用几个月。

(2) 水。造纸需要大量的水，水质的好坏很大程度上决定了纸张品质的高低。李坑造纸工坊选用的是贯通村庄的溪水，源头来自箬寮原始森林，水质清澈。据调查组成员现场测试，“李坑牌”绵纸制作所用的水pH为5.5，偏弱酸性。

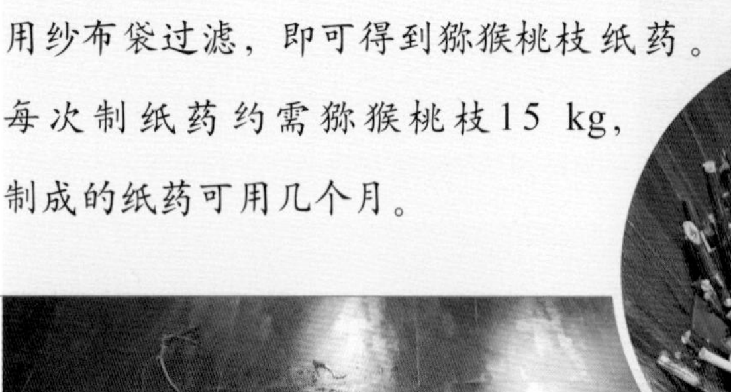
⊙1

⊙2

⊙3

⊙1 李坑造纸工坊所用的猕猴桃枝 Chinese gooseberry branches used in Likeng Paper Mill

⊙2 调查组成员在测水的pH Researchers measuring the pH value of the water

⊙3 李坑造纸工坊门前小溪 Stream by Likeng Paper Mill

（二）“李坑牌”绵纸的生产工艺流程

根据潘黎明、张祖猷的介绍，以及调查组成员的实地调查，“李坑牌”绵纸的生产工艺流程可归纳为：

壹	贰	叁	肆	伍	陆	柒	捌	玖	拾	拾壹	拾贰	拾叁	拾肆	拾伍	拾陆	拾柒
砍树	蒸煮	剥皮	刮皮	晒干	浸泡	沤皮	蒸煮	漂洗	拣皮	打浆	流水袋料	抄纸	榨纸	分纸	晒纸	打捆

壹 砍树

1 ⊙4

每年11月前后适合砍树，此时山桠皮枝条含水较少，出料率高。从根部砍下，砍下的枝条长度须为50～80 cm，方便之后的蒸煮。

⊙4 砍山桠皮树枝 Cutting the branches of *Edgeworthia chrysantha* Lindl.

⊙5 蒸煮皮料的锅灶 Stove for steaming and boiling the bark materials

贰 蒸煮

2 ⊙5

将捆成小捆的山桠皮枝竖放在锅中进行蒸煮，目的是使其软化以方便剥皮。蒸煮时长为8～10小时。

叁 剥皮

3 ⊙6

经过长时间蒸煮之后，树皮可以轻松地从枝条上脱落。丢弃白色的树芯，只留树皮，作为制作绵纸的主材料。

⊙6

肆 刮皮

4 ⊙7

此时的树皮还需用柴刀进行刮皮处理，去除深色表皮，只留下浅色内皮用于造纸。

⊙7

伍 晒干

5

刮皮之后，树皮需要曝晒1天至完全失水。5 kg湿皮晒干后能收获0.5 kg干树皮，得料率约十分之一，可制作约1 500张绵纸。晒干的树皮可以在阴凉干燥处长期保存。

陆 浸泡

6 ⊙8

造纸前须将干皮扎成捆，浸入流动的溪水中并用石块压住固定（石块无需过大，确保皮料不被冲走即可），以浸泡软化和去除杂质，浸泡1.5～2天。

⊙8

⊙6 剥皮 Peeling the bark
⊙7 刮皮 Scraping the bark
⊙8 浸泡好的山桠皮 Soaked *Edgeworthia chrysantha* Lindl. bark

柒

沤皮

7 ⊙9⊙10

经过浸泡的树皮便可在生石灰水中沤制，操作时应注意：每一小捆树皮竖直地浸入盛有生石灰水的蒸料桶中，较粗的一端先浸泡，较细的一端后浸泡，时间不宜过久，树皮每一处都被浸到石灰水后即可后旋转捞出（目的是使树皮成团不松散）备用。

⊙9 ⊙10

捌

蒸煮

8 ⊙11

将经过沤制的树皮上锅进行蒸煮，用塑料布包裹倒扣的蒸桶与铁锅的衔接部位，使蒸煮过程更加密闭，持续蒸煮8～10小时，使树皮彻底软化，让生石灰充分渗入树皮中。

⊙11

玖

漂洗

9 ⊙12

经过蒸煮的树皮冷却之后还要进行一次漂洗，与之前类似，浸入溪水中并用石块固定，由流水自然漂洗1天。漂洗的作用不仅在于软化树皮，还在于接受阳光照射。获得充分光照的树皮做出的纸张颜色亮白。反之，若光照不足，纸张颜色会显得暗黄。

⊙12

⊙9 沤皮 Fermenting the bark

⊙10 刚沤制好的山桠树皮 Prepared *Edgeworthia chrysantha* Lindl. bark

⊙11 蒸煮 Steaming and boiling

⊙12 漂洗山桠皮料 Cleaning *Edgeworthia chrysantha* Lindl. bark materials

拾 拣皮

10 ⊙13

经过漂洗的树皮还要再次分拣，确保深色表皮、斑点等污物被处理干净，保证原料的洁净。

⊙13

⊙14

⊙15

拾壹 打浆

11 ⊙14

拣皮之后即可进行打浆。将皮料平铺在大凳上，用皮刀交叉反复捶打至泥状，使之逐渐接近纸浆的形态，要捶打15～30分钟。

拾贰 流水袋料

12 ⊙15

将捶打成泥状的树皮装入料袋，放入水中，一边接受溪水的冲刷漂洗，一边用纸捅反复捣压，以去除树皮中的杂质，留下纤维。

拾叁 抄纸

13 ⊙16⊙17

抄纸时，双手握住帘架两侧，自上而下、从后向前地捞取适量纸浆水，前后晃动后纸浆水从帘架前部流出；再自上而下、从前向后地捞取适量纸浆水前后晃动，随后先向右再向左分别晃动一次，纸浆水从帘架左侧流出。然后将纸帘取出，反扣在抄纸底板的帘子上。

⊙13 拣皮 Picking out the impurities

⊙14 打浆 Beating the papermaking materials

⊙15 流水袋料 Cleaning the materials with a bag

拾肆 榨纸

14 ⊙18

将抄好的纸帖放置在木榨上，再覆木板、木段，保证压榨过程中纸贴受力均匀，一端悬以重石压之（逐渐增加重量），缓慢挤出纸张中多余的水分。

⊙16

⊙17

⊙18

拾伍 分纸

15 ⊙19

将榨干水分的纸逐张取出，每10张为一组进行分堆，方便纸张晾晒。

⊙19

⊙16／17 潘黎明正在抄纸桶里抄纸、扣纸
Pan Liming scooping and lifting the papermaking screen out of water and turning it upside down on the board

⊙18 榨纸
Pressing the paper

⊙19 分纸
Separating the paper

⊙20

拾陆 晒纸

16 ⊙20

分纸之后，将纸张搭在竹竿上，在日光下晾晒，一般需要晾晒2～3天。

拾柒 打捆

17 ⊙21

晒干的纸每1 000张为1件打捆，之后即可储藏、售卖。

⊙21

⊙20 晒纸 Drying the paper

⊙21 打捆 Binding the paper

（三）“李坑牌”绵纸的主要制作工具

壹 柴刀 1

木柄铁刀，用于砍山桠皮树树枝和猕猴桃枝，还可刮山桠树树皮表皮。实测李坑造纸工坊所用的柴刀尺寸为：全长55 cm，柄长29.5 cm。

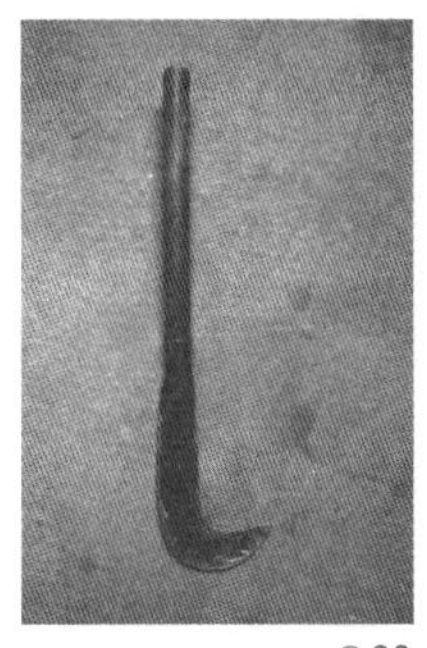

⊙22

贰 蒸料桶 2

木制，蒸煮树皮时用于倒扣在蒸锅上以实现密封。实测李坑造纸工坊所用的蒸料桶尺寸为：上口直径63.5 cm，高56 c m。

⊙23

叁 大凳 3

木制，打浆时用于盛放树皮。实测李坑造纸工坊所用的大凳尺寸为：长119.5 cm，宽42.5 cm，高47 cm。

⊙24

肆 皮刀 4

竹制，用于捶打树皮。2019年4月10日实测李坑造纸工坊所用的皮刀尺寸为：长65.5 cm，宽6 cm。频繁使用的皮刀自身会有损耗，因此其尺寸是不断变化的。

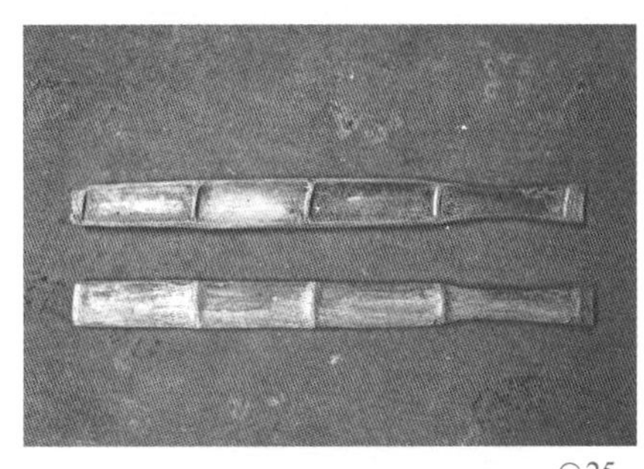

⊙25

伍 料袋 5

棉布制，进行“流水袋料”操作时用于容纳泥状的树皮。实测李坑造纸工坊所用的料袋尺寸为：长157 cm，宽60 cm。

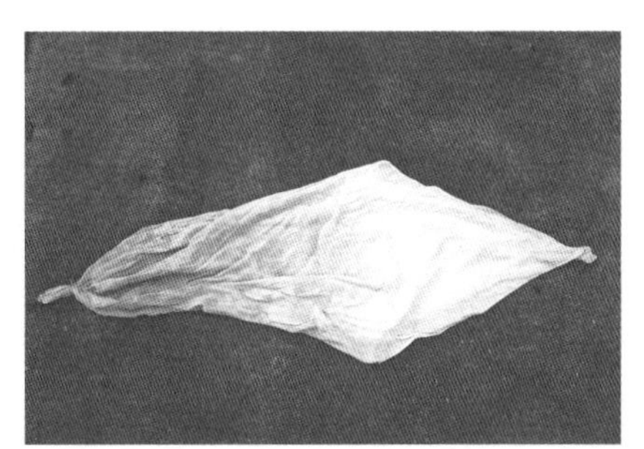

⊙26

陆 纸捅 6

木制，进行“流水袋料”操作时用于捣压泥状的树皮。实测李坑造纸工坊所用的纸捅尺寸为：全长157 cm，柄长107.5 cm；头部呈椭圆形。

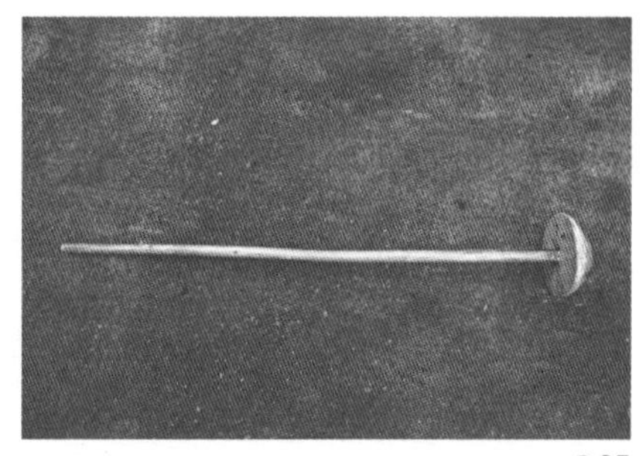

⊙27

⊙22 柴刀 Sickle
⊙23 蒸料桶 Wooden barrel for steaming the materials
⊙24 大凳 Wooden bench
⊙25 皮刀 Bamboo tool for beating the bark
⊙26 料袋 Material bag
⊙27 纸捅 Tool for pounding the bark

柒 抄纸桶 7

木制，用于盛放纸浆。实测李坑造纸工坊所用的椭圆形抄纸桶尺寸为：上口径长116 cm，宽84 cm；高66 cm。

⊙28

捌 纸桶架 8

木制，用于承载抄纸桶。实测李坑造纸工坊所用的纸桶架尺寸为：长102 cm，宽63 cm，高32.5 cm。

⊙29

玖 纸药桶 9

木制，用于浸泡猕猴桃枝，也可盛放沤皮用的生石灰水。实测李坑造纸工坊所用的椭圆形纸药桶尺寸为：上口径长54 cm，宽53 cm；高43 cm。

⊙30

拾 搅料棍 10

竹制，用于搅匀纸浆水。实测李坑造纸工坊所用的搅料棍长为101.5 cm。

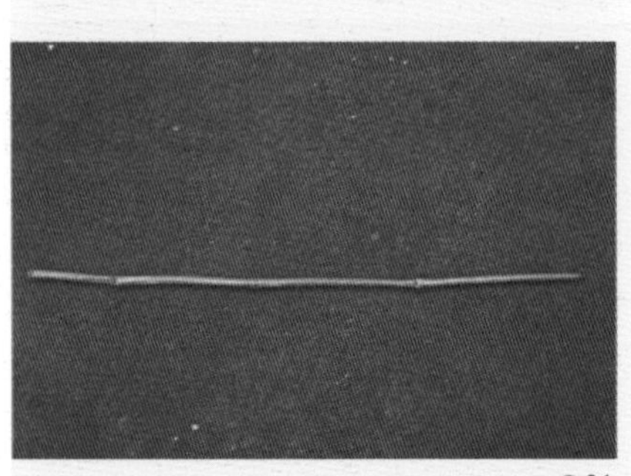

⊙31

拾壹 纸　帘 11

苦竹丝编织而成，用于抄纸。大号纸帘购自浙江温州龙湾纸帘厂，小号和体验纸帘购自安徽泾县小岭白鹿宣纸厂。实测李坑造纸工坊所用的大号纸帘尺寸为：长64.5 cm，宽46 cm；小号纸帘尺寸为：长61 cm，宽35 cm；体验纸帘尺寸为：长31.5 cm，宽28.8 cm。

⊙32

⊙33

⊙34

⊙28 抄纸桶 Wooden barrel for papermaking

⊙29 纸桶架 Shelf for holding the wooden barrel

⊙30 纸药桶 Wooden barrel for holding papermaking mucilage

⊙31 搅料棍 Bamboo stick for stirring the papermaking materials

⊙32 大号纸帘 Large-size papermaking screen

⊙33 小号纸帘 Small-size papermaking screen

⊙34 体验纸帘 Papermaking screen for visitors to experience papermaking

⊙35

⊙36

拾贰
帘　架
12

硬木制成，用于支承和固定纸帘。实测李坑造纸工坊所用的大号帘架尺寸为：长63 cm，宽45 cm；小号帘架尺寸为：长60.5 cm，宽35 cm；体验帘架尺寸为：长30.8 cm，宽30 cm。

⊙37

拾叁
抄纸底板
13

木制，用于盛放抄好的纸。实测李坑造纸工坊所用的抄纸底板尺寸为：长73 cm，宽54 cm，高56 cm。

⊙38

拾肆
木　榨
14

木制，用于榨出湿纸中的水分。实测李坑造纸工坊所用的木榨尺寸为：长约400 cm，宽约75 cm，高约152 cm。

⊙39

⊙35 大号帘架 Frame for supporting the large-size papermaking screen

⊙36 小号帘架 Frame for supporting the small-size papermaking screen

⊙37 体验帘架 Frame for supporting the visitors' Papermaking screen

⊙38 抄纸底板 Wooden board

⊙39 木榨 Wooden pressing device

五 松阳县李坑村李坑造纸工坊的市场经营状况

5 Marketing Status of Likeng Paper Mill in Likeng Village of Songyang County

据潘黎明和张祖献介绍，李坑造纸工坊的销售工作主要依托“隐舍李坑”（所有人：潘黎明）与“纸序”（所有人：张祖献）两家民宿客栈进行。通过线上和线下宣传，吸引省内外游客来到李坑村休闲旅游，在此过程中宣传手工造纸技艺和文化。游客们不仅能够在青山绿水中放松身心，还能体验到原汁原味的古法造纸技艺，在亲力亲为的过程中加深对传统造纸文化的理解。游客在体验手工造纸活动之余，往往会购买一定数量的绵纸（调查时每张售价2元），这成为李坑造纸工坊手工纸的主要销路。潘黎明表示，他会继续挖掘李坑村的手工造纸技艺文化与产品创意形态，加大实物陈设与网络（社交媒体）宣传力度，有望在公路通畅（调查时因为当地修建高速铁路导致公路路面破坏严重）和高铁开通后吸引更多的游客体验造纸文化和特色民宿。

张祖献介绍，2017年之前，有一位丽水的赵姓女士（经营民宿）为保护和传承李坑村手工造纸技艺，连续多年每年向张祖献订购10 000至15 000张李坑绵纸。由于2017年张祖献患病无法造纸，加上李坑造纸工坊的销售趋于稳定，自2017年开始赵女士已暂停订购。

⊙1

⊙1 民宿『隐舍李坑』正门 Door of the homestay "Likeng House"

六
松阳县李坑村的造纸习俗与故事

6
Papermaking Customs and Stories of Likeng Village in Songyang County

（一）盗纸大案

据周大法回忆，1960年前后他当村主任时，村里集体生产的手工纸约10 000张存放在周姓宗祠里，曾被一周姓村民窃取，由附近源口村的掮客陈茂国经手销往龙泉县（现浙江省丽水市龙泉市）并“分赃”。此案成为当年淳朴民风下不多见的“大案”。案件告破后，判决周某以每1 000张8元的价格予以赔付（时价约每1 000张13元）。因为都是本村熟人，在他的极力主张之下周某没有被抓去坐牢。

（二）舞龙灯

舞龙灯是李坑村当地的特色活动，大约起源于清代，至今已经有300多年的历史。龙灯在当地也被称为太平龙，用竹子编扎后再用李坑的绵纸糊制而成，有11节和13节之分，中间用白布连接，里面点有蜡烛。舞龙队一般由22人组成：负责龙灯的有13人，负责锣鼓的有5人，负责排灯的有2人，负责龙珠的有1人，负责蜡烛的有1人。每年正月十五元宵节前，李坑村会举办舞龙灯的活动，会舞到家家户户门前，意味着闹新年，每到一户人家，这户人家会以鞭炮迎接龙灯到家，之后再以鞭炮送走。

⊙2

⊙2 李坑村唯一遗留下的旧日造纸场所
The only old papermaking place left in Likeng Village

七
松阳县李坑村李坑造纸工坊传承现状与发展思考

7
Reflection on Inheritance and Development of Likeng Paper Mill in Likeng Village of Songyang County

李坑村造纸的历史源远流长，然而随着时代的变迁，从事手工造纸的人越来越少，这一古老的传统行业几近凋亡。张祖献作为李坑手工造纸的传承人之一，数十年如一日，身体力行地践行和推广李坑造纸技艺，并培养了潘黎明作为后继人才，为李坑绵纸的传承做出了突出贡献。潘黎明愿意从大城市回到家乡，潜心研究传统技艺，这种精神难能可贵。尤其是结合民宿推广传统手工纸的方法，充分体现了青年人开拓创新的思路和锐意进取的活力，可以认为这种宝贵的实践经历对传统手工纸的保护起到了示范作用。

在张祖献、潘黎明等人的保护下，李坑造纸技艺得到了比较理想的传承和延续，目前并无消逝之虞。村里目前尚有十余名60余岁的老者比较全面地掌握着手工造纸技艺（包括潘黎明的大伯潘昌平），他们的存在保证了这项传统技艺得以留存。潘黎明正值青壮年，本身也在不断学习造纸技艺，日益精进，因此暂未考虑再传承的问题。

山桠皮树的韧皮纤维洁白柔韧，细腻绵长，制成的纸张洁白坚韧、细腻绵软，纸质也细致均匀、平整光滑。山桠皮纸受墨性好，用其写字墨迹不渗不洇，乌黑亮泽，非常有立体感。由于在传统手工纸中的影响力比较小，山桠皮纸在国内市场上处于相对小众的位置，对其进行传承和保护也相对困难。张祖献和潘黎明在悉心传承山桠皮纸手工制作技艺的基础上，还曾经开发过添加山棉皮的特色纸，进一步拓展了李坑绵纸的发展前景，使其焕发了生命力。潘黎明以民宿作为依托，为游客提供体验富有特色的木桶抄纸工艺的

⊙1

⊙1
潘黎明的大伯潘昌平
Pan Liming's uncle, Pan Changping

机会，传播了传统技艺，展现了浓厚的文化和技艺特色，具备宝贵的推广价值。

李坑造纸工坊按照传统工艺生产和销售的绵纸多为原纸，附加值开发不足。为了改变这一现状，在潘黎明的力主和尝试下，李坑造纸工坊已经制作出一些加工纸产品，主要为各色染色纸，适宜收藏。潘黎明表示，下一步将结合李坑绵纸柔韧、轻薄、适宜书写的特点，进一步挖掘李坑绵纸的潜力，开发出结合传统文化、质量更好、附加值更高的书写与绘画类纸品，扩大高端文化艺术用纸的销售渠道，提升李坑绵纸以及李坑造纸文化的影响力，以点带面，从而带动手工造纸行业在李坑村的复苏。

作为“非遗”传承人，潘黎明表示，自己将不忘初心，在保留传统造纸技艺、工具的基础上，进一步提高和改进制作技艺，生产出更高档次的李坑绵纸，树立品牌，拓展市场。此外，还要充分借助李坑村得天独厚的旅游资源以及松阳县政府和安民乡政府的扶持政策，将传统手工造纸与旅游业、服务业有机结合，整合为体验式旅游资源，打造以古法造纸为核心的一体化区域经济模式。

⊙2

⊙2
用李坑绵纸制成的台灯
Table lamp made of Mian paper in Likeng Village

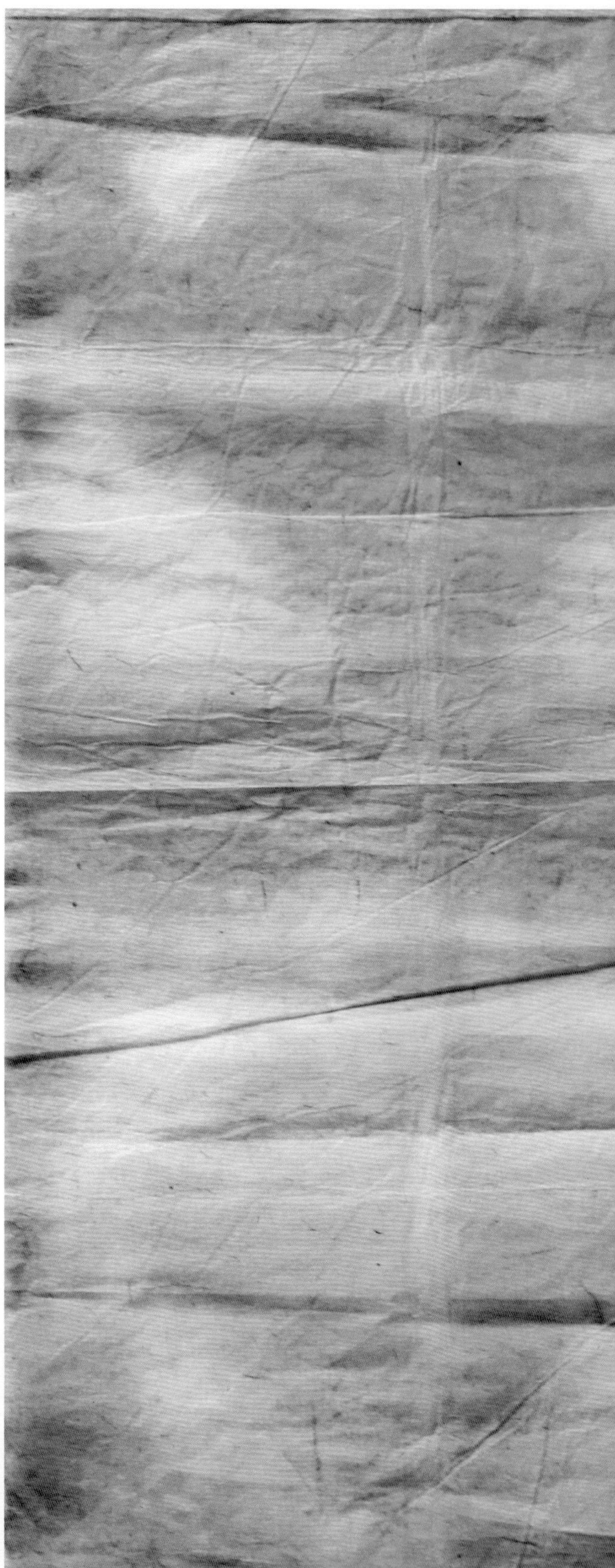

⊙1

⊙1
『李坑牌』染色纸
Dyed paper of "Likeng Brand"

松阳县李坑村
李坑造纸工坊
绵纸

Mian Paper
of Likeng Paper Mill in Likeng Village
of Songyang County

「李坑牌」山桠皮绵纸透光摄影图
A photo of "Likeng Brand" *Edgeworthia chrysantha* Lindl. Mian paper seen through the light

第八章
杭州市*

Chapter Ⅷ
Hangzhou City

[*] 不含富阳区。

第一节

杭州临安浮玉堂纸业有限公司

浙江省
Zhejiang Province

杭州市
Hangzhou City

临安区
Lin'an District

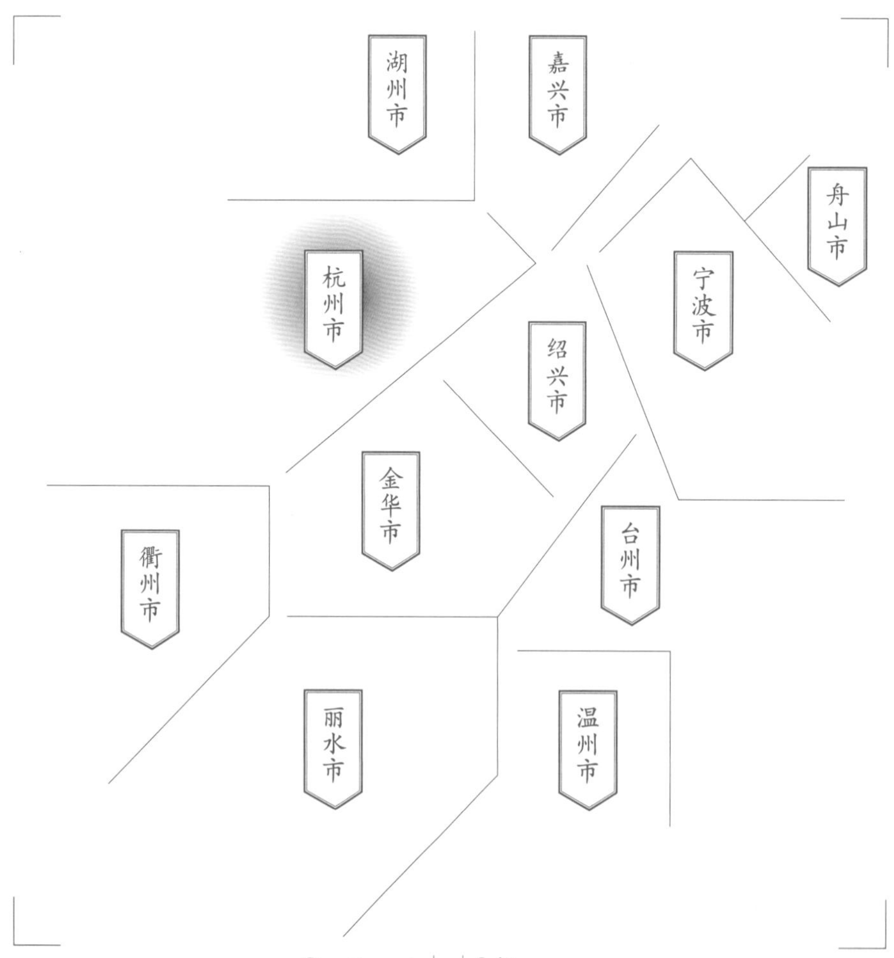

调查对象

杭州临安浮玉堂纸业有限公司
於潜镇枫凌村
皮纸

Section 1
Hangzhou Lin'an Fuyutang Paper Co., Ltd.

Subject

Bast Paper in Hangzhou Lin'an Fuyutang Paper Co.,Ltd. of Fengling Village in Yuqian Town

一
浮玉堂纸业有限公司的基础信息

1
Basic Information of Fuyutang Paper Co., Ltd.

杭州临安浮玉堂纸业有限公司（以下简称浮玉堂）位于杭州市辖临安区（调查时为县级市，2017年8月改属杭州市直辖区）於潜镇枫凌村，地理坐标为：东经119° 23′ 21″，北纬30° 16′ 18″。2016年10月6日、10月8日及2018年12月20日，调查组先后3次对浮玉堂进行了实地考察和访谈。从杭州市区经徽杭高速到浮玉堂大约需要2个小时的车程，而从临安城区开车前往只需50分钟左右。

浮玉堂是2010年浙江省“非遗”生产性保护基地、2013年杭州市级第一批“非遗”生产性示范保护基地，现任厂长陈旭东是第五批浙江省级“非遗”千洪宣纸桃花纸制作技艺传承人。2016年前两次调查了解到的基本信息如下：现生产厂区占地33 333 m²，其中手工纸生产区占地3 333～4 000 m²，工人总人数70多人，从事手工造纸的有40多人，平均年龄在40～50岁。2018年12月入厂回访调查时的基础信息如下：浮玉堂既生产半手工喷浆工艺的皮纸与皮草混料的书画纸和包装纸，也生产加工纸与机械纸，拥有手工纸槽14口。细分的纸种很丰富，有100多种，如龙草、云龙、麻纸、洒金等，主要原料有白果树、檀皮、山桠皮、雁皮、龙须草、木浆、竹浆等。制作手工喷浆纸的工人动态保持在38人左右，其中捞纸工和晒纸工各一半。半自动化机械纸的设备于2009年从台湾引入。该厂2015～2017年每年的销售额为3 000多万元，其中2016年的出口额约占15%，至2018年出口额占比降至5%，主要销往韩国、日本、东南亚等地；也通过淘宝销售，占比约15%。

⊙1

⊙2

⊙1 浙江省级『非遗』生产性保护基地标牌 Plaque of Zhejiang Provincial Intangible Cultural Heritage Protection Base

⊙2 杭州市级『非遗』生产性保护基地标牌 Plaque of Hangzhou Municipal Intangible Cultural Heritage Protection Base

杭州临安浮玉堂纸业有限公司位置示意图

Location map of Hangzhou Lin'an Fuyutang Paper Co., Ltd.

考察时间
2016年10月 / 2018年12月

Investigation Date
Oct. 2016 / Dec. 2018

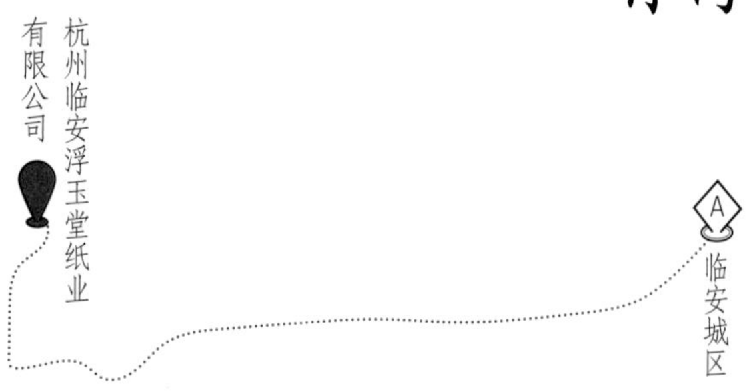

地域名称

杭州临安浮玉堂纸业有限公司
临安城区

临安区
於潜镇
太阳镇
太湖源镇
板桥镇

造纸点名称

杭州临安浮玉堂纸业有限公司 造纸点

位置分布

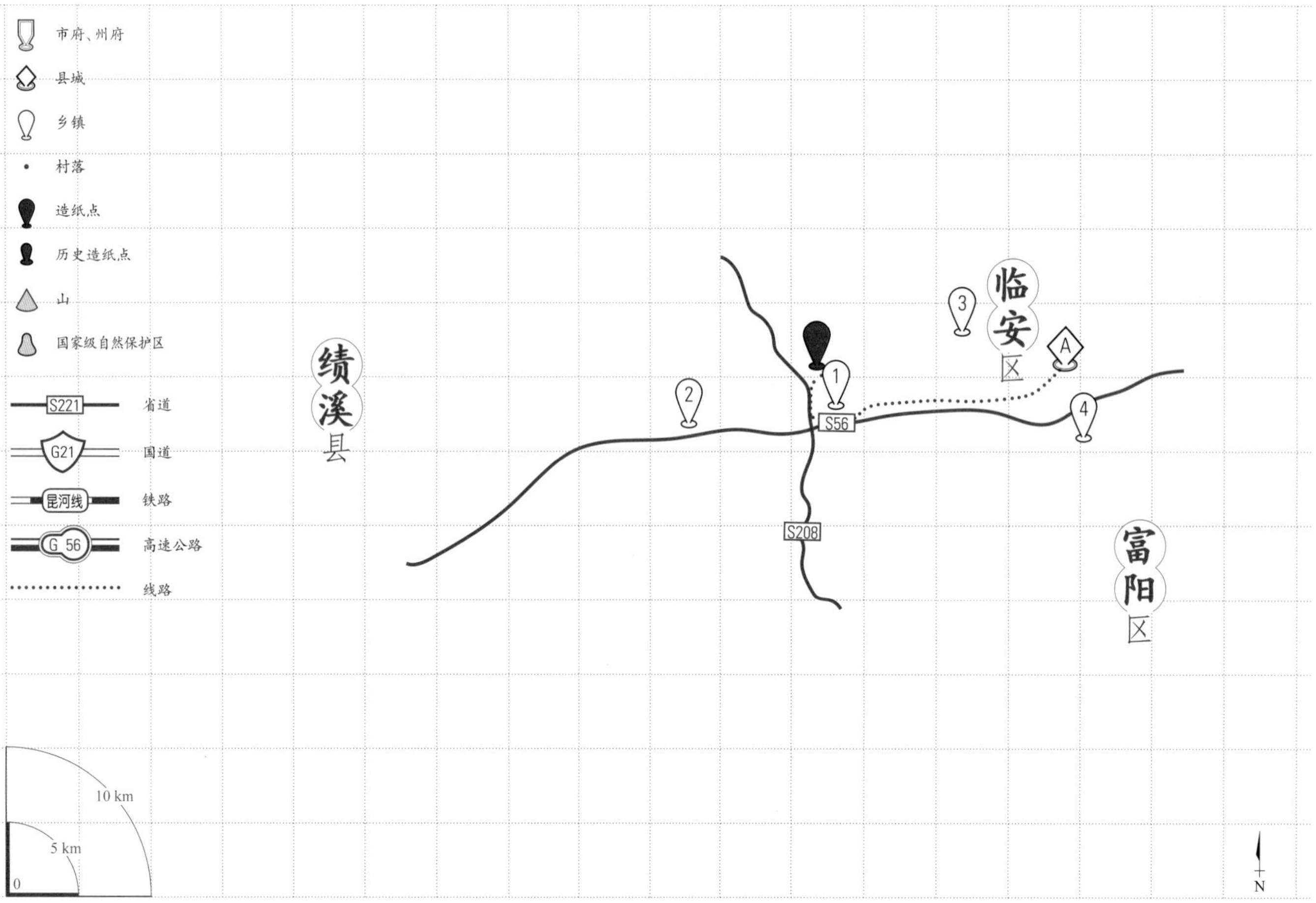

市府、州府
县城
乡镇
村落
造纸点
历史造纸点
山
国家级自然保护区
S221 省道
G21 国道
昆河线 铁路
G 56 高速公路
线路

绩溪县
临安区
富阳区
S56
S208
10 km
5 km
0
N

二
浮玉堂纸业有限公司的历史与传承

2
History and Inheritance of Fuyutang Paper Co., Ltd.

访谈中，现任厂长兼总经理陈旭东（1969年出生）介绍，陈家祖辈都从事手工造纸行业，在其记忆中其父陈金根（1956年出生）年轻时进入当时的国有企业千洪宣纸厂学习手工造纸的工艺，并一直在千洪宣纸厂工作到1985年。1986年千洪宣纸厂破产倒闭后，陈金根用较小的成本将千洪宣纸厂原厂址租下，改名为临安浮玉堂宣纸厂，并于同年开始自家的手工书画纸的生产。1987年，陈金根与购买浮玉堂纸品的一位韩国客户合股建立了杭州天阳楮皮纸有限公司，此后大部分生产经营都转移到天阳楮皮纸有限公司进行，临安宣纸厂的旧厂区虽然保留下来，但基本上没有再进行生产。

1999年，陈旭东回到老家平渡村，从父亲手中接过临安浮玉堂宣纸厂的品牌与破旧厂区，又用5 000元租下现厂房以北的一处当时荒废的手工造纸工坊，沿用临安浮玉堂宣纸厂名称开始进行手工纸的生产。1999年恢复生产时，共有2口捞纸槽和6名造纸工人，工人都是从当地过去从事手工纸生产的有技艺的工匠中招聘的。

⊙1

陈旭东有一个弟弟陈晓东（1972年出生），正在经营与浮玉堂厂区相邻的千佛纸业有限公司，造纸形态同样也是手工纸与机械纸兼有。陈旭东有一个孩子，正在上小学，陈旭东表示由于孩子现在还小，所以暂时还没有打算让其接触造纸行业，因此现在的技艺传承还是在外聘技术工人中开展的。

⊙2

访谈中陈旭东表示，他的运气挺不错，台湾商人翁龙场向其传授灯罩纸的技艺，第一笔手工纸生意就是为宜家家居（IKEA，来自瑞典的全球最大的家具和家居用品零售企业）生产3万刀手工皮纸，主要供宜家家居做灯罩使用。2000年陈旭东花费70万元将当时的老厂搬迁至现厂址位置，经过多年不断扩展，2018年回访调查其厂占地33 333 m^2。

⊙1
调查组成员访谈陈旭东（右）
Researchers interviewing Chen Xudong (right)

⊙2
陈旭东现在的纸厂厂区外景
External view of Chen Xudong's factory

⊙1
浮玉堂书画用途的『宣纸』
"Xuan paper" of Fuyutang Brand used for calligraphy and painting

三

浮玉堂纸业有限公司的代表纸品及其用途与技术分析

3

Representative Paper, Its Uses and Technical Analysis of Fuyutang Paper Co., Ltd.

（一）浮玉堂代表纸品及其用途

浮玉堂的手工纸部分以造书画用纸为主，厂家称其为“浮玉堂宣纸”，材料主要是山桠皮、檀皮、燎草（加工的稻草原料）、龙须草浆板、竹浆板以及木浆，通常会根据客户及市场需求做混料配比，如檀皮、山桠皮添加燎草、竹浆，造出的纸就是较高端的类“宣纸”的书画用纸，如果添加龙须草浆板、木浆原料，造出的就是中低端的书画纸。浮玉堂也生产包装用纸，主要是供普洱茶包装所用的皮纸，也有部分包装特定高档礼品的纸，以构皮材料为主，有白构皮与黑构皮不同原料之分。

（二）浮玉堂代表纸品性能分析

1. 白构皮“本色云龙纸”

测试小组对浮玉堂制作的“本色云龙纸”所做的性能分析，主要包括定量、厚度、紧度、抗张力、抗张强度、撕裂度、撕裂指数、湿强度、白度、耐老化度下降、尘埃度、吸水性、伸缩

⊙2
浮玉堂包装纸
Wrapping paper of Fuyutang Brand

性、纤维长度、纤维宽度和润墨性等。按相应要求，每一项指标都重复测量若干次后求平均值。其中定量抽取了5个样本进行测试，厚度抽取了10个样本进行测试，抗张力抽取了20个样本进行测试，撕裂度抽取了10个样本进行测试，湿强度抽取了20个样本进行测试，白度抽取了10个样本进行测试，耐老化度下降抽取了10个样本进行测试，尘埃度抽取了4个样本进行测试，吸水性抽取了10个样本进行测试，伸缩性抽取了4个样本进行测试，纤维长度测试了200根纤维，纤维宽度测试了300根纤维。对浮玉堂“本色云龙纸”进行测试分析所得到的相关性能参数见表8.1。表中列出了各参数的最大值、最小值及测量若干次所得到的平均值或者计算结果。

由表8.1可知，所测浮玉堂“本色云龙纸”的平均定量为28.6 g/m²。浮玉堂“本色云龙纸”最厚约是最薄的1.329倍。经计算，其相对标准偏差为0.080，纸张厚薄较为一致。通过计算可知，浮玉堂“本色云龙纸”紧度为0.314 g/cm³，抗张强度为0.633 kN/m。所测浮玉堂“本色云龙纸”的撕裂指数为18.0 mN·m²/g，湿强度纵横平均值为1 056 mN，湿强度较大。

所测浮玉堂“本色云龙纸”的平均白度为48.3%。白度最大值是最小值的1.032倍，相对标准偏差为0.009。经过耐老化测试后，耐老化度下降1.3%。

所测浮玉堂“本色云龙纸”尘埃度指标中黑点为120 个/m²，黄茎为260 个/m²，双浆团为0。吸水性纵横平均值为8 mm，纵横差为4 mm。伸缩性指标中

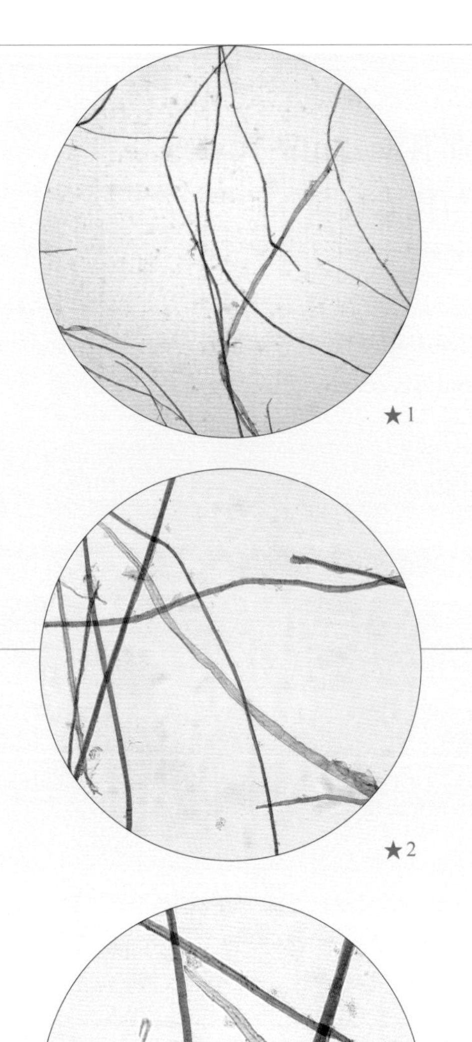

★1

★2

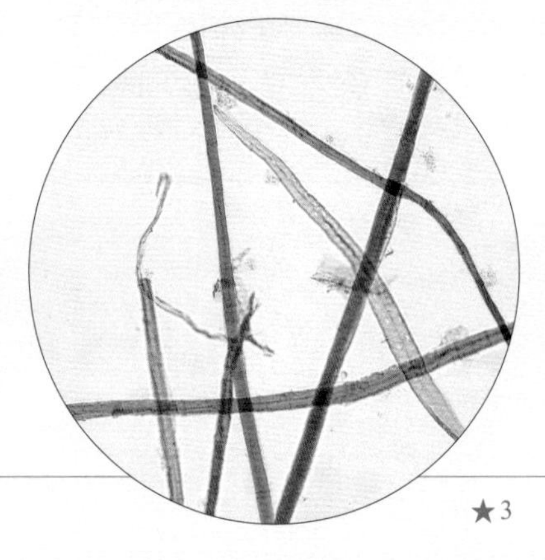

★3

⊙1

★1 浮玉堂『本色云龙纸』纤维形态图（4×）
Fibers of "Yunlong paper in original color" of Fuyutang Brand (4× objective)

★2 浮玉堂『本色云龙纸』纤维形态图（10×）
Fibers of "Yunlong paper in original color" of Fuyutang Brand (10× objective)

★3 浮玉堂『本色云龙纸』纤维形态图（20×）
Fibers of "Yunlong paper in original color" of Fuyutang Brand (20× objective)

⊙1 浮玉堂『本色云龙纸』润墨性效果
Writing performance of "Yunlong paper in original color" of Fuyutang Brand

表8.1 浮玉堂“本色云龙纸”相关性能参数
Table 8.1 Performance parameters of “Yunlong paper in original color” of Fuyutang Brand

指标		单位	最大值	最小值	平均值	结果
定量		g/m^2				28.6
厚度		mm	0.105	0.079	0.091	0.091
紧度		g/cm^3				0.314
抗张力	纵向	N	13.8	11.1	12.7	12.7
	横向	N	6.9	5.7	6.2	6.2
抗张强度		kN/m				0.633
撕裂度	纵向	mN	458.7	396.0	427.1	427.1
	横向	mN	674.7	590.8	604.8	604.8
撕裂指数		mN·m^2/g				18.0
湿强度	纵向	mN	1 571	1 397	1 468	1 468
	横向	mN	681	615	643	643
白度		%	49.1	47.6	48.3	48.3
耐老化度下降		%				1.3
尘埃度	黑点	个/m^2				120
	黄茎	个/m^2				260
	双桨团	个/m^2				0
吸水性	纵向	mm	16	15	15	8
	横向	mm	11	10	11	4
伸缩性	浸湿	%				0
	风干	%				0
纤维	长度	mm	7.3	0.7	3.1	3.1
	宽度	μm	55.1	9.0	20.6	20.6

浸湿后伸缩差为0，风干后伸缩差为0。

浮玉堂“本色云龙纸”在4倍、10倍和20倍物镜下观测的纤维形态分别见图★1、图★2、图★3。所测浮玉堂“本色云龙纸”纤维长度：最长7.3 mm，最短0.7 mm，平均长度为3.1 mm；纤维宽度：最宽55.1 μm，最窄9.0 μm，平均宽度为20.6 μm。

2. 混料书画“宣纸”

测试小组对浮玉堂制作的混料（山桠皮+竹浆+龙须草浆+木浆）书画“宣纸”所做的性能分析，主要包括定量、厚度、紧度、抗张力、抗张强度、撕裂度、撕裂指数、湿强度、白度、耐老化度下降、尘埃度、吸水性、伸缩性、纤维长度、纤维宽度和润墨性等。按相应要求，每一项指标都重复测量若干次后求平均值。其中定量抽取了5个样本进行测试，厚度抽取了10个样本进行测试，抗张力抽取了20个样本进行测试，撕裂度抽取了10个样本进行测试，湿强度抽取了20个样本进行测试，白度抽取了10个样本进行测试，耐老化度下降抽取了10个样本进行测试，尘埃度抽取了4个样本进行测试，吸水性抽取了10个样本进行测试，伸缩性抽取了4个样本进行测试，纤维长度测试了200根纤维，纤维宽度测试了300根纤维。对浮玉堂混料书画“宣纸”进行测试分析所得到的相关性能参数见表8.2。表中列出了各参数的最大值、最小值及测量若干次所得到的平均值或者计算结果。

由表8.2数据可知，所测浮玉堂混料书画“宣纸”的平均定量为38.3 g/m^2。浮玉堂混料书画“宣

表8.2 浮玉堂混料书画“宣纸”相关性能参数
Table 8.2 Performance parameters of calligraphy and painting “Xuan paper” with mixed materials of Fuyutang Brand

指标		单位	最大值	最小值	平均值	结果
定量		g/m^2				38.3
厚度		mm	0.076	0.062	0.069	0.069
紧度		g/cm^3				0.555
抗张力	纵向	N	11.4	9.7	10.7	10.7
	横向	N	6.9	4.8	6.0	6.0
抗张强度		kN/m				0.560
撕裂度	纵向	mN	277.7	242.1	264.0	264.0
	横向	mN	324.8	277.7	301.1	301.1
撕裂指数		mN·m^2/g				7.4
湿强度	纵向	mN	623	563	597	597
	横向	mN	389	298	348	348
白度		%	77.2	75.9	76.7	76.7
耐老化度下降		%				1.6
尘埃度	黑点	个/m^2			0	0
	黄茎	个/m^2			0	0
	双浆团	个/m^2			0	0
吸水性	纵向	mm	30	22	26	20
	横向	mm	26	18	23	3
伸缩性	浸湿	%				0.75
	风干	%				0.25
纤维	长度	mm	1.4	0.1	0.4	0.4
	宽度	μm	50.0	0.7	16.6	16.6

纸”最厚约是最薄的1.226倍，经计算，其相对标准偏差为0.072，纸张厚薄较为一致。通过计算可知，浮玉堂混料书画“宣纸”紧度为0.555 g/cm^3，抗张强度为0.560 kN/m。所测浮玉堂混料书画“宣纸”撕裂指数为7.4 mN·m^2/g；湿强度纵横平均值为473 mN，湿强度较小。

所测浮玉堂混料书画“宣纸”平均白度为76.7%，白度较高。白度最大值是最小值的1.017倍，相对标准偏差为0.006，白度差异相对较小。经过耐老化测试后，耐老化度下降1.6%。

所测浮玉堂混料书画“宣纸”尘埃度指标中黑点为0，黄茎为0，双浆团为0。吸水性纵横平均值为20 mm，纵横差为3 mm。伸缩性指标中浸湿后伸缩差为0.75%，风干后伸缩差为0.25%。说明浮玉堂混料书画“宣纸”伸缩差异不大。

浮玉堂混料书画“宣纸”在10倍和20倍物镜下观测的纤维形态分别见图★1、图★2。所测浮玉堂混料书画“宣纸”纤维长度：最长1.4 mm，最短0.1 mm，平均长度为0.4 mm；纤维宽度：最宽50.0 μm，最窄0.7 μm，平均宽度为16.6 μm。

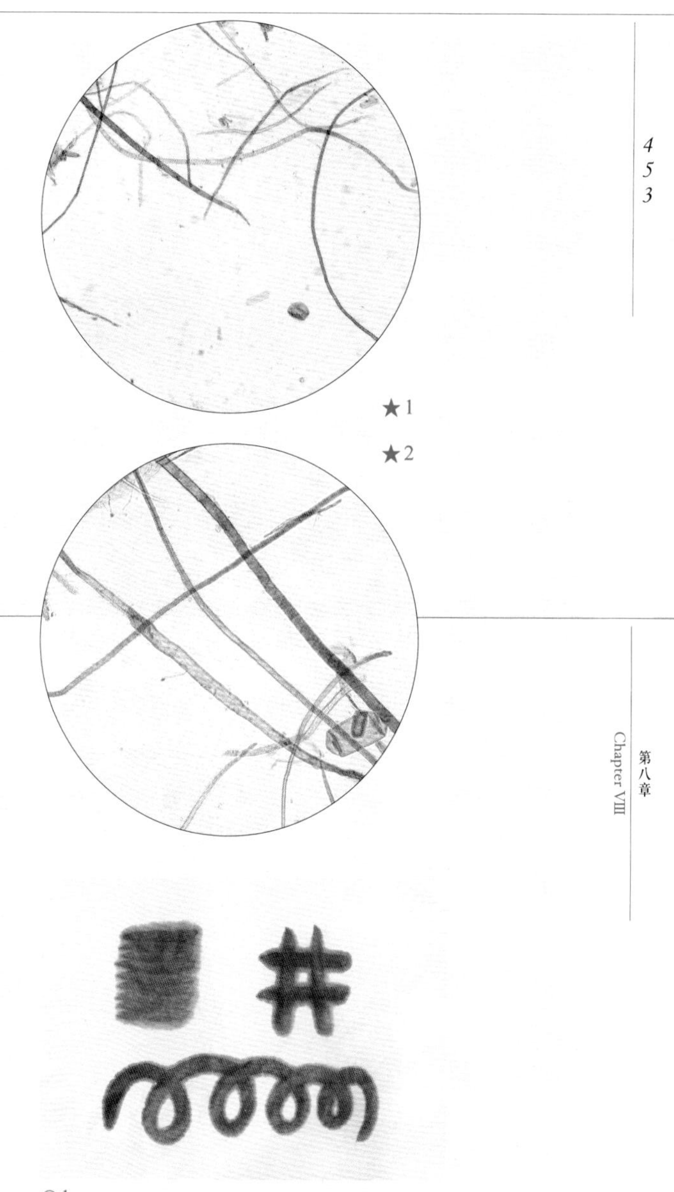

★1 浮玉堂混料书画『宣纸』纤维形态图（10×）
Fibers of calligraphy and painting "Xuan paper" with mixed materials of Fuyutang Brand (10× objective)

★2 浮玉堂混料书画『宣纸』纤维形态图（20×）
Fibers of calligraphy and painting "Xuan paper" with mixed materials of Fuyutang Brand (20× objective)

⊙1 浮玉堂混料书画『宣纸』润墨性效果
Writing performance of calligraphy and painting "Xuan paper" with mixed materials of Fuyutang Brand

⊙1

⊙2

⊙1
购自龙游县的山桠皮粗加工原料
Edgeworthia chrysantha Lindl. bark materials bought from Longyou County

⊙2
正在浸泡的檀皮浆料
Soaking *Pteroceltis tatarinowii* bark

四 浮玉堂“宣纸”的生产原料、工艺和设备

4 Raw Materials, Papermaking Techniques and Tools of “Xuan Paper” of Fuyutang Brand

（一）浮玉堂“宣纸”的生产原料

1. 主料

（1）山桠皮。据陈旭东介绍，浮玉堂生产所需山桠皮是从衢州龙游县一带直接购买的，2016年的价格为21.7 元/kg。买回来的山桠皮已经进行过漂白等粗加工，但还需要进行清洗、挑拣和加工，然后放入打浆机中打浆，以得到较纯净的山桠皮浆料。

（2）檀皮。檀皮是从临安直接购买的青檀皮湿浆料，2016年的价格为14 元/kg。当调查组成员对临安产青檀皮原料好奇而细问时，陈旭东说，实际上檀皮湿浆料是临安当地供应商从安徽省泾县购买回青檀皮料加工而成的，青檀皮料在泾县的购买价格是2.6 元/kg，买回的原料需要在临安当地完成清洗、干燥等处理工艺后才能得到生产所需的檀皮干浆料，湿浆料和干浆料的配比大约为3∶1。

对于为何不直接购买檀皮原料回厂加工的问题，陈旭东的答复是直接购买青檀皮加工会造成比较严重的黑液排放等污染问题，临安当地政府对于环境治理的管理很严格，必须到当地集中的浆料加工基地去购买湿浆料才能减轻环保压力。

⊙3

⊙3 正在浸泡的龙须草浆板 Soaking *Eulaliopsis binata* pulp board

（3）龙须草。龙须草是从河南购买的龙须草浆板，2016年的价格为10 元/kg。工厂需要将购买回的龙须草浆板浸泡后使用打浆机打烂，才能得到生产需要的龙须草浆料。

（4）燎草。燎草是从安徽省泾县购买的湿燎草浆料，2016年的价格为50 元/kg。浮玉堂会对购买回的湿燎草浆料进行清洗和处理，得到生产需要的干燎草纸浆，然后再使用打浆机将纤维打烂打断，以获得符合配浆要求的燎草浆料。

2. 辅料

(1) 纸药。陈旭东介绍，浮玉堂从2001年开始使用化学纸药，化学纸药都是从当地购买的韩国进口纸药，近几年的价格为52 元/kg。用法是使用前一天用凉水冲调至黏稠状，放入纸药存放池，第二天早上就可以使用。通常水与纸药的配比为25 kg纸药混合40 000 kg水，正常一天的生产需要消耗1 kg的纸药。

陈旭东表示，浮玉堂2001年前使用的还是传统植物纸药，主要原料是野生猕猴桃树枝，即造纸界习称的杨桃藤。传统植物纸药制作方式是：采集当地生长的杨桃藤树枝；将杨桃藤树枝的树皮剥下；将其晒干并打成粉状保存；需要使用时取出加入开水搅拌成黏糊状，待其冷却后再加入凉水搅拌即可使用。

(2) 水。据陈旭东介绍，浮玉堂造纸所用水为厂区附近的山间地表水，地表水汇集入附近的河流后直接抽取使用。调查组实测造纸用水pH为6.0，偏微酸性。

⊙1

⊙2

⊙1 化学纸药及存放池 Chemical papermaking mucilage and the container

⊙2 厂区门口流经的河水 River flowing through the factory

(二)浮玉堂“宣纸”的生产工艺流程

根据调查组2016年10月6日、10月8日和2018年12月20日三次入厂的现场观察及与相关造纸人的访谈,浮玉堂所造书画用途“宣纸”的生产工艺流程可归纳为:

壹	贰	叁	肆	伍	陆	柒
清洗、存放	打浆	捞纸	榨纸	晒纸	检验	包装

壹 清洗、存放

1 ⊙3

对购买来的浆料和皮草料有先存放在库房和直接进入浸泡池浸泡两种情况。在浸泡之前必须用清水清洗并挑拣,将其中的杂质清洗干净后再放入池中浸泡。

⊙3

贰 打浆

2 ⊙4

将各种不同的浆料分别放入不同的打浆机,加入河水,启动打浆机制浆,得到不同的制纸浆料,然后放入混合机器中将不同浆料混合均匀。交流中陈旭东介绍浮玉堂“宣纸”的常规浆料配比是:40%的檀皮或山桠皮浆料(使用檀皮还是山桠皮依客户需要而定)、30%的龙须草浆料和30%的燎草浆料。

⊙4

⊙3 正在浸泡的不同浆料 Soaking different pulp materials

⊙4 打浆机 Machine for beating materials

叁

捞　　纸

3

⊙5～⊙7

捞纸时将纸帘与帘床放置于半自动喷浆机喷头下方，使浆料喷在纸帘上，此时纸帘在抄纸槽中是平置状态，前后晃动一到两次，使浆料在纸帘上均匀分布，然后将纸帘从帘床上取下，一张张倒扣叠放在身后的压纸板上，然后从面向工人的一边将纸帘向前揭下。浮玉堂捞纸时的特色是在纸帘边缘放入一条尼龙线，以方便在接下来晒纸时将纸张分开。

⊙5

⊙6

⊙7

⊙5
喷浆法捞纸
Papermaking by pulp shooting technique

⊙6
将纸帘揭下
Peeling the papermaking screen down

⊙7
便于后续揭纸的尼龙线
Nylon threads for peeling the paper down

肆 榨纸

4 ⊙8⊙9

榨纸分为两个步骤：

（1）在当天捞纸结束后并不直接压榨，而是在纸沓上方铺一块木板，上面再放一桶水，以增加重量并一直压到第二天早上，从而达到缓慢将纸垛中的水分挤出来的目的。

（2）第二天工人上班后会将昨夜初步压榨过的纸沓取出，使用千斤顶压榨出剩余的水分。压榨时的要领是要缓慢，否则会压坏压破纸张，一般用千斤顶榨纸的时长为6小时。调查中调查组了解到的浮玉堂“宣纸”的一个比较特别的做法是：在第二天压榨过后还要再存放12小时，到第三天才会烘纸，主要是因为到第三天纸更容易揭开。

⊙8

⊙9

伍 晒纸

5 ⊙10～⊙13

从纸块上将成沓的纸揭离，并将在捞纸时加入的起分割作用的尼龙线一根根取出，然后将湿纸一张张刷在烘墙上。1～2分钟后，湿纸就会因为水分蒸发而变成干纸，待纸完全烘干后揭下即可。

⊙10

⊙11

⊙12

⊙13

⊙8 捞纸当晚的压纸 Pressing the paper at the night of papermaking

⊙9 千斤顶榨纸 Pressing the paper with a hydraulic lifting jack

⊙10 放置在纸架上的纸沓 Paper pile on papermaking frame

⊙11 将纸一张张分离并揭下 Separating the paper piece by piece

⊙12 刷纸上墙 Pasting the paper on a drying wall

⊙13 火墙烘干 Drying the paper on a drying wall

陆
检验
6 ⊙14⊙15

对烘干的纸进行质量检验，取出不合格的纸张，并作为机械纸打浆的配比原料。合格的纸以200张为一沓，用切纸机修剪不平的毛边，裁下来的纸边也可以作为机械纸打浆的回浆原料。

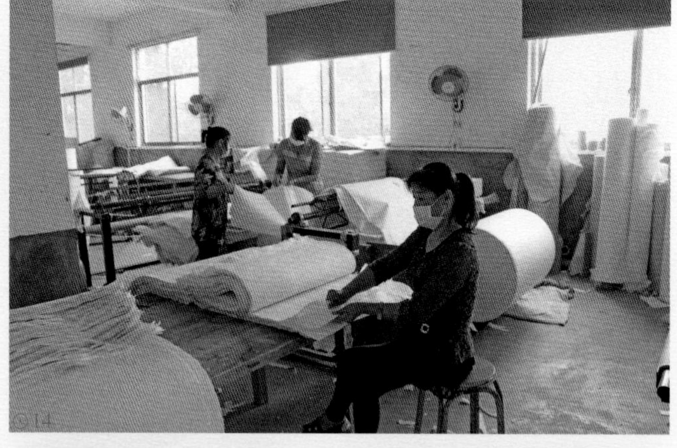

柒
包装
7

按照客户需求将纸张包装好，浮玉堂纸张的包装规格通常为100张/刀。

（三）浮玉堂“宣纸”的主要制作工具

壹
纸帘
1

用于捞纸的工具，以捞取纸槽中的纸浆，使其留存在纸帘上。实测浮玉堂的纸帘尺寸为：长142 cm，宽97.5 cm。

⊙16

⊙14 质量检验 Quality checking

⊙15 使用切纸机裁切 Cuting the paper with a paper cutting machine

⊙16 纸帘 Papermaking screen

贰 帘　架 2

用于固定纸帘的托架，纸帘夹在帘架的上、下两个木框中间。实测浮玉堂的帘架尺寸为：长142 cm，宽103 cm。

⊙17

叁 千斤顶和榨纸架 3

将纸沓（上下加两层木板）放入榨纸架，最上面放千斤顶，顶住榨纸架最上端，压榨纸沓中剩余的水分。实测浮玉堂的千斤顶尺寸为：底座长21 cm，宽（直径）18 cm，高（未开启）29.5 cm；榨纸架尺寸为：长163 cm，宽113 cm，高230.5 cm。

⊙18

⊙19

肆 放浆池 4

用于存放或浸泡浆料。实测浮玉堂的放浆池尺寸为：长209 cm，宽108.5 cm，高90.5 cm（各池尺寸不固定）。

⊙20

伍 半自动喷浆机 5

可通过人工控制开关，直接将纸浆喷灌到纸帘上，使原本的捞纸工序更为轻松省力。实测浮玉堂的半自动喷浆机尺寸为：长168 cm，宽12.5 cm，高28 cm。

⊙21

⊙17 纸帘架 Frame for supporting the papermaking screen

⊙18 千斤顶 Hydraulic lifting jack

⊙19 榨纸架 Frame for pressing the paper

⊙20 放浆池 Pulp pool

⊙21 半自动喷浆机 Semi-automatic pulp shooting machine

陆 捞纸槽 6

用于存放捞纸过程中的纸浆。实测浮玉堂的捞纸槽尺寸为：长1 360 cm，宽139 cm，高92.5 cm。

⊙22

柒 烘墙 7

用于快速烘干湿纸。实测浮玉堂的大烘墙尺寸为：长802 cm，高187 cm，上宽41.5cm，下宽48 cm；小烘墙尺寸为：长175.5 cm（不包含上、下连接管道），宽109.5 cm，厚7 cm。

⊙23

捌 纸架 8

用于放置纸沓，略微有点倾斜，以方便揭纸。实测浮玉堂的纸架尺寸为：长175 cm，高82 cm。

⊙25

⊙22 捞纸槽 Papermaking trough
⊙23 小烘墙 Small drying wall
⊙24 大烘墙 Big drying wall
⊙25 纸架 Papermaking frame

玖
生物燃料
9

通过燃烧给烘墙供暖，于临安当地购买，2016年的价格为1 元/kg。实测浮玉堂的燃料颗粒尺寸为：高3.8 cm，直径0.8 cm。

⊙26

拾
刷　把
10

晒纸时用刷把将纸张刷到烘墙上，使纸平整附着于烘墙。实测浮玉堂的刷把尺寸为：长39 cm，宽3 cm，高14 cm。

⊙27

拾壹
切纸机
11

用于切除纸张的毛边，统一纸张尺寸。实测浮玉堂的切纸机尺寸为：长304.5 cm，宽276 cm，高158 cm；切纸刀长164 cm。

拾贰
尼龙线
12

在捞纸前，将尼龙线放置在纸帘近身一侧，方便后期揭纸。实测浮玉堂的尼龙线长157.5 cm。

⊙28

⊙29

⊙30

⊙26 生物燃料 Biofuel
⊙27 刷把 Brush
⊙28/29 切纸机 Paper cutting machine
⊙30 尼龙线 Nylon threads

五
浮玉堂纸业有限公司的市场经营状况

5
Marketing Status of Fuyutang Paper Co., Ltd.

⊙1

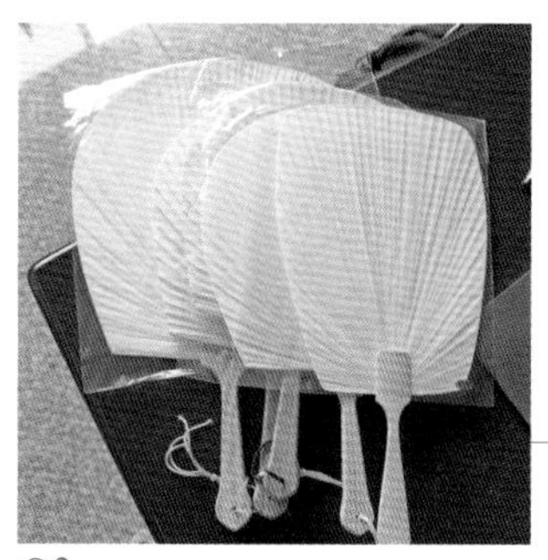
⊙2

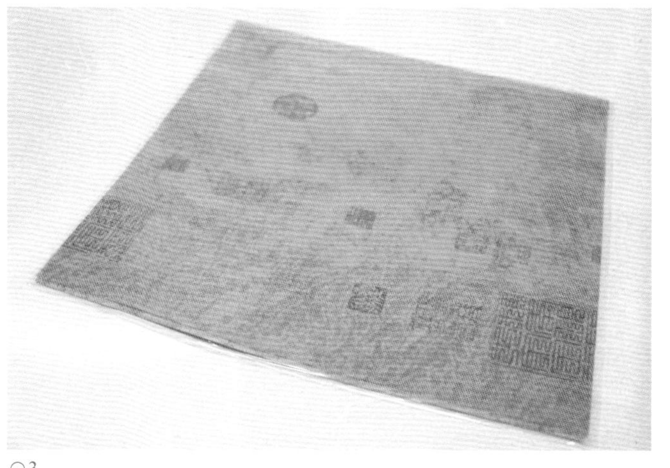
⊙3

调查组通过与陈旭东的详细交流了解到，浮玉堂2016～2018年销售额中的出口占比从15%降至5%，产品类型包含手工纸与机械纸。生产上主要是按客户订单和需求来组织生产，然后货运公司上门将包装好的成品纸装入集装箱，直接将集装箱运到上海、宁波等港口出口。

截至调查时的2016年10月，浮玉堂“宣纸”手工纸年产量约为350万张，年销售额约为500万元。厂里从事手工“宣纸”制作和加工的工人动态保持在38人上下，其中捞纸工和晒纸工各一半，工资为计件方式。

浮玉堂于2016年上半年新增加了加工纸的制作与销售，截至2016年10月已经研发出多种使用本厂手工纸加工的纸和纸工艺品，代表性产品有仿古帖、粉笺、蜡笺、手工纸扇子，2016年上半年销售额约为100万元。2018年入厂回访时了解到，2017年浮玉堂生产的手工纸年销售额达800多万元，机械纸在年销售总额3 000万元中占三分之二以上。

⊙1
正在捞纸的工人
Worker scooping and lifting the papermaking screen out of water

⊙2
浮玉堂制作的手工纸扇子
Handmade paper fans made in Fuyutang Paper Co., Ltd.

⊙3
浮玉堂制作的印有《兰亭序》的加工纸
Processed paper printed with *the Orchid Pavilion* made in Fuyutang Paper Co., Ltd.

六
浮玉堂纸业有限公司的品牌文化

6
Brand Culture of Fuyutang Paper Co., Ltd.

（一）“浮玉堂”品牌的来历

浮玉堂的名字来源于同处于临安境内的西天目山，天目山古名又称浮玉山，有“大树华盖闻九州”的美誉。据说“天目”这一名字开始于汉朝，因为其东西两座山峰顶上各有一水池，常年不枯竭，宛如天上的一双明目而得名。陈旭东早在1999年开始做手工纸起，就建立了品牌意识，借助地方著名历史文化景区的古名注册了“浮玉堂”商标。访谈中陈旭东表示，像“非遗”代表性传承人的申请，自己很早之前就已经申请了，而很多其他生产手工纸的人，因为之前疏忽，现在再想申请难度已经非常大了。

（二）浮玉堂的手工纸情怀

浮玉堂与来自北欧的宜家家具已间接合作多年并持续至今，宜家公司在中国的工厂有很多，浮玉堂将自家的纸卖给宜家在中国的灯罩厂，主要集中在上海以及浙江嘉兴的平湖两地，年销售额有1 000多万元。据陈旭东讲述，手工纸作为浮玉堂的一面旗帜，实际上并不能为浮玉堂产生太多的效益。如果浮玉堂只做手工纸，将无法生存。而效益不错的机械纸又没有手工纸那么有文化感，如果只做机械纸，与他们这个手工造纸世家对手工造纸的难舍情怀也不能相融。

⊙1

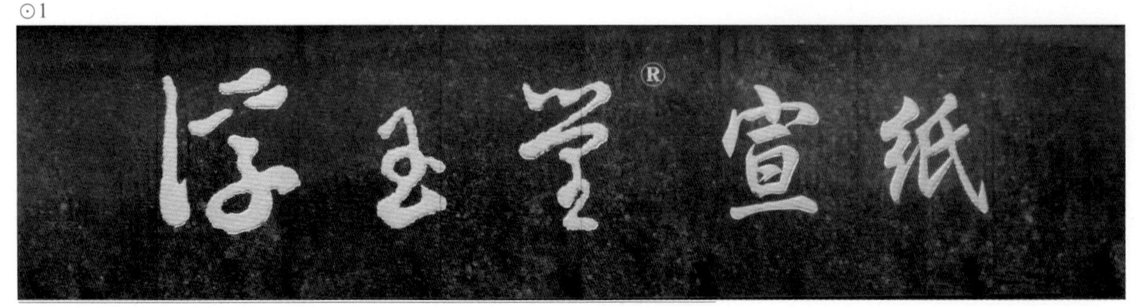

⊙1 浮玉堂『宣纸』品牌的厂牌
Plaque of Fuyutang "Xuan Paper" Brand

七 浮玉堂纸业有限公司业态发展思考

7 Reflection on Current Status and Development of Fuyutang Paper Co., Ltd.

（一）产销现状较为良好

（1）从2016年10月调查组调查与探寻时浮玉堂的状态来看，一方面，浮玉堂的销售渠道简单明晰，出口纸品部分是买方先下订单再组织生产，客户的固定与稳定两方面的良性度都较高，造纸风险不大；另一方面，生产一线的造纸工目前有一定数量，正常的生产在人工和技艺上有保障。

（2）浮玉堂的造纸处于手工原纸、机械纸、加工纸多纸种多工艺并行发展状态，2016年新启动加工纸和纸制品的生产，半年即有约100万的销售额，利润也较为丰厚。快速产生收益说明浮玉堂的经营运作能力仍然很强。

⊙2

⊙2 浮玉堂成品纸仓库 Paper products in the warehouse of Fuyutang Paper Co., Ltd.

⊙3 浮玉堂手工纸生产车间 Handmade paper workshop of Fuyutang Paper Co., Ltd.

（二）发展中的突出问题

1. 浮玉堂发展面临的突出问题

（1）受行业整体市场变化影响，近几年主要原材料价格持续快速上升，成为手工纸成本过快增长的一大原因。陈旭东颇为无奈地强调，手工纸销售涨价幅度有限，特别是像浮玉堂这样几乎靠外销活命的企业，日本和韩国的客户无法接受较大的价格涨幅，要保住市场只能自己设法消化成本的上涨，所以利润越来越少。

（2）手工纸生产过程枯燥乏味，条件相对艰苦，工资收入在经济发达的杭州地区不算高，年轻一代很少有人愿意学习和从事手工造纸行当，传承手工造纸技艺。因此，尽管目前浮玉堂还有一批中年以上的技术工人支撑，但没有新鲜血液的加入，要不了一二十年，传承上断代的忧虑就可能成为现实。

由于不在富阳这样的手工造纸著名产地和业态聚集区，而且临安浮玉堂造纸历史不长，又是临安当地极少的手工造纸企业，地方政府对“飘单”的小企业不重视，扶持力度小，补贴难到位。

2. 对于解决问题的思考

谈到如何解决发展中面临的问题，陈旭东认为：原材料以及人工成本上涨只能接受，这是行业大的趋势，自己是没有办法改变的。年轻人不愿学习造纸工艺和到一线从事造纸工作，这也是整个行业的大趋势，若有时间他自己也想了解同行们有什么“高招”，对于这些问题，目前他还没想到解决办法。

陈旭东表示，不管问题能不能解决，当下迫切需要政府加大对手工纸的扶持力度，包括帮助多做宣传，扩大浮玉堂“宣纸”在国内的市场和品牌知名度，这样万一日、韩渠道出现较大问题时，能转战国内市场谋生存。从企业自身考虑，近期能够做的主要有两个方面：一是加大新产品的研发力度，更精准地适应新一代消费者的新需求；二是不断探索，将产品向更高端的方向发展，但是依靠什么来提高利润空间还有待探索。

⊙1

⊙1 陈旭东参展时与客户交流 Chen Xudong communicating with clients at the exhibition

杭州临安浮玉堂纸业有限公司构皮纸

Paper Mulberry Bark Paper of Hangzhou Lin'an Fuyutang Paper Co., Ltd.

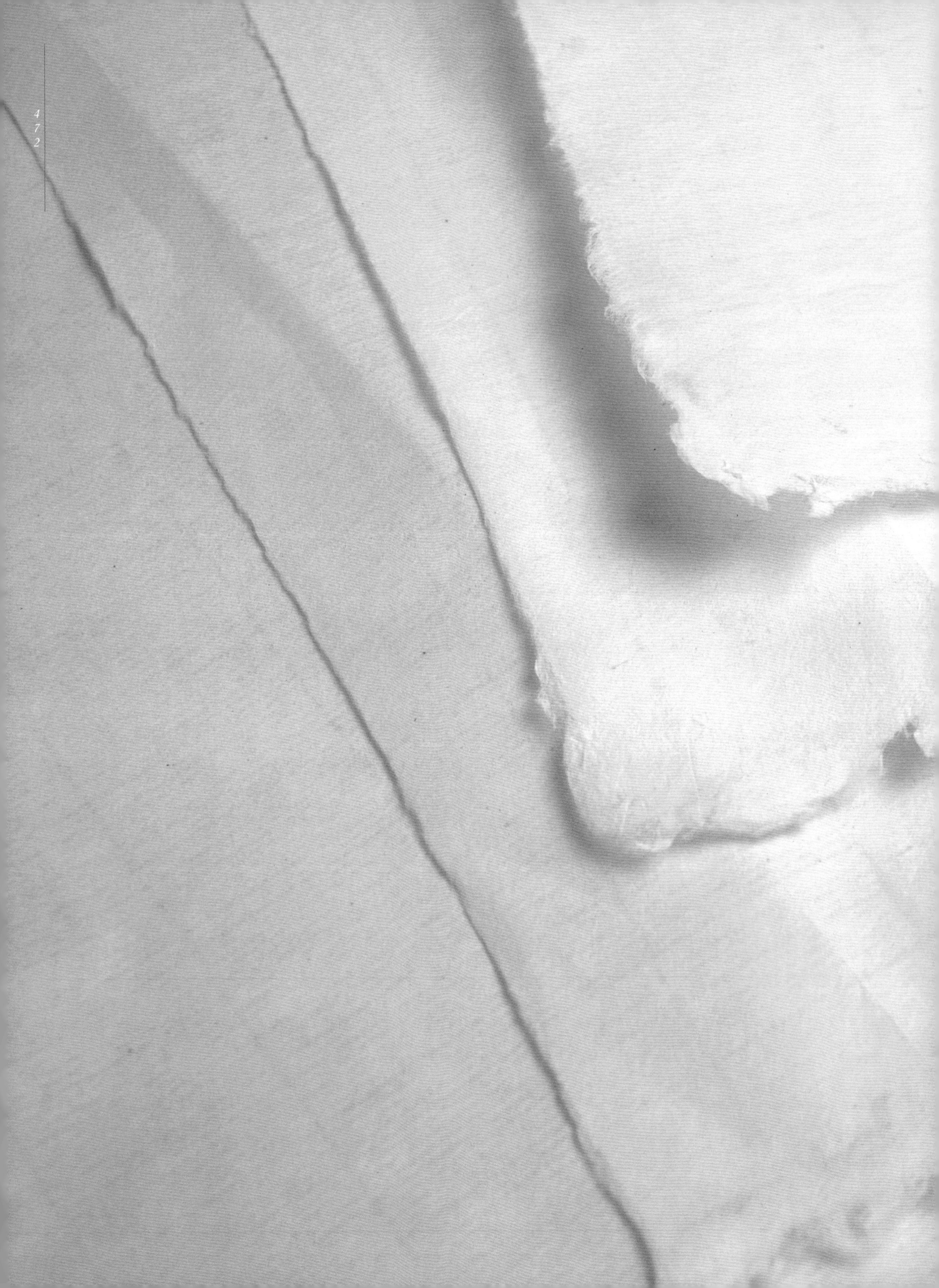

杭州临安浮玉堂纸业有限公司

混料书画『宣纸』透光摄影图

A photo of calligraphy and painting "Xuan paper" with mixed materials seen through the light

第二节

杭州千佛纸业有限公司

浙江省
Zhejiang Province

杭州市
Hangzhou City

临安区
Lin'an District

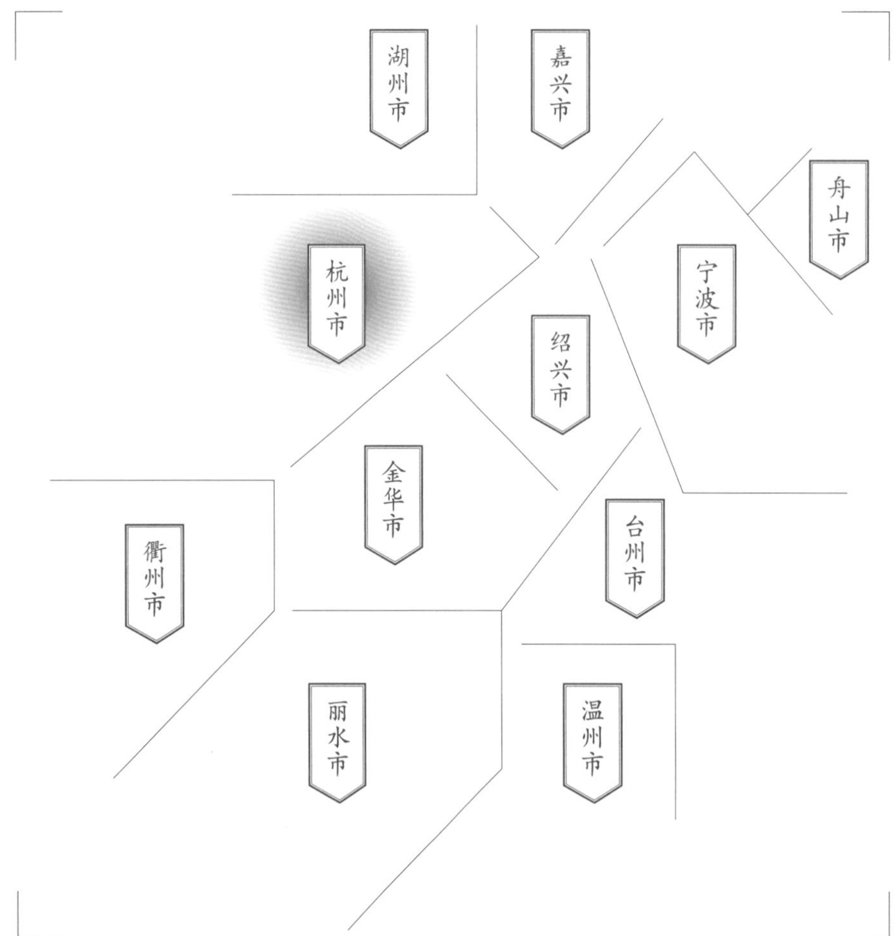

调查对象

於潜镇千茂村
杭州千佛纸业有限公司
皮纸

Section 2
Hangzhou Qianfo Paper Co., Ltd.

Subject

Bast Paper in Hangzhou Qianfo Paper Co., Ltd. of Qianmao Village in Yuqian Town

一
千佛纸业有限公司的基础信息

1
Basic Information of Qianfo Paper Co., Ltd.

杭州千佛纸业有限公司（以下简称千佛纸业）位于临安区（调查时为县级市，2017年8月改为杭州市辖临安区）於潜镇（原千洪乡，2011年并入於潜镇）千茂行政村的平渡自然村，地理坐标为：东经119° 23′ 21″，北纬30° 16′ 18″，现任厂长为陈晓东。2016年10月6日、2018年12月20日，调查组两次前往千佛纸业生产厂区调查，从杭州市区经徽杭高速到千佛纸业有限公司大约有2个小时的车程。

通过两次入厂调查和访谈，调查组了解到的千佛纸业的基础生产信息为：千佛纸业属于既造手工纸也生产加工纸和机械纸的厂家，该厂2016～2018年手工纸部分的造纸工人有50余名，拥有手工纸槽24口，厂区总面积5 700 m^2，用于抄制手工纸的厂区面积约为1 000 m^2，年产量300吨左右，主要生产皮、草等原料混合的书画纸和纯楮皮纸，也生产少量窗户纸及桑皮材料纸。手工纸主要采用半自动喷浆方式抄造。

⊙1

⊙1 千佛纸业有限公司厂区雨后内景 Internal view of Qianfo Paper Co., Ltd. after raining

杭州千佛纸业有限公司位置示意图

路线图
临安城区
↓
杭州千佛纸业有限公司
Road map from Lin'an District centre to Hangzhou Qianfo Paper Co., Ltd.

Location map of Hangzhou Qianfo Paper Co., Ltd.

考察时间
2016年10月 / 2018年12月

Investigation Date
Oct. 2016 / Dec. 2018

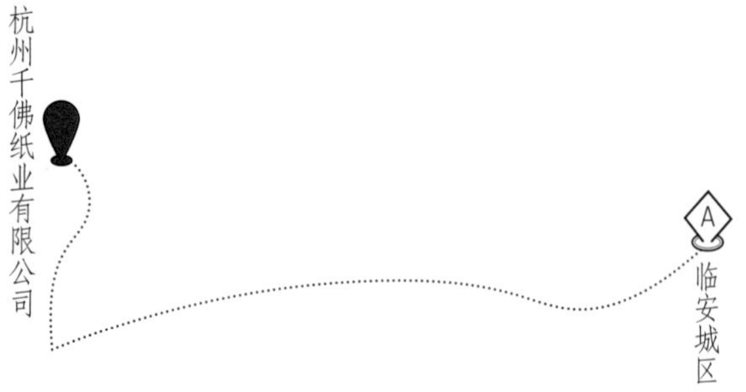

杭州千佛纸业有限公司
临安城区

地域名称

临安区
① 於潜镇
② 太阳镇
③ 太湖源镇
④ 板桥镇

造纸点名称

杭州千佛纸业有限公司 造纸点

位置分布

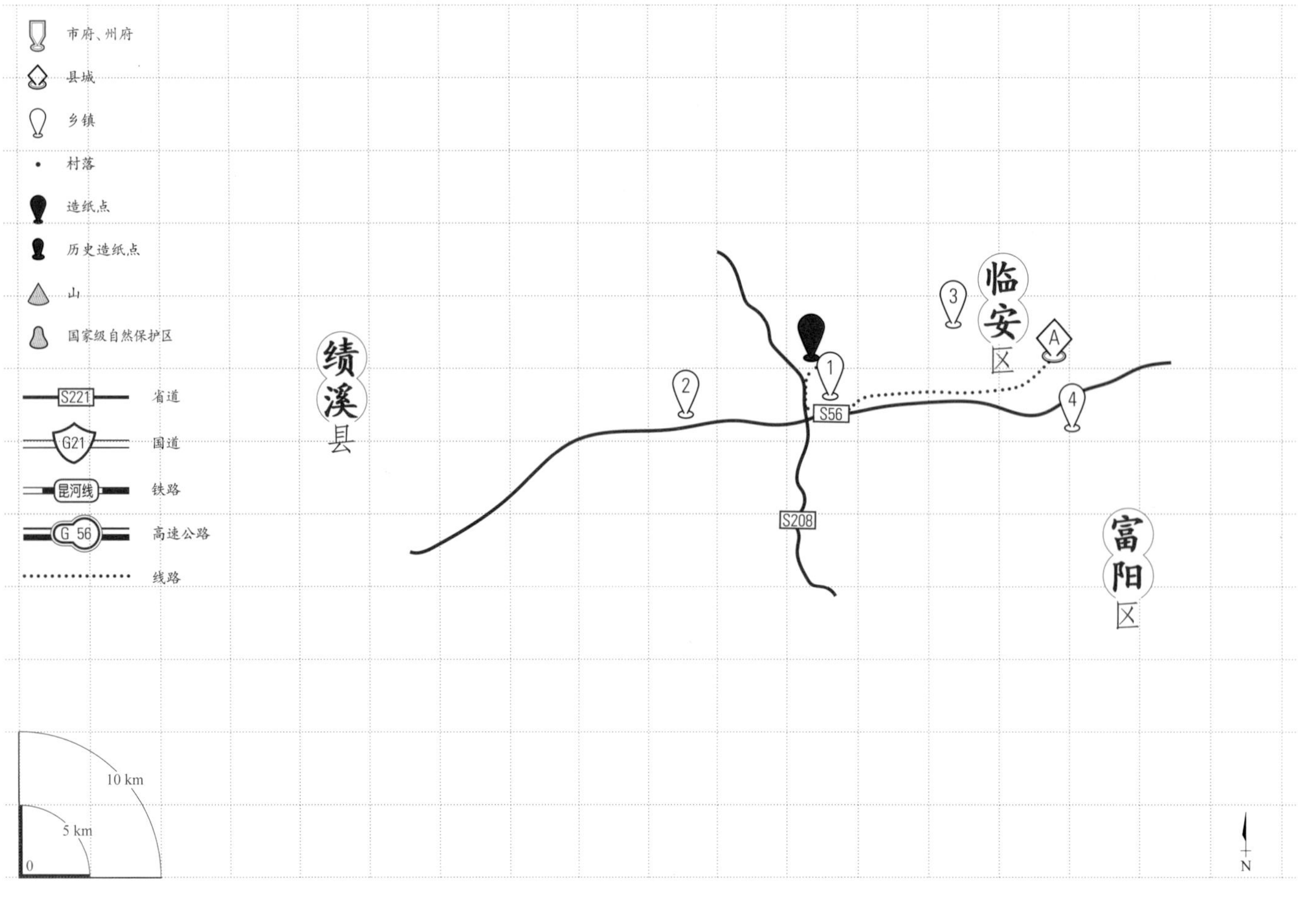

市府、州府
县城
乡镇
村落
造纸点
历史造纸点
山
国家级自然保护区
S221 省道
G21 国道
昆河线 铁路
G 56 高速公路
线路

绩溪县
临安区
富阳区
S56
S208
10 km
5 km
0
N

二
千佛纸业有限公司的历史与传承

2
History and Inheritance of Qianfo Paper Co., Ltd.

根据陈晓东（1972年出生）的介绍，父亲陈金根（1956年出生）1981年以平渡村会计的身份担任刚刚创立的集体村办千洪宣纸厂（1980年动工，1981年建成）厂长，并一直在千洪宣纸厂工作到1985年。1986年千洪宣纸厂破产倒闭后，父亲用较小成本将千洪宣纸厂原厂址租下，更名为临安浮玉堂宣纸厂，以私营个体的性质开始手工纸的生产。1996年，当时浮玉堂宣纸厂的一位韩国客户与陈金根建立了较好的合作关系，合股成立杭州天阳楮皮纸有限公司，公司成立后大部分生产经营都转到天阳楮皮纸有限公司，临安浮玉堂宣纸厂虽然保留原厂区，但基本上没有再进行生产。后因合作的韩国公司发展不佳，杭州天阳楮皮纸有限公司2004年与韩国牛雅制纸合资成立了千佛纸业有限公司。

据陈晓东的自述，他1994年进入千洪宣纸厂工作，开始跟随父亲接触手工造纸行当，虽然严格说起来自己不会造纸，但是对于造纸过程中出现的问题以及解决办法都有研究。陈晓东本人喜欢研究机器，现在厂里使用的第八代、第九代手工造纸喷浆设备都是在引进韩国设备的基础上由其本人改进的。

从传承来看，调查组通过访谈得知，陈家祖辈都从事手工造纸行业。据陈晓东回忆，当年其父辈中十七八岁的年轻人都会造纸，“现在七十多岁的人，从十六七岁就开始造纸”。不过，由于时间较久，他只能回忆起关系较近的几位亲人的传承情况：爷爷陈柏荣（1907—1978年）是农民，不会造纸；奶奶毛桂蓝（1915—1995年）曾在村集体纸厂（无名）从事过晒纸工作；大伯陈水根（1940—2018年）不会造纸；大姑陈金娣（1935年出生）与小姑陈金月（已逝，68岁）曾从事过晒纸工作（据陈晓东解释，奶奶和两个姑姑不会捞纸并不是因为捞纸工作“传男不传女”的习俗，主要因为当时捞纸是体力活，主要由男人承担，女人只从事相对轻松的晒纸工作）；舅舅程仕荣（1953年出生）会造纸；哥哥陈旭东在临安运营浮玉堂纸厂，会造纸；妻子孙晓红（1980年出生）不会造纸，主要在千佛纸业做财务工作。

陈晓东有两个孩子：大女儿陈欣怡今年16岁，正在读高中；小女儿陈依玟今年8岁，正在上小学。据其介绍，因为孩子年龄还小，所以暂时还没有打算让孩子接触造纸行业。2018年11月20日调查组回访时，陈晓东再次表示，两个女儿对造纸不感兴趣，估计以后不会从事造纸工作了。

⊙1

⊙2

⊙1
生产车间里的陈晓东
Chen Xiaodong at the workshop
⊙2
原千洪纸厂老厂房
Old factory of former Qianhong Paper Factory

三
千佛纸业有限公司的代表纸品及其用途与技术分析

3
Representative Paper, Its Uses and Technical Analysis of Qianfo Paper Co., Ltd.

（一）千佛纸业公司代表纸品及其用途

1. 窗户纸

桃花纸的一种，尺寸为57 cm × 105 cm，以木浆、白构皮为原料，主要用于制作高档灯具灯罩和糊窗户，多数销往韩国，少量销往日本，是针对韩、日习俗的用纸。

2. 皮纸

以山桠皮与楮皮为原料制作，主要用于书法绘画和高档礼品的包装，但较为特别的是千佛纸业只生产三尺（94 cm × 64 cm）规格的皮纸，这应该是由韩国的市场需求所决定的。

3. 书画纸

主要以山桠皮、草浆、纸边为原料，主要用于书法绘画练习，品种较齐全，低中高端都有，尺寸主要有：四尺 (70 cm × 138 cm)，1.5 元/张；大六尺 (155 cm × 215 cm)，现已停产；七尺 (70 cm × 205 cm)，2.5元/张。此类纸专门用于出口，调查时国内市场上没有销售。

⊙3

⊙4

⊙5

（二）千佛纸业公司白构皮窗户纸性能分析

测试小组对采样自千佛纸业的白构皮窗户纸所做的性能分析，主要包括定量、厚度、紧度、抗张力、抗张强度、撕裂度、撕裂指数、湿强度、白度、耐老化度下降、尘埃度、吸水性、伸缩性、纤维长度、纤维宽度和润墨性等。按相应要求，每一项指标都重复测量若干次后求平均值。其中定量抽取了5个样本进行测试，厚度抽取了10个样本进行测试，抗张力抽取了20个样本进行测试，撕裂度抽取了10个样本进行测试，湿强度抽取了20个样本进行测

⊙3
千佛纸业有限公司生产的窗户纸
Window paper produced in Qianfo Paper Co., Ltd.

⊙4
千佛纸业有限公司生产的皮纸
Bast paper produced in Qianfo Paper Co., Ltd.

⊙5
千佛纸业有限公司生产的书画纸
Calligraphy and painting paper produced in Qianfo Paper Co., Ltd.

试，白度抽取了10个样本进行测试，耐老化度下降抽取了10个样本进行测试，尘埃度抽取了4个样本进行测试，伸缩性抽取了4个样本进行测试，纤维长度测试了200根纤维，纤维宽度测试了300根纤维。对千佛纸业窗户纸进行测试分析所得到的相关性能参数见表8.3。表中列出了各参数的最大值、最小值及测量若干次所得到的平均值或者计算结果。

表8.3　千佛纸业有限公司窗户纸相关性能参数
Table 8.3　Performance parameters of window paper in Qianfo Paper Co., Ltd.

指标		单位	最大值	最小值	平均值	结果
定量		g/m²				42.2
厚度		mm	0.190	0.129	0.140	0.140
紧度		g/cm³				0.301
抗张力	纵向	N	17.9	16.0	17.1	17.1
	横向	N	18.0	16.1	17.3	17.3
抗张强度		kN/m				1.147
撕裂度	纵向	mN	634.5	558.2	589.6	589.6
	横向	mN	906.2	767.5	823.4	823.4
撕裂指数		mN·m²/g				16.7
湿强度	纵向	mN	1 122	930	1 050	1 050
	横向	mN	754	608	683	683
白度		%	79.4	76.7	78.5	78.5
耐老化度下降		%				3.4
尘埃度	黑点	个/m²				20
	黄茎	个/m²				0
	双浆团	个/m²				0
吸水性	纵向	mm				0
	横向	mm				0
伸缩性	浸湿	%				0.25
	风干	%				0.75
纤维	长度	mm	2.0	0.1	0.7	0.7
	宽度	μm	62.9	0.4	9.8	9.8

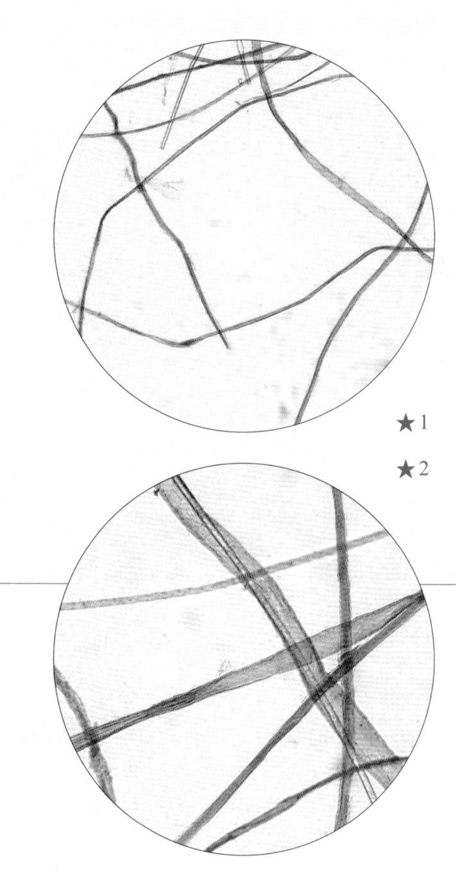

★1

★2

由表8.3可知，所测千佛纸业窗户纸的平均定量为42.2 g/m^2。千佛纸业窗户纸最厚约是最薄的1.473倍，经计算，其相对标准偏差为0.019，纸张厚薄较为一致。通过计算可知，千佛纸业窗户纸紧度为0.301 g/cm^{3}抗张强度为1.147 kN/m。所测千佛纸业窗户纸撕裂指数为16.7mN·m^2/g；湿强度纵横平均值为867 mN，湿强度较低。

所测千佛纸业窗户纸平均白度为78.5%，白度较高。白度最大值是最小值的1.035倍，相对标准偏差为1.122，白度差异相对较小。经过耐老化测试后，耐老化度下降3.4%。

所测千佛纸业窗户纸尘埃度指标中黑点为20 个/m^2，黄茎为0，双浆团为0。吸水性纵横平均值为0，纵横差为0。伸缩性指标中浸湿后伸缩差为0.25%，风干后伸缩差为0.75%。说明千佛纸业窗户纸不吸水。

千佛纸业窗户纸在10倍和20倍物镜下观测的纤维形态分别见图★1、图★2。所测千佛纸业窗户纸纤维长度：最长2.0 mm，最短0.1 mm，平均长度为0.7 mm；纤维宽度：最宽62.9 μm，最窄0.4 μm，平均宽度为9.8 μm。

⊙1

★1
千佛纸业窗户纸纤维形态图（10×）
Fibers of window paper in Qianfo Paper Co., Ltd. (10× objective)

★2
千佛纸业窗户纸纤维形态图（20×）
Fibers of window paper in Qianfo Paper Co., Ltd. (20× objective)

⊙1
千佛纸业窗户纸润墨性效果
Writing performance of window paper in Qianfo Paper Co., Ltd.

四 千佛纸业有限公司手工纸的生产原料、工艺和设备

4 Raw Materials, Papermaking Techniques and Tools of Handmade Paper in Qianfo Paper Co., Ltd.

（一）千佛纸业手工纸的生产原料

1．主料

（1）山桠皮。千佛纸业生产所需山桠皮，是从浙江龙游县直接购买的加工漂白过的山桠皮料，2016年的价格为20 元/kg，公司购买回来后进行拣选和裁切，再进行干燥处理，然后放入打浆机中打料，最后得到山桠皮浆料。

（2）楮皮。根据陈晓东口述，1996年之前都是在当地购买楮皮原料后自己蒸煮，但是由于年代久了，当时的楮皮价格已经不记得了。1996年后由于临安当地环保管理力度加大，陈晓东已不再自己蒸煮楮皮料，都是从江西萍乡购买加工好的湿浆料，买回来干燥处理后放入打浆机中打料，得到可以配浆抄纸的楮皮料。

千佛纸业一年需要购买300多万元的楮皮湿浆料，重约200 吨，一般3 吨湿浆料可以制作1 吨成品纸。2018年12月20日调查组回访时了解到，由于泰国楮皮质量好，陈晓东也从泰国购买加工好的楮皮，价格比国内高2倍左右，但出料率高、品质也优。

（3）纸边。千佛纸业会将制作手工纸过程中产

⊙1

⊙2

⊙3

⊙4

⊙1/2 工人正在拣选和裁切山桠皮料 A worker selecting and cutting *Edgeworthia chrysantha* Lindl. bark

⊙3 千佛纸业购买的楮皮湿浆料 Paper mulberry bark materials bought by Qianfo Paper Co., Ltd.

⊙4 正在打浆的楮皮浆料 Beating paper mulberry bark materials

⊙5

料进行进一步清洗和处理，得到生产需要的干龙须草浆，然后再使用打浆机将纤维打融以获得达到生产标准的草浆料。

生的废纸边在打浆过程中一起放入浆料中加工，以达到降低成本和残次品再利用的目的。

（4）龙须草浆。千佛纸业使用的龙须草是从河南仙鹤纸业购买的龙须草浆板，2015～2016年的价格约为50 元/kg。千佛纸业会对购买的湿草浆

2. 辅料

（1）纸药。根据陈晓东的介绍，因为千佛纸业从建厂开始一直只做出口业务，并且主要面向韩国市场，所以纸药也都是在临安当地购买韩国进口的化学纸药。纸药在使用前一天用凉水冲调至黏稠状，存放入纸药存放缸，第二天早上就可以使用。纸药与水的配比完全依靠工人的个人经验。

（2）水。千佛纸业造纸用水为厂区附近的山间地表水，地表水汇入附近的河流后直接抽取使用。调查组实测造纸用水pH为6.0，呈微酸性。

⊙6

⊙5 裁纸过程中产生的纸边 Deckle edges made during the cutting process

⊙6 正在纸药缸中过滤的纸药 Filtering the papermaking mucilage in a vat

⊙1
厂区附近的河流
River nearby the factory

（二）千佛纸业手工书画纸的生产工艺流程

根据调查组2016年10月6日、2018年12月20日在千佛纸业的现场观察和访谈所获得的信息，千佛纸业所造手工书画纸的生产工艺流程可归纳为：

壹	贰	叁	肆	伍	陆	柒
清洗、存放	打浆、配浆	捞纸	榨纸	晒纸	检验	包装

壹 清洗、存放 1

⊙1

对购买的浆料和皮草料进行清洗和挑拣，将其中的杂质清洗干净后放入池中浸泡，使浆料中的纤维达到生产要求。

⊙1

贰 打浆、配浆 2

⊙2

将各种不同的浆料分别放入不同的打浆机，加入河水，启动打浆机制浆，从而得到不同的制纸浆料。然后，将不同的浆料放入混浆机中混合均匀。值得注意的是，千佛纸业针对不同纤维的浆料使用不同样式的打浆机，镰刀式打浆机主要加工纤维较长的浆料，荷兰式打浆机主要加工纤维较短的浆料。千佛纸业生产书画纸的标准浆料配比为：25%的山桠皮浆料、25%楮皮浆料、25%龙须草浆料和25%废纸边。

⊙2

⊙1 正在浸泡的浆料 Soaking the pulp materials

⊙2 荷兰式打浆机加工浆料 Dutch beating machine processing the pulp materials

叁 捞纸

3 ⊙3～⊙6

捞纸时将纸帘与帘床放置在半自动喷浆机喷头下方，使浆料喷在纸帘上，在抄纸槽中将纸帘平置，前后晃动一到两次，使浆料在纸帘上均匀分布；然后将纸帘从帘床上取下，倒扣放在身后的榨纸底板或湿纸帖上，从面向工人的一边将纸帘向前揭下。千佛纸业捞纸时的特色是在纸帘边缘放入一条尼龙线，以方便在后续晒纸时用尼龙线将压榨后紧密贴在一起的纸张分开并揭下。

⊙3 捞纸 Scooping and lifting the papermaking screen out of water

⊙4 捞纸工人正在放置尼龙线 Papermakers fixing the nylon threads

⊙5 将纸帘揭下 Peeling the papermaking screen down

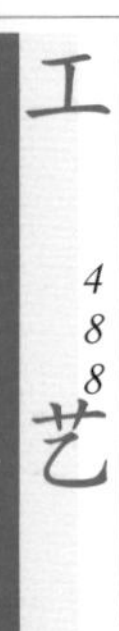

⊙6
尼龙线
Nylon threads

肆 榨纸

4 ⊙7～⊙9

（1）捞纸结束后在湿纸帖下方先铺一块腈纶网，防止水分留存造成纸帖腐烂，然后在湿纸帖上方铺一块木板，上面再放一桶水以增加重量，通过缓压的方式，初步达到将湿纸帖中的水分挤出来的目的。

（2）第二天工人上班后将昨晚初步压过的纸帖取出，使用千斤顶压榨出剩余的水分。压榨时要缓慢，否则会压坏纸张。使用千斤顶榨纸一般时长2小时，压榨结束后就可以进行晒纸。

⊙7

⊙9

伍 晒纸

5 ⊙10⊙11

从纸块上将成沓的纸揭离，并将在捞纸时放置的尼龙线一根根取出，然后将湿纸一张张揭下并刷在烘墙上，1～2分钟后，湿纸就会因为水分蒸发而变成干纸，纸张晒干后揭下即可。

⊙10

⊙11

⊙7 纸帖下方的腈纶网 Acrylic net under the paper pile
⊙8 初压 Pressing the paper for the first time
⊙9 榨纸器械 Machine for pressing the paper
⊙10 揭纸 Peeling the paper down
⊙11 刷纸上墙 Pasting the paper on the drying wall

陆 检验

6 ⊙12⊙13

对烘干的纸进行质量检验，取出不合格的纸张，作为废纸边处理。合格的纸以200张为一沓，用切纸机修剪不平的毛边，裁下来的纸边也可以再利用。

⊙12

⊙13

柒 包装

7 ⊙14

按照客户需求将纸张包装好，一般是100张为一刀。

⊙14

⊙12 质量检验 Quality checking

⊙13 使用切纸机裁切 Cutting the paper with a paper cutting machine

⊙14 包装好的纸 Packed paper products

（三）千佛纸业手工纸的主要制作工具

壹 纸帘 1

捞纸工具，用细竹丝编制而成。实测千佛纸业所用纸帘尺寸为：

（1）书画纸纸帘：规格148.5 cm×80 cm，购于厦门，售价1 300～1 400元。据介绍，纸帘使用寿命根据工人使用情况不同存在差异，一般可使用一年左右。

（2）窗户纸纸帘：规格210 cm×57 cm，售价2 100元左右。使用寿命根据工人使用情况不同存在差异，一般可使用一年。

（3）特大皮纸纸帘：规格210 cm×152 cm，售价4 000元左右。使用寿命根据工人使用情况不同存在差异，一般可使用一年。

贰 帘床 2

用手承托纸帘的托架。实测千佛纸业所用帘床尺寸如下：

（1）书画纸帘床：148.5 cm×86.2 cm。

（2）窗户纸帘床：216 cm×64 cm。

（3）特大皮纸帘床：215 cm×164.7 cm。

⊙16

叁 千斤顶和榨纸架 3

榨纸工序中挤压出湿纸帖水分的工具。实测千佛纸业所用榨纸架尺寸为：上部高260 cm，宽126 cm；底座长88 cm，宽162 cm。

⊙17

肆 放浆池 4

存放湿浆料和浸泡浆料的水池，用水泥砌成。

⊙15

⊙18

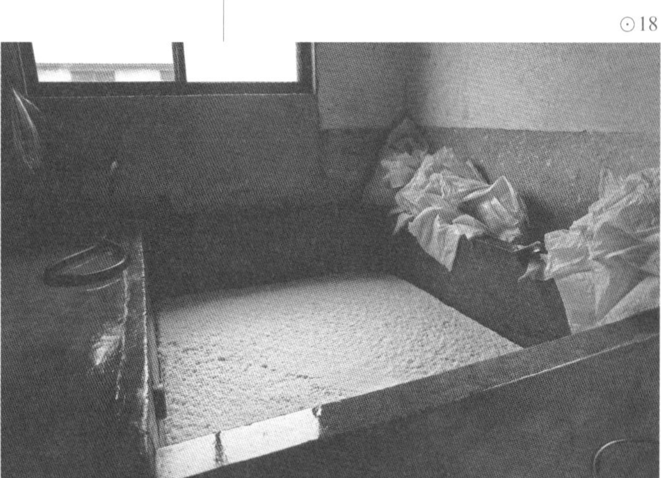

⊙15 生产窗户纸的纸帘 Papermaking screen for making window paper

⊙16 帘床 Frame for supporting the papermaking screen

⊙17 千斤顶和榨纸架 Hydraulic lifting jack and pressing frame

⊙18 放浆池 Pulp pool

伍
半自动喷浆机
5

用喷浆法捞纸的半自动设备，由纸浆输送管道、喷浆头、脚控出浆器等构成。

⊙19

陆
捞纸槽
6

捞纸时盛放水和纸浆的槽。

⊙20

柒
烘　墙
7

将湿纸刷贴在其表面利用高温烘干的铁（钢）制墙状设施，又称火墙，中空，底部有供燃煤与生物颗粒燃料燃烧的炉膛和烟道，以高温水循环加温。

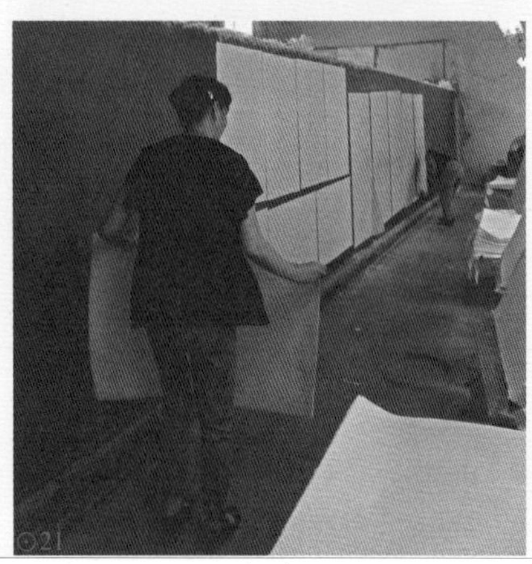
⊙21

捌
压　板
8

榨纸时放置在湿纸帖上方的盖板。实测千佛纸业所用压板尺寸为：长166 cm，宽82 cm。

⊙22

⊙19 半自动喷浆机正在喷浆 Semi-automatic pulp shooting machine

⊙20 捞纸槽 Papermaking trough

⊙21 烘墙 Drying wall

⊙22 压板 Pressing board

玖
裁纸机
9

裁切成叠合格纸张的机械。实测千佛纸业裁纸机尺寸为：长164 cm，宽240 cm，高75 cm。

⊙23

拾
刷　子
10

晒纸时用刷子将纸张刷到烘墙上，刷丝以棕毛制成。实测千佛纸业现场使用的刷子尺寸为：长40 cm，宽12 cm。

⊙24

拾壹
纸　线
11

抄纸时区隔每一张纸，以便揭纸上烘墙时容易将每一张纸分开的尼龙丝线。据陈晓东介绍，使用纸线分纸是当地的特殊做法。除尼龙线外，该厂还使用当地购买的腈纶线作为纸线，以15 元/m的价格购买腈纶网，然后抽腈纶纱线，作为区隔纸线。

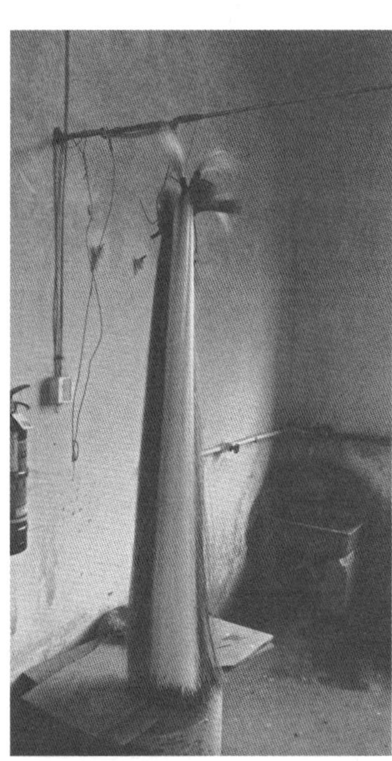
⊙25

拾贰
燃烧炉
12

据陈晓东介绍，千佛纸业晒纸时给烘墙供热的燃烧炉是他自己设计的。燃烧使用的燃料是从当地购买的生物颗粒燃料和煤炭。为了能使烘墙外壁保持90 ℃，陈晓东自己设计了在燃烧炉中先铺一层生物颗粒燃料，再将煤炭放在上面的燃烧方式。

⊙26

⊙27

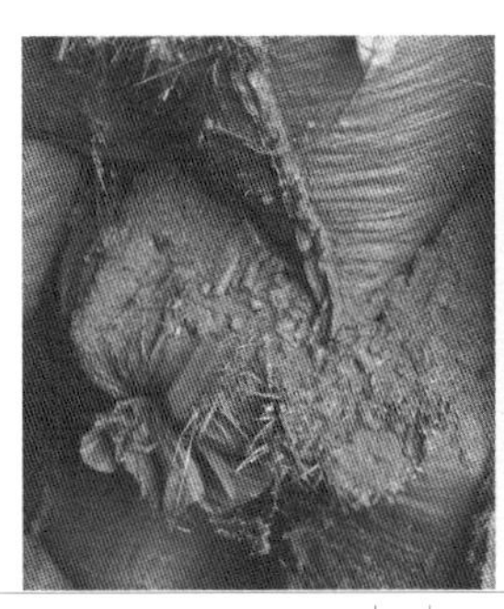

⊙23 裁纸机 Paper cutting machine

⊙24 刷子 Brush

⊙25 尼龙线 Nylon threads

⊙26 燃烧炉 Burner

⊙27 生物颗粒燃料和煤炭 Biofuel and coal

五 千佛纸业有限公司的市场经营状况

5 Marketing Status of Qianfo Paper Co., Ltd.

千佛纸业从建厂开始到第一次调查时的2016年10月，生产的手工纸100%外销，其中95%销售至韩国，其余5%销售至日本、中国台湾。生产模式是由客户先下订单，工厂根据订单需求组织生产，然后货运公司上门直接将包装好的成品装入集装箱运到上海港、宁波港出口，一般每个集装箱可以装9吨包装好的成品纸。

按照调查时获得的数据，千佛纸业有限公司2014～2016年的年产量约为300吨（其中书画纸200吨，皮纸100吨，外加少量窗户纸），年销售额约为1 000万元，利润率为10%～15%。调查时，厂里共有工人50余人。工资为计件方式，以生产四尺书画纸为例，捞纸工、晒纸工每生产1张合格的四尺书画纸各得0.2元工资。千佛纸业出口韩国的纸张中70%是书画纸，30%是皮纸，出口价格为150 元/kg；生产的皮纸几乎都是楮皮纸，有时也有极少量的桑皮纸。

据陈晓东介绍，1992年中韩建交后，韩国进货商主动找上门购买手工纸，那时还是父亲陈金根与韩国客商合资经营杭州天阳楮皮纸有限公司的阶段。由于刚开始他们不了解韩国行情，虽然持续多年出口量都在750 000刀左右，出口量很大，但出口价格十分便宜。近几年一方面受机械纸市场的冲击，另一方面成本上涨快，导致纸张售价上涨，韩国客户不太接受，出口量也下降了。

⊙1

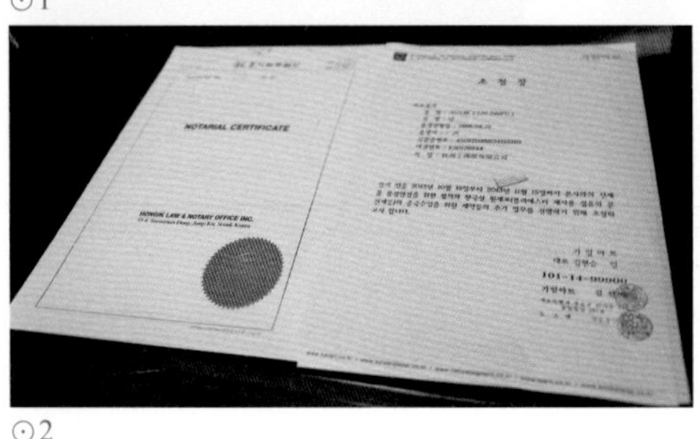

⊙2

⊙1 千佛纸业有限公司『公开记工表』 "Open Work Time Sheet" of Qianfo Paper Co., Ltd.

⊙2 韩国公司邀请陈晓东前往韩国考察的邀请函 Invitation letter from Korean company inviting Chen Xiaodong to visit Korea

六
千佛纸业有限公司的品牌文化与乡土传说

6
Brand Culture and Local Legend of Qianfo Paper Co., Ltd.

（一）桃花纸及千佛纸业品牌文化

调查组根据陈晓东口述及查阅资料总结出临安千佛乡桃花纸发展历程如下：

临安於潜镇千洪乡历史上是桃花纸的重要生产地，千洪乡制作桃花纸的历史可以追溯到太平天国以前。[1] 陈晓东回忆，临安当地的造纸技术老辈人传说是200多年前从绍兴嵊县引进来的，技术刚传进来时用于制作窗户纸（即以桑皮原料为主的桃花纸）、印谱（印家谱）纸、打字蜡纸、碑拓纸、包装纸、爆竹引线纸、古籍修复纸、“迷信纸”等。

20世纪50年代，当地桃花纸生产盛极一时，据称当时生产的桃花纸全部运至杭州清泰街用于交换所需要的商品。

⊙3

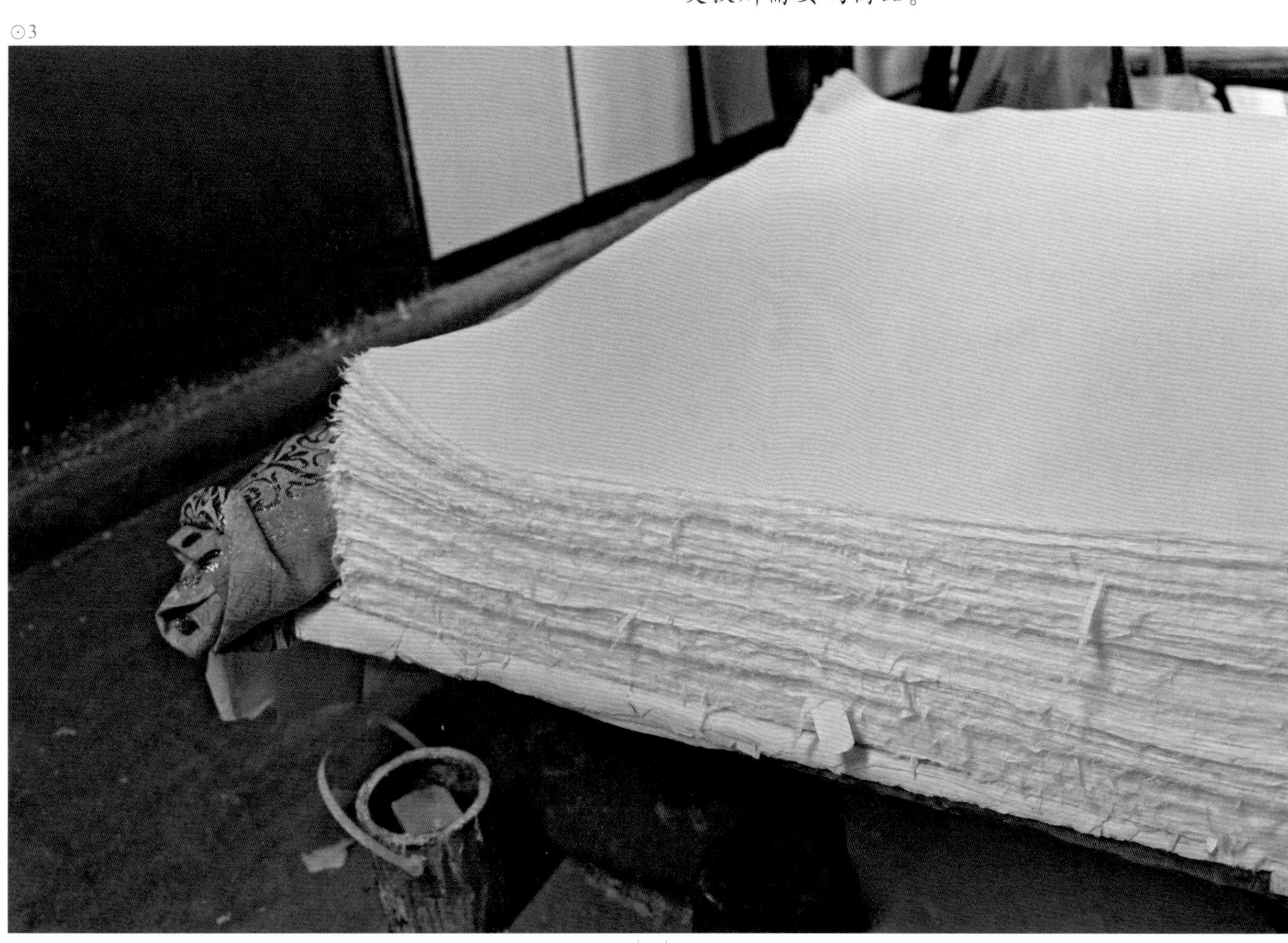

⊙3 千佛纸业生产的桃花纸的一个品种：窗户纸
A variety of Taohua paper produced in Qianfo Paper Co., Ltd.: window paper

[1] 严戒愚.浙西传统手工制纸的现状及出路[J].包装世界，2015(2):81-82.

20世纪60年代，受“文革”时期“除四害”的影响，曾作为迷信用纸的桃花纸的生产衰落。

20世纪70年代后期，改革开放后的社会开始恢复传统文化，桃花纸恢复生产，於潜镇约有1 000口纸槽，基本上每个村都有二三十人造纸，生产规模发展较快。

20世纪80年代，当地在保留桃花纸造纸工艺的同时，逐步改进工艺，开始造“宣纸”书画纸。1987～1988年，是千洪宣纸厂最繁荣的时候，当时有捞纸、晒纸工人80余人。

1988～1993年，由于市场销售原因，“宣纸”生产处于低潮期，捞纸、晒纸工人锐减，千洪宣纸厂只剩下16个工人，是“最艰难、辛苦的时候”。

1996年，日本、韩国的商人来到临安，向千佛宣纸厂表明合作意向，由日本、韩国提供较为先进的造纸技术，使用临安当地原材料和相对较低的人工成本制造一种名为“画仙纸”的纸品，作为学生基础练习用纸。

2008年11月，千佛桃花纸与“宣纸”制作技艺被列入浙江省杭州市第二批“非遗”代表作名录。

另据陈晓东介绍，千佛纸业中“千佛”名称的由来是因为现在的工厂所在地原先是一个名为千佛殿的佛教寺院旧址（“破四旧”时被拆除），2004年注册公司时，有人提议使用老寺院的旧名，所以取名杭州千佛纸业有限公司。据陈晓东回忆，千佛殿面积超过200 m^2，里面供奉了大约1 000个菩萨，还有包公像，有一条路从殿内穿过。寺庙主要为周边村民祭祀之所。

调查组查询到的与千佛殿相关的涉及包公的民间故事是这样讲述的：宋仁宗时期，曹国舅犯法后向西天目山方向逃跑，包公领兵马兵分两路追捕，一路由张龙、赵虎带兵往於潜城北挺进，至凌口桥分一队驻防丹枫庵（后称包公殿）；余队开进泗州殿（现为泗州村）与平度村交界处的千佛殿扎营。后来听说曹国舅在莲花峰出家了，包公便收兵不再追捕。后人因此在丹枫庵与千佛殿供奉包公以示纪念。

（二）“宣纸”泄密事件

陈晓东说，临安当地曾发生“宣纸”泄密事件，据其回忆当年他听说的情况：日本商人前往潘家镇（现在的千茂村，由原潘家村、平渡村、乌浪村合并）一个造纸作坊，为了学到制造“宣纸”的技术，他们在衣服的纽扣上装有微型摄像机以拍摄工艺流程。在生产车间，车间内的工人还看到日本商人故意将领带伸入纸槽中，使纸浆黏在领带上，以便带回日本研究。

由于年代较久，调查组未能查到陈晓东提到的新闻报道，不过调查组查阅相关论文发现孔之见在《重大机密竟这样轻易泄漏》一文中提过相

⊙1

⊙1 志愿军烈士遗骸棺椁 Coffin with the remains of martyrs of the Chinese People's Volunteer Army

关事件，可以从侧面部分佐证陈晓东的说法：

“日本人到了浙江临安县，潘家镇造纸厂热情款待，有问必答，连蒸煮原材料的碱水浓度这样的细节也言无不尽，临别更赠送檀树皮、长稻草浆和杨桃藤，而这家厂正是在泾县的扶持下建立的。”[2]

陈晓东说，为了保护“宣纸”制造工艺不外传，1996年该公司与韩国公司合资时，浙江临安市保密局还要求他们签订了“宣纸”工艺不能外泄的保密协议。

（三）特别的订单

陈晓东介绍，千佛纸业曾收到一个比较特别的窗户纸订单。2014年抗美援朝牺牲的战士遗骸运回中国时，装有烈士遗骸的棺椁底层就垫着千佛纸业生产的窗户纸，是韩国方面向其订购的。

据陈晓东的说法，窗户纸在韩国被称为“高丽纸”，在韩国主要作为书画、装潢、家具用纸等。窗户纸的优点是吸附力强，吸水性好，湿强度高，透气性强，纸张韧性与拉力强，不易破裂，因此才会被选中。

（四）“沾了安徽的光”

陈晓东介绍，千佛纸厂的“宣纸”发展还“沾了安徽的光”。由于制造纸浆涉及环保问题，2004年国家取消机械造纸的HS编码（海关商品编码），手工纸出口退税率在2005～2006年由13%变为0。为了解决这一难题，安徽宣纸厂集体向国家税务总局申请，2007年恢复出口退税的HS编码，宣纸出口恢复13%的出口退税率。

据陈晓东介绍，千佛纸业每年出口产品300吨，恢复出口退税意味着每年可为该厂节省50万～60万元，相对减轻了其经营压力。

目前调查组可查询到的新闻报道（《江淮时报》2007年4月20日《“国宝”红星遭遇出口“瓶颈”》）和网络文章（《安徽泾县宣纸领到新的出口退税“身份证”》）可以大致还原事件经过：由于国际贸易中其他国家没有“宣纸”生产出口，沿用国际通用海关税则号的我国海关商品编码库中没有宣纸产品的归类商品编码及名称，宣纸一直被归类于手工制纸及纸板。2003年，财政部、国家税务总局根据我国出口形势的发展和产业结构调整的需要，出台了《关于调整出口货物退税率的通知》（财税〔2003〕222号），规定从2004年1月1日起，将原油、木材、纸浆等资源类产品的出口退税率调整为零，包括48 021 000（手工制纸及纸板）。[3] 2007年，国家税务总局根据安徽省国税部门的调查结果，对出口退税商品代码库进行了追加，授予安徽省泾县宣纸集团公司生产的“红星牌”宣纸编号为48 239 090的新代码，规定该产品享受13%的出口退税率。[4]

⊙2 千佛纸业有限公司待出口的产品
Paper products of Qianfo Paper Co., Ltd. waiting to be exported

[2] 孔之见.重大机密竟这样轻易泄露[J].国际新闻界，1993(1):38-39.

[3] 常河.“国宝”红星遭遇出口“瓶颈”：政协委员呼吁开辟“绿色通道”[N].江淮时报，2007-04-20(1).

[4] 育龙网.安徽泾县宣纸领到新的出口退税“身份证”[EB/OL].(2009-07-23)[2018-12-24]. http://kuaiji.china-b.com/zcsws/zxdt/20090723/153261_1.html.

七
千佛纸业有限公司的业态传承现状与发展思考

7
Reflection on Current Status and Development of Qianfo Paper Co., Ltd.

（一）千佛纸业业态传承状态描述

从田野调查与访谈获知的信息来看，千佛纸业造纸技艺传承的现状相对良好，表现在：

（1）销售渠道清晰，而且集中度非常高，全部产品都用于出口，95%集中在韩国，客户数量也未出现分散和破碎化的情况；同时，物流服务及出口手续办理均已纳入高效的外包体系，这些都非常有利于千佛纸业专注于生产。

（2）产品线很清晰，三分之二为书画纸，三分之一为楮皮纸，还有很少量的窗户纸；投入产出模式是订单在前，组织生产在后，这些都为相对标准化、集约化生产提高了收益空间，以及规避品种错位、产销错位并减少投入损失提供了有力的支撑。

（3）虽然家族老一代技艺传承人已经离开造纸岗位，第二代像陈晓东本人并未能有效传承手工造纸的手艺，只是对设备工具和管理经营有经验，第三代由于年纪偏小等原因未接触技艺，但是在50余位有经验的造纸师傅的支撑下，目前企业生产处于正常状态。可以认为虽然陈氏家庭纸坊的技艺传承延续不畅，但在外请造纸技工的传承与发展系统中千佛纸业的传承仍属正常。

⊙1

⊙1 工作中的技术工人 Skilled worker at work

（二）千佛纸业发展中的突出问题与挑战

陈晓东认为，千佛纸业手工纸的发展隐患主要包括：

（1）原料价格近年来不断上涨，造成手工纸成本的上升速度过快，但是与中国国内市场和消费者心理不同，韩国及日本已经进入稳态消费阶段，同时本国手工纸和半机械纸竞争力很强，能够在短时间内接受手工纸涨价的幅度很有限，因此虽然成本压力很大但只能由企业自己设法消化，所以出口产品的利润空间越来越小。

(2) 千佛纸业一直到今天走的都是完全出口路线，因此国内市场的基础几乎空白，渠道、人脉与经营人才严重不足，要想把一部分市场或重心转到国内还需做较大努力。

(3) 手工纸生产过程枯燥乏味，条件相对艰苦，工资收入也不是很高，年轻一代很少愿意学习和从事手工造纸，虽然千佛纸业已经采用了半自动的喷浆生产线，但工人中依然以中老年工人为主，“工人平均年龄四十岁以上，年龄大的超过六十岁”，年轻人不愿意从事造纸行业，期待新鲜血液的加入。另外，想要造出高质量的纸张，对工人素质要求较高，因为造纸技术需要磨炼，高素质造纸人才缺乏也是目前不可忽视的问题。

至于如何破解发展中的难题，陈晓东认为除了将国内市场拓展作为企业战略布局与转型的方向尽快思考外，其他两大挑战他目前还找不到有效的解决手段。

2018年12月20日调查组回访时间及其此前遇到的状况是否改善时，陈晓东表示，“只有衰落，没有改善”。陈晓东认为，对于越来越严峻的人工成本问题，他考虑将在其他劳动力富足且劳动力成本较低的国家或地区新建厂区，以解决人工成本问题。另外，陈晓东也希望国家能对手工造纸行业有更多的财政支持，让更多的年轻人愿意从事造纸行业。

⊙1

⊙2

⊙3

⊙1 千佛纸业从国外进口的皮料 Bark materials imported by Qianfo Paper Co., Ltd.

⊙2 中老年捞纸工人正在捞纸 Papermaking by the middle-aged and old workers

⊙3 陈晓东去泰国考察当地造纸工厂和原料生产工厂时拍摄的照片 Photo taken by Chen Xiaodong in a local paper factory and raw material production factory during the investigation in Thailand

千佛纸业有限公司

构皮纸

Paper Mulberry Bark
of Qianfo Paper Co., Ltd.

窗户纸透光摄影图
A photo of window paper seen through the light

千佛纸业有限公司

书画纸

Calligraphy and Painting Paper
of Qianfo Paper Co., Ltd.

书画纸（山桠皮+草浆+纸边）
透光摄影图
A photo of calligraphy and painting paper
(*Edgeworthia chrysantha* Lindl. + straw pulp +
paper edges) seen through the light

千佛纸业有限公司

皮纸

Bast Paper
of Qianfo Paper Co., Ltd.

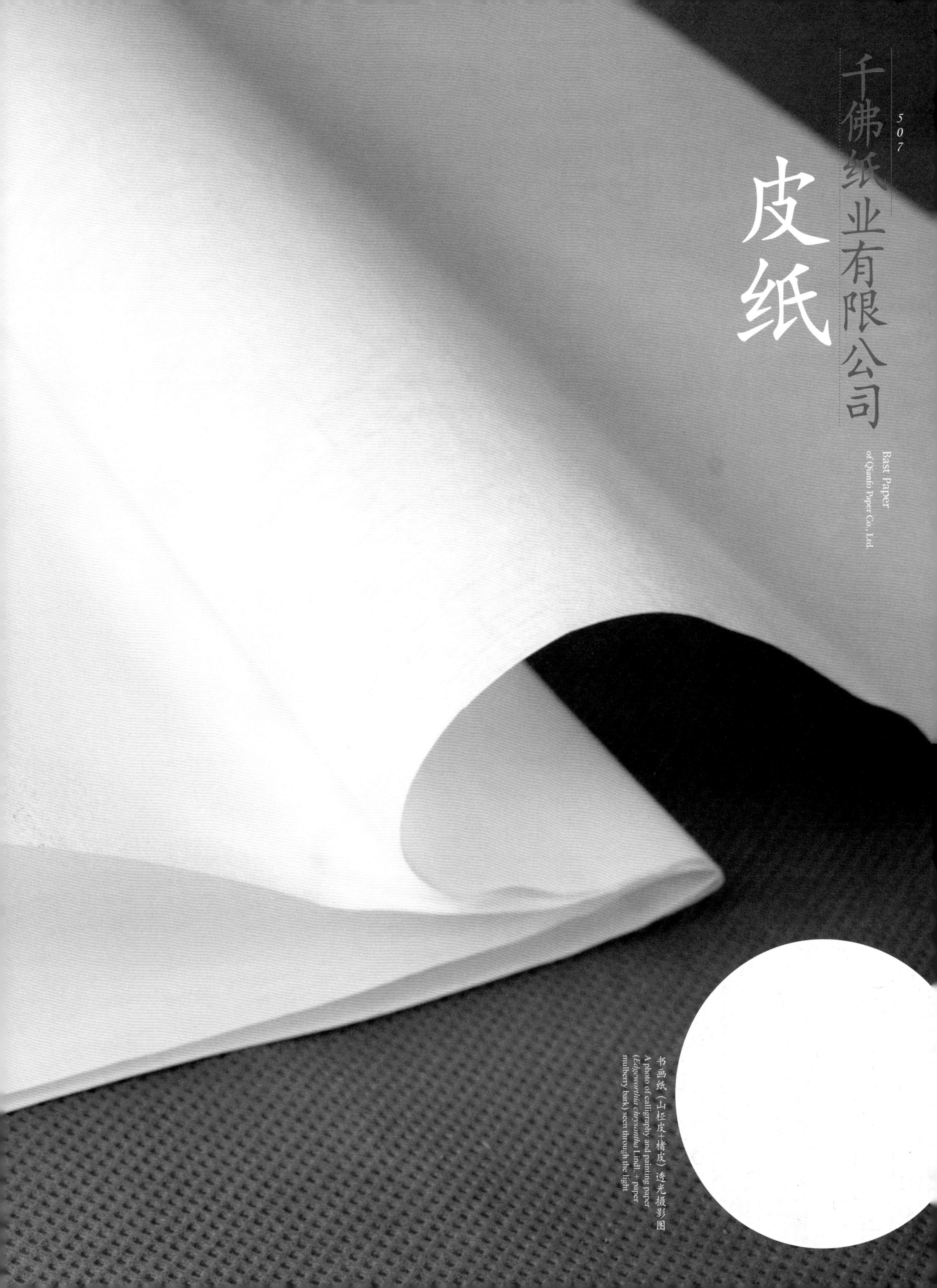

书画纸（山桠皮+楮皮）透光摄影图
A photo of calligraphy and painting paper (*Edgeworthia chrysantha* Lindl. + paper mulberry bark) seen through the light

第三节

杭州临安书画宣纸厂

浙江省
Zhejiang Province

杭州市
Hangzhou City

临安区
Lin'an District

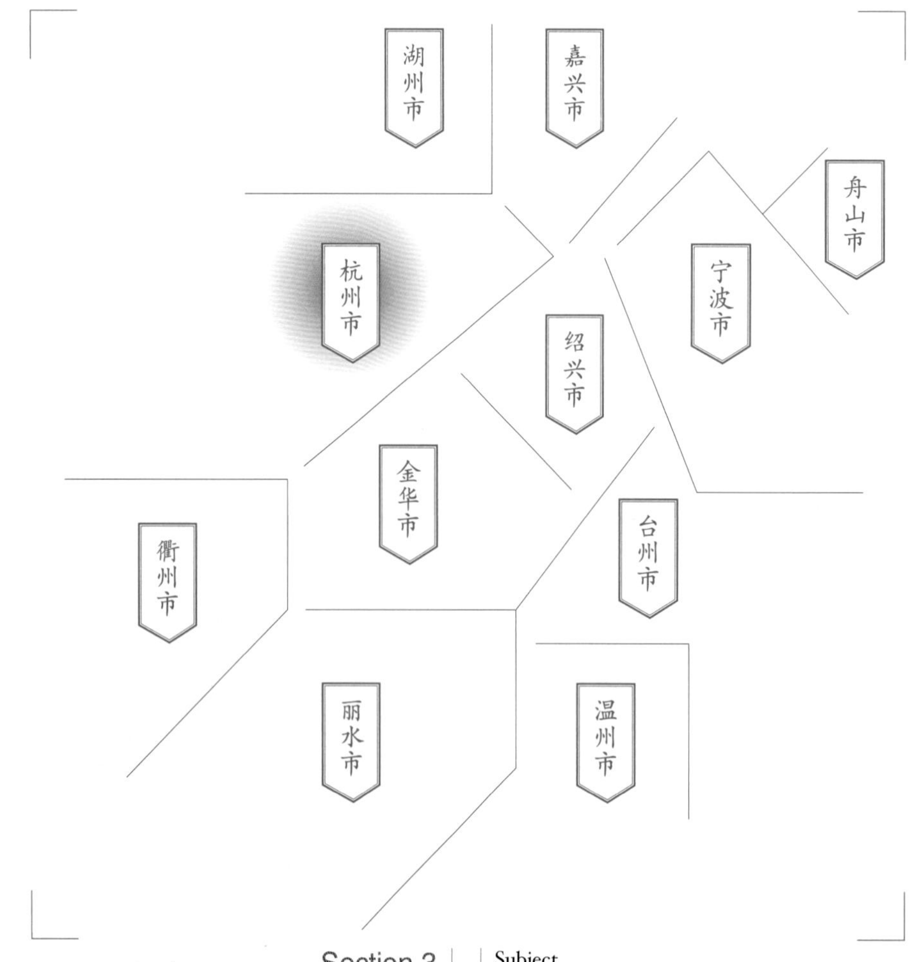

调查对象

於潜镇千茂村
杭州临安书画宣纸厂
皮纸

Section 3

Hangzhou Lin'an Calligraphy and Painting Xuan Paper Factory

Subject

Bast Paper in Hangzhou Lin'an Calligraphy and Painting Xuan Paper Factory of Qianmao Village in Yuqian Town

一 临安书画宣纸厂的基础信息与生产环境

1 Basic Information and Production Environment of Lin'an Calligraphy and Painting Xuan Paper Factory

临安书画宣纸厂是一家生产皮纸和书画纸的手工纸厂，位于杭州市临安区（调查时为县级市，2017年8月改为杭州市辖临安区）於潜镇千茂行政村平渡自然村下平渡村民组，地理坐标为：东经119° 22′ 55″，北纬30° 17′ 0″。

临安书画宣纸厂于1998年6月18日在杭州市工商行政管理局临安分局注册，注册资金25 000元，纸厂负责人为黄觉慧。调查组于2016年10月6日、2018年12月20日前往纸厂现场考察，通过黄觉慧的介绍了解到的基础信息如下：临安书画宣纸厂共有员工35人（包括黄觉慧本人），纸槽20口，但2016年入厂时开工纸槽只有14口，均使用喷浆捞纸工艺。厂房占地面积约2 000 m²，主要生产多种树皮原料的皮纸与皮草竹等混料的书画纸。

於潜镇位于国家级自然保护区西天目山南麓，是临安县域的副中心城镇、浙江省的200个中心镇之一。截至2011年的普查数据为，镇域面积261 km²，设30个行政村、1个居委会，总人口5.7万。於潜山林资源丰富，森林覆盖率达76%，被评为“全国造林绿化百佳乡镇”。

於潜是一个历史非常悠久的古建制区域，早在汉武帝元封二年（公元前109年）就正式建立於潜县治，直到1956年，经过区划调整，於潜县被改为於潜镇，纳入临安县管辖。调查组入镇调查时的於潜镇，是经过4次撤扩并后，由6个乡镇合并而成的。今於潜镇地域为初始设县时的原於潜县城所在地，原名潜阳镇，1956年改今名。据於潜地方政府网站介绍：千茂村由原乌浪、潘家、平渡3个自然村合并而成，地域面积2.5 km²，有24个居民小组、432户农户、1 689人。2013年人均收入19 687元。临安书画宣纸厂位于自然村合并前的平渡村区域。

⊙1

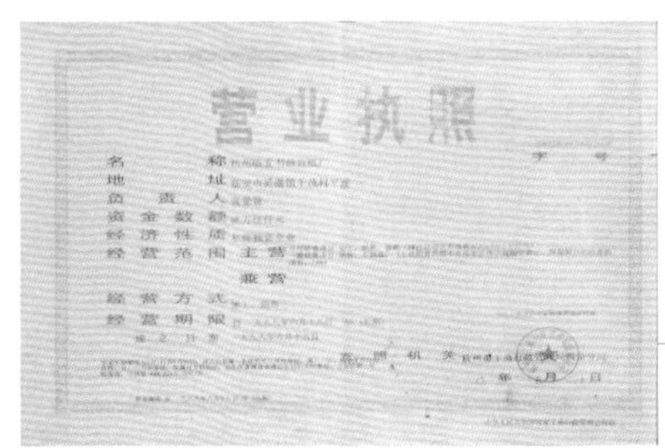

营业执照

⊙2

⊙3

⊙1 临安书画宣纸厂大门入口 Entrance to Lin'an Calligraphy and Painting Xuan Paper Factory

⊙2 临安书画宣纸厂的营业执照 Business licence of Lin'an Calligraphy and Painting Xuan Paper Factory

⊙3 雨中纸厂周边的道路 Road near the factory in the rain

杭州临安书画宣纸厂位置示意图

路线图
临安城区
↓
杭州临安书画宣纸厂
Road map from Lin'an District centre to Hangzhou Lin'an Calligraphy and Painting Xuan Paper Factory

Location map of Hangzhou Lin'an Calligraphy and Painting Xuan Paper Factory

考察时间
2016年10月 / 2018年12月

Investigation Date
Oct. 2016 / Dec. 2018

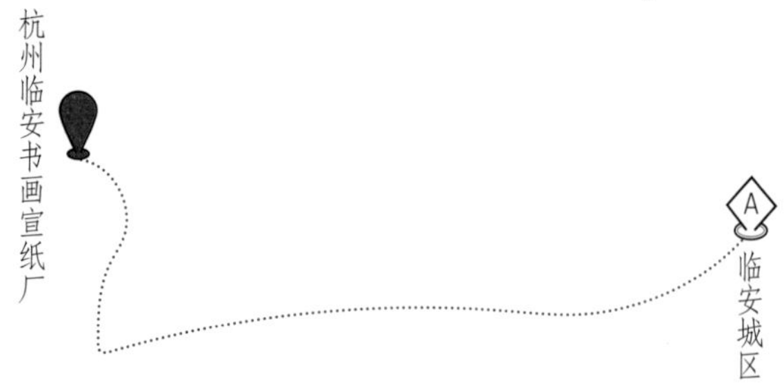

地域名称

杭州临安书画宣纸厂
临安城区

A 临安区
1 於潜镇
2 太阳镇
3 太湖源镇
4 板桥镇

造纸点名称

杭州临安书画宣纸厂 造纸点

位置分布

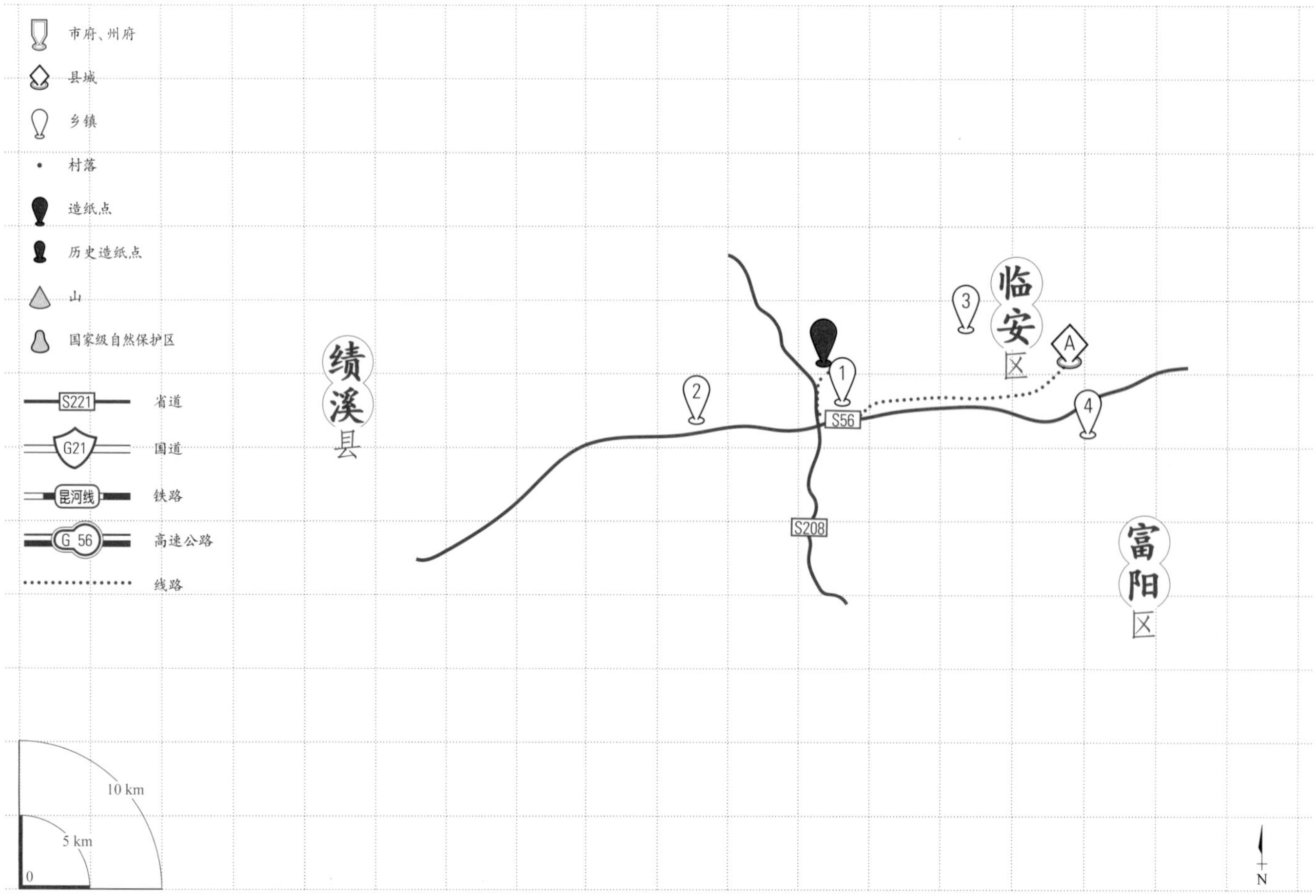

市府、州府
县城
乡镇
村落
造纸点
历史造纸点
山
国家级自然保护区
S221 省道
G21 国道
昆河线 铁路
G56 高速公路
线路

绩溪县
临安区
富阳区
S56
S208
10 km
5 km
0
N

二
临安书画宣纸厂的历史与传承

2
History and Inheritance of Lin'an Calligraphy and Painting Xuan Paper Factory

黄觉慧，临安本地人，1959年生，调查时为临安书画宣纸厂负责人。据访谈中黄觉慧讲述，临安书画宣纸厂的前身是20世纪50年代后期生产队时期成立的手工纸作坊，作坊成立时没有名字，由黄觉慧的父亲黄仕富（1932年出生）负责作坊的生产管理。早期作坊内有4口造纸槽，产品是以桑皮为原料的打字蜡纸。从20世纪60年代开始（具体年份不详），纸坊也用桑皮生产油纸伞的糊裱纸。20世纪70年代末到80年代初，生产队建制解散以后，手工纸作坊取名为平渡造纸厂，由黄仕富担任厂长。同时，新增加了以桑皮和楮树皮为原料的爆竹引线纸。1992～1993年，由于主导产品引线纸、打字蜡纸等纸种被机械纸所替代，油纸伞用的糊裱纸也因现代折叠伞的流行而日落西山，平渡造纸厂被迫停产。

1983年，黄觉慧当兵5年后退伍回到临安县，进入千洪宣纸厂从事原纸销售。因工作需要，十余年间跑遍了全国大部分城市，对于手工纸行业情况有了充分的了解。1998年，黄觉慧在平渡造纸厂停产5年后，辞去千洪宣纸厂的工作，重操父亲黄仕富的旧业，并注册新厂：杭州临安书画宣纸厂，造供出口的皮纸和书画纸。访谈中据黄觉慧回忆：纸厂成立时投入资金约50万元，造纸规模很小，只有4口纸槽，每口纸槽配1名捞纸工和1名晒纸工，加上黄觉慧夫妻2人和几位拣皮工，总共有十几人。厂房则一直是租用的，一年租金大约5万元。

黄觉慧的弟弟黄鸿慧，调查组到访时45岁，在哥哥黄觉慧主持的纸厂中负责生产管理。黄觉慧有2个孩子，女儿黄艳雯（1987年生）在学校

⊙1

⊙1
调查组成员访谈黄觉慧（右二）
Researchers interviewing Huang Juehui (second from the right)

当音乐老师，儿子黄煜辉（1994年生）还在读大学，都没有从事造纸及与纸相关的行业，家中除了黄觉慧夫妻俩也无其他成员从事该行业。因此从技艺传承来看，造纸技艺在两代人中传承，即第一代：父亲黄仕富，第二代：黄觉慧夫妻与弟弟黄鸿慧。至于黄仕富的技艺从何人何处学来，黄觉慧表示他也说不清楚。

⊙1
租用的纸厂厂房
Rented workshop of paper factory

三 临安书画宣纸厂的代表纸品及其用途与技术分析

3 Representative Paper, Its Uses and Technical Analysis of Lin'an Calligraphy and Painting Xuan Paper Factory

（一）临安书画宣纸厂代表纸品及其用途

据调查组成员2016年10月入厂调查获得的信息：临安书画宣纸厂生产的手工纸种类繁多，品种规格也多，主要可分为混合原料书画纸和纯皮纸两大类。其中，皮纸类包括山桠皮纸、雁皮纸、楮皮纸（当地也习称构皮纸），用料多样。据黄觉慧介绍，山桠皮、雁皮的纤维细且短，造出的纸多用于书画。楮皮纸用途比较多，在国内20世纪五六十年代的时候，楮皮所造的引线纸常用作鞭炮引头，目前某些偏僻些的地方还有在做这种手工楮皮引线纸的，但大部分地区基于成本的考虑都采用机械纸做引线了，材料也多用便宜的木浆。楮皮纸还可用作纸伞用纸、灯笼用纸和折扇用纸，调查时临安书画宣纸厂仍是杭州王星记扇子有限公司和绍兴的几家扇子厂的供货商，不过由于一张规格76 cm × 144 cm的纸就可以做5～6把扇子，所以扇子厂的订购量比较少，通常一年只需10 000多张纸。

黄觉慧介绍，除了山桠皮纸、雁皮纸、楮皮纸，早期在20世纪70年代的时候，纸厂也造用于书画用途的檀皮“宣纸”。到1996～1997年产量开始减少，做得很少。因为安徽宣纸主要是用檀皮和沙田稻草作为原料来制造，其做出的宣纸名气大、品质高，所以从保持自身的特色考虑，他们便减少了檀皮纸的产量。

临安书画宣纸厂生产的书画纸全部出口日本和韩国两地，据黄觉慧介绍，其用途是作为书法练习纸、习画纸、包装用纸和装潢用纸，例如日本的门窗用纸就属于装潢用纸。书画纸根据质量要求分为不同等级，主流规格有四尺、六尺、尺

⊙2

⊙3

⊙2 黄觉慧展示王星记大折扇 Huang Juehui showing a big folding fan of Wangxingji Brand

⊙3 黄觉慧展示出口日本的包装纸袋 Huang Juehui showing a wrapping paper bag exported to Japan

八屏等。据黄觉慧介绍，目前临安书画宣纸厂对外销售量最大的是书画纸，其原料是山桠皮、龙须草浆、木浆、竹浆等的混合。四尺书画纸根据质量不同，2015～2016年的销售价格在150～280元/刀，四尺皮纸价格在200 元/刀左右，尺八屏的书画纸价格为400 元/刀左右。与四尺相比，六尺的纸售价通常会高出一倍。

⊙1

⊙2

（二）临安书画宣纸厂代表纸品性能分析

1. 临安书画宣纸厂楮皮纸性能分析

测试小组对采样自临安书画宣纸厂的楮皮纸所做的性能分析，主要包括定量、厚度、紧度、抗张力、抗张强度、撕裂度、撕裂指数、湿强度、白度、耐老化度下降、尘埃度、吸水性、伸

⊙1 书画纸 Calligraphy and painting paper

⊙2 包装纸 Wrapping paper

⊙3 练习纸 Sample paper

缩性、纤维长度、纤维宽度和润墨性等。按相应要求，每一项指标都重复测量若干次后求平均值。其中定量抽取了5个样本进行测试，厚度抽取了10个样本进行测试，抗张力抽取了20个样本进行测试，撕裂度抽取了10个样本进行测试，湿强度抽取了20个样本进行测试，白度抽取了10个样本进行测试，耐老化度下降抽取了10个样本进行测试，尘埃度抽取了4个样本进行测试，吸水性抽取了10个样本进行测试，伸缩性抽取了4个样本进行测试，纤维长度测试了200根纤维，纤维宽度测试了300根纤维。对临安书画宣纸厂楮皮纸进行测试分析所得到的相关性能参数见表8.4。表中列出了各参数的最大值、最小值及测量若干次所得到的平均值或者计算结果。

表8.4　临安书画宣纸厂楮皮纸相关性能参数
Table 8.4　Performance parameters of mulberry paper in Lin'an Calligraphy and Painting Xuan Paper Factory

指标		单位	最大值	最小值	平均值	结果
定量		g/m^2				20.3
厚度		mm	0.074	0.061	0.068	0.068
紧度		g/cm^3				0.299
抗张力	纵向	N	16.2	12.3	14.6	14.6
	横向	N	9.2	6.9	7.6	7.6
抗张强度		kN/m				0.740
撕裂度	纵向	mN	403	336	371	371
	横向	mN	275	249	256	256
撕裂指数		mN·m^2/g				15.4
湿强度	纵向	mN	1 221	858	1 033	1 033
	横向	mN	665	493	563	563
白度		%	73.5	72.1	73.2	73.2
耐老化度下降		%				6.0
尘埃度	黑点	个/m^2				16
	黄茎	个/m^2				4
	双桨团	个/m^2				0
吸水性	纵向	mm	18	16	17	11
	横向	mm	15	12	14	3
伸缩性	浸湿	%				1.00
	风干	%				0.75
纤维	长度	mm	2.0	0.1	0.8	0.8
	宽度	μm	46.8	1.5	17.5	17.5

由表8.4可知，所测临安书画宣纸厂楮皮纸的平均定量为20.3 g/m²。临安书画宣纸厂楮皮纸最厚约是最薄的1.213倍，经计算，其相对标准偏差为0.0047，纸张厚薄较为一致。通过计算可知，临安书画宣纸厂楮皮纸紧度为0.299 g/cm³，抗张强度为0.740 kN/m。所测临安书画宣纸厂楮皮纸撕裂指数为15.4 mN·m²/g；湿强度纵横平均值为798 mN，湿强度中等。

所测临安书画宣纸厂楮皮纸平均白度为73.2%，白度较高。白度最大值是最小值的1.019倍，相对标准偏差为0.51，白度差异相对较小。经过耐老化测试后，耐老化度下降6.0%。

所测临安书画宣纸厂楮皮纸尘埃度指标中黑点为16 个/m²，黄茎为4 个/m²，双桨团为0。吸水性纵横平均值为11 mm，纵横差为3 mm。伸缩性指标中浸湿后伸缩差为1.00%，风干后伸缩差为0.75%。说明临安书画宣纸厂楮皮纸伸缩差异不大。

临安书画宣纸厂楮皮纸在10倍和20倍物镜下观测的纤维形态分别见图★1、图★2。所测临安书画宣纸厂楮皮纸纤维长度：最长2.0 mm，最短0.1 mm，平均长度为0.8 mm；纤维宽度：最宽46.8 μm，最窄1.5 μm，平均宽度为17.5 μm。

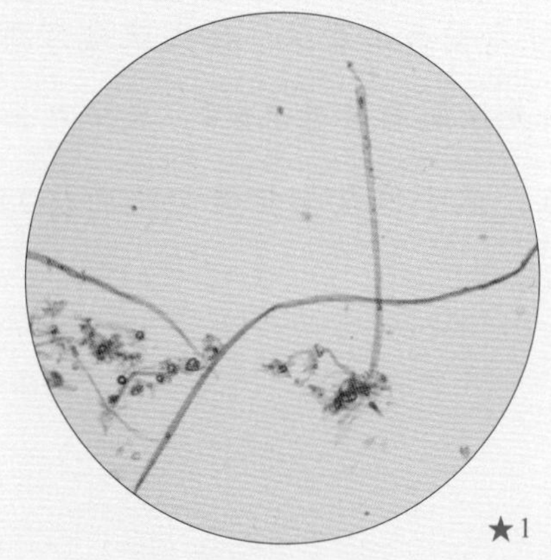

★1

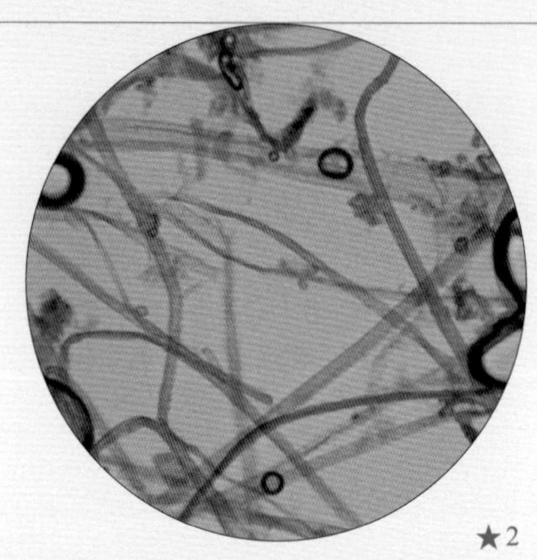

★2

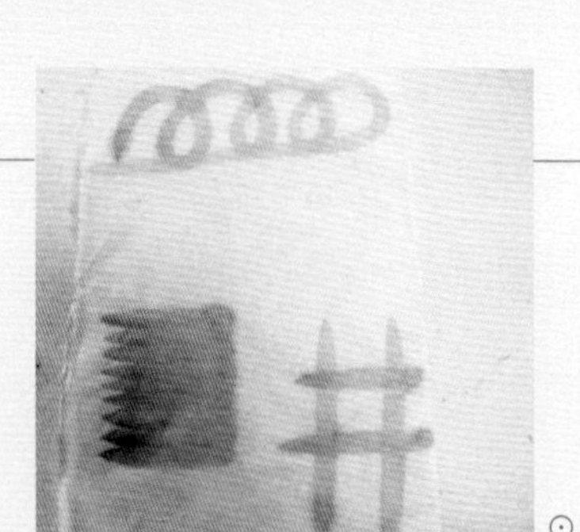

⊙1

★1
临安书画宣纸厂楮皮纸纤维形态图（10×）
Fibers of mulberry paper in Lin'an Calligraphy and Painting Xuan Paper Factory (10× objective)

★2
临安书画宣纸厂楮皮纸纤维形态图（20×）
Fibers of mulberry paper in Lin'an Calligraphy and Painting Xuan Paper Factory (20× objective)

⊙1
临安书画宣纸厂楮皮纸润墨性效果
Writing performance of mulberry paper in Lin'an Calligraphy and Painting Xuan Paper Factory

2. 临安书画宣纸厂书画纸性能分析

测试小组对采样自临安书画宣纸厂的混料书画纸所做的性能分析，主要包括定量、厚度、紧度、抗张力、抗张强度、撕裂度、撕裂指数、湿强度、白度、耐老化度下降、尘埃度、吸水性、伸缩性、纤维长度、纤维宽度和润墨性等。按相应要求，每一项指标都重复测量若干次后求平均值。其中定量抽取了5个样本进行测试，厚度抽取了10个样本进行测试，抗张力抽取了20个样本进行测试，撕裂度抽取了10个样本进行测试，湿强度抽取了20个样本进行测试，白度抽取了10个样本进行测试，耐老化度下降抽取了10个样本进行测试，尘埃度抽取了4个样本进行测试，吸水性抽取了10个样本进行测试，伸缩性抽取了4个样本进行测试，纤维长度测试了200根纤维，纤维宽度测试了300根纤维。对临安书画宣纸厂书画纸进行测试分析所得到的相关性能参数见表8.5。表中列出了各参数的最大值、最小值及测量若干次所得到的平均值或者计算结果。

表8.5　临安书画宣纸厂书画纸相关性能参数
Table 8.5　Performance parameters of calligraphy and painting paper in Lin'an Calligraphy and Painting Xuan Paper Factory

指标		单位	最大值	最小值	平均值	结果
定量		g/m²				28.9
厚度		mm	0.089	0.068	0.076	0.076
紧度		g/cm³				0.380
抗张力	纵向	N	15.7	12.4	14.1	14.1
	横向	N	10.7	8.4	9.4	9.4
抗张强度		kN/m				0.787
撕裂度	纵向	mN	478.3	371.8	419.2	419.2
	横向	mN	512.1	445.2	487.0	487.0
撕裂指数		mN·m²/g				15.7
湿强度	纵向	mN	942	792	861	861
	横向	mN	609	577	593	593
白度		%	83.2	79.3	81.9	81.9
耐老化度下降		%				7.6
尘埃度	黑点	个/m²				24
	黄茎	个/m²				0
	双桨团	个/m²				0
吸水性	纵向	mm	26	20	23	17
	横向	mm	23	16	20	3
伸缩性	浸湿	%				0.75
	风干	%				0.75
纤维	长度	mm	4.4	0.3	1.3	1.3
	宽度	μm	43.1	3.6	12.0	12.0

由表8.5可知，所测临安书画宣纸厂书画纸的平均定量为28.9 g/m^2。临安书画宣纸厂书画纸最厚约是最薄的1.309倍，经计算，其相对标准偏差为0.081。通过计算可知，临安书画宣纸厂书画纸紧度为0.380 g/cm^3，抗张强度为0.787 kN/m。所测临安书画宣纸厂书画纸撕裂指数为15.7 mN·m^2/g；湿强度纵横平均值为727 mN，湿强度较大。

所测临安书画宣纸厂书画纸平均白度为81.9%，白度较高。白度最大值是最小值的1.049倍，相对标准偏差为0.018，白度差异相对较小。经过耐老化测试后，耐老化度下降7.6%。

所测临安书画宣纸厂书画纸尘埃度指标中黑点为24 个/m^2，黄茎为0，双浆团为0。吸水性纵横平均值为17 mm，纵横差为3 mm。伸缩性指标中浸湿后伸缩差为0.75%，风干后伸缩差为0.75%。说明临安书画宣纸厂书画纸伸缩差异不大。

临安书画宣纸厂书画纸在10倍和20倍物镜下观测的纤维形态分别见图★1、图★2。所测临安书画宣纸厂书画纸纤维长度：最长4.4 mm，最短0.3 mm，平均长度为1.3 mm；纤维宽度：最宽43.1 μm，最窄3.6 μm，平均宽度为12.0 μm。

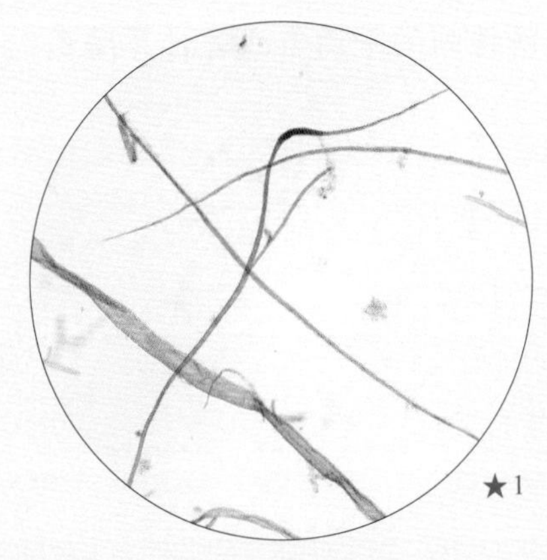

★1

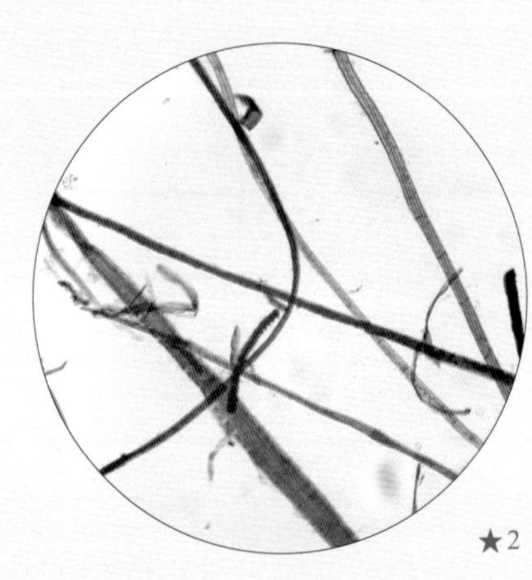

★2

⊙1

★1
临安书画宣纸厂书画纸纤维形态图（10×）
Fibers of calligraphy and painting paper in Lin'an Calligraphy and Painting Xuan Paper Factory (10× objective)

★2
临安书画宣纸厂书画纸纤维形态图（20×）
Fibers of calligraphy and painting paper in Lin'an Calligraphy and Painting Xuan Paper Factory (20× objective)

⊙1
临安书画宣纸厂书画纸润墨性效果
Writing performance of calligraphy and painting paper in Lin'an Calligraphy and Painting Xuan Paper Factory

四
临安书画宣纸厂书画纸的生产原料、工艺与设备

4
Raw Materials, Papermaking Techniques and Tools of Calligraphy and Painting Paper in Lin'an Calligraphy and Painting Xuan Paper Factory

黄觉慧在访谈中介绍，临安书画宣纸厂目前主要通过半自动喷浆和传统手工捞纸两种方式来造纸，根据不同品种纸的原料的不同，采取不同的造纸方式。例如楮树皮的纤维比较长，采用喷浆的方法易使纤维搅成一团，因此在造楮皮纸时必须将楮树皮直接加入捞纸槽，采用手工捞纸的方法捞纸。而对于纤维短、市场需求大的书画纸来说，采用半自动喷浆方法来造纸更有效率。

（一）临安书画宣纸厂书画纸的生产原料

1. 主料

据黄觉慧介绍，该厂造书画纸主料的组合方式很多样，主料一般包括皮料、龙须草浆、稻草浆、木浆和竹浆等。其中，皮料包括山桠皮、楮皮、雁皮等。书画纸作为临安书画宣纸厂大量生产的特色品种，使用最多的主料配方主要是山桠皮、龙须草浆、稻草浆、木浆、竹浆、文化旧纸及废纸边的组合。因此，临安书画宣纸厂造书画宣纸主配方的主材料多达6种。

⊙2

值得关注的是，由于加工皮料和各种浆板的过程会产生大量污水，而购置原料加工设备，特别是污水处理设备会大大提高生产成本，因此，为了规避环保风险与资金投入压力，临安书画宣纸厂生产书画纸的原料近年来全部都是从外地购买的经过蒸煮、漂白等工序后的半成品。据黄觉慧介绍，具体来源为：

（1）山桠皮的原产地是云南，经过江西的工厂加工，脱水晒干后以约70元/kg的价格销售至临安。

（2）稻草浆购自安徽泾县，2016年购入价格为80～100元/kg。

⊙2 外购来的皮料 Bark materials bought elsewhere

(3) 龙须草浆板购自河南邓州华鑫纸业，2016年购入价格为11元/kg。

(4) 竹浆板是从四川购买的机械加工的竹浆，2016年购入价格为4～5元/kg。

(5) 木浆来自加拿大，通过浙江万帮有限公司和浙江轻纺有限公司两家公司代为进口。2016年购入价格为5.5～5.8元/kg。黄觉慧介绍，来源于加拿大的木浆原料分为针叶树和阔叶树两种树，其中针叶树制作的木浆纤维较长、较细，阔叶树制作的木浆纤维较短，而该厂造纸基本上用的都是针叶树的木浆。对于制造书画纸而言，加拿大的木浆更适合，且到岸价格与国内差不多。

(6) 旧纸及废纸边是从杭州收购的，2016年约3元/kg。由于已经印刷过的纸张上的油墨在后期制浆中影响纸浆的颜色且较难去除，所以所收购的

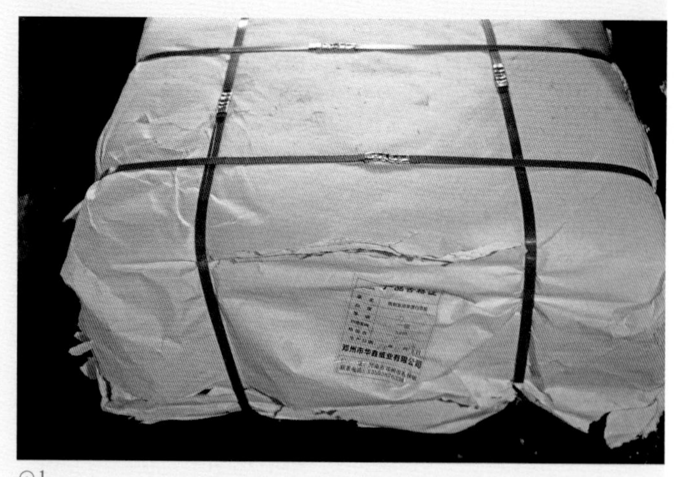

⊙1

⊙2

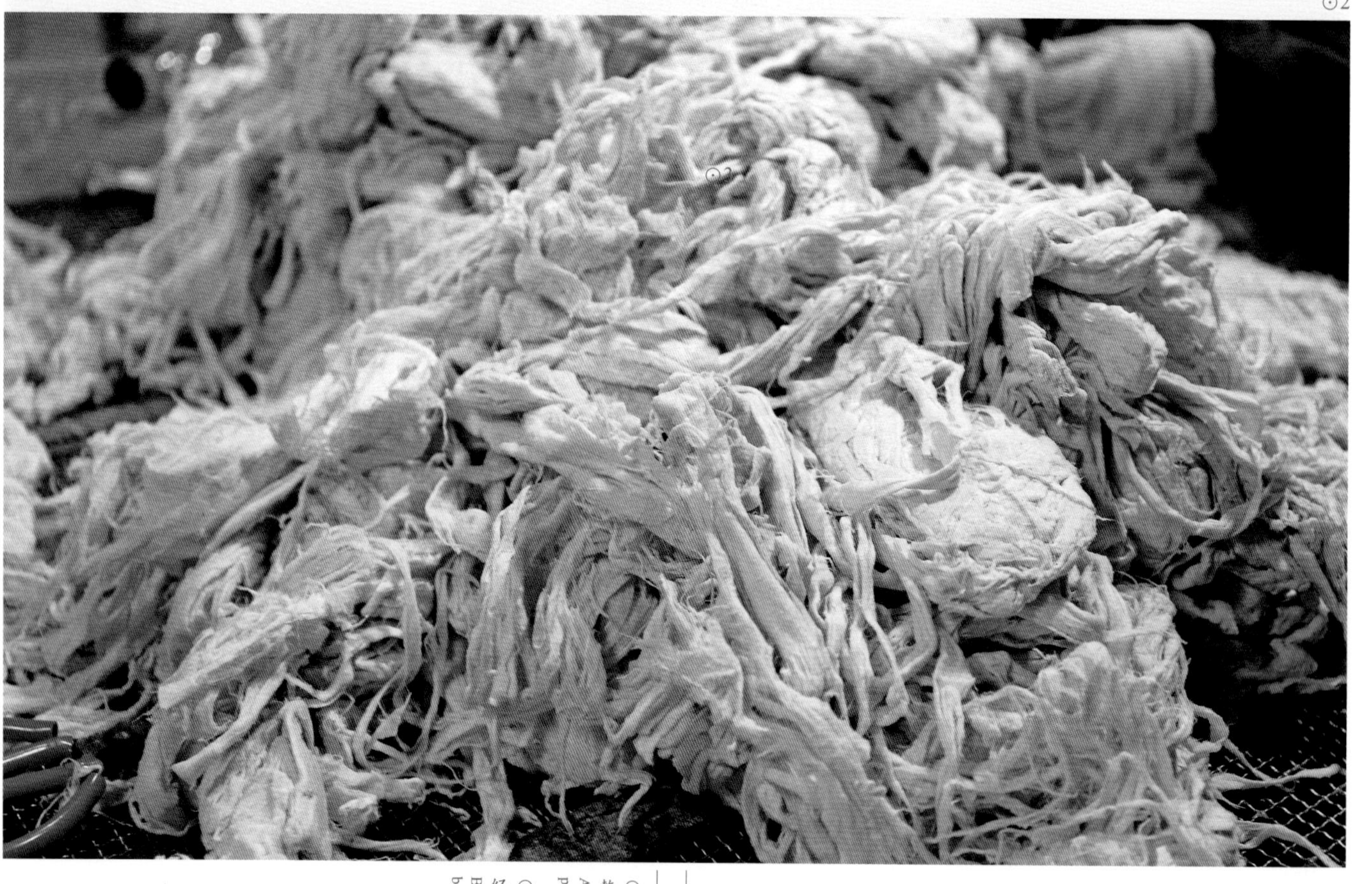

⊙1
整包的龙须草漂白浆板
A full pack of bleached *Eulaliopsis binata* pulp board

⊙2
经过漂白的构皮原料
Bleached raw materials of paper mulberry bark

废纸必须是没有印刷过的。

2. 辅料

(1) 分散剂（纸药）。为了使纸浆纤维在捞纸槽中均匀分布，通常要在捞纸槽中加入一定量的分散剂。该厂未使用传统植物纸药型的分散剂，而是一开始就用化学分散剂。分散剂的名称是聚丙烯酰胺（简称PAM），是水溶性高分子聚合物，具有良好的絮凝性。临安书画宣纸厂所使用的分散剂是通过上海郁亚科技发展有限公司代为从日本购买的，2016年购买价格为70 元／kg，购买来时的状态呈固态粉末状。

据黄觉慧介绍，为了满足国外客户对于纸张渗墨效果的需求，销往日本、韩国的书画纸中都添加了这种造纸分散剂。早期用猕猴桃藤、青桐秆或者夏天时黄蜀葵根分泌的带黏性的汁，也能起到分散纤维的作用。临安一带从20世纪80年代开始，就不再使用猕猴桃藤了，改用浙江绍兴上虞某家公司生产的分散剂。临安书画宣纸厂偶然间得知日本的分散剂稳定性较好，就通过杭州华科精细化工技术开发有限公司代为购买日本的造纸分散剂，但是价格比较高。之后得知上海郁亚科技发展有限公司也可以购买到这种分散剂，且价格便宜了50%左右，自此就一直从上海郁亚科技发展有限公司购买。

浙江本地行业内通常使用果胶、豆浆，也可以获得分散纤维的效果。但是黄觉慧认为，果胶和豆浆等自然物质在加工纸上用得比较多，之前该厂用过的松香胶虽然也能达到渗墨慢的要求，但是没有这种分散剂效果好。

(2) 水源。临安书画宣纸厂造纸使用的是地下井水，厂内挖有水井，通过管道运送供各制作环节使用。调查组成员现场取样检测，该水pH为6.0，呈微酸性。

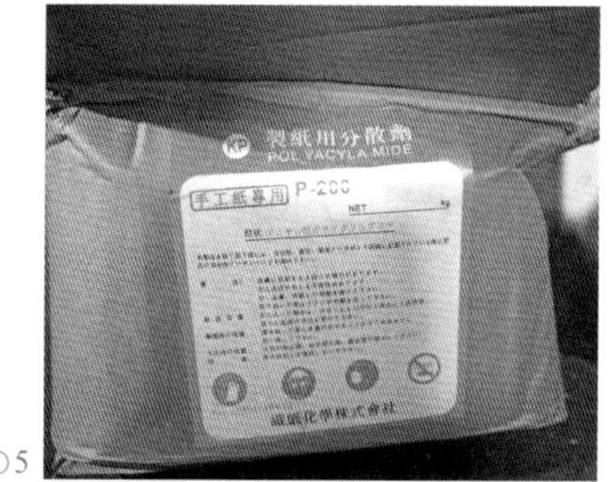

⊙5

⊙3

⊙4

⊙3 从杭州购来的成捆的旧纸 Old paper bought from Hangzhou City

⊙4 废纸边原料 Leftover material of useless paper

⊙5 日本进口的造纸分散剂 Papermaking dispersant imported from Japan

⊙1

⊙2

（二）临安书画宣纸厂书画纸的生产工艺流程

调查组成员于2016年10月6日对临安书画宣纸厂的书画纸生产工艺进行了实地调查和细节访谈，之后于2018年12月20日又进行了回访，该厂所造书画纸的主要生产工艺流程可归纳为：

壹	贰	叁	肆	伍	陆	柒	捌	玖	拾
浸泡	拣选	打浆	配浆	溶解分散剂	捞纸	压榨	晒纸	检验	裁纸、包装

⊙1 水井屋 Well shelter

⊙2 水井 Well

壹 浸泡

1

将龙须草浆板放入水中浸泡约30小时，目的是使浆板变软，便于打浆。除龙须草浆板外，山桠皮、稻草浆板、木浆板、竹浆板都不需要浸泡，可直接打浆。

贰 拣选

2 ⊙3⊙4

为了保证造出纸的白净，必须从山桠皮中拣选出未完全漂白的部分，并去除其中的小树枝和遗留杂物。

⊙3

⊙4

叁 打浆

3 ⊙5～⊙7

书画纸的每种原料都要分开打浆，龙须草浆板经过浸泡以后，在打浆机中约打1个半小时；山桠皮打15～20分钟；木浆打15分钟；稻草浆由于在加工过程中已经经过石碾碾磨，只需打10分钟即可；同样，竹浆也只需打10分钟。据黄觉慧介绍，在打浆的时候一定要随时观察浆料的状态，若浆均匀没有颗粒，即可停止打浆。打好的浆料中的水分可直接通过打浆池底部的滤网排出，浆料滤干后即可等待进入混浆池。

稍难处理的是旧纸、废纸边，需要经过蒸锅蒸煮约5小时（其中包括水烧开所需的3小时），再冷却24个小时；待蒸锅中水排出后，取出蒸锅中的废纸边，放置于石碾上碾磨，碾磨的时候根据料的干湿状态适当洒水；碾磨完的废纸边还需放入滚筒式打浆机中打浆，正常情况下60～65 kg的废纸在打浆机中打半小时即可。在打浆过程中，要在打浆机中加入约0.5 kg、浓度30%的次氯酸钠漂白液。

⊙5

⊙7

⊙6

⊙3 黄觉慧在拣皮车间门口
Huang Juehui standing at the door of picking workshop

⊙4 工人在拣皮
Workers picking out the impurities

⊙5 制浆抄纸车间
Papermaking workshop for making the pulp

⊙6 打浆
Beating the papermaking materials

⊙7 山桠皮、龙须草和木浆混合的『宣纸』浆料
Mixed pulp materials of *Edgeworthia chrysantha* Lindl. *Eulaliopsis binata* and wood pulp for making "xuan paper"

肆

配　浆

4　⊙8

将龙须草浆、山桠皮浆、稻草浆、木浆、竹浆、废纸边原料同时放入混浆池中，具体的浆料配比根据客户的需求决定，正常情况下山桠皮料占15%，龙须草浆占50%，木浆占10%，竹浆和废纸边共占25%。同时，要在混浆池中加入一种能使书画纸熟化的化学药水，具体加入的量也需要根据客户要求来定。

⊙8

⊙9

⊙10

伍

溶解分散剂

5　⊙9⊙10

厂内有一个专门用来溶解分散剂的池子，每1 kg分散剂需要用1 500 kg冷水溶解。溶解时，将粉末状的分散剂通过袋子边缘的小口均匀撒往池里，同时往池里放水，使分散剂与水充分接触直至完全溶解。据黄觉慧介绍，厂里一年约需使用600 kg固态分散剂。

陆

捞　纸

6　⊙11⊙12

书画纸的捞纸方式为半自动喷浆。这种方法是从日本、韩国经由中国台湾、厦门传过来的。半自动喷浆捞纸原理和过程主要为：混合浆料在半自动喷浆机器中会形成封闭往复的循环水流，机器将浆料传输到各个半自动喷浆口，每个喷浆口配一个捞纸工人。半自动喷浆帘床下面带有滑轨，可以前后滑动。在各个半自动喷浆口槽下面有一个阀门，这个是喷浆的控制开关。捞纸时捞纸工会先将帘子滑向自动喷浆口，然后用脚踏下阀门，浆料从喷浆口喷出时，捞纸工用纸帘接住浆料，沿着滑轨前后抖动后倒掉多余的水，然后将纸帘从帘床上抬出。右手揭起纸帘，左手捏住纸帘的下端，将所捞的纸胎平放于纸槽旁的木板上。

在捞纸过程中，捞纸工可根据槽内

⊙8
打碎浆板
Smashing pulp boards

⊙9
放在池边的分散剂
Dispersant by the papermaking container

⊙10
溶解分散剂的池子
Pool for dissolving the dispersant

浆的浓度适当添加溶解好的分散剂溶液。据黄觉慧介绍，厂内1名捞纸工1天能捞四尺书画纸600～800张，对于质量要求极高的纸，1天能捞300张左右。捞纸工工资为200～250元／天，具体的还要根据工人捞的纸的种类和质量来算。捞纸工都是本村人，每天上班时间不确定，最早的5点上班，迟的6～7点上班，上午11点准时回家吃饭，中午12点左右上班，下午4点半左右下班。

柒 压榨 7

⊙13

将4口纸槽一天内捞的纸叠在一起，用千斤顶进行压榨，约12个小时可以压到所需的半干标准。第一天捞的纸，第二天上午便可基本压干，压干的纸还要略微洒几遍水，具体洒水次数要根据纸的品种和质量来确定，保证纸帖全部渗透微量水。然后将纸帖运到烘纸间，等待第三天晒纸。

⊙13

⊙12

⊙11

⊙11/12 捞纸师傅在捞纸
A papermaker scooping and lifting the papermaking screen out of water and turning it upside down on the board

⊙13 工人将纸帖搬到烘纸间的烘墙旁
A worker moving the paper piles to the drying room

捌 晒纸

8 ⊙14～⊙17

晒纸工在纸贴上洒一点水，捏住纸块的右上角捻一捻，使一侧的纸角翘起[5]，然后对着纸角吹一口气，用手逐张撕起，贴在焙壁之上，并用松毛刷在纸上迅速刷4～5下，使湿纸与焙壁完全贴合。沿着焙壁根据贴纸上墙的起始位置依次刷纸上墙，刷完最右端的湿纸后，再依次从左到右揭纸。晒纸过程中如出现残破的纸放置于一边，可回炉打浆。

据黄觉慧介绍，该厂在烘纸时没有采用先刷稀米糊的做法，而大部分造纸厂都会刷稀米糊。他认为虽然刷稀米糊可以使纸在烘墙上贴得更牢固，不易滑落，但实际上会对整张纸的书写效果带来不好影响，尤其稀米糊浓度过高的话，会造成渗墨速度不一，影响用户体验感。而临安书画宣纸厂的处理方法是将烘墙用铸工胶进行修补，铸工胶是一种含细铁粉的胶水，可以使烘墙更平整，晒纸时不易脱落，同时也更便于清洗墙面。这是他在2001年偶然摸索出来的一个技巧，当时是为了解决烘墙铁板上的小孔生锈，造成锈点容易印到纸上的问题，没想到会有这种一举两得的效果。

一般来说，晒纸工的工资为捞纸工的90%。但是对于以半自动喷浆方式生产的书画纸来说，由于纸所含的纤维短，晒纸时易扯破，因此晒纸难度大，晒纸工工资与捞纸工工资一样。临安书画宣纸厂对工序的控制是：一名捞纸工与一名晒纸工搭配为一组，第一天捞出的纸，第三天晒且一天内全部晒完，晒完后由晒纸工清点成品量，作为计算工资的依据。对于晒纸工的上班时间，厂里也不做硬性要求，工人根据自己的工作量来决定，与捞纸工保持工作衔接顺畅即可。

⊙14

⊙15

⊙16

⊙17

⊙14 焙纸车间 Workshop for drying the paper

⊙15 晒纸工对纸帖洒水 A worker spraying water on paper piles

⊙16 火墙烘纸 Drying the paper on the wall

⊙17 晒纸工在清点成品纸数量 A worker counting the paper

[5] 庄孝泉. 富阳竹纸制作技艺[M].杭州：浙江摄影出版社，2009:55.

玖

检验

9 ⊙18⊙19

每天晒好的纸，当天就搬到检验包装车间检验。由两名工人负责检验，剔除不合格的纸，并将纸摆放整齐。两名工人一天能检验4 000多张纸，工人工资按张算，月工资为2 500～2 600元。

拾

裁纸、包装

10 ⊙20

检验好的纸于仓库中堆放，不需要压实。在发货前，使用裁纸机进行裁纸。裁纸机一次能裁500张纸，裁好的纸以100张为1刀打包。因为是外销韩国、日本的代工型产品，不需加盖印章，包装中也不注明生产厂家。

⊙18

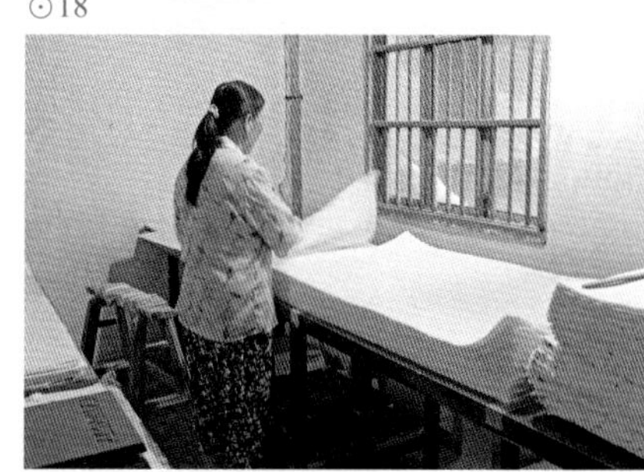

⊙19

⊙20

⊙18 检验包装车间 Workshop for checking and packing

⊙19 女工正在检验 A female worker checking the paper quality

⊙20 仓库中堆放的未裁边的纸 Paper with deckles stored in the warehouse

（三）临安书画宣纸厂书画纸的主要制作工具

壹 打浆机 1

打浆机用于打碎龙须草浆板、竹浆板、木浆板和各种皮料，产出可用于捞纸的纸浆。实测临安书画宣纸厂打浆机尺寸为：长323.5 cm，宽164.5 cm，高64.5 cm。

⊙1

贰 纸 槽 2

纸槽是用水泥浇筑而成的用来盛放纸浆液的容器。根据所捞纸的规格不同，纸槽的大小也不同。据黄觉慧介绍，厂内共有20口纸槽，产量最高的时候，20口纸槽同时投入生产，2016年入厂调查时共有14口纸槽在生产。纸槽上宽下窄，实测临安书画宣纸厂纸槽尺寸为：上宽167.5 cm，下宽155 cm，长199 cm，高80 cm。

⊙2

叁 纸 帘 3

纸帘是捞纸的重要工具，用于形成湿纸膜和过滤多余的水分。一般由细竹丝编织而成，表面光滑平整，刷有土漆。实测临安书画宣纸厂纸帘尺寸为：长148 cm，宽82.5 cm。

⊙3

肆 帖 架 4

木制的长方形框架，用于放置纸帖，便于晒纸工对纸帖进行洒水。实测临安书画宣纸厂帖架尺寸为：长164 cm，宽81 cm。

⊙4

伍 焙 壁 5

焙壁的正反两面都由光滑的钢板构成，两面钢板之间为热水，通过热水的温度使钢板表面温度达到要求，以使湿纸快速烘干。

⊙5

⊙1 打浆机 Machine for beating materials

⊙2 捞纸工人在喷浆纸槽前 A worker in front of pulp shooting trough

⊙3 纸帘 Papermaking screen

⊙4 帖架 Papermaking frame

⊙5 晒纸工往焙壁上刷纸 A worker pasting the paper on the drying wall

陆 松毛刷 6

晒纸时将湿纸刷服帖于焙壁的工具，刷柄为木头，刷毛为松针。临安书画宣纸厂的工人为了使手握刷柄时舒适，将刷柄用布套包裹。实测临安书画宣纸厂松毛刷尺寸为：宽46 cm，高13 cm。

⊙6

柒 蒸锅 7

用于蒸煮旧纸与废纸边的容器，调查组现场看到的蒸锅一次可蒸煮300 kg左右的废纸料。实测临安书画宣纸厂所用的蒸锅尺寸为：长135.6 cm，宽210 cm，高108 cm。

⊙7

⊙8

⊙9

捌 石碾 8

用于碾磨浆料的工具。磨盘上方的电动石磨不停旋转滚动，使磨盘中的料被碾碎，达到分解细化浆料的目的。在生产过程中，300 kg的废纸料分5～6次放入石碾中碾磨，一次碾磨约半小时。实测临安书画宣纸厂石磨尺寸为：厚39.5 cm，直径102 cm，磨盘直径315 cm。

玖 裁纸机 9

用于裁纸的机器。临安书画宣纸厂使用的是上海新建切纸机械厂生产的QZ137B全张高速切纸机。

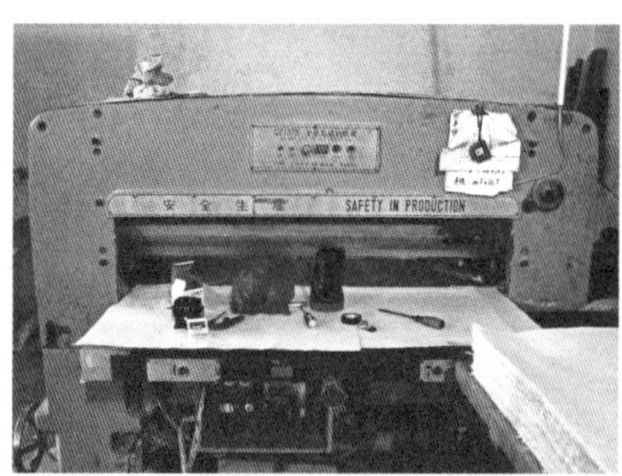

⊙10

⊙6 松毛刷 Brush made of pine needles
⊙7 蒸锅 Steamer
⊙8 蒸锅内部构造 Inside structure of the Steamer
⊙9 石碾 Stone roller
⊙10 裁纸机 Paper-cutting machine

五
临安书画宣纸厂的市场经营状况

5
Marketing Status of Lin'an Calligraphy and Painting Xuan Paper Factory

黄觉慧介绍，纸厂主要的经营模式是以销定产，接到客户订单以后才会组织生产。1998年临安书画宣纸厂刚起步的时候，有4口纸槽，发展到2010年，工厂最兴盛的时候有20口纸槽同时开工，员工将近60人。2016年有14口纸槽开工，约有35名工人，平均年龄在50岁左右。

这几年的销量随着工人减少不断下降。2016年调查组第一次入厂时得知的平均年产量在30 000刀左右，销售额在400万～500万元。2018年第二次回访时，产量已下降到了22 000刀左右，年销售额只有350万元左右。临安书画宣纸厂目前只能维持现有的工人数量，招工困难，也没有年轻一代的新生力量补充进来。

厂内生产的所有手工纸基本上都出口日本和韩国，由于客户已合作多年，销售比较稳定。纸厂刚成立的那些年，临安书画宣纸厂的销售渠道主要是和有进出口权的专业外贸公司，诸如浙江工艺品出口贸易公司、安徽工艺品出口贸易公司、上海工艺品出口贸易公司等从事文房四宝贸易的外贸公司合作，日本或韩国客户由这些公司介绍或陪同到工厂来考察。后来时间一长，大概在21世纪初的时候，陆续有日本客户直接跟黄觉慧联系，从临安书画宣纸厂直接下订单。渐渐地临安书画宣纸厂和日本、韩国的这些客户建立了良好的合作伙伴关系，销量也日趋稳定。除了出口之外，也有小部分的国内订单。这些订单一般都是为不同的客户所特制的书画用纸，如与浙江西泠印社从2015年开始合作，专为书法家特制纸张，一年销售200刀左右。

⊙1

⊙1 黄觉慧（右二）1984年赴日本纸坊考察
Huang Juehui (second from the right) visiting Japanese paper mill in 1984

六 临安书画宣纸厂的品牌文化与轶事

6 Brand Culture and Anecdotes of Lin'an Calligraphy and Painting Xuan Paper Factory

（一）用别人的营业执照办自己的夫妻纸厂

从黄觉慧处了解到，1982年黄觉慧在千洪宣纸厂从事销售工作，当时的千洪宣纸厂是一家乡镇企业。千洪宣纸厂经营不善解散后，黄觉慧便自己出来办厂。但是一个有趣的事是：当时营业执照申请困难，恰好当时有一个平渡造纸厂被关停了，执照还在，但未年检，黄觉慧一想干脆用别人的执照快点让企业开张，于是接手了平渡造纸厂的营业执照。之后，他在1998年创办了临安书画宣纸厂，主要做书画"宣纸"。工厂运转起来后，厂里生产主要靠黄觉慧和妻子舒金芳，黄觉慧做原材料供应和管理工作，妻子舒金芳（1962年出生）除了捞纸以外的其他工艺都做。至今，夫妻二人仍一直共同打理着这家手工造纸工厂。

⊙1

（二）与韩宁宁的试纸缘

中国书法家协会会员、北京静安轩书画院的画家韩宁宁（1960年出生）来过临安书画宣纸厂3次，而且现在的厂名标牌就是韩宁宁为厂里题写的。一开始是别人介绍韩宁宁过来试纸的，试过之后，韩宁宁大为称赞，曾对黄觉慧说"专门要用你家的纸"。韩宁宁使用这种纸已经快7年了，一般都是韩宁宁先联系黄觉慧，下单后等黄觉慧造出纸后再寄到北京，韩宁宁一年要用十几刀纸。黄觉慧说，这是专门为韩宁宁特制的"宣纸"，适合她写书法、作画。说到这里，黄觉慧拿出手机，展示了韩宁宁曾给他发的微信："我去工作室用您寄来的'宣纸'写了几张字，非常好，这种纸我很喜欢，很适合我的书法作品。"

⊙2

⊙1 韩宁宁为临安书画宣纸厂题名
Autograph by Han Ningning for Lin'an Calligraphy and Painting Xuan Paper Factory

⊙2 韩宁宁使用书画纸创作的书法作品
Calligraphy work by Han Ningning on the calligraphy and painting paper

七
临安书画宣纸厂的业态传承现状与发展思考

7
Reflection on Current Status and Development of Lin'an Calligraphy and Painting Xuan Paper Factory

从2016年和2018年两轮入厂调查的情况来看，临安书画宣纸厂的市场端依然保持着活力，表现在：销售渠道尚稳定，客户明确和单一性强，能够采用以销定产的模式，资金结算也有保障，通常不会出现回款难的问题。回观生产端也能够支撑市场的要求，表现在：高峰时有20口纸槽同时开工，工人、原材料、设备暂时都能跟得上。

但在2018年12月的访谈中，当问及纸厂技艺传承和业务发展存在的难题时，黄觉慧不禁皱起了眉头。令黄觉慧忧心忡忡的是，目前厂里共有工人35人，平均年龄为50岁，年龄最小的工人也有40多岁了。前两年厂里来过一个24岁的年轻人学习捞纸，干了大概两年时间就走了，原因是捞纸工作太辛苦、太寂寞，还不如外出打工。调查

⊙3
捞纸车间正在劳作的工人
Workers in papermaking workshop

组成员在厂内调研时也感觉到，捞纸工和晒纸工的工作环境很恶劣：捞纸工长期站在湿漉漉的纸槽旁，冬天阴冷；晒纸工长期处于温度高达40～50 ℃的烘房内，夏天汗流浃背。

黄觉慧表示，传统的造纸作坊的环境一直就是这样的，即便有差别，也是五十步与百步之差，老一代的工人从小习艺即是如此，因此还能够适应与坚持。而随着如今生活条件的改善，以及年轻人对职业环境的期盼与要求，要适应这样的工作环境已经很难，恶劣的工作环境造成了纸厂招人难、招年轻人几乎全无希望的无奈。因此虽然现在技术工人还能维持正常生产，但在可预见的未来，如果没有其他办法，纸厂就只好关门了！

黄觉慧说，去生活条件较低或者打工人数多的地方办厂，可能还可以暂时解决这个问题，但也不是长远之计。例如听说安徽泾县某纸厂已经到朝鲜去办厂，由泾县的造纸师傅做技术指导，投资人是北京的商人，利用朝鲜劳动力成本低的优势办厂，但是由于原材料和成品的运输费和关税都比较高，暂时还未找到很好的解决办法。

除此之外，黄觉慧表示销售问题近两年开始凸现。由于日本经济不景气，同时市场竞争激烈，中间商比较不同厂家的价格后，会择优选择供货商，因此手工纸的销售价格被一再往下压，纸厂的利润空间越来越小。同时，国内手工纸市场长期被四川夹江、安徽泾县及浙江富阳占据，基本上在大城市经营文房四宝店的都是四川和安徽的经销商，他们掌控着国内市场销售网络，对于埋头生产、长期不接触国内一线销售市场的厂商来说，很难摸清并融入国内市场，因此临安书画宣纸厂的产品很难在国内市场上突破来化解国外市场销售不佳带来的压力，他自己觉得难有可观的发展空间。

除了人工和市场问题，黄觉慧甚为忧虑的还有环保问题，虽然临安当地的环保问题已经得到控制，工厂早已使用煤气和污水处理设备，但是皮纸的皮料加工中产生的污染问题还有待解决。原先皮料加工在江西萍乡进行，后来在安徽青阳县加工，然而相关工厂都先后因为环保问题被关停，有的甚至开工2～3天便被叫停。面对这种困境，黄觉慧目前的打算是准备从泰国进口皮料，但是泰国皮料的价格较国内高了近50%，目前正在进一步洽谈比较中。

关于如何解决以上三大难题，黄觉慧认为，环保和国内市场问题尚有解决之法，但是人工和传承的问题目前很难找到出路。

⊙1

⊙1
纸厂的工作环境
Work environment of the paper factory

杭州临安书画宣纸厂

楮皮纸

Paper Mulberry Bark Paper
of Hangzhou Lin'an Calligraphy and Painting Xuan Paper Factory

楮皮纸透光摄影图
A photo of paper mulberry bark paper seen through the light

杭州临安书画宣纸厂

书画纸

Calligraphy and Painting Paper of Hangzhou Lin'an Calligraphy and Painting Xuan Paper Factory

书画纸（山桠皮+龙须草浆+木浆+竹浆）透光摄影图

A photo of calligraphy and painting paper (*Edgeworthia chrysantha* Lindl. + *Eulaliopsis binata* pulp + wood pulp + bamboo pulp) seen through the light

后 记

《中国手工纸文库·浙江卷》的田野调查起始于2016年7月下旬到8月上旬，先后到富阳区（原富阳县）大源镇大同村调查了杭州富阳逸古斋元书纸有限公司和杭州富阳宣纸陆厂的手工纸车间。说起来也特别有缘分，在这一年的6月至7月，文化部在全国推动的第一批8所高校中国非物质文化遗产传承人群驻校研修研习培训计划中，中国科学技术大学承办的手工造纸“非遗”传承人第一届研修班到富阳访学，而富阳竹纸制作技艺选送的研修学员正是富阳逸古斋与富阳宣纸陆厂的两位造纸技艺传承人，因缘际会之下，浙江手工造纸的调查工作就与访学计划同步开展了。

从2016年盛夏大同村的开端到2019年季春对丽水市松阳县李坑村最后一个皮纸作坊的调查，田野调查研究历经了近3年的时间。其间，深入浙江省各手工纸造纸点的调查、采样按照既定规划持续不懈地进行，而根据需要随时走乡串户一次又一次的补充调查以及文献求证则几乎贯穿始终。其中仅仅“概述”部分引文注释一手文献的核对，一个负责文献研究的小组就先后在浙江省图书馆、杭州市图书馆蹲点查核了近20天（2019年6月25～29日、7月1～14日）。

Epilogue

Field investigation of *Library of Chinese Handmade Paper: Zhejiang* started around late July and early August of 2016, when the researchers visited papermaking workshops of Hangzhou Fuyang Yiguzhai Yuanshu Paper Co., Ltd. and Hangzhou Fuyang Lu (meaning six in Chinese, connoting that everything goes smoothly) Xuan Paper Factory located in Datong Village of Dayuan Town in Fuyang District (former Fuyang County). At almost the same time, i.e.,around June and July in 2016, Ministry of Culture initiated an Intangible Cultural Heritage Protection Training Program of China, funding the inheritors to study in campus (8 universities for the 1st session) for their production and protection explorations. University of Science and Technology of China hosted the handmade papermaking inheritors, among whom were two bamboo papermakers from Yiguzhai Yuanshu Paper Co., Ltd. and Fuyang Lu Xuan Paper Factory in Fuyang District. So with their recommendation, all the grantees visited Fuyang District, and our researchers took advantage of the occasion and started their initial investigations.

Our field investigation lasted for almost three years, from the first visit to Datong Village in the summer of 2016, to the spring of 2019, when we finished our investigation of a bast paper mill in Likeng Village of Songyang County in Lishui City.

浙江是中国历史上非常著名的手工纸产区，剡溪藤纸、温州皮纸、越州与富阳竹纸等，早在唐宋时期就享誉中国、畅销四海。但到《浙江卷》田野调查时段，前三类名纸基本上已经处于中断后尝试恢复、一丝苟存的衰微状态，只有富阳竹纸虽然比起高峰时期有明显收缩，但中高端用纸依然富有生机并拥有较好的市场空间。也正是由于杭州市富阳区当代以竹纸为主业态的手工纸的丰富多样，田野调查获得的信息较为充足，因此《浙江卷》分为上、中、下三卷，其中中卷和下卷都是富阳手工纸，这是浙江当代手工纸业态现状的如实呈现。

具体到每一章节，田野调查及文献研究通常由多位成员合作完成，前后多轮补充修订多数也不是由一人从头至尾独立承担，因而事前制定的作为指导性工作规范的田野调查标准、撰稿标准、示范样稿实际执行起来依然具有差异，田野信息采集格式和初稿表达存在诸多不统一、不规范处，在初稿基础上的统稿工作因而显得相当重要。

初稿合成后，统稿与补充调查工作由汤书昆、朱赟、朱中华、沈佳斐主持，

During the period, the researchers studied on the papermaking sites in Zhejiang Province repeatedly and sedulously for sample collection, planned or spontaneous investigations and verification. For instance, a group working on literature review in the Introduction part, stayed in Zhejiang Library and Hangzhou Library for literature study for almost twenty days (June 25-29, and July 1-14, 2019).

Zhejiang Province is a historically famous papermaking area, with Teng paper in Shanxi Area, bast paper in Wenzhou City, bamboo paper in Yuezhou Area and bamboo paper in Fuyang District as its representative famous paper types enjoying a national reputation since the Tang and Song Dynasties. However, when we started our field investigation, the former three paper types were experiencing a declining status, managing to recover from ceased production. Among them, bamboo paper in Fuyang District, high and middle-end paper, was well developed and enjoyed a flourishing market, though not comparable to its historical boom. Therefore, due to abundant data we obtained in our investigation in Fuyang District of Hangzhou City, which is a dominant area harboring bamboo paper production, Zhejiang volume actually consists of three sub-volumes. The second and third volumes of Zhejiang series are both focusing on handmade paper in Fuyang District, which vividly shows its dominance in current status of handmade paper industry in Zhejiang Province.

Field investigation and literature studies of each section and chapter are accomplished by the cooperative efforts of multiple

从2018年12月开始，以几乎马不停蹄的节奏和驻点补稿补图的方式，共进行了3轮集中补稿修订，最终形成定稿。虽然我们觉得浙江手工纸调查与研究有待进一步挖掘与完善之处仍有不少，但《浙江卷》从2016年7月启动，纸样测试、英文翻译、示意图绘制、编辑与设计等团队的成员尽心尽力，所呈现内容的品质一天天得到改善，书稿的阅读价值和图文魅力也确实获得了显著提升，可以作为目前这个工作阶段的调查与研究成果出版和接受读者的检验。

《浙江卷》书稿的完成和完善有赖于团队成员全心全意的投入与持续不懈的努力，在即将付梓之际，特在后记中对各位同仁的工作做如实的记述。

researchers, and even the modification was undertaken by different people. Therefore, investigation rules, writing norms and format set beforehand may still fail to make amends for the possible deviation in our first manuscript, and modification is of vital importance in our work.

Modification and supplementary investigation were headed by Tang Shukun, Zhu Yun, Zhu Zhonghua, and Shen Jiafei after the completion of the first manuscript. Since December 2018, the team members have put into three rounds of sedulous efforts to modify the manuscript, and revisit the papermaking sites for more information and photos. Of course, we admit that the volume cannot claim perfection, yet finally, through meticulous works in sampling testing, translation, map drawing, editing and designing since we started our handmade paper odyssey in July 2016, the book actually has been increasingly polished day by day. And we can be positive that the book, with fluent writing and intriguing pictures, is worth reading, and ready for publication.

On the verge of publication, we acknowledge the consistent efforts and wholehearted dedication of the following researchers:

第一章 浙江省手工造纸概述

撰稿	初稿主执笔：汤书昆、朱赟、陈敬宇 修订补稿：汤书昆、朱赟、沈佳斐 参与撰稿：王圣融、潘巧、王怡青、姚的卢、陈欣冉、廖莹文、孔利君、郭延龙、叶珍珍

第二章 衢州市

第一节	浙江辰港宣纸有限公司（地点：龙游县城区灵山江畔）
田野调查	汤书昆、朱中华、朱赟、陈彪、刘伟、何瑗、程曦、郑斌、潘巧、江顺超、钱霜霜
撰稿	初稿主执笔：汤书昆、汪竹欣 修订补稿：汤书昆、江顺超 参与撰稿：朱赟
第二节	开化县开化纸（地点：开化县华埠镇溪东村、村头镇形边村）
田野调查	汤书昆、朱中华、朱赟、姚的卢、陈欣冉、沈佳斐、潘巧、江顺超、钱霜霜
撰稿	初稿主执笔：汤书昆、朱赟 修订补稿：汤书昆、江顺超 参与撰稿：王怡青

第三章 温州市

第一节	泽雅镇唐宅村潘香玉竹纸坊（地点：瓯海区泽雅镇唐宅村）
田野调查	林志文、汤书昆、朱赟、朱中华、陈彪、刘伟、何瑗、程曦、沈佳斐、潘巧、江顺超、钱霜霜
撰稿	初稿主执笔：朱赟 修订补稿：汤书昆、钱霜霜
第二节	泽雅镇岙外村林新德竹纸坊（地点：瓯海区泽雅镇岙外村）
田野调查	林志文、朱赟、姚的卢、陈欣冉、沈佳斐、潘巧、江顺超、钱霜霜
撰稿	初稿主执笔：姚的卢 修订补稿：汤书昆、林志文、江顺超 参与撰稿：沈佳斐
第三节	泰顺县榅桥村翁士格竹纸坊（地点：泰顺县筱村镇榅桥村）
田野调查	汤书昆、朱中华、朱赟、黄飞松、姚的卢、陈欣冉、沈佳斐、潘巧、江顺超、钱霜霜
撰稿	初稿主执笔：汤书昆、潘巧 修订补稿：汤书昆、朱中华 参与撰稿：姚的卢
第四节	温州皮纸（地点：泽雅镇周岙上村）
田野调查	汤书昆、林志文、朱赟、朱中华、潘巧、黄飞松、沈佳斐、江顺超、钱霜霜
撰稿	初稿主执笔：潘巧、汤书昆 修订补稿：汤书昆、朱赟 参与撰稿：沈佳斐

第四章 绍兴市

第一节	绍兴鹿鸣纸（地点：柯桥区平水镇宋家店村）
田野调查	汤书昆、朱中华、王圣融、郑斌、朱有善、王黎明、潘巧、江顺超、钱霜霜
撰稿	初稿主执笔：汤书昆、王圣融 修订补稿：朱中华、汤书昆 参与撰稿：郑斌
第二节	嵊州市剡藤纸研究院（地点：嵊州市浦南大道 388 号）
田野调查	汤书昆、朱中华、沈佳斐、朱起杨
撰稿	初稿主执笔：沈佳斐、汤书昆 修订补稿：汤书昆、沈佳斐

第五章 湖州市

	安吉县龙王村手工竹纸（地点：安吉县上墅乡龙王村）
田野调查	朱中华、朱赟、姚的卢、陈欣冉、郑久良、潘巧、江顺超、钱霜霜
撰稿	初稿主执笔：陈欣冉 修订补稿：汤书昆、朱赟 参与撰稿：潘巧

第六章　宁波市

	奉化区棠岙村袁恒通纸坊（地点：奉化区萧王庙街道棠岙村溪下庵岭墩下13号）
田野调查	朱中华、朱赟、何瑗、王圣融、尹航、郑久良、潘巧、江顺超、钱霜霜
撰稿	初稿主执笔：何瑗 修订补稿：汤书昆、朱中华 参与撰稿：钱霜霜

第七章　丽水市

	松阳县李坑村李坑造纸工坊（地点：松阳县安民乡李坑村）
田野调查	汤书昆、朱中华、沈佳斐、石永宁
撰稿	初稿主执笔：沈佳斐、石永宁 修订补稿：汤书昆

第八章　杭州市

第一节	杭州临安浮玉堂纸业有限公司（地点：临安区於潜镇枫凌村）
田野调查	朱中华、朱赟、何瑗、王圣融、叶婷婷、尹航、沈佳斐、潘巧、江顺超、钱霜霜
撰稿	初稿主执笔：王圣融 修订补稿：汤书昆、沈佳斐
第二节	杭州千佛纸业有限公司（地点：临安区於潜镇千茂行政村平渡自然村）
田野调查	朱中华、朱赟、何瑗、王圣融、尹航、沈佳斐、潘巧、江顺超、钱霜霜
撰稿	初稿主执笔：王圣融 修订补稿：汤书昆、潘巧、朱中华
第三节	杭州临安书画宣纸厂（地点：临安区於潜镇千茂行政村下平渡村民组）
田野调查	朱中华、朱赟、何瑗、王圣融、尹航、沈佳斐、潘巧、江顺超、钱霜霜
撰稿	初稿主执笔：何瑗 修订补稿：汤书昆、钱霜霜、朱中华

第九章　富阳区元书纸

第一节	新三元书纸品厂（地点：富阳区湖源乡新三村冠形塔村民组）
田野调查	朱中华、朱赟、汤书昆、刘伟、何瑗、程曦、沈佳斐、潘巧、江顺超、钱霜霜
撰稿	初稿主执笔：王圣融 修订补稿：汤书昆、江顺超
第二节	杭州富春江宣纸有限公司（地点：富阳区大源镇大同村方家地村民组）
田野调查	朱中华、刘伟、何瑗、沈佳斐、潘巧、江顺超、钱霜霜
撰稿	初稿主执笔：汪竹欣、王圣融 修订补稿：汤书昆、钱霜霜
第三节	杭州富阳蔡氏文化创意有限公司（地点：富阳区灵桥镇蔡家坞村）
田野调查	朱中华、汤书昆、朱赟、何瑗、程曦、叶婷婷、沈佳斐、潘巧、江顺超、钱霜霜
撰稿	初稿主执笔：何瑗 修订补稿：汤书昆、朱赟 参与撰稿：潘巧
第四节	杭州富阳逸古斋元书纸有限公司（地点：富阳区大源镇大同行政村朱家门自然村）
田野调查	汤书昆、朱赟、汤雨眉、刘伟、何瑗、程曦、姚的卢、陈欣冉、沈佳斐、陈彪、潘巧、江顺超、钱霜霜
撰稿	初稿主执笔：汤雨眉、朱赟 修订补稿：汤书昆 参与撰稿：王圣融、王怡青
第五节	杭州富阳宣纸陆厂（地点：富阳区大源镇大同行政村兆吉自然村第一村民组）
田野调查	汤书昆、朱赟、朱中华、刘伟、王圣融、尹航、沈佳斐、潘巧、江顺超、钱霜霜、汤雨眉、陈彪
撰稿	初稿主执笔：朱赟 修订补稿：汤书昆 参与撰稿：江顺超
第六节	富阳福阁纸张销售有限公司（地点：富阳区湖源乡新三行政村颜家桥自然村）
田野调查	朱赟、朱中华、刘伟、何瑗、程曦、沈佳斐、桂子璇、江顺超、钱霜霜

撰稿	初稿主执笔：程曦 修订补稿：汤书昆、沈佳斐
第七节	杭州富阳双溪书画纸厂（地点：富阳区大源镇大同行政村兆吉自然村方家地村民组）
田野调查	朱中华、朱赟、刘伟、何瑗、沈佳斐、桂子璇、江顺超、钱霜霜
撰稿	初稿主执笔：何瑗 修订补稿：汤书昆、朱中华 参与撰稿：桂子璇
第八节	富阳大竹元宣纸有限公司（地点：富阳区湖源乡新二村元书纸制作园区）
田野调查	汤书昆、朱中华、朱赟、何瑗、程曦、沈佳斐、朱起杨、潘巧、桂子璇、江顺超、钱霜霜
撰稿	初稿主执笔：汤书昆、朱赟 修订补稿：汤书昆、沈佳斐 参与撰稿：潘巧
第九节	朱金浩纸坊（地点：富阳区大源镇大同行政村朱家门自然村 20 号）
田野调查	朱赟、朱中华、程曦、沈佳斐、桂子璇、江顺超、钱霜霜
撰稿	初稿主执笔：程曦 修订补稿：汤书昆、钱霜霜
第十节	盛建桥纸坊（地点：富阳区湖源乡新二行政村钟塔自然村 46 号）
田野调查	朱中华、朱赟、刘伟、何瑗、程曦、沈佳斐、潘巧、江顺超、钱霜霜
撰稿	初稿主执笔：程曦 修订补稿：汤书昆、江顺超
第十一节	鑫祥宣纸作坊（地点：富阳区大源镇骆村（行政村）秦骆自然村 241 号）
田野调查	朱中华、朱赟、刘伟、何瑗、程曦、沈佳斐、潘巧、江顺超、钱霜霜
撰稿	初稿主执笔：程曦 修订补稿：汤书昆、钱霜霜
第十二节	富阳竹馨斋元书纸有限公司（地点：富阳区湖源乡新二村元书纸制作园区）
田野调查	汤书昆、朱赟、朱中华、刘伟、何瑗、程曦、潘巧、沈佳斐、桂子璇、江顺超、钱霜霜
撰稿	初稿主执笔：潘巧、汤书昆 修订补稿：汤书昆、沈佳斐 参与撰稿：刘伟
第十三节	庄潮均作坊（富阳区大源镇红霞书画纸经营部）（地点：富阳区大源镇大同行政村庄家自然村）
田野调查	朱中华、朱赟、刘伟、何瑗、程曦、汪竹欣、沈佳斐、潘巧、江顺超、钱霜霜
撰稿	初稿主执笔：何瑗 修订补稿：汤书昆、钱霜霜 参与撰稿：汪竹欣
第十四节	杭州山元文化创意有限公司（地点：富阳区新登镇袁家村）
田野调查	汤书昆、朱中华、朱赟、刘伟、何瑗、王圣融、王怡青、沈佳斐、潘巧、江顺超、钱霜霜
撰稿	初稿主执笔：王圣融、朱赟 修订补稿：朱中华、汤书昆 参与撰稿：汤书昆、朱赟、王怡青

第十章　富阳区祭祀竹纸

第一节	章校平纸坊（地点：富阳区常绿镇黄弹行政村寺前自然村 71 号）
田野调查	朱中华、朱赟、刘伟、何瑗、程曦、汪竹欣、沈佳斐、潘巧、江顺超、钱霜霜
撰稿	初稿主执笔：汪竹欣 修订补稿：汤书昆、沈佳斐
第二节	蒋位法作坊（地点：富阳区大源镇三岭行政村三支自然村 21 号）
田野调查	朱赟、朱中华、何瑗、刘伟、沈佳斐、江顺超、钱霜霜、潘巧
撰稿	初稿主执笔：刘伟 修订补稿：汤书昆、江顺超
第三节	李财荣纸坊（地点：富阳区灵桥镇新华村）
田野调查	朱中华、朱赟、刘伟、何瑗、汪竹欣、沈佳斐、潘巧、江顺超、钱霜霜
撰稿	初稿主执笔：汪竹欣 修订补稿：汤书昆、潘巧
第四节	李申言金钱纸作坊（地点：富阳区常安镇大田村 32 号）
田野调查	汤书昆、朱赟、朱中华、刘伟、何瑗、程曦、沈佳斐、潘巧、江顺超、钱霜霜

撰稿	初稿主执笔：何瑗 修订补稿：汤书昆、沈佳斐
第五节	李雪余屏纸作坊（地点：富阳区常安镇大田村 105 号）
田野调查	朱中华、汤书昆、朱赟、刘伟、何瑗、程曦、沈佳斐、潘巧、江顺超、钱霜霜
撰稿	初稿主执笔：何瑗 修订补稿：汤书昆、沈佳斐
第六节	姜明生纸坊（地点：富阳区灵桥镇山基村）
田野调查	朱赟、朱中华、叶婷婷、尹航、沈佳斐、潘巧、江顺超、钱霜霜
撰稿	初稿主执笔：叶婷婷 修订补稿：汤书昆、钱霜霜 参与撰稿：江顺超
第七节	戚吾樵纸坊（地点：富阳区渔山乡大葛村）
田野调查	朱中华、朱赟、刘伟、何瑗、程曦、汪竹欣、沈佳斐、桂子璇、江顺超、钱霜霜
撰稿	初稿主执笔：汪竹欣 修订补稿：汤书昆、江顺超
第八节	张根水纸坊（地点：富阳区湖源乡新三村）
田野调查	朱中华、朱赟、何瑗、叶婷婷、沈佳斐、桂子璇、江顺超、钱霜霜
撰稿	初稿主执笔：叶婷婷 修订补稿：汤书昆、桂子璇
第九节	祝南书纸坊（地点：富阳区灵桥镇山基村）
田野调查	朱赟、朱中华、叶婷婷、尹航、沈佳斐、桂子璇、江顺超、钱霜霜
撰稿	初稿主执笔：叶婷婷 修订补稿：汤书昆、江顺超

第十一章　富阳区皮纸

第一节	五四村桃花纸作坊（地点：富阳区鹿山街道五四村）
田野调查	方仁英、陈彪、李少军、朱中华、汤书昆
撰稿	初稿主执笔：方仁英 修订补稿：汤书昆 参与撰稿：陈彪
第二节	大山村桑皮纸恢复点（地点：富阳区新登镇大山村）
田野调查	方仁英、李少军、朱中华
撰稿	初稿主执笔：方仁英 修订补稿：汤书昆、李少军

第十二章　工具

第一节	永庆制帘工坊（地点：富阳区大源镇永庆村）
田野调查	朱中华、朱赟、何瑗、叶婷婷、尹航、沈佳斐、桂子璇、江顺超、钱霜霜
撰稿	初稿主执笔：尹航 修订补稿：汤书昆、钱霜霜
第二节	光明制帘厂（地点：富阳区灵桥镇光明村）
田野调查	朱赟、刘伟、朱中华、何瑗、程曦、沈佳斐、桂子璇、江顺超、钱霜霜
撰稿	初稿主执笔：刘伟 修订补稿：汤书昆、沈佳斐
第三节	郎仕训刮青刀制作坊（地点：富阳区大源镇朝阳南路二弄）
田野调查	朱中华、朱赟、王圣融、叶婷婷、尹航、王怡青、沈佳斐、桂子璇、江顺超、钱霜霜
撰稿	初稿主执笔：朱赟 修订补稿：汤书昆

二、技术与辅助工作

实物纸样测试分析	主持：朱赟、陈龑 成员：朱赟、陈龑、王圣融、刘伟、何瑗、汪竹欣、王怡青、姚的卢、叶珍珍、尹航、孙燕、廖莹文、郭延龙
手工纸分布示意图绘制	郭延龙

实物纸样纤维图及透光图制作	朱赟、王圣融、刘伟、何瑗、汪竹欣、王怡青、姚的卢、廖莹文、陈龑、郭延龙
实物纸样拍摄	黄晓飞
实物纸样整理	朱赟、汤书昆、刘伟、何瑗、汪竹欣、王圣融、倪盈盈、沈佳斐、郑斌、付成云、蔡婷婷、潘巧、王怡青、姚的卢、尹航、陈欣冉、廖莹文、孔利君、郭延龙、叶珍珍
附录及参考文献整理	汤书昆、朱赟、沈佳斐

三、 总序、编撰说明、附录与后记

总序	
撰稿	汤书昆
编撰说明	
撰稿	汤书昆、朱赟
附录	
名词术语整理	朱赟、沈佳斐、倪盈盈、唐玉璟、蔡婷婷
后记	
撰稿	汤书昆

四、 统稿与翻译

统稿主持	汤书昆、朱中华
统稿规划	朱赟、沈佳斐
翻译主持	方媛媛
统稿阶段其他参与人员	陈敬宇、林志文、李少军、徐建华、潘巧、桂子璇、江顺超、钱霜霜

1. Field investigation, writing and modification

	Chapter I Introduction to Handmade Paper in Zhejiang Province
Writer	First manuscript written by: Tang Shukun, Zhu Yun, Chen Jingyu Modified by: Tang Shukun, Zhu Yun, Shen Jiafei Wang Shengrong, Pan Qiao, Wang Yiqing, Yao Dilu, Chen Xinran, Liao Yingwen, Kong Lijun, Guo Yanlong and Ye Zhenzhen have also contributed to the writing
	Chapter II Quzhou City
Section 1	Zhejiang Chengang Xuan Paper Co., Ltd. (location: Lingshan Riverside of Longyou County)
Investigators	Tang Shukun, Zhu Zhonghua, Zhu Yun, Chen Biao, Liu Wei, He Ai, Cheng Xi, Zheng Bin, Pan Qiao, Jiang Shunchao, Qian Shuangshuang
Writers	First manuscript written by: Tang Shukun, Wang Zhuxin Modified by: Tang Shukun, Jiang Shunchao Zhu Yun has also contributed to the writing
Section 2	Kaihua Paper in Kaihua County (location: Xidong Village of Huabu Town and Xingbian Village of Cuntou Town in Kaihua County)
Investigators	Tang Shukun, Zhu Zhonghua, Zhu Yun, Yao Dilu, Chen Xinran, Shen Jiafei, Pan Qiao, Jiang Shunchao, Qian Shuangshuang
Writers	First manuscript written by: Tang Shukun, Zhu Yun Modified by: Tang Shukun, Jiang Shunchao Wang Yiqing has also contributed to the writing
	Chapter III Wenzhou City
Section 1	Pan Xiangyu Bamboo Paper Mill in Tangzhai Village of Zeya Town (location: Tangzhai Village of Zeya Town in Ouhai District)
Investigators	Lin Zhiwen, Tang Shukun, Zhu Yun, Zhu Zhonghua, Chen Biao, Liu Wei, He Ai, Cheng Xi, Shen Jiafei, Pan Qiao, Jiang Shunchao, Qian Shuangshuang
Writers	First manuscript written by: Zhu Yun Modified by: Tang Shukun, Qian Shuangshuang
Section 2	Lin Xinde Bamboo Paper Mill in Aowai Village of Zeya Town (location: Aowai Village of Zeya Town in Ouhai District)
Investigators	Lin Zhiwen, Zhu Yun, Yao Dilu, Chen Xinran, Shen Jiafei, Pan Qiao, Jiang Shunchao, Qian Shuangshuang
Writers	First manuscript written by: Yao Dilu Modified by: Tang Shukun, Lin Zhiwen, Jiang Shunchao Shen Jiafei has also contributed to the writing
Section 3	Weng Shige Bamboo Paper Mill in Wenqiao Village of Taishun County (location: Wenqiao Village of Xiaocun Town in Taishun County)
Investigators	Tang Shukun, Zhu Zhonghua, Zhu Yun, Huang Feisong, Yao Dilu, Chen Xinran, Shen Jiafei, Pan Qiao, Jiang Shunchao, Qian Shuangshuang
Writers	First manuscript written by: Tang Shukun, Pan Qiao Modified by: Tang Shukun, Zhu Zhonghua Yao Dilu has also contributed to the writing
Section 4	Bast paper in Wenzhou City (location: Zhouaoshang Village of Zeya Town)
Investigators	Tang Shukun, Lin Zhiwen, Zhu Yun, Zhu Zhonghua, Pan Qiao, Huang Feisong, Shen Jiafei, Jiang Shunchao, Qian Shuangshuang
Writers	First manuscript written by: Pan Qiao, Tang Shukun Modified by: Tang Shukun, Zhu Yun Shen Jiafei has also contributed to the writing
	Chapter IV Shaoxing City
Section 1	Luming Paper in Shaoxing County (location: Songjiadian Village of Pingshui Town in Keqiao District)
Investigators	Tang Shukun, Zhu Zhonghua, Wang Shengrong, Zheng Bin, Zhu Youshan, Wang Liming, Pan Qiao, Jiang Shunchao, Qian Shuangshuang
Writers	First manuscript written by: Tang Shukun, Wang Shengrong Modified by: Zhu Zhonghua, Tang Shukun Zheng Bin has also contributed to the writing
Section 2	Shanteng Paper Research Institute in Shengzhou City (location: No.388 Punan Ave., Shengzhou City)
Investigators	Tang Shukun, Zhu Zhonghua, Shen Jiafei, Zhu Qiyang
Writers	Fist manuscript written by: Shen Jiafei, Tang Shukun Modified by: Tang Shukun, Shen Jiafei
	Chapter V Huzhou City
	Handmade Banboo Paper in Longwang Village of Anji County (location: Longwang Village of Shangshu Town in Anji County)
Investigators	Zhu Zhonghua, Zhu Yun, Yao Dilu, Chen Xinran, Zheng Jiuliang, Pan Qiao, Jiang Shunchao, Qian Shuangshuang
Writers	The first manuscript written by: Chen Xinran Modified by: Tang Shukun, Zhu Yun Pan Qiao has also contributed to the writing

Chapter VI Ningbo City

	Yuan Hengtong Paper Mill in Tang'ao Village of Fenghua District (location: No.13 Xixia Anling Dunxia of Tang'ao Village in Xiaowangmiao Residential District of Fenghua District)
Investigators	Zhu Zhonghua, Zhu Yun, He Ai, Wang Shengrong, Yin Hang, Zheng Jiuliang, Pan Qiao, Jiang Shunchao, Qian Shuangshuang
Writers	First manuscript written by: He Ai Modified by Tang Shukun, Zhu Zhonghua Qian Shuangshuang has also contributed to the writing

Chapter VII Lishui City

	Likeng Paper Mill in Likeng Village of Songyang County (location: Likeng Village of Anmin Town in Songyang County)
Investigators	Tang Shukun, Zhu Zhonghua, Shen Jiafei, Shi Yongning
Writers	First manuscript written by: Shen Jiafei, Shi Yongning Modified by: Tang Shukun

Chapter VIII Hangzhou City

Section 1	Hangzhou Lin'an Fuyutang Paper Co., Ltd. (location: Fengling Village of Yuqian Town in Lin'an District)
Investigators	Zhu Zhonghua, Zhu Yun, He Ai, Wang Shengrong, Ye Tingting, Yin Hang, Shen Jiafei, Pan Qiao, Jiang Shunchao, Qian Shuangshuang
Writers	First manuscript written by: Wang Shengrong Modified by: Tang Shukun, Shen Jiafei
Section 2	Hangzhou Qianfo Paper Co., Ltd. (location: Pingdu Natural Village of Qianmao Administrative Village of Yuqian Town in Lin'an District)
Investigators	Zhu Zhonghua, Zhu Yun, He Ai, Wang Shengrong, Yin Hang, Shen Jiafei, Pan Qiao, Jiang Shunchao, Qian Shuangshuang
Writers	First manuscript written by: Wang Shengrong Modified by: Tang Shukun, Pan Qiao, Zhu Zhonghua
Section 3	Hangzhou Lin'an Calligraphy and Painting Xuan Paper Factory (location: Xiapingdu Villagers' Group of Qianmao Administrative Village in Yuqian Town of Lin'an District)
Investigators	Zhu Zhonghua, Zhu Yun, He Ai, Wang Shengrong, Yin Hang, Shen Jiafei, Pan Qiao, Jiang Shunchao, Qian Shuangshuang
Writers	First manuscript written by: He Ai Modified by: Tang Shukun, Qian Shuangshuang, Zhu Zhonghua

Chapter IX Yuanshu Paper in Fuyang District

Section 1	Xinsan Yuanshu Paper Factory (location: Guanxingta Villagers' Group of Xinsan Village in Huyuan Town of Fuyang District)
Investigators	Zhu Zhonghua, Zhu Yun, Tang Shukun, Liu Wei, He Ai, Cheng Xi, Shen Jiafei, Pan Qiao, Jiang Shunchao, Qian Shuangshuang
Writers	First manuscript written by: Wang Shengrong Modified by: Tang Shukun, Jiang Shunchao
Section 2	Hangzhou Fuchunjiang Xuan Paper Co., Ltd. (location: Fangjiadi Villagers' Group of Datong Village in Dayuan Town of Fuyang District)
Investigators	Zhu Zhonghua, Liu Wei, He Ai, Shen Jiafei, Pan Qiao, Jiang Shunchao, Qian Shuangshuang
Writers	First manuscript written by: Wang Zhuxin, Wang Shengrong Modified by: Tang Shukun, Qian Shuangshuang
Section 3	Hangzhou Fuyang Caishi Cultural and Creative Co. Ltd. (location: Caijiawu Village of Lingqiao Town in Fuyang District)
Investigators	Zhu Zhonghua, Tang Shukun, Zhu Yun, He Ai, Cheng Xi, Ye Tingting, Shen Jiafei, Pan Qiao, Jiang Shunchao, Qian Shuangshuang
Writers	First manuscript written by: He Ai Modified by: Tang Shukun, Zhu Yun Pan Qiao has also contributed to the writing
Section 4	Hangzhou Fuyang Yiguzhai Yuanshu Paper Co. Ltd. (location: Zhujiamen Natural Village of Datong Administrative Village in Dayuan Town of Fuyang District)
Investigators	Tang Shukun, Zhu Yun, Tang Yumei, Liu Wei, He Ai, Cheng Xi, Yao Dilu, Chen Xinran, Shen Jiafei, Chen Biao, Pan Qiao, Jiang Shunchao, Qian Shuangshuang
Writers	First manuscript written by: Tang Yumei, Zhu Yun Modified by: Tang Shukun Wang Shengrong and Wang Yiqing have also contributed to the writing
Section 5	Hangzhou Fuyang Xuan Paper Lu Factory (location: No.1 Villagers's Group of Zhaoji Natural Village in Datong AdministrativeVillage of Dayuan Town in Fuyang District)
Investigators	Tang Shukun, Zhu Yun, Zhu Zhonghua, Liu Wei, Wang Shengrong, Yin Hang, Shen Jiafei, Pan Qiao, Jiang Shunchao, Qian Shuangshuang, Tang Yumei, Chen Biao
Writers	First manuscript written by: Zhu Yun Modified by: Tang Shukun Jiang Shunchao has also contributed to the writing

Section 6	Fuyang Fuge Paper Sales Co., Ltd. (location: Yanjiaqiao Natural Village of Xinsan Administrative Village in Huyuan Town of Fuyang District)
Investigators	Zhu Yun, Zhu Zhonghua, Liu Wei, He Ai, Cheng Xi, Shen Jiafei, Gui Zixuan, Jiang Shunchao, Qian Shuangshuang
Writers	First manuscript written by: Cheng Xi Modified by: Tang Shukun, Shen Jiafei
Section 7	Hangzhou Fuyang Shuangxi Calligraphy and Painting Paper Factory (location: Fangjiadi Villagers' Group of Zhaoji Natural Village of Datong Administrative Village in Dayuan Town of Fuyang District)
Investigators	Zhu Zhonghua, Zhu Yun, Liu Wei, He Ai, Shen Jiafei, Gui Zixuan, Jiang Shunchao, Qian Shuangshuang
Writers	First manuscript written by: He Ai Modified by: Tang Shukun, Zhu Zhonghua Gui Zixuan has also contributed to the writing
Section 8	Fuyang Dazhuyuan Xuan Paper Co., Ltd. (location: Yuanshu Papermaking Park in Xin'er Village of Huyuan Town in Fuyang District)
Investigators	Tang Shukun, Zhu Zhonghua, Zhu Yun, He Ai, Cheng Xi, Shen Jiafei, Zhu Qiyang, Pan Qiao, Gui Zixuan, Jiang Shunchao, Qian Shuangshuang
Writers	First manuscript written by: Tang Shukun, Zhu Yun Modified by: Tang Shukun, Shen Jiafei Pan Qiao has also contributed to the writing
Section 9	Zhu Jinhao Paper Mill (location: No.20 Zhujiamen Natural Village of Datong Adminstrative Village in Dayuan Town of Fuyang District)
Investigators	Zhu Yun, Zhu Zhonghua, Cheng Xi, Shen Jiafei, Gui Zixuan, Jiang Shunchao, Qian Shuangshuang
Writers	First manuscript written by: Cheng Xi Modified by: Tang Shukun, Qian Shuangshuang
Section 10	Sheng Jianqiao Paper Mill (location: No.46 Zhongta Natural Village of Xin'er Adminstrative Village in Huyuan Town of Fuyang District)
Investigators	Zhu Zhonghua, Zhu Yun, Liu Wei, He Ai, Cheng Xi, Shen Jiafei, Pan Qiao, Jiang Shunchao, Qian Shuangshuang
Writers	First manuscript written by: Cheng Xi Modified by: Tang Shukun, Jiang Shunchao
Section 11	Xinxiang Xuan Paper Mill (location: No.241 Qinluo Natural Village of Luocun Village in Dayuan Town of Fuyang District)
Investigators	Zhu Zhonghua, Zhu Yun, Liu Wei, He Ai, Cheng Xi, Shen Jiafei, Pan Qiao, Jiang Shunchao, Qian Shuangshuang
Writers	First manuscript written by: Cheng Xi Modified by: Tang Shukun, Qian Shuangshuang
Section 12	Fuyang Zhuxinzhai Yuanshu Paper Co., Ltd. (location: Yuanshu Papermaking Park in Xin'er Village of Huyuan Town in Fuyang District)
Investigators	Tang Shukun, Zhu Yun, Zhu Zhonghua, Liu Wei, He Ai, Cheng Xi, Pan Qiao, Shen Jiafei, Gui Zixuan, Jiang Shunchao, Qian Shuangshuang
Writers	First manuscript written by: Pan Qiao, Tang Shukun Modified by: Tang Shukun, Shen Jiafei Liu Wei has also contributed to the writing
Section 13	Zhuang Chaojun Paper Mill (Hongxia Calligraphy and Painting Paper Sales Department in Dayuan Town of Fuyang District) (location: Zhuangjia Natural Village of Datong Administrative Village in Dayuan Town of Fuyang District)
Investigators	Zhu Zhonghua, Zhu Yun, Liu Wei, He Ai, Cheng Xi, Wang Zhuxin, Shen Jiafei, Pan Qiao, Jiang Shunchao, Qian Shuangshuang
Writers	First manuscript written by: He Ai Modified by: Tang Shukun, Qian Shuangshuang Wang Zhuxin has also contributed to the writing
Section 14	Hangzhou Shanyuan Cultural and Creative Co., Ltd. (location: Yuanjia Village of Xindeng Town in Fuyang District)
Investigators	Tang Shukun, Zhu Zhonghua, Zhu Yun, Liu Wei, He Ai, Wang Shengrong, Wang Yiqing, Shen Jiafei, Pan Qiao, Jiang Shunchao, Qian Shuangshuang
Writers	First manuscript written by: Wang Shengrong, Zhu Yun Modified by: Zhu Zhonghua, Tang Shukun Tang Shukun, Zhu Yun and Wang Yiqing have also contributed to the writing

	Chapter X　Bamboo Paper for Sacrificial Purposes in Fuyang District
Section 1	Zhang Xiaoping Paper Mill (location: No.71 Siqian Natural Village of Huangdan Administrative Village in Changlü Town of Fuyang Distict)
Investigators	Zhu Zhonghua, Zhu Yun, Liu Wei, He Ai, Cheng Xi, Wang Zhuxin, Shen Jiafei, Pan Qiao, Jiang Shunchao, Qian Shuangshuang
Writers	First manuscript written by: Wang Zhuxin Modified by: Tang Shukun, Shen Jiafei
Section 2	Jiang Weifa Paper Mill (location: No.21 Sanzhi Natural Village of Sanling Administrative Village in Dayuan Town of Fuyang Distict)
Investigators	Zhu Yun, Zhu Zhonghua, He Ai, Liu Wei, Shen Jiafei, Jiang Shunchao, Qian Shuangshuang, Pan Qiao
Writers	First manuscript written by: Liu Wei Modified by: Tang Shukun, Jiang Shunchao

Section 3	Li Cairong Paper Mill (location: Xinhua Village of Lingqiao Town in Fuyang Distict)
Investigators	Zhu Zhonghua, Zhu Yun, Liu Wei, He Ai, Wang Zhuxin, Shen Jiafei, Pan Qiao, Jiang Shunchao, Qian Shuangshuang
Writers	First manuscript written by: Wang Zhuxin Modified by: Tang Shukun, Pan Qiao
Section 4	Li Shenyan joss Jinqian Paper Mill (location: No.32 Datian Village of Chang'an Town in Fuyang Distict)
Investigators	Tang Shukun, Zhu Yun, Zhu Zhonghua, Liu Wei, He Ai, Cheng Xi, Shen Jiafei, Pan Qiao, Jiang Shunchao, Qian Shuangshuang
Writers	First manuscript written by: He Ai Modified by: Tang Shukun, Shen Jiafei
Section 5	Li Xueyu Ping Paper Mill (location: No.105 Datian Village of Chang'an Town in Fuyang District)
Investigators	Zhu Zhonghua, Tang Shukun, Zhu Yun, Liu Wei, He Ai, Cheng Xi, Shen Jiafei, Pan Qiao, Jiang Shunchao, Qian Shuangshuang
Writers	First manuscript written by: He Ai Modified by: Tang Shukun, Shen Jiafei
Section 6	Jiang Mingsheng Paper Mill (location: Shanji Village of Lingqiao Town in Fuyang District)
Investigators	Zhu Yun, Zhu Zhonghua, Ye Tingting, Yin Hang, Shen Jiafei, Pan Qiao, Jiang Shunchao, Qian Shuangshuang
Writers	Manuscript written by: Ye Tingting Modified by: Tang Shukun, Qian Shuangshuang Jiang Shunchao has also contributed to the writing
Section 7	Qi Wuqiao Paper Mill (location: Dage Village of Yushan Town in Fuyang District)
Investigators	Zhu Zhonghua, Zhu Yun, Liu Wei, He Ai, Cheng Xi, Wang Zhuxin, Shen Jiafei, Gui Zixuan, Jiang Shunchao, Qian Shuangshuang
Writers	First Manuscript written by: Wang Zhuxin Modified by: Tang Shukun, Jiang Shunchao
Section 8	Zhang Genshui Paper Mill (location: Xinsan Village of Huyuan Town in Fuyang District)
Investigators	Zhu Zhonghua, Zhu Yun, He Ai, Ye Tingting, Shen Jiafei, Gui Zixuan, Jiang Shunchao, Qian Shuangshuang
Writers	First manuscript written by: Ye Tingting Modified by: Tang Shukun, Gui Zixuan
Section 9	Zhu Nanshu Paper Mill (location: Shanji Village of Lingqiao Town in Fuyang District)
Investigators	Zhu Yun, Zhu Zhonghua, Ye Tingting, Yin Hang, Shen Jiafei, Gui Zixuan, Jiang Shunchao, Qian Shuangshuang
Writers	First manuscript written by: Ye Tingting Modified by: Tang Shukun, Jiang Shunchao

Chapter XI Bast Paper in Fuyang District

Section 1	Taohua Paper Mill in Wusi Village (location: Wusi Village of Lushan Residential District in Fuyang District)
Investigators	Fang Renying, Chen Biao, Li Shaojun, Zhu Zhonghua, Tang Shukun
Writers	First manuscript written by Fang Renying Modified by: Tang Shukun Chen Biao has also contributed to the writing
Section 2	Mulberry Paper Recovery Site in Dashan Village (location: Dashan Village of Xindeng Town in Fuyang District)
Investigators	Fang Renying, Li Shaojun, Zhu Zhonghua
Writers	First manuscript written by: Fang Renying Modified by: Tang Shukun, Li Shaojun

Chapter XII Tools

Section 1	Yongqing Screen-making Mill (location: Yongqing Village of Dayuan Town in Fuyang District)
Investigators	Zhu Zhonghua, Zhu Yun, He Ai, Ye Tingting, Yin Hang, Shen Jiafei, Gui Zixuan, Jiang Shunchao, Qian Shuangshuang
Writers	First Manuscript written by: Yin Hang Modified by: Tang Shukun, Qian Shuangshuang
Section 2	Guangming Screen-making Factory (location: Guangming Village of Lingqiao Town in Fuyang District)
Investigators	Zhu Yun, Liu Wei, Zhu Zhonghua, He Ai, Cheng Xi, Shen Jiafei, Gui Zixuan, Jiang Shunchao, Qian Shuangshuang
Writers	First manuscript written by: Liu Wei Modified by: Tang Shukun, Shen Jiafei
Section 3	Lang Shixun Scraping Knife-making Mill (location: 2nd lane of Chaoyangnan Rd. in Dayuan Town of Fuyang District)

Investigators	Zhu Zhonghua, Zhu Yun, Wang Shengrong, Ye Tingting, Yin Hang, Wang Yiqing, Shen Jiafei, Gui Zixuan, Jiang Shunchao, Qian Shuangshuang
Writers	First manuscript written by: Zhu Yun Modified by: Tang Shukun

2. Technical Analysis and Other Related Works

Paper sample test and analysis	Headed by: Zhu Yun, Chen Yan Members: Zhu Yun, Chen Yan, Wang Shengrong, Liu Wei, He Ai, Wang Zhuxin, Wang Yiqing, Yao Dilu, Ye Zhenzhen, Yin Hang, Sun Yan, Liao Yingwen, Guo Yanlong
Distribution maps of handmade paper	Drawn by: Guo Yanlong
Fiber pictures and those showing through the light	Made by: Zhu Yun, Wang Shengrong, Liu Wei, He Ai, Wang Zhuxin, Wang Yiqing, Yao Dilu, Liao Yingwen, Chen Yan, Guo Yanlong
Paper sample pictures	Photographed by: Huang Xiaofei
Paper samples	Sorted by: Zhu Yun, Tang Shukun, Liu Wei, He Ai, Wang Zhuxin, Wang Shengrong, Ni Yingying, Shen Jiafei, Zheng Bin, Fu Chengyun, Cai Tingting, Pan Qiao, Wang Yiqing, Yao Dilu, Yin Hang, Chen Xinran, Liao Yingwen, Kong Lijun, Guo Yanlong, Ye Zhenzhen
Appendices and references	Arranged by: Tang Shukun, Zhu Yun, Shen Jiafei

3. Preface, Introduction to the Writing Norms, Appendices and Epilogue

	Preface
Writer	Tang Shukun
	Introduction to the Writing Norms
Writers	Tang Shukun, Zhu Yun
	Appendices
Terminology	Sorted by: Zhu Yun, Shen Jiafei, Ni Yingying, Tang Yujing, Cai Tingting
	Epilogue
Writer	Tang Shukun

4.Modification and Translation

Director of modification and verification	Tang Shukun, Zhu Zhonghua
Planners of modification	Zhu Yun, Shen Jiafei
Chief translator	Fang Yuanyuan
Other members contributed to the modification efforts	Chen Jingyu, Lin Zhiwen, Li Shaojun, Xu Jianhua, Pan Qiao, Gui Zixuan, Jiang Shunchao, Qian Shuangshuang

在历时多个月的集中修订、增补与统稿工作中，汤书昆、朱赟、朱中华、沈佳斐、方媛媛、陈敬宇、郭延龙等作为主持人或重要模块的负责人，在文稿内容、图片与示意图的修订增补，代表性纸样的测试分析，英文翻译，文献注释考订，数据与表述的准确性核实等方面做了大量力求精益求精的工作。另一方面，从 2019 年 8 月开始，责任编辑团队、北京敬人工作室设计团队、北京雅昌艺术印刷有限公司印制团队接手书稿后不辞辛劳地反复打磨，使《浙江卷》一天天变得规范和美丽起来。从最初的对田野记录进行提炼整理，到能以今天的面貌和品质问世，上述团队全心全意的工作是不容忽视的基础。

在《浙江卷》的田野调查过程中，先后得到富阳朱家门村竹纸文物收藏与研究者朱有善先生、温州瓯海区非物质文化遗产保护中心潘新新先生、绍兴平水镇传统工艺民宿创办人宋汉校先生、富阳历史名纸桃花纸造纸老师傅叶汉山先生、富阳稠溪村乌金纸造纸老师傅郑吉申先生、富阳大同村元书纸年轻造纸师傅朱起杨先生等多位浙江手工造纸传统技艺和非物质文化遗产研究与保护专家的帮助与指导，在《中国手工纸文库・浙江卷》正式出版之际，我谨代表田野调查和文稿撰写团队，向所有这项工作进程中的支持者与指导者表达真诚的感谢！

汤书昆

于中国科学技术大学

2019年10月

Tang Shukun, Zhu Yun, Zhu Zhonghua, Shen Jiafei, Fang Yuanyuan, Chen Jingyu and Guo Yanlong, et al., who were in charge of the writing, modification and other related works, all contributed their efforts to the completion of this book. Their meticulous efforts in writing, drawing or photographing, mapping, technical analysing, translating, format modifying, noting and proofreading should be recognized and eulogized in the achievement of the high-quality work. Since August 2019, the editors of the book, Beijing Jingren Book Design Studio, Bejing Artron Printing Service Co., Ltd. have been dedicated to the polishing and publication of the book, whose efforts enable a field investigation-based research to be presented in a stylish and quality way.

Many experts from the field of handmade paper production and intangible cultural heritage research and protection have helped in our investigations: Zhu Youshan, a collector and researcher of bamboo paper from Zhu Jiamen Village in Fuyang District; Pan Xinxin from Intangible Cultural Heritage Protection Centre in Ouhai District of Wenzhou City; Song Hanxiao, Traditional Handicraft Homestay Program initiator from Pingshui Town of Shaoxing city; Ye Hanshan, Taohua paper (historically famous paper) maker from Fuyang District; Zheng Jishen, Wujin papermaker from Chouxi Village of Fuyang District; and Zhu Qiyang, a young papermaker of Yuanshu paper from Datong Village in Fuyang District, et al. On the verge of publication, sincere gratitude should go to all those who have supported and recognized our efforts!

Tang Shukun

University of Science and Technology of China

October 2019